第二届中国陆相页岩油勘探开发关键技术与管理研讨会论文集

（上册）

孟思炜　李斌会　陶嘉平　梁立豪　等主编

石油工业出版社

内 容 提 要

本书通过对2024年第二届中国陆相页岩油勘探开发关键技术与管理研讨会征文精选，汇集成册，共收录论文88篇。内容涵盖了陆相页岩油基础地质理论、地质勘探、钻完井、增产改造、采油工程、提高采收率、CO_2资源化利用与埋存等领域的关键技术，以及全生命周期管理等方面的新理论、新方法、新技术、新成果。上册包括地质和开发2个部分共计41篇文章，下册包括工程和综合2个部分共计47篇文章。

本书适用于陆相页岩油勘探开发人员阅读，也可供石油院校相关专业师生参考使用。

图书在版编目（CIP）数据

第二届中国陆相页岩油勘探开发关键技术与管理研讨会论文集．上册 / 孟思炜等主编．-- 北京：石油工业出版社，2024.11．-- ISBN 978-7-5183-6979-9

Ⅰ．P618.130.8-53

中国国家版本馆CIP数据核字第2024X4Z324号

出版发行：石油工业出版社
　　　　　（北京安定门外安华里2区1号　100011）
　　　网　　址：www.petropub.com
　　　编辑部：（010）64523829　图书营销中心：（010）64523633
经　　销：全国新华书店
印　　刷：北京中石油彩色印刷有限责任公司

2024年11月第1版　2024年11月第1次印刷
787×1092毫米　开本：1/16　印张：26
字数：660千字

定价：70.00元
（如出现印装质量问题，我社图书营销中心负责调换）
版权所有，翻印必究

前　言

我国陆相页岩油资源丰富，是现阶段我国油气增储上产的重要接替领域，实现页岩油规模化效益开发将为我国原油自给供应的长期安全提供强有力支撑。近年来，我国在页岩油基础研究、开发认识、工程技术、管理创新上取得了一系列重要进展，鄂尔多斯盆地、准噶尔盆地、松辽盆地、渤海湾盆地、北部湾盆地、柴达木盆地等地区页岩油勘探开发相继取得了重大突破，证实了陆相页岩油巨大的资源潜力。然而，相较于北美海相页岩体系形成的页岩油，我国陆相页岩油地质条件更为复杂，非均质性更强，不同盆地乃至同一盆地不同层位间的开发效果存在显著差异，因此亟须攻克陆相页岩油勘探开发的关键技术和管理制度。

为了进一步促进页岩油基础地质理论、勘探开发技术与管理理论交流，助推中国页岩油资源规模效益开发，中国石油学会石油工程专业委员会和多资源协同陆相页岩油绿色开采全国重点实验室联合大庆油田有限责任公司、中国石油勘探开发研究院和低渗透油气田勘探开发国家工程实验室，组织召开了中国陆相页岩油勘探开发关键技术与管理研讨会（以下简称大会）。大会以"多资源协同，加速实现页岩油革命"为主题，就我国陆相页岩油开发关键技术与管理制度进行了深入研讨与交流。在各相关单位的精心组织下，技术人员和院所师生踊跃投稿。大会组委会从本次研讨会征集的论文中精选出88篇优秀论文，并征得作者同意，汇编成册。这些论文涵盖了陆相页岩油基础地质理论、地质勘探、钻完井、增产改造、采油工程、提高采收率、CO_2资源化利用与埋存等领域的关键技术，以及全生命周期管理等方面的新理论、新技术、新方法、新成果。我们相信，通过此次会议的交流与探讨，将进一步推动相关领域的技术进步，加快我国陆相页岩油实现规模效益开发的步伐。

本书为中国石油勘探开发研究院出版物，希望本书能够为广大从事相关领域研究和实践的科技工作者提供有益的参考和借鉴。

中国石油学会石油工程专业委员会

2024年11月

目 录

上 册

地 质

超压下黏土矿物的演化及其对油气的指示作用——以古龙凹陷青山口组页岩为例
.... 康 缘 刘扣其 吴松涛 等（3）
鄂尔多斯盆地延长组长 7_3 亚段页岩纹层结构及成因 … 冯胜斌 牛小兵 辛红刚 等（17）
深盆湖相区页岩型页岩油中源、高储、优保富集规律研究——以黄骅坳陷古近系为例
.... 蒲秀刚 时战楠 韩文中 等（29）
松北陆相页岩有机黏土复合体微观表征及研究 ……… 王永超 王 括 赵 威 等（38）
松辽盆地古龙页岩形成环境及其控有机质富集作用 …… 付秀丽 李军辉 崔坤宁 等（43）
松辽盆地北部古龙页岩油分布特征及潜力分析 ………… 陆加敏 林铁锋 刘 鑫 等（51）
基于改进简化局域密度模型的黏土矿物表面气体吸附模拟研究
.... 吴 刚 付晓飞 王 璐 等（62）
轨道强迫的松辽盆地青山口组页岩有机质富集和页岩油聚集
.... 王华建 张水昌 柳宇柯 等（71）
松辽盆地青山口组页岩层系非均质地质特征与页岩油"甜点"评价
.... 白 斌 戴朝成 侯秀林 等（79）
柴达木盆地下干柴沟组上段混积型页岩物源体系研究 … 伍坤宇 张博策 尹志昊 等（91）
三塘湖盆地二叠系芦草沟组页岩油勘探潜力分析 ……… 梁 辉 范谭广 刘文辉 等（103）
裂缝对页岩油藏产量及成藏模式的控制作用——以准噶尔盆地乌夏断裂带风城组为例
.... 王苏天 杨 果 郑永中 等（112）
水体深度与封闭性对陆相页岩有机质富集的控制作用 ……… 毛小平 李 振 李书现（122）

北部湾盆地涠西南凹陷流沙港组二段页岩油储层精细表征
································· 范彩伟　高永德　陈　鸣　等（128）

吉林油田陆相页岩油评价的关键问题················· 王永成　菅红军　宋宝良　等（143）

开　发

页岩油水平井全油藏立体开发理念及庆城油田大平台实践
································· 梁晓伟　冯立勇　曹玉顺　等（151）

庆城油田页岩油超大平台高效开发技术探索········· 郭晨光　柴慧强　蒋勇鹏　等（163）

基于产液剖面测试的水平井渗流规律研究··········· 冯立勇　贾剑波　赵　晖　等（174）

庆城油田长7页岩油储层特征及精细化闷井制度优化
································· 曹鹏福　韩子阔　方泽昕　等（184）

页岩油低产水平井产能恢复技术探索与实践········· 岳渊洲　黄战卫　马红星　等（198）

庆城油田页岩油采油工艺关键技术研究及应用······· 张　鑫　黄战卫　刘环宇　等（208）

陇东页岩油蜡垢生成机理及长效防治技术研究······· 邓泽鲲　甘庆明　郑　刚　等（225）

大港页岩油 CO_2 吞吐增产技术研究与现场试验 ····· 王海峰　章　杨　张　可　等（234）

川渝地区页岩油井产能预测研究··· 姚德松（242）

页岩油水平井基于裂缝监测及大数据分析的层间暂堵优化
································· 赵星烁　唐鹏飞　邓大伟　等（251）

古龙页岩微纳米孔缝渗流数学模型及页岩油产能影响因素分析
································· 王青振　曲方春　李斌会　等（261）

页岩油注 CO_2 吞吐微观作用机理及注入参数优化 ······ 曲方春　王青振　佟斯琴　等（269）

古龙页岩油生产初期见油规律与生产特征研究······· 孙美凤　郭志强　沙宗伦　等（276）

页岩裂缝中气液两相流动相对渗透率模型··········· 庞　鸿　王　铎　吴　桐　等（287）

页岩油注二氧化碳早期补能提高采收率方式········· 雷征东　陈哲伟　彭颖锋　等（299）

干柴沟页岩油压裂液返排重复利用可行性研究······· 张成娟　赵文凯　赵　健　等（308）

干柴沟页岩油长水平段油基钻井液技术研究与应用··· 郝少军　邢　星　安小絮　等（318）

中—低成熟度页岩油原位改质加热技术研究········· 李　源　钟安海　杨　峰　等（327）

济阳页岩油渗流机理及立体开发优化设计··········· 张世明　杨　勇　孙红霞　等（335）

吉木萨尔页岩油区块油基钻井液技术研究··········· 房炎伟　房晓伟　吴义成　等（344）

生物藻协同陆相页岩原位催化转化绿色开采技术····· 李晶晶　李川东　马新军　等（349）

吉木萨尔页岩油藏 CO_2 吞吐机理及动用界限研究 …… 王丹翎　汪周华　王　健　等（356）
吉木萨尔页岩油 CO_2—驱油剂复合吞吐提高采收率实验研究
………………………………………………………… 李海福　张利伟　易勇刚　等（367）
页岩储层自发渗吸微观孔隙空间流体赋存特征………… 常家靖　宋兆杰　范昭宇　等（375）
分子扩散对页岩储层 CO_2 吞吐增产—埋存规律研究 … 刘峻嵘　余龙辉　李航宇　等（387）
基于核磁共振的页岩储层逆向渗吸实验研究…………… 郭亚兵　伦增珉　牛　骏　等（398）

下　册

工　程

庆城油田页岩油水平井无杆举升工艺改进及规模应用…… 刘小欢　黄战卫　马红星　等（3）
分布式光纤传感技术在页岩油井压裂中的应用………… 刘江波　王尚卫　任国富　等（15）
鄂尔多斯盆地陇东页岩油大平台长水平井钻完井关键技术及实践
………………………………………………………… 陆红军　宫臣兴　欧阳勇　等（24）
长庆页岩油 CO_2 区域增能体积压裂技术研究与实践 … 陶　亮　齐　银　薛小佳　等（39）
长庆油田可开关滑套+光纤监测技术研究现状与展望 … 赵　硕　王尚卫　任国富　等（51）
大港油田泥纹型页岩油压裂技术进展与成效…………… 刘学伟　田福春　赵　涛　等（59）
大庆古龙页岩油 X 井区水平井井身结构优化研究 …… 王洪英　常　雷　李继丰　等（66）
基于温度补偿的电泵井电加热清防蜡技术研究与应用… 孙延安　郑东志　钱　坤　等（73）
松北古龙页岩油采油工程一体化方案设计探索与实践… 马蔚东　冯　立　蒋国斌　等（79）
动态负压射孔作用机理分析及可靠实现………………… 刘　桥　刘　琳　刘向京　等（86）
古龙页岩油水平井固井提质技术研究…………………… 齐　悦　姜　涛　杨秀天　等（96）
DQXZX-241 旋转造斜工具研制与试验 ………………… 赵　毅　刘海波　杨志坚　等（110）
DQBYM194-80 型保压取心工具在 SY1H 井中的应用… 李春林　程百慧　张绍先　等（117）
岩屑称重系统的技术现状及发现前景…………………… 孟宇阁　赵志学　马晓伟　等（123）
页岩油水平钻井优快提速技术分析与展望……………… 梁　斌　马晓伟　赵志学　等（126）
钻井用旋转总成下旋转筒的校核与改进………………… 郭　建　刘鹏骋　于成龙　等（131）
小直径高效洗井一体化分注工艺技术研究……………………………………… 王　括（135）
大情字地区夹层型页岩油可压性评价及水力裂缝穿层扩展规律研究
………………………………………………………… 索　彧　苏显蘅　何文渊　等（142）

基于地质工程一体化的页岩裂缝扩展规律研究………… 郭 壮 董康兴 郭 政 等（164）
基于划痕实验的自编码卷积神经网络岩性识别………… 任智慧 王素玲 董康兴 等（177）
基于耦合分析的页岩油井筒温度压力分布预测………… 郭书魁 董康兴 赵鑫瑞 等（190）
支撑剂段塞泵注方案可视化试验研究………………… 王 铎 刘光棚 王 祥 等（203）
基于磁通门的耐175℃随钻方位测量系统研制………… 吕海川 陈必武 谢 夏 等（214）
中—低成熟度页岩油小井距磁导向钻井技术…………… 孙润轩 乔 磊 车 阳 等（229）
中国陆相页岩油钻完井工程技术现状及发展建议……… 汪海阁 乔 磊 刘奕杉 等（239）
陆相高黏土页岩储层水平井井壁稳定技术研究………… 邹灵战 汪海阁 李吉军 等（249）
页岩油宽幅电泵结构设计与优化………………………… 周雨田 高 扬 赵晓洁 等（256）
柴达木盆地页岩储层大斜度井体积压裂技术探索与实践
　　……………………………………………………… 谢贵琪 林 海 刘世铎 等（275）
济阳页岩油压裂关键技术研究与实践…………………… 张 峰 鲁明晶 钟安海 等（289）
基于有限元方法的页岩油藏水平井同步压裂施工参数优化方法研究
　　……………………………………………………… 包劲青 张轩哲 陈 凯（297）
吉木萨尔页岩油低成本高效体积压裂技术……………… 鲍 黎 张永国 鲍 磊 等（307）
页岩油分段多簇压裂水平井簇开启监测新技术………… 封 猛 宋志同 王 倩 等（317）
吉木萨尔页岩油水平井基于物质点法压前模拟研究探索
　　……………………………………………………… 王 磊 盛志民 徐传友 等（326）
立体全支撑缝网压裂技术在吉木萨尔芦草沟组页岩油藏开发中的研究与应用
　　……………………………………………………… 肖 雷 徐传友 梁跃斌 等（333）
页岩水平井分段压裂套管变形影响研究——以井研区块为例… 冯欣雨 邓 燕 金浩增（343）
页岩油井套管基于应变强度设计完整性研究…………………………… 张 智 冯潇霄（358）
吉木萨尔深层页岩油水平井钻完井技术创新与实践…… 刘可成 陈 昊 刘颖彪 等（369）
广域电磁法在苏北盆地页岩油压裂监测中的应用……… 贾金赟 刘 音 范江涛 等（378）

综　合

非常规高效开发关键技术支撑庆城整装页岩油产量突破200万吨
　　……………………………………………………… 党永潮 梁晓伟 罗锦昌 等（389）
庆城油田页岩油智能化建设实践与创新………………… 黄战卫 贾志鹏 宋 创 等（398）
庆城页岩油"四新三高"开发管理创新与实践………… 马立军 张西军 王骁睿 等（406）

大庆西部页岩油效益开发管理探索与实践……………………………………王新强　邹兰涛（416）
古龙页岩油区带级模型表征及地质—工程"双甜点"综合评价研究
　………………………………………………………………向传刚　迟　博　王　瑞　等（423）
辽河坳陷页岩油"甜点"叠前地震预测方法及应用 ……董德胜　邹启伟　郭彦民　等（432）
柴达木盆地英雄岭页岩油地质工程一体化研究与实践…张庆辉　林　海　伍坤宇　等（440）
页岩油勘探开发管理创新……………………………………尹志昊　陈晓冬　郭睿婷（451）
"一全六化"系统工程方法论在吉木萨尔国家级陆相页岩油示范区建设中的管理实践
　………………………………………………………………汤　涛　王明星　朱靖生　等（457）

地 质

超压下黏土矿物的演化及其对油气的指示作用
——以古龙凹陷青山口组页岩为例

康　缘[1]，刘扣其[1]，吴松涛[2]，朱如凯[1,2]，张婧雅[2]，张素荣[2]

（1.北京大学能源研究院；2.中国石油勘探开发研究院）

摘　要：页岩油的富集和开发受黏土矿物及其演化的重要影响。本文通过 X 射线衍射分析（XRD）和场发射扫描电子显微镜（FE-SEM）对古龙 GY2HC 井、GY3HC 井和 GY8HC 井页岩样本的矿物学和黏土矿物结晶度进行了表征。此外，还评估了地球化学参数，包括总有机碳（TOC）和岩石热解。结果表明，页岩中的伊利石主要存在于基质中，主要来源于蒙皂石和伊/蒙混层的转化。绿泥石主要存在于孔隙中，主要来源于孔隙流体直接沉淀和结晶形成。研究区域呈现出伊利石和伊/蒙混合层随深度的异常演化，以及在超压条件下绿泥石快速增长的现象。伊利石和伊/蒙混合层的异常演化可能是由于伊/蒙混合层向伊利石的转化反应受到抑制导致的。绿泥石的快速增长是通过成核机制在超压背景下快速生长。此外，通过对黏土矿物和有机物相关性的分析，并结合超压和富含油气层段的耦合，观察到绿泥石可能在游离烃 S_1 的储存和生成中发挥了重要作用。这项研究有助于更好地理解黏土矿物演化与页岩储层超压之间的关系，能够为准确评估页岩油提供有价值的见解。

关键词：古龙凹陷；青山口组；黏土矿物；超压；页岩油

　　黏土矿物作为页岩样本中的重要成分，在研究页岩油气成因过程中的特征和演化过程中发挥着不可或缺的作用，因此一直受到科学研究的关注[1]。目前，在松辽盆地古龙凹陷的青山口（K_2qn）地层中段，从富含黏土的页岩中提取页岩油已被证明是成功的，日产油 228bbl，日产气 456120ft^3[2]。值得注意的是，古龙页岩的黏土矿物含量普遍超过 30%，主要类型为伊利石、伊/蒙混合层、绿泥石和高岭石[3-5]。古龙页岩中丰富的黏土矿物含量意味着这些矿物在塑造储层性质方面发挥着重要作用[6-7]。此外，黏土矿物表现出多种几何特征（孔隙形状、孔隙大小、比表面积、晶体形状、晶体结构等）[8-11]和含油特性（润湿性和吸附性）[12-13]，影响页岩储层的碳氢化合物含量和储量[5,14-16]。鉴于这些重大影响，对成岩过程中黏土矿物的演化进行全面研究对于深入了解古龙页岩的性质至关重要。

　　压力是成岩过程中较为复杂的控制因素之一。一方面，它直接影响黏土矿物的结构完整性，可能导致晶体变形和缺陷的形成。La Iglesia[17] 和 Seredin，Rastegaev[18] 的研究表明，高压条件可以诱发高岭石的各种现象，包括断裂、弯曲、变形、层滚动、滑行和片状旋转。此外，压力还能促进黏土矿物的优先取向，从而形成更有序的晶体结构，正如在伊利石垂直于有效应力生长的情况下观察到的那样[19]。另一方面，压力通过影响相变间接影响矿物相的晶体属性。这种压力诱导效应具有多个方面。首先，压力可以通过抑制层间水的释放来抑制水合黏土矿物的转化。这已在准噶尔和莺歌海盆地得到证实，在超压段，蒙皂石向伊利石的转化已经停滞[19-20]。其次，压力可改变矿物相转化反应的活化能，实验室实验表明，随着压力的增加，长石向伊利石转化的活化能降低[21]。最后，压力可通过控制孔隙流体中的离子浓度间接影响黏土矿物的生长。超压流体活动会重新分配温度和压力，从而改变孔隙流体的化学成分，阻碍流体交换。这阻碍了K^+、Fe^{3+}和酸性流体进入页岩层[19-20]。此外，超压会抑制有机酸的生成，导致流体中K^+和Fe^{3+}浓度下降[22]。因此，压力因素在黏土矿物演化过程的研究中似乎非常重要。

本文介绍了在松辽盆地古隆中进行的一项案例研究，以细致评估超压对黏土矿物成因的影响。通过对GY8HC井、GY2HC井和GY3HC井黏土演化和超压带的耦合分析，建立了研究区黏土矿物生长和转化的机制，并评估了超压在这一过程中的作用。通过这种综合方法，我们阐明了研究区域内黏土矿物生长和转化的机制，同时评估了超压在这些过程中所起的作用。此外，通过研究黏土矿物与有机物之间的相关性，并考虑超压与富含碳氢化合物地段之间的相互作用，深入探讨了超压对油气积累和黏土矿物演变的相互影响。

1 黏土矿物来源及产状

1.1 黏土矿物来源机制

通过对页岩样品 SEM-EDS 研究，对古龙黏土矿物来源进行识别，发现古龙页岩黏土矿物主要有以下三种来源机制（图1）：（1）沉积后保存机制。含有黏土矿物的较老岩石或土壤在机械风化后通过沉积得以保存[23-25]。（2）固态转变机制。前体相，如云母或长石，通过与孔隙流体的离子交换转化为黏土矿物，而不破坏前体矿物的轮廓[26-27]。（3）流体析出结晶机制。黏土矿物可以通过长石等相邻矿物的溶解或从输送的流体中结晶形成[28-30]。

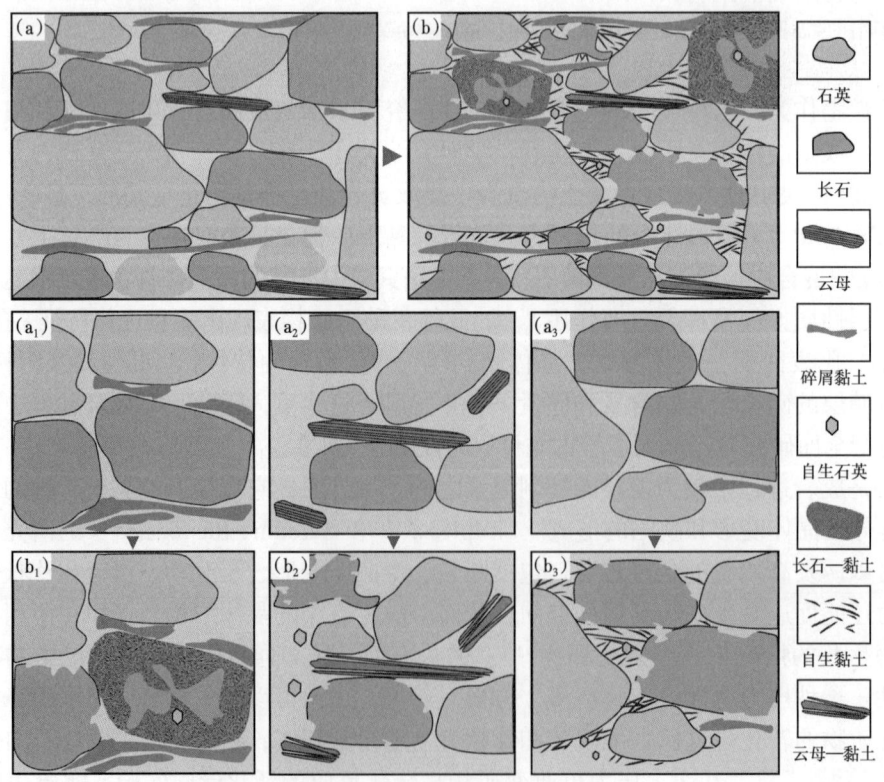

图1 黏土矿物来源机制示意图

（a）和（b）为页岩前后转化的整体特征；（a_1）和（b_1）为长石经固态转变机制转化为伊利石的过程；
（a_2）和（b_2）为云母经固态转化机制转化为黏土的过程；（a_3）和（b_3）为流体析出结晶黏土矿物的过程

1.2 黏土矿物来源分析

在 SEM 图像中可以发现三种主要的黏土矿物：伊/蒙混合层、伊利石和绿泥石，而没有观察到蒙皂石的离散分布。基质主要由伊利石和伊/蒙混合层相组成[图2(e)]。长石或石英颗粒周围的伊利石和伊/蒙混合层矿物表现出明显的弯曲变形，表明压实引起的结构变化。这些矿物已经失去了原来的结晶习性，显示出模糊的优先取向。绿泥石主要占据孔隙空间，表现为片状或放射状聚集体[图2(f)]。此外，纤维状伊利石具有圆形长石或云母矿物轮廓，以及可辨别的板状绿泥石[图2(a)]。在一些黏土矿物中经常观察到长石残留和明显的云母解理面，这可能是黏土矿物转变的证据[图2(b)至图2(d)]。此外，这些轮廓周围紧密堆积的塑性颗粒证明了刚性颗粒曾经存在[图2(a)至图2(b)]。

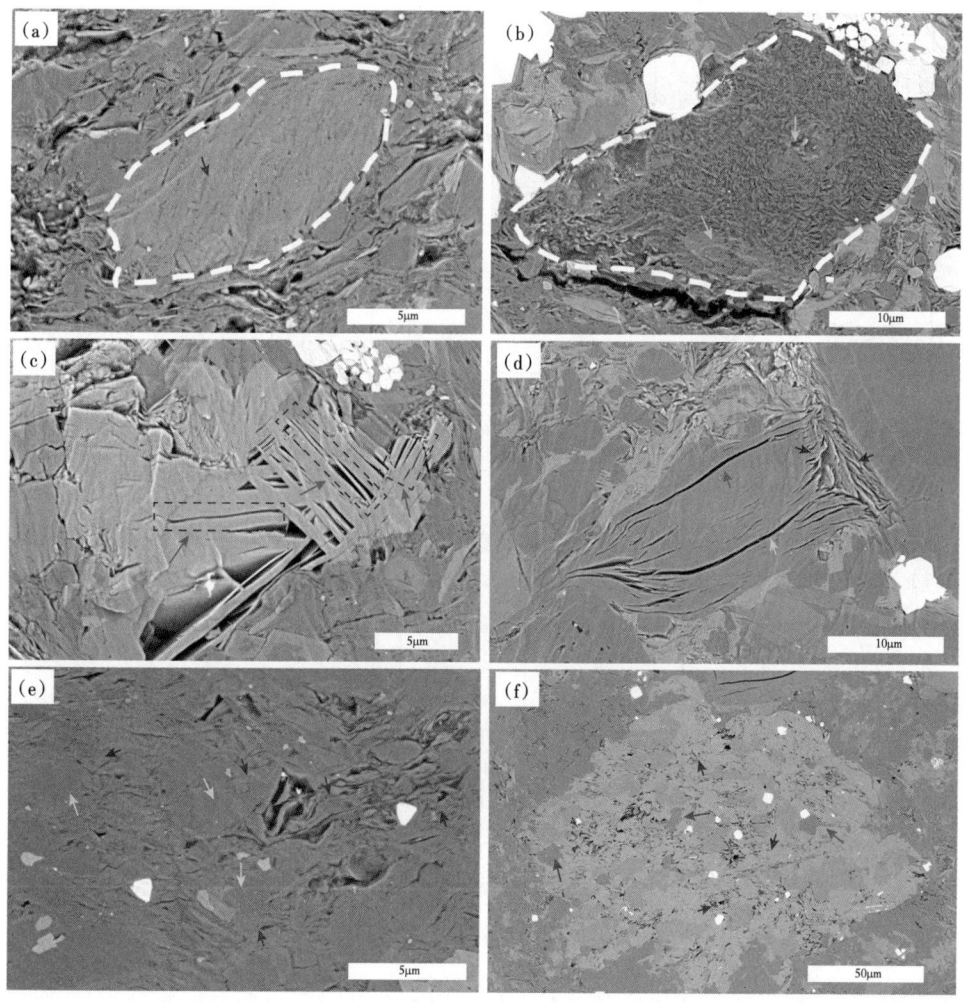

图 2 不同黏土矿物产状 SEM 图

(a)伊利石(红色箭头)，具有紧密堆积/共生纤维结构，取代了用白色虚线勾勒的碎屑颗粒[GY8HC 井(2505.07m)]；(b)部分取代的碎屑钠长石颗粒(白色虚线轮廓)，填充有钠长石残余物(绿色箭头)和纤维状结构的伊利石[GY8HC 井(2435.0m)]；(c)表现出平行解理(橙色箭头)的绿泥石取代云母颗粒[GY8HC 井(2462.1m)]；(d)伊利石具有明显解理(橙色箭头)和边缘纤维化(红色箭头)的塑性云母颗粒[GY8HC 井(2320.1m)]；(e)基质内的定向伊利石和伊/蒙混合层(红色箭头)，显示出沿刚性颗粒边缘的压缩引起的变形(绿色箭头)[GY3HC 井(2508.9m)]；(f)绿泥石填充孔隙，包裹细小的石英颗粒[GY8HC 井(2337.1m)]

2 黏土矿物形成机制

2.1 黏土矿物异常演化机制

通过黏土矿物含量随深度演化图可见在 GY8HC 井和 GY2HC 井存在黏土矿物演化异常的现象。具体表现在伊蒙混层含量随深度先减小后增加，伊利石含量随深度先增加后减小。而在 GY3HC 井中则不存在这一现象（图 3）。

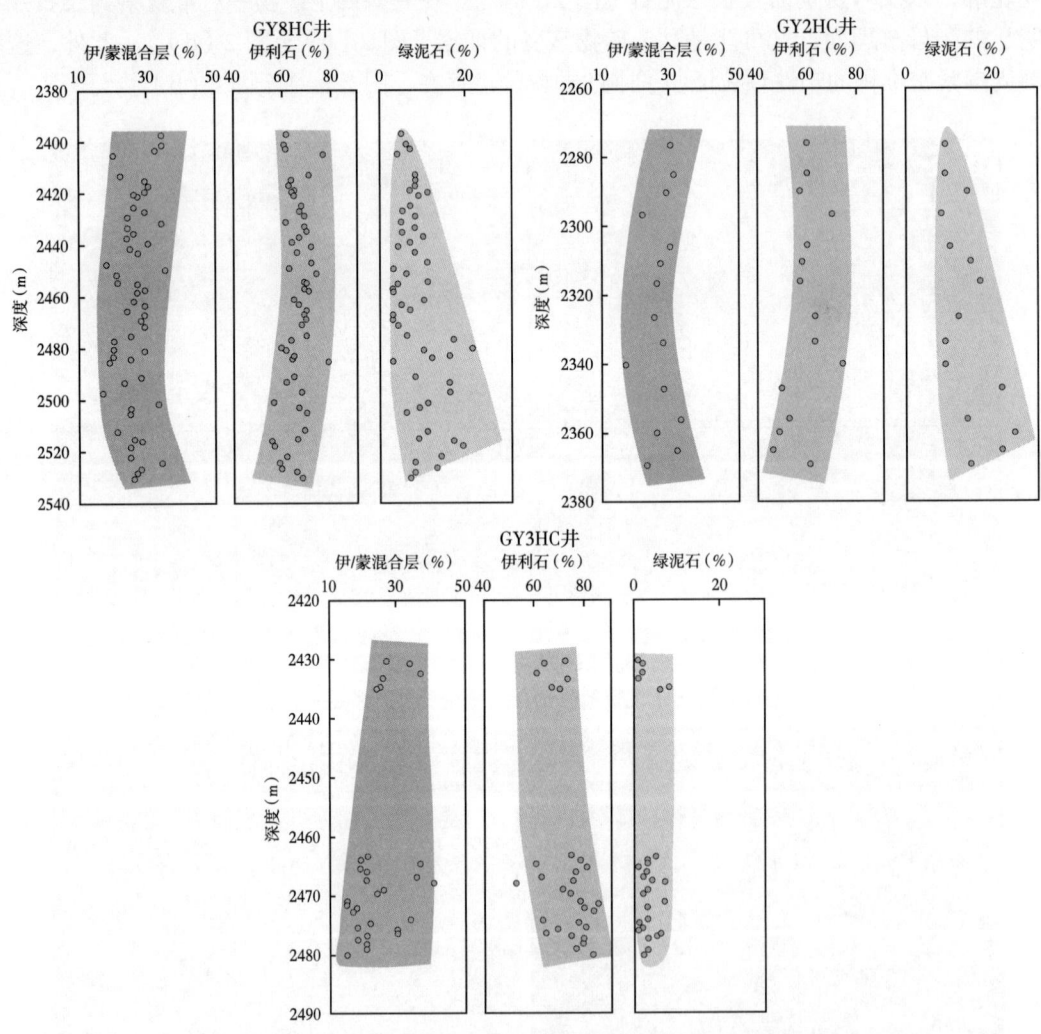

图 3　GY8HC 井、GY2HC 井、GY3HC 井黏土矿物含量随深度演化图

为了探讨黏土矿物异常演化机制，对三口井伊利石和绿泥石结晶度和黏土与其他矿物关系进行了分析。黏土矿物结晶度可用于反映黏土矿物的平均晶体尺寸[26, 31-32]，主要理论基础基于 Scherrer 方程[33]：

$$D_{hkl} = \frac{K\lambda}{\beta\cos\theta_{hkl}} \tag{1}$$

式中：D_{hkl}为垂直于晶格平面方向上的晶粒尺寸；hkl为被分析平面的Miller指数；K为晶粒形状因子，球形晶粒的值为1.075，立方体晶粒的值则为0.9[34-35]；λ为X射线的波长；β为以弧度为单位的X射线衍射峰的最大半峰宽（FWHM）；θ为布拉格角，（°）。

根据Scherrer方程，较大的FWHM表示较小的晶体尺寸。在GY2HC井和GY8HC井中观察到类似的FWHM特性（图4）。绿泥石的FWHM在Q5—Q9油层中减小，在Q1—Q4油层中增大，表明绿泥石的晶体尺寸先增大后减小。伊利石峰宽指数在Q5—Q9油层中略有增加，在Q1—Q4油层中保持不变，表明伊利石的晶体尺寸最初略有减小，然后保持相对不变。

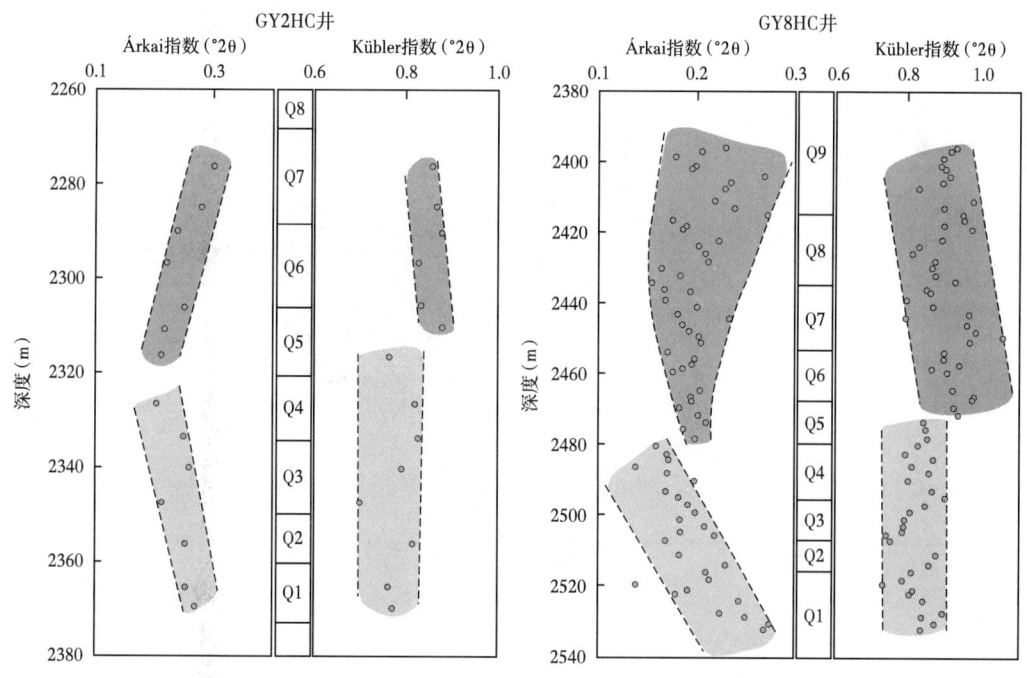

图4　GY2HC井和GY8HC井绿泥石和伊利石结晶度深度分布

在沉积岩中，颗粒大小的分布随成岩过程中晶体成核和成熟的相对重要性而变化[32]。成核过程是指重新开始形成新颗粒，当这一过程占主导地位时，会导致平均晶体尺寸减小。成熟过程是指在当成熟过程占主导地位时，会导致平均晶体尺寸增大。从GY2HC井和GY8HC井的伊利石晶体尺寸分布来看，Q5—Q9油层的伊利石晶体尺寸略有增大，而Q1—Q4油层的伊利石晶体尺寸保持不变（图4），表明从成核过程略占优势转变为成核过程和熟化过程的平衡。

青山口组一段在这三口井中的地层压力系数不相同。GY3HC的压力系数约为1.3，表明为轻度超压状态[36]。而GY2HC井和GY8HC井青山口组一段的压力系数超过1.5，表明GY2HC井和GY8HC井处于明显的超压状态[36]。此外，GY2HC井和GY8HC井的AC速度值随着深度的增加而增加，AC测井曲线在Q1—Q4油层中形成了一个高值的箱形（图5），表明GY2HC井和GY8HC井中的超压程度随着深度的增长而继续增加。而GY3HC井的AC测井曲线随深度变化不大，表明地层压力条件垂直变化不大。

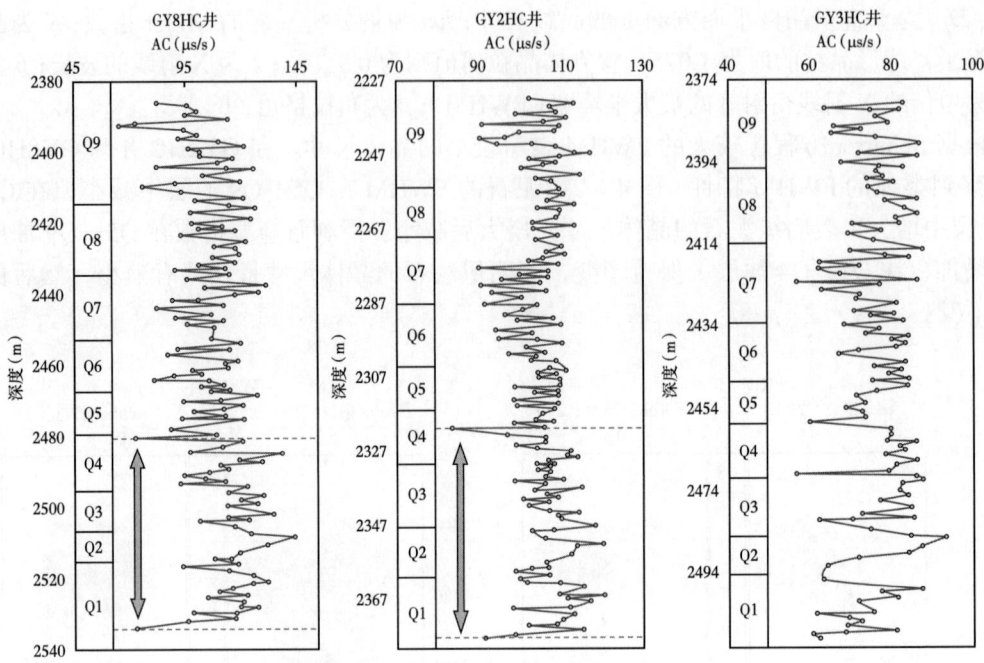

图 5 GY2HC 井、GY3HC 井、GY8HC 井 AC 测井图

根据压力异常井中不同油层的长石和伊利石之间的相关性差异的分析，可以讨论生长机制的转变。可以发现，在 Q5—Q9 油层中，长石与伊利石呈负相关 [图 6（b）]，而在 Q1—Q4 油层中则没有发现明显的相关性 [图 6（c）]。长石通常是形成伊利石的主要母质之一。

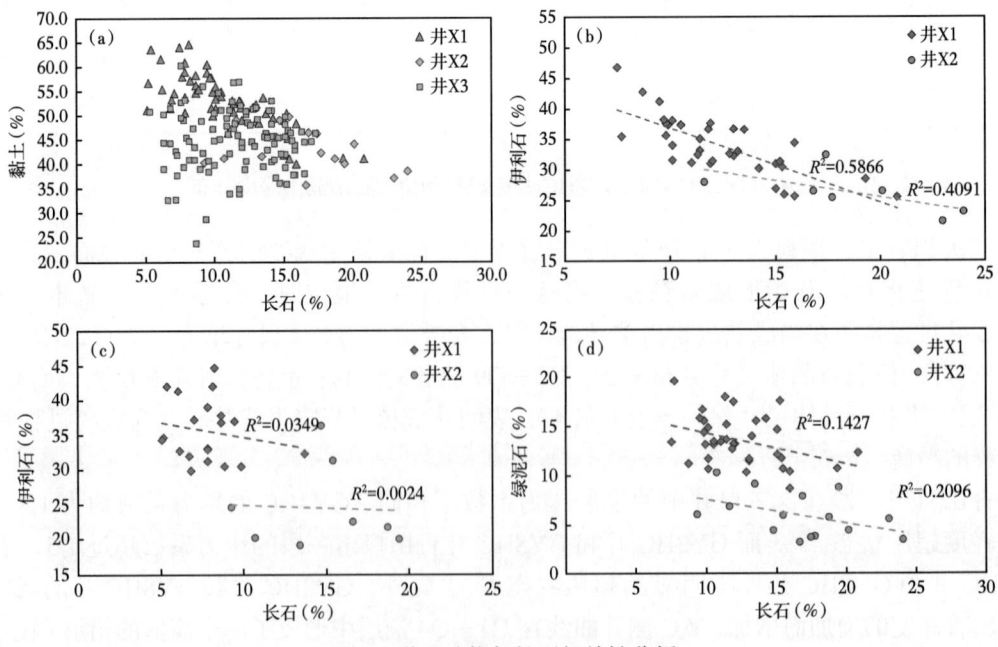

图 6 黏土矿物与长石相关性分析

（a）GY2HC 井、GY3HC 井、GY8HC 井长石与黏土的相关性分析；（b）GY2HC 井、GY8HC 井 Q5—Q9 油层长石与伊利石的相关性分析；（c）GY2HC 井、GY8HC 井中 Q1—Q4 油层长石与伊利石的相关性分析；（d）GY2HC 井、GY8HC 井长石和绿泥石之间的相关性分析

Q5—Q9 油层中的负相关性表明存在从长石到伊利石的直接或间接转化。在 Q1—Q4 油层中，长石和伊利石之间没有相关性，这可以证明伊利石的生长在 Q1—Q4 油层中受到抑制。在 Q5—Q9 油层中，伊利石成核生长略占优势，伊/蒙混合层和长石作为反应物直接或间接转化为伊利石。在 Q1—Q4 油层中，伊利石的生长受到抑制，成核和熟化过程都受到抑制，从而达到平衡。

在 GY2HC 井和 GY8HC 井中，伊利石和伊/蒙混合层含量随深度变化异常（图 3）。伊利石生长减缓或停滞意味着作为转化主要反应物的伊/蒙混合层得以保留，从而导致相对含量增加。伊利石生长缓慢或停滞的现象可以解释 GY2HC 井和 GY8HC 井下段伊利石相对含量减少和伊/蒙混合层相对含量增加的现象。

2.2 黏土矿物来源机制

在松辽盆地浅层地层中观察到的丰富的蒙脱石在古龙凹陷的青山口地层中完全消失，广泛转变为伊/蒙混合层和伊利石[2]。伊利石和伊/蒙混合层主要分布在基质中，常发生压缩变形，缺乏明显的自生形态［图 2（e）］。这种类型的伊利石可能是碎屑来源，或者是在早期成岩过程中由蒙脱石转化而来。少量伊利石或具有纤维结构的伊/蒙混合层填充在具有长石轮廓的孔隙中［图 2（a）和图 2（b）］，这可能是在成岩晚期由固体转化机制或流体析出机制形成的。钠长石向伊利石的转化是通过固体转化机制或流体析出机制发生的，需要消耗大量的 K^+ [37-39]。长石广泛发育溶蚀孔以及伊利石和长石之间的负相关可能表明长石是 K^+ 的主要来源［图 6（b）、图 7（a）和图 7（b）］。

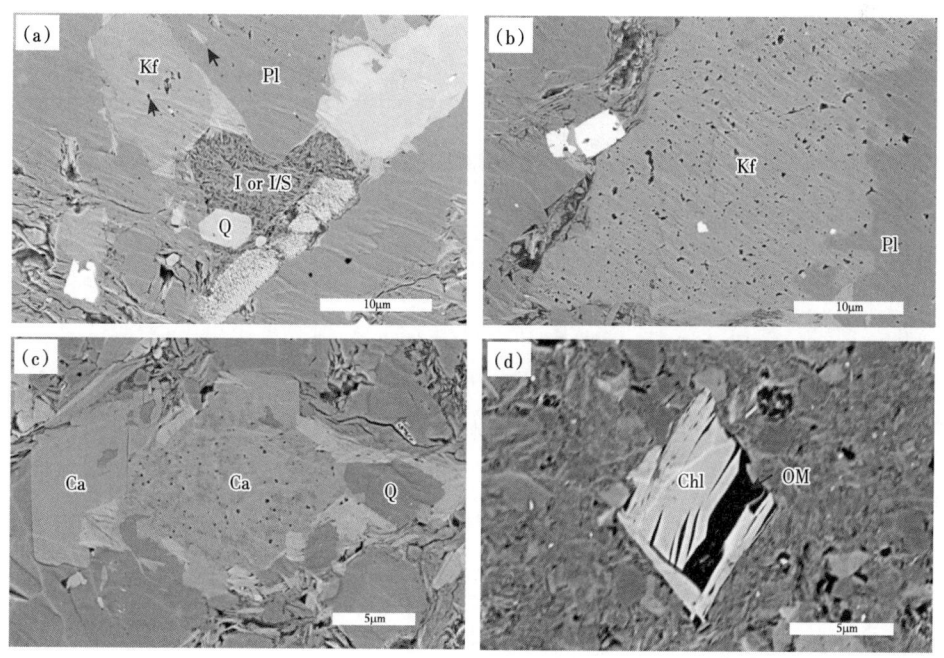

图 7 长石和碳酸盐溶蚀现象的 SEM 图

（a）长石是广泛发育的溶解孔，其中一些由黏土或黄铁矿填充［GY8HC 井（2469.2m）］；（b）钾长石和斜长石相互置换释放离子形成黏土矿物［GY8HC 井（2399.0m）］；（c）碳酸盐岩发育溶蚀孔隙［GY8HC 井（2401.1m）］；（d）广泛发育由绿泥石和 OM 填充的菱形孔隙，溶蚀孔隙可能是由 OM 的演化引起的［GY2HC 井（2369.4m）］

（Kf: 钾长石；Pl: 斜长石；Ca: 方解石；Q: 石英；Chl: 绿泥石）

三口井的页岩样品未显示出绿蒙/混合层的过渡相，表明绿泥石不是蒙皂石转化的结果[40]。在扫描电镜图像下，观察到大量绿泥石充填在长石溶孔、晶间孔和有机质孔中，呈现出明显的自生形态，说明绿泥石是通过流体析出结晶机制形成的［图 1（f）、图 9（a）和图 9（b）］。只有小部分表现出长石或云母的取代反应的特征［图 9（c）］，这可能是由长石和云母经固态转化机制形成的。

碳酸盐随深度的演化表明，GY8HC 井和 GY2HC 井的碳酸盐含量降低，地层底部的铁白云石含量降至零（图 8）。菱铁矿在 GY8HC 井和 GY2HC 井中不发育，而在 GY3HC 井中观察能到菱铁矿发育。前人高压实验结果表明，碳酸铁的稳定性随着铁含量的增加而显著降低[41-42]。碳酸盐矿物可见广泛的溶蚀孔［图 6（c）］。因此，铁白云石和菱铁矿等含铁碳酸盐类矿物在超压条件下极易溶解，这可以用来解释 GY8HC 井和 GY2HC 井中菱铁矿缺乏发育和铁白云石含量下降，而 GY3HC 井中发育菱铁矿和铁白云石含量相对较高的原因。

页岩中的流体迁移受到低孔隙度和低渗透率的限制，尤其是在超压系统中，孔隙流体运移抑制现象更加严重[43-44]。在 GY8HC 井和 GY2HC 井的页岩样品中，早期成岩菱铁矿或铁白云石溶解产生的 Fe^{2+} 或 Fe^{3+}，再在留下得菱形溶解孔中就近结晶形成绿泥石［图 7（d）］。因此，碳酸盐溶解也是超压条件下黏土矿物形成的来源之一。

总的来说，伊利石主要是碎屑来源或由蒙皂石和伊/蒙混合层转化而来，而绿泥石主要是通过流体析出结晶机制形成的。形成黏土矿物主要的物质来源主要是长石以及含铁碳酸盐岩的溶解。

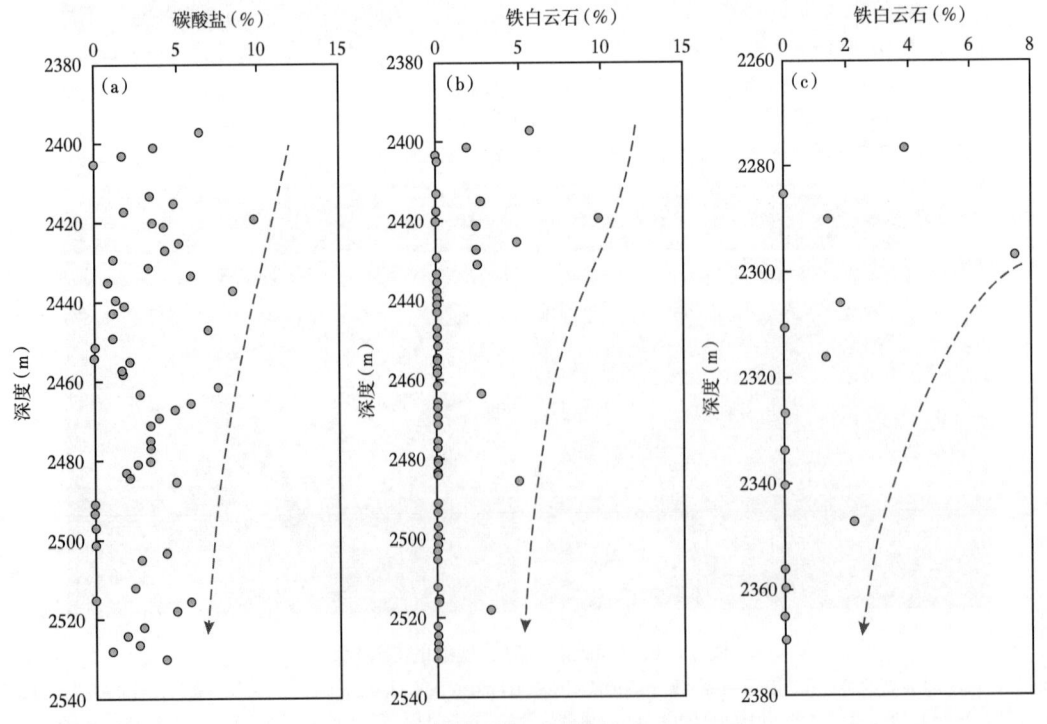

图 8 碳酸盐和铁白云石含量深度分布图

（a）GY8HC 碳酸盐深度分布图；（b）GY8HC 铁白云石深度分布图；（c）GY2HC 铁白云石深度分布图

3 黏土矿物与有机质富集

3.1 黏土矿物与有机质富集特征

在研究区域，OM 与黏土矿物之间的相互作用密切相关，在扫描电镜下，有机质附近往往发育有多种黏土矿物。值得注意的是，绿泥石与有机质之间主要存在两种类型：一种是自生绿泥石的晶间孔隙中充满了可移动的有机质［图 9（a）和图 9（b）］，另一种是热演化产生的自生绿泥石填充了有机质的次生孔隙［图 9（d）和图 9（e）］。伊利石或伊/蒙混合层与 OM 形成复合物［图 9（c）］。总体而言，与有机质相关的绿泥石的丰度远高于伊利石或伊/蒙混合层。有机质与绿泥石的频繁共存可能表明研究区域的有机质热演化与绿泥石结晶之间存在联系。

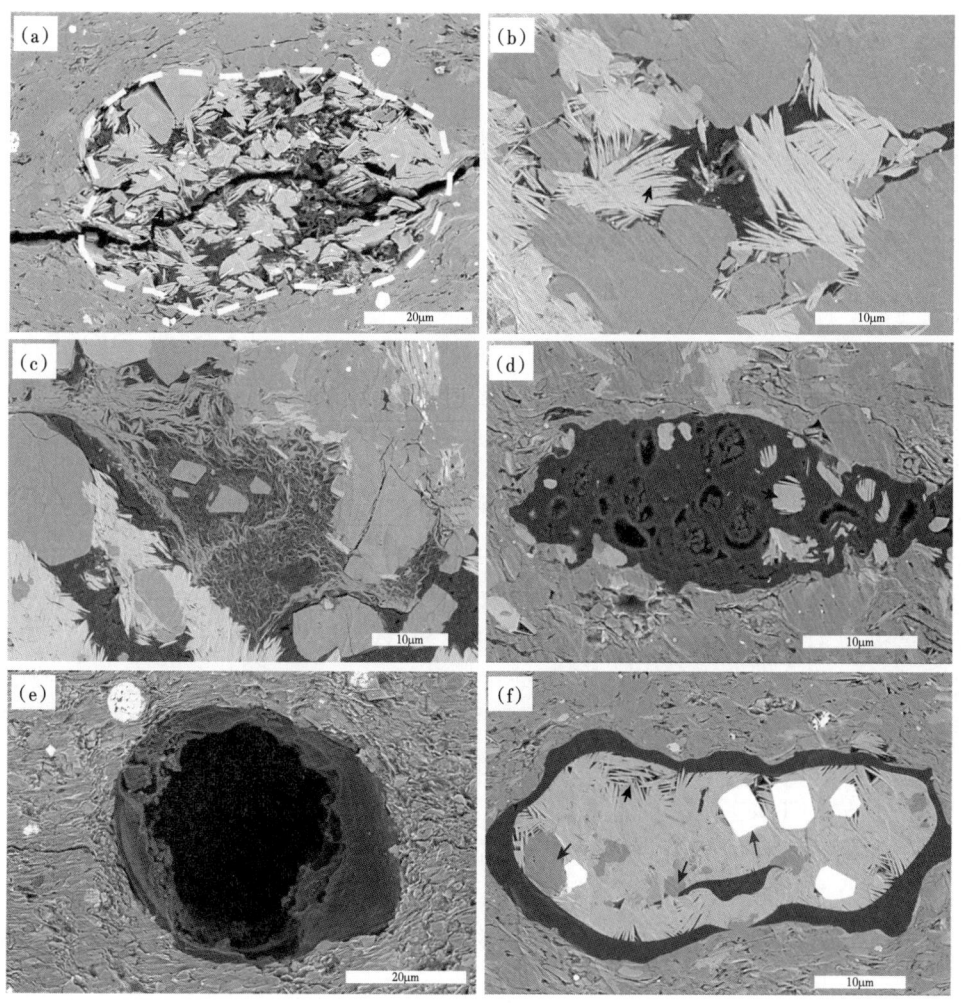

图 9 黏土矿物与有机质产状 SEM 图

（a）由自生绿泥石、焦沥青和钾长石残留填满的溶蚀孔［GY8HC 井（2319.1m）］；（b）焦沥青填满了自生绿泥石的晶间孔隙［GY8HC 井（2458.1m）］；（c）絮凝伊利石或伊/蒙混合层与有机质的复合体［GY3HC 井（2452.4m）］；（d）绿泥石填充有机质孔隙；（e）未被填充的有机质孔；（f）黄铁矿和石英晶粒被自生绿泥石包裹［GY8HC 井（2522.1m）］

与伊利石和伊/蒙相比,绿泥石与有机质含量之间呈正相关(图10)。这可能是有机质热演化与绿泥石形成之间存在关系[7]。油气生成和迁移过程中产生的有机酸会促进溶解孔隙的形成。这些溶解孔隙为绿泥石的形成提供了空间,而溶解产生的 Fe^{2+} 则是绿泥石的重要原料。因此,溶解孔隙的出现往往与有机质的热演化有关(图9)。

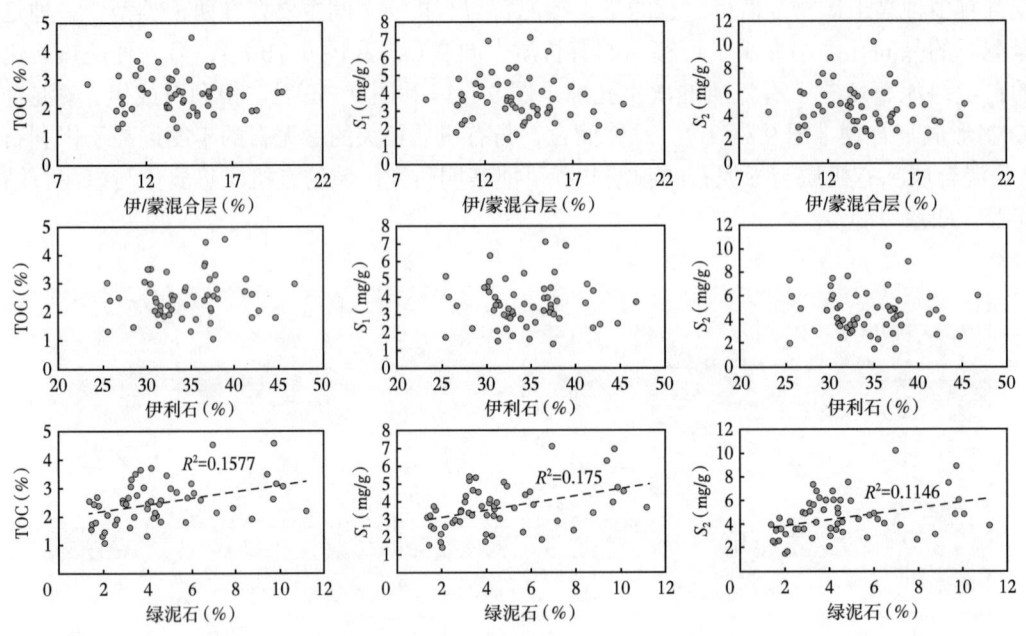

图 10　GY8HC 井有机地化参数与黏土矿物的关系图

3.2　超压—黏土—有机质富集机制

伊利石和伊/蒙混合层由于压实作用,没有明显的孔隙,在扫描电镜下在伊利石和伊/蒙混合层相关的孔隙中少见油气显示。前人对 GY2HC 井、GY3HC 井和 GY8HC 井中 K_2qn^1 的含油饱和度的计算表明,GY2HC 井和 GY8HC 井的含油饱和度超过 40%,而 GY3HC 井的含油饱和度仅为 31.7%[图 11(a)]。GY2HC 井和 GY8HC 井的绿泥石含量均高于 GY3HC 井[图 11(b)],这与观察到的绿泥石浓度与含油饱和度之间的关系一致。绿泥石对油气聚集和运移的积极作用可能是由于 GY2HC 井和 GY8HC 井中绿泥石的快速生长,保护了页岩孔隙,防止了石英等矿物胶结作用对孔隙的破坏。

三口井页岩的 TOC 和 S_2 含量差异不大,而 GY2HC 井和 GY8HC 井页岩的 S_1 含量高于 GY3HC 井[图 11(c)至图 11(e)]。这是因为超压是 OM 产生游离碳氢化合物的部分结果,并且压力密封可以积累相当多的碳氢化合物[45]。此外,超压对孔隙度具有保护作用,许多盆地报告称,在高压带中形成了高度多孔带[45-46],为游离烃(S_1)的积累提供了孔隙空间。

通过分析超压、黏土矿物与油气指示之间的关系,发现超压下,伊利石和伊/蒙混合层往往出现异常演化现象,绿泥石含量迅速增加,油气含量较高。碳氢化合物的分布可能与超压的分布密切相关。勘探层段可能在超压单元内,该超压单元可以结合黏土矿物的演化特征进行辅助识别。

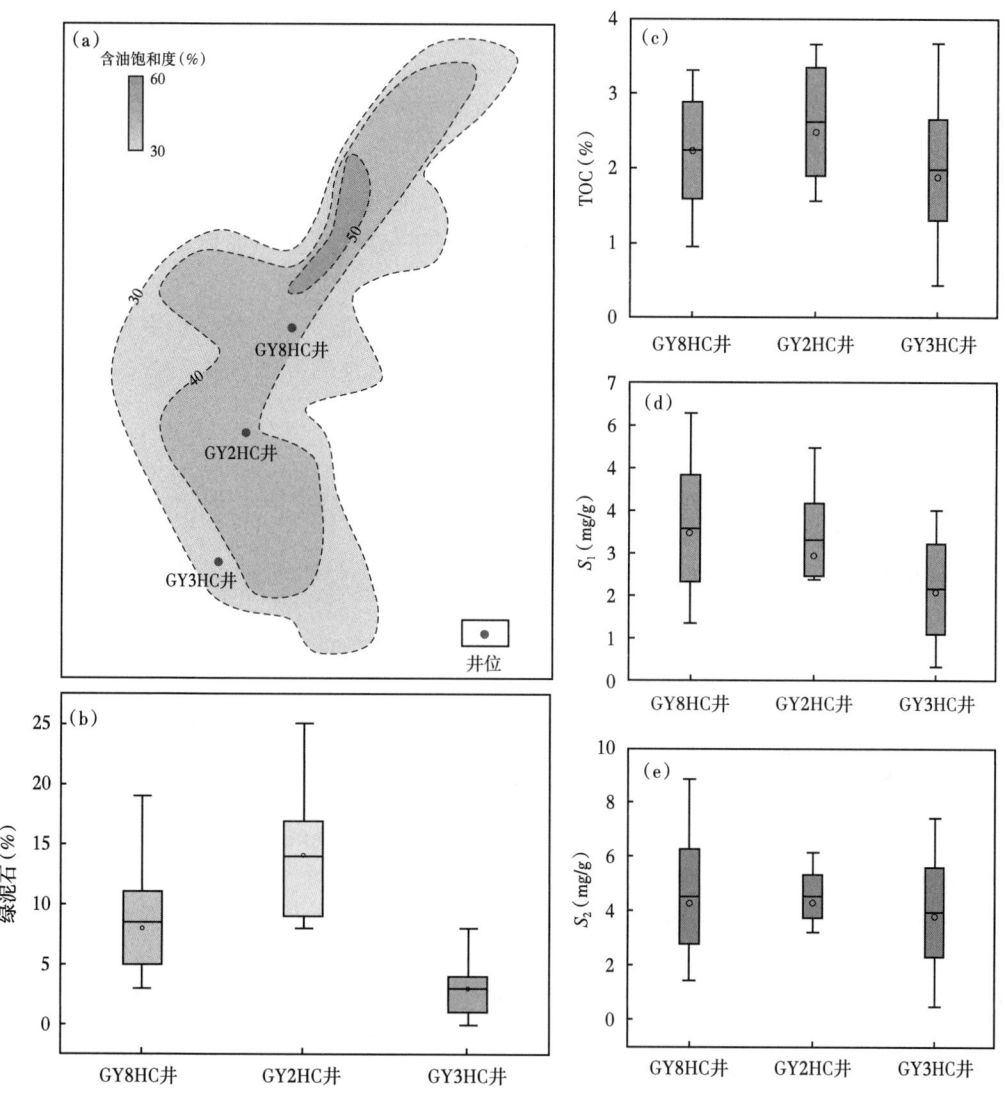

图 11 GY2HC 井、GY3HC 井和 GY8HC 井有机质及绿泥石对比图

（a）古龙凹陷 K_2qn^1 含油饱和度平面分布图[4]；（b）GY2HC 井、GY3HC 井和 GY8HC 井之间 K_2qn^1 绿泥石含量箱型图；（c）GY2HC 井、GY3HC 井和 GY8HC 井之间 TOC 含量箱型图；（d）GY2HC 井、GY3HC 井和 GY8HC 井之间 S_1 含量箱型图；（e）GY2HC 井、GY3HC 井和 GY8HC 井之间 S_2 含量箱型图

4 结论

根据对黏土矿物生长和转化特征、烃类和地层压力分布特征以及黏土矿物异常演化与富烃、超压段耦合关系的研究，可得出以下结论：

（1）古龙凹陷青山口组页岩中的伊利石主要赋存于基质中，由蒙皂石和伊/蒙混合层蚀变而成。绿泥石主要存在于孔隙中，源于流体沉淀和结晶。一小部分伊利石和绿泥石来源于碎屑，或通过 SST 机制在长石和云母的转化过程中形成。

（2）伊利石和伊/蒙混合层的异常演化是由超压引起的，超压增加了蒙皂石和伊/蒙混合层层间水的稳定性。在 Q5—Q9 油层中,伊利石成核生长略占优势,伊/蒙混合层和长石作为反应物直接或间接转化为伊利石。在 Q1—Q4 油层中,伊利石的生长受到抑制,Kübler 指数几乎保持不变。

(3)在超压井的 Q1—Q4 层段,绿泥石的快速生长可归因于离子供应的增加。超压促进了长石和碳酸铁的溶解,导致孔隙流体 pH 值趋于中性或碱性,有利于绿泥石的大量形成。在 Q5—Q9 油层中,绿泥石的 Árkai 指数下降,这可能是由于熟化机制导致晶体畴尺寸和晶体有序度增加。相反,在 Q1—Q4 油层中,绿泥石的 Árkai 指数增加导致绿泥石的平均晶域尺寸减小,并通过成核机制增加了晶格畸变。

(4)绿泥石的形成与烃的生成密切相关,二者含量呈正相关。超压、伊利石和伊/蒙的异常演化与油气富集区往往相互对应,可作为油气勘探开发的考虑因素。

参 考 文 献

[1] SUN L. Shale oil enrichment evaluation and production law in Gulong Sag, Songliao Basin, NE China[J]. Petroleum Exploration and Development, 2023, 50(3): 505-519.

[2] SUN L. An analysis of major scientific problems and research paths of Gulong shale oil in Daqing Oilfield, NE China[J]. Petroleum Exploration and Development, 2021, 48(3): 527-540.

[3] HOU L. Effects of types and content of clay minerals on reservoir effectiveness for lacustrine organic matter rich shale[J]. Fuel, 2022, 327: 125043.

[4] LI C. Calculation of oil saturation in clay-rich shale reservoirs: A case study of Qing 1 Member of Cretaceous Qingshankou Formation in Gulong Sag, Songliao Basin, NE China[J]. Petroleum Exploration and Development, 2022. 49(6): 1351-1363.

[5] HE W. The geoscience frontier of Gulong shale oil: Revealing the role of continental shale from oil generation to production[J]. Engineering, 2023.

[6] GALÁN E, FERRELL R E. Chapter 3-Genesis of Clay Minerals, in Developments in Clay Science[M]. 2013.

[7] CHANG J. Differential impact of clay minerals and organic matter on pore structure and its fractal characteristics of marine and continental shales in China[J]. Applied Clay Science, 2022, 216: 106334.

[8] ARINGHIERI R. Nanoporosity characteristics of some natural clay minerals and soils[J]. Clays and Clay Minerals, 2004, 52(6): 700-704.

[9] TAN J. Shale gas potential of the major marine shale formations in the Upper Yangtze Platform, South China, Part II: Methane sorption capacity[J]. Fuel, 2014, 129: 204-218.

[10] JI L. Impact of internal surface area of pores in clay rocks on their adsorption capacity of methane[J]. Geochimica, 2014, 43(3): 238-244.

[11] WORDEN R H. Chlorite in sandstones[J]. Earth-Science Reviews, 2020, 204: 103105.

[12] SCHMATZ J. Nanoscale imaging of pore-scale fluid-fluid-solid contacts in sandstone[J]. 2015, 42(7): 2189-2195.

[13] SHI K. Wettability of different clay mineral surfaces in shale: Implications from molecular dynamics simulations[J]. Petroleum Science, 2023, 20(2): 689-704.

[14] ANDERSON W G. Wettability Literature Survey-Part 3: The Effects of Wettability on the Electrical Properties of Porous Media[J]. Journal of Petroleum Technology, 1986, 38(12): 1371-1378.

[15] MIWA M. Effects of the surface roughness on sliding angles of water droplets on superhydrophobic surfaces[J]. Langmuir, 2000, 16(13): 5754-5760.

[16] SINGH D. Solid-fluid interfacial area measurement for wettability quantification in multiphase flow through porous media[J]. Chemical Engineering Science, 2021, 231: 116250.

[17] LA I A. Pressure Induced Disorder in Kaolinite[J]. Clay Minerals, 1993, 28 (2): 311-319.

[18] SEREDIN V V, RASTEGAEV. Changes of energy potential on clay particle surfaces at high pressures. Applied Clay Science[J]. 2018, 155: 8-14.

[19] LI C. Clay mineral transformations of mesozoic mudstones in the central Junggar Basin, northwestern China: Implications for compaction properties and pore pressure responses[J]. Marine and Petroleum Geology, 2022. 144: 105847.

[20] DUAN W. Effect of formation overpressure on the reservoir diagenesis and its petroleum geological significance for the DF11 block of the Yinggehai Basin, the South China Sea[J]. Marine and Petroleum Geology, 2018, 97: 49-65.

[21] HUANG K. Thermodynamic calculation of feldspar dissolution and its significance on research of clastic reservoir[J]. Geological Bulletin of China, 2009, 28 (4): 474-482.

[22] TINGAY M R P. Evidence for overpressure generation by kerogen-to-gas maturation in the northern Malay Basin[J]. Aapg Bulletin, 2013, 97 (4): 639-672.

[23] CHAMLEY H. Clay Sedimentology[M]. Heidelberg, 1989.

[24] WORDEN R H. Chlorite in sandstones[J]. Earth-Science Reviews, 2020: 204.

[25] BÉTARD F. Illite neoformation in plagioclase during weathering: Evidence from semi-arid Northeast Brazil[J]. Geoderma, 2009, 152 (1): 53-62.

[26] ALTANER S P, YLAGAN R F. Comparison of structural models of mixed-layer illite/smectite and reaction mechanisms of smectite illitization[J]. Clays and Clay Minerals, 1997, 45 (4): 517-533.

[27] TOSHIHIRO K, J F B. New insights into the mechanism for chloritization of biotite using polytype analysis[J]. 2000, 85 (9): 1202-1208.

[28] NICHOLAS J T. Clay mineralogy, organic carbon burial, and redox evolution in Proterozoic oceans[J]. Geochimica et Cosmochimica Acta, 2010, 74 (5): 1579-1592.

[29] LANSON B. Authigenic kaolin and illitic minerals during burial diagenesis of sandstones: a review[J]. Clay Minerals, 2002, 37 (1): 1-22.

[30] HUANG W L, BISHOP A M, BROWN R.W. The effect of fluid/rock ratio on feldspar dissolution and illite formation under reservoir conditions[J]. Clay Minerals, 1986, 21 (4): 585-601.

[31] JABOYEDOFF M, KUBLER B, THELIN P. An empirical Scherrer equation for weakly swelling mixed-layer minerals, especially illite-smectite[J]. Clay Minerals, 1999, 34 (4): 601-617.

[32] MEUNIER A, VELDE B, ZALBA P. Illite K–Ar dating and crystal growth processes in diagenetic environments: a critical review[J]. 2004, 16 (5): 296-304.

[33] SCHERRER P. Göttinger Nachrichten Math[J]. Phys., 1918, 2: 98-100.

[34] HOLZWARTH U, GIBSON N. The Scherrer equation versus the "Debye-Scherrer equation". Nature Nanotechnology, 2011, 6 (9): 534-534.

[35] LANGFORD J I. X-ray diffraction procedures for polycrystalline and amorphous materials by H. P. Klug and L. E. Alexander[J]. Journal of applied Crystallography, 1975, 8 (5): 573-574.

[36] YANG S, ZOU H. Evolution of clay mineral under different pressure systems[J]. Journal of Daqing Petroleum Institute, 2004, 28 (3): 14-16.

[37] MOSSER-RUCK R. Experimental illitization of smectite in a K-rich solution[J]. European Journal of Mineralogy, 2001, 13 (5): 829-840.

[38] BETHKE C M, ALTANER S P. Layer-by-layer mechanism of smectite illitization and application to a new

rate law[J]. Clays and Clay Minerals, 1986, 34（2）: 136-145.
[39] MILLS M M. Understanding smectite to illite transformation at elevated（ > 100 °C）temperature: Effects of liquid/solid ratio, interlayer cation, solution chemistry and reaction time[J]. Chemical Geology, 2023, 615: 121214.
[40] EBERL D D, FARMER V C, BARRER R M. Clay mineral formation and transformation in rocks and soils[J]. Philosophical Transactions of the Royal Society of London. Series A, Mathematical and Physical Sciences, 1984, 311（1517）: 241-257.
[41] DUBRAWSKI J V. Thermal-Decomposition of some siderite-magnesite minerals using DSC[J]. Journal of Thermal Analysis, 1991, 37（6）: 1213-1221.
[42] BATALEVA Y V. Decarbonation reactions involving ankerite and dolomite under upper mantle p,t-parameters: Experimental modeling[J]. Minerals, 2020, 10（8）: 226.
[43] CAPPA F. Fluid migration in low-permeability faults driven by decoupling of fault slip and opening[J]. Nature Geoscience, 2022, 15（9）: 747-751.
[44] BOLAS H M N, HERMANRUD C, TEIGE G M G. Origin of overpressures in shales: Constraints from basin modeling[J]. Aapg Bulletin, 2004, 88（2）: 193-211.
[45] LIU H. Overpressure characteristics and effects on hydrocarbon distribution in the Bonan Sag, Bohai Bay Basin, China[J]. Journal of Petroleum Science and Engineering, 2017, 149: 811-821.
[46] O'NEILL S R. Pore pressure and reservoir quality evolution in the deep Taranaki Basin, New Zealand[J]. Marine and Petroleum Geology, 2018, 98: 815-835.

鄂尔多斯盆地延长组长 7_3 亚段页岩纹层结构及成因

冯胜斌[1,2]，牛小兵[2,3]，辛红刚[1,2]，马永宁[2,4]，马文忠[1,2]，
朱立文[1,2]，尤　源[1,2]，王治涛[1,2]，郝炳英[1,2]，李　响[1,2]

（1. 中国石油长庆油田分公司勘探开发研究院；2. 低渗透油气田勘探开发国家工程实验室；
3. 中国石油长庆油田分公司；4. 中国石油长庆油田分公司油田开发事业部）

摘　要：页岩纹层发育程度，特别是粉砂纹层的发育对页岩型页岩油气产能具有重要的影响。鄂尔多斯盆地延长组长 7_3 亚段页岩是中国陆相盆地中有机质含量最高的层系，其可能是中国陆相盆地中有较大勘探潜力的页岩型页岩油资源远景带。文章对优选的反映长 7_3 亚段页岩不同沉积背景和特征的 10 口连续取心井岩心，综合运用大视域薄片、MAPS 和 AMICS 等测试方法，结合典型露头和岩心观察，对鄂尔多斯盆地长 7_3 亚段页岩纹层结构开展了系统研究，并分析其成因机制和空间分布规律。在长 7_3 亚段页岩中识别出黏土与陆源碎屑复合纹层、硅质纹层、有机质纹层、细-极细粉砂纹层、凝灰岩（晶屑凝灰岩、玻屑凝灰岩）纹层。黏土与陆源碎屑复合纹层厚 10~50μm，呈透镜状或不连续状分布；硅质纹层厚 10~80μm，呈不连续庄分布；有机质纹层厚 1~10μm，呈条带状分布；粉砂纹层多小于 1mm，横向上多连续分布；凝灰岩纹层厚度变化大，在几微米至几厘米尺度变化。陆源碎屑颗粒尺度及其与黏土组合关系表明，黏土与陆源碎屑复合纹层为絮凝作用形成；硅质纹层形态及与其他纹层组合关系揭示，硅质纹层为页岩层系封闭成岩体系成岩流体沉淀形成；碎屑颗粒尺度与无粒序特征表明，细—极细粉砂纹层亦为絮凝作用形成；晶屑产状与正粒序沉积构造特征反映，凝灰岩纹层为火山灰空降沉积形成。长 7_3 亚段页岩纹层类型识别、成因认识及空间分布特征为盆地长 7_3 页岩型页岩油勘探目标优选提供了新的地质依据。

关键词：鄂尔多斯盆地；延长组长 7_3 亚段；页岩纹层结构；纹层成因机制

页岩型页岩油已成为我国当前页岩油战略突破的重点领域[1-4]。鄂尔多斯盆地延长组长 7_3 亚段在湖盆半深湖—深湖区主要为黑色页岩类型细粒沉积，是盆地页岩型页岩油类型赋存的主要层系[2,5]。细微纹层结构是页岩最具特色的沉积特征[6-7]。另外，近几年页岩油气勘探实践表明，页岩纹层发育程度及纹层类型对页岩油气产能具有重要的影响[8-9]。因此，页岩纹层结构不仅是细粒沉积学基础研究的主要内容[10]，而且已成为页岩油气勘探开发过程中研究的关键地质问题[11-13]。基于此，本文对长 7_3 亚段页岩纹层结构开展精细研究和描述，系统总结纹层发育类型并探讨不同类型纹层形成机制，进而明确其空间分布规律。

1　研究方法

本文研究样品采自鄂尔多斯盆地在延长组长 7_3 亚段连续取心的页 1—页 10 井，10 口井

基金项目：中国石油天然气股份公司科技重大专项"陆相页岩油规模增储上产与勘探开发技术研究"（2023ZZ15）。

第一作者简介：冯胜斌（1973—），男，硕士研究生，中国石油长庆油田分公司勘探开发研究院高级工程师，主要从事低渗透—页岩油地质综合研究。通讯地址：陕西西安未央区长庆油田，邮编：710018，E-mail：635607972@qq.com

分布于盆地不同位置,能够反映长7_3亚段页岩沉积的不同环境和地质背景。另外,对铜川地区衣食村长7_3露头剖面开展了详细观察。研究样品的选取根据前期对盆地长7_3亚段泥页岩显微沉积构造、TOC含量与测井系列相关性研究认识[5],基于自然伽马、密度、电阻率等测井参数首先对10口取心井长7_3亚段岩石类型进行了划分,在此基础上选取了岩性为黑色页岩的样品。对选取的每一块样品均开展了大薄片全视域、MAPS和AMICS联测分析。制样过程中,首先对样品在垂直层理方向进行线切割,然后再通过对样品纵切面的肉眼观察来选取样品的测试分析位置。

2 纹层结构

2.1 黏土与陆源碎屑复合纹层

该纹层仅在光学显微镜或电子显微镜下可见。在单偏光显微镜下(图1),纹层颜色为暗橙色基色间夹亮白色点的复合色;形态为透镜状、多呈一定倾斜角度顺层不连续分布、并可见纹层下超叠合发育的现象;在大视域显微薄片下统计,纹层长度多分布于0.3~2.0mm范围;在MAPS图像下统计,纹层透镜体最宽处厚度多分布于10~50μm。在MAPS图像下,清晰可见纹层为陆源碎屑颗粒与片状黏土矿物组成的集合体。其中,陆源碎屑颗粒形态多呈长板状或浑圆状,具定向顺层分布的趋势,颗粒大小多分布于0.9~20μm;黏土矿物多呈片状形态,顺层或斜交层理均有分布,陆源碎屑颗粒多夹持在黏土矿物间(图2)。AMICS分析结果显示,陆源碎屑颗粒主要为长石,其次为石英;黏土矿物为伊利石(图3)。

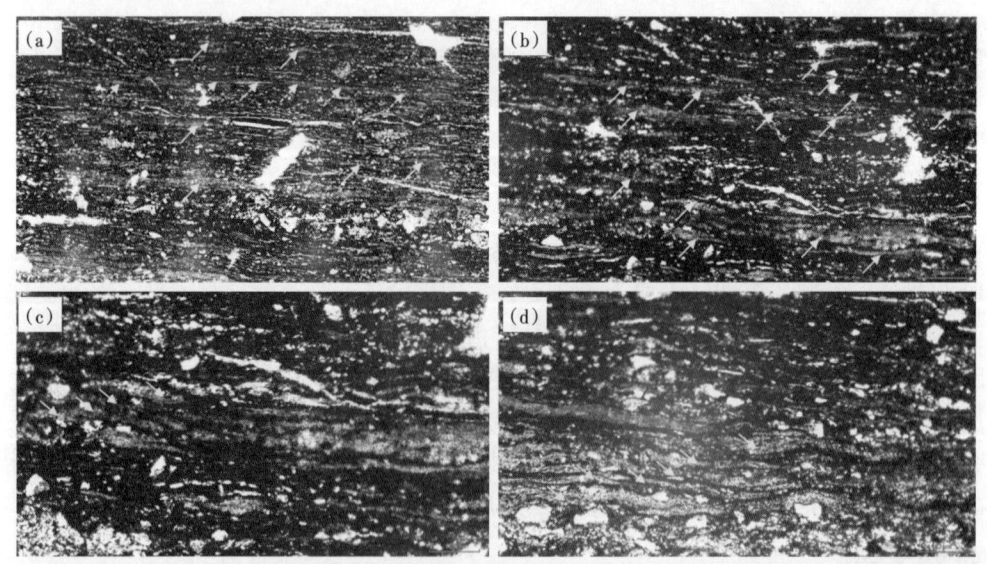

图1 鄂尔多斯盆地延长组长7_3亚段页岩层黏土与陆源碎屑复合纹层显微特征
(a)黏土与陆源碎屑复合纹层形态及顺层分布特征;(b)纹层长度及厚度差异特征;(c)、(d)纹层下超叠合发育特征

2.2 硅质纹层

该纹层亦仅在光学显微镜或电子显微镜下可见。在单偏光显微镜下(图4),微晶石英集合体呈卵状形态顺层分布形成硅质纹层,微晶石英集合体多数呈无色透明,而一些受油气浸染为褐色;在正交偏光下,微晶石英集合体多数消光。在大视域显微薄片下统计,硅质纹层

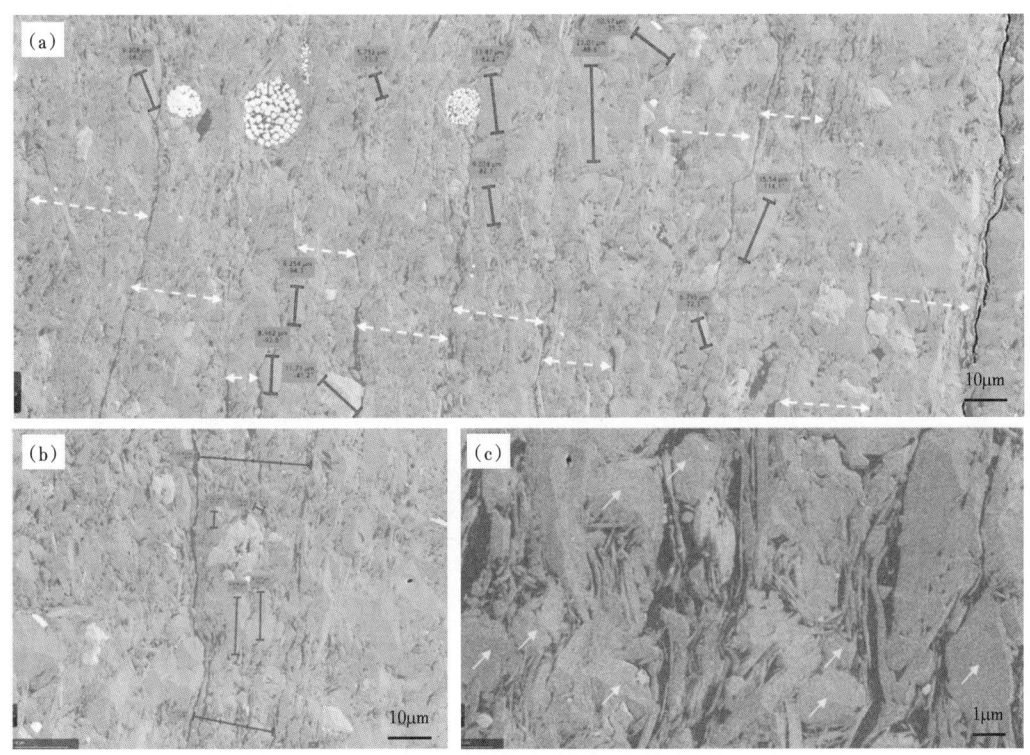

图 2 鄂尔多斯盆地延长组长 7_3 亚段页岩层黏土与陆源碎屑复合纹层矿物分布形态

(a)黏土与陆源碎屑复合纹层叠合发育及陆源碎屑颗粒尺度特征;(b)单个纹层透镜体形态及陆源碎屑颗粒产状特征;
(c)陆源碎屑颗粒在片状黏土矿物间分布特征

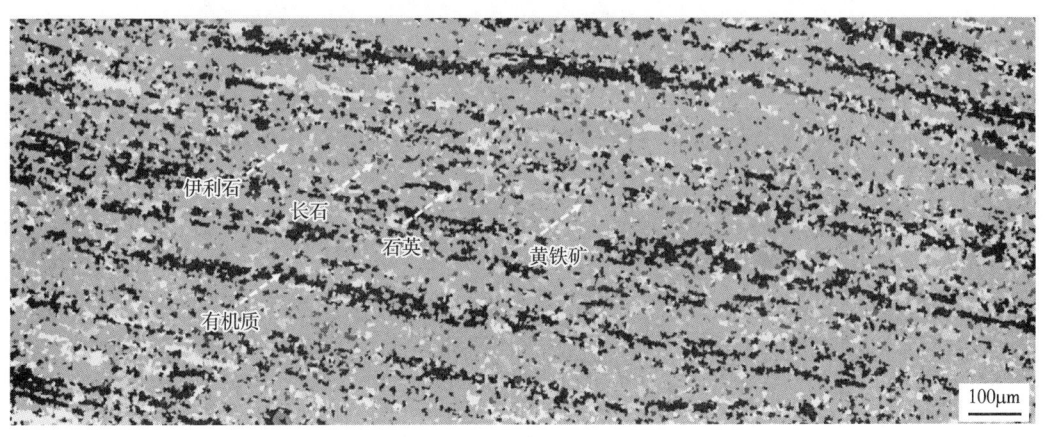

图 3 鄂尔多斯盆地延长组长 7_3 亚段页岩层黏土与陆源碎屑复合纹层矿物组成特征

在横向上延伸远,纵向上厚度相对较薄,多分布于 10~80μm;AMICS 矿物定量分析结果揭示硅质纹层产状多样,微晶石英集合体发育区横向上延伸远且连续性较好,不发育区呈条带状分布,但两种形态均赋存于黏土与陆源碎屑复合纹层中 [图 5(a)]。在 MAPS 图像下,单个卵状体为微晶石英集合形成,且微晶石英自形程度差 [图 5(b)]。

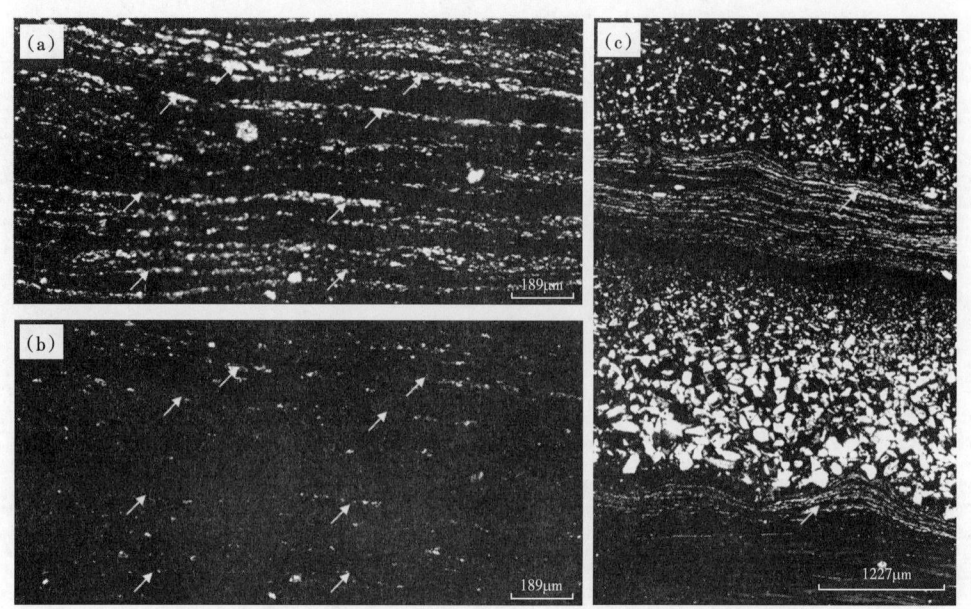

图 4 鄂尔多斯盆地延长组长 7_3 亚段页岩层硅质纹层显微特征

(a)硅质纹层卵状顺层分布特征;(b)微晶石英集合体纹层正交偏光下消光特征;(c)硅质纹层发育在有机质纹层与黏土与陆源碎屑复合纹层组合中

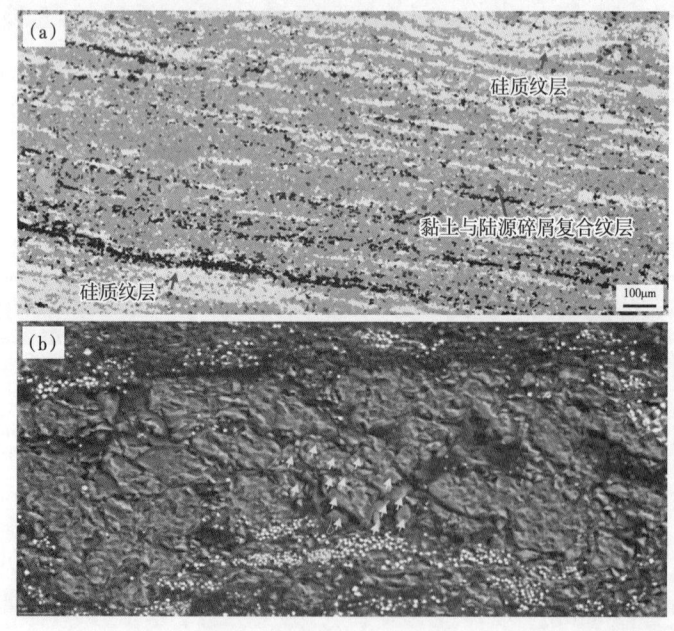

图 5 鄂尔多斯盆地延长组长 7_3 亚段页岩中硅质纹层赋存位置及微晶石英特征

(a)硅质纹层赋存位置及产状特征;(b)单个微晶石英及卵状集合体特征

2.3 有机质纹层

在单偏光显微镜下,有机质不透光呈黑色;反射蓝光激发下,有机质纹层发黄色荧光,形态呈条带状(图 6)。在 MAPS 图像下,有机质纹层和黏土与陆源碎屑复合纹层交替沉积,呈互层状,且有机质纹层发育频率和横向上延伸规模受黏土与陆源碎屑复合纹层沉积规模和形态控制作用明显,顺层发育的有机质纹层在透镜状黏土与陆源碎屑复合纹层位置常尖灭[图7(a)]。AMICS矿物定量分析显示,有机质多分散在黏土矿物集合体中,呈不连续状分布[图7(b)]。综合测试分析结果,有机质纹层在横向上展布规模大小不等,纵向上厚度多分布于1~10μm。

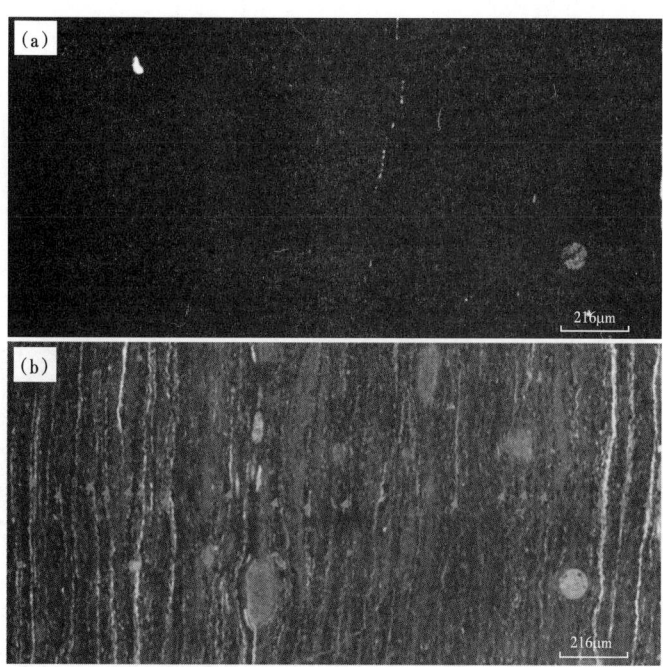

图6 鄂尔多斯盆地延长组长7_3亚段页岩中有机质纹层显微特征
(a)有机质纹层在单偏光下特征;(b)有机质纹层蓝光激发下荧光特征

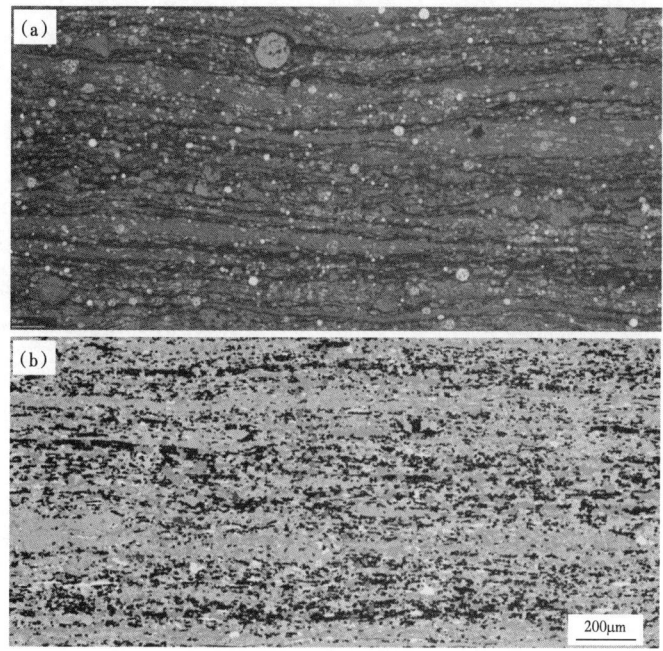

图7 鄂尔多斯盆地延长组长7_3亚段页岩中有机质纹层赋存特征
(a)有机质纹层和黏土与陆源碎屑复合纹层交替沉积特征;(b)有机质纹层在黏土矿物中分散分布特征

2.4 粉砂纹层

粉砂纹层呈平行、连续状分布,与上下层为突变接触,单个纹层厚度小于1mm。在单偏光显微镜下可见,单个粉砂纹层中下部碎屑颗粒含量相对高,而上部随着碎屑颗粒减少分散状有机质与黏土矿物含量增高,但整个纹层内部碎屑颗粒不显粒序(图8)。粉砂纹层中的碎屑颗粒大小多分布于4~20μm范围内[图9(a)],碎屑颗粒组分主要为石英与长石矿物[图9(b)]。

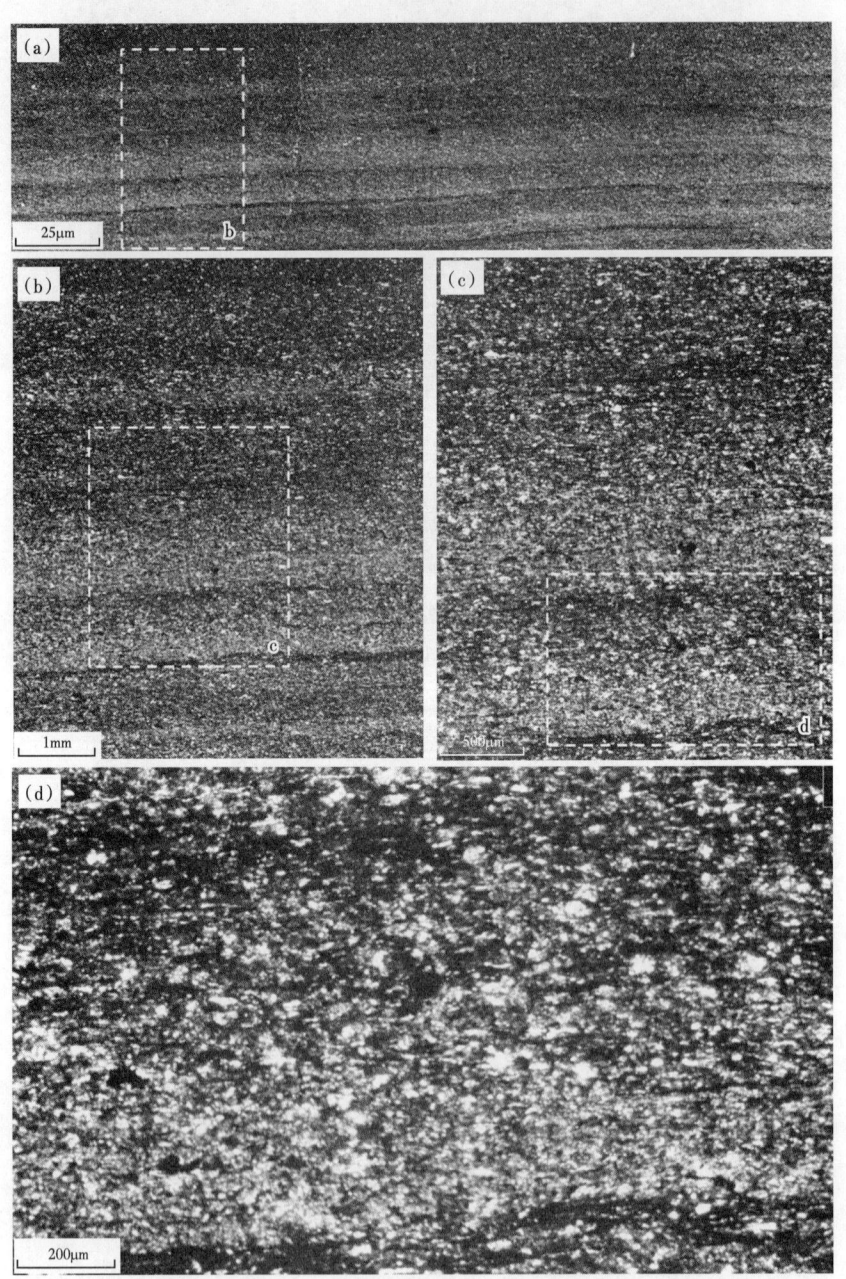

图 8 鄂尔多斯盆地延长组长 7_3 亚段页岩中粉砂纹层特征

(a)粉砂纹层平行、连续分布特征;(b)图9(a)局部放大显示粉砂纹层和有机质与黏土、粉砂复合纹层交替发育特征;
(c)图9(b)局部放大显示2个单纹层纵向上碎屑颗粒含量、尺度变化特征;(d)图9(c)局部放大显示单个纹层由下至上碎屑颗粒含量减少与无粒序沉积特征

图 9 鄂尔多斯盆地延长组长 7_3 亚段页岩中粉砂纹层碎屑颗粒尺度与组分特征
（a）粉砂纹层中碎屑颗粒尺度大小特征；（b）粉砂纹层碎屑颗粒组分特征

2.5 凝灰岩纹层

凝灰岩纹层是盆地延长组长 7_3 亚段页岩中发育频率最高、横向分布最连续、规模最大的纹层类型。在露头剖面上，可观察到凝灰岩纹层呈平行、连续状分布，横向展布规模达出露的整个露头剖面［图 10（a）］，结合盆地岩心观察分析，横向延伸长度达 100km 以上；在页岩层沉积序列内部，垂向上可见凝灰岩纹层频繁出现（图 10），发育连续叠合或与页岩互层两种类型［图 10（c）和图 10（d）］，页岩层内部也可观察到 1~10cm 尺度的薄层凝灰岩层［图 10（b）］，肉眼可见的凝灰岩纹层厚度多分布于 1~2mm。在显微薄片下，可观察到 40~800μm 尺度的凝灰岩纹层，横向上虽然连续分布，但厚度变化较大，局部呈透镜状，并与页岩层凹凸不平接触（图 11）。组分构成分析，长 7_3 亚段页岩中发育晶屑凝灰岩和玻屑凝灰岩两种类型，在露头剖面晶屑凝灰岩纹层呈灰褐色、玻屑凝灰岩多为土黄色；在显微薄片下，晶屑凝灰岩纹层为碎屑颗粒结构并具鲜明的下粗上细粒序，玻屑凝灰岩为典型的凝灰质结构，在蓝色光激发下，晶屑凝灰岩纹层呈绿黄色荧光，玻屑凝灰岩受晶屑含量、组分粒度控制，高晶屑、粒度较大玻屑凝灰岩发黄褐色荧光，不含晶屑、尘级凝灰岩发亮黄色荧光（图 12）。

3 纹层形成机制

3.1 黏土与陆源碎屑复合纹层沉积作用方式

长 7_3 亚段页岩中陆源碎屑成因黏土矿物主要为板状伊利石，统计结果单个板状伊利石长度主体小于 10μm、厚度多小于 1μm，可见黏土矿物颗粒远小于悬浮作用沉积的 24μm 下限值[14]，据此分析长 7_3 亚段页岩中的黏土矿物颗粒易于发生絮凝作用。通过 MAPS 图像分析，长 7_3 亚段页岩中黏土矿物颗粒的基本单元为由单个板状伊利石近似平行叠置形成的"域"结构,进而多形成边对边、边对面的"纸牌屋"结构。另外,Yawar 等通过水槽实验发现,细粉砂(小于 20μm)易于进入黏土絮凝物中,混合、悬浮在絮凝的黏土基质中[6]。由图 2 可见该纹层中陆源碎屑颗粒尺度小于 20μm,主体分布在 3~10μm 范围,且碎屑颗粒多嵌在纸牌屋中。上述综合特征揭示,黏土与陆源碎屑复合纹层为絮凝作用沉积。

图 10 鄂尔多斯盆地延长组长 7_3 亚段页岩中凝灰岩纹层露头剖面发育特征
(a)凝灰岩纹层产状及延伸长度特征;(b)页岩层中凝灰岩纹层高频发育特征;(c)为图 10(b)局部放大,凝灰岩纹层与页岩互层发育特征;(d)为图 10(b)局部放大,凝灰岩多纹层连续叠合发育特征

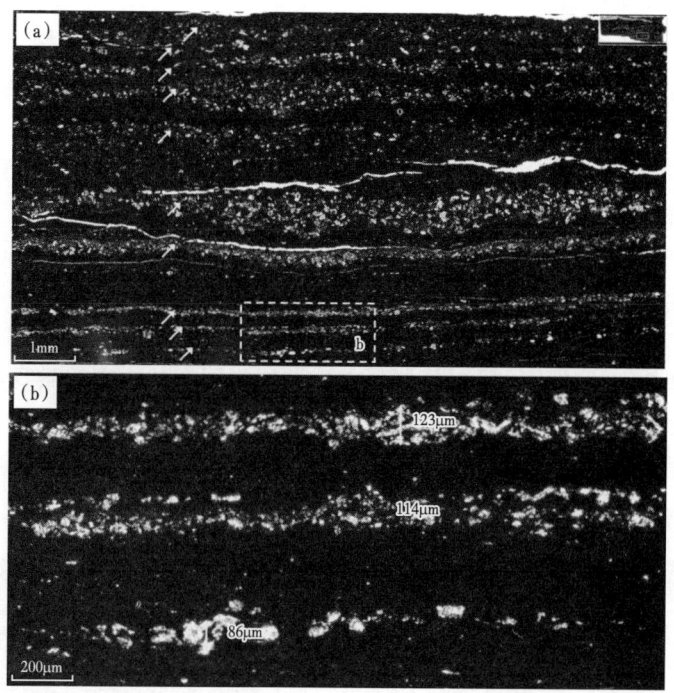

图 11 鄂尔多斯盆地延长组长 7_3 亚段页岩中凝灰岩纹层显微尺度发育特征

(a)在单偏光显微镜下凝灰岩纹层与页岩接触关系、连续性、厚层及形态变化特征;(b)为图 11(a)局部放大,微米尺度晶屑凝灰岩发育特征,局部纹层厚度仅为一个晶屑颗粒的厚度

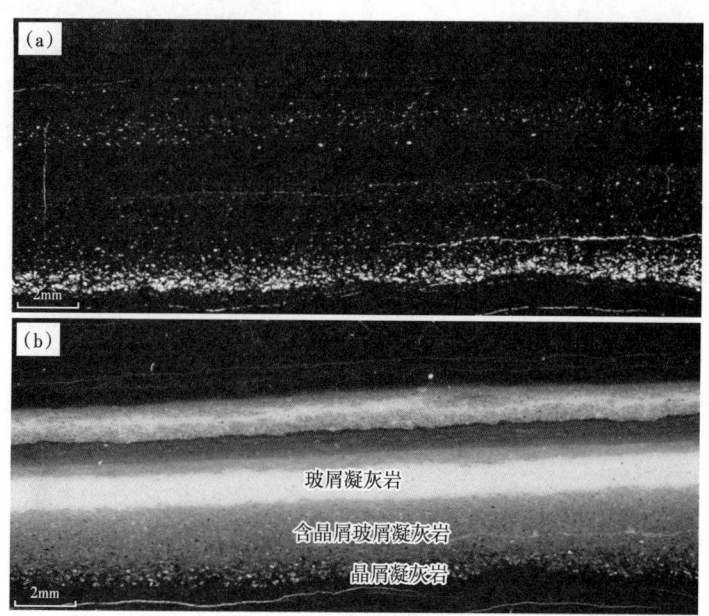

图 12 鄂尔多斯盆地延长组长 7_3 亚段页岩中凝灰岩纹层类型

(a)在单偏光显微镜下晶屑、玻屑凝灰岩纹层特征;(b)蓝光激发下晶屑、玻屑凝灰岩纹层荧光差异

3.2 硅质纹层成岩作用机制

镜下纹层结构分析揭示,硅质纹层与晶屑凝灰岩纹层为层偶形式发育,且紧靠晶屑凝灰岩纹层部位较远离的一侧硅质纹层的厚度大、连续性好。电镜分析结果表明,长 7_3 亚段页岩中除陆源碎屑成因伊利石外,也普遍发育矿物蚀变转化形成的片状伊利石,尺寸小于 $1\mu m$,常发育于矿物粒间孔隙中,分叉状附着于矿物的边部。蒙皂石向伊利石转化序列是最常见的黏土矿物转化序列[15]。Hower 研究认为,蒙皂石向伊利石转化过程中为加 K^+、Al^{3+},脱 Si^{4+}、H_2O 的演化过程[16]。AMICS 矿物定量分析表明,晶屑凝灰岩中的晶屑主要为钾长石矿物。薄片与电镜分析均表明,钾长石晶屑普遍发生了强溶蚀作用。泥岩黏土矿物成岩转化与有机质热演化作用之间的关系研究揭示,二者之间有着成因的联系和相似的温度界限[15]。黏土矿物演化机理与上述硅质纹层与晶屑凝灰岩纹层为层偶状出现一致现象,在页岩层系箱体封闭成岩系统内,有机质纹层生烃过程中排出的有机酸运移至晶屑凝灰岩纹层使钾长石晶屑强溶蚀,然后晶屑凝灰岩纹层释放 K^+ 运移至黏土矿物纹层实现蒙皂石加 K^+、脱 Si^{4+} 向伊利石转化,同期 Si^{4+} 就近在黏土矿物纹层中沉淀形成硅质纹层(图 13)。

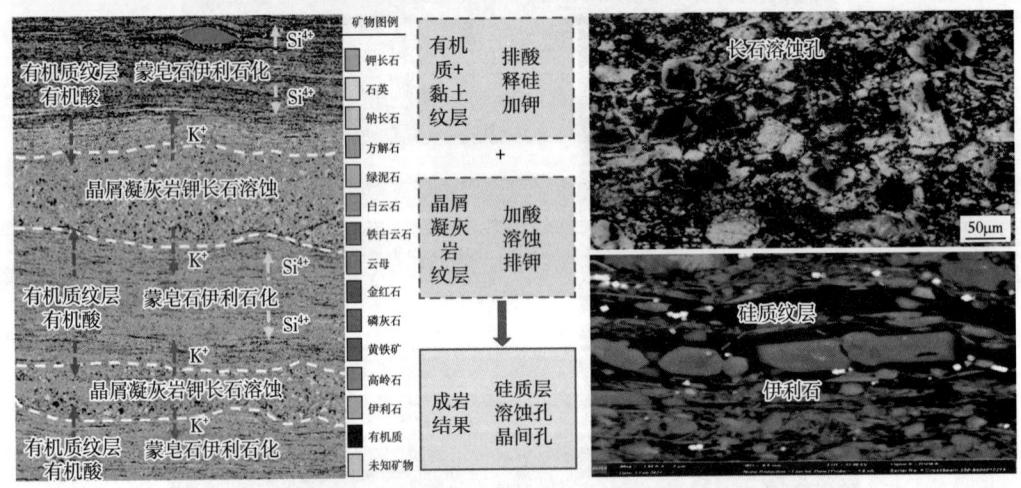

图 13 鄂尔多斯盆地延长组长 7_3 亚段页岩中硅质纹层形成机制示意图

3.3 有机质纹层形成机制

Macquker 等认为有机质具有较强的胶体性、溶解性和电离性等物理和化学活性,在悬浮过程中容易和无机矿物絮凝、聚集形成有机—黏土复合体[17]。AMICS 矿物定量分析结果说明长 7_3 亚段页岩中有机质多分散在黏土矿物集合体中,这一突出特征说明,有机质纹层为絮凝作用沉积形成。

3.4 粉砂纹层沉积机制

O'Brien 研究发现悬浮沉积作用形成的粉砂纹层结构区别于底流作用、浊流作用形成的具小型交错层理、沙纹层或粒序组构的粉砂纹层,其以薄(小于 0.5mm)、平行、无粒序为典型特征[7]。长 7_3 亚段页岩中粉砂纹层厚度常小于 1mm、与有机质与黏土复合纹层互层发育、横向平行且连续展布、纵向沉积序列内部无粒序。另外,在空间上该类纹层发育于近物源的半深湖沉积环境。由此可推测,可能由重力流等作用带入盆地的细—极细粉砂与浊流体系分离悬浮在半深湖水体,后经悬浮沉降作用沉积于半深湖区。

3.5 凝灰岩空降作用沉积机制

如图 12 所示,长 7_3 亚段页岩层中凝灰岩纹层具晶屑凝灰岩—玻屑凝灰岩—火山尘级凝灰岩的沉积序列,这一显著的正粒序沉积特征说明凝灰岩纹层为火山灰在空降过程中受重力分异作用控制,粗粒的晶屑颗粒先沉积,细粒的火山尘级颗粒最后沉积于每一期火山喷发的顶部。

4 结论

通过大视域薄片、MAPS 和 AMICS 等测试方法,结合典型露头和岩心观察,在长 7_3 亚段页岩中识别出黏土与陆源碎屑复合纹层、硅质纹层、有机质纹层、细—极细粉砂纹层、凝灰岩 5 种纹层类型。各种纹层类型具有特征的结构,其中黏土与陆源碎屑复合纹层厚 10~50μm,呈透镜状或不连续状分布;硅质纹层厚 10~80μm,呈不连续庄分布;有机质纹层厚 1~10μm,呈条带状分布;粉砂纹层多小于 1mm,横向上多连续分布;凝灰岩纹层厚度变化大,在几微米至几厘米尺度变化。通过纹层结构及其组合关系分析,提出了黏土与陆源碎屑复合纹层为絮凝作用形成、硅质纹层为页岩层系封闭成岩体统成岩流体沉淀形成、细—极细粉砂纹层为絮凝作用形成、凝灰岩纹层为火山灰空降沉积形成的新认识。

参 考 文 献

[1] 赵贤正,周立宏,蒲秀刚,等.湖相页岩型页岩油勘探开发理论技术与实践:以渤海湾盆地沧东凹陷古近系孔店组为例[J].石油勘探与开发,2022,49(3):616-626.

[2] 焦方正,邹才能,杨智.陆相源内石油聚集地质理论认识及勘探开发实践[J].石油勘探与开发,2020,47(6):1067-1078.

[3] 刘羽汐,白斌,曹健志,等.海陆相页岩型页岩油地质特征的差异与甜点评价:以北美二叠盆地 Wolfcamp D 页岩油与松辽盆地古龙页岩油为例[J].中国石油勘探,2023,28(4):55-65.

[4] 何文渊,蒙启安,冯子辉,等.松辽盆地古龙页岩油原位成藏理论认识及勘探开发实践[J].石油学报,2022,43(1):1-14.

[5] 杨华,牛小兵,徐黎明,等.鄂尔多斯盆地三叠系长 7 段页岩油勘探潜力[J].石油勘探与开发,2016,43(4):511-520.

[6] ZALMAI Y, JUERGEN S. On the origin of silts laminae in laminated shales[J]. Sedimentary Geology, 2017, 360:22-34.

[7] O'Brien, N R. Shale lamination and sedimentary processes. Geological Society of London Special Publication, London, 1996, 116:23-36.

[8] Bustin A M M, Bustin R M, Cui X. Importance of fabric on the production of gas shales: Unconventional Gas Conference, Keystone, Colorado, February 10–12, 2008, Society of Petroleum Engineers, SPE 114167.

[9] 赵贤正,蒲秀刚,金凤鸣,等.黄骅坳陷页岩型页岩油富集规律及勘探有利区[J].石油学报,2023,44(1):158-175.

[10] 朱如凯,李梦莹,杨静儒,等.细粒沉积学研究进展与发展方向[J].石油与天然气地质,2022,43(2):251-264.

[11] 华柑霖,吴松涛,邱振,等.页岩纹层结构分类与储集性能差异—以四川盆地龙马溪组页岩为例[J].沉积学报,2021,39(2):281-296.

[12] 熊周海,操应长,王冠民,等.湖湘细粒沉积岩纹层结构差异对可压裂性的影响[J].石油学报,2019,40(1):74-85.

[13] 赵贤正,周立宏,蒲秀刚,等.断陷湖盆湖相页岩油形成有利条件及富集特征:以渤海湾盆地沧东凹陷孔店组二段为例[J].石油学报,2019,40(9):1013-1029.

[14] SHERMAN I. Flocculent structure of sediment suspended in Lake Mead[J]. Eos, Transactions American Geophysical Union, 1953, 34(3): 394-406.

[15] 赵杏媛,何东博.黏土矿物与油气勘探开发[M].石油工业出版社,2016.

[16] HOWER J. Shale diagenesis, clays and the resource Geologist[R]. in longstaffe , F.J. (editos), short course hand-book. Mineralogical Association of Canada, 1981: 199.

[17] MACQUAKER J H S, Keller M A, Davies S J. Algal blooms and "marine snow": Mechanisms that enhance preservation of organic carbon in ancient fine-grained sediments[J]. Journal of Sedimentary Research, 2010, 80(11/12): 934-942.

深盆湖相区页岩型页岩油中源、高储、优保富集规律研究
——以黄骅坳陷古近系为例

蒲秀刚,时战楠,韩文中,张 伟,董姜畅,王 娜

(中国石油大港油田公司勘探开发研究院)

摘 要:21世纪初期海相页岩油气在北美地区已实现商业性开发,而中国陆相页岩油气的发展整体尚处于探索阶段,且多分布于深盆湖相区。为明确深盆湖相区页岩型页岩油富集规律,基于黄骅坳陷古近系8口井983m系统取心及大量化验分析、测录井、水平井试油试采等资料开展攻关研究。研究认为,"适中物源供给、适中总有机碳含量(TOC含量为2%~6%)、适中有机质类型(以Ⅰ型为主、Ⅲ型为辅)、适中热演化成熟度(R_o为0.7%~1.2%)"等适中的物源及烃源岩条件,"高密度微纳米纹层(密度可达15000层/m)、高占比微纳米孔缝(孔隙度可达10%)、高滞留可动烃含量(S_1平均4.2mg/g)"等适高的储集条件,以及"顶底板封堵条件优(盖层厚度50~100m)、断裂破坏程度弱(水平井靶层距离450~550m)"等优良的保存条件,是页岩型页岩油富集的3项主控条件,理论认识指导实现了沧东凹陷页岩油规模开发,其中6口水平井单井日产页岩油突破百吨,GY5-1-9H井首年累产超$1×10^4$t,展示了我国东部深盆湖相区页岩型页岩油良好的勘探开发前景。

关键词:渤海湾盆地;黄骅坳陷;孔二段;沙三段;沙一下亚段;页岩型页岩油;富集规律

1 区域地质背景

黄骅坳陷位于渤海湾盆地腹地,整体呈东北—南西向展布,周缘分别与北部燕山褶皱带、东部沙垒田凸起、南部埕宁隆起、西部沧县隆起相接,是在中生界基底上形成的新生代断陷盆地,发育沧东、歧口两大主要富油气凹陷[1]。北部歧口凹陷是渐新世以来长期发育的沉积中心,面积7336km^2,形成于始新统中期裂陷Ⅱ—Ⅲ幕,属于中盛晚衰型断陷,主要生烃层系为沙河组一亚段中部和下部($Es_1^{中}$和$Es_1^{下}$)、三亚段上部(Es_3^1);南部沧东凹陷是在区域性拉张背景下形成的新生代陆内断陷盆地,凹陷面积1760km^2,形成于始新统早期裂陷Ⅰ幕,裂陷Ⅱ幕及以后活动减弱,属于早盛中衰型断陷,主要生烃层系为孔店组二亚段(Ek_2)[图1(a)]。

古近系以三角洲—湖相沉积体系为主,其中沧东凹陷孔二段、歧口凹陷沙三上亚段和沙一下亚段以厚层深灰色泥页岩夹碳酸盐岩或粉细砂岩岩性组合为主[图1(b)],是黄骅坳陷的主力烃源岩层系[2],既为常规油气藏提供了丰富油气资源,也是页岩油气富集层段,面积为2100km^2,厚度为200~500m。

第一作者简介:蒲秀刚(1968—),男,四川阆中人,2004年毕业于中国矿业大学(北京)获博士学位,现任中国石油大港油田公司勘探开发研究院常务副院长,教授级高工,主要从事页岩油气及沉积储层综合研究。通讯地址:天津市滨海新区大港油田幸福路1278号勘探开发研究院,邮编:300280,E-mail:puxgang@petrochina.com.cn

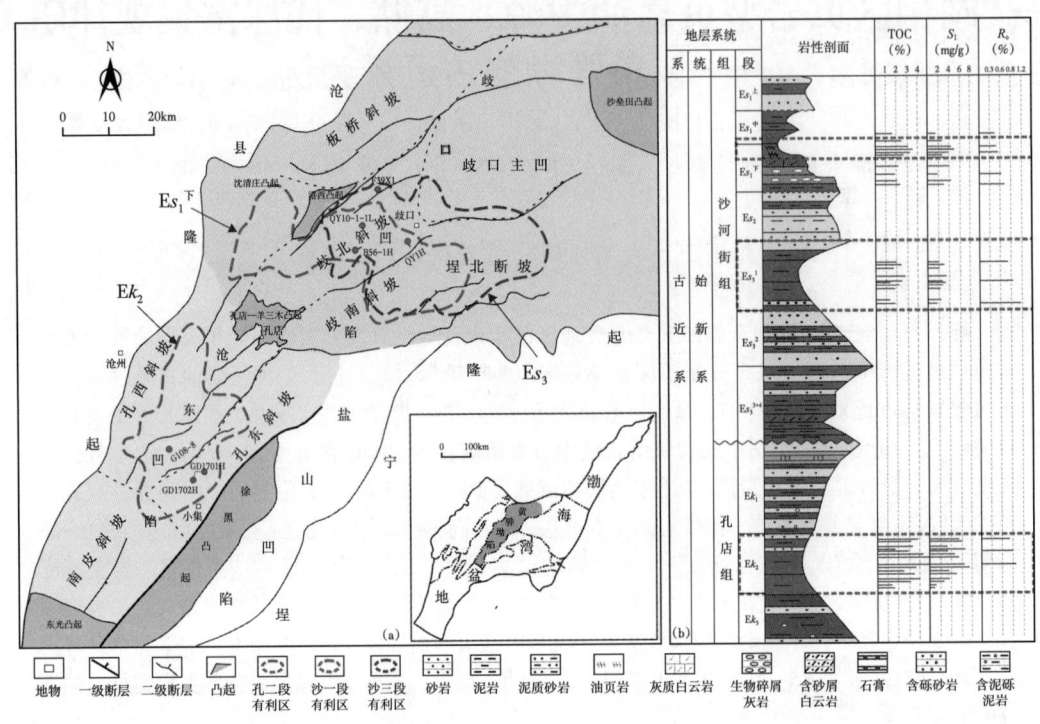

图 1 黄骅坳陷区域构造单元与地层特征

2 适中的物源及烃源岩条件

2.1 适中的物源波及强度造就页岩油甜点

小湖盆—强物源供给势必导致储层中陆源碎屑含量增高，有机质含量低，页岩生烃能力差，而大湖盆—弱物源供给的情况下，页岩中有机碳含量高，同时黏土矿物含量也高，不利于工程改造和游离烃排出，而湖盆大小与物源供给的适中匹配有利于优质页岩的形成。黄骅坳陷深盆页岩型页岩油富集层普遍分布在前（扇）三角洲—半深湖亚相，适中的物源供给导致页岩含有较高的石英、长石等脆性矿物，同时相对深水还原环境有机质丰度相对较高。以沧东凹陷为例，孔二段沉积时期为坳陷型沉积湖盆，环湖发育十大碎屑物源，平面呈现外环、中环、内环的环带状分布特征，空间上呈独特的"溏心蛋"式三层包壳圈层结构，其中外环为粗粒常规相带，内环为深水细粒沉积相带，中环为粗粒与细粒间互带，其中中环—内环侧缘发育三角洲前缘远端—前三角洲—半深湖亚相，碎屑输入强度 L_1/L_2 30%~50%（L_1 指碎屑输入距离，L_2 指湖盆半径）、长英质含量 30%~50%、有机质丰度 2%~6%，包裹在烃源岩中的致密油与页岩油富集且可动率高，是页岩油富集区。

2.2 适中的有机碳含量有利于页岩油富集和改造

有机质是决定页岩油形成与富集的物质基础，但并非有机质丰度越高越有利于页岩油的富集，TOC 含量也存在一个有利于页岩油富集的适中区间范围。基于黄骅坳陷 GY1-3-1、F39X1、QY1H 等井 TOC 含量与烃源岩热解游离烃（S_1）含量的数据统计发现（图2），二者相关关系明显，均呈现出 S_1 含量随 TOC 含量的增大，先缓慢增大，后快速增大，再趋于平缓的典型特征。由此可见，滞留烃并非随有机质丰度的增大而一直增大，当页岩 TOC 含量达到 2% 之后，地层中烃类基本可以达到滞留的上限，随着 TOC 含量的增大，滞留烃中将有更多的烃类吸附于有机质中，导致游离可动烃含量不断降低，通过水平井产量与压裂段 TOC 关系分析证实，TOC 含量越高，页岩含油越好，TOC＞2% 时，日产油大于 20t 的概率较高。但同时 TOC 含量的增大会提高干酪根等塑性物质在岩石中的占比，导致地层可压性降低，不利于后期工程改造，统计分析证实，TOC 含量越高，页岩塑性越强，TOC＞6% 时，脆性指数小于 40，压裂改造难度大。由此可见，TOC 含量分布在 2%~6% 时，既有利于页岩滞留烃的形成与可动，也有利于工程压裂改造。

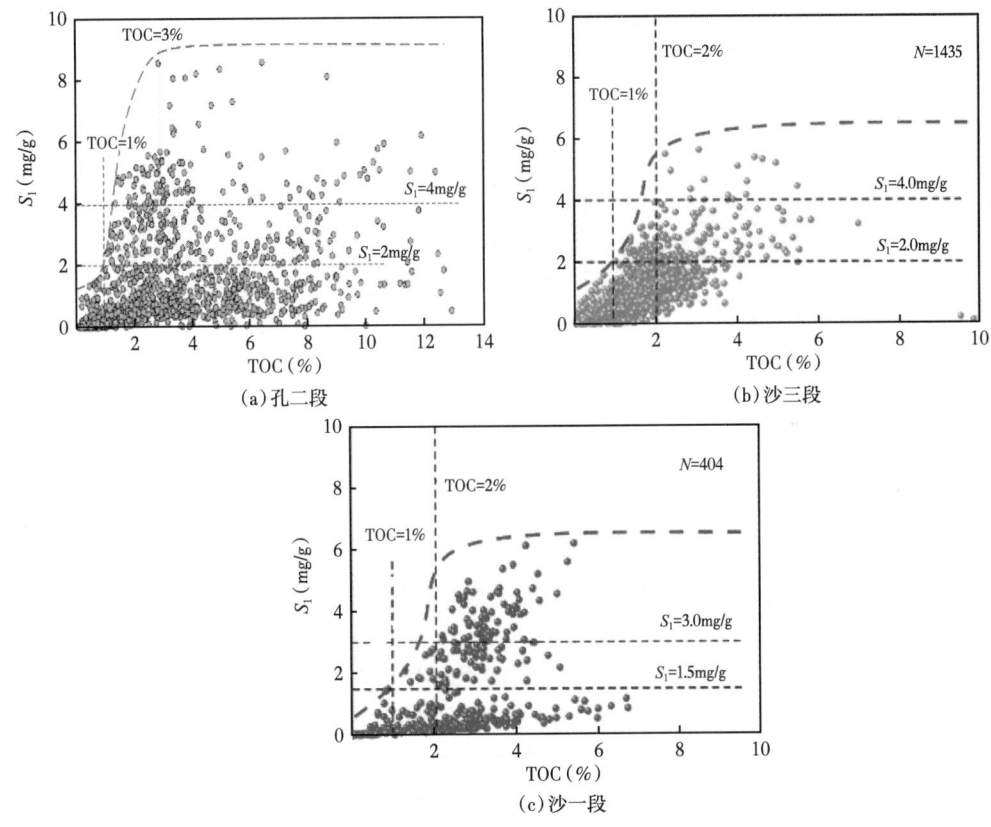

图 2　黄骅坳陷古近系 S_1 与 TOC 含量相关性

2.3　适中的有机质类型以 I 型为主、III 型为辅利于滞留烃的生成、富集及流动

不同类型干酪根在不同热演化阶段的生烃能力研究证实，I 型干酪根在主生烃期 R_o 为 0.6%~1.0% 时，单位有机碳生成的滞留烃量比 II 型、III 型干酪根高 1 倍以上，黄骅坳陷古近系三套页岩层系干酪根类型以 I 型为主，这为油气的规模生产与富集滞留奠定了重要基础。但一定比例的以陆源高等植物为主的 III 型干酪根，其主要以生气为主，适量的气体可以提高页岩油中的气油比，有助于降低页岩油的黏度和密度，改善页岩油的流动能力，提高页岩油在井筒中的举升能力。由此可见，以 I 型有机质为主、III 型有机质为辅的多类型的有机质混合，既有利于滞留烃的生成与富集，同时也利于烃类的流动。

2.4 适中的热演化成熟度是页岩油滞留聚集的优势熟化区间

通过 GX12-1 井样品（埋深为 2006.6m，长英质页岩，TOC 含量为 4.31%）热压生排烃模拟及干酪根溶胀吸附实验分析，明确不同热演化程度下的干酪根吸附烃量，定量刻画出不同热演化阶段的排出油、滞留可动油及干酪根吸附油的比例关系[图 3（a）]。处于中等热演化阶段（R_o 为 0.7%~1.2%）页岩滞留油含量最高，占总生烃量的 20%~60%，较高热演化阶段（R_o > 1.2%）页岩油气并存，其中 R_o 为 0.89% 时烃源岩中滞留可动油达到最大，占总生烃量的 62.6%，R_o 为 0.76%~1.2% 时，滞留可动油均可达到总生油量的 40% 以上，是页岩油最有利的演化范围；当 R_o 为 0.7%~0.76% 或 1.2%~1.4% 时，滞留可动油亦可达到 30% 以上。实钻录井 OSI 及试油也表明：3200m~4200m（R_o 为 0.7%~1.2%）OSI 值高、超越吸附效应明显、试油井产量高，页岩油平均产量整体上随 R_o 值增大而增加，R_o 值小于 0.9% 时，页岩油产量随 R_o 的增大缓慢增加，R_o 为 0.9%~1.1% 时，页岩油产量随 R_o 的增大快速增加[图 3（b）和图 3（c）]。

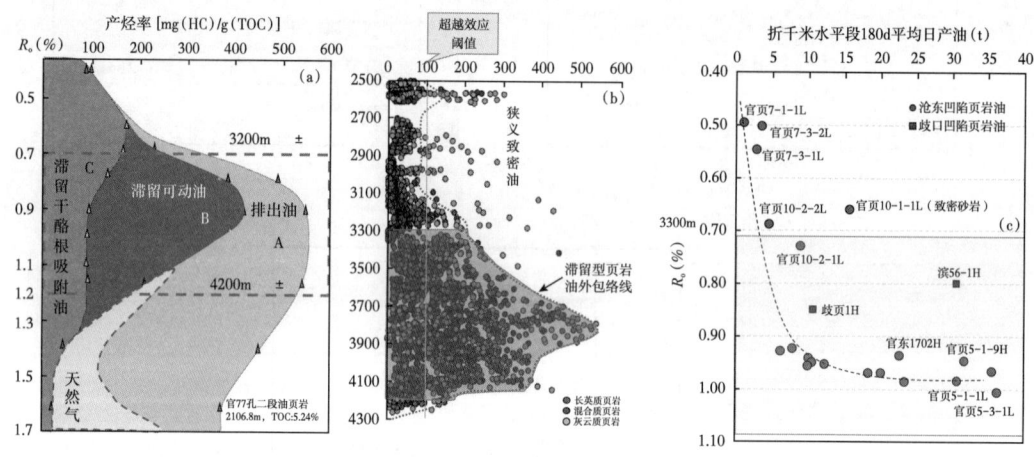

图 3 黄骅坳陷 GX12-1 井页岩生排烃曲线、OSI 与深度关系及水平井产量与 R_o 关系

3 适高的储集及含油条件

3.1 高密度纹层影响有机质丰度、烃类赋存及渗流

黄骅坳陷古近系三套页岩层系均发育不同结构类型的高频纹层（图 4），其中沧东凹陷孔二段岩心观察单层厚度多小于 2mm，主要以小于 1mm 的微米级薄纹层为主，显微镜下观察统计，纹层密度可达 11000 层/m；歧口凹陷沙三段岩心主要以单层厚度在 2~10mm 的中—厚纹层为主，纹层厚度无规律变化，显微镜下观察统计，纹层密度一般大于 5000 层/m；歧口凹陷沙一段下亚段岩心主要以单层厚度小于 1mm 的微米级纹层为主，显微镜下观察统计，纹层密度可达 15000 层/m。通过对 QY12-1-1 井、官 108-8 井岩心尺度的纹层密度分别与矿物组分、TOC 含量、S_1 含量的关系进行了统计分析发现，纹层密度越大，长英质（孔二段）或碳酸盐（沙三段及沙一下亚段）矿物组分含量越高，TOC 越大，S_1 越高。CT 扫描、核磁共振实验分析发现，发育高密度纹层的页岩孔隙层状分布、连通性好、可动流体饱和度高（46.7%），易于烃类渗流，层状及块状页岩次之。

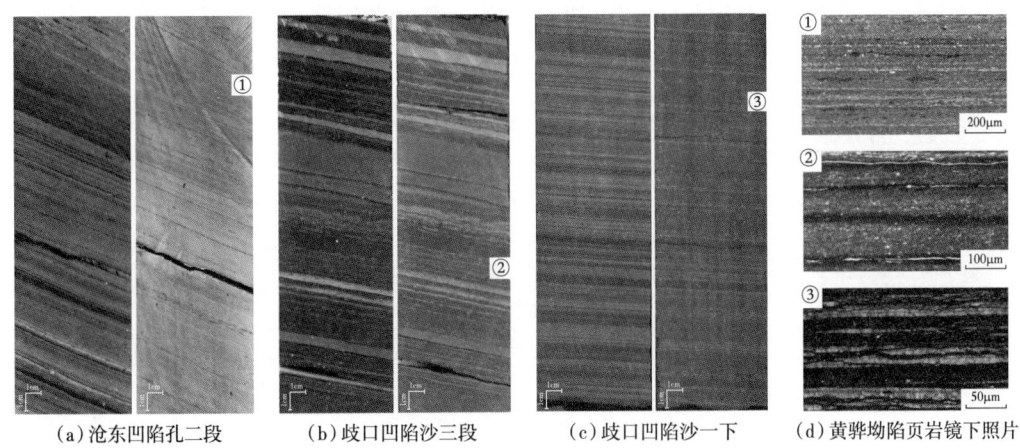

(a)沧东凹陷孔二段　(b)歧口凹陷沙三段　(c)歧口凹陷沙一下　(d)黄骅坳陷页岩镜下照片

图 4　黄骅坳陷古近系页岩纹层发育特征

3.2　高占比微纳米孔缝为页岩油的富集提供了充足的储集空间

黄骅坳陷页岩微纳米级孔隙和微裂缝十分发育，孔隙类型主要为粒间孔、晶间孔、溶蚀孔、机质孔隙，裂缝包括层裂缝、构造微裂缝、层理缝、有机质收缩缝等。利用 ATLAS 超大面积高分辨电镜成像对页岩孔隙及裂缝的数量及表面积进行分析，页岩面孔率一般为 1%~9%，局部面孔率大于 10%，纳米—微米级孔隙极其发育，呈群集式分布，孔隙半径一般大于 300nm。通过热解烃 S_1 与不同孔径的孔隙度相关分析表明（图5），可动烃主要赋存于孔径大于 100nm 以上的孔隙中。热解烃 S_1 与 1~20nm 孔径的孔隙具有明显的负相关关系，S_1 与孔径 100nm 以上的孔隙，尤其是孔径 100~500nm 的孔隙具有较好的正相关关系，可见页岩滞留的可动油部分主要赋存于 100~500nm 的孔隙内。

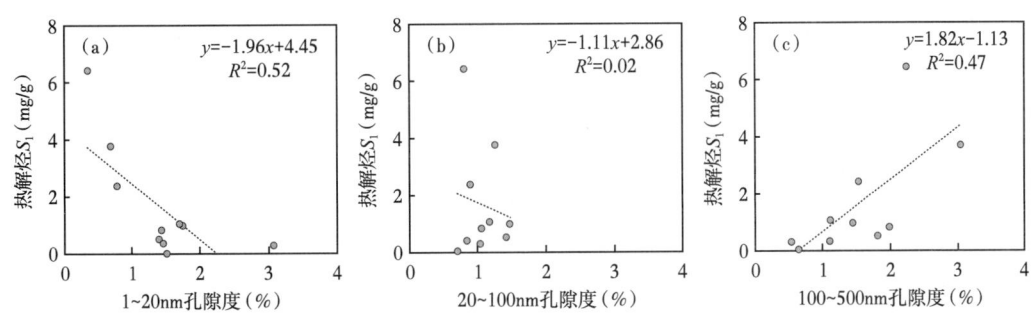

图 5　黄骅坳陷古近系页岩不同孔径范围内孔隙与 S_1 含量相关性

3.3　高滞留可动烃含量是页岩油高产的关键

页岩型页岩油滞留可动烃含量是页岩油富集程度高低的关键指标，S_1 及 OSI 是表征滞留可动烃含量的重要参数。基于黄骅坳陷 30 口岩屑热解资料及试油试采生产资料，对水平井压裂段平均 S_1 值与水平段折算为千米后的累计产油量进行了统计分析（图6），发现二者呈现出良好的正相关关系，当 S_1 平均值分布于 1~6mg/g 范围内时，千米累计年产油量随 S_1 的增大呈缓慢增大，当 S_1 大于 6mg/g 以后，千米累计年产油量随 S_1 的增大呈快速增大趋势。水平井压裂段平均 OSI 与千米 180d 平均日产油亦呈正相关，日产油量大于 10t 的必要条件是压裂段平均 OSI > 200mg/g（TOC）。由此可见，滞留可动烃含量越高，越有利于页岩油水平井获得高产。

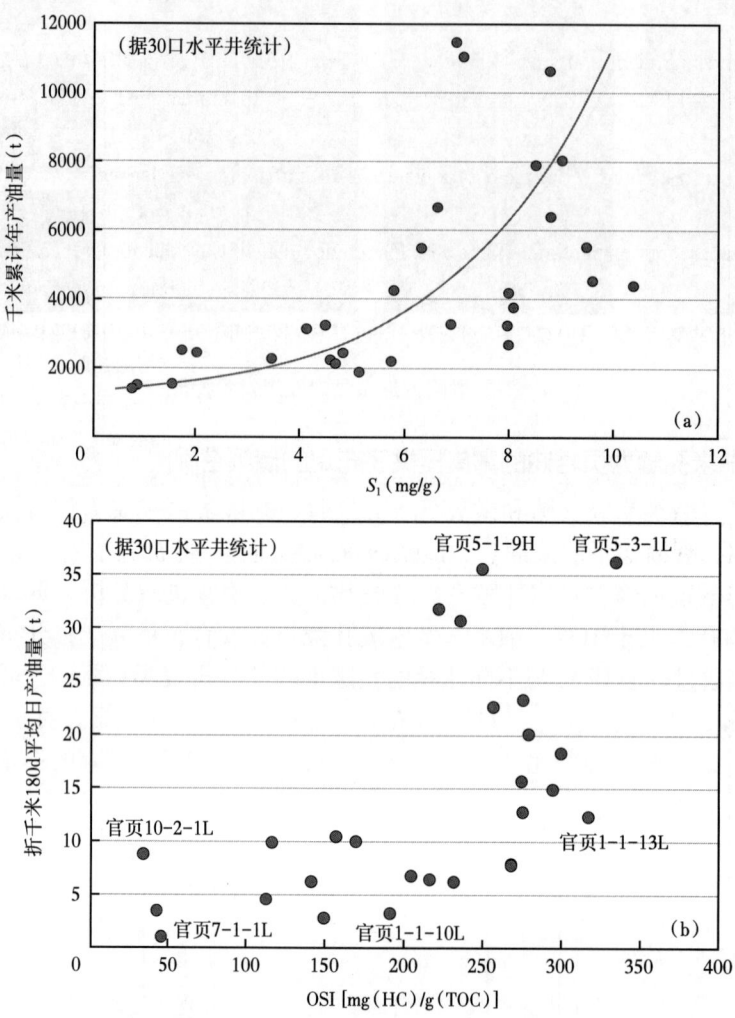

图 6　黄骅坳陷古近系水平井压裂段平均 S_1 与千米累计年产油量（a）、平均 OSI 与千米 180d 平均日产油关系图（b）

4　优良的保存条件

4.1　顶底板封堵条件优

顶底板的封堵能力对页岩油滞留和保存具有重要影响[3]，断陷型盆地页岩油富集对顶底板封闭能力的要求更高。顶底板既有区域性盖层，又有与富集层紧邻的局部致密岩层。以沧东凹陷为例，孔二段页岩油能够获得重要突破与其上部区域性发育有厚约 50~100m 的块状泥岩顶板和 60~90m 块状泥岩底板紧密相关（图 7），顶底板主要以呈块状结构、低有机质丰度、低电阻率为典型特征，其储集性、含油性、脆性等均较差，为孔二段页岩油的滞留与富集提供了重要封堵条件。

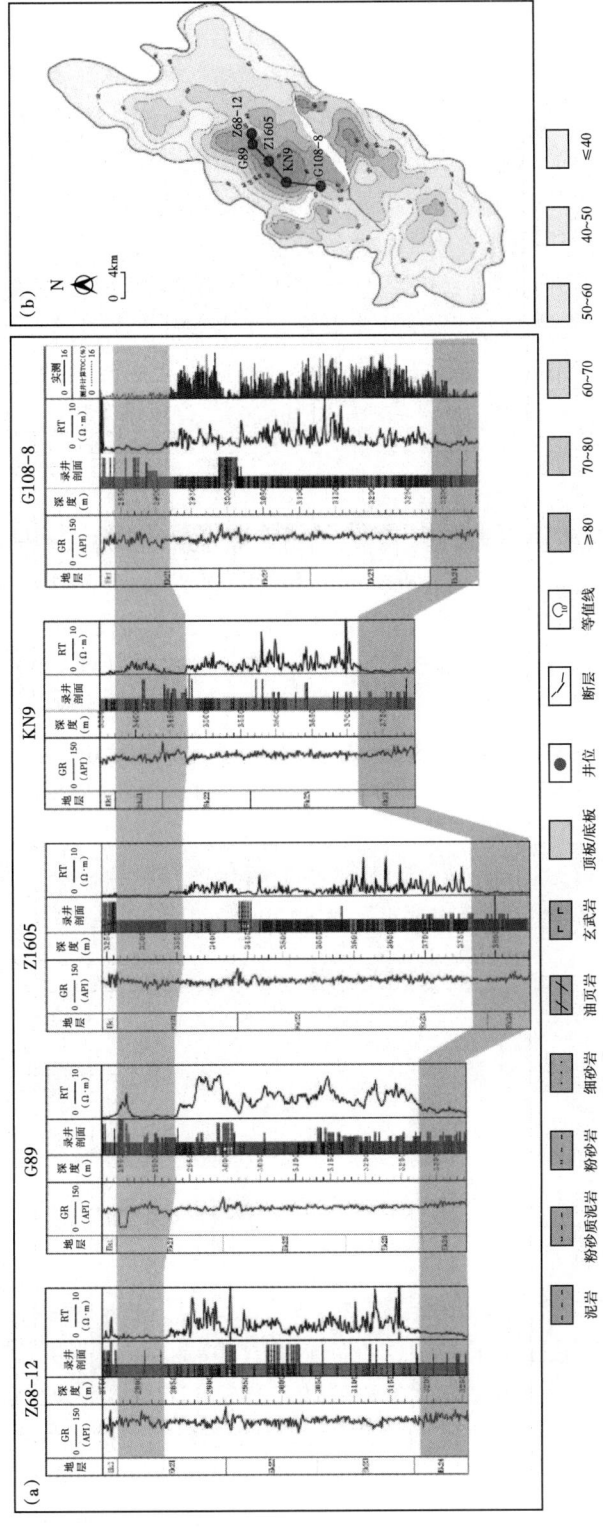

图 7 黄骅坳陷沧东凹陷顶底板连井分布图（a）及顶板厚度分布图（b）

4.2 断裂破坏程度弱

断陷盆地断层的活动强度、活动期与成藏期匹配关系对页岩油滞留具有重要影响[4]。在早于生排烃时期活动的断层可产生大量的微裂缝，为页岩油提供了良好的滞留空间；排烃期或之后发育的活动断层则可作为沟通页岩与外圈砂岩的通道，使得页岩油发生逸散。沧东凹陷孔二段主要受两侧沧东断层、徐西断层与内部孔东断层、孔西断层控制，在风化店、孔西、孔东、小集等地发育多个断裂构造带[5]。目前的页岩油主力探区位于南皮斜坡小集断裂构造带的1号与5号井场，其中1号井场位于小集断层西南处，5号井场位于段六拨断层附近，由于小集断层北东方向与孔东断层交汇，在1号井场处发育大量四级断层；而段六拨断层构造较稳定，5号井场附近四级断层不发育。基于各水平井钻探靶层与临近断裂距离与首年千米累产油关系可以看出，与井旁断裂较近的页岩油水平井首年千米累计产油较低，而随着与井旁断裂距离的增加，首年千米累计产油呈逐渐上升的趋势，在距离为450~550m处达到峰值，距离大于550m后，由于天然裂缝发育较少，页岩油滞留空间减少，首年千米累产油略有下降。

5 勘探开发实践

以黄骅坳陷陆相页岩型页岩油"适中的物源及烃源岩条件、适高的储集条件、优良的保存条件"3方面的原则为基础，通过分析不同参数对页岩油形成与富集的影响程度大小，优化甜点评价参数、完善甜点评价方法，指导了黄骅坳陷三套页岩油甜点的评价优选。

以沧东凹陷孔二段为例，纵向优选C_{1-3}、C_{3-8}、C_{5-12}共3套Ⅰ类富集层作为优先钻探箱体，单个箱体厚度8~10m，岩性以纹层状长英质页岩为主。针对纹层状长英质页岩相对发育的C_{1-3}和C_{3-8}小层部署的6口水平井获超100t高产，其中GY5-1-1L井最高日产油突破208m³，创断陷湖盆页岩型页岩油纪录；GY5-1-9H首年产量超$1×10^4$t，目前44mm泵抽，日产油17.84t，生产936d累计产油21284t（图8）；五号平台效益开发试验5口水平井已连续自喷生产204~243d，累计产油41338t，目前2.5mm油嘴自喷生产，单井日产油31.8~53.3t。2019年以来，沧东凹陷利用8个平台完钻页岩油水平井52口，开井45口，累计产油已达$32.0×10^4$t。

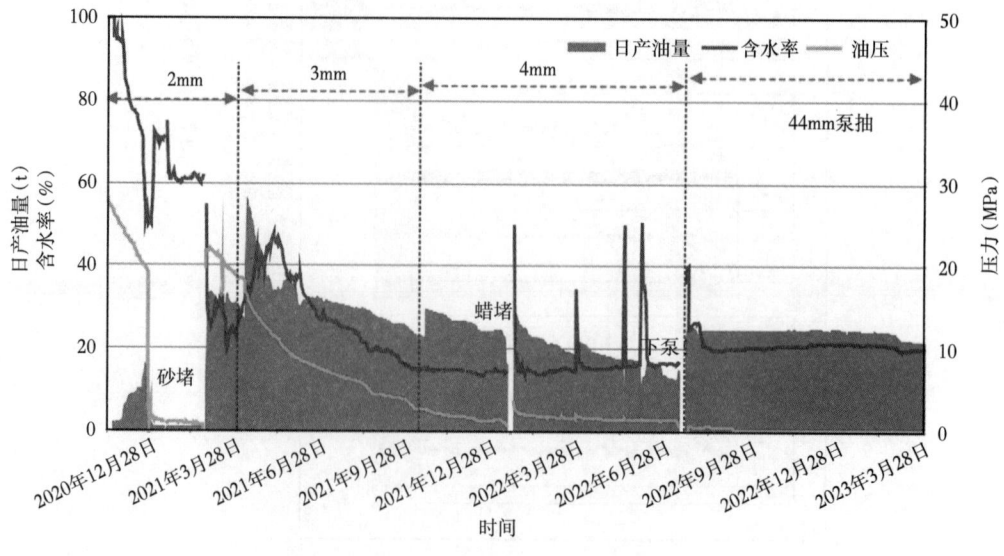

图8 沧东凹陷GY5-1-9H井生产综合曲线

6 结论

深盆湖相页岩型页岩油的富集受"适中的物源及烃源岩条件、适高的储集条件、优良的保存条件"3个条件的耦合作用影响，基于"中源、高储、优保"页岩油富集条件，完善了页岩型页岩油有利层及有利区定量评价方法，有效指导了黄骅坳陷古近系页岩油钻探箱体及有利区的评价优选，三套页岩层系在Ⅰ类富集区钻探的水平井均获得重要勘探突破，并有4口井获日产油百吨高产，为我国东部深盆湖相页岩型页岩油的勘探开发提供了重要经验与借鉴。

值得注意的是，本文提出的"中高匹配"富集规律主要适用于以原地滞留或纹层尺度微运移为主的页岩型页岩油，而对于以运移烃为主的致密油，部分富集条件并非完全适用，如高频纹层结构、适中有机碳含量、适中热演化成熟度等，有利层/区定量评价方法中的部分参数，如 R_o、TOC、纹层密度等，也需根据致密油的成藏与富集规律做相应调整。

参 考 文 献

[1] 赵贤正,蒲秀刚,周立宏,等.深盆湖相区页岩油富集理论、勘探技术及前景——以渤海湾盆地黄骅坳陷古近系为例[J].石油学报,2021,42(2):143–162.

[2] 赵贤正,周立宏,蒲秀刚,等.湖相页岩滞留烃形成条件与富集模式——以渤海湾盆地黄骅坳陷古近系为例[J].石油勘探与开发,2020,47(5):856–869.

[3] 王跃文,陈百军,陈均亮,等.松辽盆地古龙页岩油层顶底板断层封闭性及油气聚集有利区优选[J].大庆石油地质与开发,2022,41(3):53-67.

[4] 付晓飞,石海东,蒙启安,等.构造和沉积对页岩油富集的控制作用——以松辽盆地中央坳陷区青一段为例[J].大庆石油地质与开发,2020,39(3):56-71.

[5] 颜照坤.黄骅坳陷古近纪构造—沉积演化过程研究[D].成都:成都理工大学,2014.

松北陆相页岩有机黏土复合体微观表征及研究

王永超[1,2]，王 括[3]，赵 威[1,2]，刘连杰[1,2]，
张 洋[1,2]，张良全[1,2]，安 阳[1,2]

（1. 多资源协调陆相页岩油绿色开采全国重点实验室；2. 大庆油田有限责任公司勘探开发研究院；3. 大庆油田有限责任公司第三采油厂）

摘 要：以松辽盆地北部的青山口组页岩TOC、R_o和微束分析等为基础，利用高质量的样品制备结合电镜分析、能谱识别、聚焦离子束三维重构等技术，首次发现页岩储层中一种新的孔隙形态——有机黏土复合体。孔隙微观表征及研究结果表明：有机黏土复合体多呈海绵状、缝网状的形态，不同于国内外海相页岩中发现的在有机质上形成的呈圆形或椭圆形的有机质孔，微纳米级有机黏土复合体的发现，改变了陆相页岩无机质孔隙是油气主要储集空间的传统认识，对于页岩型页岩油的形成机理、富集规律研究具有重要的科学意义。

关键词：松辽盆地北部；青山口组；页岩油；有机黏土复合体

1 地质背景

松辽盆地上白垩统以大型陆相淡水湖盆沉积为特征，发育厚度超过1500m的大规模三角洲、半深湖、深湖相沉积[1]。在湖泊水体深度周期旋回变化中，与全球同期两次大规模海侵事件相对应，青山口组（Cenomanian期）和嫩江组（Turonian期）沉积期发生了两次大规模海侵，形成了两套半深湖—深湖相泥页岩沉积，分布面积超$18 \times 10^4 km^2$[1]，其中青山口组一段泥页岩厚度为40~110m，青山口组二段泥页岩厚度为50~250m，横向岩性变化不大，厚度分布相对稳定。泥页岩沉积后，在构造演化过程中基本以稳定埋藏为主，以古龙凹陷为例，青山口组底面以大面积宽缓向斜为背景，现今泥页岩最大埋深超过2600m，期间未经历大的抬升剥蚀和大的断裂破坏，为页岩油形成与保存提供了重要条件。

松辽盆地沉积过程中受海侵和火山喷发的影响，湖泊中水生生物营养丰富，出现了以沟鞭藻、绿藻及疑源类和黄藻类等为主要成分的藻类勃发事件，微生物化石中藻类化石占优势[2]，为泥页岩提供了充足的有机质来源。同时由于海水的侵入造成湖泊水体分层，在深部水体形成厌氧环境，为有机质的保存提供了优越环境[3]。青山口组泥页岩有机质丰度高，总有机碳含量（TOC）平均值大于2.13%，有机质显微组成中藻类体含量为87%~97%，母质类型以Ⅰ型为主，干酪根活化能分布范围窄，有机质生油速率快、转化率高。烃源岩随埋深增加、热演化程度升高，生成大量油气并排出源岩进入砂岩储层，同时厚层泥页岩中的油气由于未能充分排出，在泥页岩中滞留、富集，成为页岩油形成的物质基础。目前的勘探结果表明，松辽盆地页岩油主要位于泥页岩厚度大、有机质丰度高的青山口组一段和二段中下部，受页岩油生成数量、保存条件和页岩储集能力控制，主要生烃凹陷内页岩油纵向多层叠置，横向呈连续分布特征。

第一作者简介：王永超，大庆油田勘探开发研究院，副主任，主要从页岩油实验研究。E-mail: wyc0168@126.com

2 样品与实验方法

本次研究样品选自不同成熟度的青山口组页岩,样品 TOC 值为 1.55%~6.14%,R_o 值为 0.55%~1.67%,孔隙度为 1.9%~12.08%。全岩矿物组成以黏土矿物为主,含量一般在 30% 以上,其次为石英和斜长石,碳酸盐岩含量总体较低。黏土矿物以伊利石为主,相对含量一般大于 40%。

采用法国 Vinci 型氦孔隙度测定仪,测定了页岩氦气孔隙度;采用日本理学 Ultima Ⅳ 型 X 射线衍射仪开展 X 射线扫描电镜(XRD)分析,测定页岩全岩矿物组成;通过 FE-SEM 和 FIB-SEM 对页岩储层纳米孔隙平面分布、纳米孔隙三维几何形态、孔隙分布情况、连通性开展定量分析。

FE-SEM 分析实验过程如下:(1)样品制备采用 300r/min 低应力慢速切割作业方式进行机械修块和打磨,克服岩石破碎对页岩样品性状的影响;分别采用 800 目、1000 目、2000 目、4000 目、7000 目的砂纸对样品进行无水机械抛光,避免页岩因水敏膨胀对纳米孔隙和纹层结构造成破坏;采用逐级精密氩离子抛光,抛光角度为 3°,样品表面起伏不超过 300nm。(2)样品处理使用 0.5~1.0kPa 级别高真空喷镀仪,镀膜厚度为 1.5nm,以便获得高清的孔隙和岩石结构图像。(3)电镜分析研究采用德国 ZEISS 公司的 Sigma500 型场发射扫描电子显微镜,结合背散射电子衍射成像(BSED),观察精度达 1.8nm。采用 8.5mm 工作距离,5~10kV 电压,BSD 背散射模式。

有机黏土复合物元素分析。在场发射电镜分析时,采用牛津 X-max80X 射线能谱分析系统(工作电压 10kV,工作距离 8.5mm)对有机黏土复合物、有机黏土复合孔缝及不同黏土矿物等进行原位能谱分析,根据不同的元素 X 射线特征波长,进行元素识别,确定元素组成。

FIB-SEM 分析采用 Thermo Fisher Scientific Scios2 型聚焦离子束扫描电镜,精确控制离子束与电子束,对选定的区域进行连续切割,层片厚度低至 5.0nm,超高分辨率低电压成像,最高分辨率达 1.4 nm。使用 Avizo 软件进行图像三维重建。高分辨二次电子图像明暗度与样品组成元素的原子序数成正比,能够清楚地显示页岩孔隙、有机质与无机矿物基质在灰度值上的差异,据此采用手动阈值法分别将孔隙、有机质、无机矿物等提取出来,并展示其三维空间结构。对于每一个孔隙和喉道,计算孔隙半径、喉道长度、孔喉配位数、孔隙体积等参数。

3 实验结果

通过场发射扫描电子显微镜下观察并结合能谱点扫分析,发现松北青山口组的有机黏土复合体既富含有机碳元素又有黏土矿物的硅铝酸盐元素,表征为有机质与黏土质二者混合的现象(图 1)。

场发射电镜图像揭示,青山口组页岩中层状藻和黏土矿物通过物理化学作用形成的有机黏土复合物[4],以条带状、团块状等多种形式分布于页岩基质中(图 2),其演化形成的纳米级孔隙和裂缝称之为有机黏土复合孔缝,其在不同成岩演化阶段具有差异性。

中低成熟阶段,有机黏土复合物主要以条带状顺层富集,部分呈不规则团块状分布,条带宽度 0.5~1.0μm,团块直径 0.1~0.8μm,少量有机质呈分散状分布于碎屑颗粒周围,塑性有机质受到压实作用后发生变形,呈不规则形态。以 C21 井页岩为例 [图 2(a)],其 R_o

值为0.78%，场发射电镜图像统计孔隙较发育，面孔率为6.7%，其中有机黏土复合孔贡献为14.4%。该成熟阶段大部分孔隙为石英和长石有关的粒间孔［图2（a）］中a孔隙直径达100~1000nm。随着有机质初始生烃和黏土矿物中蒙皂石、伊/蒙混合层向伊利石转化，在条带、团块状有机黏土复合物内出现裂缝或孔隙，直径为50~600nm，孔缝相对孤立，呈零星分布［图2（a）中c点］。

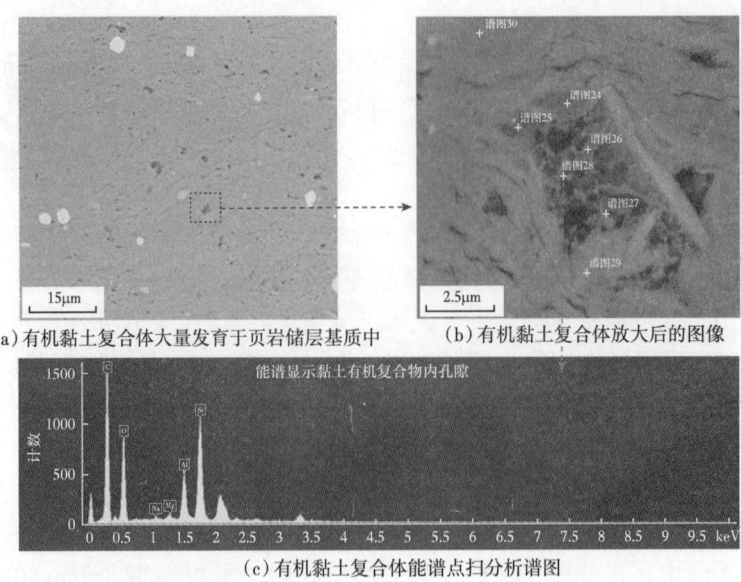

(a) 有机黏土复合体大量发育于页岩储层基质中
(b) 有机黏土复合体放大后的图像
(c) 有机黏土复合体能谱点扫分析谱图

图1 松辽盆地北部有机黏土复合体场发射电镜分析及能谱点扫

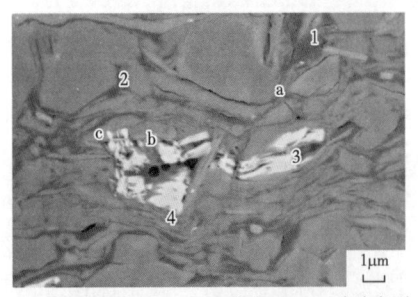 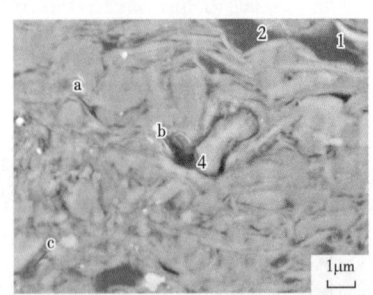

(a) C21井，1641.18 m，R_o值为0.78%，孔隙类型以粒间孔和溶蚀孔为主，有机黏土复合孔不发育
(b) Z2911井，1851.23 m，R_o值为0.93%，孔隙类型以粒间孔、晶间孔、溶蚀孔为主，有机黏土复合孔不发育

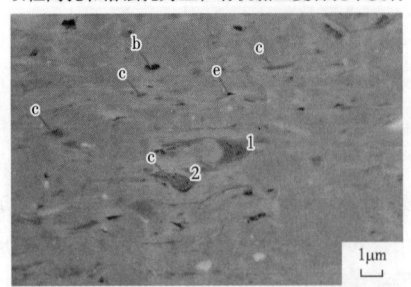 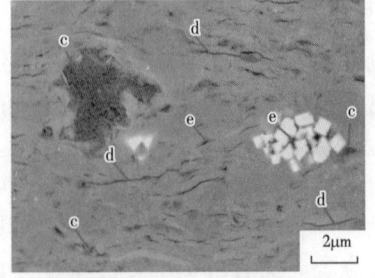

(c) GY2HC井，2334.18 m，R_o值为1.34%，海绵状、网状有机黏土复合孔发育，其次为溶蚀孔和晶间孔
(d) GY1井，2546.55 m，R_o值为1.61%，有机黏土复合孔大量发育

图2 青山口组页岩不同演化阶段有机黏土复合孔微观特征
a—粒间孔；b—溶蚀孔；c—有机黏土复合孔；d—有机黏土复合缝；e—晶间孔

页岩储层中孔隙发育程度一般受沉积环境、成岩作用、矿物组成、有机碳含量、有机质热演化程度等因素综合控制[5-7]。青山口组页岩矿物组成主要为石英、长石、黏土矿物、碳酸盐岩等，其中黏土矿物含量相对于国内其他陆相页岩占比相对较高[8]，有机黏土复合物演化形成的有机黏土复合孔隙，一方面与页岩有机碳含量、有机质热成熟度关系密切，同时也受控于黏土矿物组合和演化的影响。

以往观点普遍认为，陆相页岩油储层主要发育粒间（内）孔、黏土矿物层间孔缝[9]，有机质孔不发育，因此无法解释青山口组页岩孔隙与有机质及生烃的耦合演化关系。海相页岩储层发育的有机质孔骨架主要为焦沥青，即为原油裂解后的产物，在形态上一般表现为海绵状、气泡状或蜂窝状。在碳酸盐岩或砂岩储层中，原油裂解成气的效率一般为40%~45%，即一半以上的原油会转化为焦沥青[10]。在富黏土的烃源岩内，由于黏土和干酪根会提供额外的氢源，原油裂解成气的转化效率要高得多[11]，焦沥青产率要低得多，如生烃模拟实验表明青山口组页岩内原油裂解成气的转化效率可达79%[27]。对于原位成藏的页岩油，页岩油裂解焦沥青产率也受有机质类型影响，类型越好有机质越富氢，高演化阶段焦沥青产率也越低[11]。总体而言，形成大量有机质孔的条件主要是砂岩或碳酸盐岩储层、高—过成熟演化阶段。鄂尔多斯盆地三叠系延长组7段页岩油储层主要为粉细砂岩[12]，渤海湾盆地沧东凹陷古近系孔店组二段页岩油储层主要为碳酸盐岩[13]，但总体成熟度偏低，因此形不成大量焦沥青及相关孔隙。松辽盆地青山口组页岩有机质成熟度高（R_o值为0.75%~1.7%[14]），但页岩油储层为高黏土、富氢页岩，也不具备发育大量有机质孔的条件。前人的研究也认为青山口组页岩主要发育黏土矿物层间孔。尽管如此，如果就此把青山口组页岩主要发育的孔隙简单归为黏土矿物层间孔，将无法准确认识其储集空间的分布规律及控制因素，因为仅靠黏土矿物自身不足以形成大量孔隙。总之，青山口组页岩油是典型的页岩型页岩油，有机黏土复合孔的提出，对研究该类型页岩油储集空间的形成与演化机制、明确主控因素、确定有利区具有重要的科学意义。

参 考 文 献

[1] 侯启军,冯志强,冯子辉,等.松辽盆地陆相石油地质学[M].北京：石油工业出版社,2009.

[2] 冯子辉,方伟,王雪,等.松辽盆地海侵制约油页岩形成的微体古生物和分子化石证据[J].中国科学：地球科学,2009,39（10）：1375-1386.

[3] 冯子辉,方伟,李振广,等.松辽盆地陆相大规模优质烃源岩沉积环境的地球化学标志[J].中国科学：地球科学,2011,41（9）：1253-1267.

[4] BLATTMANN T M, LIU Z, ZHANG Y, et al. Mineralogical control on the fate of continentally derived organic matter in the ocean[J]. Science, 2019, 366（6466）：742-745.

[5] HOU L H, WU S T, JING Z H, et al. Effects of types and content of clay minerals on reservoir effectiveness for lacustrine organic matter rich shale[J]. Fuel, 2022, 327：125043.

[6] KATZ B J, ARANGO I. Organic porosity：A geochemist's view of the current state of understanding[J]. Organic Geochemistry, 2018, 123：1-16.

[7] MILLIKEN K L, OLSON T. Silica diagenesis, porosity evolution, and mechanical behavior in siliceous mudstones, Mowry Shale（Cretaceous）, rocky mountains, U.S.A.[J]. Journal of Sedimentary Research, 2017, 87（4）：366-387.

[8] WANG F L, FENG Z H, WANG X, et al. Effect of organic matter, thermal maturity and clay minerals on pore formation and evolution in the Gulong Shale, Songliao Basin, China[J]. Geoenergy Science and Engineering,

2023,223:211507.

[9] 李吉君,史颖琳,黄振凯,等.松辽盆地北部陆相泥页岩孔隙特征及其对页岩油赋存的影响[J].中国石油大学学报(自然科学版),2015,39(4):27-34.

[10] WAPLES D W. The kinetics of in-reservoir oil destruction and gas formation: Constraints from experimental and empirical data, and from thermodynamics[J]. Organic Geochemistry, 2000, 31(6): 553-575.

[11] PEPPER A S, DODD T A. Simple kinetic models of petroleum formation. Part Ⅱ: Oil-gas cracking[J]. Marine and Petroleum Geology, 1995, 12(3): 321-340.

[12] 付金华,李士祥,牛小兵,等.鄂尔多斯盆地三叠系长7段页岩油地质特征与勘探实践[J].石油勘探与开发,2020,47(5):870-883.

[13] XIN B X, ZHAO X Z, HAO F, et al. Laminae characteristics of lacustrine shales from the Paleogene Kongdian Formation in the Cangdong Sag, Bohai Bay Basin, China: Why do laminated shales have better reservoir physical properties?[J]. International Journal of Coal Geology, 2022, 260: 104056.

[14] 霍秋立,曾花森,张晓畅,等.松辽盆地古龙页岩有机质特征与页岩油形成演化[J].大庆石油地质与开发,2020,39(3):86-96.

松辽盆地古龙页岩形成环境及其控有机质富集作用

付秀丽[1,2]，李军辉[1,2]，崔坤宁[1,2]，苏杨鑫[1,2]，郑　强[1,2]，白　月[1,2]

（1.多资源协同陆相页岩油绿色开采全国重点实验室；
2.大庆油田有限责任公司勘探开发研究院）

摘　要：松辽盆地古龙页岩油是大庆油田未来接替领域，为定量分析古龙页岩形成的古盐度、古气候、古氧化还原环境、古物源特征及其与有机质富集的关系，利用常微量元素及其组合特征分析、古生物化石鉴定等多指标开展沉积环境定量恢复研究，并通过不同环境参数与有机质丰度关系分析沉积环境与有机质富集的关系。研究表明古龙页岩形成时期松辽盆地古气候温暖潮湿，古盐度主要为淡水—微咸水和咸水两种环境，水体环境整体呈还原状态，并指出古气候、古盐度、湖泊生产力和古水深是有机质富集的主要控制因素。明确古龙页岩古沉积环境及其与有机质富集关系，对于古龙页岩油勘探和开发具有理论指导意义和实际应用价值。

关键词：松辽盆地；沉积环境；古气候；古盐度；古水深；古物源；古生产力

沉积环境研究在国内外不少沉积盆地都开展过，前人主要是围绕沉积相、沉积体系及沉积充填特征开展研究[1]；并用表示环境参数的地球化学元素来分析古环境[2]，研究的环境参数多以古气候、古盐度、古氧化还原及古物源为主，其中古盐度多以$w(Sr)/w(Ba)$值0.6和1为界、$w(Ph)/w(Pr)$值0.8和2.8为界来划分淡水、微咸水和咸水，$w(Sr)/w(Cu)$值10为界来划分潮湿和干旱气候，CIW值80来划分干冷和温湿气候，90来划分温湿和湿热气候。$w(Fe)/w(Mn)$值70来划分干旱与潮湿，利用$w(Ti)/w(Al)$分析古物源是否充足，利用Cu—EF及Ni—EF来分析有机质通量及古湖泊生产力。如鄂尔多斯盆地利用常微量元素及组合参数开展延长组、纸坊组沉积环境分析，认为$w(Sr)/w(Ba)$小于0.6、$w(B)$小于200mg/L为淡水—微咸水环境，CIW值在80~90之间、$w(Sr)/w(Cu)$小于1.3为潮湿气候$w(V)/w(V+Ni)$在0.60~0.84、δU大于1还原环境。准噶尔盆地利用常微量元素及组合参数开展二叠系芦草沟组研究，认为$w(Sr)/w(Ba)$为0.30~0.77、$w(B)$在200~300mg/L为半咸水环境，C值为0.2~0.4为半干旱气候，CIW值在80~90为温湿气候，$w(Sr)/w(Cu)$大于10为干旱气候。渤海湾盆地$w(Sr)/w(Ba)$大于1为咸水环境，$w(Fe)/w(Mn)$大于70、CIW大于90为温湿气候，C值小于0.1为干燥气候。

松辽盆地青山口组是目前页岩油勘探的重点层位，近两年来，受到广泛的关注和研究，但是对于泥页岩沉积条件和沉积环境的研究涉及较少。研究青山口组的沉积环境对于页岩有机质的分布和富集预测具有重要意义。前人关于沉积环境的研究主要集中在沉积相、沉积体系和沉积物源分析，研究对象以高台子油层的砂体常规储层为主受限于湖相区取芯井段和分析化验样品的不均匀分布，对于古气候、古盐度、古物源和古氧化还原反应等沉积条件的研

基金项目：中国石油天然气股份公司科技重大专项"陆相页岩油规模增储上产与勘探开发技术研究"（2023ZZ15）资助。

第一作者简介：付秀丽（1982—），女，硕士研究生，高级工程师，主要从事页岩油基础地质研究工作。
E-mail：fuxiuli@petrochina.com.cn

究涉及较少，仅有部分学者利用孢粉鉴定、生物群分析和生物标志化合物分析对松辽盆地湖泊进行了古盐度的定性分析，认为松辽盆地属于亚热带、半潮湿—潮湿气候，并认为松辽盆地南部青山口组发育淡水—半咸水—淡水的盐度旋回[7-8]。除此之外，很少有人关注松辽盆地北部青山口组湖相区泥岩的沉积环境。

随着近两年页岩油勘探程度的日益加深和取心资料井的增加，为开展青山口组沉积条件的研究奠定了基础。本文在充分调研前人关于古盐度、古气候、古氧化还原环境及古物源等研究方法的基础上，通过大量的常微量实验数据综合分析，结合古生物鉴定结果，建立了松辽盆地湖相区沉积环境定量分析的环境参数指标。首次用定量恢复了松辽盆地北部湖相区泥页岩的四古沉积环境，古龙页岩古沉积环境的定量恢复及其与有机质富集关系分析，为分析古龙页岩富集层预测奠定了基础，对于古龙页岩油勘探和开发具有指导价值。

1 地质概况

松辽盆地油气资源丰富，是典型的陆相沉积盆地，自下而上发育同裂陷构造层、断坳转换层、裂后热沉降层和反转构造层。断陷构造层包括火石岭组、沙河子组、营城组，断坳转化构造层为登娄库组，裂后热沉降层包括泉头组、青山口组、姚家组及嫩江组，反转构造层包括四方台组和明水组［图1（a）］。

松辽盆地白垩系青山口组和嫩江组发生过2次大规模湖侵[3]。青山口组为首次湖泛形成，中央坳陷区青山口组一段、二段半深湖—深湖相沉积范围大，沉积了厚层泥页岩为主的地层，夹有薄层生物灰岩、钙质粉砂岩和泥质白云岩[4]，也是古龙页岩油勘探的有利区。青一段半深湖—深湖相Q_1—Q_6、青二段Q_7—Q_9油层组的古龙页岩油具有有机质丰度高、类型好、生烃潜力大、热演化程度高等特征[5-6]，页岩层系内部发育大量页理缝和基质孔隙[7]。

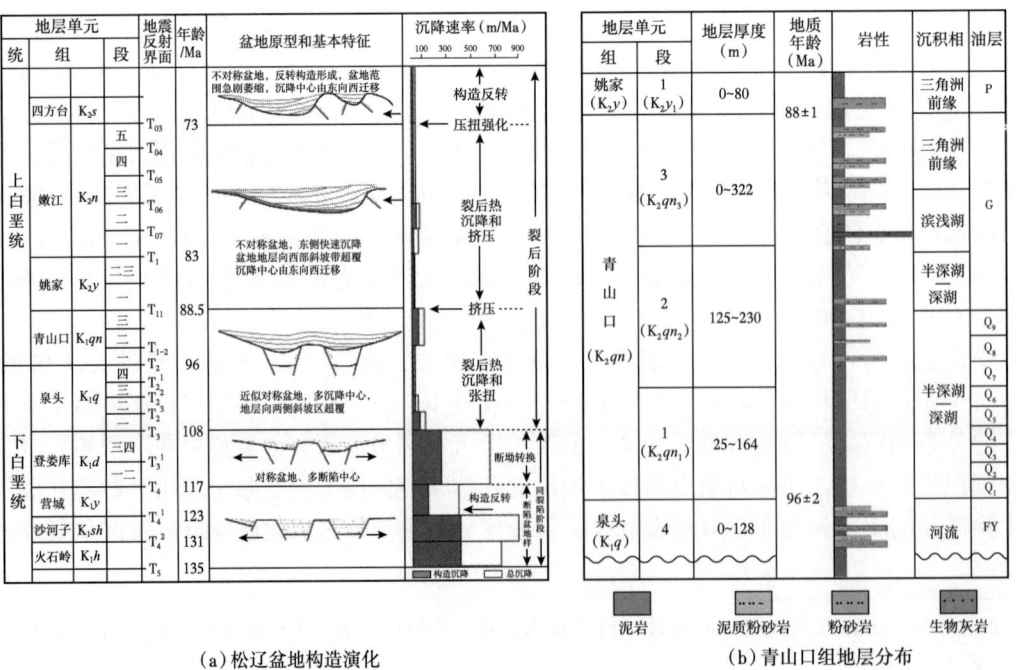

(a) 松辽盆地构造演化　　(b) 青山口组地层分布

图1　松辽盆地青山口组地层柱状图

2 古龙页岩形成的古沉积环境

前人研究集中在利用生物标志化合物、生物化石等证据对松辽盆地是否存在海侵展开研究，并对古盐度进行了定性的判断。本文在前人研究的基础上，主要采用常微量元素 $w(Sr)/w(Cu)$ 比值、C 值、$w(Fe)/w(Mn)$ 等参数指标，结合古生物化石特征来定量恢复松辽盆地青山口组古气候；利用古生物化石鉴定、微量元素及其组合 $w(Sr)/w(Ba)$、$w(B)/w(Ga)$ 等参数特征和生物标志化合物姥鲛比特征定量恢复松辽盆地古盐度沉积特征；利用采用无机元素 V/(V+Ni)、V/Sc 来恢复青山口组氧化还原环境；利用常量元素 Ti/Al、Si/Al 来恢复陆源碎屑输入量高低，利用常微量元素组合 Cu-EF[即(Cu/Al)/3.43] 和 Ni-EF[即(Ni/Al)/3.78] 来恢复沉积有机质通量特征。利用沉积学特征和古生物化石特征定性判断法、微量元素 Co-La 含量定量计算法和自然伽马能谱测井曲线定量计算法来恢复古水深[9-10]。根据国内外用以表征古沉积环境参数，结合松辽盆地的地质背景、古生物鉴定结果，首次建立了松辽盆地青山口组古气候、古盐度、氧化还原和陆源输入量等 4 方面的定量判别标准（表1）。

表1 松辽盆地沉积环境判别标准

沉积环境	判别标准			
	参数	干热	温湿	
古气候	$w(Sr)/w(Cu)$	>20	小于20	
	C 值	<0.3	>0.3	
	$w(Fe)/w(Mn)$	<100	>100	
	参数	淡水—微咸水	咸水	
古盐度	$w(Sr)/w(Ba)$	<1	>1	
	$w(B)/w(Ga)$	<4.5	>4.5	
	参数	氧化	还原	强还原
古氧化还原	$w(V)/(w(V)+w(Vi))$	<0.6	0.6~0.84	>0.84
	U-EF	<1	>1	
	参数	低	高	
古物源	Ti/Al	<0.03	>0.03	

注：C 值 = $\sum(Fe+Mn+Cr+V+Co+Ni)/\sum(Ca+Mg+Sr+Ba+K+Na)$；$A$ 值 = $[Al_2O_3/(Al_2O_3+Na_2O)] \times 100$，式中氧化物以摩尔数为单位；$X(元素)-EF = (X/Al)_{样品}/(X/Al)_{标准页岩}$ 或 $X(元素)-EF = (X/Th)_{样品}/(X/Th)_{标准页岩}$，标准页岩值取自澳大利亚后台古代平均页岩（PAAS）；水深 $H = 305000/[4000/(V_{Co}-4.68V_{La}/38.99)]^{1.5}$。

2.1 古气候

松辽盆地青山口组沉积时期，古生物化石介形类、叶肢介形类和鱼骨化石发育，形态各异，生物种群丰富（图2）。通过岩心观察，在古龙页岩层系湖相区泥岩中发现了丰富的介形类化石[图2(a)至图2(c)]，以及少量的叶面类化石[图2(h)和图2(i)]、鱼骨化石[图2(e)]和植物叶[图2(f)]，表明古龙页岩层系沉积期气候温暖湿润，适合于各种生物的繁殖和生长，为有机质的形成提供了气候基础。采用常微量组合参数 $w(Sr)/w(Cu)$ 值、C 值、$w(Fe)/w(Mn)$ 值等判别标准对青山口组古气候进行了分析（图3）。研究表明，K_2qn_1 和 K_2qn_2 的 $w(Sr)/w(Cu)$ 一般小于20，C 值大于0.4，$w(Fe)/w(Mn)$ 大于100，说明页岩层系沉积时期，古气候整体为温湿气候，存在短期的干热气候。

图2 松辽盆地青山口组二段古生物化石岩心照片

a：太2021，青一段，1586.28m，介形虫颗粒呈芝麻状沿层面发育；b：太2021，青一段，1541.89m，介形虫颗粒被黄铁矿化；c：肇2911，青一段，1845.61m，介形虫层，黄铁矿化；d：肇2911，青一段，1853.88m，黑色泥岩，发育植物茎叶，茎叶处被黄铁矿充填；e：朝21，青一段 鱼骨化石1662.85m；f：肇2911，青二段，1770.44m，植物叶片及碳屑；g：肇2911 青二段1818.79m，灰色粉砂岩、含介形虫、黄铁矿、泥砾；h：肇2911，青二段，1763.55m，叶肢介密集完整分布；i：肇2911，青二段，1805.93m，叶肢介密集完整分布，黄铁矿化

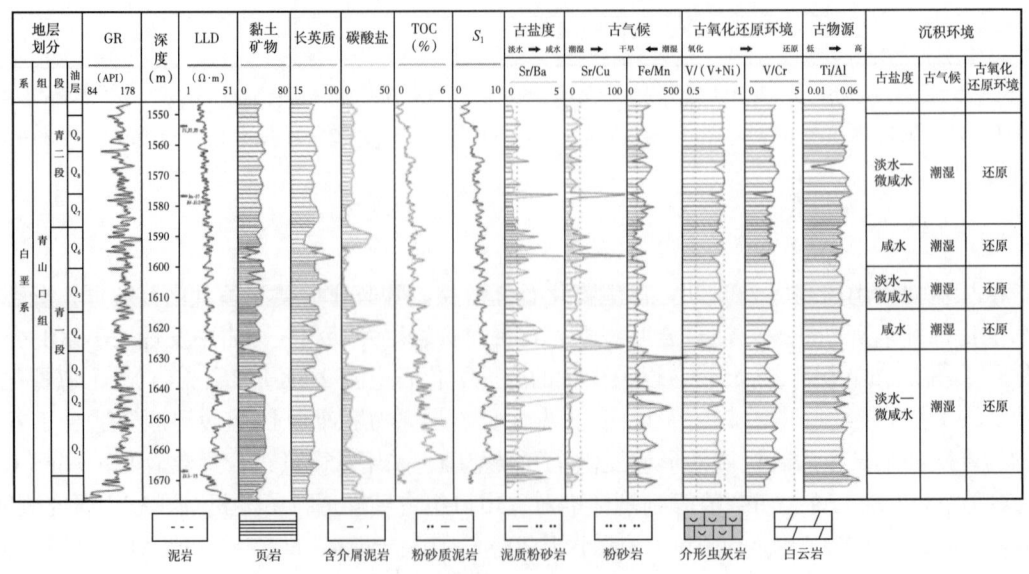

图3 C21井单井沉积环境分析柱状图

2.2 古盐度

单井及南北向连井剖面古盐度参数 $w(\mathrm{Sr})/w(\mathrm{Ba})$ 分析表明（图3和图4），青一段、青二段页岩沉积时期整体以淡水—微咸水环境为主，齐家—古龙地区盐度南高北低。以SK1盐度最高，青一段咸水较发育，青二段咸度减低，水体为淡水—微咸水环境。最北段的X83井青一段水体为淡水—微咸水环境，青二段页岩也为淡水—微咸水环境。

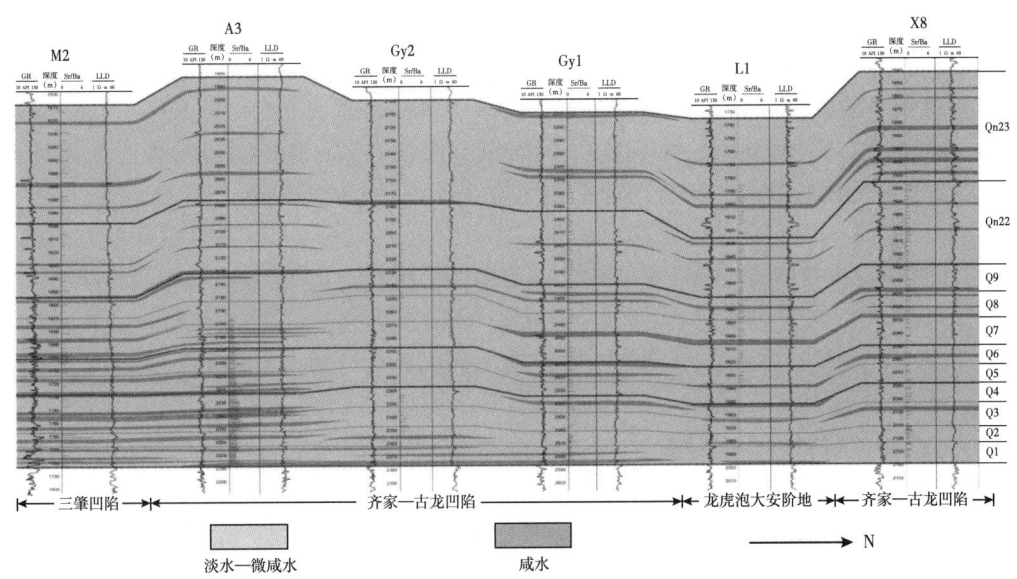

图4 古龙页岩M206井—X8井古水体盐度实测参数Sr/Ba连井剖面图

2.3 古氧化还原环境

常微量元素及其组合 $w(\mathrm{V})/w(\mathrm{V+Ni})$、U—EF等参数分析表明（图3），$w(\mathrm{V})/w(\mathrm{V+Ni})$ 比值主要分布在0.6~0.9范围内，最大值为0.96，最小值为0.44，平均值为0.81；U—EF值主要分布在1~1.5之间，最大值为1.77，最小值为0.71，平均值为1.14。$w(\mathrm{V})/w(\mathrm{V+Ni})$ 比值的最大值为0.93，最小值为0.36，平均值为0.82；U—EF的最大值为1.64，最小值为0.78，平均值为1.09。以上参数说明了古龙页岩沉积时期整体为还原环境，局部为强还原环境。

2.4 古物源

陆源碎屑输入量指标 $w(\mathrm{Ti})/w(\mathrm{Al})$ 是表征古物源的重要参数（图3），分析表明青一段 $w(\mathrm{Ti})/w(\mathrm{Al})$ 最大值0.53，最小值0.01，平均0.05，属于弱陆源输入；青二段 $w(\mathrm{Ti})/w(\mathrm{Al})$ 最大值0.65，最小值0.01，平均0.057；属于弱陆源输入，但相对于青一段，陆源碎屑的影响更大，与青二段沉积基准面下降，三角洲体系不断向湖盆进积有关。

2.5 沉积环境演化规律

松辽盆地青一段、青二段页岩层系沉积时期整体为半深湖—深湖相沉积，青一段页岩沉积时期以温湿气候为主，湖水以咸水为主，水体为还原环境，物源不充足。青二段页岩沉积时期气候不如青一段温暖潮湿，湖水盐度变小，以淡水—微咸水为主，水体为还原环境，物源输入量较青一段有所增加。纵向上气候由温湿逐渐向干燥转变，湖水盐度先增加后降低，水体以还原环境为主,物源输入量逐渐增大。其中 K_2qn_{1-1} 盐度快速增加,K_2qn_{1-2} 盐度从下到上逐渐降低。K_2qn_{1-1} 水深快速增加,为水进时期;其顶为最大湖泛期;K_2qn_{1-2} 水深慢速减小,为水退时期,水深与盐度变化趋势基本一致。

以古盐度为例,说明古沉积环境演化规律,42 口井的古盐度 $w(Sr)/w(Ba)$ 恢复表明(图 5),K_2qn_{1-1} 时期,松辽盆地北部三肇凹陷以东以南地区和古龙地区南部盐度较高,$w(Sr)/w(Ba)$ 比 1~2,发育咸水沉积环境,面积为 $1.54 \times 10^4 km^2$,盆地西部和西北部地区水体古盐度较低,$w(Sr)/w(Ba)$ 比大小于 1,为淡水—微咸水环境,其面积为 $1.49 \times 10^4 km^2$。青一段 K_2qn_{1-2} 时期,咸水地区面积变小,淡水—微咸水环境发育区域面积变大。咸水地区变为三个相对较小的咸水区域,分别位于大庆长垣中南部,面积 $0.4 \times 10^4 km^2$。三肇凹陷 C21 井附近,面积 $0.17 \times 10^4 km^2$ 及 SYYD1 井区附近,面积 $0.37 \times 10^4 km^2$,咸水区域累计面积 $0.9 \times 10^4 km^2$。松辽盆地北部大庆长垣南部地区盐度最高,为咸水环境,$w(Sr)/w(Ba)$ 值最大为 1.75;其次为长垣中部地区及盆地东部 C21 井附近,$w(Sr)/w(Ba)$ 值最大为 1.25;北部 SYYD1 井附近古盐度也较高,$w(Sr)/w(Ba)$ 值在 1.0~1.1,盆地西部和西北部地区水体古盐度较低,$w(Sr)/w(Ba)$ 值小于 1,为淡水—微咸水环境。(图 5c)。K_2qn_{2-1} 时期,水体盐度继续降低,淡水—微咸水环境地区明显增加,仅在三肇西部和南部地区及长垣中部地区为咸水环境,面积 $0.4 \times 10^4 km^2$,$w(Sr)/w(Ba)$ 值最大 1.8,其他地区都为淡水—微咸水环境。

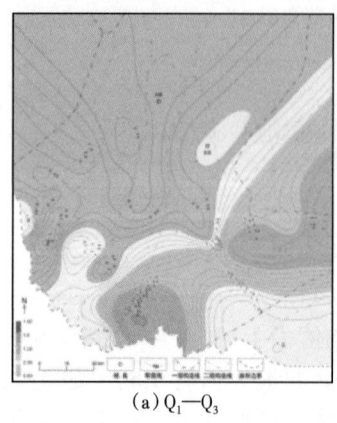 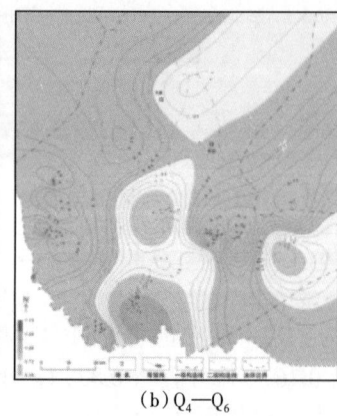 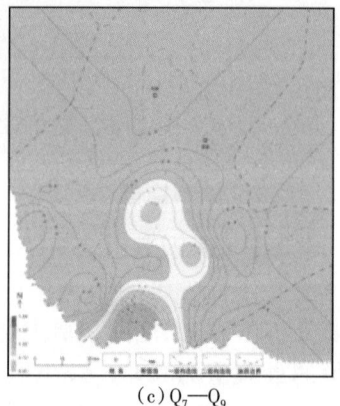

(a) Q_1—Q_3　　　　　　　(b) Q_4—Q_6　　　　　　　(c) Q_7—Q_9

图 5　古龙页岩古盐度参数 Sr/Ba 平面等值线图

3　沉积环境与有机质富集关系

3.1　四古参数与有机碳关系分析

前人研究认为青一段泥页岩中有机质含量主要受古气候、古氧化还原条件控制,潮湿气候还原条件下形成的泥页岩有机质类型好,以腐泥质为主,生油能力强,滞留烃含量高[8]。青一段优质烃源岩形成于湖泊盐度高、水体分层的潟湖型沉积环境;青二段、青三段烃源岩形成于淡水、浅水的湖泊三角洲沉积环境。

页岩形成的古气候、古盐度、古氧化还原条件、古物源与有机质富集关系的研究表明(图 6),气候越湿润,TOC 含量越高,越有利于有机质的富集;水体越咸,TOC 含量越高,越有利于有机质的富集。氧化还原环境指标对有机质丰度分布没有明显的控制关系。物源碎屑输入量与有机碳丰度成反比，即物源碎屑输入量越大，有机质含量越低，越靠近湖盆中心，物源碎屑输入量越小，有机碳丰度越高。青山口组湖盆中心 $w(Ti)/w(Al)$ 值整体偏小，表示弱陆源输入，是有机碳高值发育区。

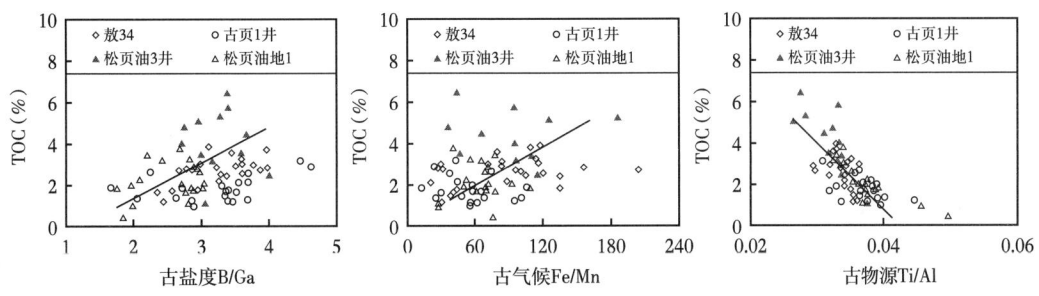

图 6　不同沉积环境参数指标与 TOC 交汇图

3.2　有机质富集成因分析

沉积环境各种指标分析表明，松辽盆地青山口组一段和二段整体上以温暖潮湿气候为主，有利于生物的繁殖和生长，为有机质的形成奠定了气候基础。青山口组总体的水体盐度以淡水—微咸水环境为主，但是在青一段盆地东南部地区为咸水环境。青一段、青二段纵向整体发育还原环境，从下到上沉积环境由强还原到氧化逐渐发育；强还原环境发育于青一段下部，氧化环境随岩性变化呈现多期次发育。湖盆中心陆源输入弱，是有机碳高值发育区。远离湖盆中心，物源的控制作用增强，有机质含量降低。青山口组温暖潮湿环境，水体较深，加上盆地深部岩浆的热液作用，为生物的再生产、有机质的形成、积累和保存提供了重要的地质依据，为页岩油的富集提供了重要的地质条件，为有机质的后期演化提供了物质基础。

4　结论

（1）常微量元素及其组合参数可以定量表征古气候、古盐度、古氧化还原环境及古物源等页岩形成的沉积环境，结合地质背景及古生物特征建立了判别标准。松辽盆地青山口组页岩沉积时期，大面积半深湖—深相发育，气候温暖潮湿，水体为淡水—微咸水还原环境，纵向上盐度逐渐变小，物源逐渐增强，大面积半深湖—深相发育的温湿淡水—微咸水还原环境为生物繁殖、有机质形成提供了重要的环境基础。

（2）有机质富集主要受到气候、盐度、物源、水深及湖泊生产力的影响，即盐度越大、气候越湿润、物源输入量越小，有机质越富集。温湿淡水—微咸水还原环境为页岩油的富集提供了重要的地质条件，为有机质的后期演化和页岩油形成奠定了物质基础。

（3）建立了基于多指标常微元素分析的湖相区细粒沉积环境定量恢复技术，为页岩形成的沉积环境提供了定量分析指标，实现了沉积环境的定量评价。沉积环境的定量恢复对于分析页岩的形成、分布及保存及后期有机质成烃演化具有重要意义。

参 考 文 献

[1] WANAS H A, SALLAM E, ZOBAA H, et al. Mid-Eocene alluvial lacustrine succession at Gebel El-Goza El-Hamra (Shabrawet area, NE Eastern Desert, Egypt): Facies analysis, sequence stratigraphy and palaeoclimatic implications[J]. Sedimentary Geology, 2015, 329: 115-129.

［2］RAY R, MANDAL S K, GONZÁLEZ A G, et al. Storage and recycling of major and trace element in mangroves[J]. Science of the Total Environment, 2021: 780.

［3］崔宝文, 王凤兰, 张顺, 等. 松辽盆地古龙页岩有机层序地层划分及影响因素[J]. 大庆石油地质与开发, 2021, 40（5）: 15-30.

［4］王国栋, 程日辉, 王璞珺, 等. 松辽盆地嫩江组白云岩形成机理: 以松科1井南孔为例[J]. 地质学报, 2008, 82（1）: 48-54.

［5］冯子辉, 霍秋立, 曾花森, 等. 松辽盆地古龙页岩有机质组成与有机质孔形成演化[J]. 大庆石油地质与开发, 2021, 40（5）: 40-55.

［6］付秀丽, 蒙启安, 郑强, 等. 松辽盆地古龙页岩有机质丰度旋回性与岩相古地理[J]. 大庆石油地质与开发, 2022, 41（3）: 38-52.

［7］王峰, 刘玄春, 邓秀芹, 等. 鄂尔多斯盆地纸坊组微量元素地球化学特征及沉积环境指示意义[J]. 沉积学报, 2017, 35（6）: 1265-1273.

［8］白静, 徐兴友, 陈珊, 等. 松辽盆长岭凹陷乾安地区青山口组一段沉积相特征与古环境恢复——以吉页油1井为例[J]. 中国地质, 2020, 47（1）: 220-235.

［9］黄华, 彭伟, 杜学斌, 等. 一种定量恢复湖盆古深水的方法: 201611055810.2[P]. 2017.

［10］范萌萌, 卜军, 赵筱艳, 等. 鄂尔多斯盆地东南部延长组微量元素地球化学特征及环境指示意义[J]. 西北大学学报（自然科学版）, 2019, 49（4）: 633-642.

松辽盆地北部古龙页岩油分布特征及潜力分析

陆加敏[1,2]，林铁锋[1,2]，刘　鑫[1,2]，杨　帆[1,2]，吕建才[1,2]，
韩进信[1,2]，马生明[1,2]，蔡　敏[1,2]，李　昕[1,2]，张永丰[1,2]

（1. 大庆油田有限责任公司勘探开发研究院；
2. 多资源协同陆相页岩油绿色开采全国重点实验室）

摘　要：以松辽盆地北部青山口组古龙页岩油为研究对象，系统分析古龙凹陷和三肇凹陷的地质特征，在确定页岩分布的基础上，明确了不同分布范围的页岩油资源量。结果表明，松辽盆地北部青山口组沉积时期，发育一套以深湖至半深湖相为主的暗色细碎屑沉积页岩，地层厚度150~650m、面积$1.46 \times 10^4 km^2$，分布稳定，奠定了极好的物质基础。其中齐家—古龙凹陷R_o为0.75%~1.7%，原油物性好，地层能量充足，甜点品质较好，优点动用。三肇凹陷有机质丰度高，R_o为0.75%~1.0%，黏土矿物含量高，页理弱发育，原油密度、黏度较高，可动性相对较差，为下一步攻关的前景区。古龙页岩油纵向上主要发育在青山口组一段、青山口组二段下部，平面上一类区主要分布在齐家—古龙凹陷，多井试油达工业油流水平并具备高产能力，是勘探开发的核心区。二类、三类区主要分布在齐家—古龙凹陷周边和三肇凹陷。应用体积法估算轻质油带Q_9油层资源量$9 \times 10^8 t$，Q_2—Q_8油层整体资源量$38 \times 10^8 t$，三肇地区稀油带初步估算资源量$11 \times 10^8 t$以上，在齐家—古龙核心区突破的同时，积极探索三肇等稀油带，加快夯实接替资源基础。
关键词：松辽盆地；青山口组；页岩油；分布；资源潜力

美国历经 20 年的科技创新实现了页岩油技术革命和能源独立，也改变了未来的全球能源市场，页岩油气成为各国能源领域的重要部分。根据美国能源信息署和美国国际先进资源公司发布的数据表明，全球页岩油地质资源总量为$9368.35 \times 10^8 t$，其中技术可采储量为$618.47 \times 10^8 t$[1-2]。我国主要沉积盆地页岩油的可采资源量为$(30~60) \times 10^8 t$[3]。近年来，在松辽盆地、鄂尔多斯盆地、准噶尔盆地、渤海湾盆地等发现丰富的页岩油资源，证实了中国页岩油资源的巨大潜力及良好的勘探开发前景[4-8]。松辽盆地作为世界陆相十大超级盆地之一，蕴含着丰富的油气资源，松辽盆地北部常规油气支撑了大庆油田高效勘探与开发，取得了丰硕的成果，为国家能源安全及国民经济发展做出了巨大贡献。但大庆油田经过几十年的勘探开发，剩余资源品位低、新增储量品质差、采收率低、储采比失衡严重，急需新的后备资源接替领域，保障大庆油田振兴发展及国家能源安全。松辽盆地北部青山口组蕴含着丰富的页岩油资源[9-11]，目前，大庆油田在青山口组获得重大勘探突破，多口水平井获得了工业油气流，实现了陆相页岩从"生"油到"产"油的历史性跨越。本文以实验分析数据为基础，深入探讨古龙凹陷与三肇凹陷的地质条件特征，明确页岩油空间分布及资源潜力，为古龙页岩油下步勘探开发提供理论指导。

第一作者简介：陆加敏（1979—），男，高级工程师，大庆油田勘探开发研究院副院长，中国石油储量评估师。长期从事松辽盆地油气地质综合研究与勘探部署工作。通讯地址：黑龙江省大庆市让胡路区西灵路 18 号大庆油田有限责任公司勘探开发研究院，邮编：163712，E-mail：yangfanem@petrochina.com.cn

1 区域地质概况

松辽盆地位于中国东北境内,是目前世界上已发现油气资源最为丰富的陆相砂岩型含油气盆地。松辽盆地在平面上呈北东方向展布,在垂向上具有下断上坳的双层结构,为断陷与坳陷叠置的叠合型盆地,长约750km,宽约350km,面积约$2.6\times10^5 km^2$。构造上划分为中央坳陷区、西部斜坡区、西南隆起区、东南隆起区、东北隆起区及北部倾没区5个一级构造单元。松辽盆地主要发育白垩纪沉积层序,其中青山口期、嫩江期是盆地2期最大的湖泛期,广泛发育厚层暗色泥岩沉积[12-13]。青山口组沉积时期发生大规模湖侵,形成了大面积分布的半深湖—深湖相沉积,为页岩油的形成奠定了良好的沉积环境基础。齐家—古龙凹陷为淡水半深湖—深湖环境,发育分布面积广、沉积厚度大的暗色泥页岩,有机质主要富集于青山口组青一段和青二段下部,页岩层累计厚度可达70~150m,是古龙页岩油富集的重点层段[14-15]。三肇凹陷在青山口组沉积时期处于湖盆沉积中心部位,为深湖环境,内源化学和陆源输入共同作用,发育厚层块状泥岩、纹层状泥岩,碳酸盐岩含量高,中—高成熟度的暗色泥岩厚度为80~170m(图1)。

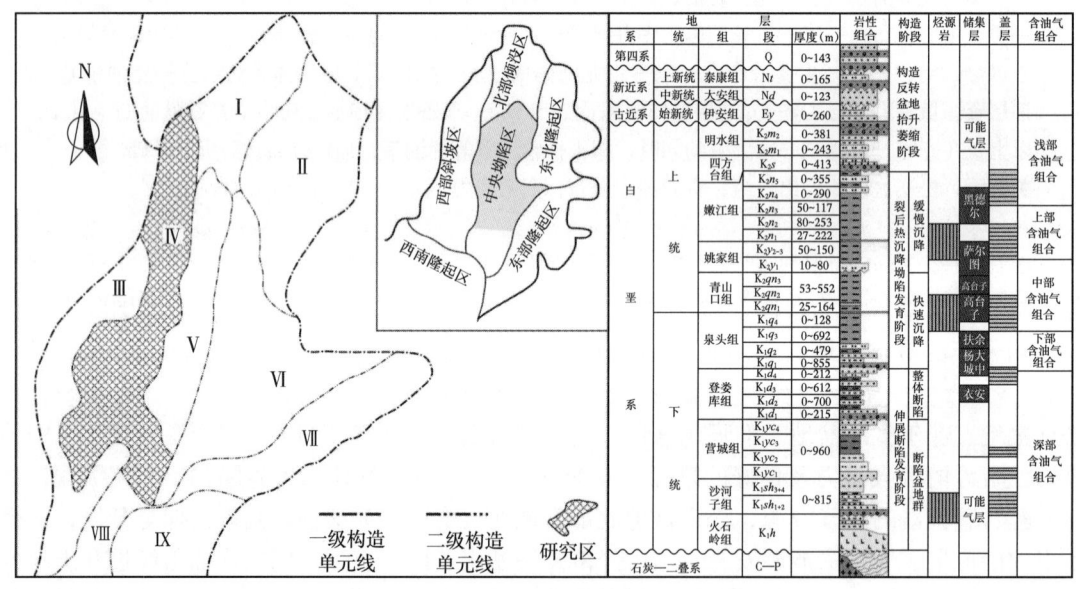

图1 松辽盆地区域构造图及页岩油赋存层系图

I—黑色泡凹陷;II—明水阶地;III—龙虎泡—红岗阶地;IV—齐家—古龙凹陷;V—大庆长垣;VI—三肇凹陷;
VII—朝阳沟阶地;VIII—长岭凹陷;IX—扶余华字井阶地

纵向上主要发育扶余油层、高台子油层、葡萄花油层、萨尔图油层和黑帝庙油层5个含油层系[16]。富有机质烃源岩赋存于坳陷期青山口组、嫩江组,其中青山口组源岩有机质丰度高,在中央坳陷区基本进入成熟—高熟演化阶段,是中浅部含油气组合的主力供烃岩系及古龙页岩油赋存层系。古龙页岩油主要分布在青一段和青二段下部。青山口组是松辽盆地最主要的页岩油层,大庆油田规模高效开发的储量供给者,青山口组面积$1.46\times10^4 km^2$,石油资源量$151\times10^8 t$,轻质油带石油资源量$54\times10^8 t$。

2 古龙页岩油地质综合评价

2.1 储集性评价

齐家—古龙凹陷临近西侧物源，青山口组沉积时期主要为淡水—微咸水环境，厚层页岩内夹薄层低有机质粉砂岩、白云岩、介壳灰岩（图2），单层厚度一般小于10cm，累计厚度占比小于10%。X—全岩衍射分析，岩石矿物成分主要为石英、长石和黏土矿物，石英含量在30%~35%，长石含量为15%~25%，黏土矿物含量在35%~45%，碳酸盐岩含量为4%~7%，岩性主要为厚层黑色长英质页岩，粒度总体小于3.9μm。页岩残余有机碳含量一般在1.5%~3.5%，平均在2.2%，总体为高有机质页岩。

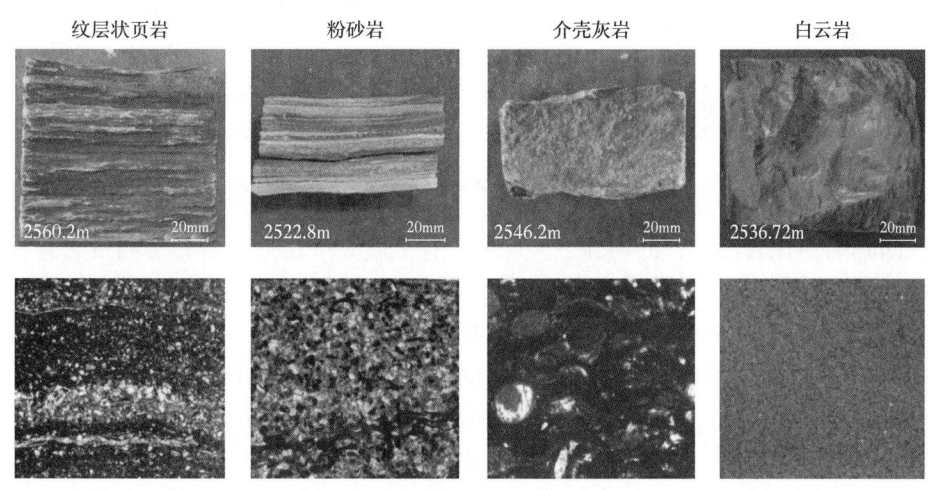

图2 不同岩性显微镜下组构特征

三肇凹陷为微咸水—咸水沉积环境，岩石矿物成分与古龙凹陷有一定差别，石英和长石含量相对略低，黏土矿物略高，石英含量在25%~30%，长石含量为12%~20%，黏土矿物含量在35%~50%，受咸化水体环境控制，碳酸盐岩含量可达到15%~25%，主要为铁白云石。三肇凹陷青山口组岩性主要为厚层块状黑色长英质页岩，夹薄层白云岩、粉砂岩，单层厚度比古龙凹陷厚度略大，最厚可达0.5m，整体脆性岩性含量高于古龙凹陷（图3）。

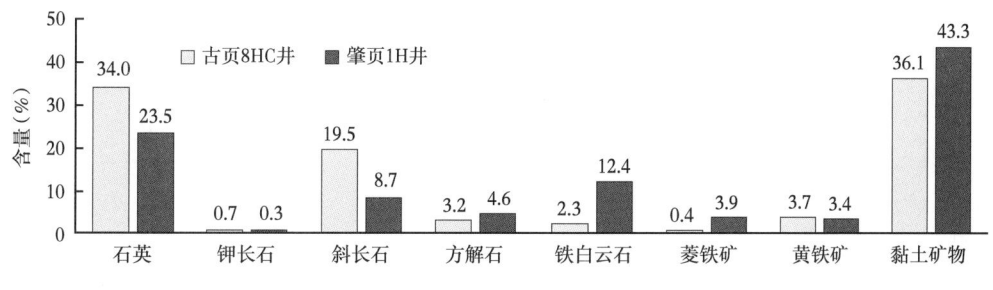

图3 古龙、三肇凹陷页岩全岩矿物含量对比

页岩的储集空间类型和特征决定了页岩油能否形成大的资源规模以及良好的产能在油气来源充足的情况下储集空间越发育页岩油越富集[17]。通过大量岩石薄片、场发射扫描电镜、

微米—纳米 CT、激光共聚焦等手段研究，古龙页岩储集空间类型多样，从储集空间发育丰度来看，有机质生烃缝、粒间孔、晶间孔和天然裂缝最为发育，其次为有机质孔和溶蚀孔。不同地区储集空间类型和组合不同，古龙凹陷和三肇凹陷受沉积环境、埋藏深度、热演化程度等控制，表现出不同的储集空间类型（图4）。

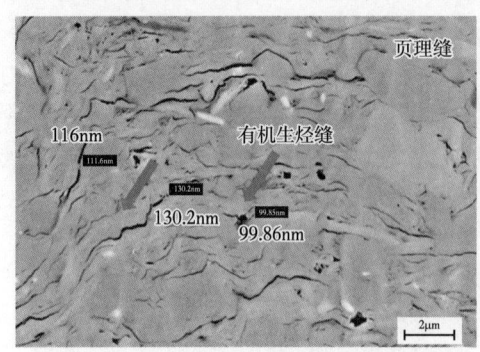
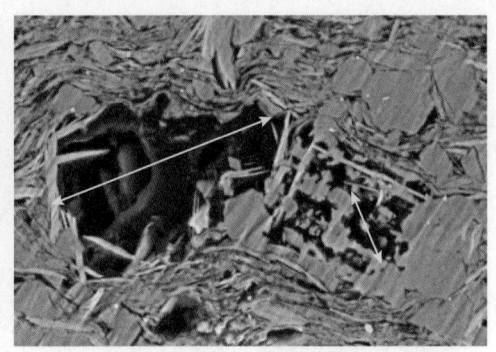

（a）古页1井青一段场发射电镜储集空间类型　　（b）肇页1H井青一段场发射电镜储集空间类型

图 4　古龙、三肇储集空间发育特征对比

古龙凹陷热演化程度高，R_o 在 1.2%~1.7%，有机质大量转化，岩心实测页岩总孔隙度在 8%~15%，同时有机质生烃缝发育，密度可达 1000~3000 条/m，大视域场发射电镜观测，密度可达 50 万条/m，场发射电镜下缝长一般在 200~5000nm，宽为 50~150nm，有机质生烃缝大小主要为纳米级，全尺寸孔径表征，孔径小于 128nm 的孔隙可占 73.8%，孔径主要小于 30nm。顺层分布的有机生烃缝与上下基质孔隙连通形成缝—孔组合储集体，这种缝孔复合体极大地提高了页岩整体渗流能力，构成主要富油空间和渗流通道，也为古龙凹陷页岩油带来了长期稳产的能力，从青一段底部向上，有机生烃缝减少，岩石粒度变粗，长石含量增加，相对较大的无机孔增多，构成无机孔—有机生烃缝混合储集空间类型，地质—工程"甜点"均好。

三肇凹陷埋藏较浅，压实作用较弱，热演化程度中等，R_o 在 0.75%~1.0%，有机酸含量高，大量碳酸盐矿物被溶蚀，发育大量微米级溶蚀孔隙（图4），大孔隙更为发育（图5），总孔隙度为 8%~16%，全尺寸孔径表征，三肇凹陷页岩孔径大于 128nm 的孔隙可占 47.08%，大孔占比较高，大孔发育提高了页岩储层储集能力，同时三肇凹陷受后期构造运动影响，发育大量断层和天然裂缝，微观薄片下统计，天然裂缝发育密度为 2~6 条/m，天然裂缝提高了储层渗流能力，页岩油易于流动和产出。三肇凹陷较古龙凹陷页理弱发育（图6）。

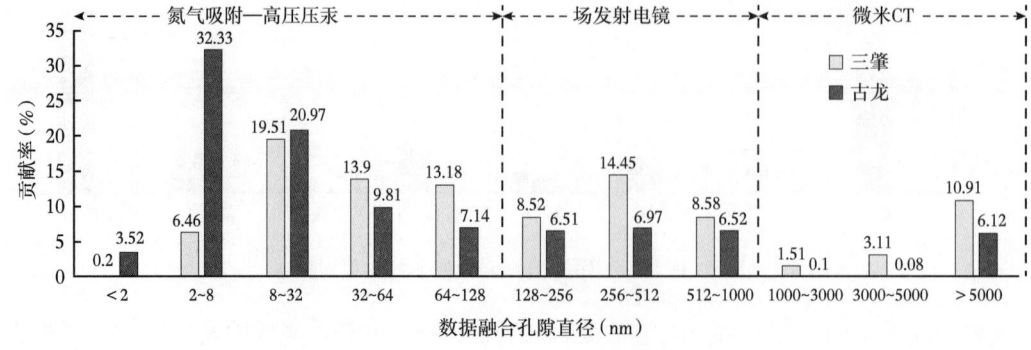

图 5　古龙、三肇全尺寸孔径分布对比

(a)古页3HC井青一段页岩毫米级页理　　　　　(b)肇页1H井青一段Q1油层页岩贝壳状断口

图 6　古龙、三肇岩心页理特征对比

2.2　含油性评价

有机碳、游离烃是评价古龙页岩含油性重要参数。齐家—古龙凹陷埋深大，为1750~2600m，青山口组一段、二段页岩有机碳含量为1.0%~4.5%。有机质热演化程度较高，甜点品质好，游离烃含量较高，最高可达22mg/g，原油物性好，轻质油带面积大，青一段R_o普遍大于1.2%以上，是目前勘探开发的核心区，凹陷核心区古页1井区R_o可达1.6%以上，所产页岩油油质轻、原油密度和黏度均较小，页岩油可动性强，易于开发。

三肇凹陷埋深较古龙凹陷浅，为1500~2200m，热演化程度偏低，有机碳含量一般为1.0%~10%，有机碳含量高于古龙凹陷。古龙凹陷以及三肇凹陷核心区TOC含量均可达2%以上(图8)。三肇凹陷核心区青一段有机质含量高，R_o可达1.0%(图9)，进入成熟阶段，具备开发前景。但由于该区埋深浅，热演化程度低于古龙凹陷，导致其游离烃含量较低，且原油物性差，地层压力相对较小，页岩油可动性相对变差。

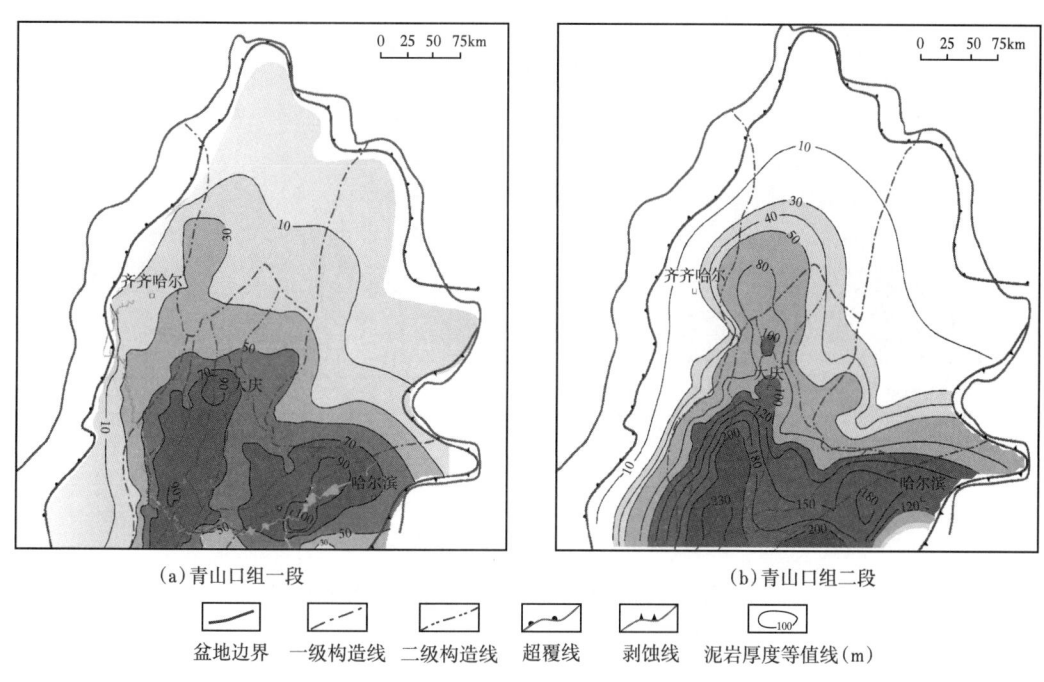

(a)青山口组一段　　　　　(b)青山口组二段

图 7　松辽盆地北部青山口组泥页岩厚度平面分布

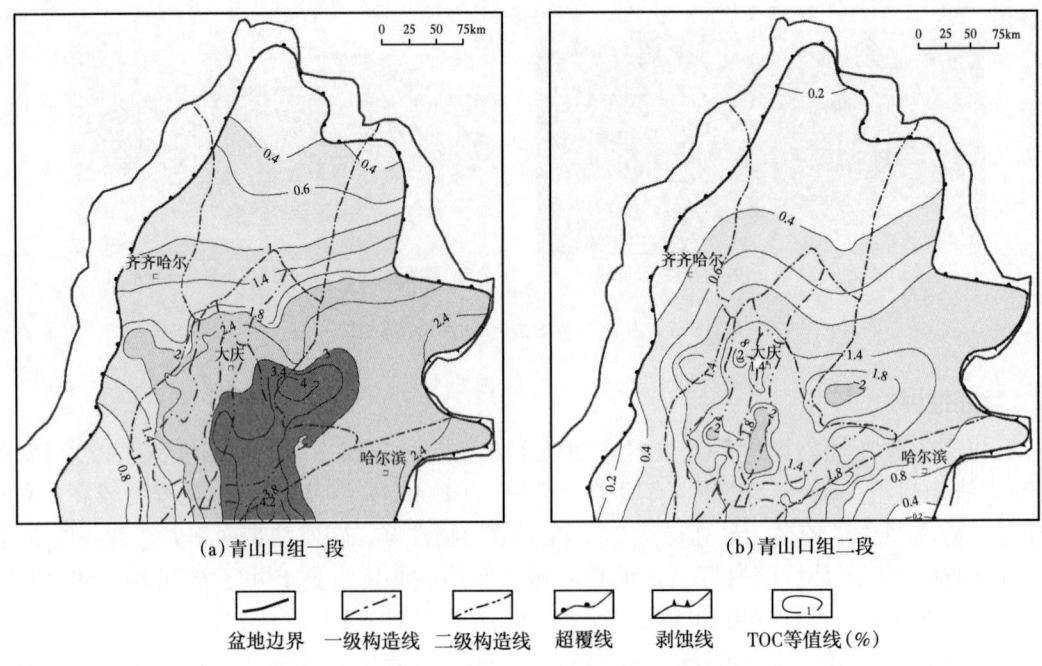

(a) 青山口组一段　　　　　　　　　　(b) 青山口组二段

盆地边界　一级构造线　二级构造线　超覆线　剥蚀线　TOC等值线(%)

图 8　松辽盆地北部青山口组 TOC 平面分布图

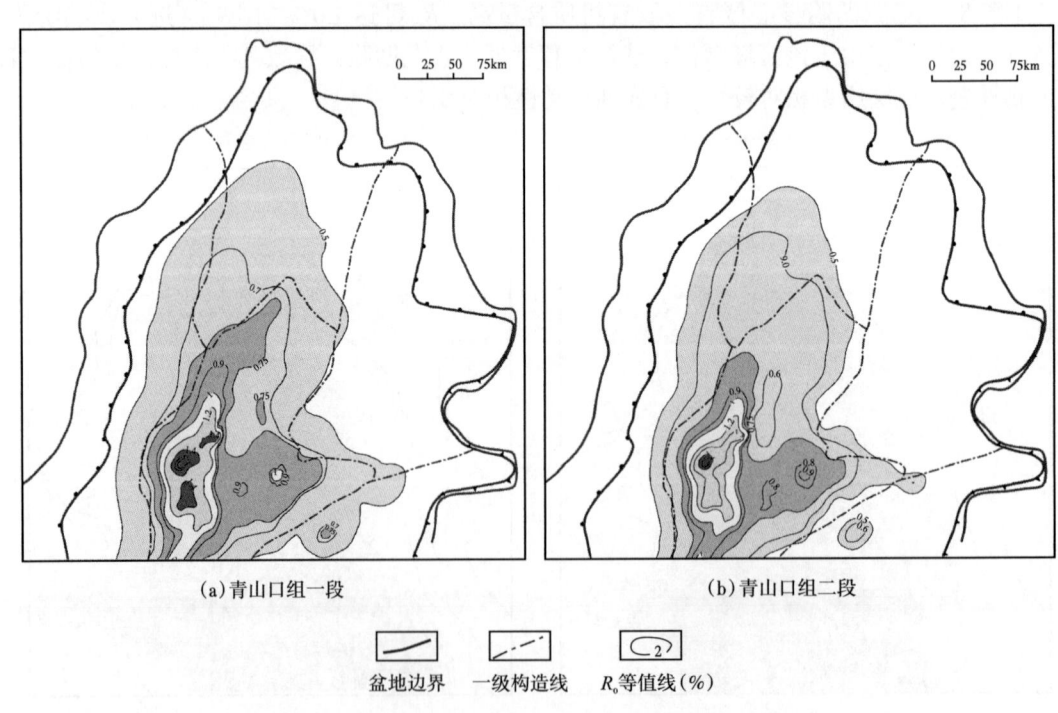

(a) 青山口组一段　　　　　　　　　　(b) 青山口组二段

盆地边界　一级构造线　R_o等值线(%)

图 9　松辽盆地北部青山口组泥页岩 R_o 平面分布图

2.3　流动性评价

原油物性是影响页岩油开采的重要因素之一，对于低孔渗的致密储层，低密度、低黏度的原油由于其油质轻、原油的流动性强，在开发过程中更容易被开采出来。北美致密油、页岩油的密度一般为 API 重度高于 40°API 的轻质油、凝析油。气油比是评价页岩油可动性的一个重要参数，从松辽盆地北部气油比随成熟度的变化关系可以看出，随着热演化程度的增加，气油比明显增加，原油可动性强。另外原油密度也明显受控于成熟度，当 R_o 达到 1.2% 以上时，原油密度小于 0.85g/cm³，油质较轻，易于页岩油的流动和开发（图 10）。

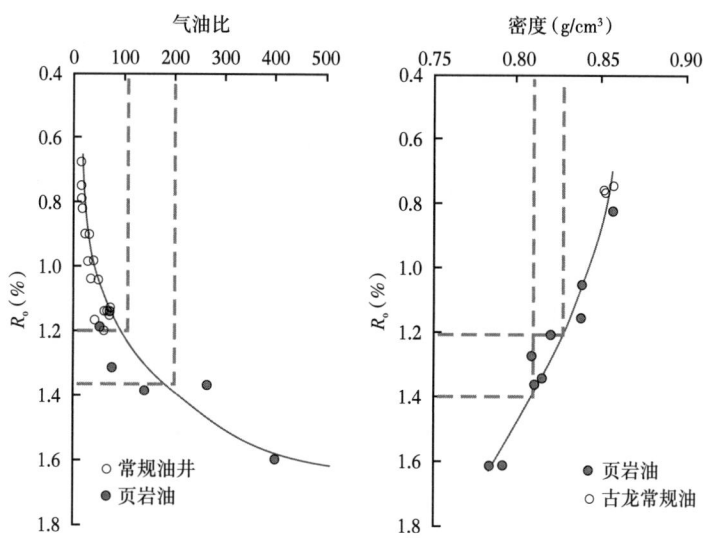

图 10　古龙页岩油气油比、地面原油密度与 R_o 关系图

根据松辽盆地北部青一段原油密度分布图可以看出，齐家—古龙地区整体成熟度较高，受成熟度影响，原油密度较低，大部分区域处于轻质油带，为勘探的有利区，另外，三肇地区成熟度大于 1.0% 的区域，原油密度也小于 0.84g/cm³，油质较轻，可动性强（图 11）。

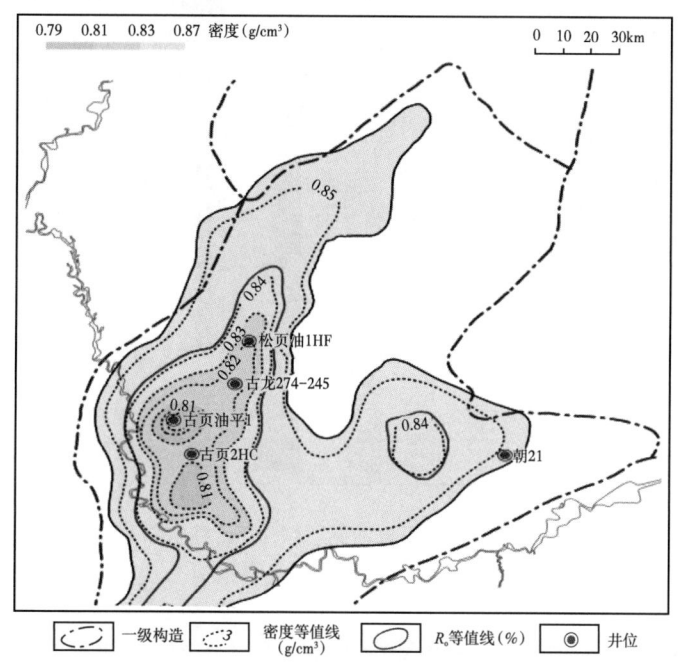

图 11　松辽盆地北部青一段地面原油密度分布图

3 古龙页岩油空间分布特征

3.1 纵向分布

古龙页岩油的空间分布不受圈闭界限的限制，含油范围主要受控于富有机质页岩的分布以及成熟度的高低，纵向为连续含油油藏。古龙页岩油具有含油层数多、累计厚度大等特点，纵向"甜点"层段主要分布在青一段和青二段下部。以"地质富集，工程可压，动静结合，经济可动"的方法为指导，优选 S_1 作为地质富集核心评价参数，核磁可动孔隙度（核磁大于 8ms）、脆性矿物含量为核心评价参数，综合总孔隙度、含油饱和度、页理密度、杨氏模量、泊松比、应力差等将古龙页岩油甜点层段分为一类层、二类层及三类层。纵向上，青山口组下部"甜点"层质量优于上部。自青一段底部向上，页岩有机质丰度、含油性等均表现出逐渐变差的趋势。青一段主要发育一类"甜点"层段，具有累计厚度大、有机质成熟度高、页岩含油性好等优点。随着深度逐渐变浅，烃源岩的热演化程度逐渐变低，页岩的含油性逐渐降低，青山口组二段下部一类层段比例逐渐下降，二类层段比例增加，青山口组二段上部多为非"甜点"层段。

古龙页岩油储层纵向上具有明显的规律性变化，基于有机质、矿物组分及无机元素等变化规律，把古龙页岩油富集层段划分为 Q_1—Q_9 等 9 个油层，同时按 Q_1—Q_4、Q_5—Q_7、Q_8—Q_9 油层划分为下、中、上三个箱体（图 12）。其中，上箱体以页岩夹粉砂岩为主，具有含油性较好、粒度大、页理少、可动孔隙高等特点，整体是工程改造品质最优箱体；中箱体以页岩夹白云岩为主，具有中高含油、粒度较粗、可动孔隙度低、脆性中等等特点，整体表现为较难改造特征；下箱体发育纯页岩，纵向上含油性最佳、可动孔隙度高，由于黏土矿物发育，岩石粒度较细，整体表现为脆性差、穿层难等特征。

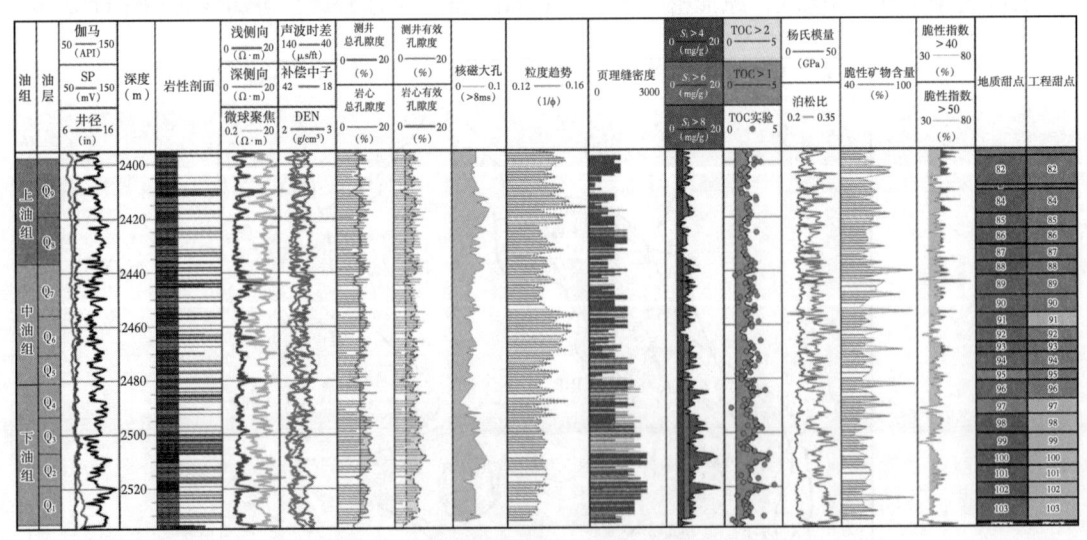

图 12 古龙页岩油储层综合评价柱状图

3.2 平面分布

页岩油平面富集区的主控制因素为成熟度 R_o、压力系数、"甜点"层占比、原油密度和气油比。当成熟度 R_o 大于 1.0% 时，油气大量生成，游离油含量增加，部分原油裂解，气油比随成熟度增加而不断升高。当成熟度大于1.2%时，原油密度小于0.83g/cm³，气油比超过50，压力系数大于1.2，一类"甜点"层占比超过60%，油气富集。所以成熟度是平面分区的核心参数，压力系数、"甜点"层占比和气油比是平面富集区划分的关键参数。根据古龙页岩油地质特点和试油井信息，将R_o大于1.2%、压力系数大于1.4、一类和二类层占比大于60%、气油比大于50作为一类富集区的划分标准。将成熟度为1.0%~1.2%、压力系数为1.2~1.4、一类和二类层厚度占比为40%~60%、气油比小于50作为二类区的划分标准。将R_o为0.75%~1.0%、压力系数为1.0~1.2、一类和二类层厚度占比小于40%、气油比小于50作为三类区的划分标准。

根据以上标准来进行平面划分，一类区主要分布在齐家—古龙凹陷，多井试油达工业油流水平井具备高产能力，是勘探开发的核心区。其中，下箱体一类区在全区内稳定发育；中箱体一类区主要分布在凹陷中部；上箱体一类区主要集中在凹陷深部（图13）。二类、三类区主要分布在齐家—古龙凹陷周边和三肇凹陷。齐家—古龙地区整体成熟度较高，受成熟度影响，原油密度较低，大部分区域处于轻质油带，为勘探的有利区。

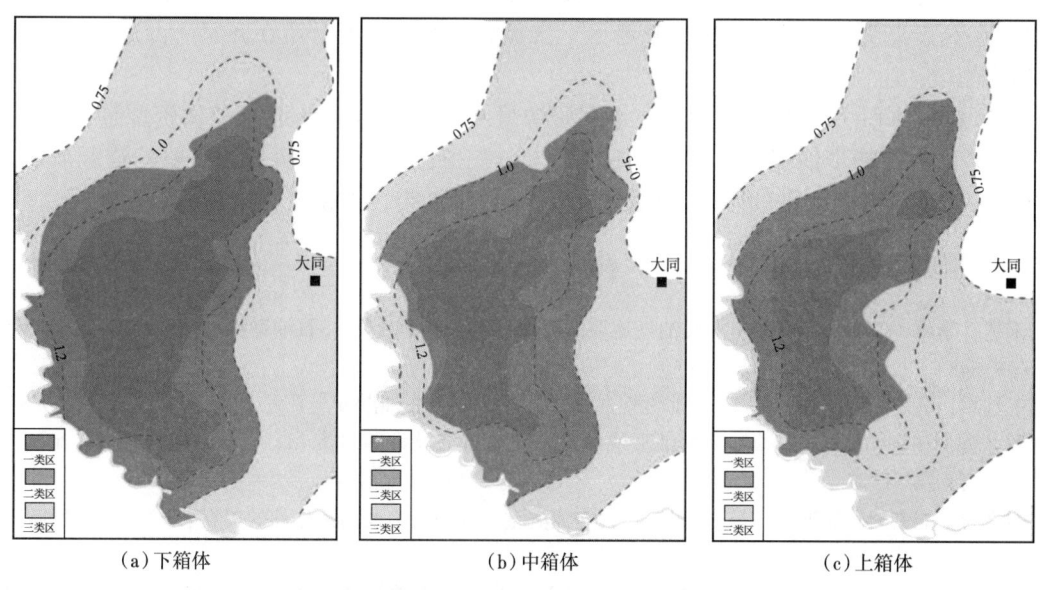

（a）下箱体　　　　　（b）中箱体　　　　　（c）上箱体

图13　松辽盆地北部青山口组页岩油资源分布图

4　古龙页岩油资源潜力分析

页岩油的富集特征、过程及主控因素均有别于常规油藏，因此常规油藏储量评价方法不能直接应用于页岩油藏[18]。页岩油资源评价方法包括类比法、统计法和成因法。统计法和类比法适用于中—高等勘探程度的地区，体积法或容积法是在统计法和成因法基础上形成的一种页岩油资源量评价方法，也是目前国内外最常用的一种评价方法。

应用体积法估算轻质油带Q_9油层资源量$9×10^8$t，轻质油带核心区（$R_o>1.4\%$）Q_9油层整体突破，投产井全部高产稳产。Q_9油层的上产稳产对于古龙页岩油有重要意义。轻质油带Q_2—Q_8油层整体资源量$38×10^8$t。整体上，Q_9油层优先动用，为Q_2—Q_8油层突破争取时间，逐步实现纵向资源全动用，且由层系接替过渡到区块接替。

三肇凹陷是古龙页岩油重要的资源前景区，其地质条件较古龙凹陷差，该区埋藏深度较浅，热演化程度低，导致其游离烃含量较低、原油物性差，开发过程中需要更大的压裂体积和更加复杂的缝网提高单井的控制储量、增加流动通道，需要增加 CO_2 规模，改善原油流动性。初步估算三肇凹陷有利区资源量 $11×10^8t$ 以上。根据页岩油形成的地质条件、页岩油资源潜力的分析，认为齐家—古龙凹陷和三肇凹陷是页岩油最具有勘探前景的地区。

5　结论

（1）齐家—古龙凹陷埋深大，R_o 达到 0.75%~1.7%，原油物性好，"甜点"品质好，轻质油带面积大，地层能量充足，可以保持较长时间的高产稳产。三肇凹陷埋深较古龙凹陷浅，整体有机质丰度高，热演化程度偏低，R_o 为 0.75%~1.0%，黏土矿物含量高，页理弱发育，含油率低，原油密度、黏度较古龙凹陷偏高，压力系数偏低，可动性相对较差，需要更大的压裂体积和更加复杂的缝网提高单井的控制储量、增加流动通道，改善原油流动性。

（2）古龙页岩油具有含油层数多、累计厚度大等特点，纵向上主要发育在青山口组一段、青山口组二段下部，平面上一类区主要分布在齐家—古龙凹陷，多井试油达工业油流水平井具备高产能力，是勘探开发的核心区。二类、三类区主要分布在齐家—古龙凹陷周边和三肇凹陷。

（3）应用体积法估算轻质油带 Q_9 油层资源量 $9×10^8t$，Q_2—Q_8 油层整体资源量 $38×10^8t$，三肇地区稀油带初步估算资源量 $11×10^8t$ 以上，三肇凹陷是古龙页岩油重要的资源前景区。在齐家—古龙核心区突破的同时，积极探索三肇等稀油带，加快夯实接替资源基础。

参 考 文 献

[1] 宋岩，李卓，姜振学，等.非常规油气地质研究进展与发展趋势［J］.石油勘探与开发，2017，44（4）：638-648.

[2] 王红军，马锋，童晓光，等.全球非常规油气资源评价［J］.石油勘探与开发，2016，43（6）：850-862.

[3] 邹才能，杨智，崔景伟，等.页岩油形成机制、地质特征及发展对策［J］.石油勘探与开发，2013，40（1）：14-26.

[4] 赵文智，胡素云，侯连华，等.中国陆相页岩油类型、资源潜力及与致密油的边界［J］.石油勘探与开发，2020，47（1）：1-10.

[5] 邹才能，杨智，王红岩，等."进源找油"：论四川盆地非常规陆相大型页岩油气田［J］.地质学报，2019，93（7）：1551-1562.

[6] 支东明，唐勇，杨智峰，等.准噶尔盆地吉木萨尔凹陷陆相页岩油地质特征与聚集机理［J］.石油与天然气地质，2019，40（3）：524-534.

[7] 赵文智，胡素云，侯连华.页岩油地下原位转化的内涵与战略地位［J］.石油勘探与开发，2018，45（4）：537-545.

[8] 付金华，牛小兵，淡卫东，等.鄂尔多斯盆地中生界延长组7段页岩油地质特征及勘探开发进展［J］.中国石油勘探，2019，24（5）：601-614.

[9] 施立志，王卓卓，张革，等.松辽盆地齐家地区致密油形成条件与分布规律［J］.石油勘探与开发，2015，42（1）：44-50.

[10] 柳波，石佳欣，付晓飞，等.陆相泥页岩层系岩相特征与页岩油富集条件：以松辽盆地古龙凹陷白垩系青山口组一段富有机质泥页岩为例［J］.石油勘探与开发，2018，45（5）：828-838.

[11] 杨智，侯连华，陶士振，等.致密油与页岩油形成条件与"甜点区"评价［J］.石油勘探与开发，2015，

42（5）：555-565.

[12] 王玉华，梁江平，张金友，等．松辽盆地古龙页岩油资源潜力及勘探方向［J］．大庆石油地质与开发，2020，39（3）：20-34.

[13] 刘招君，孙平昌，贾建亮，等．陆相深水环境层序识别标志及成因解释——以松辽盆地青山口组为例［J］．地学前缘，2011，18（4）：171-180.

[14] 何文渊，蒙启安，张金友．松辽盆地古龙页岩油富集主控因素及分类评价［J］．大庆石油地质与开发，2021，40（5）：2-10.

[15] 赵文智，朱如凯，刘伟，等，我国陆相中高熟页岩油富集条件与分布特征［J］．地学前缘，2023，30（1）：117-120.

[16] 冯志强，董立，童英，等．蒙古—鄂霍茨克洋东段关闭对松辽盆地形成与演化的影响［J］．石油与天然气地质，2021，42（2）：251-264.

[17] 王玉满，董大忠，杨桦，等．川南下志留统龙马溪组页岩储集空间定量表征［J］．中国科学：D辑地球科学，2014，44（6）：1348-1356.

[18] 卢双舫，薛海涛，王民，等．页岩油评价中的若干关键问题及研究趋势［J］．石油学报，2016，37（10）：1309-1322.

基于改进简化局域密度模型的黏土矿物表面气体吸附模拟研究

吴 刚[1,2]，付晓飞[1,3]，王 璐[1,3]，王 瑞[1]，李斌会[1]，潘哲君[1,3]

（1. 多资源协同陆相页岩油绿色开采全国重点实验室；2. 东北石油大学物理与电子工程学院；3. 东北石油大学非常规油气研究院）

摘 要：简化局部密度（SLD）模型经常用于描述多孔介质中气体的吸附现象。SLD 模型的基本假设包括石墨裂隙和原子的均匀分布。然而，这些假设未能充分考虑到矿物表面的异质性。本研究利用矿物晶体结构代替石墨烯层构建裂隙，对原始 SLD 模型进行了改进。改进后的模型能够更好地反映由于异质性引起的流体与孔隙之间的相互作用势波动以及矿物表面附近吸附相密度的变化。本研究中计算了在 330.15K 下甲烷和二氧化碳在伊利石和方解石表面的吸附等温线，并将其与文献中的实验数据进行了比较，以验证改进后的 SLD 模型的有效性。等温吸附曲线的模拟结果表明，改进后的模型预测结果与先前所报道的重量法实验结果吻合良好。裂隙中计算得到的密度分布显示了 CH_4 和 CO_2 的单层吸附行为。针对储集层中的碳氢化合物吸附量进行估算时，相较于分子模拟手段，改进后的 SLD 模型可作为一种高效快速的替代方法。

关键词：二氧化碳；页岩；吸附；赋存状态

我国陆相页岩油资源量总量丰富，分布范围广泛，具有连续分布、自生自储、资源量巨大等特性，可能成为我国未来重要油气接替能源，对于缓解能源危机、促进经济可持续发展具有重要意义[1]。然而，由于大量原油以吸附相赋存于页岩有机质中，一次开发无法动用。

岩心实验和现场试验均表明注 CO_2 可提高页岩油藏采收率[2]。页岩孔隙具有复杂表面形态及矿物成分，与其中的 CO_2 存在复杂的相互作用。因此开展 CO_2 在页岩孔隙内的吸附研究，对于揭示 CO_2 与的相互作用机理具有重要指导意义，进而有助于阐明 CO_2 对孔隙内页岩油赋存状态的调控机制。此外 CO_2 在页岩内的吸附研究还有助于明确 CO_2 在页岩储层中的赋存机理，这对于选取 CO_2 的封存层位，提升封存效率和效果，评估封存安全性提供必要的理论指导。

目前普遍认为 CO_2 在页岩储层中主要吸附在有机质（干酪根）和无机质（黏土矿物）的孔隙表面。许多研究认为 CO_2 吸附量与页岩总有机质含量（TOC）呈正相关。然而，页岩中的黏土矿物如蒙皂石、伊利石等对二氧化碳的吸附量同样不能忽略，因为黏土矿物提供了较大的比表面积。

二氧化碳在页岩中的吸附可以用经典的 Langmuir 单层吸附模型描述，在低压段能较准确地描述二氧化碳吸附行为，然而在高压段实验结果与 Langmuir 公式表达的吸附规律存在一定的吻合度问题，其原因可能是因为 Langmuir 模型反映的是理想吸附层的概念。而以分

基金项目：国家自然科学基金联合基金（U23A20596）；黑龙江省"揭榜挂帅"项目（DQYT2022-JS-758）。

第一作者简介：吴刚（1990—），男，东北石油大学物理与电子工程学院副教授，主要从事页岩油气的微观吸附机理研究。通讯地址：黑龙江省大庆市高新技术产业开发区学府街99号，邮编：163318，E-mail：wugang@nepu.edu.cn

子间作用力作为核心的简化局域密度（SLD）模型，通过局域密度的积分获得过剩吸附量的直接表达式，便于与实验测得的数据进行直接对比，且吸附量的描述不局限于理想单层吸附，因此可以更准确地描述二氧化碳在页岩中的吸附行为。然而由于描述孔隙中游离态的二氧化碳的状态方程未考虑孔隙表面力场的影响，目前的 SLD-PR 等修正模型在高压条件下拟合效果仍不够理想，需进一步完善。

本研究中我们改进了 SLD-PR 模型，利用黏土矿物晶体结构代替 SLD-PR 模型中的石墨烯结构，构建裂隙模型。由于该模型中考虑了真实表面的原子位置分布，因此可以获得较准确的流体—孔壁相互作用势，进而准确描述气体在矿物表面的吸附行为。采用改进的 SLD 模型计算了 CO_2/CH_4 在伊利石和方解石上的吸附等温线。计算得到的等温线与前人报道的实验结果吻合较好，验证了模型的准确性。因此，这种改进的 SLD 理论可以作为复杂分子模拟方法的替代方法，用于估算页岩气储层的油气储量。

1 理论模型

SLD 模型采用局部密度近似，简化了吸附气体间相互作用势能。其计算成本明显低于传统的分子模拟技术，并可以准确地揭示流体在有限空间中吸附的基本机理。该模型的理论基础为吸附平衡态时，吸附态与游离态的化学势相等，见式（1）：

$$\mu(x,y,z) = \mu_{\text{ff}}(x,y,z) + \mu_{\text{fs}}(x,y,z) = \mu_{\text{bulk}} \tag{1}$$

式中：$\mu(x,y,z)$ 为吸附态化学势，J/mol；$\mu_{\text{ff}}(x,y,z)$ 为流体相互作用对应的化学势，J/mol；$\mu_{\text{fs}}(x,y,z)$ 为流体—孔壁相互作用对应的化学势，J/mol；μ_{bulk} 为游离态化学势，J/mol。

流体相互作用化学势以及游离态化学势可结合逸度通过式（2）和式（3）获得：

$$\mu_{\text{ff}}(x,y,z) = \mu_0(T) + RT\ln\left[\frac{f_{\text{ff}}(x,y,z)}{f_0}\right] \tag{2}$$

$$\mu_{\text{bulk}} = \mu_0(T) + RT\ln\left(\frac{f_{\text{bulk}}}{f_0}\right) \tag{3}$$

式中：f_0 代表参考状态的逸度，MPa；$f_{\text{ff}}(z)$ 为坐标 z 处流体的相互作用逸度，MPa，f_{bulk} 为游离态逸度，MPa。

吸附态的孔壁—流体相互作用化学式通过式（4）获得：

$$\mu_{\text{fs}}(x,y,z) = N_A[\Psi_{\text{fs}}(x,y,z) + \Psi_{\text{fs}}(x,y,L-z)] \tag{4}$$

式中：L 代表裂隙宽度，nm；$\Psi_{\text{fs}}(x,y,z)$ 和 $\Psi_{\text{fs}}(x,y,L-z)$ 代表裂缝两壁面对 z 处流体的相互作用势能，J/mol；N_A 为阿伏伽德罗常数，mol^{-1}。

在现有的 SLD-PR 模型中，孔壁—流体相互作用势被处理为四层石墨烯与流体之间的相互作用。然而，这种近似并不适用于相邻原子之间距离较大的矿物表面。本研究结合矿物晶体结构中的原子位置，通过重建流孔相互作用势对 SLD-PR 模型进行改进，其表达式为：

$$\Psi_{\text{fs}}(x,y,z) = \sum_i \varphi_i(x,y,z) \tag{5}$$

$$\varphi_i(x,y,z) = 4\varepsilon_{fs}\left[(\sigma_{fs}/r_i)^{12} - (\sigma_{fs}/r_i)^6\right] \quad (6)$$

$$r_i = (x-x_i)^2 + (y-y_i)^2 + \left[(z+0.5\sigma'_{ss}+h)^2\right]^{0.5} \quad (7)$$

式中：ε_{fs}、σ_{fs} 为孔壁—流体相互作用的兰纳—琼斯参数，分别对应相互作用势阱深度以及分子直径，具体取值依据 C、O、Al、Si、K、Ca、CO_2 和 CH_4 等的兰纳—琼斯参数，结合 Lorentz-Berthelot 组合规则得到，J/mol 和 nm；σ'_{ss} 为矿物表面最外层原子的直径，对于伊利石取 2.85Å，方解石取 3.30Å；h 为矿物对应的内晶面到外表面的距离，其值根据矿物的晶体结构得到，nm；x_i、y_i 为裂隙模型中第 i 个原子的 x、y 坐标。

将式（2）至式（4）代入式（1）得到吸附平衡方程，得到：

$$f_{ff}(x,y,z) = f_{bulk}\exp\left[-\frac{\Psi_{fs}(x,y,z)+\Psi_{fs}(x,y,L-z)}{k_B T}\right] \quad (8)$$

式中：T 为温度，K；k_B 为玻尔兹曼常数，值为 1.38×10^{-23}，J/K。

吸附态和游离态中的流体间相互作用，通过 Peng-Robinson 状态方程计算，通过该方程，可以将压力表示为密度的函数，具体形式如下：

$$\frac{p}{\rho RT} = \frac{1}{(1-\rho b)} - \frac{a(T)\rho}{RT\left[1+(1-\sqrt{2})\rho b\right]\left[1+(1+\sqrt{2})\rho b\right]} \quad (9)$$

$$a(T) = \frac{0.457535\alpha(T)R^2 T_c^2}{p_c} \quad (10)$$

$$b = \frac{0.077796\alpha(T)RT_c}{p_c} \quad (11)$$

据此可以得到游离态流体逸度 f_{bulk} 和吸附态流体间相互作用逸度 f_{ff}：

$$\ln\frac{f_{bulk}}{P} = \frac{b\rho}{1-b\rho} - \frac{a(T)\rho}{PT(1+2b\rho-b^2\rho^2)} - \ln\left(\frac{P}{RT\rho} - \frac{Pb}{RT}\right) - \frac{a(T)}{2\sqrt{2}bRT}\ln\left[\frac{1+(1+\sqrt{2})\rho b}{1+(1-\sqrt{2})\rho b}\right] \quad (12)$$

$$\ln\frac{f_{ff(x,y,z)}}{P} = \frac{b\rho(x,y,z)}{1-b\rho(x,y,z)} - \frac{a_{ads}(z)\rho(x,y,z)}{PT\left[1+2b\rho(x,y,z)-b^2\rho^2(x,y,z)\right]} - \ln\left[\frac{P}{RT\rho(x,y,z)} - \frac{Pb}{RT}\right] - \frac{a_{ads}(z)}{2\sqrt{2}bRT}\ln\left[\frac{1+(1+\sqrt{2})\rho(x,y,z)b}{1+(1-\sqrt{2})\rho(x,y,z)b}\right] \quad (13)$$

式中：$\rho(x,y,z)$ 为相应位置的流体密度，mmol/L；$a_{ads}(z)$ 为描述吸附态状态方程的参数，其具体表达式参考 Chen 等提出的模型。P-R 状态方程中描述流体间斥力的参数 b 受吸附态密度影响。需要对该参数进行如下修正，使其与吸附态的排斥相互作用相对应。

$$b_{ads} = b(1+\Lambda_b) \quad (14)$$

应用此修正后，式(13)改写为

$$\ln\frac{f_{\text{ff}(x,y,z)}}{P} = \frac{b_{\text{ads}}\rho(x,y,z)}{1-b_{\text{ads}}\rho(x,y,z)} - \frac{a_{\text{ads}}(z)\rho(x,y,z)}{PT\left[1+2b_{\text{ads}}\rho(x,y,z)-b_{\text{ads}}^2\rho^2(x,y,z)\right]} - \ln\left[\frac{P}{RT\rho(x,y,z)} - \frac{Pb_{\text{ads}}}{RT}\right] - \frac{a_{\text{ads}}(x,y,z)}{2\sqrt{2}b_{\text{ads}}RT}\ln\left[\frac{1+(1+\sqrt{2})\rho(x,y,z)b_{\text{ads}}}{1+(1-\sqrt{2})\rho(x,y,z)b_{\text{ads}}}\right] \quad (15)$$

由此计算出页岩气在纳米孔中的密度分布。过量吸附量如式(16)所示：

$$n_{\text{ex}} = \frac{A}{2}\iiint_{\frac{\sigma_{\text{ff}}}{2}}^{L-\frac{\sigma_{\text{ff}}}{2}}\left[\rho(x,y,z)-\rho_{\text{bulk}}\right]\text{d}x\text{d}y\text{d}z \quad (16)$$

式中：n_{ex} 为过剩吸附量，mmol/L；A 为裂隙比表面积，m^2。

2 结果与讨论

2.1 非均匀相互作用势的影响

构成矿物的原子并非连续分布，原子的间距与相应的晶格参数在同一个数量级上。例如，在伊利石(0 0 1)晶面上 Al 原子之间的距离约为 5.2Å。距伊利石表面约为 3 倍于铝原子间距处(约为 15Å)，伊利石表面可视为处处具有等势能的均匀表面。即这种情况下，原子可以近似地视为表面上具有均匀势能的连续分布。然而，大多数被吸附的分子都分布在距离吸附剂表面 1.5 倍自身直径的范围内。对于原子间距较小的表面上的吸附，如活性炭(C—C 键长 1.4Å)，吸附剂表面仍可在吸附层分布的空间范围内视为均匀表面。在原子间距较大的表面进行吸附的情况下，如伊利石(Al—Al 距离 5.20Å)和方解石(Ca—Ca 距离 4.99Å)，则应结合晶体结构中的原子位置来构建表面。

如图 1 所示，灰色平面和彩色表面分别代表原始 SLD-PR 模型中连续原子的均匀相互作用势和我们修正模型中离散原子的非均匀相互作用势。在原子连续分布的情况下，势能值在距离伊利石表面相同距离的平面内是均匀的。而更接近真实情况的离散原子分布的势能值，则随着水平位置呈现出不同的值。连续原子分布的均匀势能值低于离散原子分布的大部分值。低势能会导致对吸附态密度的高估。这种偏差在高压下将进一步增大。因此，假设原子分布连续而导致的势能不准确，会增大吸附结果的误差。

2.2 CO_2/CH_4 在矿物表面的吸附

选取伊利石和方解石中的晶面，即对应矿物的解理面，构建裂隙面。模型示意图如图 2 所示。

不同于以往 SLD-PR 模型的回归参数设置，在本研究中没有将 L 设置为回归参数。主要出于以下两个原因，首先，吸附状态主要分布在离壁面 1.5 倍分子半径范围内。根据兰纳—琼斯势的形式，当两分子之间的距离大于 3 倍分子直径时，相互作用势能能值小于势阱深度的千分之一。如果两个狭缝表面之间的距离大于 6 倍分子半径(对于 CH_4 或 CO_2，这个值约为 2nm)，则一个壁对另一个壁附近分子的影响可以忽略不计。也就是说，两壁之间距离的变化对壁面附近的吸附相没有显著的影响。其次，虽然孔半径有分布，但大多数孔径具有 L 附近的值，而 L 的值通常大于 2nm。所以该参数直接由矿物样品的优势孔隙半径决定。对于表征相互作用势阱深度的 ε_{fs} 参数,则根据 ε_{ff} 与 ε_{ss} 的几何平均值获得。比表面积 A 和斥力相互作用系数 Λ_b 仍然是可调的,以修正氮吸附实验中无法检测到的比表面积以及随温度变化的斥力相互作用。

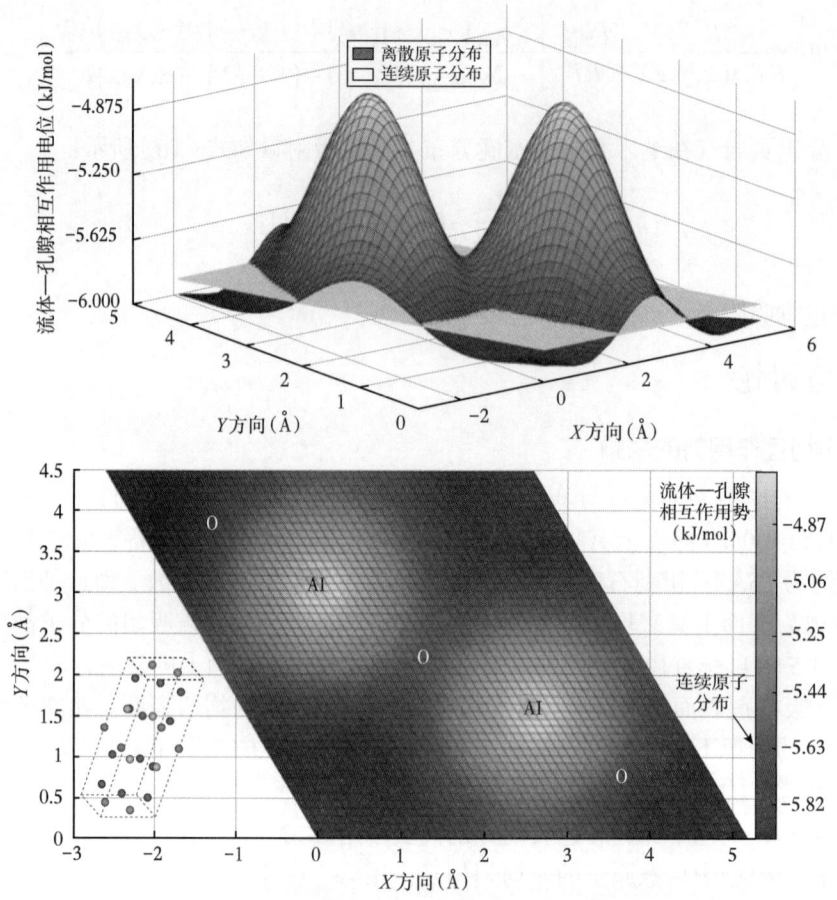

图 1　距伊利石(001)晶面 1.9705 Å 处的流体—壁面相互作用势能分布

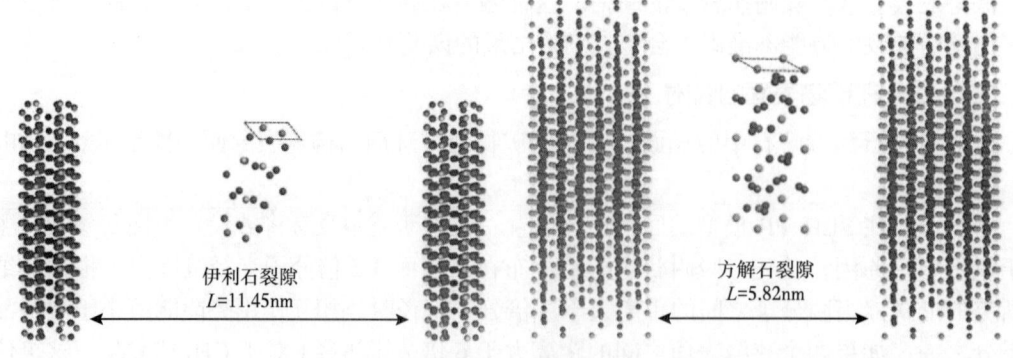

图 2　伊利石和方解石裂隙模型的示意图

图 3 为改进的 SLD 模型和原 SLD-PR 模型预测的 CO_2 和 CH_4 在伊利石和方解石上的吸附等温线。结果表明,改进的 SLD 模型与前人报道的实验数据吻合较好,证明改进

的 SLD 模型能够准确表征矿物样品的吸附量。原 SLD-PR 模型也能较准确地拟合实验数据，拟合参数与修正 SLD 模型的拟合参数相似。但其得到的 CO_2 在方解石上的吸附等温曲线与实验结果仍有一定偏差。这应该是由于单纯调整石墨烯结构中的 ε_{ss} 值不足以准确反映不同狭缝材料原子排列的差异。此外，原始模型无法获得垂直于 z 方向的吸附密度变化。

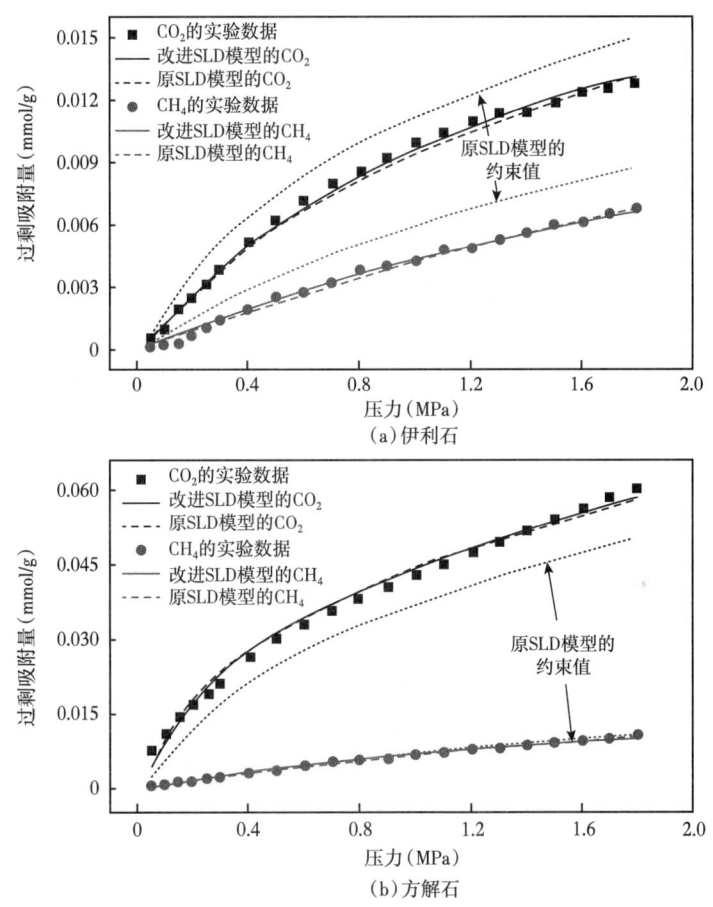

图 3　CO_2/CH_4 在伊利石和方解石表面的等温吸附曲线（330.15K）

CO_2 和 CH_4 的吸附量随着压力的增加而明显增加，因为流体分子与矿物表面的碰撞更频繁。同一矿物样品在相同压力下，CO_2 的吸附量远高于 CH_4 的吸附量，说明 CO_2 对矿物表面具有更大的亲和力。两原子间的兰纳—琼斯势阱越深，最大相互作用越强，在宏观尺度上表现为亲和能力越强。因此，CO_2 和 CH_4 的势阱差异是导致吸附量差异的主要机制。与伊利石相比，方解石对 CO_2 的吸附量更高。造成这种现象的原因有三点：（1）方解石的平均孔径小于伊利石，由于分子与两壁的相互作用强烈，在孔径较小的孔中，吸附质分子与表面壁之间的吸引力更大。（2）碳酸钙的比表面积高于伊利石。（3）方解石表面钙原子的兰纳—琼斯势阱深度高于伊利石表面铝原子的兰纳—琼斯势阱深度。

2.3　孔隙中 CO_2/CH_4 的密度分布

如图 4 所示，不同压力条件下裂隙内 CO_2 和 CH_4 沿垂直于壁面方向存在密度分布。由于狭缝模型是对称的，因此只计算从狭缝壁面一侧到狭缝中心的密度分布。狭缝尺寸设置为与实验研究中样品孔径的主导值相同,伊利石为 11.45nm,方解石为 5.82nm。在所有压力值下均可见一个峰值密度,且孔表面的原位密度明显高于孔中心的原位密度,说明两种气体在伊利石孔表面均表现为单层吸附。这一观察结果与前人的研究结果有很好的一致性。在孔中心,流体密度接近 CO_2 和 CH_4 的游离态密度。

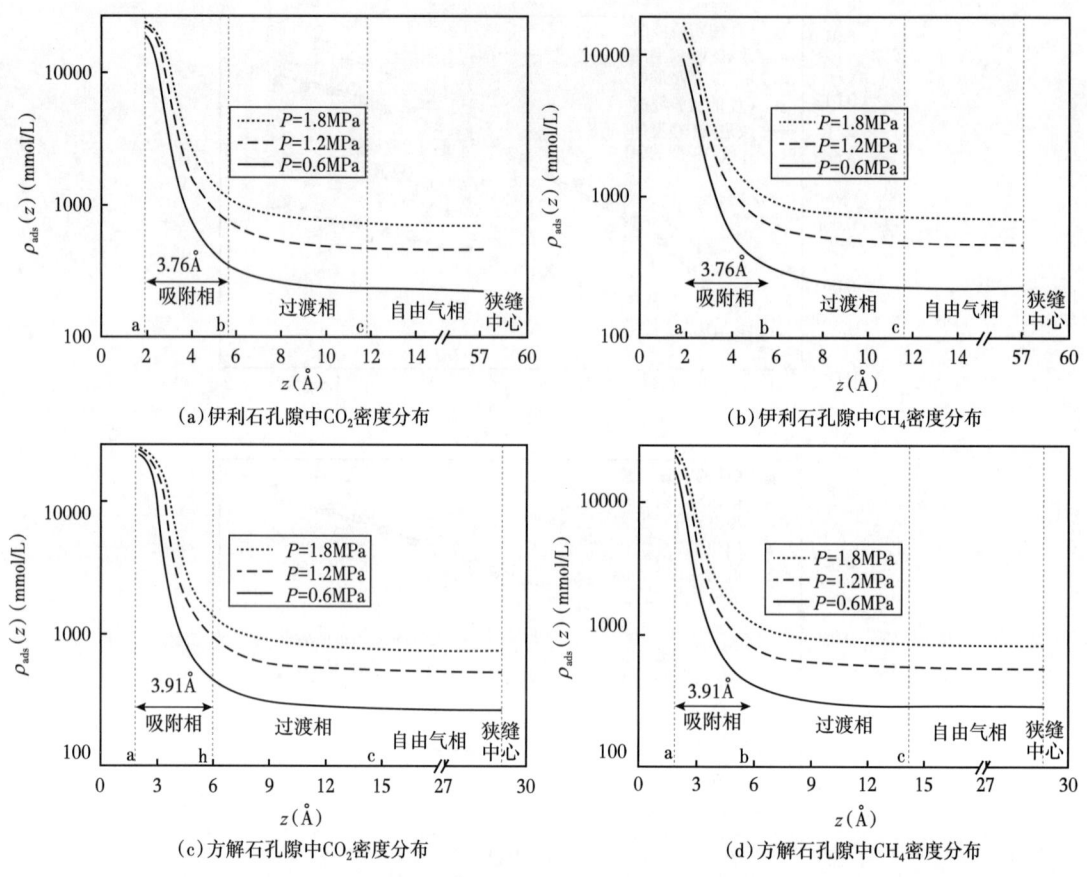

图 4 沿垂直于矿物狭缝壁面方向的流体密度分布

根据前人的研究,所得密度剖面分为吸附相、过渡区和自由气相三段。a 点和 b 点之间的区域被划分为狭缝中的吸附相。自由气相被定义为 c 点和狭缝中心之间的区域,这里的密度最接近堆积密度。过渡区定义为吸附相和自由气相之间的区域,该区域的密度明显低于吸附相,但略高于自由气相。在以往的研究中,提出气体分子在孔隙表面呈现单层吸附。形成的吸附层的宽度与相应分子的直径相同。

2.4 与原始 SLD-PR 模型的比较

在原始 SLD-PR 模型中,流体—孔隙相互作用势遵循流体与四层等间距石墨烯之间相互作用的形式。为了简化计算,除顶层石墨烯外,其余层间的短程斥力均被忽略。并且所有层都简化为碳原子的均匀连续分布。对于碳原子间距非常小的石墨烯,这种简化是合理的。如图 5 所示,即使将石墨烯表面的碳原子处理为离散的、独立的原子,得到的表面附近的孔壁—流体相互作用势随位置的变化并不显著。势能的最大值和最小值之间的差值仅为 0.113kJ/mol,不足图 1 所示伊利石差值的 10%。因此,该模型可以准确模拟以碳为主要成分的有机质的吸附特性。

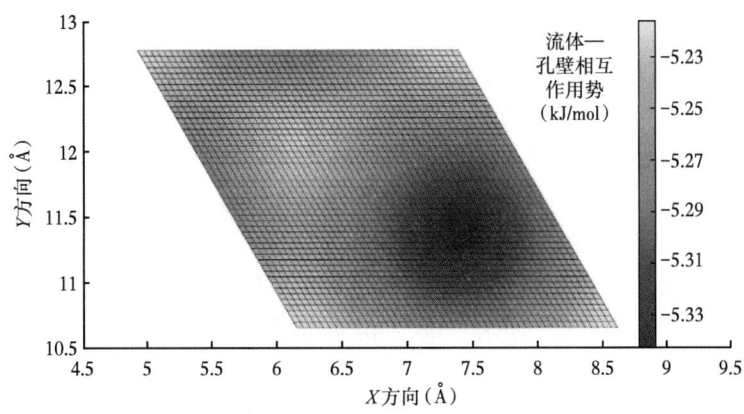

图 5　离散碳原子层在 1.9705Å 处的孔壁—流体相互作用势能

对于矿物表面,原来的 SLD-PR 模型对孔壁—流体相互作用势的近似处理不再有效。首先,矿物表面的原子间距大于石墨烯中的碳—碳键长度。因此,不能将矿物表面视为连续分布的原子层。矿物中每一层的原子组成和层间距不同,碳元素的含量远低于有机物。因此,用四层碳代替矿物表面会引入明显的不准确性。

在改进的 SLD 模型中,将原有的石墨烯层替换为考虑相应晶体结构而建立的矿物模型。通过尽可能真实地再现元素组成和原子位置,提高了流孔相互作用势的准确性。在具有相同 z 值的平面上,我们改进的模型可以反映相互作用势随位置的变化。与原始 SLD-PR 模型只进行一次积分相比,改进后的 SLD 模型在计算狭缝中吸附量时需要进行三次积分。随之而来的是计算复杂性的增加,但仍然远远低于分子动力学方法和巨正则系综蒙特卡罗模拟(GCMC)的计算成本。另一方面,我们改进的模型可以模拟垂直于 z 方向平面上吸附相密度的变化。如图 6 所示,同一平面内不同位置的吸附态密度差异较大,更符合实际情况。靠近表面原子的位置密度较低。但原始 SLD-PR 模型表明密度垂直于 z 方向是均匀的。

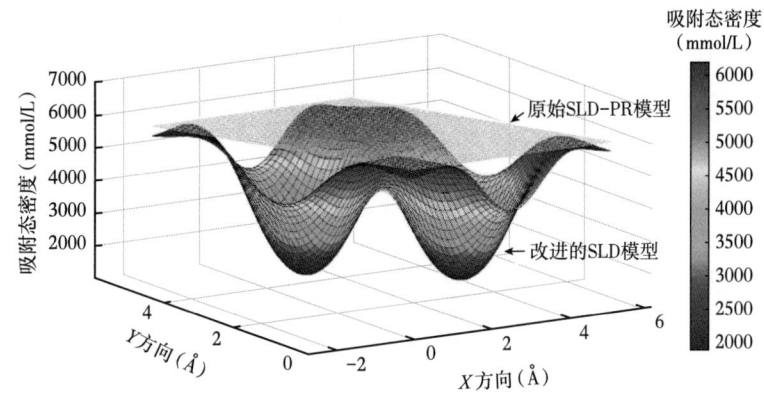

图 6　改进的 SLD 模型与原始 SLD-PR 模型吸附态密度的比较(z=1.9075Å)

此外,回归参数的个数从 4 个减少到 2 个。在原始 SLD-PR 模型中,通过调整参数 ε_{fs},L,A 和 Λ_b 的值来拟合流孔相互作用势。在改进的 SLD 模型中,参数 ε_{fs},L 分别通过相应矿物的原子兰纳—琼斯势参数和主要孔径值获得，具有更明确、直接的物理意义。

3 结论

本研究基于矿物伊利石和方解石的晶体结构，构建了更精确的相互作用势，对 SLD 模型进行了修正。将模拟的等温吸附曲线结果与已有的实验数据进行比较，验证了改进的 SLD 模型的正确性和可靠性。本研究的主要结论可归纳如下：

（1）在原子间距约为 5Å 的伊利石和方解石表面，孔壁—流体相互作用势的起伏大于 1.125kJ/mol，导致吸附密度波动达到 3000mmol/L。相互作用势的变化对吸附密度有显著的影响。原始的 SLD-PR 模型没有考虑到这种非均质性，会使预测的吸附密度过高。

（2）结合矿物晶体结构构造的孔壁—流体相互作用势，可用于预测非均质表面矿物的吸附行为。

（3）计算得到的 CO_2 和 CH_4 的密度分布图表明，大部分吸附相位于距离伊利石和方解石表面 0.5~1.5 倍流体分子半径之间，显示出明显的单层吸附特征。

参 考 文 献

[1] 金之钧, 朱如凯, 梁新平, 等. 当前陆相页岩油勘探开发值得关注的几个问题 [J]. 石油勘探与开发, 2021, 48（6）: 12.

[2] 刘合, 陶嘉平, 孟思炜, 等. 页岩油藏 CO_2 提高采收率技术现状及展望 [J]. 中国石油勘探, 2022, 27（1）: 127.

轨道强迫的松辽盆地青山口组页岩有机质富集和页岩油聚集

王华建[1]，张水昌[1]，柳宇柯[1]，刘真吾[2]，陈发紫[2]

（1. 中国石油勘探开发研究院；2. 中国地质大学（北京））

摘　要：地球是一颗固体行星，天文轨道强迫会导致地表日照量呈多尺度周期性变化，通过驱动地表温度变化、水循环和陆地风化，导致频繁的海/湖平面升降旋回和陆源营养物/碎屑物输入通量旋回，进而控制有机质沉积韵律和岩石非均质性。本文通过松辽盆地古龙凹陷 GY8HC 井青山口组页岩多地球化学参数的旋回地层学和天文年代学分析，发现研究层段记录了良好的米兰科维奇旋回信号，建立了 91.813~89.348Ma 的高精度天文年代标尺，发现青山口组有机质富集和页岩油聚集均具有显著的 173ka 周期，石英和伊利石/蒙脱石含量则具有显著的 405ka 周期，提出松辽盆地白垩纪独特的气候特征为低纬驱动和中高纬驱动的联合作用，表现为西风和季风或类季风系统的共同存在。因此，轨道强迫力不仅控制了沉积期的有机质富集周期和韵律旋回，也控制了现今的页岩油聚集特征和"甜点层系"。

关键词：古龙页岩油；有机质；天文年代标尺；轨道强迫气候；低纬驱动；中高纬驱动

地球是一颗固体行星，受地球轨道以及太阳系各星体作用于地球引力场的周期性摄动影响，到达地球表层的太阳辐射能量配置在纬度和时间上呈现出多尺度的周期性改变，进而极大地影响表层的气候变化和物质循环。大量研究证实，沉积物的层状韵律特征与天文轨道力驱动的气候变化周期有关[1]。其中，最为典型的是米兰科维奇周期，包括长偏心率（E：2260ka，405ka）、短偏心率（e：131ka，124ka，99ka，95ka）、斜率（O：41ka 为主，54ka，39ka，29ka 为辅）和岁差（P：24ka，22ka，19ka，17ka），以及更大的"非常规"轨道幅度调制周期，如 32~36Ma、26~27.5Ma、7~11Ma、2.4Ma、1.2Ma。轨道强迫会导致地球上不同纬度带上的日照量呈周期性变化，通过驱动地表温度变化、水循环和陆地风化，导致频繁的海/湖平面升降旋回和陆源营养物/碎屑物输入通量旋回，进而控制有机质沉积韵律和岩石非均质性[2]。

松辽盆地古龙凹陷青山口组页岩的初始有机质丰度和氢指数高、现今热演化程度高、已生成大量石油，且岩石非均质性强、页理缝高度发达、缝内含丰富的页岩油，是盆地内数百亿吨常规油、致密油和页岩油的最主要源岩[3]。青山口组页岩整体含油已经得到广泛认可，但页岩油勘探开发尚处于早期阶段，优选"甜点"层/区尤为重要。国内外页岩油勘探开发的典型案例多是在页岩层系中选取致密砂岩或碳酸盐岩夹层作为页岩油"甜点层"，借助长水平井体积压裂模式进行商业开发[4]。然而，青山口组页岩占比高，致密砂岩或碳酸盐岩夹层厚度薄（单层厚度仅有 5~15cm）、水平连续性差、垂向分布规律不明显，岩石性质既不同

项目基金：国家自然科学基金（42372162）；中国石油天然气股份有限公司科技项目（2021DJ0102）；黑龙江省揭榜挂帅项目（2022-JS1740、2022-JS-1853）。

第一作者简介：王华建（1984—），中国石油勘探开发研究院高级工程师，研究方向为地球化学。通讯地址：北京市海淀区学院路 20 号，E-mail：wanghuajian@petrochina.com.cn

于美国典型的海相产页岩油层系,也不同于准噶尔盆地、鄂尔多斯盆地和渤海湾盆地的陆相产页岩油层系[5]。

前人对青山口组页岩的非均质性成因和有机质富集机制开展了大量研究,识别出与现今一致的米兰科维奇旋回周期和"非常规"轨道振幅调制周期(如2.4Ma、1.2Ma、~173ka)[6-7],有机质富集也一般被认为与浮游菌藻类生物勃发和还原性水体环境形成有关。随着近年来对黑色页岩研究和认识的不断深入,逐渐发现黑色页岩的形成过程有着非常复杂的生物地球化学作用,与物质和能量在地球表层各圈层间的循环有着至关重要的关联。近几十年来,黑色页岩中的天文轨道尺度周期得到广泛关注,且大部分研究工作是基于米兰科维奇理论展开的,被视为影响黑色页岩发育的"由外到内"的作用机制。这一作用机制可能不仅影响了早期的有机质富集,可能还控制了现今的页岩油聚集。

1 样品与方法

本文对松辽盆地古龙凹陷GY8HC井2320~2530m范围内的青山口组页岩进行了10~25cm分辨率的高密度采样,进行总有机碳含量(TOC)、岩石热解、微量元素和矿物含量分析。将TOC、Zr/Al、石英含量、黏土矿物含量、岩石游离烃量($S1$)和热解烃量($S2$)含量等测试结果先进行去极值、插值和去趋势等数据预处理,再通过频谱分析、天文假设检验(ASM、COCO和eCOCO、TimeOpt)、滤波等分析方法精确识别天文轨道周期信号。将GY8HC井发现的3层火山灰与松科1井南孔的火山灰进行等时对比,并作为地质锚点。基于三层火山灰的高精度锆石U-Pb年龄(91.886±0.12Ma,90.974±0.11Ma,90.536±0.11Ma)计算平均沉积速率,结合米兰科维奇旋回的时间属性,建立高精度年代地层格架。通过主控周期来探讨天文轨道力强迫的松辽盆地青山口组沉积期的古气候变化及其对有机质富集和页岩油聚集的控制性作用。

2 结果与讨论

2.1 青山口组页岩的旋回周期和天文假设检验

Zr/Al数据深度域序列的滑动窗口频谱分析结果显示,GY8HC井的分析层段存在多个置信水平超过90%的显著谱峰,其中36.5m、11.8m、2.7~3.9m、1.8~2.2m的比例关系与米兰科维奇旋回的长偏心率(E)、短偏心率(e)、斜率(O)、岁差周期(P)的比例相近对应(图1)。为了验证天文轨道周期参数的可靠性,进一步采用相关系数法(COCO)和时间标尺优化法(TimeOpt)进行检验。其中,COCO和eCOCO分析结果显示,最优沉积速率解为8.96cm/ka,置信水平达到99%以上,表明在此沉积速率下受到天文驱动的可能性最高(图2);TimeOpt分析结果显示,最佳沉积速率为9.67cm/ka,零假设置信水平为0.0432,表明天文驱动的可能性在95%以上(图3)。两种方法测算出的最优沉积速率值相差较小,在8.9~9.7cm/ka之间。该沉积速率区间与基于三个火山灰的层位和对应锆石年龄,计算的8.5~9.5cm/ka的沉积速率区间几乎一致,表明研究层段记录了良好的米兰科维奇旋回信号。

2.2 青山口组页岩的高精度天文年代标尺

将Zr/Al数据频谱分析结果中的11.8m显著谱峰赋予130ka的年龄,并通过高斯带通滤波将代表130ka周期的沉积旋回信号提取出来,结果显示研究层段共记录了18个完整的短偏心率旋回。将每个正弦波赋予 130ka 的年龄，对 Zr/Al 深度域数据进行调谐，并转换成时间域，结果显示在 405ka，130ka，37.1ka，22.9ka，18.4ka 处具有显著谱峰，其置信度均达到 99% 以上。上述周期与 Laskar2004 和 Laskar2010a 天文解决方案在 83~93Ma 区间的频谱分析结果极为符合，进一步证明本研究的天文调谐过程是正确可靠的。结合 2414.2m 深度火山灰年龄（90.583Ma）和 2452.4m 深度火山灰年龄（90.974Ma）两个绝对年龄锚点，明确研究层段沉积期为 91.813~89.348Ma，持续时长为 2.465Ma（图 4）。

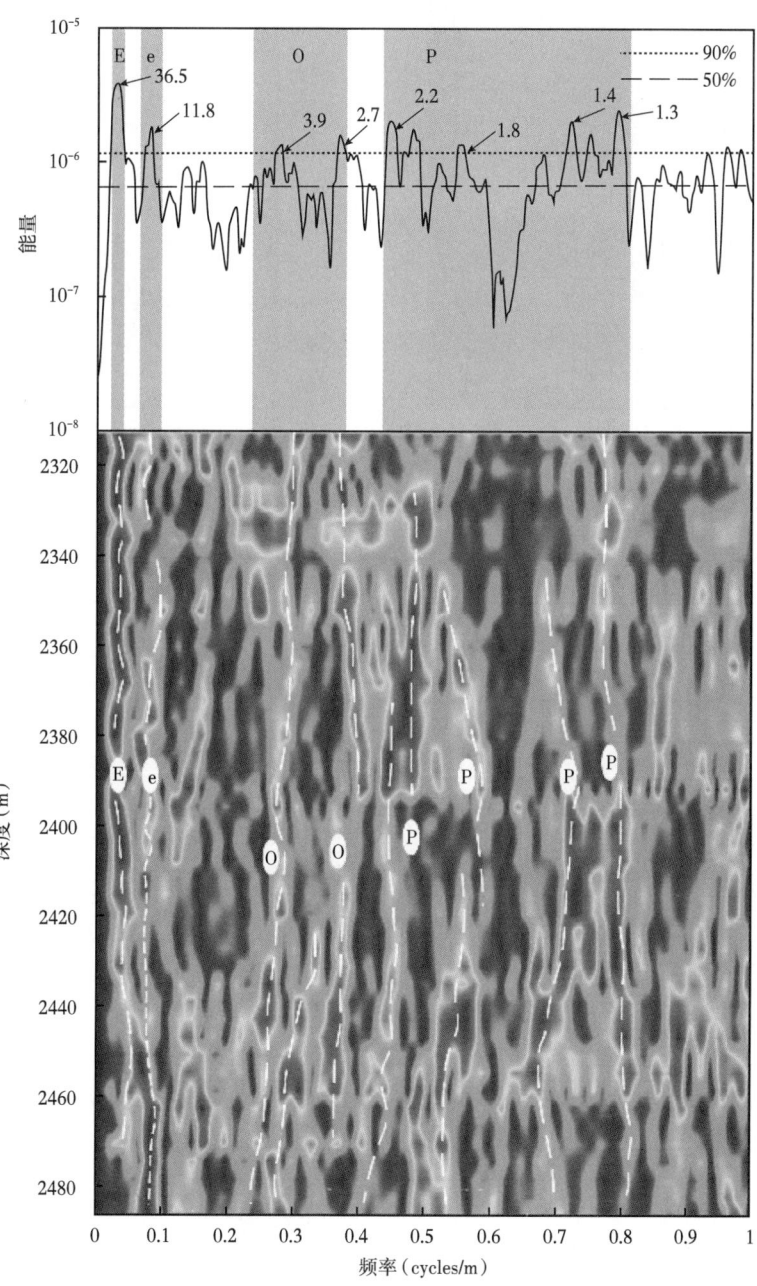

图 1　松辽盆地古龙凹陷 GY8HC 井 Zr/Al 深度域频谱分析图

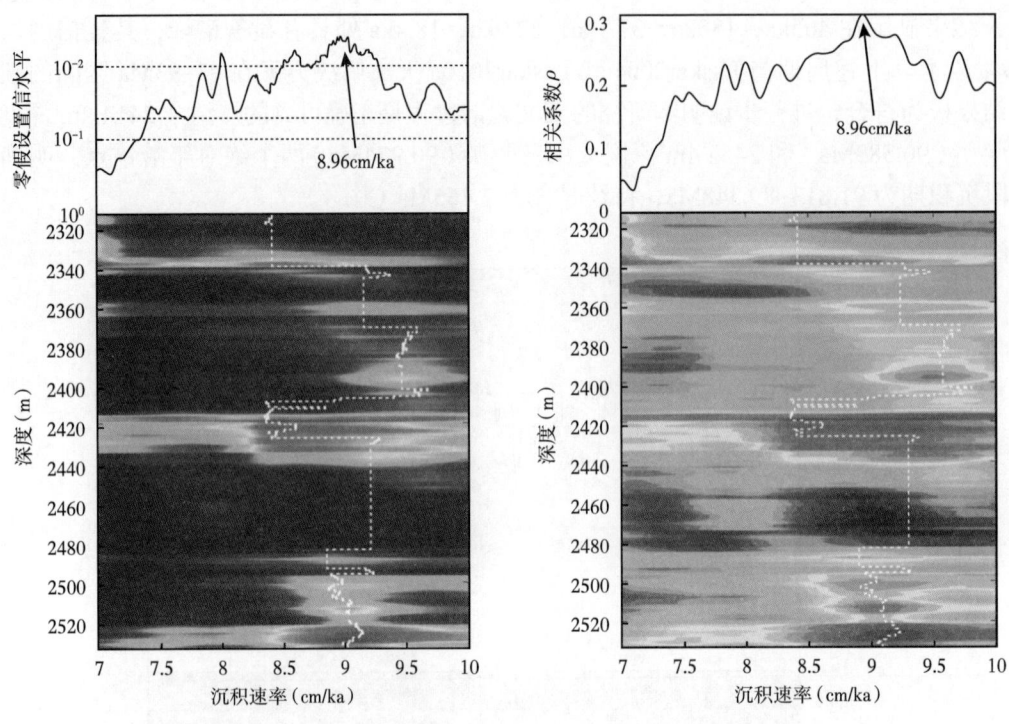

图 2 松辽盆地古龙凹陷 GY8HC 井 Zr/Al 序列深度域 COCO 和 eCOCO 分析结果

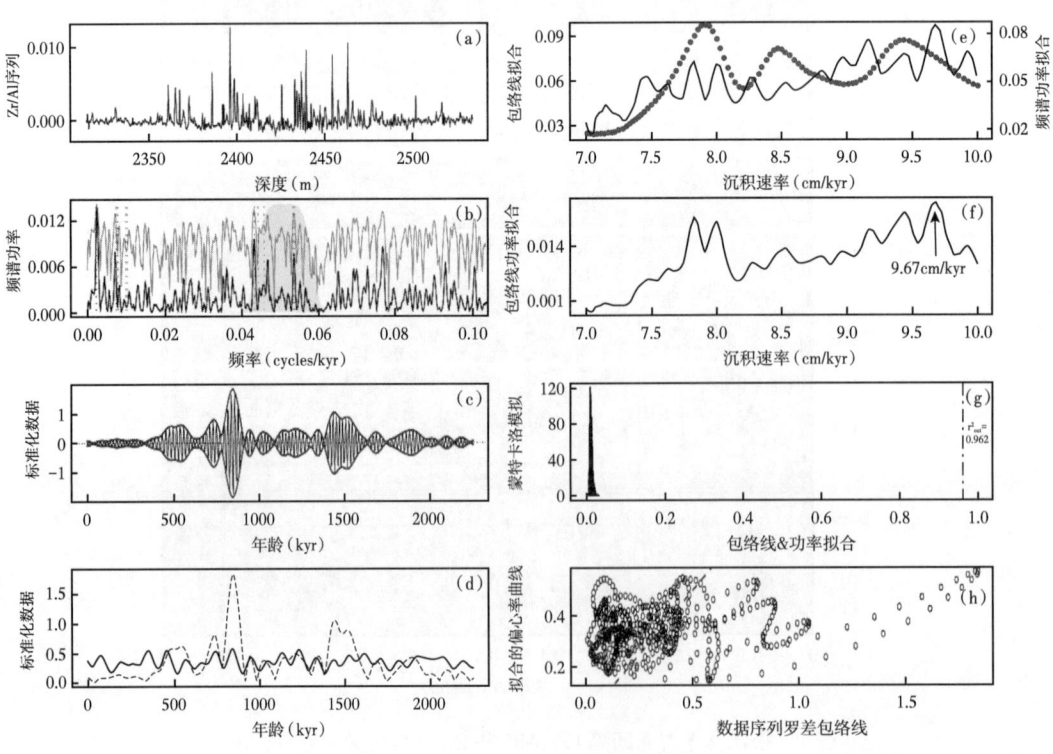

图 3 松辽盆地古龙凹陷 GY8HC 井 Zr/Al 深度域序列 TimeOpt 分析结果

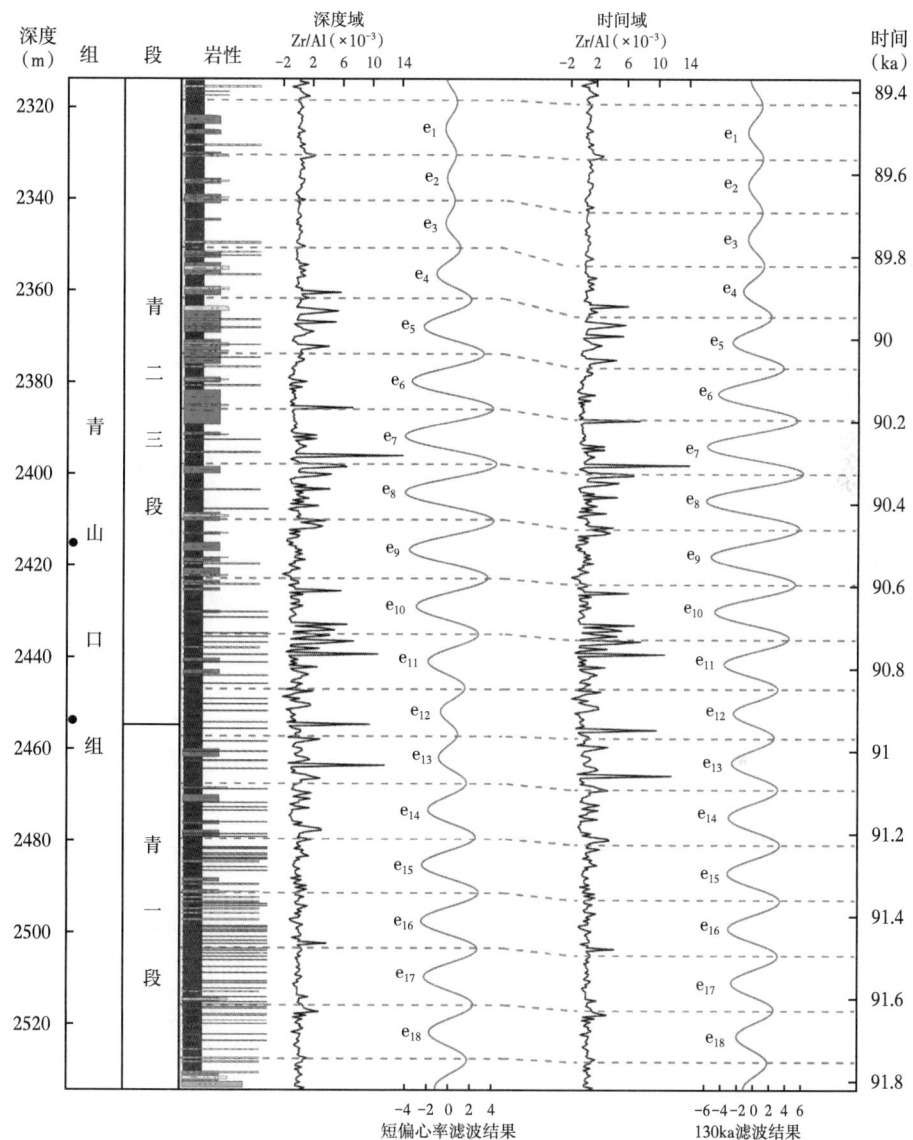

图4 松辽盆地古龙凹陷 GY8HC 井基于 Zr/Al 序列的高精度天文年代标尺

2.3 青山口组页岩有机质富集和页岩油聚集的天文旋回周期

基于已建立的高精度天文年代标尺,对石英含量、TOC、黏土矿物中绿泥石和伊利石/蒙皂石含量进行时间域调谐分析,结果发现有机质和主要成岩矿物都记录了不同信号强度的 E、e、O 和 P 的周期信号,TOC 和绿泥石含量还有着强烈的斜率振幅调谐周期(173ka)信号(图5)。其中,石英含量的最显著周期为长偏心率的 405ka,其他周期均不太显著;TOC 的最显著周期为 173ka,其他周期均不太显著;绿泥石含量的最显著周期为斜率的 54ka,其次为 173ka;伊利石/蒙皂石含量的最显著周期为 405ka,其次为 54ka(图5)。因此,青山口组页岩中的有机质和绿泥石含量主要受斜率驱动,石英含量主要受偏心率驱动,而伊利石/蒙皂石含量则受偏心率和斜率的联合驱动。

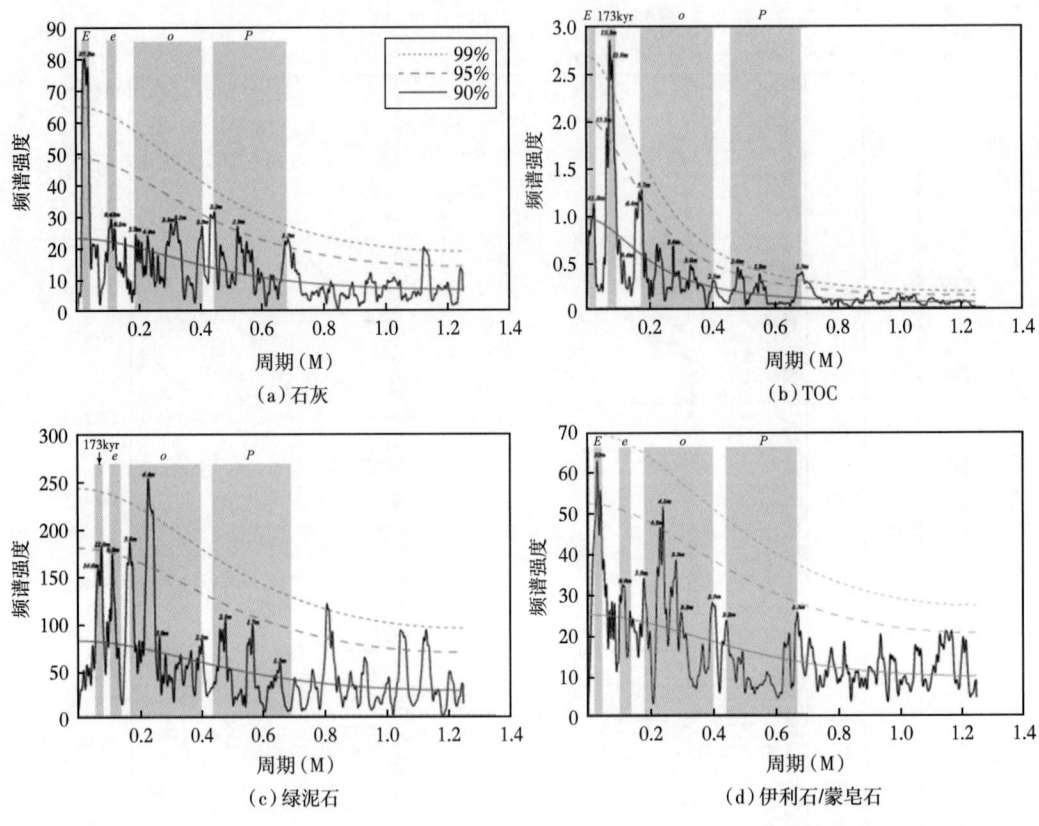

图 5 松辽盆地古龙凹陷 GY8HC 井石英、TOC、绿泥石和伊利石/蒙皂石的频谱分析结果

基于已建立的高精度天文年代标尺，对岩石游离烃量 S_1 和热解烃量 S_2 进行时间域调谐分析，结果显示 S_1 和 S_2 都具有显著的 173ka 周期，其次为 ~82ka 的周期，可能是 173ka 的半周期（图6）。可以发现，页岩油聚集与有机质富集的主控天文轨道周期显示出高度一致性，都主要受控于斜率振幅调谐周期。

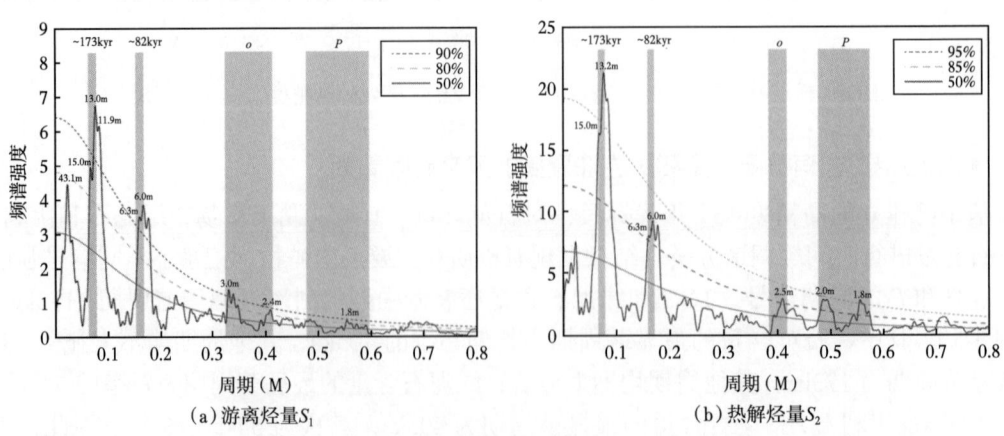

图 6 松辽盆地古龙凹陷 GY8HC 井岩石游离烃量 S_1 和热解烃量 S_2 的频谱分析结果

2.4 松辽盆地白垩纪气候特征控制的初始有机质富集和现今页岩油聚集

405ka 的长偏心率周期是地球低纬度地区季风系统的变化节律，也是全球水循环和碳循环变化的主导周期，自始至终都非常稳定[8]。现今中国东北地区的气候以东亚季风系统为主，水气来源主要是低纬度西太平洋。青山口组页岩中的石英主要来自于陆地原岩经风化后生成的石英碎屑及其他硅酸盐矿物碎屑。在湿润炎热的气候中，强烈的化学风化作用和生物作用使硅酸盐矿物被分解，形成碎屑石英、黏土矿物和二氧化硅（SiO_2）胶体；由于降雨量充沛，碎屑颗粒、黏土矿物和 SiO_2 胶体容易被搬运到湖泊中富集[9]。因此，青山口组页岩中石英含量的强烈 405ka 周期指示中国东北在白垩纪时期可能已经存在低纬驱动的古季风或类季风系统，成为松辽盆地水气输送和热量的重要驱动力。

173ka 的斜率振幅调谐周期是地球中高纬度区域内碳循环的主控周期，主要通过调谐中高纬度区的陆地水文循环和风化强度来影响营养物输入，进而调控初级生产力水平和有机碳埋藏效率[7]。173ka 周期以及更长的 1.2Ma 斜率振幅调谐周期与松辽盆地上白垩统青山口组和嫩江组沉积期的湿润—干旱变化非常一致[6, 10-11]，表明在高斜率时期，中纬度地区降水增加、化学风化变强，盆地内气候环境更加湿润。值得注意的是，中国大陆在白垩纪主体呈带状分布，受行星风系影响明显，在东亚地区形成了副热带高压带和广泛的大陆沙漠沉积[12]。因此，松辽盆地独特的气候特征表现为低纬驱动和中高纬驱动的联合作用，可能受到了与海岸线平行的气候带影响，即表现为西风和季风或类季风系统的共同存在。最近的一项气候模拟研究表明，海拔超过 2000m 的东亚东部沿海山脉形成可能放大了低纬度轨道强迫对欧亚大陆东部气候的影响，导致了青山口组沉积期的降雨量增加和湖面上升，进而促进了湖泊中的有机质富集[13]。这一海岸山脉的形成可能与鄂霍次克板块和欧亚大陆的碰撞有关，但现今已被剥蚀淹没。

最新研究还显示，青山口组一段和嫩江组一段沉积前期发生了地球轨道偏心率和斜率周期的共振跃迁事件，即地球和火星之间的共振状态（$s_4-s_3: g_4-g_3=2:1$）瓦解，形成新共振状态（$s_4-s_3: g_4-g_3=1:1$）[6]。该天文事件可以导致偏心率和斜率周期呈现独特相位关系，进而引发天文大潮，出现大范围海侵等地质事件，这已被青山口组一段和嫩江组一段中的大量生物化石、特征性生标、特殊矿物及同位素记录等综合证据所证实。另外，十年至千年级的太阳活动周期也被认为是地球气候变化的主要驱动因素[14]。这些旋回周期所对应的沉积厚度一般为亚毫米至厘米级，可能是导致青山口组页岩形成纹层和页理的主控周期。

3 结论

本文通过松辽盆地古龙凹陷 GY8HC 井 2320~2530m 范围内的青山口组页岩多地球化学参数的旋回地层学和天文年代学分析，取得如下认识：

（1）发现研究层段记录了良好的米兰科维奇旋回信号，最优沉积速率值在 8.9~9.7cm/ka 之间。

（2）结合与松科 1 井南孔等时火山灰的高精度锆石 U-Pb 年龄，建立了 91.813~89.348Ma 的高精度天文年代标尺。

（3）发现青山口组有机质富集和页岩油聚集均具有显著 173ka 周期，石英和伊利石/蒙皂石含量则具有显著的 405ka 周期。

（4）提出松辽盆地白垩纪独特的气候特征为低纬驱动和中高纬驱动的联合作用，表现为西风和季风或类季风系统的共同存在。因此，轨道强迫力不仅控制了沉积期的有机质富集周期和韵律旋回，也控制了现今的页岩油聚集特征和"甜点"层系。

参 考 文 献

[1] HINNOV L A. Cyclostratigraphy and astrochronology in 2018, in Stratigraphy & Timescales[M]. 2018, Elsevier. p. 1-80.

[2] JIN Z, WANG X, WANG H, et al. Organic carbon cycling and black shale deposition: An Earth system science perspective[J]. National Science Review, 2023. 10: nwad243.

[3] 孙龙德, 刘合, 何文渊, 等. 大庆古龙页岩油重大科学问题与研究路径探析[J]. 石油勘探与开发, 2021. 48: 453-463.

[4] 金之钧, 朱如凯, 梁新平, 等. 当前陆相页岩油勘探开发值得关注的几个问题[J]. 石油勘探与开发, 2021. 48: 1276-1287.

[5] HE W, ZHU R, CUI B, et al. The Geoscience Frontier of Gulong Shale Oil: Revealing the Role of Continental Shale from Oil Generation to Production[J]. Engineering, 2023. 28（9）: 79-92.

[6] WU H, HINNOV L A, ZHANG S, et al. Continental geological evidence for Solar System chaotic behavior in the Late Cretaceous[J]. Geological Society of America Bulletin, 2022. 135（3/4）: 712-724.

[7] HUANG H, GAO Y, MA C, et al. Organic carbon burial is paced by a ~173-ka obliquity cycle in the middle to high latitudes[J]. Science Advances, 2021. 7（28）: eabf9489.

[8] 田军, 吴怀春, 黄春菊, 等. 从40万年长偏心率周期看米兰科维奇理论[J]. 地球科学, 2022. 47: 3543-3568.

[9] WEST A J, GALY A, and BICKLE M. Tectonic and climatic controls on silicate weathering[J]. Earth and Planetary Science Letters, 2005. 235（1-2）: 211-228.

[10] LI X, HUANG Y, ZHANG Z, et al. Chemical weathering characteristics of the Late Cretaceous Nenjiang Formation from the Songliao Basin (Northeastern China) reveal prominent Milankovitch band variations[J]. Palaeogeography, Palaeoclimatology, Palaeoecology, 2022. 601: 111130.

[11] ZHANG Z, HUANG Y, LI M, et al. Obliquity-forced aquifer-eustasy during the Late Cretaceous greenhouse world[J]. Earth and Planetary Science Letters, 2022. 596: 117800.

[12] JIANG X, PAN Z, XU J, et al. Late Cretaceous aeolian dunes and reconstruction of palaeo-wind belts of the Xinjiang Basin, Jiangxi Province, China[J]. Palaeogeography, Palaeoclimatology, Palaeoecology, 2008. 257（1-2）: 58-66.

[13] ZHANG J, FLöGEL S, HU Y, et al. Coastal mountains amplified the impacts of orbital forcing on East Asian climate in the Late Cretaceous[J]. Geophysical Research Letters, 2023. 50（23）: e2023GL105932.

[14] ADOLPHI F, MUSCHELER R, SVENSSON A, et al. Persistent link between solar activity and Greenland climate during the Last Glacial Maximum[J]. Nature Geoscience, 2014. 7（9）: 662-666.

松辽盆地青山口组页岩层系非均质地质特征与页岩油"甜点"评价

白 斌[1]，戴朝成[2]，侯秀林[1]，杨 亮[3]，王 瑞[4]，
王 岚[1]，孟思炜[1]，董若婧[1]，刘羽汐[1]

（1. 中国石油勘探开发研究院；2. 东华理工大学地球科学学院；
3. 中国石油吉林油田公司勘探开发研究院；4. 大庆油田有限责任公司）

摘 要：松辽盆地白垩系青山口组湖相沉积发育规模富有机质页岩，古页油平1井实现了深湖区古龙页岩油勘探突破。为进一步精细评价湖盆不同相带页岩层系地质特征，评价陆相湖盆页岩油"甜点"特征，按青山口组湖相页岩形成环境差异，开展湖盆不同相带页岩层系地质特征非均质性研究。提出淡水湖盆不同相带页岩层系可分为富有机质（TOC > 3%）纹层状黏土（质）页岩、纹层状黏土（质）页岩、长英（质）页岩、纹层状介壳页岩、块状泥岩、灰岩和白云岩7种类型，分别评价生烃与滞留烃总量、烃类流动性、储集性、可压性和产油能力差异。据此提出页岩油资源"甜点"与工程"甜点"。根据 TOC 和 S_1（热解实验数据）含量将青山口组页岩资源"甜点"划分为Ⅰ类、Ⅱ类、Ⅲ类，其中Ⅰ类资源"甜点" TOC 大于 3%，S_1 大于 4mg/g；Ⅱ类资源"甜点" TOC 在 1.5%~3%，S_1 在 1.0~4 mg/g；Ⅲ类资源"甜点" TOC 小于 1.5%，S_1 小于 1.0mg/g。半深湖和深湖相页岩多为Ⅰ类和Ⅱ类资源"甜点"，滨浅湖相页岩则以Ⅱ类和Ⅲ类资源"甜点"为主。通过不同相带岩相含油性、渗流性、可压性、源岩特性和物性等因素分析，优选松辽盆地青山口组页岩油主力靶体。

关键词：资源"甜点"；工程"甜点"；富有机质页岩；古龙页岩油；陆相湖盆；青山口组；松辽盆地

页岩油作为重要的油气接替资源，已在北美 Williston 盆地 Bakken 组、Western Gulf 盆地 Eagle Ford 组等页岩中实现规模效益开发，助推美国能源独立[1-3]。截至 2022 年底，中国鄂尔多斯、准噶尔与渤海湾等盆地积极开展页岩油勘探开发，主要围绕页岩层系内粉砂岩、碳酸盐岩、混积岩等非主力生烃源岩，探明地质储量 14.07×10^8t，年产量超 300×10^4t，展现出良好的勘探开发潜力[4-8]。特别是在松辽盆地青山口组古龙深湖纯页岩钻探古页油平1井初试日产油量最高 30.5t、产气量 13032m³，取得历史性战略突破，目前见油生产 855d，累产油气当量 1.37×10^4t[9]，不仅预示陆相湖盆生烃页岩具备形成工业油气的基础，也表明陆相湖盆页岩将成为未来页岩油勘探开发重要对象。

但陆相湖盆页岩受水动力、成岩作用和成藏过程中流体性质等因素影响，湖盆不同相带页岩矿物成分、岩相、生烃能力及储集性能等富集地质条件差异明显[10-11]，直接决定页岩油富烃"甜点"段/区、最佳改造效果的工程"甜点"段/区存在差异[12-17]。因此，亟须开展基于陆相湖盆不同相带页岩地质特征非均质性研究，分类评价页岩滞留烃、赋存状态和改造

基金项目：国家自然科学基金（42072186）；黑龙江省揭榜挂帅项目（RIPED-2022-JS-1740）；中国石油天然气股份有限公司科学研究与技术项目（2021-DJ2203）。
第一作者简介：白斌（1981.11—），男，陕西武功人，博士，高级工程师，主要从事致密油/页岩油形成条件与"甜点"评价研究。E-mail: baibin81@petrochina.com.cn

潜力，查明湖盆不同相带页岩油甜点特征，为实现页岩油地质—工程一体化效益开发奠定基础[18-20]。

1 松辽盆地青山口组沉积环境

松辽盆地位于中国东北境内，是白垩纪亚洲古陆上最大的湖盆，面积约 $26×10^4 km^2$，为典型的陆相断陷—坳陷叠合盆地（图1），具有先断后坳的双层结构。其中，松辽盆地中央坳陷区是盆地发展过程中沉降占优势的大型负向构造单元，包括齐家—古龙凹陷、大庆长垣和三肇凹陷等二级构造单元[21-23]，长期为盆地沉降和沉积中心，是黑色页岩乃至页岩油的主要分布范围，富有机质页岩层系厚度为90~270m，面积在 $3×10^4 km^2$ 以上，有机质丰度高，成熟度适中，且地层超压，利于页岩油的形成与富集。

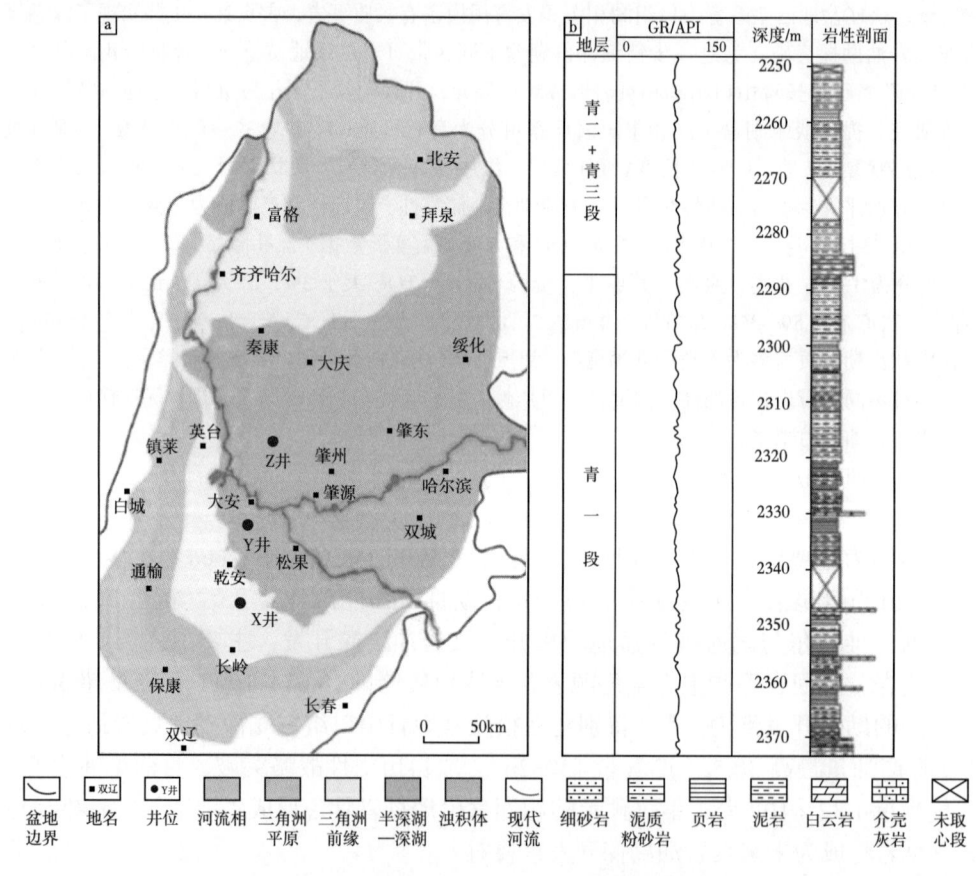

图1 松辽盆地青山口组沉积相及典型地层柱状图

松辽盆地白垩系青山口组和嫩江组沉积期发育两期最大的湖泛，广泛发育厚层富有机质暗色泥岩。其中，青山口组源岩有机质丰度更高，在中央坳陷区基本进入成熟—高成熟演化阶段，是中浅部含油气组合的主力供烃岩系及页岩油赋存层系[21]，岩性以厚层页岩夹粉砂岩、白云岩及介壳灰岩的薄夹层为特征，反映了半深湖—深湖的沉积环境。

2 湖盆不同相带页岩地质特征的非均质性

陆相湖盆不同相带页岩矿物成分、沉积构造、有机质丰度、岩相组合等均具极强非均质性[24]。页岩纹层厚度存在极薄纹层（小于3mm）、薄纹层（3mm~1cm）、中纹层（1~3cm）到厚纹层（3~10cm）[25-26]，成分呈现长英质纹层、黏土纹层和碳酸盐矿物纹层多种类型[27]。因此，本文结合松辽盆地青山口组滨浅湖、半深湖与深湖相页岩特征，依据矿物组成、纹层厚度和沉积构造，将湖相页岩层系划分为纹层状黏土（质）页岩（LS）、长英（质）页岩（SLS）、纹层状介壳页岩（CLS）、块状泥岩（LM）、灰岩（LS）和白云岩（DS）6种岩相。纹层状黏土（质）页岩有机碳丰度变化大，以有机碳丰度3%为界，再分出富有机质纹层状黏土（质）页岩（HLS）和纹层状黏土（质）页岩（MLS）（图2和表1）。

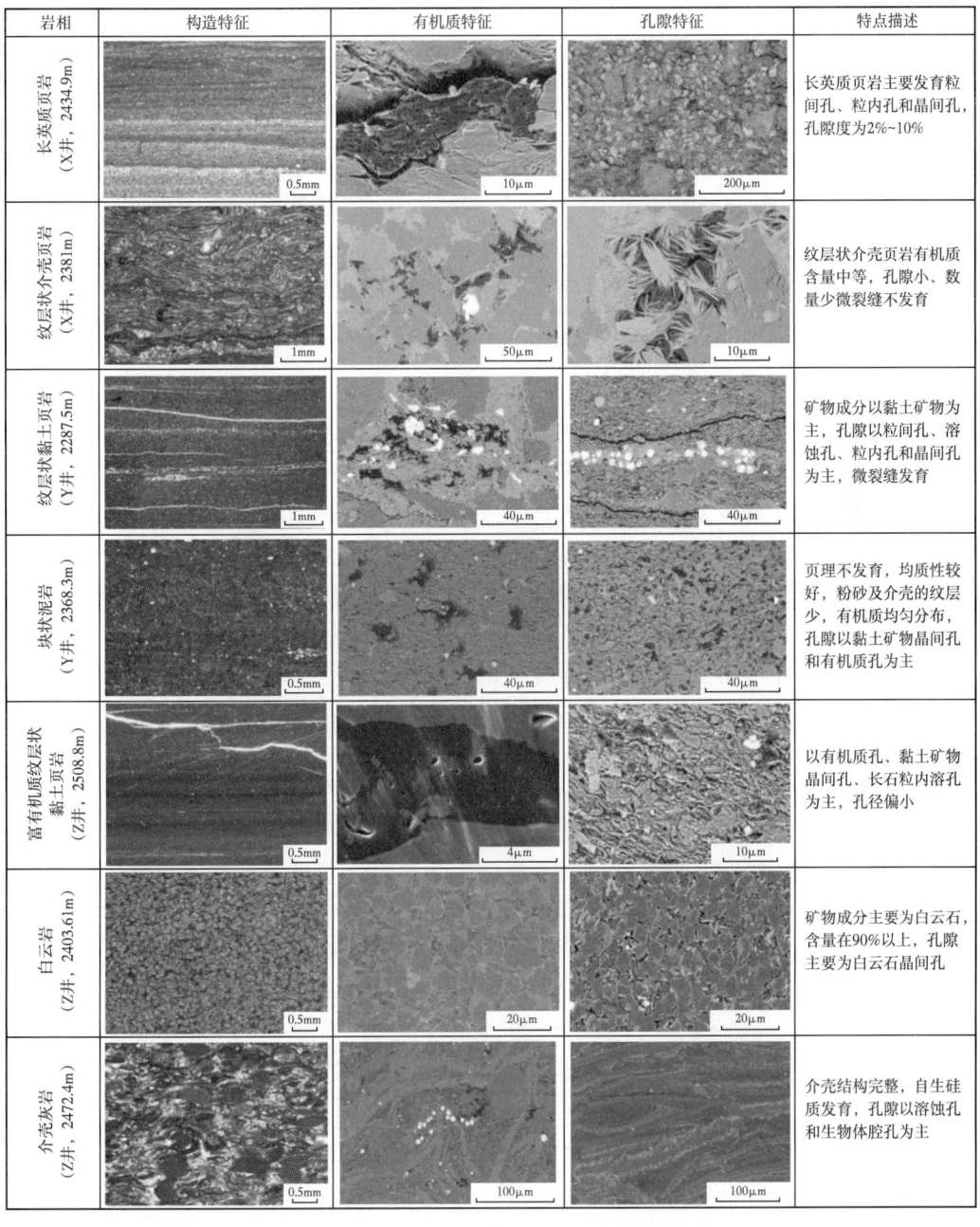

图2 松辽盆地青山口组页岩层系岩相地质特征

表 1 松辽盆地青山口组湖相页岩层系岩相类型分类表

名称	富有机质纹层状黏土（质）页岩（HLS）	纹层状黏土（质）页岩（MLS）	长英质页岩（SLS）	纹层状介壳页岩（CLS）	块状泥岩（LM）	介壳灰岩（LS）	白云岩（DS）
沉积环境	深湖	半深湖—深湖	滨浅湖—半深湖	滨浅湖—半深湖	深湖	滨浅湖—深湖	半深湖—深湖
沉积过程	悬浮沉积	悬浮沉积	悬浮+碎屑流	悬浮+碎屑流	悬浮沉积	生物堆积	微生物
沉积构造	毫米级	毫米级	毫米级	毫米级	—	—	—
黏土矿物含量（%）	25.10~79.05	21.42~87.35	4.96~48.32	30.16~61.23	31.54~81.16	2.17~26.30	0~18.00
长英质含量（%）	16.34~59.28	9.92~54.87	39.00~77.18	11.35~48.84	4.00~40.61	0~10.42	0~11.38
生物化石含量（%）	10.00~3.12	0~5.27	0~2.10	1.24~13.35	0~2.37	80.92~95.50	0.18~2.99
TOC（%）	3.02~7.17	0.23~2.80	0.17~4.6	0.26~2.21	0.46~2.98	0.53~1.02	0.18~0.73

注：表中"—"为无数据分类。

2.1 岩性和岩相非均质性

松辽盆地青山口组沉积期的滨浅湖相沉积水动力相对较强，沉积构造发育水平层理、砂纹交错层理和液化砂岩脉等，总体反映出水体较为动荡特征，页岩具有高长英质、低黏土矿物含量特点，石英含量为15.4%~50.0%，平均为29.6%；长石含量为7.5%~28.8%，平均为13.7%；黏土含量为8.8%~69.1%，平均为51.1%。岩性发育有泥页岩、粉砂岩与钙质泥岩等。岩相以长英质页岩、纹层状介壳页岩、纹层状黏土页岩和介壳灰岩为主，长英质页岩有机质丰度不高，多数小于1.5%，以粉砂质页岩为主，夹浅灰色或灰白色的粉砂岩，脉状和软沉积变形构造发育，在薄片下该纹层在单偏光下颜色较浅，呈粉砂级—泥质粉砂碎屑结构，可见少量分散状分布的有机质，颗粒整体上分选中等—好，磨圆度呈次棱角状，单个纹层厚度在0.4~1.5mm。黏土矿物含量平均为33.67%，石英和长石含量平均为51.55%，以石英颗粒为主，有机质含量为1%~3%，平均为1.45%，该岩相一般分布层位为青一段上部、青二段和青三段；纹层状介壳页岩具有混合沉积特征，表现为纹层状页岩夹薄层介壳生物层和粉砂质，纹层状页岩和介壳生物层界限明显，该岩相中介壳生物和介壳灰岩层生物相比，生物呈碎片状定向排列，基本没有完整生物个体，粉砂级石英颗粒与生物碎片混杂在一起，而介壳灰岩层生物个体完整，石英则以成岩自生硅质为主，纹层状介壳页岩以介形虫化石富集成层，有机质含量平均为1.61%。该岩相分布层位主要为青二段和青三段。

半深湖相沉积水动力相对较弱，沉积构造以水平层理和块状层理为主，软沉积变形与滨浅湖相相比基本不发育，页岩中石英含量为2.3%~21.8%，平均为7.6%；长石含量为1.6%~13.2%，平均为3.8%；黏土含量为55.3%~79.4%，平均为69.5%。岩性为泥页岩和粉砂质泥岩及含介壳泥页岩等。岩相以纹层状黏土（质）页岩、块状泥岩为主（图3），局部层位发育块状泥岩和富有机质纹层状黏土（质）页岩。纹层状黏土（质）页岩有机碳略低，普遍低于3%，呈灰色或深灰色，有机质纹层厚度小于1mm，层中生物扰动和生物钻孔发育，该岩相主要形成于季节性悬浮和底流作用交替沉积的静水环境，纵向上分布于页岩层系中部。块状泥岩为纯黑色，质地细腻，油脂感较明显，坚韧不易破碎，较致密，页理不发育，均质性较好，粉砂及介壳的纹层少。镜下观察岩石粒级非常小，矿物成分以黏土矿物为主，有机质含量变化大，主要形成于半深湖的静水环境。该岩相在纵向上主要分布于青一段和青二段。

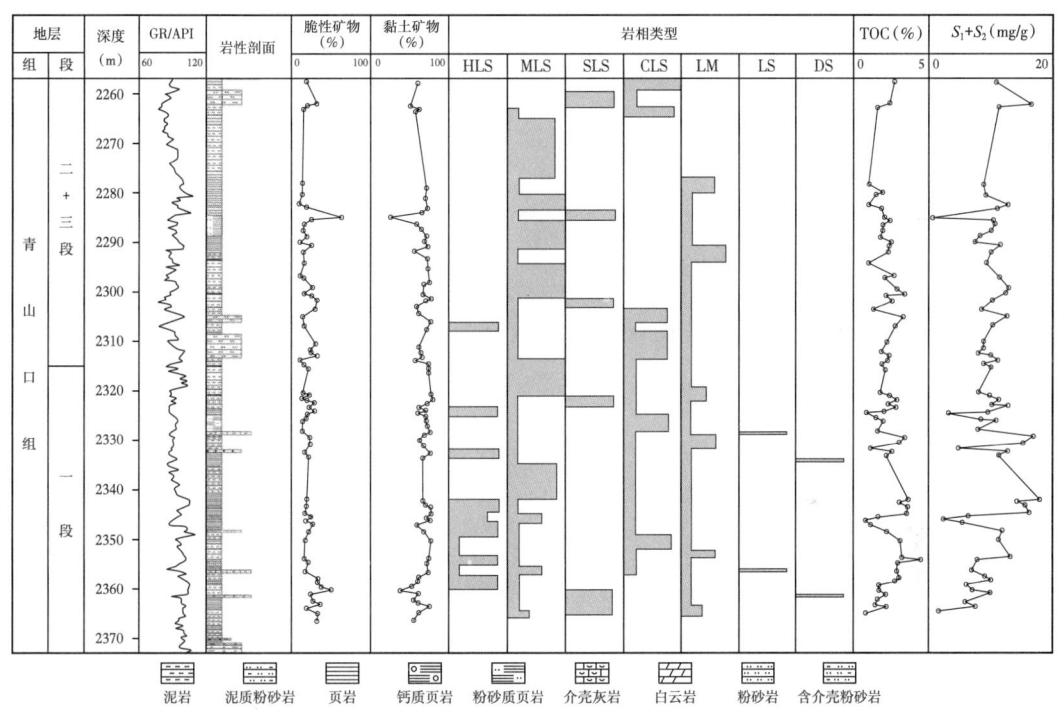

图3 松辽盆地青山口组沉积期半深湖相岩性及岩相综合柱状图

深湖相沉积期水体安静，沉积速率低，构造以水平层理和块状层理为主，岩性与滨浅湖和半深湖相岩性存在差别。深湖相除富有机质纹层状黏土（质）页岩和块状泥岩外，还发育大量薄层状粉晶白云岩和介壳灰岩（图4）。同时，在页岩成熟度偏高（R_o=1.67%）的古龙凹陷，发育规模富有机质长英（质）页岩，有机碳含量可达4.6%。其中，富有机质纹层状黏土（质）页岩颜色为灰黑—黑色，岩心页理发育，纹层厚度小于1mm，胶磷矿和草莓状黄铁矿常见，黏土矿物含量为25.10%~79.05%，石英和长石总含量为16.34%~59.28%，有机质含量多大于3%，该岩相在纵向上主要分布于青一段。白云岩相颜色为灰黑色，质地坚硬细腻，有半透明感，外形为透镜状和夹层状，白云岩由浅色纹层和暗色纹层（富含有机质）构成，浅色和暗色纹层均呈穹形。矿物成分主要为铁白云石，含量在90%以上，白云石为半自形—自形粉晶结构，晶粒大小为0.01~0.03mm，晶体间呈直线状紧密接触，部分白云石具环带。该类岩相主要分布在青一段中上部和青二段下部。介壳灰岩则颜色变化较大，有黑色、灰黑色、灰—深灰色和灰白色，隐晶质结构，介壳结构明显，介形虫软体和介壳经过长期的碳酸盐胶结形成生物介壳灰岩。

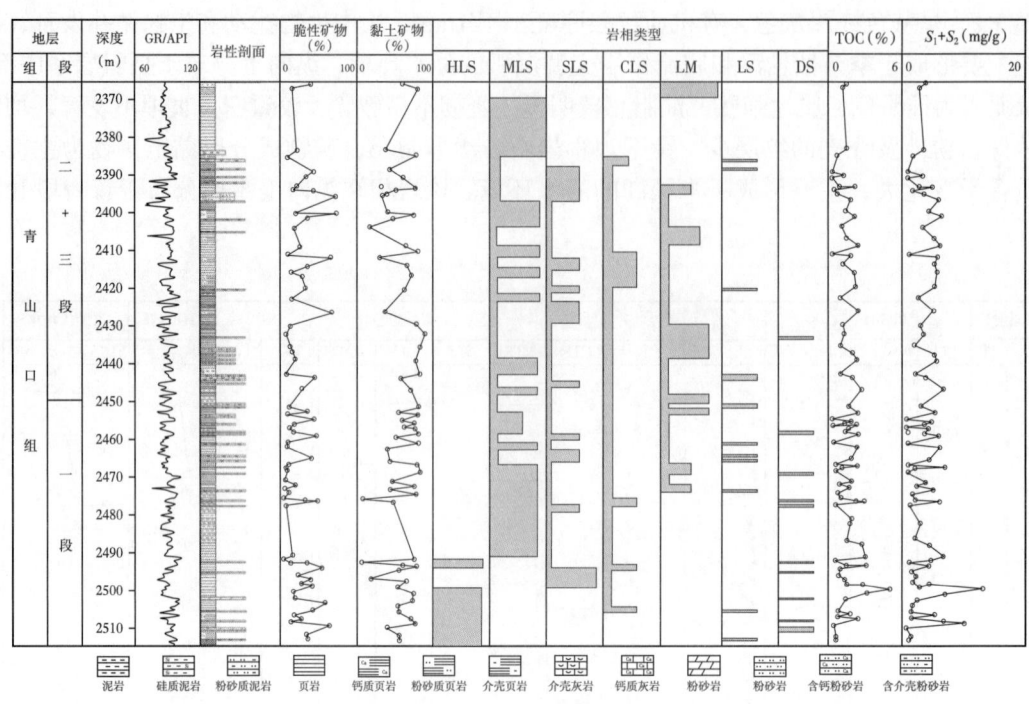

图 4 松辽盆地青山口组沉积期深湖相岩性及岩相综合柱状图

2.2 有机地球化学非均质性

松辽盆地青山口组沉积期滨浅湖相页岩 TOC 为 0.12%~3.14%,平均为 1.17%;生烃潜量(S_1+S_2)为 0.14~15.99mg/g,平均为 4.52mg/g;氯仿沥青 A 为 0.014%~0.303%,平均为 0.116%,整体处于中等—好烃源岩。氢指数(HI)与最高热解峰温(T_{max})关系显示,滨浅湖相页岩有机质类型以ⅡA 和ⅡB 为主,T_{max} 主要为 412~446℃,油源岩处于低成熟—成熟阶段。

半深湖相页岩 TOC 为 0.26%~5.00%,平均为 1.92%;S_1+S_2 为 0.34~18.34mg/g,平均为 9.06mg/g,整体处于中等—好烃源岩标准。页岩地球化学品质介于滨浅湖相和深湖相页岩之间。HI-T_{max} 关系显示,半深湖相页岩有机质类型以ⅡA 和ⅡB 为主,少数样品为Ⅰ型干酪根,T_{max} 主要为 400~470℃,油源岩处于中低成熟—成熟阶段。

深湖相页岩 TOC 为 0.17%~5.21%,平均为 2.95%;S_1+S_2 为 0.09~32.81mg/g,平均为 12.17mg/g,与滨浅湖相和半深湖相相比,深湖相 TOC 和 S_1+S_2 为湖相页岩品质最佳。HI-T_{max} 关系显示,青山口组深湖相页岩有机质类型以ⅡA 和ⅡB 为主,部分为Ⅰ型干酪根,T_{max} 主要为 394~482℃,油源岩处于成熟阶段。

2.3 储集性能非均质性

松辽盆地青山口组沉积期滨浅湖相页岩储集空间为基质孔和裂缝两大类,基质孔可细分为粒间孔、粒内孔、晶间孔和有机质孔。滨浅湖相纹层状黏土(质)页岩和长英质黏土(质)页岩微裂缝相对发育,微裂缝直径一般大于 3.0μm,其次为黏土矿物层间孔,孔径多小于 100nm,溶蚀孔孔径为 300nm~3.0μm,有机孔和晶间孔孔径为 80nm~2.0μm,基质孔约占总储集空间的 10.7%。纹层状黏土(质)页岩和长英质黏土(质)页岩孔隙度为 3.0%~8.1%,最大可到 12.0%。长英质页岩相对致密,孔径大但数量少,孔隙体积小,孔隙度为 2.5%~6.8%。纹层状介壳页岩孔隙小、数量少,孔隙体积小,微裂缝不发育,储集性能较差。

半深湖相页岩孔隙类型多样，纹层状黏土（质）页岩以粒间孔、溶蚀孔、粒内孔和微裂缝为主，粒间溶蚀孔径为0.1~1.0μm，孔隙度为5.2%~10.5%。而富有机质纹层状黏土（质）页岩则以有机质孔、黏土矿物晶间孔、长石粒内溶孔为主，孔隙度为6.0%~10.6%，孔径偏小，有机质内部呈海绵状孔隙，有机质团块内分布零星气泡状孔隙。长英（质）页岩有机质丰度不高，多小于2.5%，孔隙度为2.3%~8.5%，主要以粒间孔、粒内孔和晶间孔为主，占总储集空间的80%。

深湖相页岩孔隙类型以黏土矿物层间孔、有机质孔、晶间孔、长石溶孔和介壳体腔孔为主，存在页理缝、微裂缝，滞留烃呈分散状赋存于黏土矿物—有机质复合孔、页理—层间缝、黄铁矿晶间孔等。深湖区页岩储层孔隙类型、孔缝直径等受热演化程度影响明显。当成熟度为1.0%~1.4%的深湖相139个页岩核磁共振测试表明，孔隙度为1.1%~8.8%。同时，随着页岩有机质成熟度增高，页岩总孔隙度也可超过10.0%，有效孔隙度可达8.3%，黏土矿物晶间孔、有机质孔和页理缝构成储集空间主体。

3 页岩油"甜点"基本特征

页岩油"甜点"评价的基本原则是以寻找源岩品质佳、储层品质好、裂缝相对发育、储层脆性好、水平应力差小及盖层条件好的分布区域，特别是陆相页岩油甜点更是重点优选含油性、渗流性、可压性、源岩特性和物性等因素的最优匹配[28]。近年来立足鄂尔多斯盆地、四川盆地、准噶尔盆地和松辽盆地、济阳坳陷、苏北盆地、南襄盆地和江汉盆地等不同类型页岩油，提出中国陆相页岩油地质"甜点"评价基本标准[28-30]。但陆相不同湖盆不同相带富有机质页岩受沉积、沉积后作用和成藏过程中流体性质的影响，页岩油"甜点"评价标准、方法和关键评价参数均存在差异。

松辽盆地青山口组淡水湖盆不同相带页岩生烃能力、滞留烃量、储集空间和压裂改造效果等因素均存在非均质性，影响页岩含油性、渗流性、可压性和产油能力方面存在差异。因此，根据勘探开发过程中页岩油"甜点"评价侧重点不同，"甜点"段/区可划分为资源"甜点"和工程"甜点"。资源"甜点"是从页岩层系滞留烃的富集程度进行评价，优选生烃能力强、滞留烃含量高的岩相组合，作为页岩油资源富集最为有利的地质"甜点"；工程"甜点"是从页岩层系储层改造效果决定资源"甜点"能否实现效益开发进行评价，优选地层条件下压裂改造最为充分的岩相组合。最终结合资源"甜点"与工程"甜点"，筛选确定开发效果最佳的主力开发靶层。

3.1 资源"甜点"

资源"甜点"为滞留在页岩油内部总烃量，一般以TOC、S_1和氯仿沥青A等参数表征，代表页岩油地质资源总量。在成熟度变化不大的页岩层系内S_1随TOC的增大往往表现为三段性特征[29-31]：（1）低TOC值低S_1值段；（2）TOC和S_1线性增大段；（3）TOC值增大但S_1最大值基本保持稳定段。前两者反映了随着生烃母质增加而生烃量增加的基本规律，此时生成烃量还难以满足页岩自身吸附的需要，故随着TOC增大，S_1一般也增大，当生烃量满足页岩自身吸附时而多余的烃排出，S_1最大值基本反映了页岩的吸附能力，其一般保持在稳定值内。

因此，通过对松辽盆地青山口组不同相带典型钻井页岩系统测试表明，整体呈现滨浅湖相页岩TOC和S_1相对最低，深湖相页岩有机质丰度最高，半深湖相页岩数值中等。根据页岩内滞留烃S_1作为资源"甜点"划分依据，可分为三类。Ⅰ类"甜点"TOC大于3%，S_1大于4mg/g；Ⅱ类"甜点"TOC为1.5%~3%，S_1为1.0~4mg/g；Ⅲ类"甜点"TOC小于1.5%，

S_1 小于 1.0mg/g。其中，半深湖和深湖相页岩多为Ⅰ和Ⅱ类资源"甜点"，滨浅湖相页岩则集中在Ⅱ类和Ⅲ类资源"甜点"。同一沉积环境中不同岩相也存在较大差别，富有机质纹层状黏土（质）页岩与富有机质长英（质）页岩均呈Ⅰ类资源"甜点"，纹层状黏土（质）页岩、纹层状介壳页岩、长英质页岩和块状泥岩多为Ⅱ类资源"甜点"，白云岩则为Ⅲ类资源"甜点"。

3.2 工程"甜点"

工程"甜点"从工程角度评价页岩改造难易程度、改造后缝网复杂程度、改造后缝网支撑性、扩展性及有效性，从岩石物理角度评价地下页岩改造有效性。脆性矿物含量越高，脆性指数越高，越容易形成裂缝，具有高杨氏模量和低泊松比，利于压裂改造[32-33]。

松辽盆地青山口组滨浅湖相页岩在研究区湖相页岩中陆源碎屑含量最高，脆性指数平均为45.8%，半深湖相页岩脆性指数平均值为38.6%，深湖相黏土（质）页岩平均值脆性指数为31.1%。通常来说，石英是碎屑岩中重要的脆性矿物，石英含量越高，脆性指数越高，越容易形成裂缝[23]。青山口组湖相页岩中除陆源碎屑石英外，半深湖和深湖相还发育有部分自生硅质[34]，半深湖页岩自生硅质含量范围为0.2%~6.8%，深湖相页岩自生硅质含量为1.2%~11%，页岩中自生石英颗粒偏小且多呈漂浮状分散于黏土矿物内部，滨浅湖相中—低TOC页岩陆源长英质呈层状。三轴试验结果表明，在围压为10.0MPa的实验条件下，富含黏土矿物K-1样品抗压强度为104.7MPa，富含长英质矿物K-2样品抗压强度为74.3MPa，K-1样品虽然有机质含量高，但抗压强度大，从工程角度改造难度大。

孟思炜等[35]利用矿物组成与分布表征、数字岩心建模、微观力学测试和有限元模拟等技术手段，对松辽盆地青山口组不同页岩在应力作用下变形、裂纹扩展过程进行数值仿真研究表明，单轴压缩荷载条件下，岩石破坏行为以拉破裂为主，形成平行于加载方向拉伸裂纹，但受页理缝影响，也形成垂直于加载方向的压剪裂纹；矿物的组成、分布与胶结方式对裂纹的起裂点、扩展路径和断裂失效模式具有重要影响。不同岩相类型页岩中脆性矿物含量、形态与分布特征存在差异，导致力学性能与破坏机制存在显著不同，长英质页岩及纹层状介壳页岩均可在低断裂能下就有较高裂缝复杂度（图5），纹层状黏土（质）页岩起裂强度低、但裂缝延展需很高的能量，而白云质起裂压力和裂缝扩展能耗均很高，不利于诱导裂缝扩展。

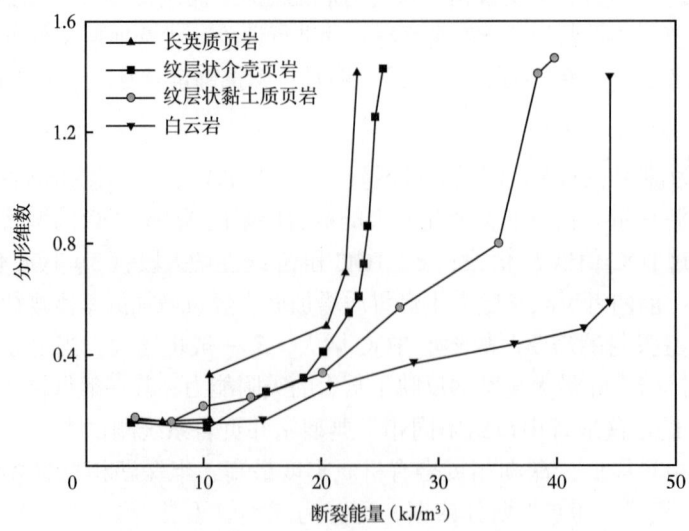

图 5 不同岩相页岩破坏过程裂缝分形维数与断裂能相关关系[35]

4 页岩油主力靶体优选

页岩油富集受 R_o、TOC 及储集性等主控因素,在地质"甜点"预测的基础上,结合工程"甜点"评价结果,关注页岩油流动性和可压性[29],筛选主力靶体。松辽盆地青山口组页岩按照含油性、渗流性、可压性、源岩品质和物性等参数,为减少人为因素影响,采用赋权重定量评价。(1)不同参数赋不同权重值(a_i),由于页岩中游离油含量越高,流动性及可压裂性越好,越有利于页岩油的开采,在参考不同盆地页岩油甜点评价指标基础上[28-33, 36-37],将 S_1、可动油和脆性矿物作为优先参数,其次是对页岩油开采具有重要影响的源岩品质、岩相厚度和物性,其权重分别设为 25%、25%、20%、10%、10% 和 10%;(2)同一参数的不同分类(v_j)赋不同分值(无量纲),按照 10 分制,Ⅰ类、Ⅱ类、Ⅲ类分值分别为 10 分、6 分和 3 分。S_1 和 TOC 按照资源甜点划分标准,可动油含量由核磁共振二维谱测定,按 10% 和 20% 进行分类,脆性矿物按 20% 和 40% 进行分类,岩相厚度以 5m 和 20m 进行分类,孔隙度以 4% 和 6% 进行分类,综合评价指数 EI 见式(1),EI 表示页岩岩相不同权重的 6 个地质因素的总得分值。

$$EI = \sum a_i v_j \tag{1}$$

根据评价标准进行单项打分,然后应用式(1)将单项得分乘以相应指标的权重以计算综合评价指数的分值(表2)。整体表明,松辽盆地青山口组不同相带长英质页岩得分最高,呈现从滨浅湖到深湖相,EI 得分逐渐降低趋势,特别是深湖相富有机质长英页岩,既为资源"甜点",也是工程"甜点",为最佳靶体。富有机质纹层状黏土(质)页岩 EI 得分中等,多为资源甜点,工程改造难度大,未来如能实现提升压裂改造效果,则是首选最佳靶体。介壳灰岩和白云岩 EI 得分最低,虽是工程"甜点",但不是资源"甜点"。

表2 松辽盆地青山口组湖相不同相带页岩层系单项指标得分与 EI 总得分

相带	岩相	单项指标得分值						EI 总得分
		S_1(mg/g)	可动油含量(%)	脆性矿物含量(%)	TOC(%)	岩相厚度(m)	孔隙度(%)	
滨浅湖	富有机质纹层状黏土(质)页岩	6	3	3	10	6	6	5.05
	纹层状黏土(质)页岩	6	3	6	6	6	6	5.25
	长英质页岩	3	6	10	3	10	10	6.55
	纹层状介壳页岩	3	3	10	3	3	3	4.70
	块状泥岩	6	3	3	6	10	3	4.75
半深湖	富有机质纹层状黏土(质)页岩	6	6	6	6	6	3	5.70
	纹层状黏土(质)页岩	6	6	6	6	10	3	6.10
	长英质页岩	6	6	10	6	6	3	6.50
	纹层状介壳页岩	3	3	10	6	6	3	5.00
	块状泥岩	6	3	3	6	3	3	4.35
	石灰岩	3	3	6	3	3	3	3.60
	白云岩	6	3	6	6	3	3	4.65

续表

相带	岩相	单项指标得分值						EI总得分
		S_1(mg/g)	可动油含量(%)	脆性矿物含量(%)	TOC(%)	岩相厚度(m)	孔隙度(%)	
深湖	富有机质纹层状黏土（质）页岩	6	6	3	6	10	3	5.50
	纹层状黏土（质）页岩	6	6	3	6	10	3	5.50
	长英质页岩	6	6	6	6	10	6	6.40
	纹层状介壳页岩	6	3	3	6	3	3	4.05
	块状泥岩	6	3	3	6	6	3	4.35
	介壳灰岩	3	3	6	3	3	3	3.60
	白云岩	3	3	10	3	3	3	4.40

5 结论

（1）松辽盆地青山口组页岩层系分为富有机质（TOC＞3%）纹层状黏土（质）页岩、纹层状黏土（质）页岩、长英质页岩、纹层状介壳页岩、块状泥岩、灰岩和白云岩 7 种岩相。滨浅湖相以长英质页岩、纹层状介壳页岩、纹层状黏土（质）页岩和介壳灰岩为主；半深湖相以纹层状黏土（质）页岩为主，局部层位发育块状泥岩、富有机质纹层状黏土（质）页岩及白云岩；深湖相除纹层状黏土（质）页岩和块状泥岩外，还发育富有机质长英页岩、大量薄层状粉晶白云岩和介壳灰岩。

（2）松辽盆地青山口组滨浅湖相页岩 TOC 和 S_1 最低，发育溶蚀孔、晶间孔和微裂缝，半深湖相页岩有机质丰度中等，以溶蚀孔、有机质孔和黏土矿物晶间孔为主，深湖相页岩有机质丰度最高，滞留烃含量最高，储集空间类型则为黏土矿物晶间孔、机质孔、长石粒内溶孔和介壳体腔孔、页理缝等。

（3）根据 TOC 和 S_1 含量将青山口组页岩资源甜点划分为Ⅰ类、Ⅱ类和Ⅲ类，半深湖和深湖相页岩多为Ⅰ类、Ⅱ类资源"甜点"，滨浅湖相页岩为Ⅱ类和Ⅲ类资源"甜点"。结合工程改造效果，不同相带长英质页岩最有利，为近期页岩型页岩油主力开发靶体。富有机质纹层状黏土（质）页岩为最佳资源"甜点"，但工程改造难度大，将是未来最佳靶体。

致谢

感谢黑龙江省揭榜挂帅项目"古龙页岩油相态、渗流机理及地质—工程一体化增产改造研究""古龙页岩储层成岩动态演化过程与孔缝耦合关系研究"的资助及大庆油田院士工作站的帮助。

参 考 文 献

[1] 邹才能，陶士振，杨智，等．中国非常规油气勘探与研究新进展［J］．矿物岩石地球化学通报，2012，31（4）：312-322．

[2] 魏漪，冉启全，童敏，等．致密油压裂水平井全周期产能预测模型［J］．西南石油大学学报（自然科学版），2016，38（1）：99-106．

[3] 李阳．中国石化致密油藏开发面临的机遇与挑战［J］．石油钻探技术，2015，43（1）：1-6．

[4] 赵文智，朱如凯，刘伟，等.我国陆相中高熟页岩油富集条件与分布特征[J].地学前缘，2023，30（1）：116-127.

[5] 赵文智，胡素云，侯连华，等.中国陆相页岩油类型、资源潜力及与致密油的边界[J].石油勘探与开发，2020，47（1）：1-10.

[6] 付金华，刘显阳，李士祥，等.鄂尔多斯盆地三叠系延长组长7段页岩油勘探发现与资源潜力[J].中国石油勘探，2021，26（5）：1-11.

[7] 赵文智，卞从胜，李永新，等.陆相页岩油可动烃富集因素与古龙页岩油勘探潜力评价[J].石油勘探与开发，2023，50（3）：1-13.

[8] 周立宏，何海清，郭绪杰，等.渤海湾盆地歧口凹陷古近系沙一下亚段中等成熟页岩油富集主控因素与勘探突破[J].石油与天然气地质，2022，43（5）：1073-1086.

[9] 孙龙德.古龙页岩油[J].大庆石油地质与开发，2020，39（3）：1-7.

[10] 赵文智，胡素云，朱如凯，等.陆相页岩油形成与分布[M].北京：石油工业出版社，2022.

[11] 胡素云，白斌，陶士振，等.中国陆相中高成熟度页岩油非均质地质条件与差异富集特征[J].石油勘探与开发，2022，49（2）：224-237.

[12] 闫林，冉启全，高阳，等.陆相致密油藏差异化含油特征与控制因素[J].西南石油大学学报（自然科学版），2017，39（6）：45-54.

[13] 闫林，陈福利，王志平，等.我国页岩油有效开发面临的挑战及关键技术研究[J].石油钻探技术，2020，48（3）：63-69.

[14] ATCHLEY S C, CRASS B T, PRINCE K C. The prediction of organic-rich reservoir facies within the Late Pennsylvanian Cline shale (also known as Wolfcamp D), Midland Basin, Texas[J]. AAPG Bulletin, 2021（1）：105.

[15] 刘卫彬，徐兴友，陈珊，等.松辽盆地陆相页岩油地质—工程一体化高效勘查关键技术与工程示范[J].地球科学，2023，48（1）：173-190.

[16] 付金华，牛小兵，李明瑞，等.鄂尔多斯盆地延长组7段3亚段页岩油风险勘探突破与意义[J].石油学报，2022，43（6）：760-769.

[17] 印森林，谢建勇，程乐利，等.陆相页岩油研究进展及开发地质面临的问题[J].沉积学报，2022，40（4）：979-995.

[18] 刘合，李国欣，姚子修，等.页岩油勘探开发"点—线—面"方法论[J].石油科技论坛，2020，39（2）：1-5.

[19] 刘成林，刘新菊，张洪军，等.鄂尔多斯盆地安塞地区页岩油地质—工程一体化技术实践[J].石油与天然气地质，2022，43（5）：1238-1248.

[20] 吴奇，胡文瑞，李峋.地质工程一体化在复杂油气藏效益勘探开发中存在的"异化"现象及思考建议[J].中国石油勘探，2018，23（2）：1-5.

[21] 崔宝文，陈春瑞，林旭东，等.松辽盆地古龙页岩油甜点特征及分布[J].大庆石油地质与开发，2020，39（3）：45-55.

[22] 何文渊，蒙启安，冯子辉，等.松辽盆地古龙页岩油原位成藏理论认识及勘探开发实践[J].石油学报，2022，43（1）：1-14.

[23] 王玉华，梁江平，张金友，等.松辽盆地古龙页岩油资源潜力及勘探方向[J].大庆石油地质与开发，2020，39（3）：20-34.

[24] 沈云琦，金之钧，苏建政，等.中国陆相页岩油储层水平渗透率与垂直渗透率特征—以渤海湾盆地济阳坳陷和江汉盆地潜江凹陷为例[J].石油与天然气地质，2022，43（2）：378-389.

[25] INGRAM R L. Terminology for the thickness of stratification and parting units in sedimentary rocks[J].GSA Bulletin, 1954, 65（9）：937-938.

[26] CAMPBELL C V. Lamina, laminaset, bed and bedset[J].Sedimentology, 1967, 8（1）: 7-26.

[27] 金成志, 董万百, 白云风, 等.松辽盆地古龙页岩岩相特征与成因[J].大庆石油地质与开发, 2020, 39（3）: 35-44.

[28] 韩文中, 赵贤正, 金凤鸣, 等.渤海湾盆地沧东凹陷孔二段湖相页岩油甜点评价与勘探实践[J].石油勘探与开发, 2021, 48（4）: 777-786.

[29] 刘喜武, 刘宇巍, 郭智奇.陆相页岩油关键甜点要素地球物理表征技术[J].地球物理学进展, 2022, 37（4）: 1576-1584.

[30] 周庆凡.页岩油气资源评价基本问题的讨论[J].石油与天然气地质, 2022, 43（1）: 378-389.

[31] 余涛, 卢双舫, 李俊乾, 等.东营凹陷页岩油游离资源有利区预测[J].断块油气田, 2018, 25（1）: 16-21.

[32] 黄振凯, 刘全有, 黎茂稳, 等.鄂尔多斯盆地长7段泥页岩层系排烃效率及其含油性[J].石油与天然气地质, 2018, 39（3）: 513-521.

[33] 马艳丽, 辛红刚, 马文忠, 等.鄂尔多斯盆地陕北地区长7段页岩油富集主控因素及甜点区预测[J].天然气地球科学, 2021, 32（12）: 1822-1829.

[34] 白斌, 戴朝成, 侯秀林, 等.陆相湖盆页岩自生硅质特征及其油气意义[J], 石油勘探与开发, 2022, 49（5）: 896-907.

[35] MENG S, LI D, LIU X. Study on dynamic fracture growth mechanism of continental shale under compression failure[J]. Gas Science and Engineering, 2023, 114: 1-15.

[36] 王凤兰, 付志国, 王建凯, 等.松辽盆地古龙页岩油储层特征及分类评价[J].大庆石油地质与开发, 2021, 40（5）: 144-156.

[37] JARVIE D M.Shale resource systems for oil and gas: Part 2: Shale-oil resource systems[J]. AAPG Memoir, 2012, 97: 89-119.

柴达木盆地下干柴沟组上段混积型页岩物源体系研究

伍坤宇 [1,2]，张博策 [1,2]，尹志昊 [1,2]，陆振华 [1,2]，
邢浩婷 [1,2]，邓立本 [1,2]，王转转 [1,2]

（1.青海省高原咸化湖盆油气地质重点实验室；2.中国石油青海油田公司）

摘　要：柴达木盆地西缘受阿尔金山的物源供给，形成的油气储层总体物性差且非均质强。服务于该区有利储层分布预测的目的，本文应用野外露头和钻井岩心样品，采取重矿物组合与碎屑锆石 U-Pb 测年方法相结合，开展了主力含油层段下干柴沟组上段的物源系统分析。结果表明，依据重矿物组合和标志重矿物含量的差异，研究区可区分为七个泉、狮北、干柴沟、咸水泉和咸东共 5 个物源系统，沉积物母岩以岩浆岩和变质岩为主，分别呈 SE、SSW 搬运方向。进一步地，经过 U-Pb 同位素测年结果检验，物源系统表现为不同的峰值年龄、峰值年龄组合和年龄谱图形样式。本文研究表明，由于多物源供给的原因，相邻的物源系统存在交叉影响，导致无论是重矿物组合、还是碎屑锆石 U-Pb 同位素测年方法在研究区物源系统划分中存在少量不确定性。本文将两种方法结合，互为补充和验证，达到了很好的效果。

关键词：柴达木盆地；新生界；下干柴沟组；重矿物组合；碎屑锆石 U-Pb 同位素定年；物源系统

沉积物源分析是指分析沉积物源的位置、性质和搬运路径，在揭示沉积盆地的大地构造背景和古环境恢复中具有重要意义。通过长期的探索，前人总结了重矿物组合、轻矿物组合、砂岩百分含量变化、古水流方向标志、地球化学、古构造与古地形等多种多样的沉积物源分析方法[1-6]。近年来，沉积物源分析得到进一步重视，被升级命名为源—汇系统分析，研究地域从单个的盆地扩展至大的盆—山尺度，并将碎屑锆石 U-Pb 同位素测年作为一种重要技术手段引入其中，取得了丰硕的成果。沉积物在搬运过程中所包含的源区母岩信息随着搬运距离的增加普遍遭受不同程度的改变，而锆石 U-Pb 同位素具有相对稳定的优势，从而在源—汇系统分析中得到越来越多的应用[7-8]。

受玛湖凹陷三叠系砂砾岩大面积成藏和油气勘探巨大成功的启发，近年来各大油田加紧了砂砾岩油藏的研究[9-10]。柴达木盆地西部坳陷毗邻阿尔金山的地区，同样具备造山带山前粗碎屑砂砾岩油藏发育的有利条件。但前期研究表明，该区具有多物源供给、储层物性总体差和非均质性强、油气显示层多但工业油流少的特点，由此提出了细分源—汇系统、落实有利储层分布、为下一步油气勘探提供理论指导的需求。

本文基于野外露头和钻井资料，采取重矿物组合与碎屑锆石 U-Pb 测年方法相结合，分析了柴达木盆地阿尔金山前西段下干柴沟组上段的物源系统，探讨了源区母岩的岩石类型，总结了各个物源系统的重矿物组合和 U-Pb 年龄谱系特征。

基金项目：中国石油天然气股份有限公司科技重大专项（2023ZZ15），青海省"昆仑英才·科技领军人才"计划中青年人才托举工程项目（2021QHSKXRCTJ06）联合资助。

第一作者简介：伍坤宇（1986—），男，高级工程师，主要从事沉积储层及非常规油气地质研究。
E-mail：wukunyu1986@126.com

1 地质概况

柴达木盆地位于青藏高原东北缘，是中国三大内陆盆地之一。其周边分别被昆仑山、阿尔金山和祁连山环绕，属中—新生代大型封闭型山间断陷盆地[11-12]。受中—新生代以来印度板块向欧亚板块俯冲作用，尤其是燕山晚期和喜马拉雅末期的强烈构造运动影响，柴达木盆地现今呈现"多凹多隆"的构造格局，包括西部坳陷区、东部坳陷区和北缘断块带等3个一级构造单元[13]。本文研究区位于西部坳陷区的西端，毗邻阿尔金山前，表现为持续发育的盆缘隆起—斜坡地貌，面积约2000km²（图1）。

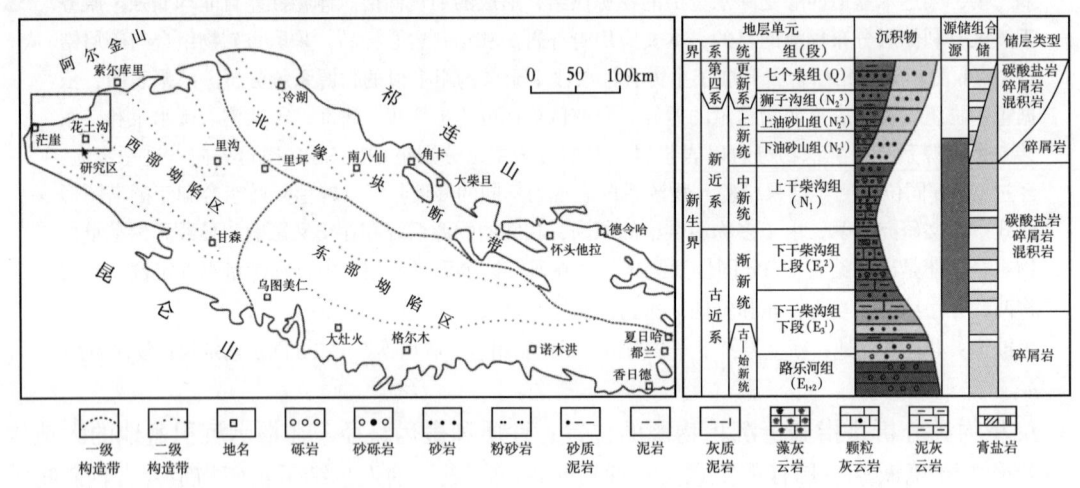

图 1　柴达木盆地构造单元划分[13]及新生界综合柱状图[14]

通过野外露头调查和钻井揭示，研究区新生界自下而上发育古近系古—始新统路乐河组、渐新统下干柴沟组下段和上段；新近系中新统上干柴沟组、上新统下油砂山组、上油砂山组、狮子沟组，以及第四系更新统七个泉组。下干柴沟组上段是本文研究的目的层段，也是该区烃源岩发育和主力含油气层位。

阿尔金山前带地形坡度大，新生代持续发育扇三角洲—湖底扇沉积[14]，形成了大量的油气储层砂体，且研究区紧临红狮、小梁山2个富烃坳陷，资源量估算达$5×10^8$t，总体构成了优越的成藏条件。至今，研究区已发现了七个泉、咸水泉和红沟子等小型碎屑岩油田[15]。阿探1井和阿探2井最近分别在下干柴沟组上段获工业油流和良好油气显示，预示着研究区具备进一步勘探的潜力。

基于构造演化分析和油田勘探区带划分的目的，前人采用重矿物组合、轻矿物组合、稀土元素、古水流恢复及少量的锆石定年等方法，对阿尔山前物源系统进行了初步分析。王艳清等[16]确定了阿尔金东段物源、阿尔金西段物源和阿拉尔物源等6大物源体系；赵健等[14]将阿尔金山前段划分了8个扇体分布区域。总体上，研究区具有物源数量多、碎屑锆石年龄范围宽（2481~228Ma）且峰值年龄不一（422Ma和259Ma、444Ma和246Ma）等特点[17]，物源系统有待进一步细分和落实。

2 数据和方法

本次研究的重矿物组合分析数据来自15口钻井（表1）。碎屑锆石U-Pb同位素测年共采集了8个砂岩样品，来自钻井岩心和阿尔金山前西段野外露头。测年样品为灰白色细—粗砂岩，编号分别为钻井样七102-GS-1860.5、七301-GS-3233.75、狮北2-GS-3995.1、狮北2-GS-3995.1、柴13-GS-3727.72、柴18-GS-2811.3、咸10-GS-1074、咸11-GS-4513.04（采取井名+GS+井深编号）和露头样No.1-GS-01。

表1 钻井砂岩重矿物含量数据表

井号	锆石	电气石	白钛矿	榍石	石榴石	褐铁矿	赤铁矿	磁铁矿	绿帘石	角闪石	硅灰石	绿泥石	黑云母	黝帘石	透闪石	辉石	十字石	金红石	ZTR
咸8井	26.9	1.4	9.0	4.1	4.8	0	11.0	33.1	2.1	4.8	0	0	0	0.7	0	1.4	0	0.7	29.0
咸7井	20.1	3.1	0	0.6	25.8	6.9	0	8.8	8.8	20.1	1.3	0	0	1.3	0	1.3	0.6	1.3	24.5
咸10井	5.3	0	7.9	0	23.7	0	0	63.2	0	0	0	0	0	0	0	0	0	0	5.3
柴11井	4.5	4.5	9.1	0	4.5	0	13.6	50	0	0	0	0	0	0	13.6	0	0	0	9.1
柴3井	20.8	3.3	52.6	3.3	3.3	0	0	0.8	6.7	0	4.2	3.3	0	0	0	0	0.8	0	24.1
柴6井	30.4	2.7	58.0	0	6.1	0	0	0	2.7	0	0	0	0	0	0	0	0	0	33.1
狮深15井	16.7	0	23.8	7.2	14.3	0	2.4	19.0	4.8	0	0	0	0	0	0	11.9	0	0	16.7
犬南1井	16.7	0	33.3	0	33.3	0	0	16.7	0	0	0	0	0	0	0	0	0	0	16.7
狮北1井	29.6	0.3	38.0	0.3	15.0	0	0	15.0	0	1.8	0	0	0	0	0	0	0	0	29.9
七102井	38.2	0	17.1	0	25.0	0	0	5.3	14.5	0	0	0	0	0	0	0	0	0	38.2
七23井	27.0	1.5	9.8	9.3	17.2	5.4	0.9	17.6	3.9	4.9	1.5	0	0	0	0	1.0	0	0	28.5
七24井	12.9	0	12.3	1.8	10.5	8.2	0	26.2	5.3	5.3	16.4	0	0	0	1.2	0	0	0	12.9
七深10井	4.5	0.4	18.3	1.2	14.6	0	6.1	27.2	16.3	7.3	0	0	0.4	2.4	0	0.4	0.8	0	4.9
七深27井	16.7	0	16.7	0	16.7	0	0	50	0	0	0	0	0	0	0	0	0	0	16.7
七深2井	1.5	0	22.0	1.8	19.7	0	20.8	4.4	20.4	6.6	0	0	0	1.1	0.7	0.4	0.4	0	1.5

2.1 重矿物组合方法

2.1.1 重矿物组合与母岩的关系

重矿物是指碎屑岩中相对密度大于2.86g/cm³的陆源碎屑矿物[18]，含量一般不超过1%。虽然含量低，但它与母岩关系密切，能较好地反映母岩的类型和分布，以及沉积物搬运方向[19]。物源区的岩石被剥蚀、搬运至沉积区堆积，再到固结成岩，是一个系统的地质过程。构成母岩的不同岩石类型都有其特定的重矿物组合，各种重矿物之间有着特定的亲疏关系。母岩中的重矿物在被搬运至沉积区沉积后，虽然数量和种类有所减少，但多数稳定的重矿物及其之间的亲疏关系得到了较好的保存。

重矿物组合作为物源分区的依据在于同一来源的沉积物具有相同的重矿物组合，而不同的母岩类型产生的重矿物组合不同[20-21]。例如，晶形完好的锆石、电气石和磷灰石等重矿物组合指示中酸性岩浆岩的存在；大量赤/磁铁矿、钛铁矿、角闪石、橄榄石和辉石的出现说明基性火成岩的存在；石榴子石、绿帘石和绿泥石主要是变质成因[20]。进一步地，重矿物成熟度常用锆石、电气石和金红石在重矿物中所占的比例[ZTR=（锆石+电气石+金红石）/

重矿物×100]来表达,即ZTR指数。随着离母岩区的距离增加,稳定重矿物的含量相对升高,成熟度越高,ZTR值越大,由此指示沉积物的搬运方向。本文研究采取重矿物组合进行物源系统划分,并在此基础上编图了ZTR等值线图。

2.1.2 R型聚类分析

在重矿物组合分析中,可以采用部分稳定重矿物或全部重矿物。本文研究初期尝试了部分稳定重矿物组合的方法,结果并不理想,且简单的数据比较往往并不能直观地发现不同样本之间的亲疏关系。在这种状况下,本文研究选取了含量较高的8种稳定矿物(锆石、电气石、白钛矿、榍石、石榴石、褐铁矿、赤铁矿、磁铁矿)和3种不稳定矿物(绿帘石,角闪石,硅灰石),引入了统计学方法——R型聚类分析方法。该方法是不同变量进行比较、根据变量之间的相似程度或亲疏关系对其逐步分类的方法[22-24]。

2.2 碎屑锆石U-Pb同位素测年方法

2.2.1 基本原理

同位素地质年龄测定的理论基础在于对岩石矿物中放射性元素衰变规律的认识,即母体衰减,子体积累,由此不断地记录下时间参数[25-27]。其基本公式见式(1)。

$$t = \frac{1}{\lambda}\ln\left(1 + \frac{D}{N}\right) \quad (1)$$

式中:λ为衰变常数;D为累积的子体量;N为现在的母体量;t为至今的时间。

在众多的碎屑矿物中,锆石的抗风化能力强,在各种沉积环境的陆源碎屑沉积物中分布广泛。而且,锆石具有含U(铀)、Th(钍)元素的初始浓度高、含Pb(铅)元素的初始浓度低、U-Tu-Pb系统的封闭温度高(大于900℃)等优点,有利于获取准确可靠的U-Pb同位素年龄[28]。

U包括^{235}U和^{238}U两种放射性同位素。其中,^{235}U衰变为^{207}Pb,^{238}U衰变为^{206}Pb,这两个衰变系列中每一系列最终仅产生一种Pb同位素。因此,采取U-Pb法测定一个样品可以同时获得$t_{206/238}$、$t_{207/235}$、$t_{207/206}$三个年龄,它们之间能够彼此验证。

2.2.2 检测流程

样品测试由四川创源微谱科技有限公司完成。首先是锆石制备,包括破碎、淘洗、重液法和人工挑选获取锆石、照相等实验步骤,每个样品挑选锆石大于100粒,在阴极发光(CL)下选取内部结构均匀或振荡环带明显的锆石用于实验。随后,采用激光剥蚀—电感耦合等离子体质谱仪(LA-ICPMS)完成测年。在激光剥蚀过程中,通入少量高纯氮气(5mL/min)以增强灵敏度。激光条件参数为:氦气流速350mL/min;光斑直径20μm;频率6Hz;能量密度3J/cm²。每个样品表面剥蚀5下,用于清洗表面Pb污染;然后吹扫7s,本底收集15s,剥蚀时间设置为20s,最后吹扫5s。在测年和微量元素含量处理中,采用锆石标样91500[29]和玻璃标准物质NIST 612作外标,分别进行同位素和微量元素校正;以Tanz锆石(566.16±0.77M)为盲样,检验U-Pb定年数据质量[30-31]。

2.2.3 锆石样品选取

获取能够反映物源信息的U-Pb年龄是该方法的基本要求。岩浆成因的锆石是理想的挑选对象[32];而再沉积锆石年龄所反映的物源信息不准确,在锆石选取中需要避开。此外,测定的锆石需要达到一定的数量,才能充分体现不同地质单元的碎屑锆石年龄特征。前人建议的测定颗粒数达到117颗,在此基础上对不同年龄组的颗粒数量进行统计,获取碎屑锆石的年龄谱系特征，最终才能建立起沉积物与物源区的沉积学联系[33-34]。本文研究每个样品挑选的锆石数量90~119个，颗粒直径50~200um，镜下多呈自形—半自形，晶棱锋锐，在阴极发光下颜色明亮，具有清晰的岩浆震荡环带，Th/U比值普遍大于0.4，总体指示为岩浆成因（图2）。

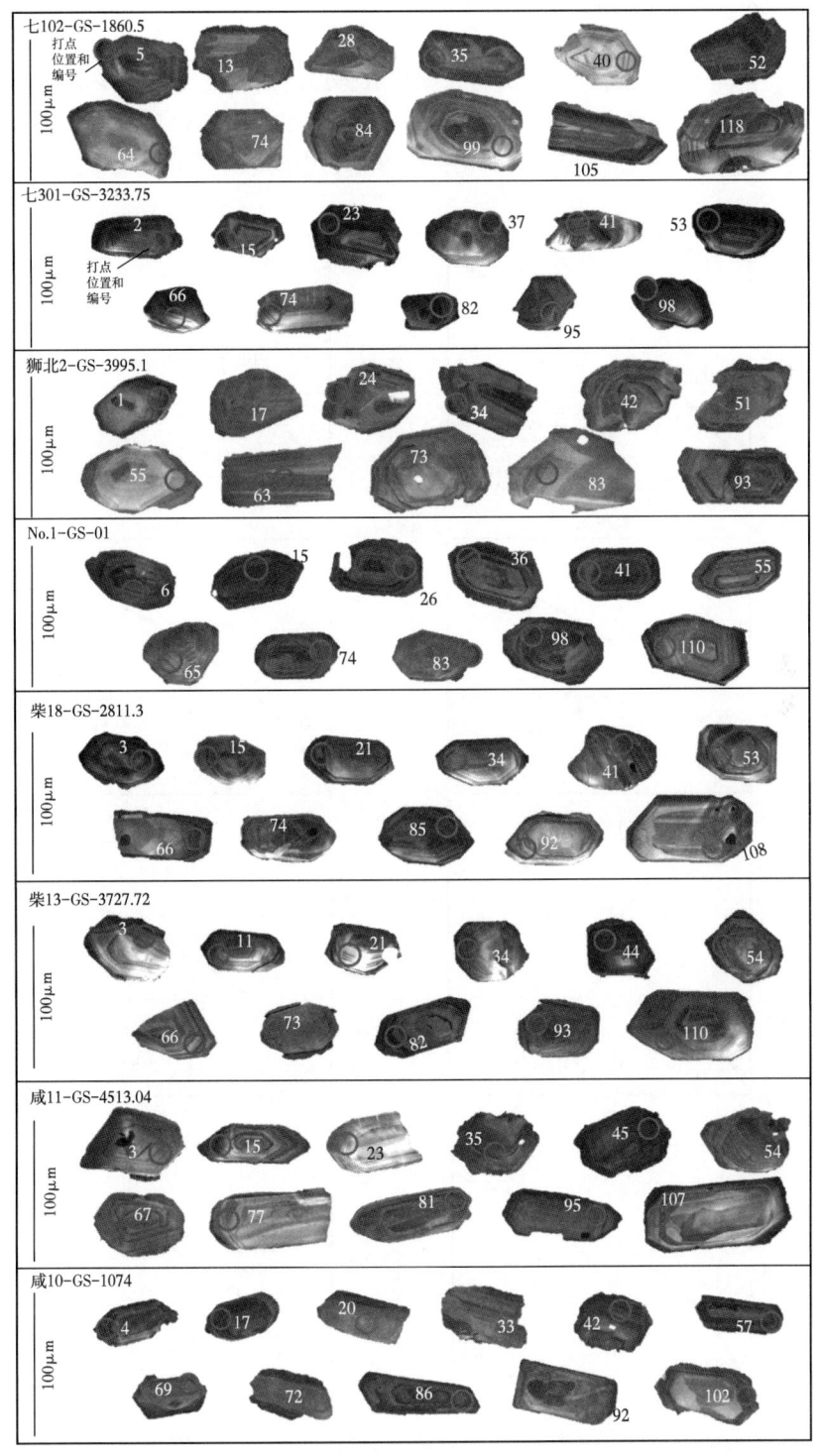

图2 碎屑锆石阴极发光图像

2.2.4 测年结果检验

利用 $^{206}Pb/^{238}U$ 和 $^{207}Pb/^{235}U$ 两组年龄绘制 U-Pb 谐和图[35]，能够对测年结果进行检验。二者的年龄趋于一致并落在谐和线上，称其为 U-Pb 谐和年龄，而不落在谐和线上的颗粒，可能代表了 Pb 或 U 的丢失。若锆石中 Pb 丢失由单一事件（如后期热事件）引发，发生了不同程度 Pb 丢失锆石的 U/Pb 同位素组成将偏离谐和曲线而沿一条直线分布，构成一条与谐和曲线有两个交点的"弦线"，即不一致线[7]。本文研究测年数据点的谐和度均在 90% 以上，指示为有效点，选择采用 $^{207}Pb/^{206}Pb$ 比值年龄（图 3）。样品七 301-GS-3233.75 和柴 18-GS-2811.3 的部分锆石颗粒（小于 1000Ma）存在一定程度的铅丢失现象，由此采用 $^{206}Pb/^{238}U$ 比值年龄（图 3）。

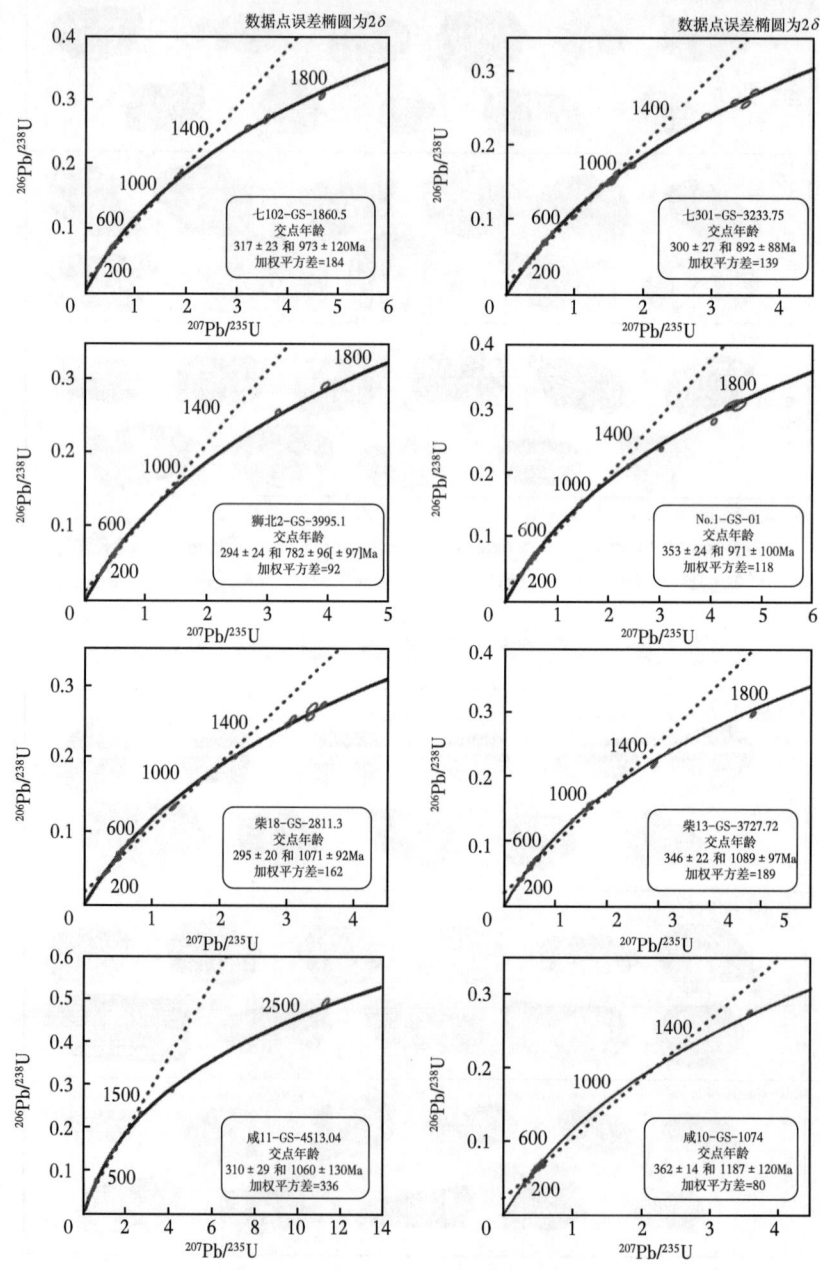

图 3 碎屑锆石 U-Pb 年龄谐和图

3 结果

通过重矿物组合和碎屑锆石 U-Pb 同位素测年分析,本文研究将研究区区分为七个泉、狮北、干柴沟、咸水泉和咸东共 5 个物源系统。

3.1 重矿物组合特点

依据 15 口井的重矿分析数据,选取含量较高的 11 种重矿物进行 R 型聚类分析(图 4),进行物源分区。随后编制 ZTR 等值线图,揭示沉积物延伸方向和波及范围(图 5)。

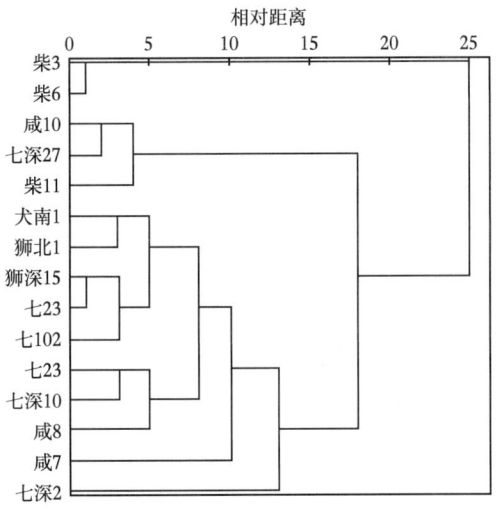

图 4 砂岩重矿物 R 型聚类谱系图

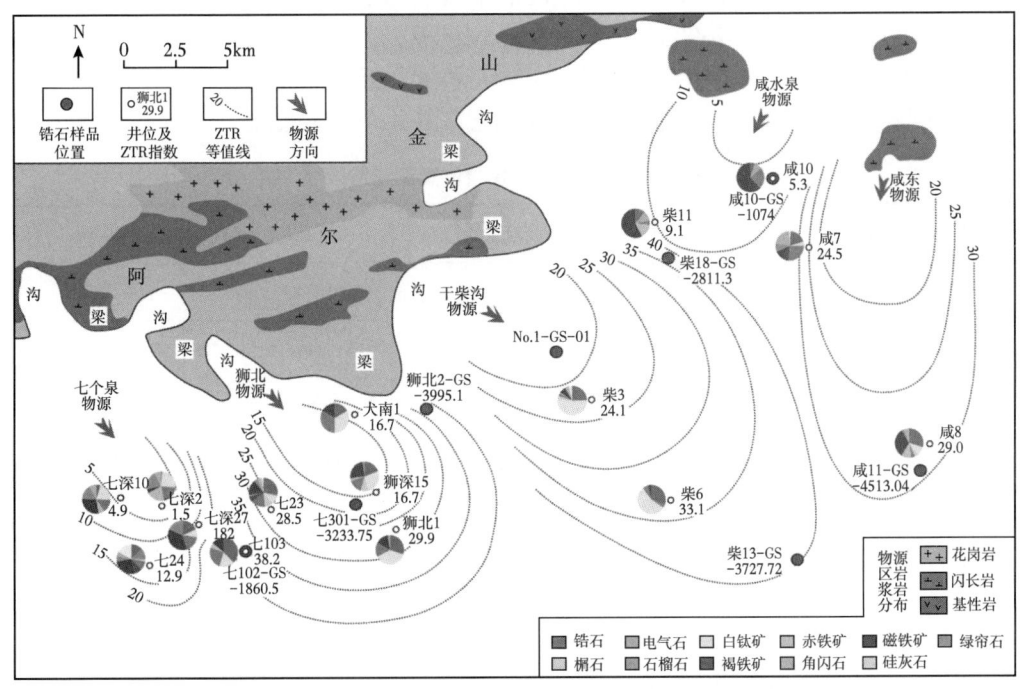

图 5 重矿物组合、ZTR 等值线及沉积物物源系统划分

（1）七个泉物源系统。包括钻井七深10、七深2、七深27和七24，以白钛矿—石榴石—磁铁矿重矿物组合为特征，以含角闪石和绿帘石区别于邻区，所反映的母岩以岩浆岩和变质岩为主。ZTR指数从近山前（七深10，七深2）—远山前（七24，七深27）增大，指示阿尔金山物源和SE向沉积物搬运方向。

（2）狮北物源系统。包括钻井七102、七23、犬南1、狮深15和狮北1井，以锆石—白钛矿—石榴石—磁铁矿组合为特征，以锆石和白钛矿高含量与邻近区分，反映的母岩以变质岩为主，夹少量岩浆岩。ZTR指数从近山前（犬南1，狮深15附近）—山前（狮北1，七23）—远山前（七102）增高，指示阿尔金山物源和SE向沉积物搬运方向。

（3）干柴沟物源系统。包括钻井柴3和柴6，以锆石—白钛矿重矿组合为特征，反映母岩以岩浆岩为主，以及少量的变质岩。ZTR指数从柴3井向柴6井增高，指示阿尔金山物源和SE向沉积物搬运方向。

（4）咸水泉物源系统。包括咸10和柴11井，以锆石—白钛矿—石榴石—磁铁矿组合为特征，以高磁铁矿+低锆石含量区别于邻区，所反映的母岩以岩浆岩为主，夹少量的变质岩。ZTR指数低，反映距离物源区近。ZTR指数指示SSW向沉积物搬运方向。

（5）咸东物源系统。包括咸7井和咸8井，以锆石—石榴石—磁铁矿—角闪石组合为特征。以高锆石含量和含角闪石区别于邻区，所反映的母岩以岩浆岩为主、夹少量的变质岩，ZTR指数指示SSW向沉积物搬运方向。咸7井与咸10井距离近，但重矿物组合的差别明显，且咸7井ZTR指数达到24.5，说明距离物源区远，不同于咸水泉近物源供给特征。R型聚类分析显示的咸7井和咸8井相关性并不高，但均具有高锆石含量和含角闪石特点，因此归为一类。

3.2 碎屑锆石U-Pb同位素年龄谱特征

测年结果显示，研究区碎屑锆石的U-Pb同位素年龄范围在100~2600Ma，主要分布在200~520Ma（表2）。在600~2600Ma区间的样品数量极少，指示物源的意义小，本文未加讨论。根据峰值年龄、峰值年龄组合、年龄谱的图形样式以及样品点的位置，上述8个样品可分为4类（图6），对应狮北、干柴沟、咸水泉和咸东等4个物源系统。

表2 碎屑锆石U-Pb同位素测年结果

样号	点数	有效点数	主要峰值年龄（Ma）	次要峰值年龄（Ma）	主要年龄区间（Ma）
七102-GS-1860.5	120	119	263	410、431、459	220~300、360~510
七301-GS-3233.75	100	99	441	225、266、278、370	200~300、340~520
狮北2-GS-3995.1	100	96	272	220、259、372、445	200~300、340~520
No.1-GS-01	110	105	267	256、370、443	240~300、330~500
柴18-GS-2811.3	110	102	258	266、385、436	240~300、330~500
柴13-GS-3727.72	110	108	375	261、445	200~300、340~500
咸11-GS-4513.04	109	105	262	246、362、449	200~300、340~500
咸10-GS-1074	104	101	392	无	250~470

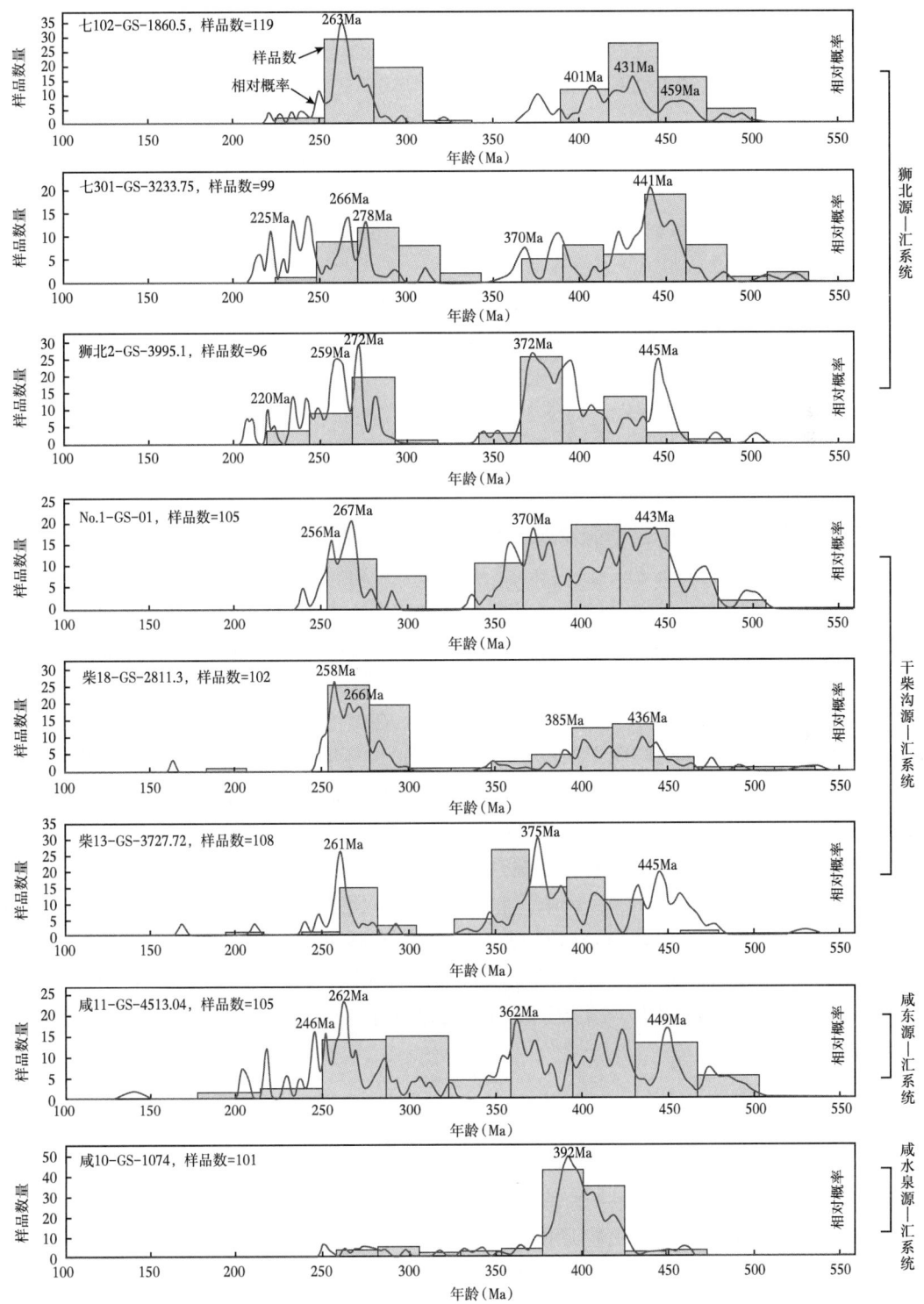

图6 锆石U-Pb同位素年龄谱图

（1）狮北物源系统。由七102-GS-1860.5、七301-GS-3233.75、狮北2-GS-3995.1样品指示。其中，七102-GS-1860.5有2个年龄峰值，分别为260Ma、430Ma。七301-GS-

3233.75、狮北 2-GS-3995.1 样品有 3 个年龄峰值，分别为 270Ma、380Ma、440Ma。七 102-GS-1860.5 与七 301-GS-3233.75、狮北 2-GS-3995.1 在年龄谱的峰值形态上存在差异，但综合考虑三者在重矿物组合上的较大相关性，且年龄区间具有较大吻合度，将七 102 井划归为狮北物源系统。

（2）干柴沟物源系统。由 No.1-GS-01、柴 18-GS-2811.3、柴 13-GS-3727.72 样品指示。其中，No.1-GS-01 与柴 13-GS-3727.72 相似度高。No.1-GS-01 与柴 18-GS-2811.3 虽然在 350~500Ma 之间分布频率（曲线幅度值）存在差异，但在 230~300Ma 之间年龄谱特征基本相同。

（3）咸水泉物源系统。由咸 10-GS-1074 样品指示，有 1 个年龄峰值 392Ma，特征与两侧柴 18-GS-2811.3、咸 11-GS-4513.04 差异明显。

（4）咸东物源系统。由咸 11-GS-4513.04 样品指示，有 1 个年龄主峰（262 Ma）和 3 个次峰（246Ma、362Ma、449Ma）。与柴 13-GS-3727.72 样品在 250~300Ma 之间年龄谱基本相似，但其他部分差异明显。

3.3 对物源系统分析方法的思考

在上述源汇系统分析中，不能发现，两种方法均出现了少量例外现象。图 4 所示，在七个泉物源系统重矿物组合分析中，七深 27 井的聚类分析结果，与柴 11 井和咸 10 井归在一类，三者均具有特高磁铁矿含量的特点。结合平面位置，七深 27 井明显不能与咸 10 井和柴 11 井归属于一类，结合七深 27 的矿物组合特征，无疑应归属于七个泉物源系统。此外，七深 2 井的聚类分析结果显示与七深 10 井、七 24 井的相关性较弱，其较高的硅灰石含量与其他钻井不同，推测为南部昆仑山物源影响所致[15]。在锆石 U-Pb 同位素定年的物源系统分析中，七 102 井的物源系统归属上，七 102-GS-1860.5 测年样品的同位素年龄谱图特征与七 301-GS-3233.75、狮北 2-GS-3995.1 存在部分差异，但重矿物聚类分析的结果显示七 102 属狮北物源系统。

因此，单一方法尚不能完全解决物源系统的划分问题。究其原因在于，研究区物源数量多，相邻的物源系统可能存在交叉影响。在这种前提下需要采取不同的方法相结合，才能减少分歧。本文采取重矿物组合与碎屑锆石 U-Pb 同位素测年相结合，两者相互验证，取得了较好的效果。此外，本文研究所厘定的物源系统在研究区西部与地貌"沟—梁"存在较好的对应关系，即山沟为物源通道，山梁分隔不用物源系统，从地质认识上也是对物源划分结果的一种检验。

4 结论

（1）阿尔金山前西段下干柴沟组上段沉积时期，研究区可区分为七个泉、狮北、干柴沟、咸水泉和咸东共 5 个物源系统，表现为重矿物组合和标志性重矿类型含量的差异。进一步地，ZTR 指数指示了阿尔金山物源和 SE、SSW 沉积物搬运方向。

（2）选用岩浆岩成因的碎屑锆石，其 U-Pb 同位素测年结果检验了重矿物组合划分的物源系统，其中的 4 个物源表现为不同的峰值年龄、峰值年龄组合、年龄谱图形样式。

本文研究表明，无论是重矿物组合、还是碎屑锆石 U-Pb 同位素测年方法，在研究区物源系统划分中均存在不确定性。两种方法相结合，互为补充和验证，达到了很好的效果。

参 考 文 献

[1] 杨忠芳,陈岳龙.陆源碎屑沉积作用对化学元素配分的制约——兼论五台地区前寒武纪碎屑沉积岩示踪源区陆壳成分的意义[J].地质评论,1997,43(6):593-600.
[2] 杨守业,李从先.REE示踪沉积物物源研究进展[J].地球科学进展,1999,14(2):164-167.
[3] 范代读,邱桂强,李从先,等.东营三角洲的古流向研究[J].石油学报,2000,21(1):29-33.
[4] 蔺宏斌,姚泾利.鄂尔多斯盆地南部延长组沉积特性与物源探讨[J].西安石油学院学报(自然科学版),2000,15(5):5,7-9.
[5] 胡宗全,朱筱敏,彭勇民.准噶尔盆地西北缘车排子地区侏罗系物源及古水流分析[J].古地理学报,2001,3(3):49-54.
[6] 燕金梅,鞠江慧,王建功,等.地层倾角测井资料的地质应用[J].测井技术,2005,29(3):227-229.
[7] HE J,GARZANTI E,JIANG T,et al. Evolution of eastern Asia river systems reconstructed by the mineralogy and detrital-zircon geochronology of modern Red River and coastal Vietnam river sand[J]. Earth-Science Reviews,2023,245:0012-8252.
[8] 林旭,李玲玲,刘静,等.长江早更新世向江汉盆地输送碎屑物质:来自碎屑锆石U-Pb年龄的约束[J].地球科学,2023,48(11):4214-4228.
[9] 瞿建华,杨荣荣,唐勇.准噶尔盆地玛湖凹陷三叠系源上砂砾岩扇—断—压三控大面积成藏模式[J].地质学报,2019,93(4):915-927.
[10] 庞小军,杜晓峰,王冠民,等.渤海海域渤中19-6构造及围区深层孔店组砂砾岩优质储层成因及孔隙演化[J].地球科学,2023,48(11):4153-4174.
[11] 袁剑英,陈启林,陈迎宾,等.柴达木盆地油气地质特征与有利勘探领域[J].天然气地球科学,2006,17(5):640-644.
[12] 付锁堂,马达德,陈琰,等.柴达木盆地油气勘探新进展[J].石油学报,2016,37(S1):1-10.
[13] 付锁堂.柴达木盆地天然气勘探领域[J].中国石油勘探,2014,19(4):1-10.
[14] 潘家伟,李海兵,孙知明,等.阿尔金断裂带新生代活动在柴达木盆地中的响应[J].岩石学报,2015,31(12):3701-3712.
[15] 赵健,王艳清,王兆兵,等.阿尔金山前带西段古近系陡坡型扇体发育特征及油气勘探方向[J].油气地质与采率,2023,30(4):21-32.
[16] 王艳清,宫清顺,夏志远,等.柴达木盆地西部地区渐新世沉积物源分析[J].中国地质,2012,39(2):426-435.
[17] 曾旭,付锁堂,王波,等.柴达木盆地古近系下干柴沟组上段碎屑锆石U-Pb测年及盆山耦合探讨[J].地质学报,2024,1:1-28.
[18] 和钟铧,刘招君,张峰.重矿物在盆地分析中的应用研究进展[J].地质科技情报,2001,20(4):29-32.
[19] 付玲,关平,赵为永,等.柴达木盆地古近系路乐河组重矿物特征与物源分析[J].岩石学报,2013,29(8):2867-2875.
[20] 曾方侣,姜楷,黄超,等.砂岩中重矿物的成因意义[J].四川地质学报,2020,40(1):26-29,50.
[21] 李旋,赵俊峰,王迪,等.柴达木盆地西部地区早—中侏罗世沉积体系与古气候环境探讨[J].天然气地球科学,2022,33(7):1060-1073.
[22] 许苗苗,魏晓椿,杨蓉,等.重矿物分析物源示踪方法研究进展[J].地球科学进展,2021,36(2):154-171.
[23] 潘双苹,胡光明,李积永,等.柴达木盆地扎哈泉地区新近纪物源分析[J].地质科技通报,2023,42(3):201-209.
[24] 操应长,宋玲,王健,等.重矿物资料在沉积物物源分析中的应用——以潍西南凹陷古近系流三段下

亚段为例[J].沉积学报, 2011, 29（5）: 835-841.

[25] BRADLEY D C, O'SULLIVAN P, BRADLEY L M. Detrital zircons from modern sands in new england and the timing of neoproterozoic to mesozoic magmatism [J]. American journal of science, 2015, 315（5）: 460-485.

[26] NUTMAN A P, HIESS J A. Granitic inclusion suite within igneous zircons from a 3.81 Ga tonalite（w. Greenland）: Restrictions for hadean crustal evolution studies using detrital zircons [J]. Chemical Geology, 2009, 261（1-2）: 76-81.

[27] 陈道公, DELOULE E, 倪涛. 大别地体新店榴辉岩变质锆石U-Pb年龄和氧同位素研究[J].中国科学（D辑: 地球科学）, 2005, 35（8）: 691-699.

[28] 张凌, 王平, 陈玺赟, 等. 碎屑锆石U-Pb年代学数据获取、分析与比较[J]. 地球科学进展, 2020, 35（4）: 414-430.

[29] WIEDENBECK M, ALLE P, CORFU F Y, et al. Three natural zircon standards for U-Th-Pb, Lu-Hf, trace element and REE analyses [J]. Geostandards newsletter, 1995, 19（1）: 1-23.

[30] PATON C, HELLSTROM J, PAUL B, et al. Iolite: Freeware for the visualisation and processing of mass spectrometric data [J]. Journal of Analytical Atomic Spectrometry, 2011, 26（12）: 2508-2518.

[31] HU Z, LI X H, LUO T, et al. Tanz zircon megacrysts: a new zircon reference material for the microbeam determination of U-Pb ages and Zr–O isotopes [J]. Journal of Analytical Atomic Spectrometry, 2021, 36（12）: 2715-2734.

[32] 李长民. 锆石成因矿物学与锆石微区定年综述[J]. 地质调查与研究, 2009, 32（3）: 161-174.

[33] VERMEESCH P. How many grains are needed for a provenance study? [J]. Earth and Planetary Science Letters, 2004, 224（3-4）: 441-451.

[34] GARZANTI E, VERMEESCH P, RITTNER M, Simmons M. The zircon story of the Nile: time-structure maps of source rocks and discontinuous propagation of detrital signals [J]. Basin Research, 2018, 30（6）: 1098-1117.

[35] WETHERILL G W. Discordant uranium-lead ages, I. Eos, Transactions American Geophysical Union, 1956, 37（3）: 320-326.

三塘湖盆地二叠系芦草沟组页岩油勘探潜力分析

梁 辉，范谭广，刘文辉，周志超，范 亮，贾国强

（中国石油吐哈油田公司勘探开发研究院）

摘 要：三塘湖盆地二叠系芦草沟组页岩油在条湖—马朗凹陷分布广，钻井证实该套页岩油具有源储一体、连续分布、大面积含油特征，前期马1、马6、马7、条34等预探井试油已获得高产油流，证实具备勘探潜力。受优质储层成因机理和甜点分布认识不足的影响，页岩油扩展评价效果不理想，规模效益储量落实难度大。基于地震、录测井、岩心试验分析数据和试油成果等资料开展研究，认为芦草沟组形成于咸化湖相沉积环境，岩性多为沉凝灰岩、白云岩等组成的细粒纹层状混积岩，页岩油储层物性致密，局部发育优质储层，其分布受断裂影响较大，即断裂带附近源岩排烃产生有机酸对白云岩、凝灰岩类矿物进行了溶蚀改造，形成了大量溶蚀孔隙和裂缝。优质页岩油储层含油饱和度受构造位置、有机质热演化成熟度不同，油藏富集规律差异较大，在此基础上，把芦草沟组页岩油划分成原生型和改造型两类页岩油，明确改造型页岩油为近期效益勘探主攻领域，原生型页岩油仍需效益提产工艺攻关。

关键词：咸化湖盆；优质储层；改造型页岩油；三塘湖盆地

1 芦草沟组页岩油勘探概况

三塘湖盆地位于新疆维吾尔自治区东北部，其西邻准噶尔盆地，南与吐哈盆地隔山相望，呈北西—南东走向。从盆地宏观构造格局看，其自南向北划分三大构造单元，分别为西南逆冲推覆带、中央坳陷带和东北冲断隆起带[1]。中央坳陷带在东西方向上凹、凸相间，自西向东分别为汉水泉凹陷、石头梅凸起、条湖凹陷、岔哈泉凸起、马朗凹陷、方方梁凸起、淖毛湖凹陷、苇北凸起和苏鲁克凹陷（图1）。其中二叠系芦草沟组（P_2l）主要分布在马朗凹陷和条湖凹陷，地层厚度0~1500m，埋藏深度1200~5000m。

芦草沟组页岩油勘探历经三个阶段。第一阶段（1996—2012年）以探索正向构造油藏为主，构造高部位部署了马1、马6、马7井，在二叠系芦草沟组二段混积岩中见到了丰富油气显示，储层溶蚀孔隙和裂缝均较为发育，试油见高产油流。后期围绕高产井扩展评价，虽钻揭页岩含油显示丰富，但储层物性差，压裂改造以低产油流为主，未落实规模效益储量[2]。第二阶段（2012—2016年）开始探索洼陷区页岩油勘探潜力，在马朗凹陷下洼区部署芦1、ML1、ML2、马60、马62井，部分井系统取心，岩心普遍含油，但储层物性差异较大。例如处于中央洼陷区构造稳定区ML1井，芦二段细粒页岩含油饱满，孔隙度小于4%，含油饱和度50%以上，压裂试油获日产油量1.48m³，累计产油量30m³，证实页岩油含油不受构造控制，具有大面积含油特征。为探索页岩油"水平井+体积压裂"效益动用，在ML2井优选芦二段3348~3354m实施水平段长500m，但由于该段储层物性差，孔隙度小于5%，压裂

第一作者简介：梁辉（1983—），男，2007年毕业于东北石油大学，学士学位，高级工程师，主要研究非常规油气勘探领域。通讯地址：新疆哈密石油基地勘探开发研究院，邮编：839009，E-mail: lianghuith@petrochina.com.cn

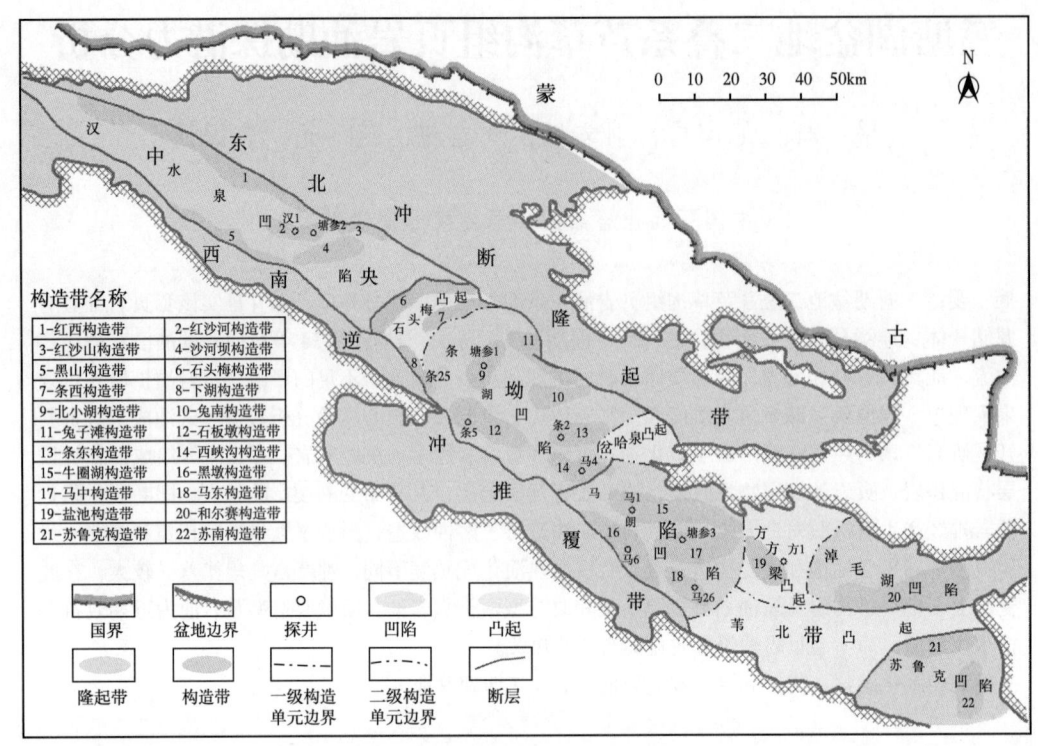

图 1　三塘湖盆地构造单元划分

后初期产油量在 10.27m³/d，后期衰减快，累计产油量 123m³，无法实现效益动用。而位于北部断裂带附近的芦 1 井，芦二段局部发育优质储层，孔隙度在 10% 以上，取心见良好含油显示，但试油以产水为主，未见油，试采期间稳产水 15m³/d，页岩油富集规律认识不清。第三阶段（2017 年—至今）以寻找源内优势岩性储层甜点为突破方向，攻关水平井动用技术，局部页岩油勘探开发获得新突破。2017 年在条湖凹陷南缘带西段部署条 34 井，芦草沟组一段沉凝灰岩和二段混积岩发现大量溶蚀孔隙，实测孔隙度平均 12%，含油饱和度 50% 以上，直井优选 3346~3349m 井段压裂，日产油量 21.46m³，后期对芦草沟组 3291~3294m 井段压裂，日产油量 25.87m³。随后相继部署 3401H、条 3402H 等 8 口评价井，开展水平井＋体积压裂获得效益动用。同时，为扩大勘探有利区，优选马 1 块溶蚀孔隙发育带部署评价井马 L103、马 L1-4 井，均钻揭优质储层，孔隙度平均 8%，且含油丰富，采用水平井＋体积压裂获得效益动用，随后投产水平井 17 口，区块日产油量 90.1t。

上述勘探实践表明，三塘湖盆地芦草沟组页岩油分布广、勘探前景好。但基于现有工艺技术，仅优质页岩油储层能够形成较大的单井累计采出量。受储层甜点非均值性强、储层分布规律和成藏主控要素认识不清等方面挑战，芦草沟组页岩油有利勘探区预测难度大，亟待通过系统开展储层成因机理分析、储层甜点控制要素和页岩油富集规律研究，建立甜点预测技术，落实有利页岩油效益动用区，建成一定规模的生产能力。

2　页岩油地质特征分析

2.1　地层沉积特征

芦草沟组自下而上历经持续水进扩张，纵向上划分为三段，分别为芦一段、芦二段和芦三段[3]。芦一段(P_2l^1)是一套滨浅湖—半深湖背景下沉积形成的灰褐色泥岩和灰色沉凝灰岩,有机碳含量低,生烃品质差,其顶部发育块状沉凝灰岩储层,是页岩油勘探的有利层段。芦二段(P_2l^2)是咸化湖背景下沉积形成的灰色泥灰岩、白云质凝灰岩、凝灰质白云岩等混积岩,受沉积期气候和湖平面频繁变化影响,岩性纵向呈纹层状交互发育、横向分布稳定,源储互层,为页岩油勘探的主要目的层段[4]。根据有机碳含量、测井响应特征和纵向演化序列,可把芦二段划分为4个沉积旋回,每个旋回底部发育贫有机质混积岩相,碳酸岩矿物含量相对高,测井呈"低声波时差、低电阻率"特征,上部发育富有机质混积岩相,长英质矿物含量相对高,测井呈"高声波时差、高电阻率"特征,对应一个火山喷发旋回。芦三段(P_2l^3)主要是半深湖背景下沉积形成的灰色泥岩,局部发育火山岩,烃源岩和储层均不发育,为一套区域盖层(图2)。

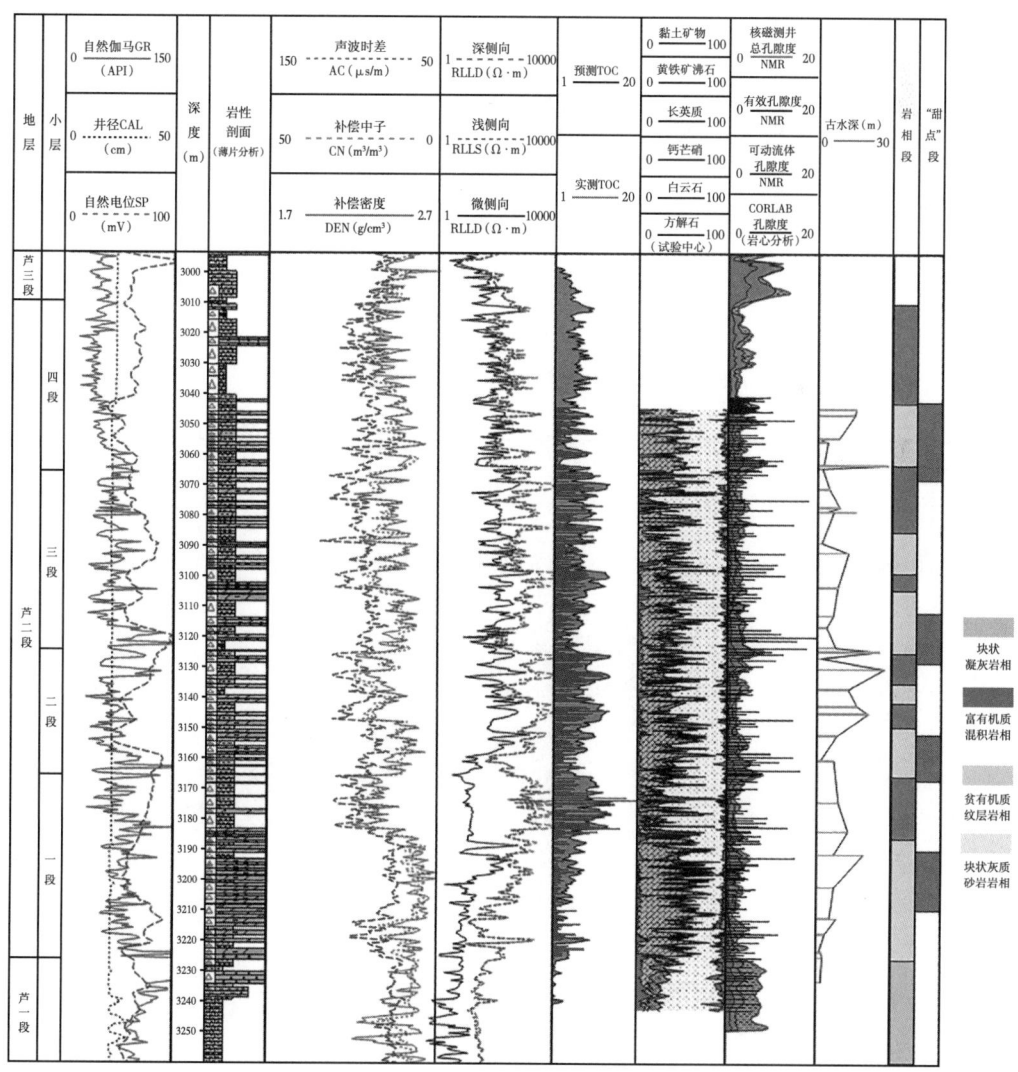

图 2 芦1井芦草沟组综合评价

从盆地南北向连井对比来看,不同构造位置芦一段、芦二段岩相存在差异。湖盆沉积中心区地层分布稳定,芦一段岩相以块状沉凝灰岩为主,芦二段岩相以富有机质白云质凝灰质和贫有机质凝灰质白云岩相为主。湖盆北部边缘黏土和白云石矿物含量逐渐增大,而湖盆南部边缘发育陡坡水下湖底扇砂砾岩和含中低有机质凝灰质白云岩(图3)。这种岩相差异主要是受沉积时的"南断北超"地形控制,自南向北依次发育断控陡坡半深湖冲积扇砂砾岩、半深湖细粒页岩、浅湖含泥页岩,地层厚度具有南厚北薄的特点,沉积厚度最大区域位于马11-马6-条36-条37-跃进1井一线,大致沿推覆带北西—南东向展布(图4)。

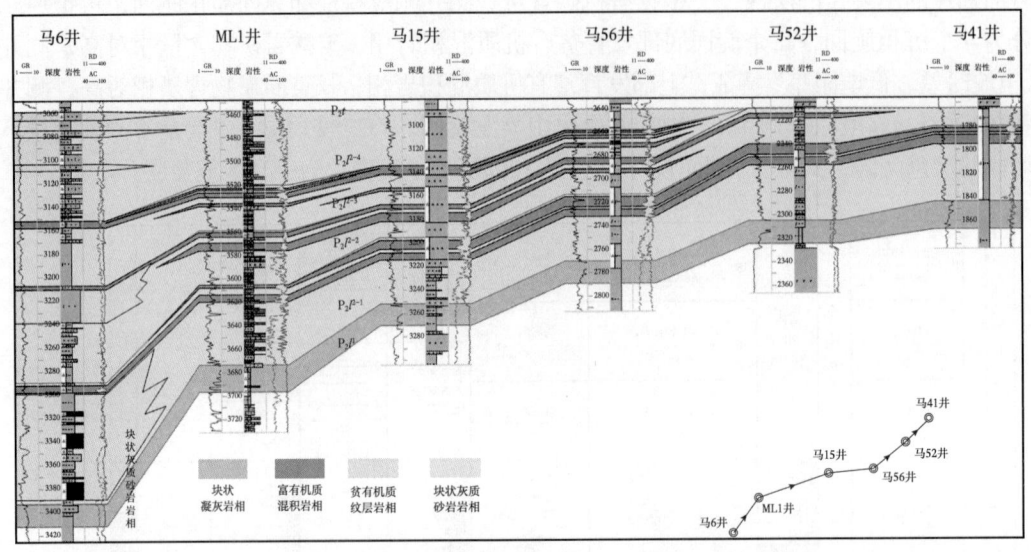

图3 三塘湖盆地典型井芦草沟组岩相剖面

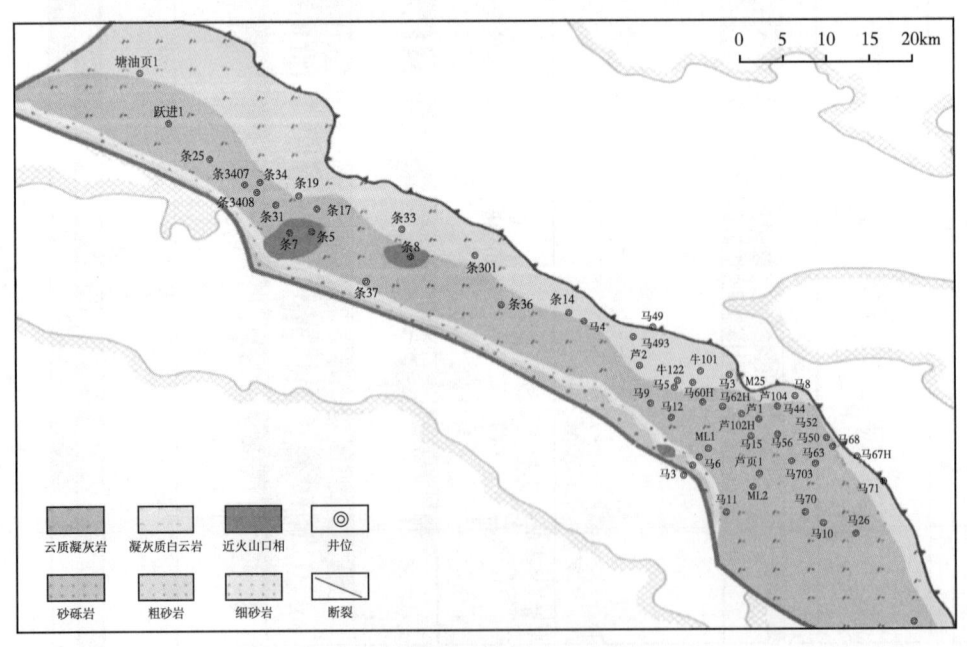

图4 三塘湖盆地芦草沟组二段沉积岩相

2.2 储层特征

P_2l页岩油储层发育原生孔隙、次生孔隙和裂缝三大类储集空间。原生孔隙主要是长英质粒间孔,以微—纳米级为主,粒径介于0.001~2um之间,整体偏小,且孔隙之间发育大量有机质，严重堵塞一部分储集空间，降低储层物性。次生孔隙主要有长英质矿物脱玻化孔、白云石晶间孔和晶间溶蚀孔、长英质矿物溶蚀孔及少量有机质生烃残留孔，其中脱玻化孔最发育，其次为白云石晶间孔，但对储层物性贡献一般，而长英质溶孔和白云石晶间溶蚀孔对优质储层改善起主要作用，其通过有机质生烃过程中产生的有机酸对岩石中不稳定矿物溶蚀形成的。该类溶孔孔径较大，内部可见明显沥青质残留，说明该类孔隙对于储层物性和含油性的改善意义明显。裂缝多为构造缝和溶蚀缝，构造缝是由构造应力作用而产生的裂缝，切穿多个颗粒，并沟通粒间孔隙，部分构造缝被后期方解石充填，但未被充填的可以成为良好的储集空间。同时，一些裂缝后期会发生进一步的溶蚀作用，可形成一些溶蚀缝，使裂缝宽度进一步增加，裂缝边缘更不规则，可以多向延伸，有的呈树杈状，可以沟通更多孔隙、裂缝，对储层物性具有一定的改善作用。溶蚀缝在本区较发育，可提供一定的储集空间（图5）。

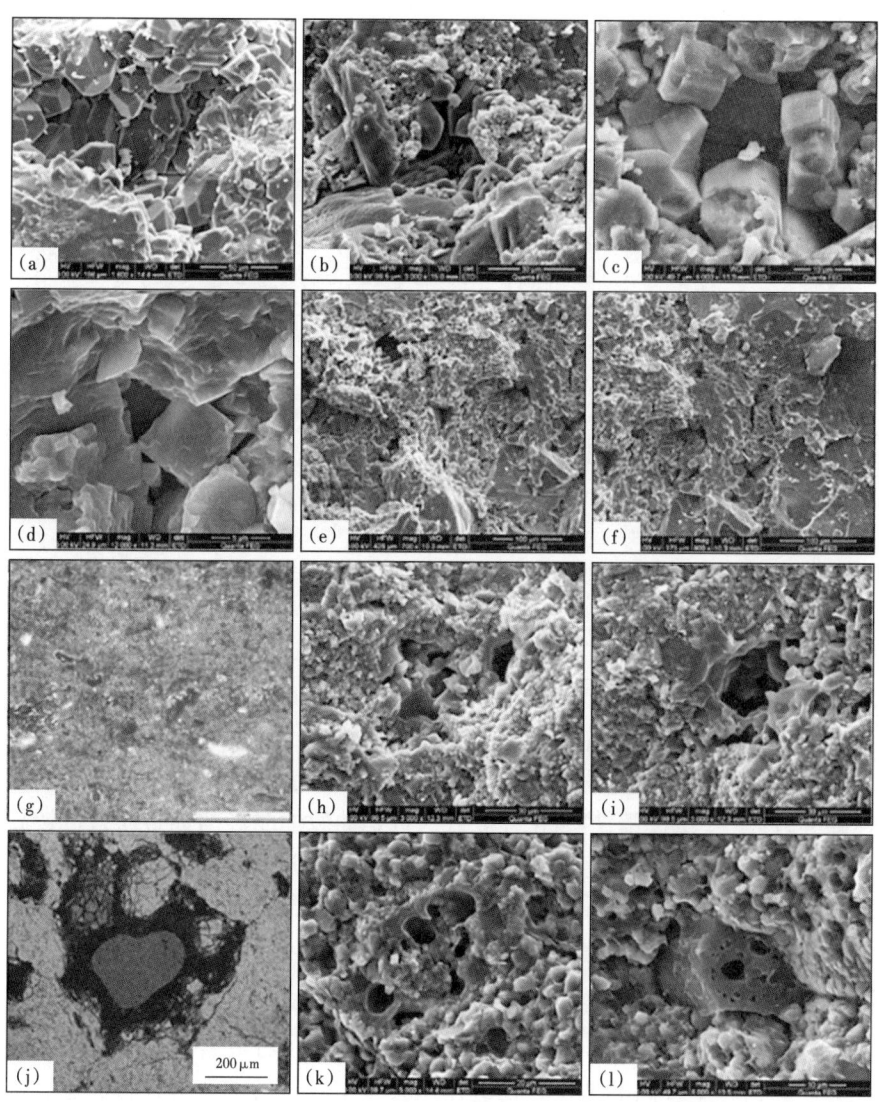

图5 三塘湖盆地芦草沟组二段岩石微观孔隙类型照片

a~b：脱玻化孔，M6103井，2950.85m；c~d：白云石晶间孔，ML1井，3537.60m；e~g：白云石溶蚀孔，ML1井，3648.76m；h~j：长英质溶蚀孔，M708井，2200.07m；k~l：有机质孔，L1井，3085.12m

从 P_2l 页岩油储层实测孔隙度、渗透率数据来看，该层孔隙度分布在 0.7%~21.2% 之间，平均为 5.43%，渗透率普遍小于 0.1mD，整体属于低孔—低渗储层。从系统取心井芦 1 井 P_2l 孔隙度和岩性关系来看，不同岩性的储层物性差异较大，P_2l^1 段块状沉凝灰岩和 P_2l^2 段贫有机质混积岩储层物性相对较好，而 P_2l^2 富有机质混积岩段物性整体较差（图 6）。同时，从条 34 井区新钻探评井核磁测井孔隙度资料看，优质储层集中在 P_2l^1 段块状沉凝灰岩和 P_2l^2 段贫有机质混积岩，但横向上不同井之间孔隙度值差异较大（图 5）。针对 P_2l 储层非均质性强特征，结合测井、孔隙度、铸体薄片和构造断裂分布等方面研究，认为次生溶蚀孔隙主要是通过有机质生烃过程中产生的有机酸沿断裂带对岩石中不稳定长石、白云岩类矿物溶蚀而形成的，该类溶孔主要分布在断裂发育区，既断裂控制溶蚀作用发生，像马 1 块、马 62、条 34 块等大型断裂带附近优质储层溶蚀孔隙发育，孔隙度普遍大于 10%。

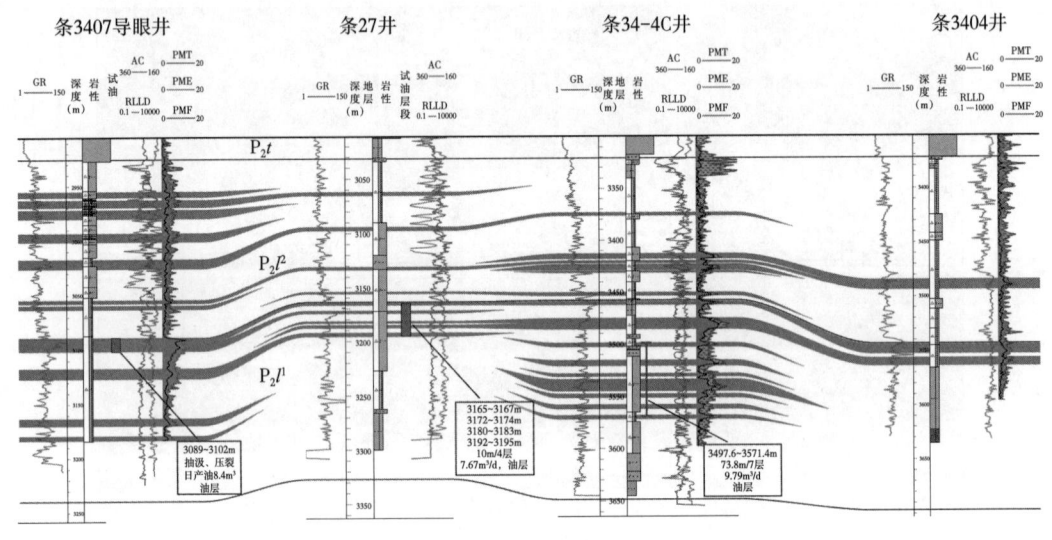

图 6 条 34 块典型井芦草沟组页岩油储层"甜点"物性对比

2.3 页岩油成熟度

P_2l 页岩成熟度较低，R_o 在 0.6%~0.9% 之间，平均为 0.8%。从条湖—马朗凹陷 R_o 平面分布来看，其具有"自北向南、自东向西"逐渐增大趋势，南缘带比北部斜坡热演化成熟度高。同时，条湖凹陷热演化程度较马朗凹陷高（图 7）。平面上热演化成熟度不同导致芦草沟组原油物性差异较大。马朗凹陷热演化程度低，页岩油原油非烃与沥青质含量较高，原油的密度较大。条湖凹陷热演化程度相对高，原油饱和烃含量明显较高，原油的密度较小。总体上，由马朗凹陷向条湖凹陷过渡，原油族组分中的饱和烃含量逐渐增大，而非烃和沥青质的含量降低。因此，烃源岩成熟度越高，原油物性越好。

2.4 成藏富集规律

虽然 P_2l 页岩油藏属于自生自储型，但构造和断裂往往对页岩油聚集成藏起到一定的积极作用。在脆性矿物含量较高的地层，构造作用会产生较多的构造缝，再通过有机酸沿缝溶蚀，储层物性改善，孔隙度增大，油气发生运移，向部位聚集成藏，导致构造高部的含油饱和度要明显高于低部。

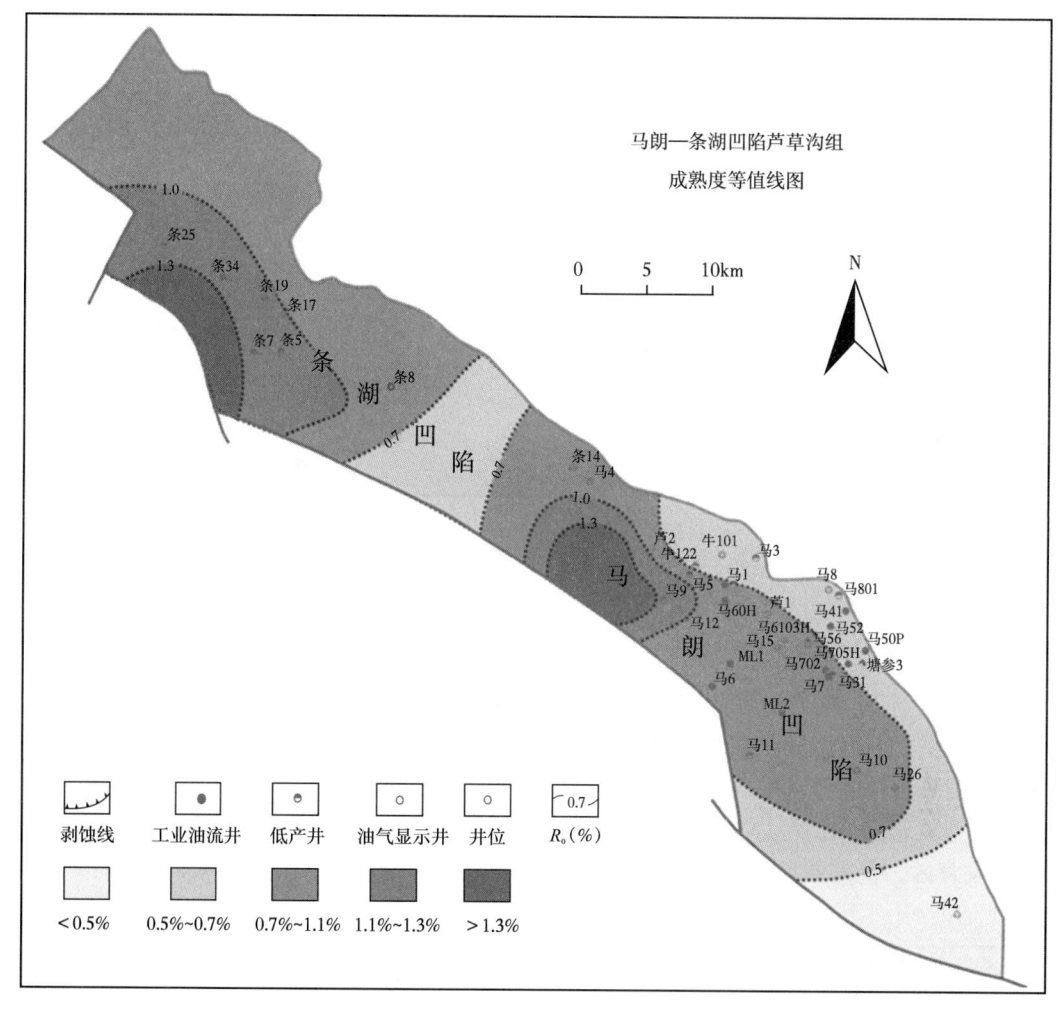

图 7　条湖—马朗凹陷芦草沟组镜质组反射率

从 P_2l 试油井构造位置、物性和源岩热演化成熟度等资料来看，不同生储关系和构造背景决定不同油藏类型，平面上控制着改造型和原生型页岩油分布，改造型页岩油在低熟区存在油水分异，成熟区连续含油，原生型页岩油连续成藏（图 8）。改造型页岩油以马 1、马 6、马 7 等井为代表，裂缝缝面、溶蚀孔隙内含油现象较为普遍，试油获得高产，说明构造和断裂对于油气存储至关重要。然而，在无构造背景的断裂带部署的井，例如芦 1、马 62、马 6103、马 9 井，储层裂缝和孔隙发育。在马朗凹陷北斜坡烃源岩热演化成熟度较低的区块，优质页岩储层存在油水分异现象，芦 1、马 62、马 6103 井孔隙度平均在 8% 以上，含油饱和度较低，储层试油以水层为主，向高部位过渡到含油饱和度逐渐增大。部署在南缘带无构造背景的断裂带部署的井，源岩成熟，储层内原油充注饱满，不同构造部位均产油，如马 9、条 34 井，钻井过程中均见丰富含油显示，且孔隙度和裂缝发育，试油效果好，累计产量高。另外，原生型页岩油以 ML1、ML2、芦页 1、芦 3 为代表，这些井远离断裂发育带，钻井揭示但储层物性整体差，生成的油气原地滞留，含油不受构造控制，难以运移聚集，压裂改造均可以获得油流，但累计产油量低。

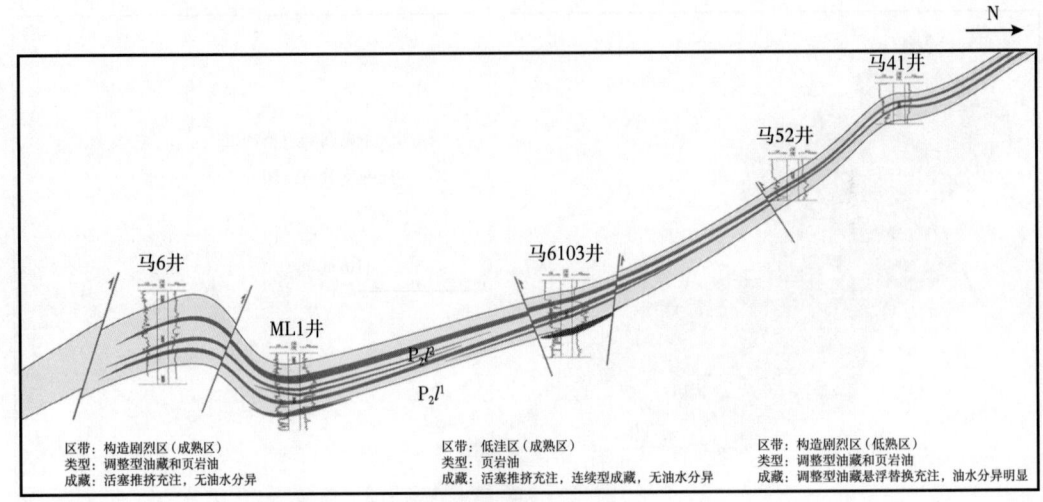

图 8 三塘湖盆地芦草沟组页岩油成藏模式

3 勘探潜力分析

综合以上对 P_2l 页岩油藏甜点段的解剖,认为页岩油富集规律呈"源储一体、优势岩性岩相控储、小型断溶体和热演化成熟度控'甜点'"特点,在此基础上,结合目前原生型页岩油和改造型页岩油效益动用现状,优选出条湖—马朗凹陷南缘带和马朗凹陷北斜坡断裂发育区为改造型页岩油(Ⅰ类)勘探有利区,为近期规模优质储量勘探区。其余为原生型页岩油(Ⅱ类)发育区,仍需效益攻关动用(图9)。

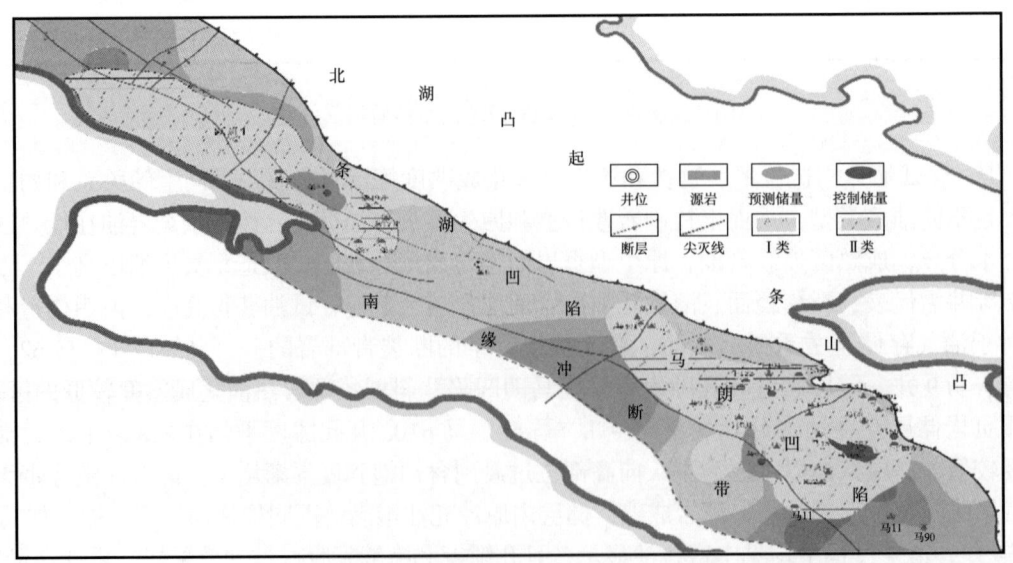

图 9 马朗—条湖凹陷芦草沟组页岩油综合评价

参 考 文 献

[1] 梁世君，罗劝生，王瑞，等．三塘湖盆地二叠系非常规石油地质特征与勘探实践［J］．中国石油勘探，2019，24（5）：624-635.

[2] 范谭广，徐雄飞，范亮，等．三塘湖盆地二叠系芦草沟组页岩油地质特征与勘探前景［J］．中国石油勘探，2021，26（4）：125-136.

[3] LIU B，BECHTEL A，SACHSENHOFER R F，et al. Depositional environment of oil shale within the second member of Permian Lucaogou Formation in the Santanghu Basin, Northwest China［J］. International Journal of Coal Geology, 2017, 175：10-25.

[4] 徐银波，毕彩芹，李锋，等．三塘湖盆地石头梅地区巴油页1井二叠系芦草沟组有机相分析［J］．煤炭学报，2022，47（11）：4094-4104.

裂缝对页岩油藏产量及成藏模式的控制作用
——以准噶尔盆地乌夏断裂带风城组为例

王苏天，杨 果，郑永中，沙木哈尔·叶列吾拜，薛云峰，詹雅馨

（中国石油新疆油田公司风城油田作业区油田地质研究所）

我国页岩革命在非常规油气地质理论、开发理论和水平井体积压裂等工程技术方面取得重大进展，在陆相页岩油勘探开发领域中尤为突出，例如鄂尔多斯盆地长7段、松辽盆地青山口组、准噶尔盆地吉木萨尔凹陷芦草沟组和玛湖凹陷风城组等[1-3]。

本次研究目的区为准噶尔盆地玛湖凹陷西北缘乌夏断裂带，研究目的层为二叠系风城组。准噶尔盆地玛湖凹陷蕴含丰富的页岩油资源，其中风城组作为凹陷内页岩油储量极高的烃源岩层系，具有重要的勘探价值。经过多年的勘探评价，研究区已发现并投入开发了乌尔禾油田、风城油田，随着勘探的深入，在二叠系风城组发现了一套富含盐类矿物、分布广泛的含油层系。前人研究表明风城组为湖相沉积，发育种类丰富的热液矿物组合。风城组储层孔隙裂缝发育，溶蚀孔、晶间孔、构造裂缝和微裂缝为主要油气储集空间[4-5]。

本研究内容包括以下5个方面：（1）风城组烃源岩品质参数评价；（2）风城组储集空间类型及孔隙发育特征分析；（3）脆性计算、岩石力学参数和裂缝预测评价储层工程品质；（4）产量主控因素及成藏模式分析。

1 区域地质概况

乌夏断裂带位于准噶尔盆地西北缘玛湖凹陷北部构造高陡带，构造活动剧烈，表现为逆冲断裂带，围绕主体断裂衍生了许多与主断裂平行或斜交的次生断层，构成一系列断阶，多期逆冲推覆控制了二叠系构造。研究区鼻状隆起特征明显，二叠系至三叠系均继承性发育，具体包括乌尔禾鼻隆和上盘断裂带。其中乌尔禾鼻隆走向近北东向，长约25km。围绕主体断裂衍生了多条与主断裂平行或斜交的次生断层，构成一系列断阶，宽度约为16km。这些断裂的发育为油气运移和遮挡提供了有力的保证，是形成油气富集的主要区域。

研究区块F5井区与玛北页岩油MY1井区分布如图1所示，两者经大型坡折断裂分割，埋藏更浅，整体为同一湖盆沉积下同一套大型构造含油体；北部、东部为推覆大断裂乌尔禾断裂，为四面被断层所遮挡而形成的断块构造。目的层风城组地层沉积较为稳定，平均厚度387m，根据电性、岩性特征结合前人认识，风城组自下而上划分为风一段（P_1f_1）、风二段（P_1f_2）、风三段（P_1f_3）。风二段为主要生油层段，自底部向上，由内源到陆源为主，成岩作用减弱，云化程度由高到低，储层由好变差；底部强云化；中部泥质增多；顶部碎屑增多；风三段底部灰质、云质粉砂岩，顶部沉积灰黑色厚层泥岩地层，为区域盖层[6-7]。

研究区二叠系风城组物源来自北部哈拉阿拉特山，F5井区与MY1井区属同一物源下的碱化湖泊沉积。山前区域位于扇三角洲外前缘相，主要发育灰质粉砂岩；顺物源方向F5-MY1井逐步过渡到滨浅湖相，岩性主要为云质粉砂岩，发育混积型页岩油；至凹陷中心为

第一作者简介：王苏天，中国石油天然气股份有限公司新疆油田公司。E-mail: fcwst@petrochina.com.cn

深湖相，岩性主要为碱类盐岩、泥岩，发育泥质页岩油。

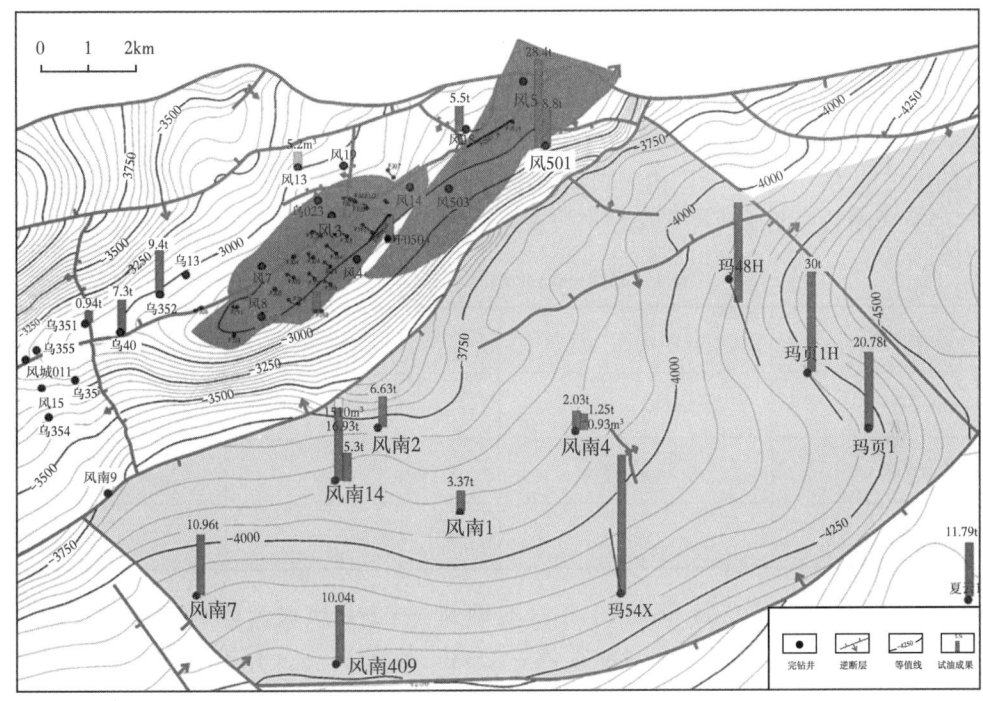

图1 乌夏断裂带风城组勘探成果图

二叠纪中早期玛北盐碱湖在高温作用下大量蒸发，富含有机质成分的泥页岩等细粒成分逐步白云化，形成云质泥岩、云质粉细砂岩互层交互沉积。风城组储层具有分布范围广、孔隙度渗透率低、喉道窄等特点，同时富含有机质为良好的烃源岩，这为风城组页岩油气自生自储、大面积成藏提供了良好的地质条件。

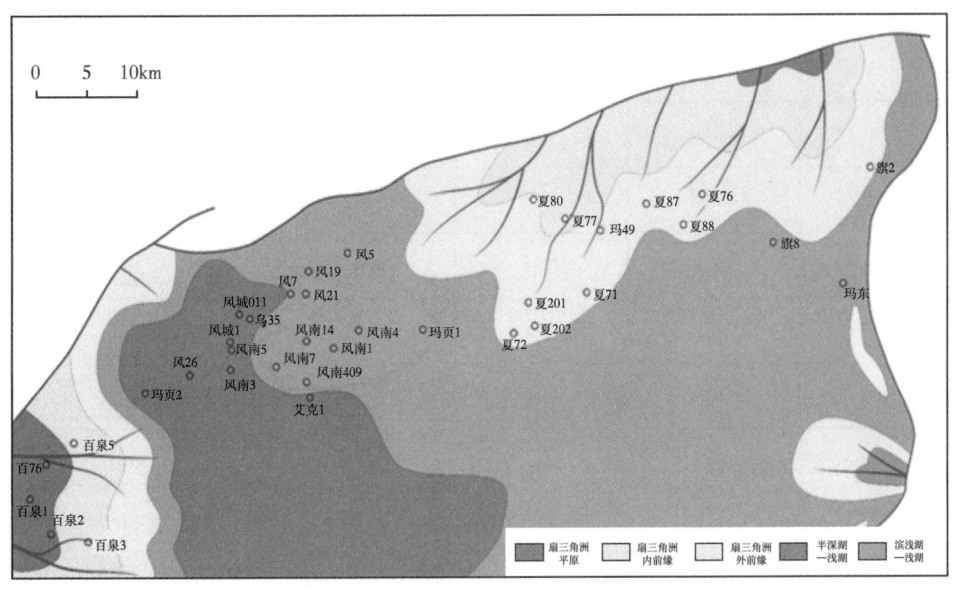

图2 乌夏断裂带风城组沉积相平面图

2 页岩油"三品质"分析

2.1 烃源岩品质

研究区风城组广泛发育富有机质泥页岩，富有机质泥页岩既是烃源岩层，也是良好的储集层。烃源岩受岩性控制，以陆源与内源共同控制的混积泥页岩为最佳岩性，粉砂岩类也具备较好的生烃能力[6-9]。参考国内外典型碳酸盐型烃源岩分类标准，通过TOC、氯仿沥青A和S_1等烃源岩参数、明确研究区风城组烃源岩分类界限，建立划分标准见表1。

表1 乌夏—玛北地区页岩油分类标准

分类要素	Ⅰ类	Ⅱ类	Ⅲ类
TOC（%）	TOC≥0.8	0.4＜TOC＜0.8	TOC≤0.4
氯仿沥青A（%）	A≥0.3	0.15＜A＜0.3	A≤0.15
S_1（mg/g）	≥1	0.8~1	≤0.8

对F5井区典型井F0504及MY1井区典型井MY1井风城组样品的地化分析资料开展分析，结果见表2。研究区页岩油整体岩心含有饱和度高，有机质丰度高，同时研究区沉积环境因高矿化度（40000~15000mg/L）具有较高的烃转化率，烃源岩品质更优；与MY1井区相比，以F0504井为代表的F5井区烃源岩分类等级更高，页岩油更为富集；纵向上对比风城组不同小层烃源岩品质发现，风二段底部（$P_1f_2^2$）烃源岩品质最佳，生烃能力最强。

表2 F0504、MY1井烃源岩品质分析参数

井号	层位	岩心含油饱和度（%）	氯仿沥青A（mg/g）	S_1（mg/g）	TOC（%）	烃源岩分级
F0504	$P_1f_3^2$	52	0.46	2.29	0.82	Ⅱ类
	$P_1f_2^1$	43	0.4	1.76	1.15	Ⅰ类
	$P_1f_2^2$	73	0.22	1.11	1.18	Ⅰ类
MY1	$P_1f_3^2$	51	0.24	0.7	0.39	Ⅲ类
	$P_1f_2^1$	41	0.24	0.8	0.73	Ⅱ类
	$P_1f_2^2$	65	0.24	0.86	0.77	Ⅱ类

2.2 储层品质

通过对乌夏断裂带多口取心井岩心观察统计发现，风城组主要含油岩性为泥质粉砂岩、粉砂质泥岩和白云质泥岩，储层碎屑成分主要为泥质（55.71%）和白云石（14.18%），其次为粉砂质、凝灰质。风城组储层纹层发育，岩心上发育大量云质纹层和云斑，偶见硅质条带和

灰质条带，储集空间类型主要为溶蚀孔、晶间孔、构造裂缝和微裂缝。胶结类型以压嵌型为主，其次为孔隙—压嵌型，少量为孔隙型，胶结程度中等—致密（图3）。

  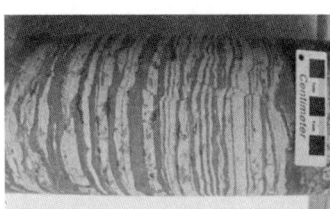

(a) 云质泥岩，云斑发育$P_1f_3^2$，3121.15m　　(b) 云质粉砂岩，白云石纹层，$P_1f_2^2$，3331.55m　　(c) 云质粉砂岩，白云石条带发育，$P_1f_2^1$，3236.90m

  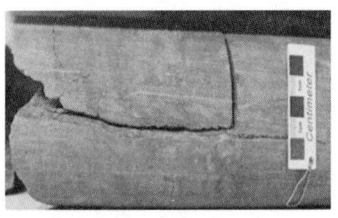

(d) 泥质粉砂岩，油浸，$P_1f_3^2$，3143.85m　　(e) 泥质粉砂岩，油气富集微裂缝，$P_1f_2^1$，3214.99m　　(f) 粉砂质泥岩，高角度裂缝，$P_1f_3^2$，3121.63m

图3　F5井区F0504井岩心特征

页岩样品X衍射分析显示储层岩石矿物主要为石英（37.5%），白云石（20.0%）、斜长石（18%）、钾长石（11%）次之。储层黏土矿物以绿泥石、伊/蒙混层为主，其次为伊利石、绿/蒙混层，其中绿泥石占比41.63%，伊/蒙混层占比37.38%（图4）。

 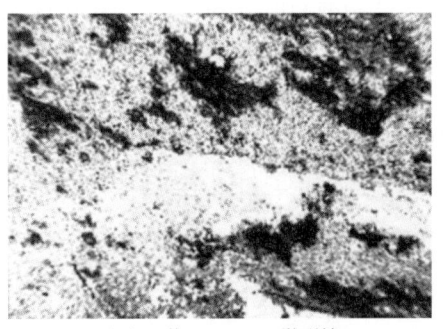

(a) F503井，3097.36m，溶蚀孔　　　　(b) F5井，3218m，微裂缝

图4　F5井区风城组主要孔缝结构特征

取心分析化验、核磁共振和常规测井物性处理结果均表明页岩储层孔隙度较低，主要分布在0.10%~13.43%，中值为3.04%；渗透率主要分布在0.01~214.27mD之间，中值为0.11mD；F5井区与MY1井区风城组孔隙度、渗透率相似。孔喉大小决定页岩油渗流机制；同时对比页岩不同层段储层孔喉发现，F0504井取心显示$P_1f_2^2$油浸级，密闭含油饱和度56%~90%，平均73%；平均孔喉半径43nm，远低于浮力成藏下限1μm，不利于油气渗流，平均有效孔隙度1.54%，有效渗透率0.037mD。$P_1f_3^2$层为宏孔136nm，孔隙度最高，平均有效孔隙度4.31%，储层物性更好（图5）。

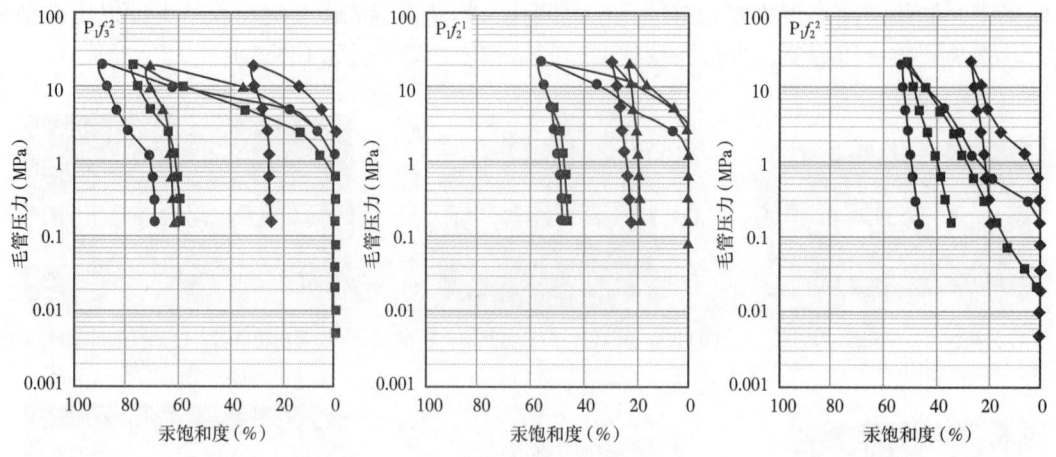

图 5　F0504 井风城组毛细管压力曲线图

2.3　工程品质

乌夏—玛北风城组各类裂缝较为发育，根据 FMI 测井解释及岩心观察发现（图 6），储层裂缝以高角度构造裂缝为主，其次是成岩缝、泄水缝等。根据岩心描述资料，风城组裂缝主要发育在白云岩、泥质白云岩、白云质泥岩中，白云岩矿物含量越高裂缝也越发育。根据测井解释结果，风城组油藏裂缝在不同小层均有分布，其中 $P_1f_2^2$ 含油储层裂缝厚度为 4.7~42.2m，平均 21.1m，裂缝厚度较厚，整体裂缝发育，往南部储层裂缝厚度逐渐减薄。$P_1f_2^1$ 含油储层裂缝厚度为 2.5~27.2m，平均 19.2m，裂缝厚度较厚，整体裂缝发育，往南部裂缝厚度逐渐减薄。$P_1f_3^2$ 含油储层裂缝厚度为 4.4~37.4m，平均 13.9m，裂缝厚度较厚，发育明显的沿断裂裂缝，往南部裂缝厚度逐渐减薄的特征。$P_1f_3^1$ 含油储层裂缝厚度为 0.6~20.9m，平均 6.7m，主体裂缝厚度较薄。储层裂缝含量平面上的分布规律受构造活动影响，自北向南构造缝发育强度由强至弱，裂缝张开度由大到小，裂缝角度由高至低。根据岩心描述裂缝百分比（裂缝百分比 = 裂缝长度 / 岩心长度）平面图划分为三类区（图 7），西北部 F5 井区裂缝百分比达 40% 以上，为乌夏断裂带裂缝强发育区；中部与西部裂缝百分比在 20%~40%，裂缝较发育，而东南部靠近凹陷中心区域裂缝欠发育，裂缝百分比普遍小于 20%。

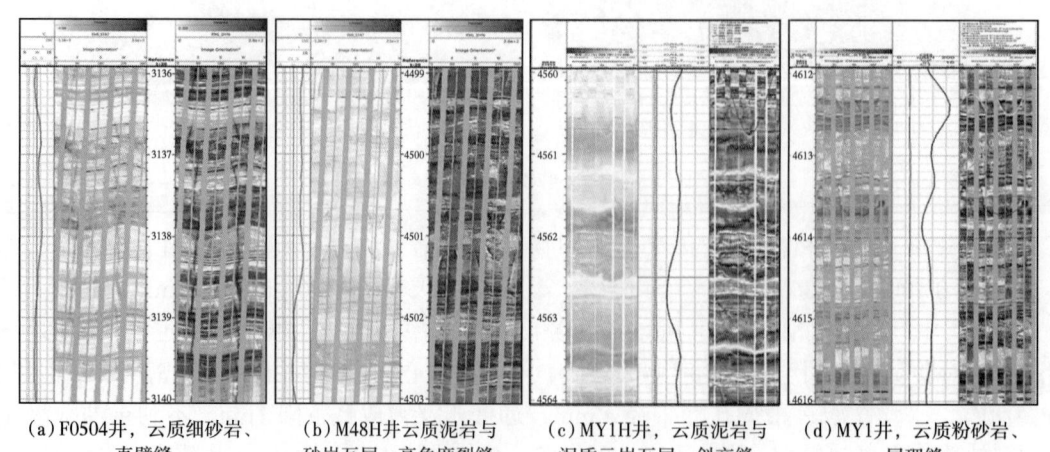

(a) F0504 井，云质细砂岩、直劈缝　　(b) M48H 井云质泥岩与砂岩互层、高角度裂缝　　(c) MY1H 井，云质泥岩与泥质云岩互层、斜交缝　　(d) MY1 井，云质粉砂岩、层理缝

图 6　研究区风城组 FMI 成像特征

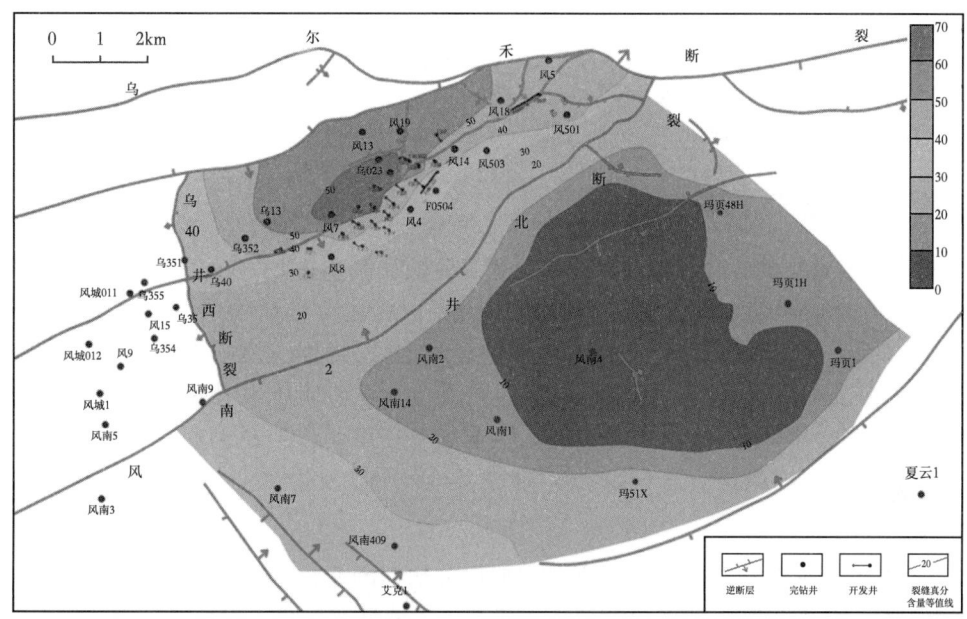

图7 乌夏—玛北地区风城组油藏岩心描述裂缝百分含量等值线图

基于阵列声波测井以及元素扫描测井数据计算储层脆性指数,两种方法脆性指数均主要分布在30%~50%之间,且风二段脆性指数明显高于风三段,有利于压裂改造。采用阵列声波测井与常规测井资料结合的方法,采用页岩模型计算弹性参数和三压力如图8所示。杨氏模量分

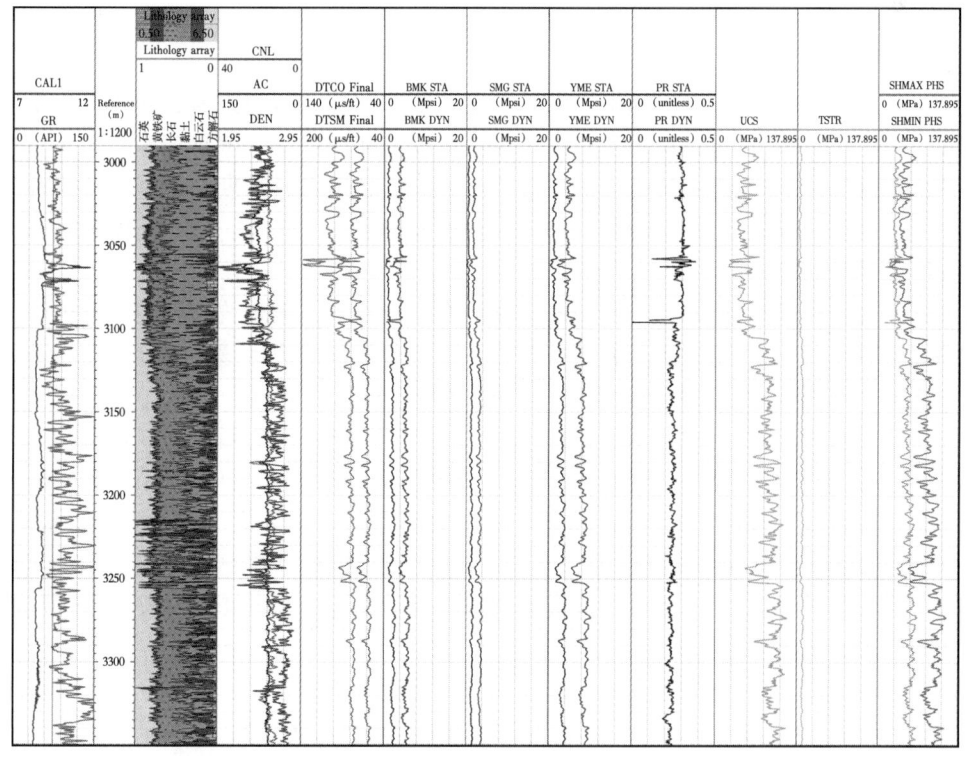

图8 F0504井储层岩石力学参数

布在40~68GPa之间，泊松比分布在0.20~0.35范围之间，表明储层的非均质性较强，纵向变化频率较快，纵向对比发现，风三段的杨氏模量和水平应力差较小，说明该段岩石的各向异性差异系数较小，但岩石的强度较低，而风二段的杨氏模量和水平应力差较大，岩石强度较高。

3 主控因素及成藏模式

F5井区风城组油藏共试油12井28层，获工业油气流8井13层，日产油量2.94~63.71t，平均19.4t，产能差异较大；研究区纵向上$P_1f_3^2$层段为主要的试油层，试油平均日产油量24.2t。通过试油试采资料分析，F5井区风城组油藏主要表现以下生产特点：（1）储层改造可有效改善油井完善程度，增产效果明显；（2）产量差异大，低产井比例高，初期产能越高，第一年产量越高，累计产量也相对较高；（3）干层井主要受改造不彻底或试油不彻底影响；（4）高产出油井产量递减快，呈"断崖式"递减，具有明显裂缝性油藏的特征。

3.1 产量主控因素

各类井生产特征及开发效果差异大，根据单井初期产能、产量及含水变化特征，将开发井划分为三类，分别为基质裂缝含油型、裂缝基质含油型和裂缝次发育基质含油型。

基质裂缝含油型为一类井，试油层段裂缝及基质油层均发育，裂缝出油特征明显，生产特征呈现高产、"断崖式"递减特征。该类井主要分布在F3井区断裂下盘及上盘的局部区域（F309井、F311井），该类井共7口，占总试采井数的28.0%，初期日产油量13.0~141.0t，平均68.0t，累计产油量0.63×10^4~11.63×10^4t，平均3.41×10^4t，产量变化表现为两段式，初期产能高，递减较快，累计产油量的79.7%在高产期采出，具有明显的裂缝性油藏生产特征，地层亏空大，底水锥进，见水后产量断崖式下降，目前强水淹，递减阶段年递减率为77.1%。

一类井裂缝发育，未采取措施即可获得一定产能，从构造位置来看，一类井主要位于构造高部位及构造转化带附近。从油层厚度、裂缝厚度与初期产量及累计产量关系来看，一类井基质油层发育，初期产能主要受裂缝厚度影响，裂缝越发育，初期产能越高；累计产能受避水高度、裂缝厚度及油层厚度的共同影响，裂缝及油层厚度越厚，避水高度越高，见水时间就越迟，累计产量越高。

裂缝基质含油型为二类井，裂缝及基质油层厚度较发育，表现为初期裂缝出油，中后期基质供油，具有一定稳产期；该类井主要紧邻一类井分布，研究区该类井共8口，占总试采井数的32.0%，初期日产油量4.0~31.0t，平均14.0t，累计产油量1.01×10^4~5.72×10^4t，平均2.74×10^4t，初产及累计产量明显低于一类井。产量变化表现为两段式，具有初期高、有稳产期的特点，这类井经过较短时间高产后，基质孔隙开始向裂缝补给并形成稳定流动，产量进入相对稳定生产阶段，累计产油量的36.3%在高产稳产期采出，无明显底水水淹特征，递减阶段年递减率为20.5%。二类井裂缝较发育，从油层厚度、裂缝厚度与初产、累计产量关系来看，该类井初期产能、累计产能受裂缝厚度及油层厚度共同影响，裂缝及油层厚度越厚，初产及累计产量就越高。

裂缝次发育基质含油型为三类井，储层裂缝发育程度低，初期产能低；该类井主要位于风3井断裂上盘，该类井共10口，占总试采井数的40.0%，初期日产油量1.8~12.0t，平均7.0t，累计产油量0.05×10^4~1.55×10^4t，平均0.48×10^4t，初期产量及累计产量明显低于一、二类井。该类井裂缝供油能力较差,初期产能低,产量变化表现为两段式,具有初期产量低、有低产稳产期的特点,这类井无高产或高产时间较短,初期递减较大,由于裂缝发育较差,产量长时间处于低产稳产期,基本无水淹特征,递减阶段年递减率为30.0%。三类井主要位于构造低部位且裂缝发育程度差,初期产能与裂缝厚度相关性较差,主要受基质油层厚度影响;累计产能受裂缝厚度及油层厚度共同影响,裂缝厚度及油层厚度越厚,累计产油量越高。

综合各类井的试油试采特征及产能影响因素来看,一类井构造位置高,且位于构造转化带附近,裂缝发育,油层厚度厚,初期产量及累计产量高;二类井位于一类井附近,裂缝及油层厚度较发育,初期产量及累计产量较高,三类井油层厚度较厚,但裂缝发育厚度较薄,且压裂规模小,初期产量及累计产能低。综合来看,裂缝厚度是影响初产及累产的主要因素,基质油层厚度次之(图9和图10)。

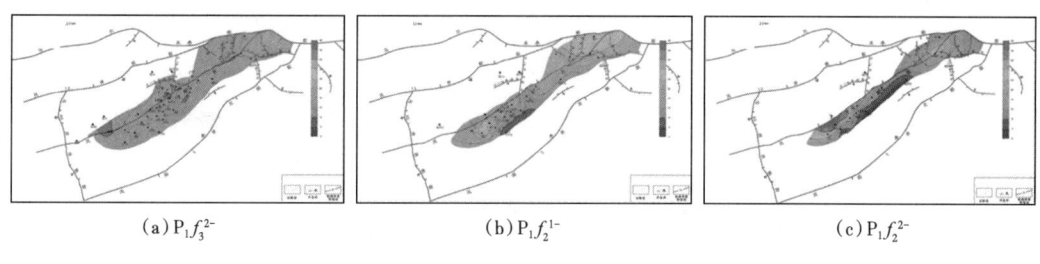

(a) $P_1f_3^{2-}$ (b) $P_1f_2^{1-}$ (c) $P_1f_2^{2-}$

图 9　研究区风城组裂缝厚度等值线图

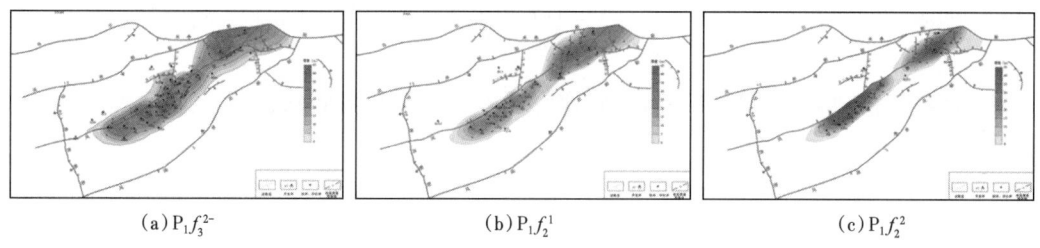

(a) $P_1f_3^{2-}$ (b) $P_1f_2^{1}$ (c) $P_1f_2^{2}$

图 10　研究区风城组油层厚度等值线图

3.2　成藏模式

综合上述储层岩石类型、裂缝特征及发育程度和产能产量分析研究,认为研究区风城组油藏类型与岩性和裂缝发育程度两个因素紧密相关,其中裂缝是研究区二叠系风城组优质储层发育的主要控制因素之一。

背斜轴部大断裂将研究区风城组油藏分为上下盘。其中,下盘生产井初期不含水,受裂缝发育程度较大影响,阶段末期日产水量8.3~24.3t,具有活跃的底水;上盘裂缝发育程度中等,生产井阶段末期含水量低于40%,表现为低产低能,无明显的边底水特征,为整体含油的页岩油藏;但研究区储层物性差,孔喉结构差,裂缝发育程度较低,不利于油气渗流,需要进行大规模压裂改造,直井衰竭式开发产能低,不具备连续生产能力,难以实现经济有效动用,需进行水平井+体积压裂开发(图11)。

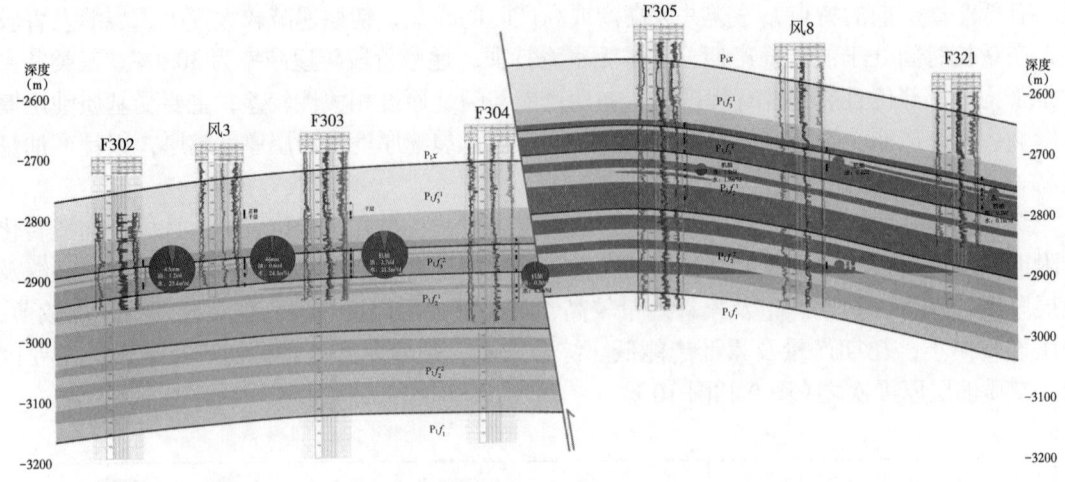

图 11 研究区风城组油藏剖面

4 结论

（1）准噶尔盆地西北缘乌夏断裂带二叠系风城组页岩油与玛湖凹陷整体为同一期次湖盆沉积下的含油体系。纵向上以风二段为源，风二段自生自储、风三段为邻源运移成藏，风二段源岩品质、工程品质占优，风三段储层品质占优。

（2）乌夏断裂带风城组页岩油优质储层发育的控制因素包括岩性和裂缝，其中裂缝为主控因素，明确了三类裂缝发育区在研究区风城组中的分布特征，同时与油层厚度结合，划分了三类产能产量井区，与裂缝分布相关性好。

（3）研究区风城组下盘受过强裂缝发育影响，具有活跃的底水，下盘油藏类型为带底水的双重介质块状油藏；上盘无明显的边底水特征，整体含油，上盘油藏类型为页岩油藏。

参 考 文 献

[1] 宋岩，李卓，姜振学，等.非常规油气地质研究进展与发展趋势[J].石油勘探与开发，2017，44（4）：638-648.

[2] 杨智，唐振兴，李国会，等.陆相页岩层系石油富集区带优选、甜点区段评价与关键技术应用[J].地质学报，2021，95（8）：2257-2272.

[3] 邹才能，吴松涛，杨智，等.碳中和战略背景下建设碳工业体系的进展、挑战及意义[J].石油勘探与开发，2023，50（1）：190-205.

[4] 支东明，唐勇，何文军，等.准噶尔盆地玛湖凹陷风城组常规—非常规油气有序共生与全油气系统成藏模式[J].石油勘探与开发，2021，48（1）：38-51.

[5] 郑国伟，高之业，黄立良，等.准噶尔盆地玛湖凹陷二叠系风城组页岩储层润湿性及其主控因素[J].石油与天然气地质，2022，43（5）：1206-1220.

[6] 支东明，唐勇，郑孟林，等.准噶尔盆地玛湖凹陷风城组页岩油藏地质特征与成藏控制因素[J].中国石油勘探，2019，24（5）：615-623.

[7] 姜福杰，胡美玲，胡涛，等.准噶尔盆地玛湖凹陷风城组页岩油富集主控因素与模式[J].石油勘探与开发，2023，50（4）：706-718.

[8] 常佳琦，姜振学，高之业，等.玛湖凹陷风城组不同岩相页岩含油性及可动性特征[J].中南大学学报（自然科学版），2022，53（9）：3354-3367.
[9] 李晓慧，姜振学，黄立良，等.玛湖凹陷风城组页岩油富集主控因素及有利富集层段[J].东北石油大学学报，2022，46（2）：33-44，133-134.

水体深度与封闭性对陆相页岩有机质富集的控制作用

毛小平,李 振,李书现

(中国地质大学(北京)能源学院)

摘 要:陆相富有机质页岩目前一般认为发育于深湖—半深湖环境,但实际勘探证实,富含页岩气的层段并不在湖盆中心,往往发育于盆地边缘的斜坡带上,与最大湖泛期的密集段、湖侵的高水位条件下富有机质及深湖—半深湖易发育好烃源岩的说法正好相反。为此,本文从生态学、指相性化石、指相性元素等进行综合分析,并与煤的成矿模式类比,以及页岩与一些浅水环境的煤及蒸发盐岩的伴生现象结合得出,陆相有机质页岩主要发育在水体较浅、较封闭的环境;页岩有机质的富集程度与湖泊面积、水体深度成反比。总结陆相页岩有机质的富集特征为:浅、陆、封。指浅水、低能环境,深水环境生产力不高,多数湖底并非还原环境,而更有可能是富氧环境;陆指靠近陆地及陆源有机质占主导;封即陆相页岩发育于相对封闭、半封闭的面积较小的环境,而非较开阔的、面积较大的深水环境,凝缩段为贫有机段。这对于指导页岩气的勘探具有重要意义。

关键词:陆相页岩;沉积相;初级生产力;深湖—半深湖;沉积盆地

目前,陆相富有机质页岩的沉积环境,几乎一致认为是深湖—半深湖,而浅水环境、沼泽环境只能发育腐殖质煤。认为湖盆最大湖泛期,水体较深,沉积沉降缓慢,产生了凝缩层(密集段),富含有机质[1-2]。在大型深水湖盆中,盆地形成早期的沉降—沉积中心是深湖、半深湖及浅湖厚层—巨厚层富有机质页岩发育的有利场所[3];有机质的最佳富集环境是浅湖—半深湖[4-5]、深湖—半深湖环境[6-7]、深湖环境[8],在评价烃源岩时,一般将深湖—半深湖评价为好生油岩,Ⅰ类;将滨浅湖当成较差生油层,Ⅲ类;将河流—沼泽当成非生油层[9-21]。如图1所示,为按年代总结的较深水体富集有机质的时间线。即多数学者倾向于深湖、半深湖和浅湖环境。

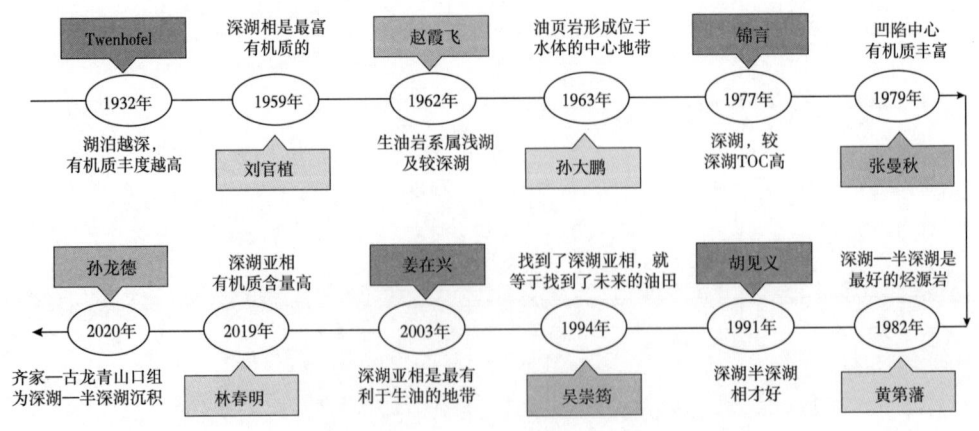

图1 较深水体环境富有机质理论形成的时间线

第一作者简介:毛小平(1965—),1986年毕业于武汉地质学院物探系,获学士学位;1999年毕业于中国地质大学(武汉)资源学院,获博士学位。现任教于中国地质大学(北京),从事页岩油气地质、地热等方面研究工作,副教授。通讯地址:北京市海淀区成府路20号院,E-mail:maoxp9@163.com

姑且不论此环境的正确与否，这类指标只是水体深度的指标，在实际寻找页岩气"甜点"过程中不具指导价值，属于放之四海而皆准的大白话。环湖盆一周，存在多圈浅湖、半深湖区域，但平面上多数区域，和垂向上多数泥页岩段并不含天然气。在湖盆中心，很难找到连片的、面积较大的富有机质页岩。因此，本研究具有重大的科学意义。

前期研究已阐述了海相页岩、陆相页岩均发育于浅、陆、封环境[22-23]，并提出第4个关键字"寒"：冷湿气候也是有机质富集的必要条件[24]。但这些研究未针对水体深度、水体封闭性进行深入探讨。为此，本文拟通过化石、一些标志矿物、与煤的成矿模式及伴生现象进行综合分析，以浅和封为重点，对齐家古龙凹陷的环境进行深入研究。

1 浅：水体为浅水环境

（1）从生态学角度，从我国二十多个大型湖泊的初级生产力与固碳速度的分析表明，越开阔、越深、越冷的湖泊，初级生产力和固碳速度都低，越封闭、越浅、越热的湖泊高。水体溶解氧在水深15m左右会出现一个溶解氧的"黑障区"——浮游植物衰减区，该区域溶解氧只有2mg/L，为水面至10m深7mg/L的1/3；抚仙湖20~30m水深溶解氧最低4.5mg/L，而40~140m则缓慢增加至6.4mg/L[25]；而海洋环境在1000m深度溶解氧最低值为2~3mg/L[26]。因此，水体越深就一定处于更强还原环境是错误认识，在15~20m水深处才是溶解氧最少的强还原环境（图2）。

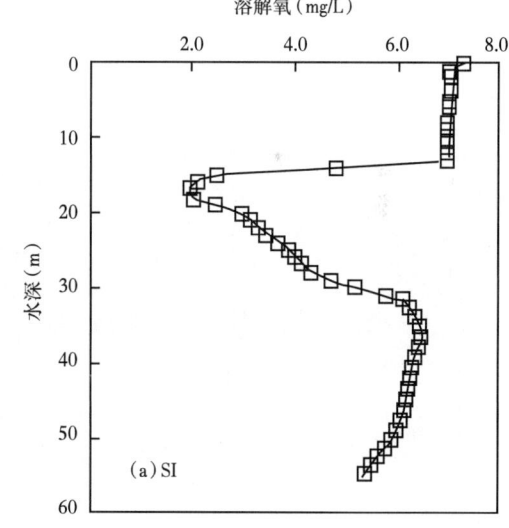

图2 千岛湖湖泊区溶解氧垂向分布[27]

（2）青一段类型是Ⅰ型，但发育大量介形虫、叶肢介及植物碎屑化石[28]，这些均为浅水环境的证据。叶肢介化石最适宜生活的水深是1~20cm，一般在现代池塘、水田、水坑等，特点是水体安静、波浪小（低能），在较深水环境（大于20m）含量极少，是重要的指相化石。越开阔水体，越深的水体化石越不发育。

（3）页岩和浅水环境发育的煤、蒸发盐岩等伴生。

（4）齐家古龙凹陷北部的泰康北地区青二段、青三段海绿石发育，指示为深水环境。开阔湖泊、深水环境海绿石发育，在抚仙湖现代沉积物中，分布在35~150m的湖底表层[29]，位于深湖半深湖。青一段没有海绿石发育，应为浅水环境。

（5）硅质页岩富铀，黏土页岩贫铀，前者为真正的深湖环境，由三角洲进积而快速充填（淤浅）的深湖则为硅质含量高的岩石，缺有机质，但富铀，而浅水封闭、半封闭环境为黏土页岩，TOC高，但贫铀。如松辽盆地西南部白垩系姚家组的暗色泥岩含铀高达299mg/L，TOC＜0.4%[30]，而它并非烃源岩；青二段、青三段含硅质，相对富铀[31]，而青一段则贫铀，TOC高。

（6）为了说明黑色页岩来自深湖环境，目前主要用铁锰含量比例作为主要依据并认为该比值越小，水体越深，且有不同盆地的测试结果[32-34]，从滨湖、浅湖、半深湖至深湖，这一规律是正确的。这些认识的主要文献来源于刘平略等[35]和邓宏文[36]，前者刘平略只是提到了浅湖和半深湖锰/铁比例偏高，未提到铁/锰比例和与深湖的关系；而后者邓宏文教授认为，Mn在半咸水—咸水的间歇性闭塞—半封闭湖相泥质岩中含量最高，故Fe/Mn可以作为离岸距离（或水深）的标志，Fe/Mn数值最小时是封闭、半封闭的环境而并非深湖。即，如果加入了封闭或半封闭的水体、半咸水环境，这一表达水深的指标就不正确了。在松南伏龙泉SL3井下白垩统各层位元素标志，其中沙二下段的含气页岩段具有最低的Fe/Mn比例[32]，表明它是封闭的浅水水体，而不是位于深湖环境。

2 陆：离陆越近TOC越高和陆源有机质主导

（1）页岩与煤具有相同的成矿模式，马尾模式，在斜坡带上，向陆一端为连续厚层页岩，而向湖盆中心尖灭。如图3所示，为齐家—古龙凹陷英29-英38井的连井剖面[37]，左侧向西北、向陆一端发育巨厚页岩，而右侧向东南湖盆沉积中心，则发育薄层页岩，且逐渐尖灭。

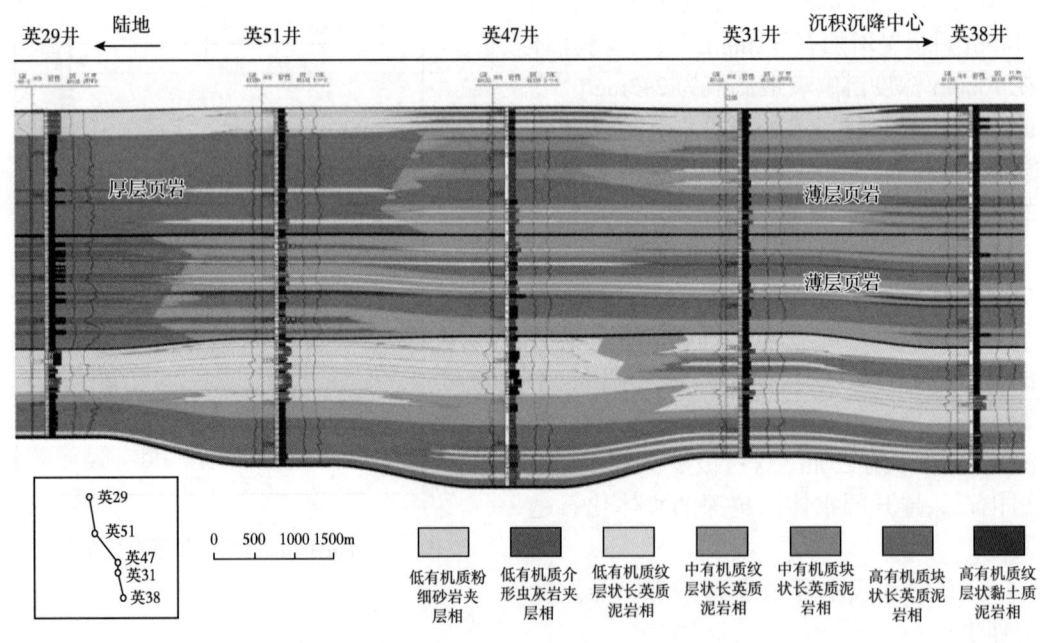

图3 齐家—古龙凹陷英29-英38井的连井剖面

（2）青山口组高TOC分布范围和沉积中心并不匹配，说明深湖—半深湖相并不富有机质。在安达以东至肇东、肇源，和沉积中心大庆以东、大安以东，双城西并不匹配[38]，如图4所示。

（3）陆源有机质占主导，陆源物质生产力是水体生产力的1/10，因而碾压水体，从早古及之前，与晚古至今二者的煤、页岩的有机质类型均受控于陆上动植物的演化进程；大量碳同位素研究说明了湖泊水体的陆地来源，如呼伦湖外源占80%。

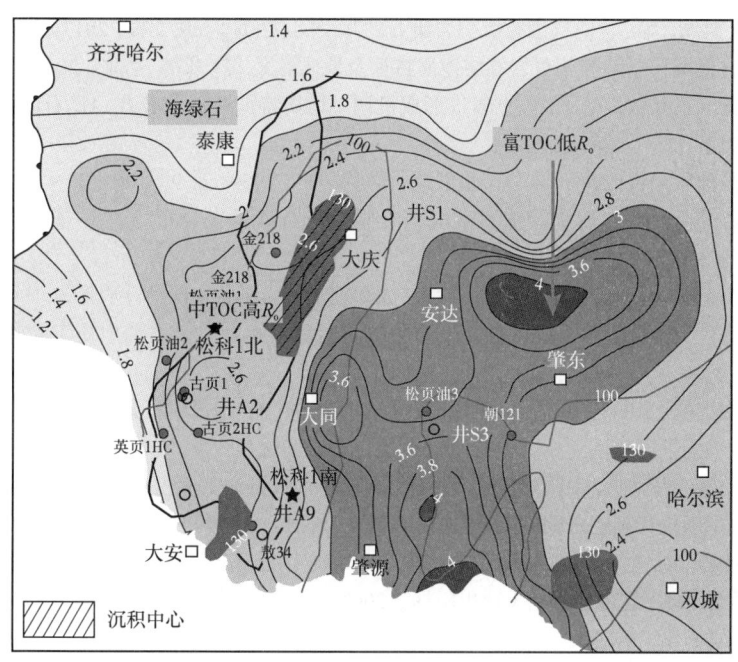

图 4　齐家—古龙凹陷沉积中心与有机质丰度分布平面图[37]

3　封：水体封闭性越好越富有机质

（1）松辽盆地青山口组黏土矿物含量是最高的[39]，说明封闭环境。

（2）松南梨树断陷湖盆中心不发育有机质，而只能在湖盆边缘有湖湾的地方，如小断块苏家屯、南部金山气田、东北气田有发育。

（3）太湖初级生产力在开阔的湖泊中心生产力只有 400（mg/m^2）/a，海洋更低至 100（mg/m^2）/a；而北部和东部两面或三面受限的湖湾地区，则高达 1600~1800（mg/m^2）/a，是它的 16~18 倍。陆地不但面积大，一个入湖的水系面积是原水体面积几十至几百倍，可提供大量陆上花、果等富氢组分入湖。

（4）封闭的黑海并不富有机质，面积大、水深，只有在边缘入海的半封闭河道内有高有机质页岩。

总之，富有机质页岩，古龙青山口组页岩，发育于浅水封闭、半封闭环境，而不是开阔的深湖—半深湖环境。最大湖泛期富有机质的说法有待商榷。

参 考 文 献

[1] 徐怀大. 陆相层序地层学研究中的某些问题 [J]. 石油与天然气地质，1997，18（2）：83-89.

[2] 顾家裕，郭彬程，张兴阳. 中国陆相盆地层序地层格架及模式 [J]. 石油勘探与开发，2005，32（5）：11-15.

[3] 张金川，金之钧，袁明生. 页岩气成藏机理和分布 [J]. 天然气工业，2004，24（7）：15-18，131-132.

[4] 黄东，段勇，李育聪，等. 淡水湖相页岩油气有机碳含量下限研究：以四川盆地侏罗系大安寨段为例 [J]. 中国石油勘探，2018，23（6）：38-45.

[5] 何江林，陈正辉，董大忠，等. 川东地区东岳庙段沉积环境演化及其页岩油气富集主控因素分析 [J]. 沉积

与特提斯地质，2022，42（3）：385-397.

[6] 姜在兴，梁超，吴靖，等.含油气细粒沉积岩研究的几个问题［J］.石油学报，2013，34（6）：1031-1039.

[7] 倪冬梅.松辽盆地梨树断陷陆相页岩储层地质特征及地质意义［J］.非常规油气 2021，8（3）：33-42.

[8] 邹才能，董大忠，王社教，等.中国页岩气形成机理、地质特征及资源潜力［J］.石油勘探与开发，2010，37（6）：641-653.

[9] 刘官植.松辽平原含油性的新资料［J］.北京地质学院学报，1959，2：99-106.

[10] 赵霞飞.陕北延河区上三迭统及侏罗系沉积旋回性与石油垂直分布的关系［J］.成都地质学院学报，1962，2：58-62.

[11] 孙大鹏.试论油页岩与石油间的成因联系［J］.成都理工大学学报（自然科学版），1963，2：83-94.

[12] 邓茨兰，陈克仁.岩石化学资料在研究生油层中的运用和解释［J］.石油地质实验文摘，1963，3：19-25.

[13] 锦言.我国陆相生油岩的若干基本地质特征及其形成条件［J］.地质学报，1977，1：19-28.

[14] 张曼秋.济阳坳陷下第三系陆相沉积石油生成［J］.石油勘探与开发，1979，6：1-12.

[15] 黄第藩，李晋超，程克明.中国陆相油气生成［M］.北京：石油工业出版社，1982.

[16] 吴崇筠.中国中新生代湖相沉积［M］.北京：石油工业出版社，1994.

[17] 胡见义，黄第藩，徐树宝.中国陆相石油地质理论基础［M］.北京：石油工业出版社，1991.

[18] 姜在兴.沉积学［M］.北京：石油工业出版社，2003.

[19] 朱筱敏.沉积岩石学（第四版）［M］.北京：石油工业出版社，2008.

[20] 刘招君，孙平昌，柳蓉，等.中国陆相盆地油页岩成因类型及矿床特征［J］.古地理学报，2016，18（4）：525-534.

[21] 林春明.沉积岩石学［M］.北京：科学出版社，2019.

[22] 毛小平，陈修蓉，李振，等.浅议四川盆地五峰组—龙马溪组页岩沉积模式与有机质富集规律［J］.沉积学报，2024：1-46.

[23] 毛小平，陈修蓉，陈永进，等.以初级生产力与固碳规律为线索探讨陆相页岩中有机质的富集规律［J］.地球科学，2024，49（4）：1224-1244.

[24] 毛小平，陈修蓉，王志京，等.黑色页岩有机质富集程度与古气候的关系：以中上扬子五峰—龙马溪组页岩为例［J］.地质科学，2024，59（5）：1151-1172.

[25] 周天旭，罗文磊，笪俊，等.抚仙湖垂向分层期间水体细菌群落结构组成及多样性的空间分布［J］.湖泊科学，2022，34（5）：1642-1655.

[26] 李鹤，黄宝琦，王娜.南海北部 MD12-3429 站位海水古生产力和溶解氧含量特征［J］.古生物学报，2017，56（2）：238-248.

[27] 俞焰，刘德富，杨正健，等.千岛湖溶解氧与浮游植物垂向分层特征及其影响因素［J］.环境科学，2017，38（4）：1393-1402.

[28] 林铁锋，白云风，赵莹，等.松辽盆地古龙凹陷青一段细粒沉积岩旋回地层分析及沉积充填响应特征［J］.大庆石油地质与开发，2021，40（5）：29-39.

[29] 王云飞.抚仙湖现代湖泊沉积物中海绿石的发现及成因的初步研究［J］.科学通报，1983，28（22）：1388-1392.

[30] 江文剑，秦明宽，范洪海，等.松辽盆地西南部白垩系姚家组碎屑岩成岩作用与铀成矿［J］.铀矿地质，2022，38（2）：181-193.

[31] 卢胜军.松辽盆地青山口组二、三段沉积特征及铀成矿分析［J］.铀矿冶，2022，41（1）：12-20.

[32] 李浩，陆建林，李瑞磊，等.长岭断陷下白垩统湖相烃源岩形成古环境及主控因素［J］.地球科学，2017，42（10）：1774-1786.

[33] 张永生，杨玉卿，漆智先，等.江汉盆地潜江凹陷古近系潜江组含盐岩系沉积特征与沉积环境.古地理

学报，2003，5（1）：29-35.
[34] 王春连，刘成林，胡海兵，等 . 江汉盆地江陵凹陷南缘古新统沙市组四段含盐岩系沉积特征及其沉积环境意义［J］. 古地理学报，2012，14（2）：165-175.
[35] 刘平略，周厚清，康桂云 . 松辽盆地元素分布及其与沉积环境的关系［J］. 大庆石油地质与开发，1986，5（2）：11-15，18.
[36] 邓宏文 . 沉积地球化学与环境分析［M］. 兰州：甘肃科学技术出版社，1993.
[37] 陆军 . 古龙地区青山口组细粒沉积旋回及非均质性（D）. 大庆：东北石油大学，2017.
[38] 崔宝文，张顺，付秀丽，等 . 松辽盆地古龙页岩有机层序地层划分及影响因素［J］. 大庆石油地质与开发，2021，40（5）：13-28.
[39] 孙龙德，刘合，何文渊，等 . 大庆古龙页岩油重大科学问题与研究路径探析［J］. 石油勘探与开发，2021，48（3）：453-463.

北部湾盆地涠西南凹陷流沙港组二段页岩油储层精细表征

范彩伟，高永德，陈 鸣，吴进波

（中海石油（中国）有限公司湛江分公司）

摘 要：近年来，我国页岩油勘探开发主要在陆地进行并且取得了丰硕成果，北部湾盆地涠西南凹陷流沙港组页岩油储层勘探的巨大突破验证了海上页岩油储层的巨大资源潜力。本文首次综合高精度岩心实验分析结果、高精度地层元素测井、二维核磁共振测井及高分辨率电成像测井资料对流沙港组二段页岩油储层品质进行精细表征，并结合脆性指数及应力梯度等完井品质评价结果，优选页岩油层段储层品质及工程品质的双甜点段。结果表明，流沙港组流二段页岩油储层矿物组分主要表现为黏土矿物、长英质矿物及碳酸盐矿物混积特征，岩相类型以富泥硅质页岩、混合型硅质页岩及泥质硅质页岩为主，总有机碳（TOC）含量较高，平均可达 4.5%。核磁共振实验和核磁测井资料表明流二段页岩油储层有效孔隙度及可动流体孔隙度均较高，平均值分别可达 8% 和 4%；孔隙结构较为复杂，不同尺寸的孔隙均有发育。基于高分辨率成像测井资料在流二段页岩油储层中识别出开启缝及闭合缝两种天然裂缝，结合岩心资料明确了流二段页岩油储层主要发育高角度天然裂缝。激光共聚焦扫描实验表明了流二段页岩油轻质组分富集于无机孔缝中，重质组分富集于有机孔中；基于二维核磁测井资料定量评价了流二段页岩油储层含油孔隙度最高可达 60%。利用高清油基钻井液图像测井创新性地利用纹层指数表征页岩层理发育程度，建立了纹层指数与有机碳及孔隙度的正相关关系。综合储层品质及完井品质特征，优选出物性好、含油丰度高、可压性强的优质页岩油"甜点"段。高精度岩石实验及高分辨率测井资料的综合应用，既为流二段页岩油勘探提供了依据，也为页岩油储层地质工程一体化开发奠定了强有力的基础。

关键词：页岩油；储层品质；完井品质；源岩品质；流沙港组；涠西南凹陷

近年来国内陆相页岩油勘探取得了重大突破，先后在松辽盆地青山口组[1-2]、鄂尔多斯盆地延长组[3-4]、渤海湾盆地沙河街组[5-6]、四川盆地凉高山组[7-9]、准噶尔盆地芦草沟组及风城组[10-11]、苏北盆地阜宁组[12-13]、柴达木盆地干柴沟组[14-16]及南襄盆地核桃园组[17-18]等地层发现有商业价值的页岩油储层。受控于压裂成本高、施工困难等因素的影响，海上页岩油勘探起步相对较晚，但北部湾盆地涠西南凹陷 WY-1 井流沙港组二段页岩油储层压裂测试获得日产原油 20m³[19-20]，揭示了海上页岩油储层具有很大的勘探潜力，拉开了海上页岩油储层研究、勘探及开发的序幕。

国内各大盆地发现的页岩油储层岩性均主要表现为极细粒的泥页岩，但在矿物组分、孔隙类型、裂缝发育程度、含油气性、油气富集空间及有机质演化程度等方面存在明显的差异性及复杂性，表明页岩油储层具有非常强的非均质性。本文以高分辨率测井数据及高精度岩心实验分析资料为基础，以北部湾盆地涠西南凹陷流二段页岩油储层为研究靶体，对流二段页岩油储层岩性、物性、含油性和可动性等页岩油储层关键参数进行了精细表征，以期为后

第一作者简介：范彩伟（1973—），毕业于中国石油大学（华东）石油与天然气勘查专业，获博士学位，现任中海石油（中国）有限公司湛江分公司研究院院长，从事油气勘探方面研究工作，正高级工程师。通讯地址：广东省湛江市坡头区南调路 20 号，E-mail：fancw@cnooc.com.cn

续涠西南凹陷流沙港组页岩油储层勘探开发提供强有力的理论依据。

1 区域地质背景

涠西南凹陷面积约 3800km², 为位于北部湾盆地北部坳陷带的次级构造单元。涠西南坳陷北部受控于近北东—南西向走向的涠西南断层, 南部与涠西南低凸起相接, 东部与企西隆起相连[21-22](图1)。涠西南坳陷为古生代基底上发育的典型拉张断陷盆地, 主要经历了古新世长流组、始新世流沙港组和渐新世涠洲组三个断陷阶段。流沙港组主要发育有三角洲沉积、半深湖沉积及深湖沉积, 纵向上自下而上可细分为流三段、流二段及流一段[23-24](图1)。其中流二段为湖盆发育的极盛时期, 发育一套良好的生油岩层系, 具有明显的三段特征: 早期发育半深湖—深湖相, 中期水体变浅, 晚期湖平面上升。目前勘探表明, 流二段页岩储层生烃能力及含油丰度极强、储集性能及可压性好, 为北部湾盆地涠西南坳陷页岩油勘探的主要层系。

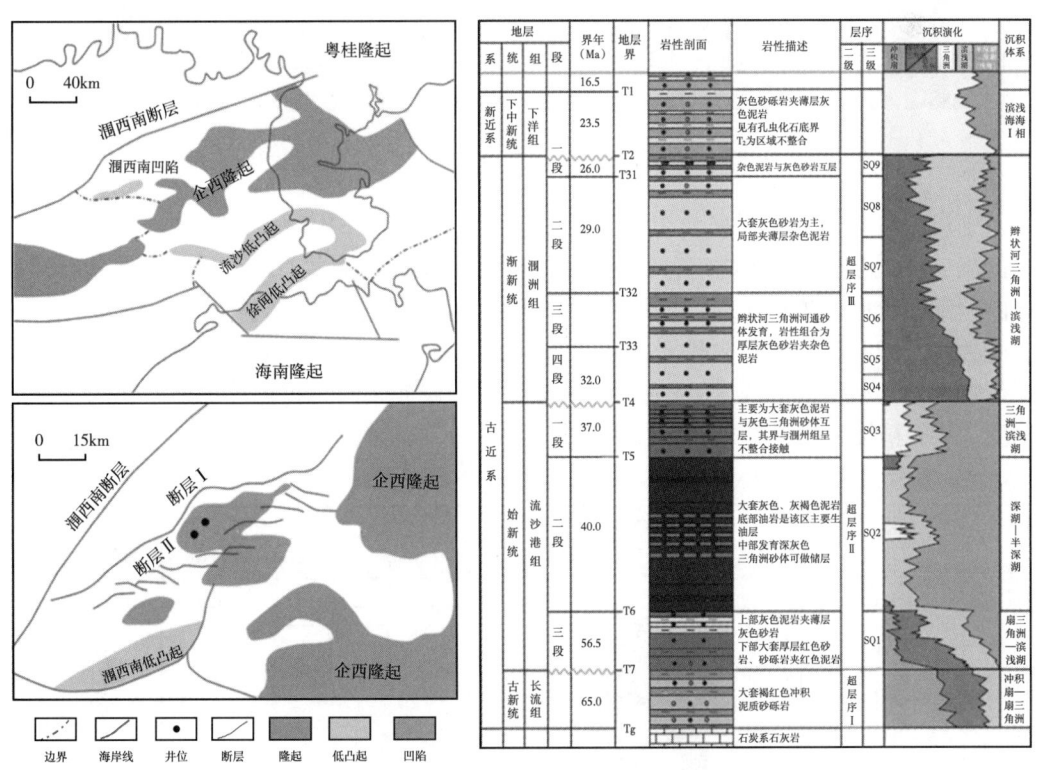

图1 北部湾盆地涠西南凹陷构造位置图及岩性柱状图

2 岩性岩相特征

2.1 矿物组成特征

湖相页岩与海相页岩的主要区别在于湖相页岩的岩性和矿物成分更加复杂。X射线衍射(XRD)及扫描电镜(QEMSCAN)矿物定量评价结果表明, 流二段页岩油储层矿物组分非常复杂且分布不均[图2(a)], 主要矿物包括黏土矿物、石英、钾长石、斜长石、方解石、白云石、菱铁矿及黄铁矿等, 其中黏土矿物以伊利石、绿泥石、伊蒙混层为主, 含有少量高岭石[图2(b)至图2(d)]。

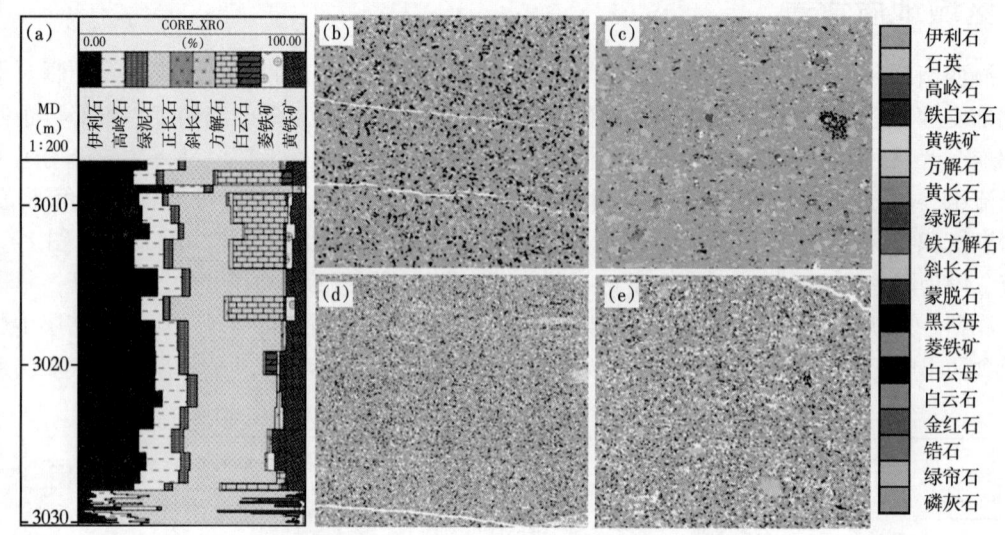

图 2 涠西南凹陷流二段页岩油储层矿物组分高精度岩心扫描及矿物组分分析结果

由于流二段页岩油储层矿物组分具有很强的复杂性的非均质性，为定量计算及连续精细评价流二段页岩油储层矿物组分，首次将高精度地层元素测井对流二段页岩油储层元素及矿物的精细评价中。高精度地层元素测井基于伽马的俘获谱和非弹谱解，对地层中铝、铁、钙、硅、镁、钾、钠和硫等常见元素测量得更加准确和精确[25]。更为重要的是，为了准确表征矿物含量，利用大量的 XRD 实验分析数据对地层元素测井得到的关键矿物的含量进行了刻度，从而精细表征了流二段页岩油储层矿物组分及其含量（图3）。

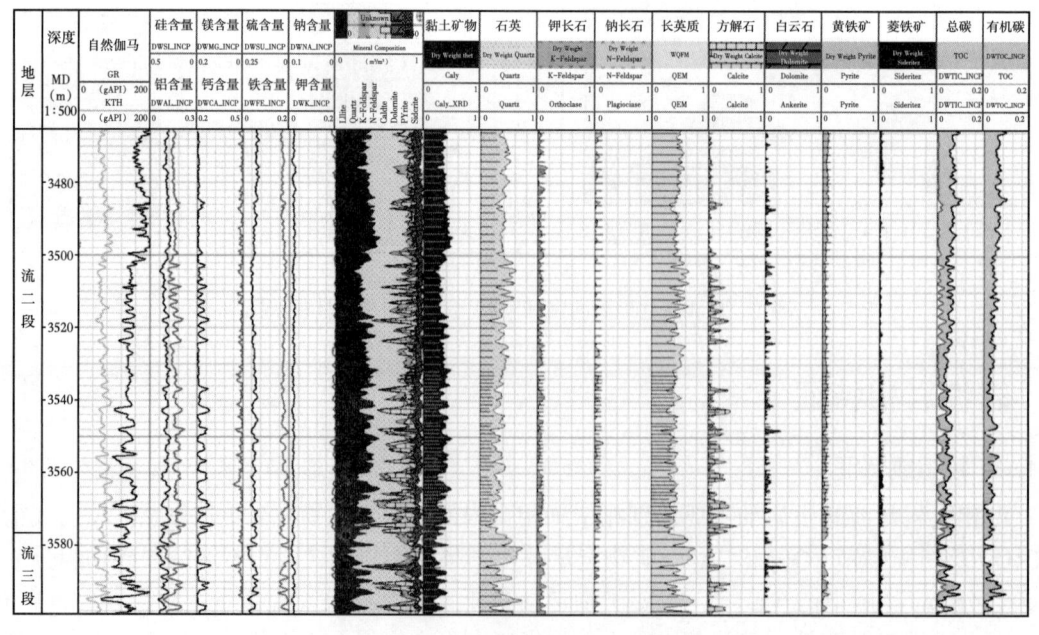

图 3 涠西南凹陷流二段页岩油储层主要化学元素、矿物组分垂向分布图

结果表明流二段页岩油储层表现为黏土矿物、长英质矿物及碳酸盐矿物混积地特征：黏土矿物含量介于7.4%~52.1%之间，平均为35.1%[图4（a）]；石英、长石等长英质矿物含量介于16.2%~74.7%之间，平均为43.6%[图4（b）]；碳酸盐岩（方解石、白云石）含量分布在0~45.1%之间，均值为10.1%[图4（c）]。重矿物含量相对较少，黄铁矿含量分布范围为4.9%~12.6%之间，平均为6.9%[图4（d）]；菱铁矿含量较低，最大为8.7%。

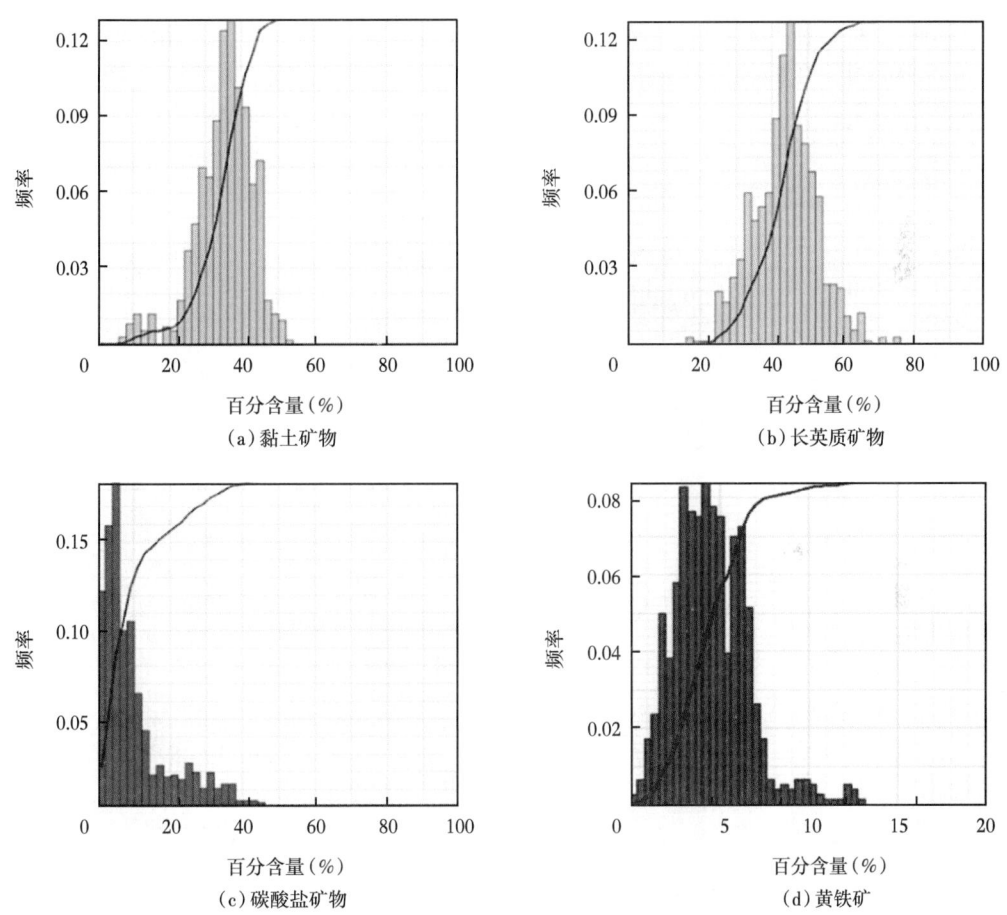

图4 涠西南凹陷流二段页岩油储层黏土矿物、长英质矿物、碳酸盐矿物及黄铁矿百分含量柱状图

2.2 岩相特征

页岩岩相是表征页岩岩性及沉积特征在横向及纵向非均质性的重要参数，与常规油藏相比，湖相页岩油储层岩相在垂向上变化更为频繁。常规的测井曲线（如伽马、中子、密度及电阻率）纵向分辨率较低，难以用来表征页岩岩相纵向的频繁变化。本次研究利用高分辨率成像测井技术结合地层元素测井对页岩油储层岩相进行定量分析的方法，此方法基于页岩储层中黏土质矿物、长英质矿物及碳酸盐质矿物的相对含量将页岩油储层岩相划分为16类，既能快速且高精度地识别页岩岩相，又能适用于区域多井地层对比。

流二段页岩油储层岩相以富泥硅质页岩、混合型硅质页岩及泥质硅质页岩为主，其次为混合型页岩及碳酸盐质硅质页岩，发育少量的混合型泥质页岩、富硅泥质页岩及富碳酸盐质硅质页岩[图5（a）至图5（b）]。此外，流二段纵向上岩相变化也较为明显，流二段底部硅质矿物组分含量较高，岩相主要为富泥硅质页岩、混合型硅质页岩及泥质硅质页岩，其次为混合型页岩及碳酸盐质硅质页岩［图5（c）］。流二段中部硅质矿物组分含量略有降低，而黏土质矿物组分含量略有增加，岩相以富泥硅质页岩、混合型硅质页岩及泥质硅质页岩为主，含少量的混合型页岩及富硅泥质页岩［图5（d）］。流二段顶部黏土质矿物组分含量明显增加而硅质矿物组分明显减少，岩相主要为富泥硅质页岩、混合型硅质页岩、泥质硅质页岩、富硅泥质页岩及混合型泥质页岩［图5（e）］。岩相的纵向变化指示了流二段沉积环境的演化为湖侵过程，流二段底部硅质矿物相对较高，表明其主要为湖侵开始时期；中部硅质矿物含量减少而黏土质矿物增加，表明其主要为湖侵扩大时期；顶部黏土质矿物最高，说明其主要为湖侵最大时期。

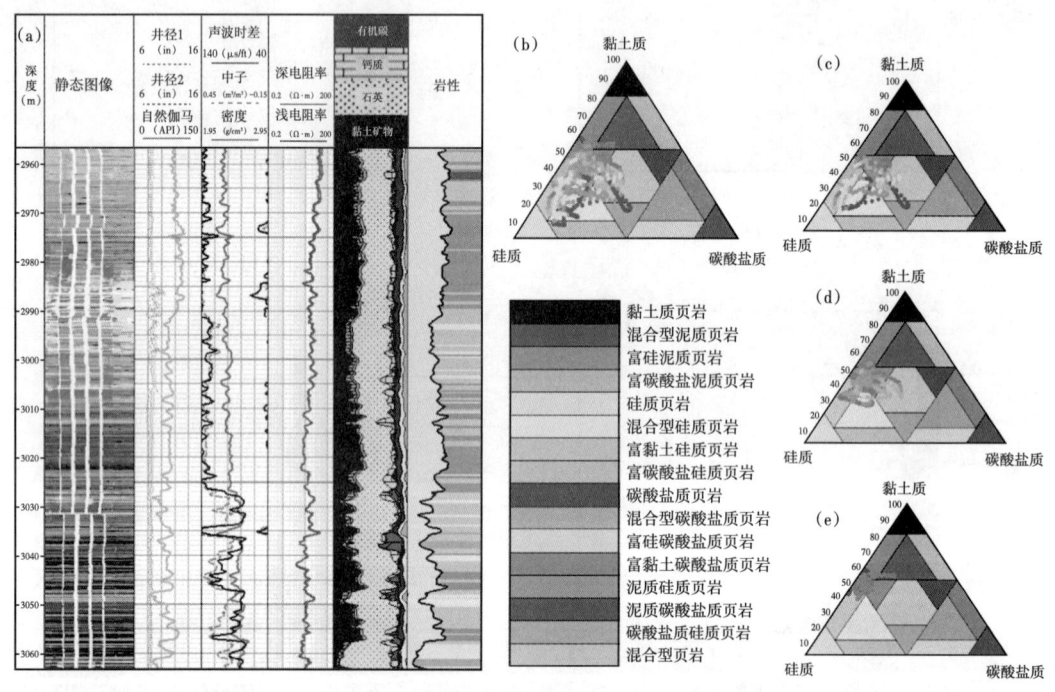

图5 涠西南凹陷流二段页岩油储层岩相精细表征结果

3 有机碳特征

流二段页岩油储层组作为研究区重要的烃源岩，其内部发育大量的有机质。本文主要利用高分辨率地层元素测井定量评价页岩油储层中的有机碳含量，高精度地层元素测井可通过非弹性谱获取地层中总碳含量，扣除主要碳酸盐矿物（方解石、白云石等）中的无机碳，从而得到页岩中的有机碳含量[25]。有机碳是页岩油藏的关键岩石物理参数，其可与其他参数一起评价页岩油储层的生油能力。

基于高分辨率扫描电镜图像分析结果，流二段页岩油储层中发育大量以条带状、块状及填隙状形式赋存有机碳。定量分析结果表明，流二段页岩油储层中有机碳含量分布范围为0.3%~12.9%，平均4.5%［图6（a）至图6（h）］，表明流二段页岩油储层具有很强的生烃能力。

4 物性特征

4.1 孔隙类型及孔隙结构

页岩油储层复杂的矿物组成及其细粒沉积的特征，决定了页岩油储层中孔隙类型多样、孔隙结构复杂且非均质性强的特征。扫描电镜结果显示，流二段页岩油储层中发育大量黏土晶间孔、长英质矿物粒内溶孔、微裂缝以及黄铁矿晶间孔［图6(i)至图6(n)］；此外由于流二段页岩油储层中有机质的大量存在，还发育有机质孔隙以及有机质内裂缝［图6(o)至图6(p)］。

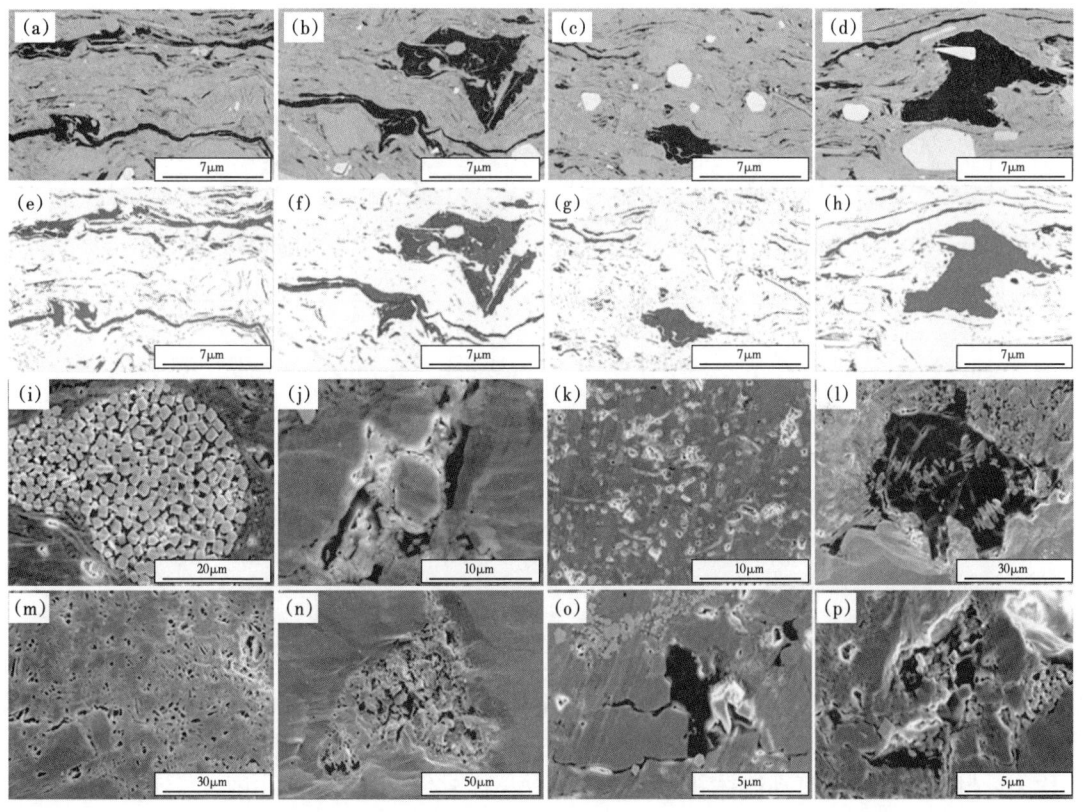

图6 潤西南凹陷流二段页岩油储层主要孔隙类型

对于页岩油储层这种复杂的孔隙类型及孔隙结构，常规三孔隙度测井曲线（中子、密度、声波）受影响较大，此外由于矿物成分和有机质成熟度的复杂性，传统的孔隙度计算公式不适用于页岩油储层，造成页岩油储层中孔隙度的评价存在极大的不确定性。核磁共振测量不仅可提供不受岩石骨架中有机质影响的孔隙度，而且还能进一步反映储层的孔隙结构、流体性质等特征[26]，在页岩油储层评价中广泛应用。岩心核磁共振实验分析结果表明，流二段页岩油储层孔隙度范围约为 5.4%~16.1%，表明孔隙度变化很大；与此同时，部分岩心核磁 T_2 谱呈现出明显双峰状特征（图7），说明流二段页岩油储层孔隙类型及孔隙结构具有极强的复杂性及非均质性。

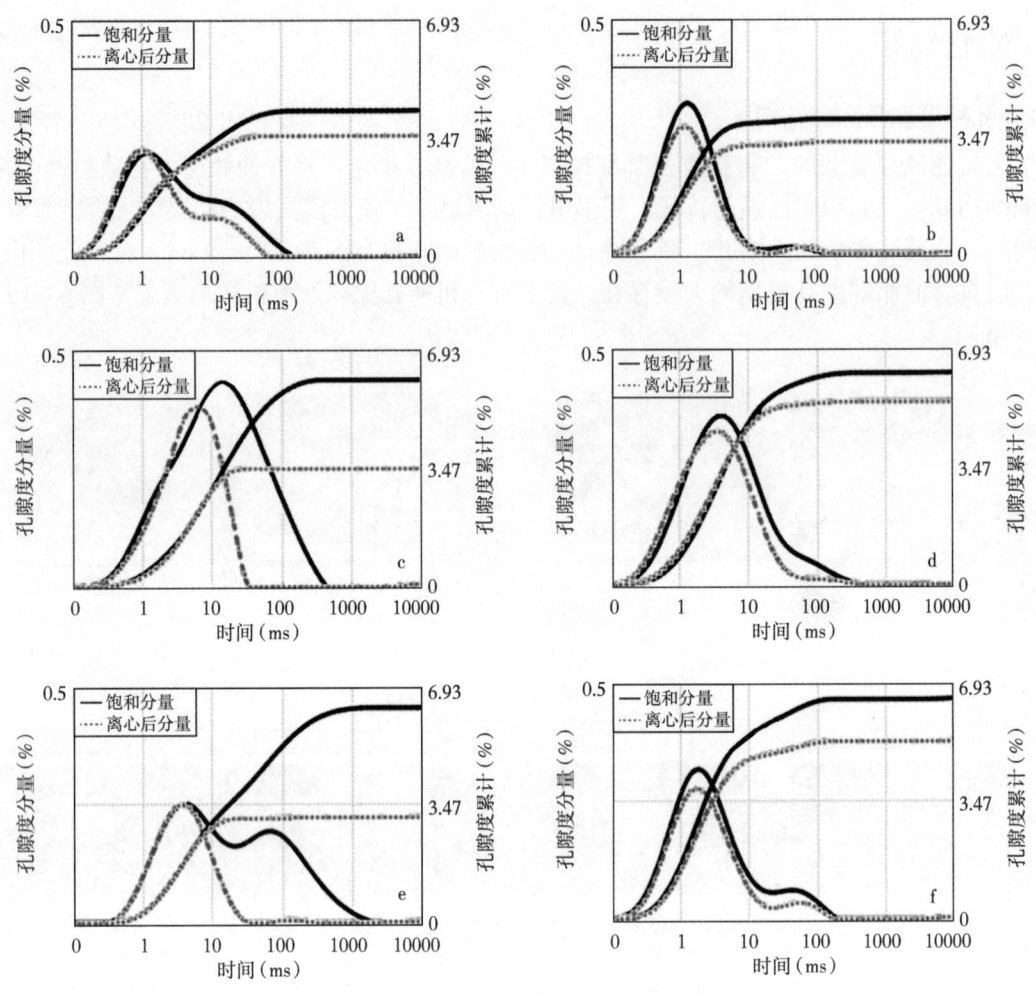

图 7 润西南凹陷流二段页岩油储层岩心核磁共振实验分析结果

高精度核磁共振测井资料表明，流二段整体总孔隙度、有效孔隙度及可动孔隙度均较高，核磁总孔隙度介于 4.7%~19.3%，平均 11.3%（图 8）；核磁有效孔隙度介于 0.2%~16.3%，平均 8%（图 8）；核磁可动流体孔隙度介于 0.1%~11.8%，平均 4.0%（图 8）。更为重要的是基于核磁共振测井 T_2 谱反映流二段页岩油储层段不同层段孔隙结构特征，流二段顶部以小孔隙为主，其次为中等孔隙，而大孔隙相对较少[图 9（a）]；中部以小孔隙及大孔隙为主，中等孔隙发育程度较低[图 9（b）]；底部以小孔隙为主，中大孔隙发育较少[图 9（c）]。微观尺度的扫描电镜资料及宏观尺度的核磁共振资料共同揭示了流二段页岩油储层复杂的孔隙类型及孔隙结构特征。

4.2 裂缝发育特征

页岩油储层的勘探实践表明天然裂缝对于页岩油气储层至关重要，一方面在排烃期可作为油气的运移和疏导通道，有利于自生自储或自生近储的页岩油气储层成藏[27]；另一方面在排烃期后由于压力下降以及碳酸钙沉淀常形成闭合裂缝，对于后期的页岩油气储层的后期保存也有着重要的贡献。基于高分辨率电成像测井可确定地层中天然裂缝的发育层段，并可与钻井取心进行刻度标定；更为重要的是基于高分辨率成像测井可确定天然裂缝的产状（倾向、走向及倾角大小)等地质信息,弥补了其他测井手段甚至是钻井取心均无法提供天然裂缝产状的不足,是评价地层中天然裂缝最为直观的途径与手段。

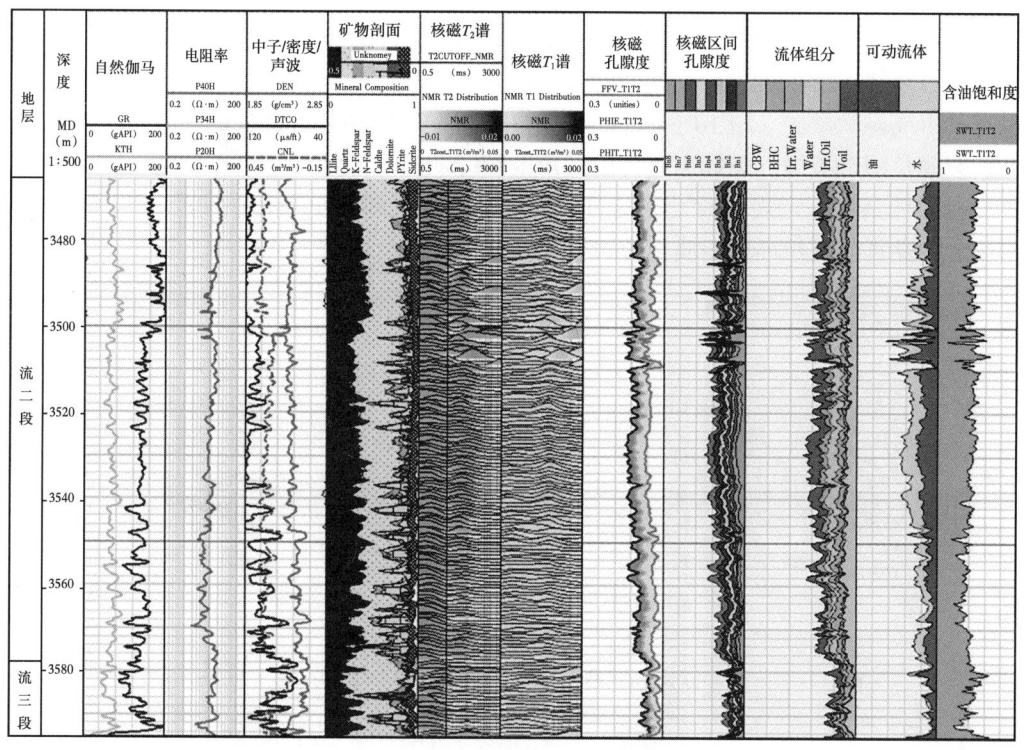

图 8 润西南凹陷流二段页岩油储层核磁共振测井孔隙度解释结果

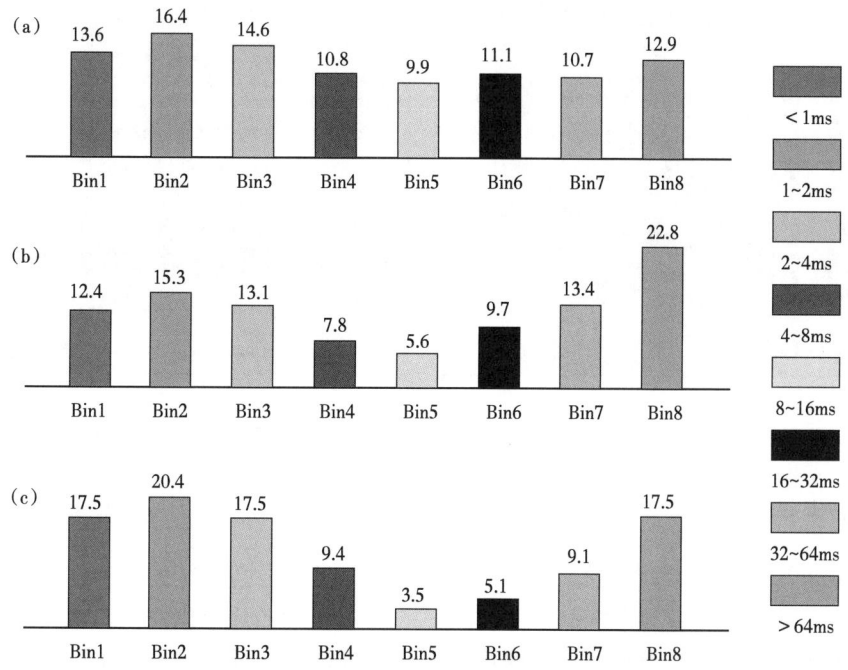

图 9 润西南凹陷流二段页岩油储层核磁共振测井孔隙结构解释结果

— 135 —

流二段页岩油储层岩心分析资料表明出层中发育大量天然裂缝，且裂缝角度较高[图10（a）至图10（c）]。本次研究利用的是新一代油基钻井液电成像测井工具，经过反演处理可得到清晰的电阻率静态图像、动态图像以及间隙图像[28]。对于开启裂缝，电极与井壁面之间的距离由于裂缝的存在，间隙值较大，间隙图像上显示为暗色正弦曲线[图10（d）]；而对于闭合裂缝，由于裂缝被充填，电极与井壁面之间的距离较小，间隙值较小，间隙图像上没有显示或显示微弱[图10（e）]。基于高分辨率成像测井数据分析，流二段部分层段发育开启裂缝及闭合裂缝，裂缝主要为中高角度裂缝，与取心结果可进行刻度对比。裂缝密集发育层段同样具有一定规律性，裂缝主要发育于流二段湖侵早期、中期及晚期过渡的层段，表明裂缝的发育与沉积环境的演化密切相关。

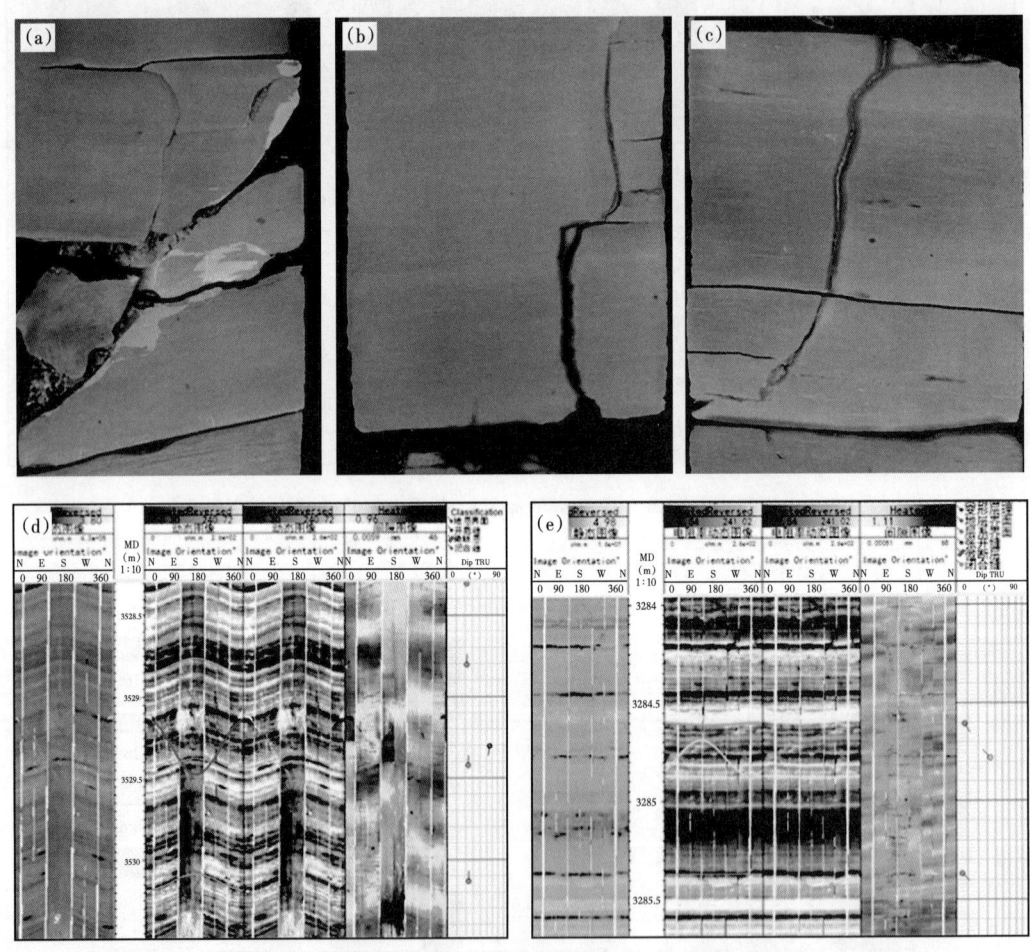

图10　涠西南凹陷流二段页岩油储层天然裂缝发育特征

5　含油性特征

与常规油气藏相比，页岩油储层矿物组分、孔隙类型及孔隙结构更为复杂，导致页岩油储层中油气赋存空间类型与常规储层存在明显的差异。激光共聚焦扫描的实验结果表明，流二段页岩油储层主要存在吸附油、毛细管束缚油和可动油三种类型，轻质组分主要富集于粒间孔及微裂缝等无机孔缝系统中，而重质组分倾向于富集于有机孔中（图11）。

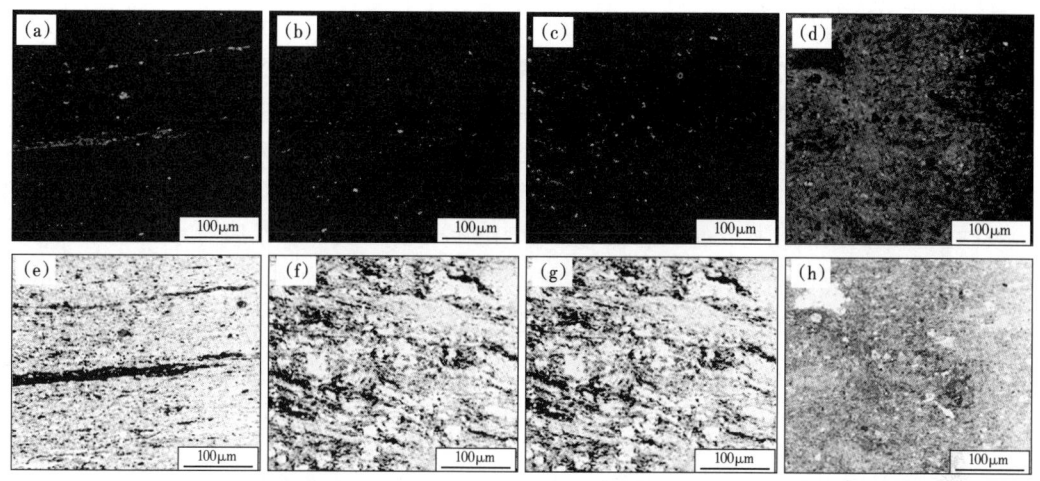

图 11　涠西南凹陷流二段页岩油储层激光共聚焦扫描实验分析结果

如何在岩性复杂、孔隙结构复杂及润湿性条件差异明显的页岩油储层中精确计算含油饱和度一直困扰众多学者，之前评估流体饱和度的常见做法主要依赖于电阻率测量和孔隙度组合的解释，但由于阿奇公式参数的不确定性，利用常规方法计算页岩油储层含油饱和度的不确定极大，因此亟须一种可精确计算页岩油储层含油饱和度的方法。研究表明，页岩油储层中不同流体的 T_1/T_2 比值不同，碳氢化合物具有高 T_1/T_2 比，而水具有低 T_1/T_2 比，因此本次研究利用二维核磁测井技术的 T_1 及 T_2 谱的测量以及 T_1/T_2 比值的方法定量评价页岩油储层的含油量。在 T_1 弛豫时间和 T_2 弛豫时间交会图上，基于聚类分析原理将 T_1—T_2 图分为不同的簇，每个簇对应于不同的孔隙流体成分，在此基础上可确定不同流体的孔隙度及饱和度。

二维核磁测井分析结果表明，流二段页岩油储层中可动油孔隙度分布在 0.2%~6.8% 之间，束缚油孔隙度分布在 0.03%~3.1% 之间，沥青含量相对较低，其孔隙度最高为 1.2%（图 8）。毛管束缚水孔隙度分布范围为 0.7%~2.6%，黏土束缚水孔隙度主要分布在 1.1%~4.9% 之间，总含水饱和度最低为 37.9%，最高为 82.1%（图 8）。由此可见，在流二段页岩油储层中，可动流体在孔隙中占主导地位，且可动油在可动流体中占比也高。同时，T_2 弛豫时间较长、T_1/T_2 比值较高的可动油组分在单一深度的 T_1—T_2 图上清晰可见，其平均 T_1/T_2 比值约为 10（图 12）。可动油组分、孔隙度分析结果以及单一深度 T_1—T_2 可动油信号等特征均表明流二段页岩油藏具有极大的勘探潜力。

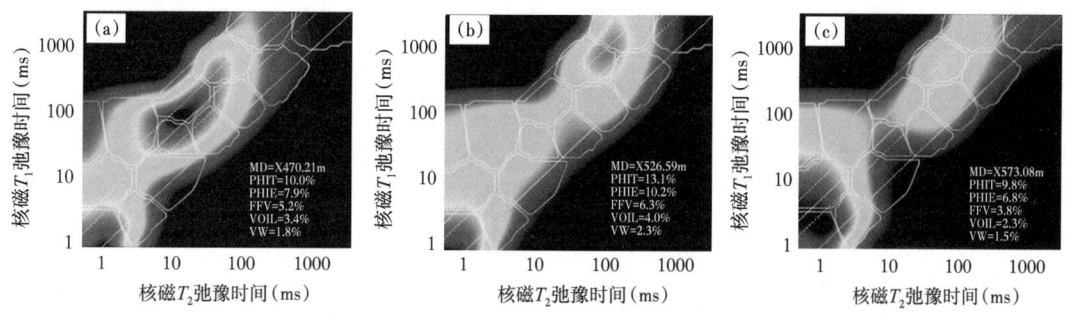

图 12　涠西南凹陷流二段页岩油储层单一深度 T_1—T_2 测井图

6 宏观结构特征

页岩油储层的宏观结构类型对于页岩油储层油气富集及后期压裂开发具有十分重要的影响；之前学者对于页岩油宏观结构的研究主要基于取心资料，而全井段取心成本极高且无法在毫米级别对页岩油储层宏观结构进行精细表征，因此本文将高分辨率电成像测井技术引入对页岩油储层宏观结构相的分析研究中。电成像测井的纵向分辨率很高（可达5mm），可清晰地反映毫米级的纹层结构，是页岩宏观结构相评价的最有效测井手段。

近年来基于电成像测井资料发展起来的边缘检测技术可较为客观地反映页岩储层的宏观结构特征，图像边缘检测技术是将图像中的突变的重要信息提取出来的过程，并通过应用滤波函数来找寻图像的强度梯度变化极值边界，使用某个阈值来确定这个边界（即图像边缘），根据滤波函数将图像边缘和非边缘转化为1和0构成的二值图像进而抽提出边缘特征，最后将边缘特征定量化得到纹层指数，特征值越多，计算的纹层指数就越高（图13）。在井况条件和图像质量类似的情况下，边缘检测方法得到的纹层指数能够直接用于多井之间的定量对比，从而实现对页岩油储层毫米尺度的宏观结构相的精细表征[29-30]。

流二段页岩油储层宏观结构分析结果表明，纹层指数与矿物组分具有一定的匹配性，碳酸盐矿物含量相对高的层段，纹层指数明显较低，页岩宏观结构主要表现为块状结构（图13）；碳酸盐矿物含量相对较低的层段，纹层指数较高，页岩宏观结构主要表现为纹层状结构（图13）。同时，纹层发育程度与重要的岩石物理参数也密切相关，纹层指数与有机碳、有效孔隙度及含油孔隙度存在很好的相关性，呈现出明显的正相关关系，这为后期流二段页岩油储层勘探开发提供了重要的数据基础（图14）。

7 页岩油储层综合评价

与传统砂岩、碳酸盐岩储层相比，页岩油储层具有机质丰富、粒度细、黏土矿物含量高、孔隙结构复杂、渗流能力差、非均质性强的特点。页岩油储层"甜点"评价需要综合储层的岩性、物性、含油性、可压性、地应力、烃源岩特征等进行综合评价[23-25]。其中岩性、物性、含油性属于储层品质，可压性、地应力属于完井品质，烃源岩特征属于源岩品质。

以研究区 WY-4 井为例，3465~3502m 层段黏土含量分布在 22.7%~51.0% 之间，TOC 含量为 3.2%~10.1%，岩相主要为泥质硅质页岩、富黏土硅质页岩（图13）。3502~3524m 层段黏土含量分布范围 19.5%~46.9%，TOC 含量在 2.6%~6.4% 之间，岩相非均质性较强，发育富黏土硅质页岩、混合页岩、混合硅质页岩和泥质硅质页岩（图13）。3524~3548m 层段黏土含量为 25.4%~49.2%，TOC 含量为 1.1%~5.1%，岩相非均质性较强，发育泥质硅质页岩、富黏土硅质页岩、混合页岩（图13）。3548~3560m 层段黏土含量分布在 27.5%~52.1% 之间，TOC 含量为 0~6.4%，岩相主要为泥质硅质页岩和混合页岩（图13）。3560~3578m 层段黏土含量分布范围为 19.1%~50.9%，TOC 含量分布在 0~4.8% 之间，岩相主要为混合页岩、泥质硅质页岩，发育少量富黏土硅质页岩（图13）。天然裂缝主要发育3502~3524m 层段，且天然裂缝主要为高角度裂缝。3502~3548m 层段孔隙度和可动油孔隙度均较大，有效孔隙度为 4.0%~11.9%，自由流体孔隙度为 1.1%~9.6%，可动油孔隙度为 0.6%~6.8%，可动油饱和度约为 34.3%（图13），因此 3502~3548m 层段为全井段储层品质最优的层段。

除储层品质外，完井品质是影响页岩储层产量的另一个关键因素，完井品质主要包括可压裂性、闭合压力等地质力学参数，可用于指导水力压裂设计。完井品质分析结果表明，

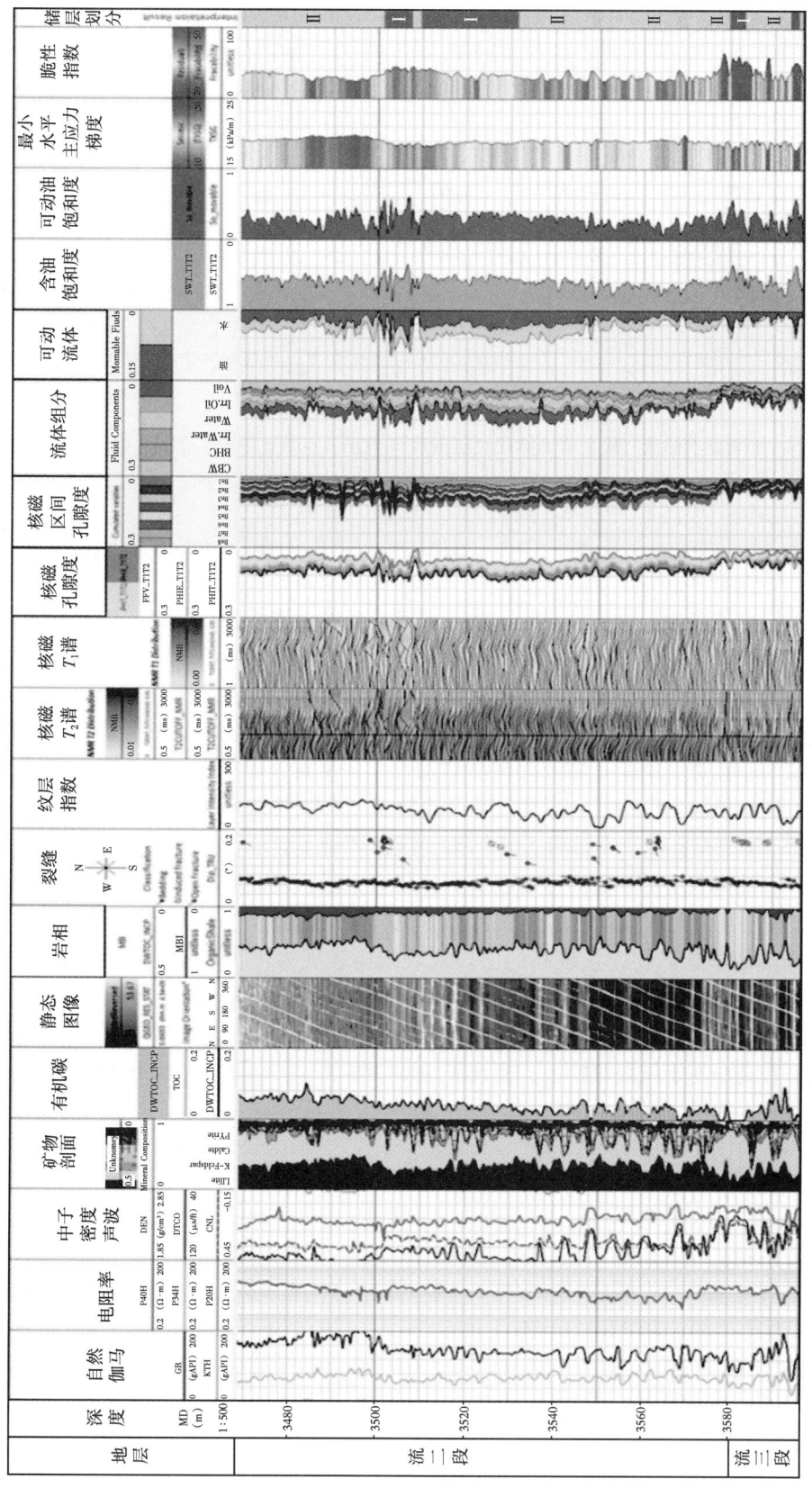

图13 涠西南凹陷流二段页岩油储层品质及完井品质综合评价结果

3502~3530m 及 3576~3584m 层段完井质量较好，闭合压力梯度较低，可压性较高（图13）。综合储层品质及完井品质结果，3502~3530m 层段为页岩油储层品质及完井品质的双"甜点"，是实现页岩油储层地质工程一体化开发的优选靶窗。

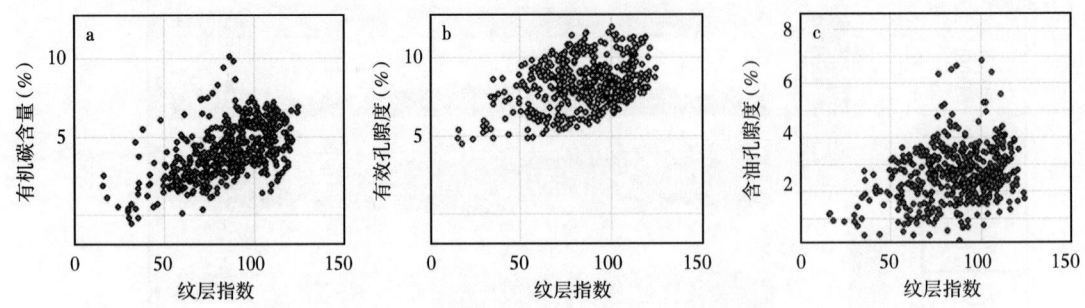

图 14　涠西南凹陷流二段页岩油储层纹层指数与TOC、有效孔隙度、含油孔隙度关系

8　结论

（1）结合高精度岩心实验分析、地层元素测井资料及高分辨率成像测井资料，明确了流二段页岩油储层中的主要矿物包括黏土矿物、长英质矿物及碳酸盐矿物，并确定了主要岩相类型为富泥硅质页岩、混合型硅质页岩及泥质硅质页岩。

（2）基于核磁共振测井资料及岩心核磁共振实验分析结果，定量评价了流二段页岩油储层孔隙度及孔隙结构特征，流二段页岩油储层有效孔隙度及可动流体孔隙度均较高，且孔隙结构较为复杂，小孔隙、中等孔隙及大孔隙均发育。利用高分辨率成像测井资料精细表征了页岩油储层中天然裂缝发育特征，主要发育开启缝及闭合缝两种天然裂缝类型。

（3）基于二维核磁孔隙度含油性分析结果，定性评价了含油性及定量计算了页岩油储层含油饱和度，含油饱和度平均值高达60%，指证了流二段页岩油储层较好的含油性。

（4）首次利用高分辨率成像测井资料计算了页岩储层的纹层指数，流二段页岩宏观结构为纹层状，局部碳酸盐矿物含量较高的层段宏观结构表现为块状，且纹层指数与有机碳含量、有效孔隙度及含油饱和度等关键岩石物理参数具有明显的正相关性。

（5）综合页岩油储层品质及源岩品质优选出优质"甜点段"，优质"甜点段"表现出含油性好、储层品质高、易于压裂等特征，实现了地质"甜点"与工程"甜点"的相互融合，为后续页岩油压裂开发提供了强有力的依据。

参 考 文 献

[1] 李潮流, 闫伟林, 武宏亮, 等. 富黏土页岩储集层含油饱和度计算方法——以松辽盆地古龙凹陷白垩系青山口组一段为例[J]. 石油勘探与开发, 2022, 49（6）: 1168-1178.

[2] 柳波, 孙嘉慧, 张永清, 等. 松辽盆地长岭凹陷白垩系青山口组一段页岩油储集空间类型与富集模式[J]. 石油勘探与开发, 2021, 48（3）: 521-535.

[3] 李明瑞, 侯云超, 谢先奎, 等. 鄂尔多斯盆地平凉—演武地区三叠系延长组油气成藏模式及勘探前景[J]. 石油学报, 2023, 44（3）: 433-446.

[4] 徐泽阳, 刘震, 赵靖舟, 等. 基于测井响应特征的烃源岩古超压成因分析——以鄂尔多斯盆地三叠系延长组7段烃源岩为例[J]. 天然气地球科学, 2023, 34（11）: 1950-1960.

[5] 刘惠民,包友书,张守春,等.陆相富碳酸盐页岩结构特征与页岩油可动性——以济阳坳陷古近系沙河街组页岩为例[J].石油勘探与开发,2023,50(6):1150-1161.

[6] 李军亮,王鑫,王伟庆,等.致密砂岩砂—泥结构发育特征及其对储集空间的控制作用——以渤海湾盆地临南洼陷古近系沙河街组三段下亚段为例[J].石油与天然气地质,2023,44(5):1173-1187.

[7] 白雪峰,李军辉,张大智,等.四川盆地仪陇—平昌地区侏罗系凉高山组页岩油地质特征及富集条件[J].岩性油气藏,2024,36(2):52-64.

[8] 李斌,吉鑫,彭军,等.川东南涪陵地区凉高山组湖相页岩生烃潜力评价[J].西南石油大学学报(自然科学版),2023,45(6):43-56.

[9] 方锐,蒋裕强,杨长城,等.四川盆地侏罗系凉高山组页岩油地质特征[J].中国石油勘探,2023,28(4):66-78.

[10] 刘金,王剑,马啸,等.陆相咸化湖盆页岩油甜点孔隙特征与成因——以准噶尔盆地芦草沟组为例[J].地质学报,2023,97(3):864-878.

[11] 张奎华,孙中良,张关龙,等.准噶尔盆地哈山地区下二叠统风城组泥页岩优势岩相与页岩油富集模式[J].石油实验地质,2023,45(4):593-605.

[12] 刘天,刘小平,刘启东,等.陆相页岩游离油定量表征及其影响因素——以苏北盆地高邮凹陷古近系阜宁组二段为例[J].石油与天然气地质,2023,44(4):910-922.

[13] 姚红生,昝灵,高玉巧,等.苏北盆地溱潼凹陷古近系阜宁组二段页岩油富集高产主控因素与勘探重大突破[J].石油实验地质,2021,43(5):776-783.

[14] 郭泽清,龙国徽,周飞,等.咸化湖盆页岩油地质特征及资源潜力评价方法——以柴西坳陷下干柴沟组上段为例[J].地质学报,2023,97(7):2425-2444.

[15] 郑永盛,唐闻强,伊海生,等.湖相致密储层有利层段的沉积与湖平面变化的耦合关系及其控制因素:以柴西尕斯地区上干柴沟组下段为例[J].沉积与特提斯地质,2023,43(3):475-488.

[16] 张博,张凤奇,卓勤功,等.柴达木盆地英西地区下干柴沟组上段构造裂缝的分布预测[J].地球物理学进展,2022,37(2):709-720.

[17] 李志明,金芸芸,李楚雄,等.南襄盆地泌阳凹陷渐新统核桃园组三Ⅲ亚段页岩油富集模式——以中部深凹带YYY1井取心段为例[J].石油实验地质,2023,45(5):952-962.

[18] 郭飞飞,柳广弟.南襄盆地南阳凹陷古近系核桃园组核三段优质烃源岩分布与油气成藏特征[J].天然气地球科学,2021,32(3):405-415.

[19] 邓勇,范彩伟,胡德胜,等.北部湾盆地涠西南凹陷流沙港组二段下亚段页岩油储层非均质性特征[J].石油与天然气地质,2023,44(4):923-936.

[20] 徐长贵,邓勇,范彩伟,等.北部湾盆地涠西南凹陷页岩油地质特征与资源潜力[J].中国海上油气,2022,34(5):1-12.

[21] 曾晓华,胡威,肖大志,等.涠西南凹陷F油田流一段储层沉积微相及砂体连通性研究[J].复杂油气藏,2023,16(3):293-300.

[22] 郐金来,孟元林,武景龙,等.涠西南凹陷X油田中块渐新统储层碳酸盐胶结物特征及孔隙演化模式[J].海洋地质前沿,2023,39(7):13-24.

[23] 宫立园,胡德胜,满晓,等.涠西南凹陷流一段高位域早期湖底扇沉积特征及有利储层预测[J].中国海上油气,2022,34(6):54-64.

[24] 胡德胜,游君君,孙文钊,等.涠西南凹陷流沙港组页岩油赋存特征及可动性评价[J].断块油气田,2024,31(1):26-33.

[25] 樊云峰,安纪星,岳爱忠,等.基于地层元素测井的页岩油储层评价[J].测井技术,2022,46(5):563-571.

[26] 刘欢,徐锦绣,陈红兵,等.基于核磁共振测井校正的泥质砂岩气层孔隙度计算方法[J].中国海上油气,

2023，35（3）：89-95.

[27] 杜晓宇，金之钧，曾联波，等.鄂尔多斯盆地陇东地区长7页岩油储层天然裂缝发育特征与控制因素[J].地球科学，2023，48（7）：2589-2600.

[28] 何玉春，张国栋，曲长伟，等.高分辨率油基泥浆成像测井在储层地质评价中的综合应用[J].海洋石油，2023，43（2）：57-63.

[29] 刘国强，赵先然，袁超，等.陆相页岩油宏观结构测井评价及其甜点优选[J].中国石油勘探，2023，28（1）：120-134.

[30] 李国欣，刘国强，侯雨庭，等.陆相页岩油有利岩相优选与压裂参数优化方法[J].石油学报，2021，42（11）：1405-1416.

吉林油田陆相页岩油评价的关键问题

王永成[1]，菅红军[1]，宋宝良[2]，鲍迎春[1]，路肖肖[1]

（1.中国石油集团测井有限公司吉林分公司；2.中国石油吉林油田公司勘探开发研究院）

摘 要：随着经济的发展，我国对油气的需求量越来越大。油气总需求量的73.56%得依赖进口。常规油气资源每年发现储量占比在减少。因此，加大非常规油气资源致密油、页岩油等勘探开发力度，势在必行。人力物力投入持续加大，也确实见到了成效，页岩油研究工作也越来越细致入微。但目前的问题是对岩性特征、储层储集物性、含油特征进行了微观研究，细枝末节研究深入，却忽略了宏观关键问题及基本概念的归纳总结与思考。本文将陆相页岩油勘探开发的关键问题加以概括总结。并结合松辽盆地南部长岭凹陷具体的页岩油勘探开发实践实例加以说明。总结出陆相页岩油的四大关键问题，即深度、厚度、有机碳含量、脆性矿物。文中对页岩储层四大关键问题进行深入浅出的论述，为后续页岩油勘探开发中，关键问题总体把控，提供参考依据。同时对页岩油开发井的套管使用提出建议。

关键词：陆相；页岩油；储层；深度；厚度；有机碳含量；脆性矿物

松辽盆地是典型的陆相含油气盆地，储层岩性为碎屑岩。常规油气资源支撑了吉林油田60多年的高效勘探与开发。虽然已进入常规与非常规开发并举的时代，但目前仍以常规油气为主力开发资源。页岩油初现端倪，为了使页岩油成为勘探开发的接替资源，已经开展了很多研究工作。但是，关键问题阐释不够明晰。为了减少人力物力资源浪费，防止事倍功半。本文将阐述页岩油的基本概念和关键问题，以达到总体引导，抛砖引玉的效果。同时对页岩油开发井的套管使用提出建议。

1 页岩油的概念以及页岩油与油页岩的联系

20世纪50年代，我国现今正在开采的绝大多数油田，还未被发现。当时就在吉林省桦甸、辽宁省抚顺、广东省茂名等油页岩富集地区。将油页岩加热裂解，生产液体原油。当初人们把这种来源于油页岩的石油，叫页岩油。如今页岩油的概念内涵已经发生变化。

页岩油与油页岩既有区别又有联系。二者的"岩"是一致的，区别在"油"。二者都赋存于页岩之中。页岩是页理发育的泥岩。油页岩是富含有机碳的泥页岩，油页岩中的"油"，还未成熟，处于生油母质——干酪根阶段，经过加热裂解才能变成液体的石油。油页岩到石油经过两个开发生产阶段，第一阶段油页岩开采，第二阶段对油页岩加热裂解。用油页岩制造人工页岩油成本高，产量低。

页岩油是赋存于页岩中的已经成熟的液体石油，页岩油通常油质较轻。

实际上，"页岩油"在地质历史时期都曾经历过"油页岩"的阶段。

2 陆相页岩油勘探开发要把握的四个关键问题

与陆相页岩油关系密切的四个关键问题，即深度、厚度、有机碳含量、脆性矿物。

第一作者简介：王永成，高级工程师，现就职于中国石油集团测井有限公司吉林分公司。通讯地址：吉林省松原市宁江区中国石油测井公司吉林分公司解释评价中心，邮编：138003，E-mail：cjjlwangyc@cnpc.com.cn

2.1 页岩储层埋藏深度

页岩储层埋藏必须达到一定深度,才能达到一定的温度和压力,而且需要在缺氧的还原环境下,烃源岩才能产生石油。在实验室条件下,烃源岩生烃门限温度是50~130℃。温度超过175℃时,有机碳过成熟,就会生成页岩气,页岩气价值也非常大。松辽盆地南部长岭凹陷页岩储层埋藏深度一般为2000m以上,地层温度一般为97~101℃,平均为99℃,地温达到生烃门限温度。晶质体反射率达到0.5%~1.2%,属于中—高成熟。如图1所示,为黑76-12-16井测井解释成果图。图1显示2389.8~2391.4m井段,自然伽马平均值135API,声波时差平均值285μs/m,深侧向电阻率平均值20Ω·m。该井段测井解释确定为页岩油层。

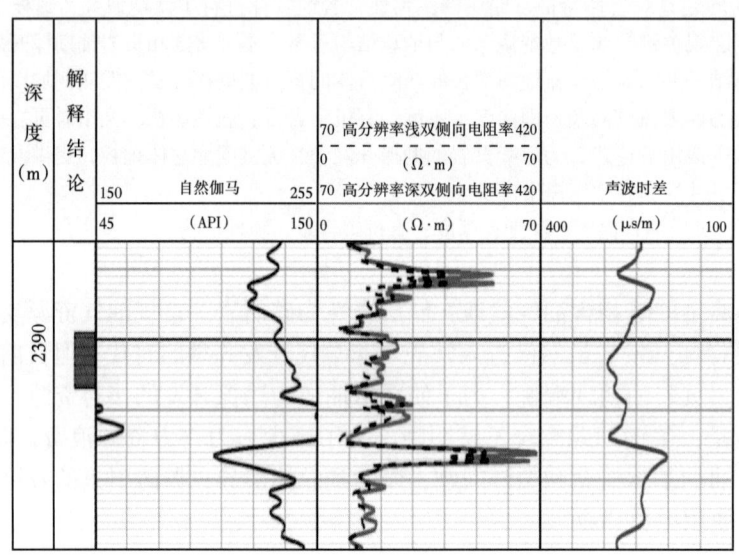

图1 黑76-12-16井页岩油测井解释成果图

2.2 页岩储层厚度

页岩层必须达到一定的厚度,才有工业价值。厚度太小烃源岩即使具备排烃条件,产生的原油量也很少。少量的原油再运移到附近的具有储存条件的砂岩中一部分,页岩中原油所剩无几,就不具备开发的价值了。页岩的厚度要达到30~50m以上,厚度大,生成的原油量也多。只要储层的物性较好,孔隙度大于4%~5%,厚度较大,就可以自生自储大量页岩油。图2为情50-46井测井解释成果图。图2显示2566.0~2567.6m井段,自然伽马值介于120~150API,声波时差平均值300μs/m,深侧向电阻率平均值20Ω·m。虽然该井段测井解释确定为页岩油层,但是厚度仅有1.6m,因此,该页岩油层不具备开发价值。

2.3 页岩储层有机碳含量

页岩中有机碳含量必须足够大,才能生成更多的原油。国外较好的页岩油气田,页岩有机碳含量通常达到7%~8%,而松辽盆地南部长岭凹陷页岩的有机碳含量平均为2%~3%。目前不排除随着勘探力度加大,发现有机碳含量更高的页岩的可能性。

松辽盆地南部长岭凹陷页岩有机碳含量的先天不足,只能寄希望于厚度大来补充了。也可以将页岩上下附近的含油砂泥岩薄互层,一起射孔压裂进行开采。但这已经突破页岩油的范畴了，是否还能称其为页岩油，值得商榷。吉林油田目前投产的页岩油井，一部分是页岩油层与砂岩油层合投，另一部分是页岩油层与砂岩油层间隔距离很小。投产结果难以说清楚，页岩层出油，还是砂岩层出油。页岩层和砂岩层到底谁的贡献大，不甚明晰。

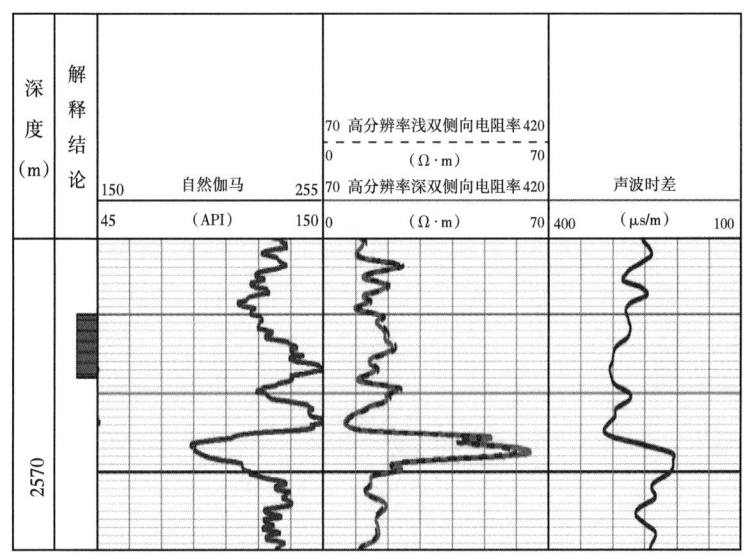

图 2　情 50-46 井页岩油测井解释成果图

2.4　页岩中所含的脆性矿物

页岩中必须含有一定量的脆性矿物，才有利于压裂开采。页岩层中脆性矿物含量一般可达 35% 以上。常见的脆性矿物有石英——主要成分是二氧化硅，长石——主要成分是硅铝酸盐矿物，方解石——主要成分是碳酸钙，白云石——主要矿物成分是碳酸钙镁。例如乾页 1 井页岩中的脆性矿物长石和石英含量超过 45%。

综上所述页岩储层的深度、厚度、有机碳含量、脆性矿物缺一不可，尤其是有机碳含量是非常关键的指标。

3　油页岩和页岩油测井曲线响应特征

油页岩和页岩油测井曲线响应特征，有相似之处，都是泥岩或泥质含量较高的反映，即较高的自然伽马，较大的声波时差。

不同之处：一是油页岩电阻率值较大，而页岩油电阻率值较小。二是油页岩密度值较大，而页岩油密度值较小。原因是油页岩赋存于微孔隙、微裂隙中，含有一定矿化度的束缚水和可动水。

图 3 为黑 91-4 井测井解释成果图。图 3 显示 1715.0~1718.2m 井段，自然伽马值较大，平均值 130API，声波时差值较大，平均值 286μs/m，深侧向电阻率值较大，达 105Ω·m。该井段测井解释确定为油页岩层。

图 4 为黑 76-26-36 井测井解释成果图。图 4 显示 2600.4~2601.4m 井段，自然伽马值较大，平均值 143API，声波时差值较大，平均值达 290μs/m，深侧向电阻率值较小，值为 33Ω·m。该井段测井解释确定为页岩油层。

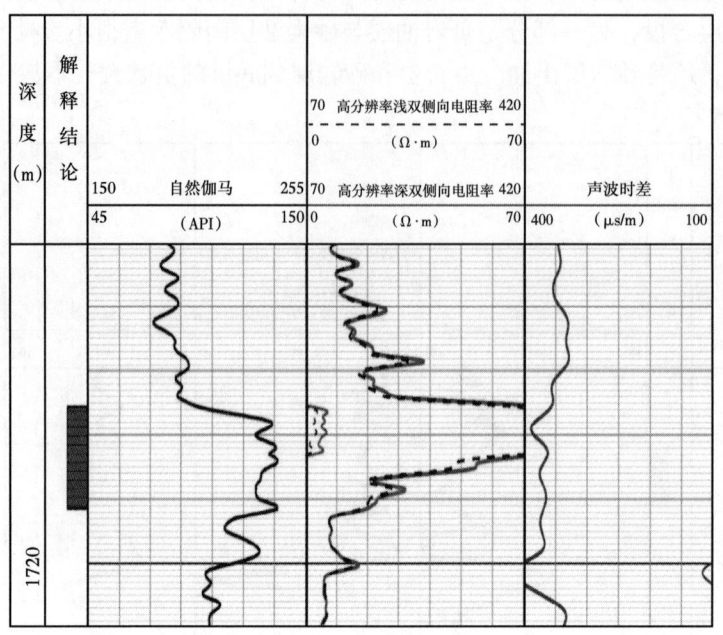

图 3 黑 91-4 井油页岩测井解释成果图

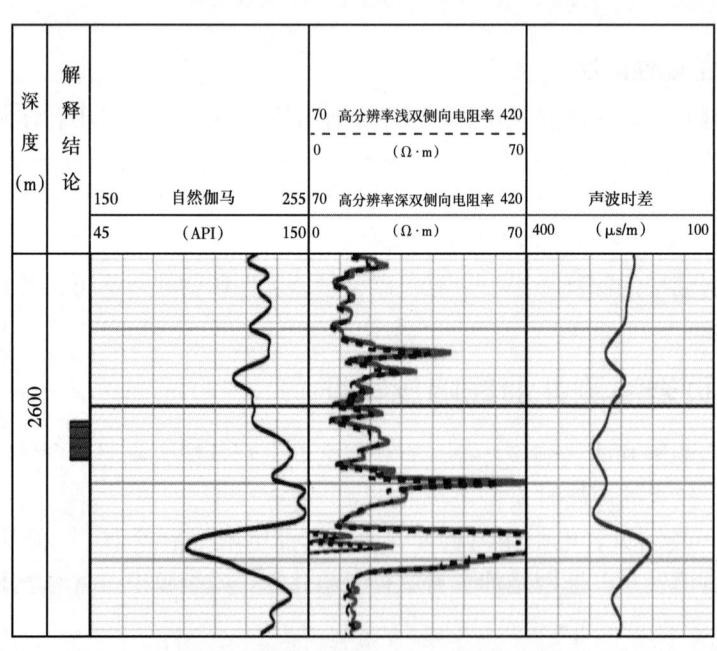

图 4 黑 76-26-36 井页岩油测井解释成果图

4 关于页岩油开采井套管的使用问题

页岩属于泥岩，泥岩遇水易膨胀，泥质矿物高岭石水敏性最弱，伊利石水敏性稍强，蒙皂石水敏性最强，这是由各自的矿物晶体结构决定的。泥岩遇水膨胀，容易导致页岩油开采井套管损伤和套管变形。如图5所示，黑页1-2-1井射孔投产井段，出现了许多套管变形和扭曲的井段。为延长页岩油开采井的使用周期，套损和套变问题应高度重视。

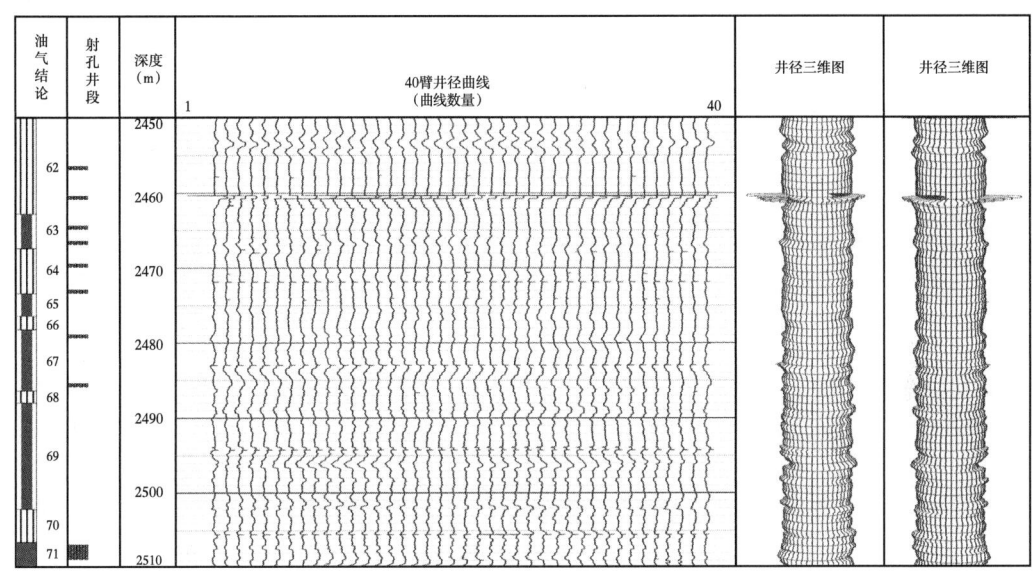

图5 黑页1-2-1井四十臂井径测井解释成果图

5 结论与建议

5.1 结论

页岩油在勘探中，一定要把握好页岩储层的四个关键因素。即深度、厚度、有机碳含量、脆性矿物含量等关键要素。辩证而全面地考虑问题，将达到事半功倍的效果。

5.2 建议

为了防止页岩油开采井套管变形，延长页岩油井开采寿命。建议页岩油开采井采用大直径、大壁厚的高强度套管。

开 发

页岩油水平井全油藏立体开发理念及庆城油田大平台实践

梁晓伟[1,2]，冯立勇[1,2]，曹玉顺[1,2]，郭晨光[1,2]，柴慧强[1,2]，张玉良[1,2]

（1.中国石油长庆油田公司页岩油开发分公司；
2.低渗透油气田勘探开发国家工程实验室）

摘　要：目前国内页岩油开发尚处于起步阶段，其中，鄂尔多斯盆地庆城油田探索形成了全油藏立体开发理念，率先实现了国内陆相页岩油工业规模开发的成功。为阐明全油藏立体开发理念的内涵、形成条件和关键作用，根据陆相湖盆沉积模式和微地震资料，解剖刻画了长7页岩油油层展布特征和水平井压裂缝网轮廓形态，并对典型大平台开发效果进行了评价。结果表明，全油藏立体开发需要具备地质储层条件和工程造缝能力，长7页岩油储层平面上大面积连片展布、纵向上砂泥叠置互层，源储一体使得油层在立体空间充分发育，压裂缝能够穿层延伸，缝网正视角呈近端高缝穿层、远端收敛的菱形，整体轮廓呈"棍子面包"形态，"W"形交错部署的水平井立体开发井网可实现全油藏储量一次性动用，因此庆城油田大平台开发能够取得成功。现阶段加大全油藏立体开发理念的实践应用，对提升国内陆相页岩油产量，助推页岩油革命具有重要意义。

关键词：长7页岩油；浊流沉积；储层叠置；穿层体积压裂；全油藏立体开发

北美凭借海相页岩油革命实现了能源自给，为中国页岩油勘探开发提供了借鉴[1]。中国页岩油以陆相为主，资源潜力巨大，主要分布于鄂尔多斯盆地三叠系延长组长7段，松辽盆地白垩系青山口组与嫩江组，准噶尔盆地二叠系芦草沟组，渤海湾盆地古近系孔店组，四川盆地侏罗系等[2-4]，国内各油田积极开展了陆相页岩油开发探索实践，国家级页岩油示范区相继建成[5]。其中，鄂尔多斯盆地长7页岩油经过研究探索、试验攻关、开发建产三个阶段的持续发力，形成了全油藏立体开发理念，并率先取得工业化规模突破，已累计提交探明储量 10.52×10^8 t，建成 300×10^4 t 级庆城油田[6-7]，长7页岩油勘探开发的成功为国内各油田提供了宝贵经验，为此，本文总结了长7页岩油全油藏立体开发理念内涵、形成条件和大平台应用实例，为国内陆相页岩油开发快速上产提供借鉴。

1　庆城油田长7页岩油油层展布特征

庆城油田位于鄂尔多斯盆地西南陇东地区，主力生产层位为长7段。鄂尔多斯盆地在晚三叠世受印支运行影响，发育为大面积分布的内陆湖盆[8]，形成了延长组内陆河流—三角洲—湖泊沉积，在长 7_3 亚段沉积期，湖盆经历最大湖泛面，形成的富有机质黑色页岩是区域最为重要的油源，也是庆城页岩油发育的物质基础，长 7_2 亚段和长 7_1 亚段则主要为相互叠置的三角洲砂体和黑色泥页岩（图1）[9-10]。鄂尔多斯盆地西南缘紧邻的祁连—秦岭造山带提供的充足物源，长 7_3 亚段最大湖泛期后的陆源碎屑进积过程和湖盆底部形态，共同影响了湖底扇浊流沉积模式，控制了长7页岩油油层的平面和纵向的展布形态及分布范围。

第一作者简介：梁晓伟（1978—），高级工程师，主要从事石油地质勘探，油气田开发等研究。通讯地址：甘肃省庆阳市陇东生产指挥中心，E-mail：liangxw_cq@petrochina.com.cn

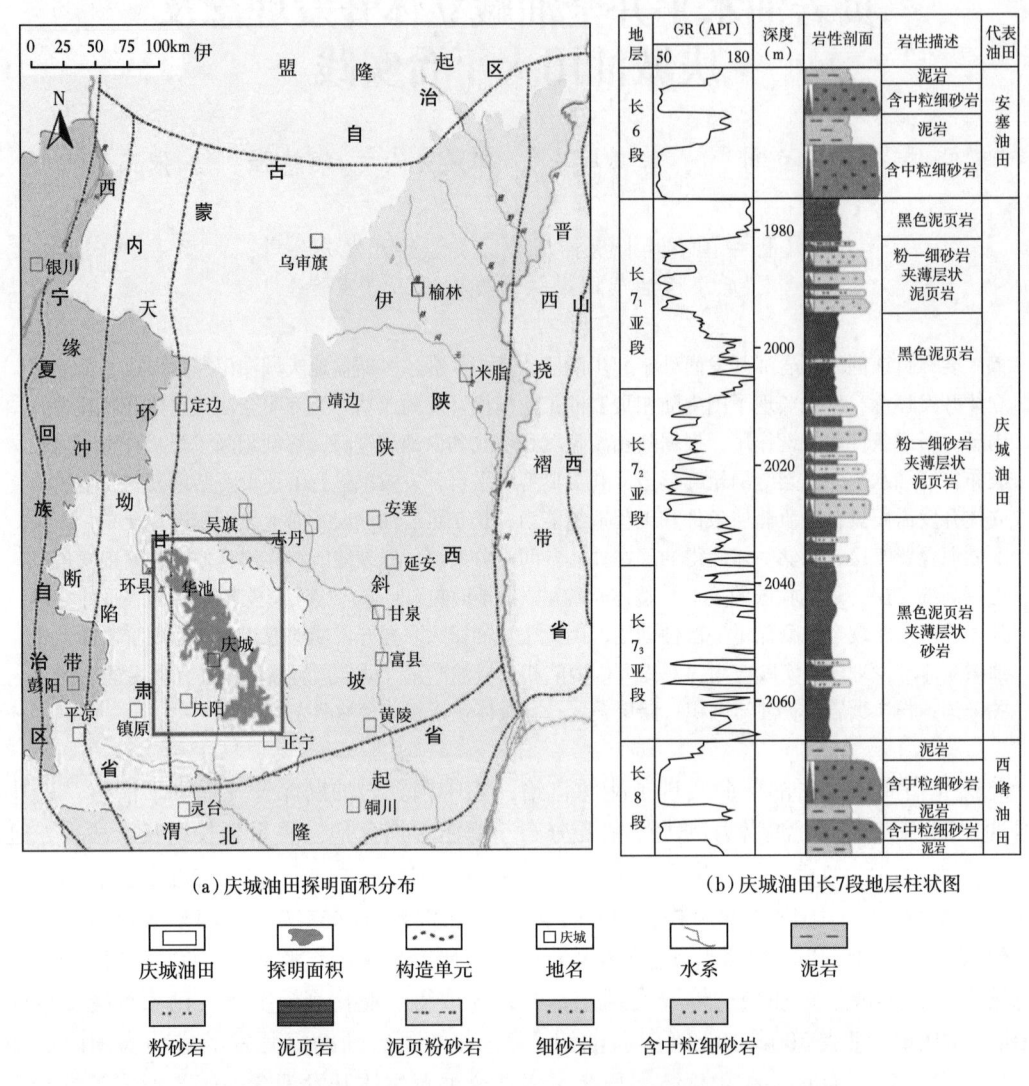

图 1 鄂尔多斯盆地庆城油田探明面积分布及长7地层柱状图

1.1 储层平面展布受控于湖盆地形

1.1.1 盆地古地形特征

影响储层沉积分布范围的因素较多，其中盆地古地形和古构造形态起着十分重要的控制作用[11]。延长组沉积初期，鄂尔多斯盆地内陆湖盆格局初步形成，地形仍较为平缓对称，在长7期造山运动强烈，盆地基底加速下沉，呈不对称坳陷形态，东北部宽缓，坡度2°~4.5°，西南部陡窄，坡度2.5°~7.5°，庆城油田处于西南部斜坡区，古水深30~70m（图2）[12]，湖盆呈现出一系列微古地貌单元，加以合适的水深坡度和西南物源供给，使得陇东地区长7期浊流沉积大规模发育，同时湖盆地形又进一步促使了长7页岩油储层垂直于物源方向展布。

1.1.2 庆城油田重力流沉积模式

长7沉积时期，鄂尔多斯盆地西南从湖盆边缘至湖盆底部，地貌依次为湖缘高地、坡折带、平缓湖底，分别主要发育有三角洲前缘沉积、坡折带水道沉积和半深湖—深湖朵叶体沉

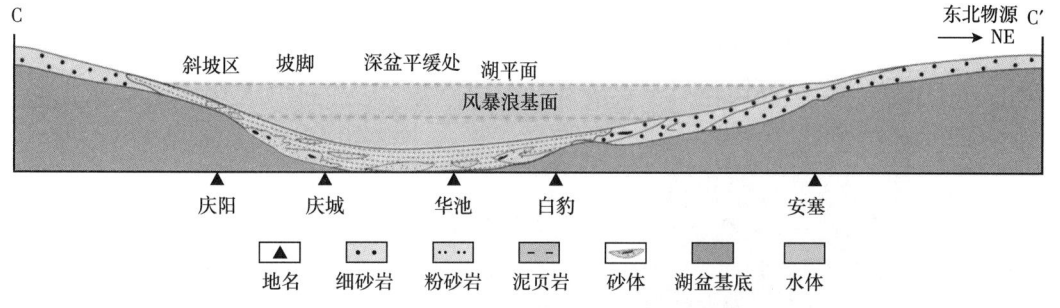

图 2 鄂尔多斯盆地长 7 期西南—东北古地形剖面图

积[13]（图 3），与海相深水重力流沉积及相关地貌类似（图 4）。镇原一带发育三角洲前缘，碎屑搬运机制以牵引流为主，河道侧向稳定连续迁移，河道砂体较宽。庆阳—环县一带处于水下坡折带，坡度变陡，浊流发育，沉积微相以水道为主，砂体展布形态呈现出顺西南物源较为顺直的条带状，而不是三角洲前缘的宽形或深湖朵叶体的连片状，其原因一是长 7_2 和长 7_1 沉积期湖平面相对处于下降阶段，坡折带浊流能量增加，水道下切加深，其直接结果一是浊流高度低于水道壁，所有侵蚀和沉积作用都限制在水道内，侧向迁移弱，弯曲度不高，宽度较窄；二是顺直受限的水道决口扇不发育，缺乏片状展布砂体，坡折带水道仅相当于是末端朵叶体碎屑供给系统，上游沉积物粒度较粗，砂体不连片，所以庆阳—环县一带不是页岩油藏发育的有利区。华池—庆城—合水一带处于半深湖—深湖，湖底趋于平坦变缓，水道壁高度变低，对浊流束缚变弱，水道底部流体逐渐接近水道壁顶部，流体溢岸，富泥贫砂的天然堤发育，随着砂体向深湖搬运，冲出水道越来越频繁，决口扇普遍发育，最终主干水道消失，取而代之的是末端朵叶体，此时流体速度变慢转为层流，形成大面积的席状砂体[14-15]。

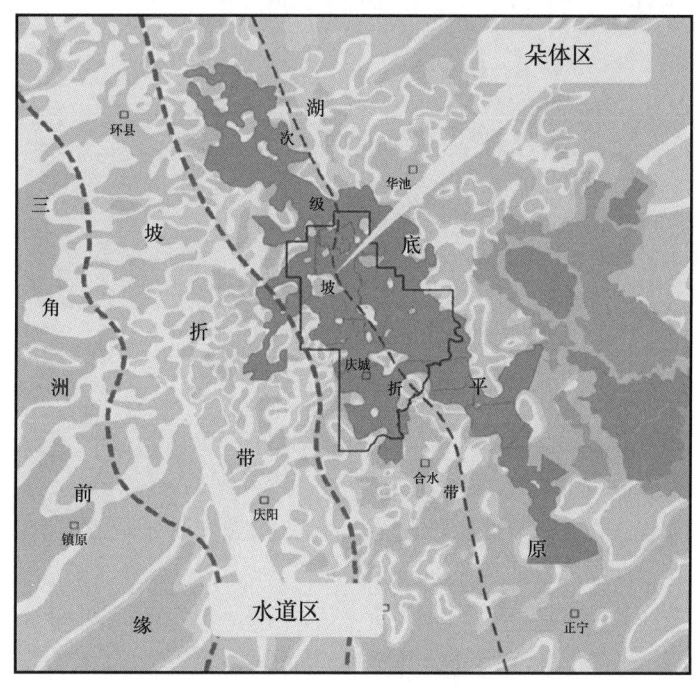

图 3 陇东地区长 7_1 亚段沉积砂体展布图

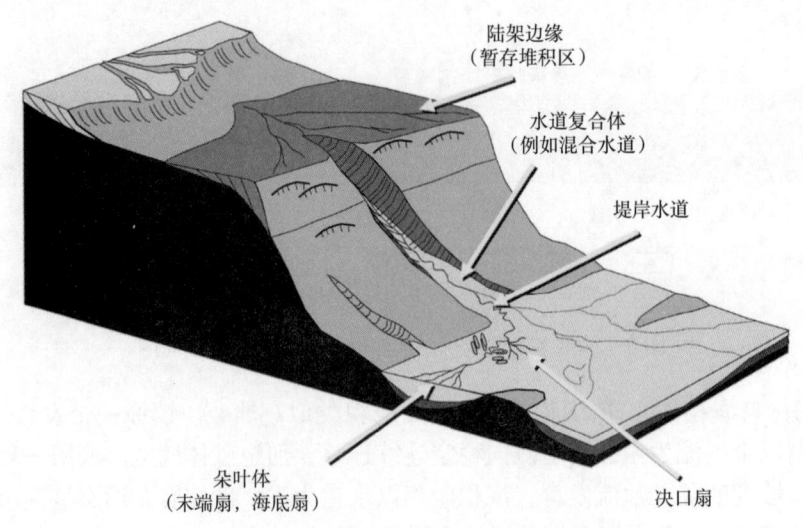

图 4 深水浊流沉积相关地貌单元[14,16]

1.1.3 砂体展布形态分析

多期深湖朵体彼此拼接，形成了垂直于西南物源方向，呈北西—南东向展布的优质页岩油储层，也就是现今庆城页岩油藏的展布形态。深湖朵叶体拼接的模式主要有两种（图5），一是朵体侧向拼接，湖缘高地相对坡折带平缓，河道侧向摆动较为频繁，改变了陆源碎屑由坡折带入湖底的路径，或者同时期有多个坡折带水道和半深湖—深湖朵叶体发育，使得多个朵叶体侧向叠置相接，整体垂直于物源方向；二是朵体低部位拓展，虽然湖盆底部整体平缓，但受印支期北东—南西向构造挤压影响，湖盆底部存在起伏，局部发育低洼微地貌单元[17]，导致朵叶体转向，沿坡折带展布，垂直于物源方向。

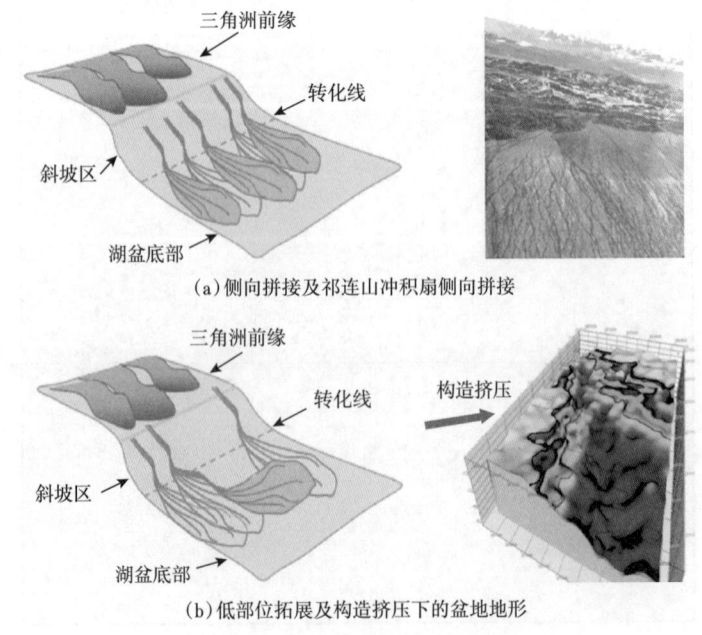

(a) 侧向拼接及祁连山冲积扇侧向拼接

(b) 低部位拓展及构造挤压下的盆地地形

图 5 湖底朵体拼接模式

1.2 储层延伸远近受控于湖平面变化

陇东地区长 7_2 和长 7_1 沉积期处于湖退过程，砂体不断向湖盆中心延伸推进（图 6）。随着长 7_3 沉积期湖平面达到最大，延长组沉积中心也向西南迁移至庆城，更加靠近盆地西缘（图 7）[18]，至长 7_2 和长 7_1 沉积期湖平面开始下降，湖缘高地三角洲前缘垮塌，越来越多砂体被输送到坡折带之下，通过更加频繁的浊流沉积延伸到湖盆底部更远区域，其结果是长 7_1 砂体分布更广，覆盖于长 7_2 砂体之上，呈现前积叠置特征，为页岩油成藏提供了连续展布的储层，浊积岩砂体直接覆盖于深湖泥页岩之上，形成了页岩油有利"甜点"。虽然前人研究指出低位体系域早期利于重力流沉积规模增大[14]，但陇东地区长 7 段显示出高位体系域晚期同样利于重力流发育。

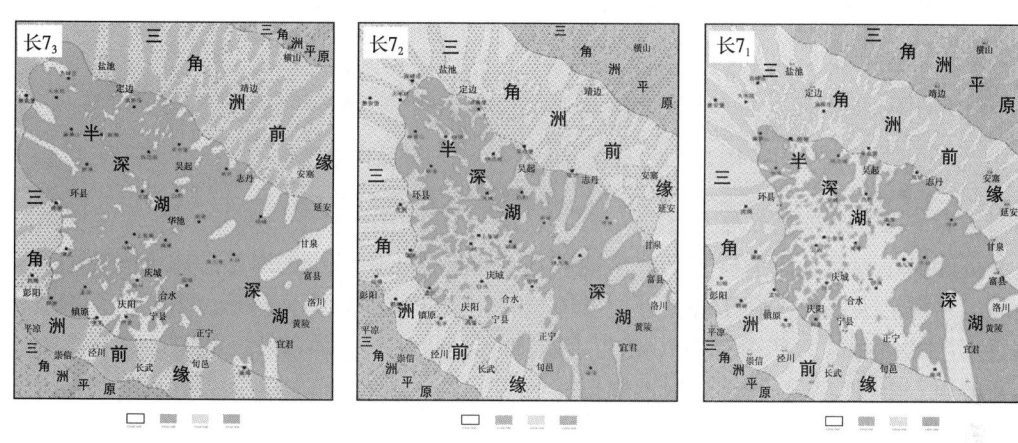

图 6 鄂尔多斯盆地长 7 期沉积相图

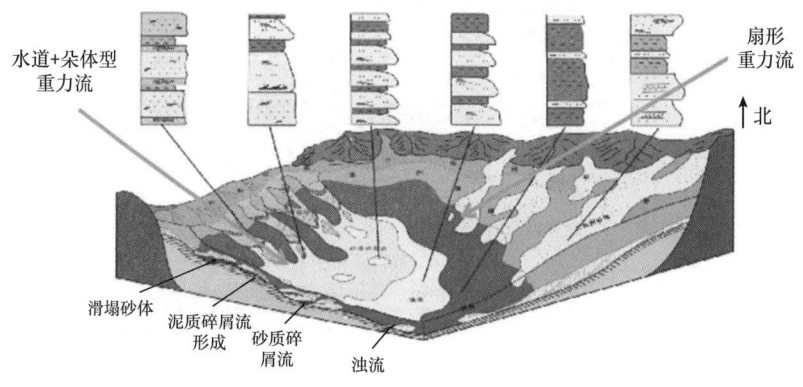

图 7 鄂尔多斯盆地长 7 期重力流沉积模式图

1.3 储层纵向叠置受控于两微相叠加

不同期次朵叶体向湖盆中心延伸推进的过程中，碎屑流与浊流沉积在纵向上相互叠置，形成了不同的砂体结构类型，根据砂体组合特征、测井曲线、小层厚度、纵向连续性等，可将长 7 砂体结构类型划分为三类四种，对应四种叠置方式（图 8）。受重力流沉积模式控制下的多砂体结构类型纵向组合，形成了庆城油田多油层纵向叠置特征。

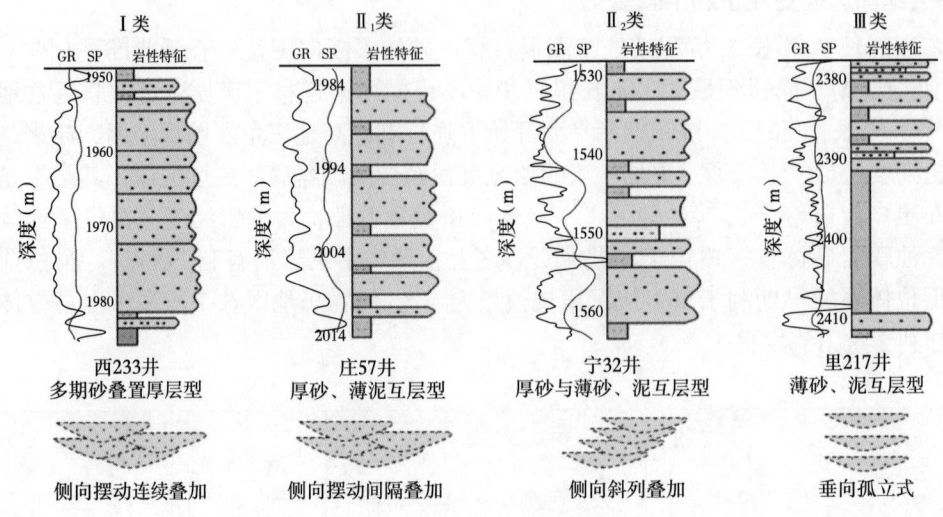

图 8 鄂尔多斯盆地长 7 小层砂体结构类型

1.3.1 Ⅰ类——多期砂叠置厚层型

砂体侧向小幅摆动连续叠加形成多期砂叠置厚层型，由较少的厚层砂体纵向叠加，少量的粉砂岩和泥岩夹层仅发育于叠置厚层砂体顶底，测井曲线响应为箱形。主要发育于坡折带水道近下游的沉积区，如图 9 剖面 AA'，厚层砂体为水道复合体沉积，能量较高，沉积物粒度相对较粗，毛细管压力不足以对油气形成封堵，多个朵体之间连通性较好，不是页岩油藏发育的有利区。

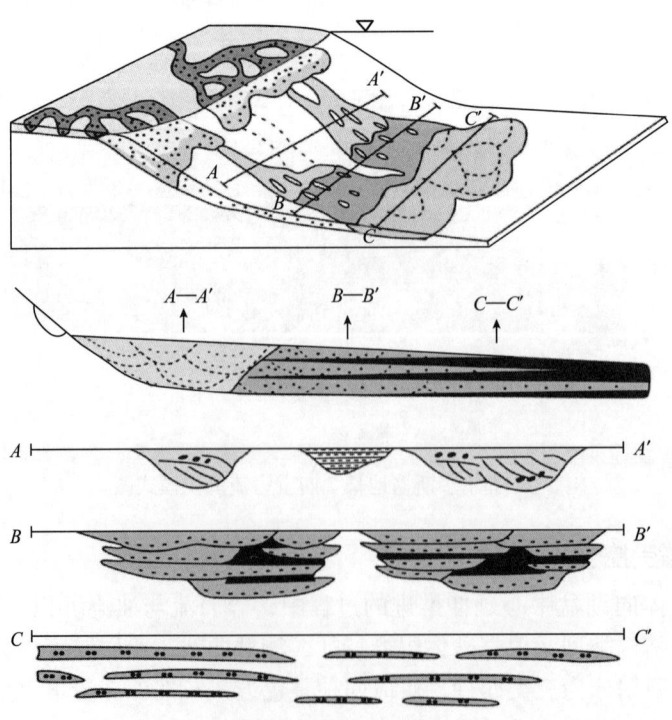

图 9 鄂尔多斯盆地陇东地区重力流沉积模式

1.3.2 Ⅱ₁类——厚砂、薄泥互层型

朵体侧向摆动间隔叠加形成厚砂、薄泥互层型，由数个原位来回摆动的厚层砂体和泥质隔夹层叠加，测井曲线响应为相邻的箱形组合。主要发育于坡折带底部，即浊积扇朵叶体的上扇部位，如图9剖面 BB′，该区域水道伴有堤岸，厚层砂体能量减弱，该类型单砂体较厚且粒度变细，泥质隔夹层相对较薄，主要发育夹层型页岩油。

1.3.3 Ⅱ₂类——厚砂与薄砂、泥互层型

朵体侧向斜列叠加形成厚砂与薄砂、泥互层型，由厚层砂体、薄层单砂体、泥质隔夹层叠加，测井曲线响应为箱形与指状、锯齿状组合。该类型与Ⅱ₁类相似，区别在于厚层砂体单向摆动，如果斜向上连通性较好或单砂层较厚，利于夹层型页岩油发育。

1.3.4 Ⅲ类——薄砂、泥互层型

朵体纵向孤立发育形成薄砂、泥互层型，由少数薄层单砂体和厚层泥页岩叠加，测井曲线响应为指状和锯齿状。主要发育于朵叶体末端，如图9剖面 CC′，该类型席状砂体垂向不连续，主要发育纹层型页岩油。

2 全油藏立体开发

长7页岩油储层具有强非均质性，平面上大面积展布，纵向上多层系薄层砂体叠置发育，若采用针对单油层的常规开发模式，就会面临储层难以规模动用、油藏采出程度低、单井投资高等问题[19]，经过十余年积极的技术研究和实践探索，长庆油田已形成了适用于陆相页岩油开发的全油藏立体开发理论，开发实践成效显著，庆城页岩油2023年产量达 270×10^4 t，占据全国页岩油年产量的69%。

2.1 全油藏立体开发理念

全油藏立体开发理念是，通过地质品质量化，建立合理的地质模型，优化水平井位部署和压裂参数设计，以提高层间、井间、段间、缝间和簇间裂缝复杂程度，增大渗流控制体积，实现非常规油藏储量的一次性整体动用，从而达到规模效益开发[20-21]。这一理念包括了两个有别于常规油藏开发的特殊概念：一是"全油藏"，常规油藏开采动用范围受圈闭边界和油水界面决定，对于连续型油气聚集的非常规油藏，含油储层大面积广泛发育，原油受到的是毛细管压力和吸附力的遮挡，其开采动用范围仅限于水平井压裂缝展布体积内，而不是含油储层覆盖的大面积范围，从地下渗流角度来讲，一个水平井开发平台就是一个单一油藏；二是"立体开发"，非常规油藏得益于叠置含油储层在立体空间发育的特点和导向快速完钻井技术、大规模穿层体积压裂技术，单井可实现多个油层的动用，通过合理部署大平台水平井组，就能实现全油藏储量立体动用。

以往常规油藏开发中对于多含油层系油藏也提出了立体开发的概念，但其本质为多层布井[22]，全油藏立体开发与常规多层布井有着根本性差别：前者注重于"体"，体现在"布井—缝网"实现油藏在三维空间上的立体动用，后者注重于"层"，以单层的充分改造为目标，多层布井实现的是单层改造的叠置。

2.2 全油藏立体开发可行性

全油藏立体开发技术关键在于穿层压裂缝，以往研究认为突变岩性界面会阻挡压裂缝在纵向上的延伸，但压裂缝穿层性受到地层埋深和厚度、岩石弹性模量差异、天然裂缝发育、压裂强度等多种因素影响，不能一概而论[23-25]，实验和现场压裂结果表明长7页岩油储层

具备压裂缝穿层[26-27]，进行全油藏立体开发的条件。

2.2.1 水力压裂缝延伸形态

页岩油储层压裂实验表明，压裂缝纵向能穿过不同岩性的薄互层界面[28]。对于一泥质粉砂岩岩心试样，射孔压裂段为6cm厚粉砂岩，上下邻层为2cm厚泥岩，与长7页岩油储层类似，经水力加砂压裂模拟实验后发现，压裂缝能够穿过岩性界面并贯穿岩心试样，裂缝形态以垂直方向为主，伴有数条分支缝，而平行岩性界面的层理缝基本不发育，岩心试样仅局部有裂缝截止于岩性界面（图10），这一实验结果为页岩油水平井穿层压裂提供了理论支撑。

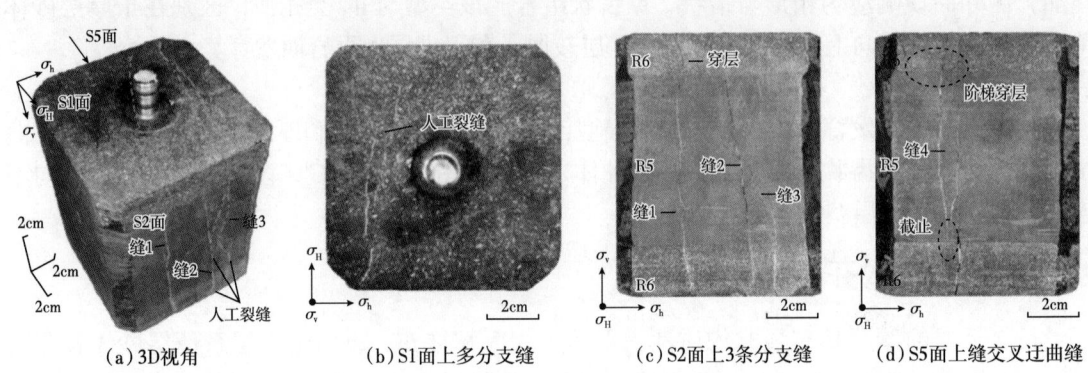

图10 试样人工裂缝形态[28]

2.2.2 储层压裂缝网展布形态

页岩油水平井大尺度施工压裂中的裂缝微地震响应，与小尺度试样模拟压裂在裂缝穿层方面表现出一致性。压裂微地震发生于人工裂隙断面上，虽然微地震分布范围可能远于有效裂缝，但仍不失为一种指示人工裂缝分布的有效手段[29]。受"视角法则"影响（图11），对缝网的认识会因观察角度而变化，在地质工程研究中，水平井井距对储量动用程度较为重要，因此微地震响应多是从垂直视角下延伸远近来判断压裂造缝效果，导致多个视角下压裂缝网的三维展布形态往往被忽略。侧视角显示压裂缝高明显大于多个油层的叠加厚度，压裂缝穿层性与室内实验结果一致，正视角显示缝高具有近井高、远井收敛的特点，裂缝外缘包络线近于菱形，综合微地震响应的三维视角，压裂缝展布具有横向延伸远、纵向穿层延伸、缝高远井收敛的多油层立体动用特征（图12），单井压裂缝网轮廓呈"棍子面包"形态（图13）。

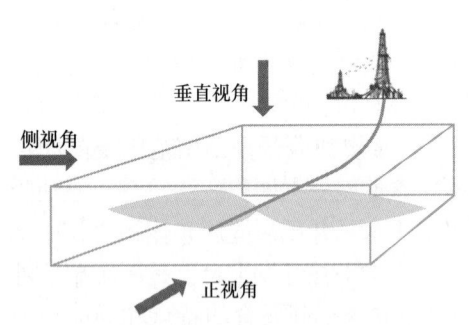

图11 压裂缝网观察"视角法则"

2.3 立体开发井网模型

根据长7页岩油多油层大面积叠置特征和水平井压裂缝网"棍子面包"展布形态，建立页岩油立体开发井网模型（图14），以更好地指导页岩油全油藏立体开发。依据模型，单平台可部署水平井10口以上，横向上水平井距最佳为300~400m，保证压裂缝不过度重叠的同时合理控制压窜风险，纵向上水平井呈"W"形交错部署，水平段主要位于长7_2亚段和长7_1亚段，符合裂缝正视角的菱形展布形态，使平台各水平井"棍子面包"缝网轮廓彼此衔接，实现全油藏储量一次性整体动用,提升规模开发效益。

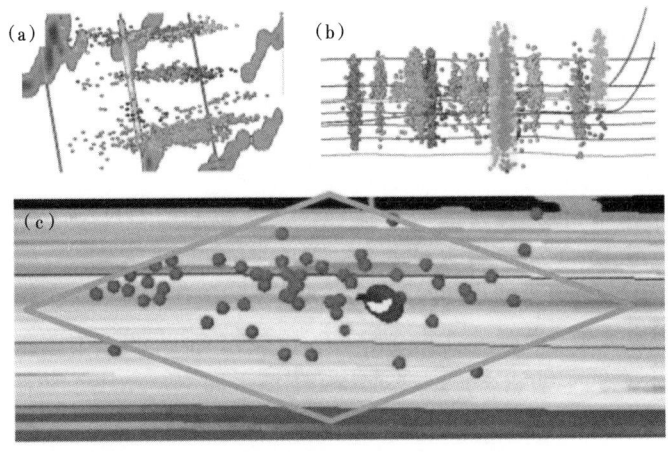

图 12　不同视角水平井体积压裂地震响应
(a)垂直视角;(b)侧视角;(c)正视角

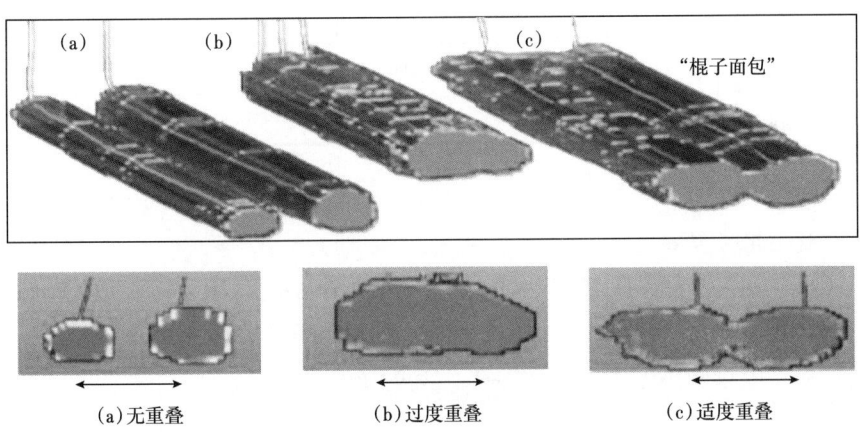

图 13　压裂缝网"棍子面包"轮廓

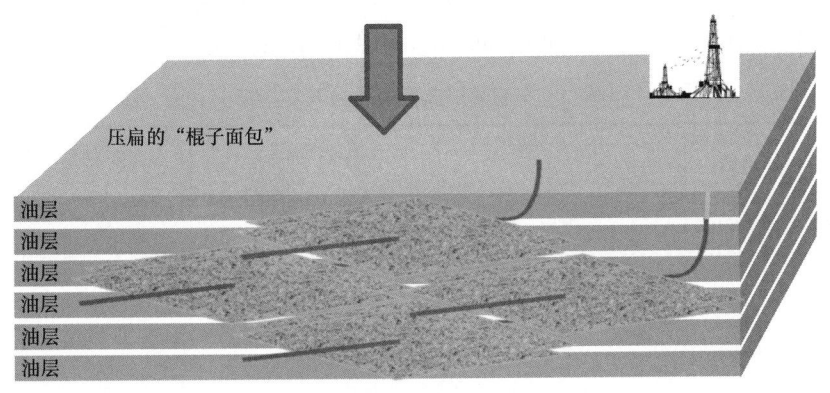

图 14　全油藏立体开发井网模型

3 庆城油田全油藏立体开发实践

庆城油田处于黄土塬地貌，矿权内基本农田和水源保护区较多，井场面积受到限制，因此采用大平台多层系、长水平井交错布井及工厂化作业，利用较小的地面占地，实现了储量最大化控制。

3.1 大平台井网部署

部署水平井5口以上的平台称为大平台，其中庆城油田H111平台、H112平台、H113平台部署水平井超过10口，为超大平台（表1），层位上长7_2、长7_1和长6_3水平井相互交错，水平井方位为北北西—南南东，垂直于最大主应力，有利于压裂缝复杂程度提高，300~400m合理井距、大偏移距、长水平段、交错井网、靶前区动用的布井方式，虽然对比小平台在一定程度上降低了钻遇率，但在地形受限的条件下，动用了后期产能建设中其他平台井网难以钻遇的油层。

表1 庆油油田典型大平台井网基础信息

平台	井数（口）	目的层	井距（m）	最大偏移距（m）	平均水平段长（m）	动用储量（10^4t）
H111	31	长7_2、长7_1	350	1266	2008	1000
H112	22	长7_2、长7_1、长6_3	300	900	1506	470
H113	20	长7_2、长7_1、长6_3	400	933	1938	650

3.2 全油藏开发效果

3.2.1 储量高效动用

H111平台、H112平台、H113平台共计一次性动用储量$2120×10^4$t，其中通过长水平段实现动用水源保护区储量$490×10^4$t，通过靶前区布井，增加运用储量$64.4×10^4$t，庆城油田页岩油立体开发井网将储量动用程度大幅提升至85%。

3.2.2 采油速度提升

通常同等储量面积上布井越多，单井产量越低，但庆城油田生产实践表明，排液期过后，大平台单井日产油量可达10~11t，与常规平台基本一致，因此井数更多的大平台采油速率更高的，与常规平台相比提升0.4%，H111平台水平井数最多、动用储量最大、投产时间最短，具有$15.3×10^4$t最高的累产油量和1.53%最低的采出程度，开发效果突出（表2）。

表2 庆油油田典型大平台开发指标

平台	投产年份	2023年产油（10^4t）	累计产油量（10^4t）	采油速度（%）	采出程度（%）
H211	2022年	12.84	15.3	1.28	1.53
H212	2021年	5.48	14.9	1.17	3.17
H213	2021年	4.97	14.3	0.76	2.20

3.2.3 管理效益显著

大平台在生产管理中更加高效节约，一是节约黄土塬土地占用，每百万吨产能可节约土地 1400 亩，二是管理更加高效，平台数量更少可减少生产管理、资料录取、现场巡护等方面用工人数，年节约费用 700 余万元。

4 结论

（1）长 7 页岩油立体空间充分发育的地质特征和穿层体积压裂的工程技术是应用全油藏立体开发理念的前提条件。

（2）全油藏立体开发理念旨在通过"布井—缝网"实现三维空间储量的一次性动用，注重点是"体"，明显区别于注重"层"的常规分层布井。

（3）庆城油田通过实践全油藏立体开发理念率先在国内实现了产量规模的突破，开发成效显著，目前加大应用这一理念对加速陆相页岩油革命具有重要意义。

参 考 文 献

[1] 邹才能，潘松圻，荆振华，等.页岩油气革命及影响[J].石油学报，2020，41（1）：1-12.

[2] 胡素云，白斌，陶士振，等.中国陆相中高成熟度页岩油非均质地质条件与差异富集特征[J].石油勘探与开发，2022，49（2）：224-237.

[3] 金之钧，张谦，朱如凯，等.中国陆相页岩油分类及其意义[J].石油与天然气地质，2023，44（4）：801-819.

[4] 赵文智，朱如凯，刘伟，等.中国陆相页岩油勘探理论与技术进展[J].石油科学通报，2023，8（4）：373-390.

[5] 蔚远江，王红岩，刘德勋，等.中国陆相页岩油示范区发展现状及建设可行性评价指标体系[J].地球科学，2023，48（1）：191-205.

[6] 付金华，王龙，陈修，等.鄂尔多斯盆地长 7 页岩油勘探开发新进展及前景展望[J].中国石油勘探，2023，28（5）：1-14.

[7] 刘显阳，李士祥，周新平，等.鄂尔多斯盆地石油勘探新领域、新类型及资源潜力[J].石油学报，2023，44（12）：2070-2090.

[8] 李文厚，庞军刚，曹红霞，等.鄂尔多斯盆地晚三叠世延长期沉积体系及岩相古地理演化[J].西北大学学报（自然科学版），2009，39（3）：501-506.

[9] 陈全红，李文厚，高永祥，等.鄂尔多斯盆地上三叠统延长组深湖沉积与油气聚集意义[J].中国科学 D 辑，2007，37（增）：39-48.

[10] 姚泾利，赵彦德，邓秀芹，等.鄂尔多斯盆地延长组致密油成藏控制因素[J].吉林大学学报（地球科学版），2015，45（4）：983-992.

[11] JI H C，JIA H B，SUN S M，et al. Tectonics-palaeogeomorphology in rift basins：controlling effect on the sequence architecture[J].Petroleum Science，2013，10（4）：458-465.

[12] 付金华，罗顺社，牛小兵，等.鄂尔多斯盆地陇东地区长$_7$段沟道型重力流沉积特征研究[J].矿物岩石地球化学通报，2015，34（1）：21，29-37.

[13] 梁晓伟，鲜本忠，冯胜斌，等.鄂尔多斯盆地陇东地区长$_7$段重力流砂体构型及其主控因素[J].沉积学报，2022，40（03）：641-652.

[14] HENRY W P，VENKATARATHNAM K，刘化清.深水浊流沉积综述[J].沉积学报，2019，37（5）：879-903.

[15] 庞军刚，常梁杰，国吉安，等.鄂尔多斯盆地南部延长组湖相水道—朵状体浊积扇沉积模式[J].西北大学学报（自然科学版），2022，52（1）：144-158.

[16] HENRY W P，ROGER G W. Facies Models Revisited[M]：SEPM Society for Sedimentary Geology，2006.

[17] 杨哲翰,刘江艳,吕奇奇,等.古地貌恢复及其对重力流沉积砂体的控制作用:以鄂尔多斯盆地三叠系延长组长7_3亚段为例[J].地质科技通报,2023,42(2):146-158.

[18] 邓秀芹,付金华,姚泾利,等.鄂尔多斯盆地中及上三叠统延长组沉积相与油气勘探的突破[J].古地理学报,2011,13(4):443-455.

[19] 李国欣,吴志宇,李桢,等.陆相源内非常规石油甜点优选与水平井立体开发技术实践——以鄂尔多斯盆地延长组7段为例[J].石油学报,2021,42(6):736-750.

[20] FARHAN A,RAJ M,ROHANN J,et al. Stacked Pay Pad Development in the Midland Basin[C]. Texas:Spe Liquids-rich Basins Conference-north America,2017.

[21] 雷群,胥云,才博,等.页岩油气水平井压裂技术进展与展望[J].石油勘探与开发,2022,49(1):166-172,182.

[22] 任芳祥.油藏立体开发探讨[J].石油勘探与开发,2012,39(3):320-325.

[23] 陈勉,陈治喜,黄荣樽,等.层状介质中水力裂缝的垂向扩展[J].石油大学学报(自然科学版),1997(4):25-28,34,116.

[24] 周彤,王海波,李凤霞,等.层理发育的页岩气储集层压裂裂缝扩展模拟[J].石油勘探与开发,2020,47(5):1039-1051.

[25] 周文高,胡永全,赵金洲,等.人工控制压裂缝高技术现状与研究要点[J].天然气勘探与开发,2006(1):68-70,73,84.

[26] 吕照,刘叶轩,陈希,等.页岩油储层可压性分析及指数预测[J].断块油气田,2021,28(6):739-744.

[27] 张云逸.页岩油水平井穿层压裂先导性试验——以鄂尔多斯盆地庆城油田华H100平台为例[J].中国石油勘探,2023,28(4):92-104.

[28] 邹雨时,石善志,张士诚,等.薄互层型页岩油储集层水力裂缝形态与支撑剂分布特征[J].石油勘探与开发,2022,49(5):1025-1032.

[29] 牛小兵,冯胜斌,尤源,等.致密储层体积压裂作用范围及裂缝分布模式——基于压裂后实际取心资料[J].石油与天然气地质,2019,40(3):669-677.

庆城油田页岩油超大平台高效开发技术探索

郭晨光[1,2]，柴慧强[1,2]，蒋勇鹏[1,2]，晏继发[1,2]，焦众鑫[1,2]，张紫郁[1,2]

（1.中国石油长庆油田公司页岩油开发分公司；
2.低渗透油气田勘探开发国家工程实验室）

摘　要：庆城油田页岩油自2011年开发以来，经过地质理论创新和关键技术攻关，经历了"先导试验、扩大试验、规模开发"三个阶段，为总结固化页岩油水平井高效开发技术，2018年规模开发以来，采用大井丛、立体布井的方式开发111、112等超大平台8个，在提高开发效果、降低投资成本、提升开发效益方面做了有益的探索。本文以庆城油田页岩油超大平台的高效开发为例，通过总结超大平台开发管理经验，重点论述超大平台立体布井实现多层系储量高效动用、钻试投"三同向"管理实现一体化作业减少井间干扰、合理应用水电光资源打造超大平台绿色低碳发展典范、探索实践开发新技术提升超大平台开发效果、创建闷排采精细管理技术总结超大平台现场管理经验、智能化云端资料录取实现动态数据精准高效采集等六项关键技术，评价实施效果，形成了具有长庆特色的页岩油超大平台开发管理技术体系。

关键词：页岩油；超大平台；高效开发；技术体系

庆城油田位于鄂尔多斯盆地西南缘，是长7页岩油开发的核心区域，2011年以来采用水平井准自然能量开发，经过地质理论创新和关键技术攻关，经历了"先导试验、扩大试验、规模开发"三个开发阶段，规模开发以来，坚持"创新、智能、高效、绿色"的发展理念，探索形成了"大井丛、立体式、精细化、智能化"一次井网开发模式，形成了具有长庆油田特色的页岩油大平台开发管理模式。

庆城油田页岩油在开发过程中将5口井以上的平台称为大平台，10口井以上的称为超大平台。111、112、113、114等8个平台是庆城油田页岩油超大平台的典型代表，目前超大平台开井136口，月度递减1.7%，低于常规平台2.0%~2.2%的水平，整体开发形势比较稳定。

1 研究背景

1.1 地质概况

庆城油田地处甘肃省华池县、庆城县、合水县、宁县境内，面积约5000km²。北至郝家湾，南至湘乐，西至桐川，东至王家大庄。庆城油田处于伊陕斜坡的西南部，延长组下部长7段沉积期为湖盆发展的全盛时期，属半深湖—深湖相沉积环境，形成以黑色页岩、暗色泥岩为主的大型生烃坳陷，是主要生油岩层系[1-5]。以长7张家滩页岩为代表的最大湖进之后，盆地因河流注入，受重力流沉积作用，建造了一套以砂质碎屑流为主的沉积砂体，是油气富集的主要场所，主要含油层便为湖泛期沉积的三叠系延长组长7_1、长7_2油层。

1.2 开发概况

自2011年以来，庆城油田坚持创新、智能、高效、绿色的发展理念，在页岩油开发领

第一作者简介：郭晨光（1983-），高级工程师，现主要从事页岩油开发工作。E-mail: 270147117@qq.com

域取得了显著的成果。2018年至今,以多层系、立体式、大井丛、工厂化为思路,部署产能 200×10^4t,开展大平台工厂化作业试验。开发过程中把5口井以上的平台称为大平台,10口井以上为超大平台。目前庆城油田有典型超大平台有华111、112、113、114等8个,控制储量 3570×10^4t,超大平台目前开井136口,日产油水平1167t,单井日产油8.6t,日产气量 $17.2\times10^4m^3$,油气当量1320t,综合含水40.3%,动液面1085m,气油比148m^3/t,采油速度1.2%,采出程度2.4%,月度递减1.7%,整体开发形势稳定[6-8]。

2 高效开发技术研究

2.1 立体布井实现多层系储量高效动用

通过多层系立体开发(图1),能够实现全油藏的整体动用,从而进一步提高油藏资源的开发效率和综合经济收益。在实践中,111、112、113等超大平台实现了长6_3、长7_1、长7_2全油藏整体动用,通过采取不同的开发层次和方式,充分利用油藏的多层次、多组分特性,提高采收率,优化资源利用[9-12]。其中111平台开发部署水平井31口(图2),长7_1层14口、长7_2层17口,113平台开发部署水平井22口,长6_3层7口、长7_1层1口、长7_2层14口。立体开发实现了多层系储层一次整体动用,减少后期动用的干扰风险,这种开发模式能够充分挖掘油藏潜力,降低开发过程中的成本。以111平台为例,部署水平井31口,通过大井丛优化布井、井站合建,占地46.2亩,节约土地83.3亩。

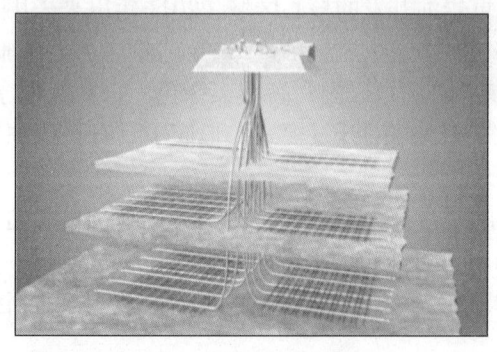 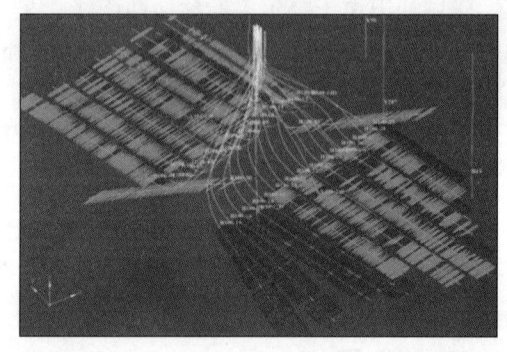

图1　113平台井位部署图　　　　图2　111平台长7_1、长7_2裂缝三维空间图

鉴于小平台布井在储层开发中的限制,通过立体布井的方式,将不再受限于地面环境,能够更好地利用油气资源。这种高效开发方式,使得原本难以开发的储层也得以充分利用,进一步优化了资源配置,提高了油气开采效率。庆城油田辖区动用水源保护区储量 1150×10^4t,111平台通过立体布井占用储量 490×10^4t。

2.2 钻试投"三同向"整体规划减少井间干扰

2.2.1 钻井压裂投产"三同向"

超大平台开发坚持平台整体规划的原则,钻井、压裂、投产同向井集中实施同一类型的作业[13-14]。即同向井集中钻井,完井后集中压裂,压裂完后再统一闷井集中投产,合理分区,多机组、多专业同向井同步作业。111、112超大平台三同向作业(图3)实践表明,目前已经具备超大平台整体钻、试、投建设能力。111平台同时5部钻井施工,同时5台集中压裂,8机组同步井筒准备磨钻投产(图4)。

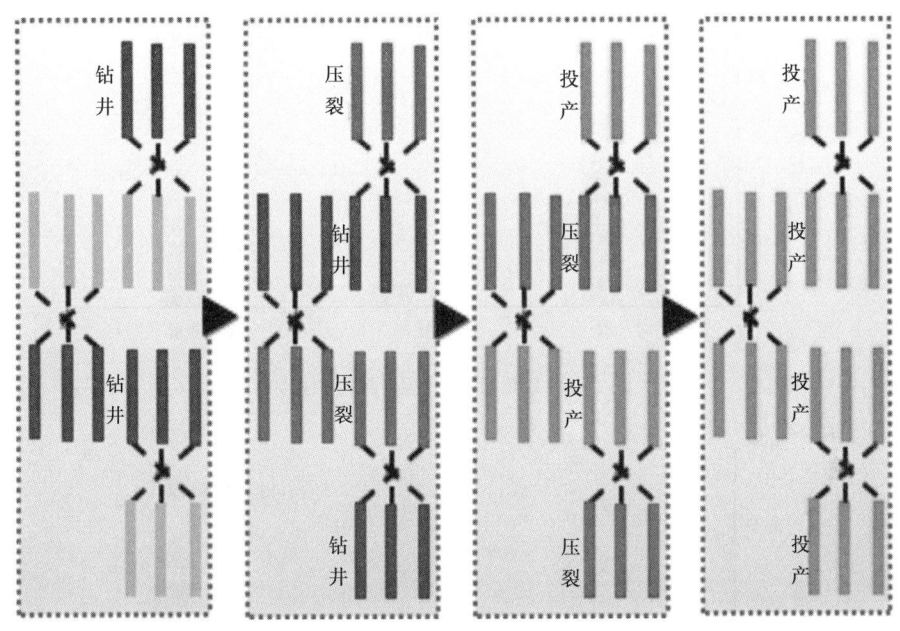

图 3 平台化管理"三同向"原则

图 4 平台化管理"三同向"施工现场图

2.2.2 整体规划减少作业过程井间干扰

开发实践表明,同向作业有效减少了压裂对老井产量的影响。同时,减少了被动闷井对开发效果的影响[15-19]。113平台连续放喷,对比114平台不连续放喷,开发效果较好(图5和图6)。含水下降至93.0%同等程度时,连续放喷平台比不连续平台平均返排率高4.0%,压裂液对地层污染减少,平均动液面下降较慢,3个月平均阶段产油量增多59t。

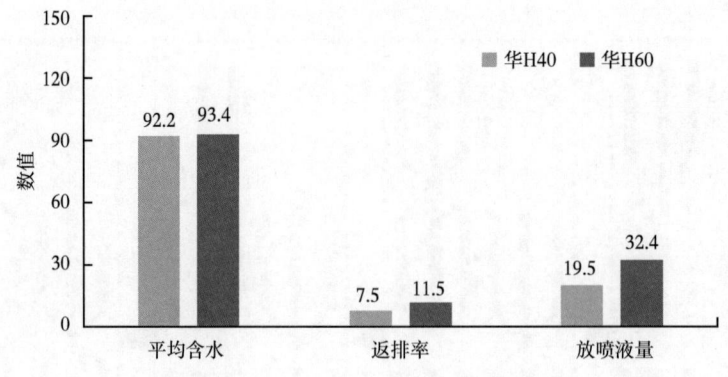

图 5　113 与 114 平台返排率对比图

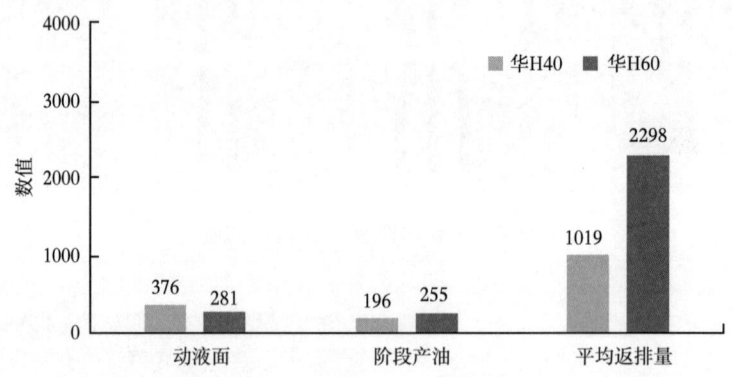

图 6　113 与 114 平台动液面对比图

2.3　新技术打造超大平台绿色低碳发展典范

2.3.1　一级布站资源循环利用

通过一级布站（图 7）方式使放喷排液阶段压裂液直接循环利用、稳定采油阶段就地处理就地回注、伴生气转化成品销售，以此来加强水资源循环利用，伴生气就地回收。

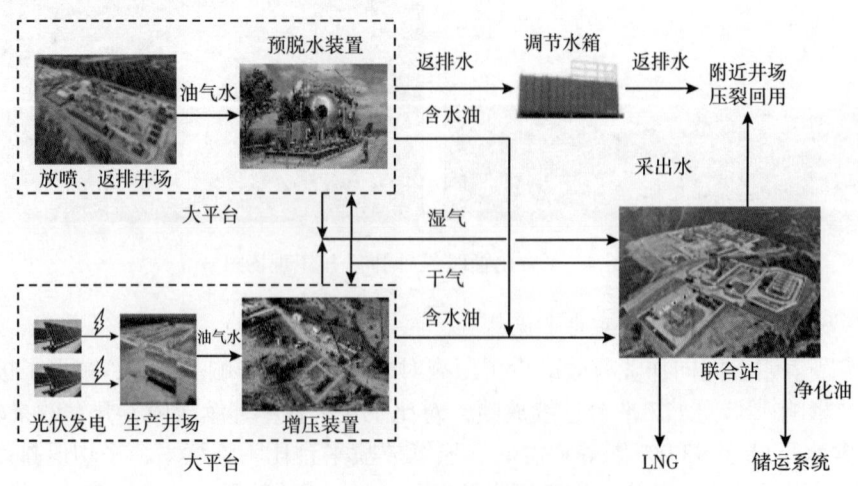

图 7　页岩油一级布站流程示意图

对大井组平台，推行"平台增压—联合站"的一级布站建设思路，通过"采出物密闭集输、原油集中稳定、深冷混烃回收、干气综合利用"，实现了平台—联合站全流程密闭处理，最大限度利用油气资源，降低损耗，设计密闭集输率100%、设计原油稳定率100%、设计伴生气处理率100%。111平台通过利用一级布站方式实现了水资源循环利用$8.3×10^4$t，伴生气100%回收，日产轻烃高达18t，LNG33t，每日创收25万元。

2.3.2 绿色低碳技术成效显著

通过应用电代油钻井压裂、光伏发电、植被绿化等技术，使得庆城油田高质量打造出页岩油绿色低碳示范平台（图8）。最为典型的是111平台：通过使用以上三种技术，已完成钻井、压裂共计29口井，节约燃油3430t；达到年发电量$28.2×10^4$kW·h，相比于煤炭发电每年可节约标煤93.1t，累计绿化41.3亩，种植树木3496棵。

图8 111平台光伏绿能现场图

2.4 新技术试验提升超大平台开发效果

2.4.1 连续油管提高作业效率

实践表明，超大平台使用连续油管可以明显提高作业效率[20-22]。与常规工具油管相比，连续油管单井作业周期由15d减少至5d，作业效率提高3倍以上，返排液由1200下降到590m³，返砂量由27.5m³下降到19.2m³。因此连续油管技术在超大平台上实现了安全高效作业。目前超大平台111平台累计应用50井次、112平台应用21井次、113平台应用12井次。

2.4.2 扇形井网提高储量动用

生产数据统计分析显示，扇形井网有助于提高大平台动用储量，但其生产水平与常规井网基本持平。通过112平台扇形井网与常规井网产状数据对比得出（图9）：112平台扇

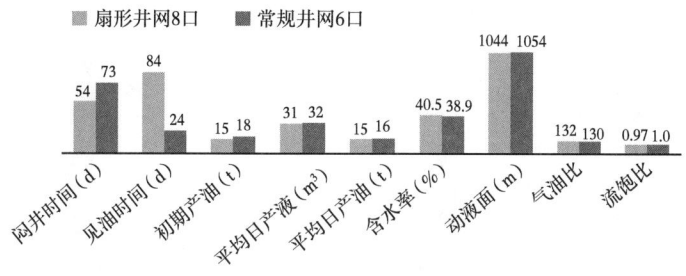

图9 扇形井网与常规井网产状对比图

形井网可增加动用储量 184×10^4t，其平台初期日产油 15.1t（常规井网 17.5t），目前日产液 30.5m³，日产油 15.4t，含水率 40.5%，气油比 132m³/t，流饱比 1.0，与常规井网基本一致。

2.4.3 CO_2 前置压裂增能增产效果好

通过 CO_2 前置压裂技术的应用，能够显著提高油气井的产能和生产效果[23-24]。该技术能够通过将 CO_2 注入到井口，利用其低黏度和高渗透能力，迅速渗透到岩石孔隙中，有效地扩张储层裂隙，增加储层渗透性，提高油气的开采率。通过 CO_2 前置压裂技术的应用，可以实现对油气储层的全面改造和优化，提高储层的渗流能力和产能，进而实现油气井的增产效果（图10）。

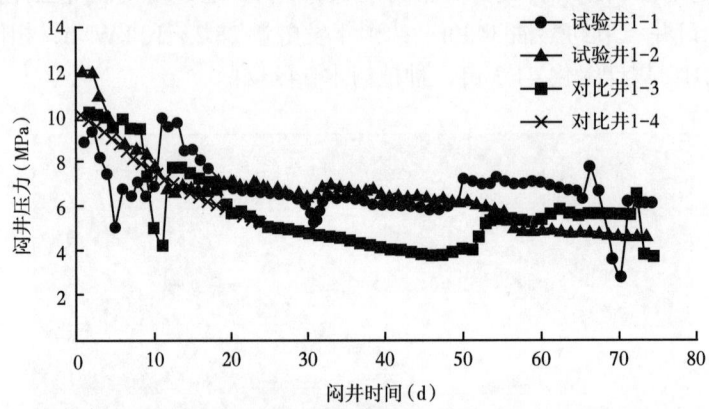

图10　111平台 CO_2 压裂闷井压力对比曲线

根据111平台试验井与未试验井生产情况对比曲线结果（图11）：试验井的平均压降速率相较于未试验井平均压降速率下降0.16MPa/d，见油周期缩短10d、初期产量增加3t、阶段累产油提高624t。由此可以得出大平台使用 CO_2 前置压裂技术有压降速率慢、见油快、初期产量高、阶段累产油高等特点。

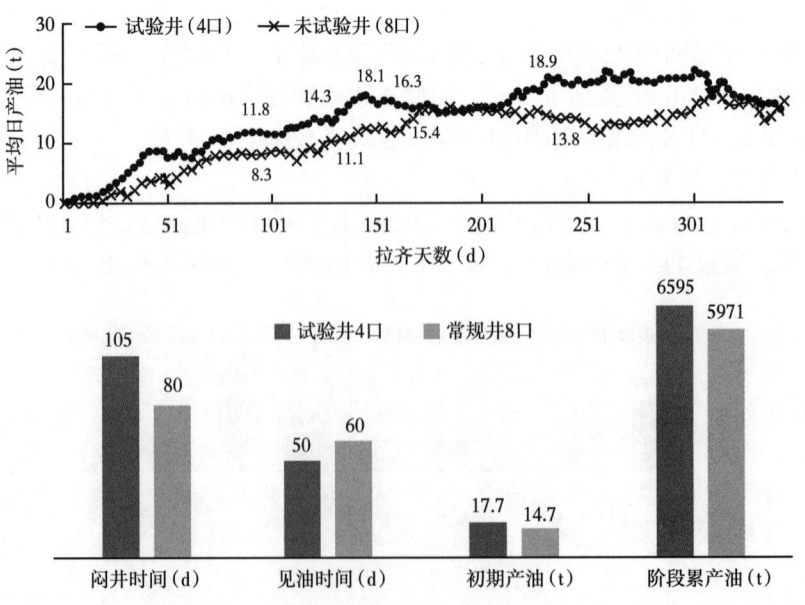

图11　111平台试验井与未试验井产状对比

2.4.4 结构化驱油造缝提产显著

采用结构化驱油技术，能有效地增强油藏的渗透性，提高油田的采收率，并显著提升产量。该技术通过构造人工裂缝，改变油藏中的渗流路径，增加油水接触面积，从而改善油田的采收效果。通过科学设计和合理布局，结合油藏特性，选择适合的工艺参数，进一步优化工程方案，系统性地实施结构化驱油技术，可以取得显著的增油效果，为油田的可持续发展提供有力支撑。

通过对 112 平台长 7_1 层 5 口井进行试验，其中结构井 2 口（井 1-1、井 1-2）实施少段多簇大排量压裂，分段多簇、大排量压裂，18 段 62 簇，裂缝密度 4.5 条/100m，加砂 2200~2500m^3，入地液 2.8×10^4m^3，排量 9.5m^3/min；生产井 3 口（井 1-3、井 1-4、井 1-5）实施多段少簇控排量压裂，精准分段、控制规模，36~40 段 45~50 簇，裂缝密度 2.2 条/100m，加砂 3000~3400m^3，入地液 $(1.5~20) \times 10^4$m^3，排量 4.7~5.0m^3/min。结构驱油井与同区域同层常规井相比，结构化驱油井见油快，见油周期由 55d 减少至 41d，单井百米产油 0.8t/d 提高至 1.0t/d，生产 1.5 年阶段累计产油提高至 8500t，提高 720t（图 12）。

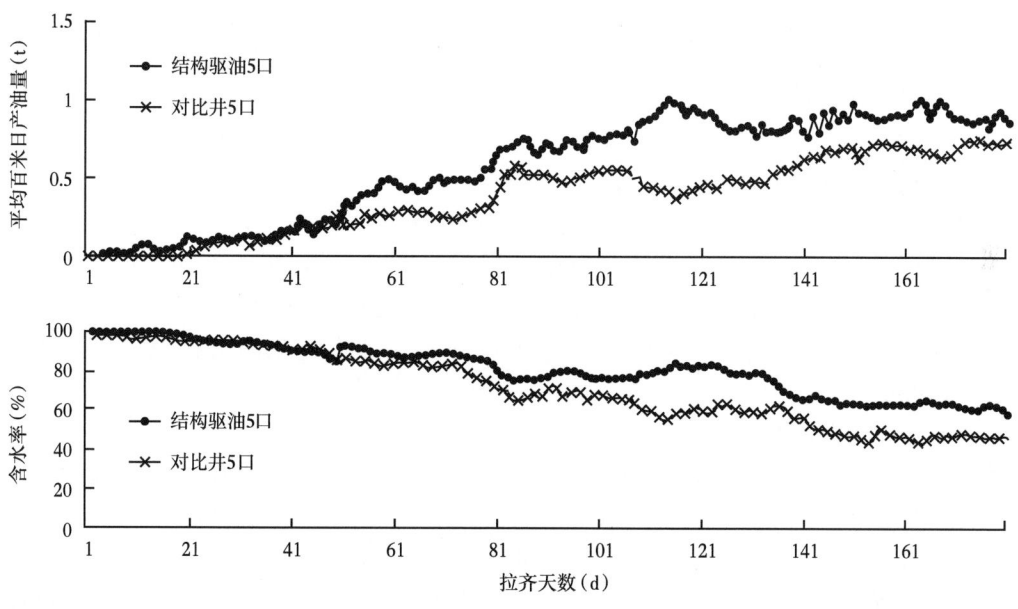

图 12　结构驱油井与常规井情况对比图

2.5 创建闷排采精细管理技术

2.5.1 精细分区差异化闷井技术

研究表明，视微孔率可以表征微孔与大孔的组合关系，视微孔率越大，微孔增多、大孔减少，需要更长闷井时间，为闷井优化提供依据。庆城油田长 7 页岩油视微孔率平面呈现"东高西低、南高北低"，层系呈长 7_1 高长 7_2 低的特征（图 13 和图 14）。通过总结超大平台现场管理经验，创建精细分区差异化闷井技术。综合岩心实验、数值模拟及视微孔率等研究，将 A、B 合理闷井周期优化为 30~35d，C 区合理闷井周期优化为 20~25d，东部 D 区合理闷井周期优化 40~45d，长 7_1 层合理闷井周期优化为 35d、长 7_2 层合理闷井周期优化为 30d，以此进一步精细划分了分区闷井差异。

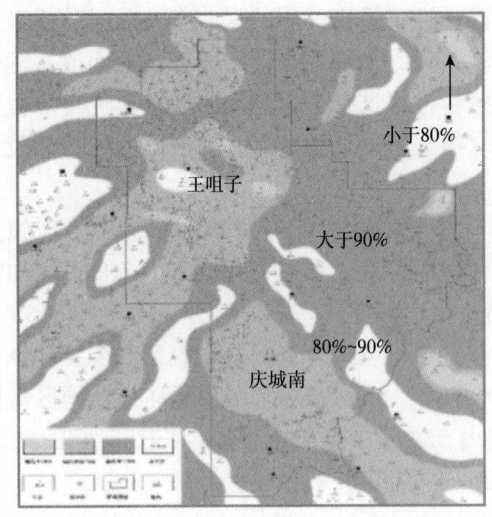
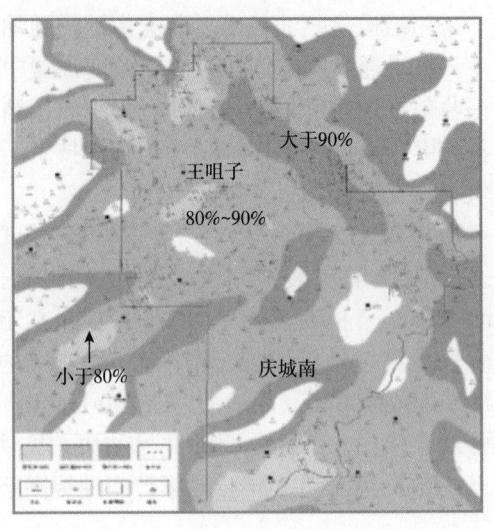

图 13 长 7_1 视微孔率平面分布图　　　　图 14 长 7_2 视微孔率平面分布图

2.5.2 连续稳定按量放喷排液技术

大量实践表明，连续放喷可缩短见油周期、稳定放喷可控制裂缝闭合速度，预防支撑剂大量返出、按量放喷能够提高新井阶段累产。

超大平台按照"初期控排、见油稳压、稳产定液"的思路，分不同生产阶段制定排液制度。初期控排阶段：含水率大于 90%，返排强度为 4.0~5.0m³/100m，水平井排液量 60~75m³/d；见油稳压阶段：含水率为 60%~90%，返排强度为 2.0~4.0m³/100m，水平井排液量 30~60m³/d；稳产定液阶段：含水率小于 40%~60%，按照稳定采油期坚持合理流饱比执行 1.0~2.0m³/100m。

2.5.3 不同含水阶段控压采油技术

研究表明合理流饱比是稳定采油阶段关键技术参数。低于饱和压力后，造成游离气体产生，形成贾敏效应，增加流体阻力；数值模拟表明：不同阶段坚持不同流饱比更有利于提高采收率。与控压生产相比，放压生产初期产量高，但递减大；流压保持在饱和压力附近，采出程度较高。通过储层特征、改造参数等主控因素研究，结合生产动态分析，明确不同含水阶段合理流饱比，高含水阶段合理流饱比 1.2~1.6；初期生产阶段合理流饱比 0.8~1.5；稳定生产阶段合理流饱比 0.8~1.0，水平井分阶段技术政策见表 1。

表 1 水平井分阶段技术政策表

单井分类	高含水阶段(含水率为 60%~90%)		初期生产阶段(含水率为 40%~60%)		稳定生产阶段(含水率小于 40%)	
	返排强度(m³/d)	流饱比	百米采液强度(m³/d)	流饱比	百米采液强度(m³/d)	流饱比
水平段大于 1500m	2.5~3.0	≥6	1.8~2.0	1.0~1.5	1.0~1.2	≥1.0
水平段在 1000~1500m	2.3~2.5	1.4~1.6	1.5~1.8	0.8~1.2	0.9~1.0	≥0.8
水平段小于 1000m	2.0~2.3	1.2~1.4	1.0~1.5	0.8~1.0	0.6~0.9	≥0.8

2.6 智能化云端资料录取实现动态数据精准高效采集

2.6.1 多通阀自动倒换多井计量

超大平台通过使用多通阀智能计量装置,实现了自动切换单井计量流程高效计量、气液分离计量结果稳定、在线实时计量数据精准可控等。目前,111平台仅应用4台多通阀智能计量装置,将全平台31口单井全覆盖。由此可见,多通阀智能计量装置相较于普通单量仪计量装置具有单量井次更多,计量精度更高,设备能够自动切换,操作更加方便,资料录取更全面,效率高等优点。

2.6.2 基础资料在线精准采集

含水、油套压、动液面等基础数据通过物联网云平台每5s进行一次数据点采集,数据结果自动上传物联网云平台绘制动态曲线,有效降低了员工现场操作发生意外风险;减少了基层生产组织工作量。目前超大平台油套压100%全覆盖、单量仪安装应用121台;含水仪安装123台,其中校正并使用58口,每月减少含水录取任务348井次。

3 超大平台开发技术效果评价

超大平台对多层系进行立体开发,实现了储量的高效动用,通过一次井网多层交错布井、立体交错布缝压裂,减少了二次开发接替层对老井产量的影响。

根据数据统计(图15和图16),超大平台的单井产量与常规平台产量持平,采油速度显著提升,但初期含水下降慢。当大平台单井含水下降至稳定阶段后,其单井日产油(10~11t)、含水(35.0%)、递减率(1.7%),与常规平台相似。大平台采油速度与常规平台相比提高0.4%,单井EUR提高至2.6×10^4t左右。不稳定返排、邻井压裂干扰是造成初期含水下降慢的主因。所以坚持"三同向"整体规划建设和"连续、稳定、按量"放喷,超大平台开发效果还有提升的空间。

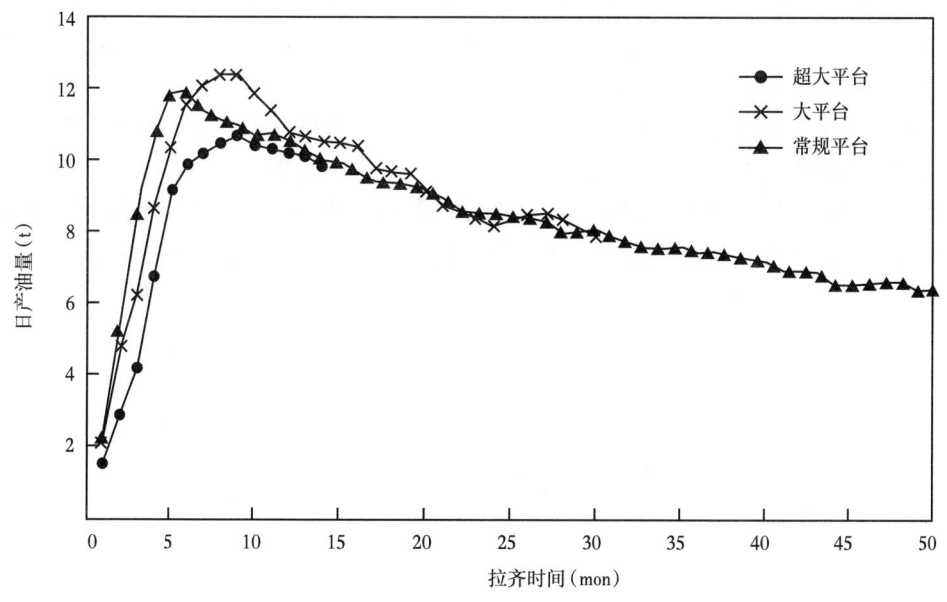

图15 不同类型平台日产油动态曲线

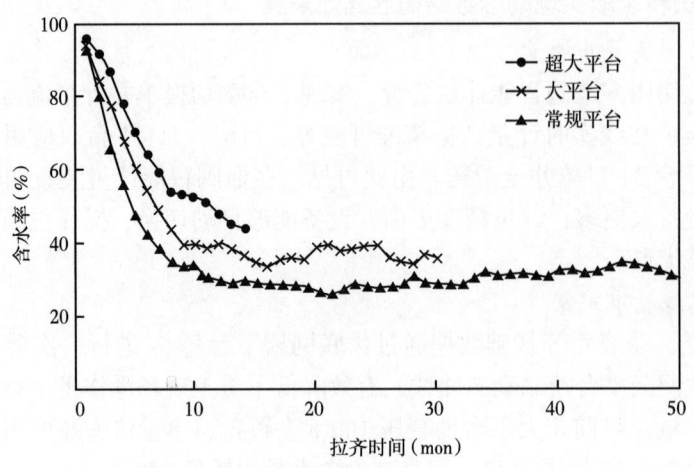

图16 不同类型平台含水变化曲线

超大平台管理效益提升显。百万吨产能节约土地约1400亩，大平台管理实现了少人高效，其更加适应新型两级组织架构。以111为例，节约土地83.3亩，对比同井数常规平台，在生产管理、资料录取、现场巡护等方面节约用工30~35人，每月减少用工量330人·次，年节约费用750万元。

4 结论

（1）目前超大平台开发技术已然成熟，具备规模建设和生产管理能力。超大平台通过立体布井、钻试投整体规划、闷排采精细管理、智能资料采集等技术逐步成熟固化，绿色低碳建设和新技术试验效果显著。

（2）超大平台开发效果较好，新技术试验井优于常规平台。111平台、112平台年产油能力均达 10×10^4t 以上，目前111平台已累产油超 20×10^4t；CO_2 前置压裂、结构性驱油试验效果显著，单井百米日产油提高0.2t。

（3）鉴于当前油气资源开发中存在资源分散、效益低下的问题，建议在推广应用超大平台开发模式时应借鉴大井丛立体开发思路，即在单一平台上部署10~12口水平井，以提高整体开发效益。通过大幅度减少平台数量，降低建设和运营成本，提高资源利用率，从而提升整体开发效益。在实践中，还需要进一步加强对超大平台开发模式的研究和应用，完善相关管理机制，使其成为具有页岩油特色的开发模式。

参 考 文 献

[1] 邹才能，朱如凯，白斌，等．致密油与页岩油内涵、特征、潜力及挑战［J］．矿物岩石地球化学通报，2015，34（1）：3-16．

[2] 贾承造．论非常规油气对经典石油天然气地质学理论的突破及意义［J］．石油勘探与开发，2017，44（1）：1-11．

[3] 李建民，吴宝成，赵海燕，等．玛湖致密砾岩油藏水平井体积压裂技术适应性分析［J］．中国石油勘探，2019，24（2）：250-259．

[4] 慕立俊，赵振峰，李宪文，等．鄂尔多斯盆地页岩油水平井细切割体积压裂技术［J］．石油与天然气地

质，2019，40（3）：626-635.
- [5] 杨华，牛小兵，徐黎明，等. 鄂尔多斯盆地三叠系延长组长7段页岩油勘探潜力[J]. 石油勘探与开发，2016，43（4）：590-599.
- [6] 杨华，牛小兵，罗顺社，等. 鄂尔多斯盆地陇东地区长7段致密砂体重力流沉积模拟实验研究[J]. 地学前缘，2014，21（3）：322-332.
- [7] 付金华，罗顺社，牛小兵，等. 鄂尔多斯盆地陇东地区长7段沟道型重力流沉积特征研究[J]. 矿物岩石地球化学通报，2015，34（1）：29-37.
- [8] 付金华，喻建，徐黎明，等. 鄂尔多斯盆地致密油勘探开发新进展及规模富集可开发主控因素[J]. 中国石油勘探，2015，20（5）：9-19.
- [9] 杨智，付金华，郭秋麟，等. 鄂尔多斯盆地三叠系延长组陆相致密油发现、特征及潜力[J]. 中国石油勘探，2017，22（6）：9-15.
- [10] 杨孝，冯胜斌，王炯，等. 鄂尔多斯盆地延长组长7段致密油储层应力敏感性及影响因素[J]. 中国石油勘探，2017，22（5）：64-71.
- [11] 付锁堂，李忠兴. 低渗透油气田勘探与开发[M]. 北京：石油工业出版社，2020.
- [12] 雷启鸿，何右安，郭芪恒，等. 鄂尔多斯盆地页岩油水平井开发关键科技问题[J]. 天然气地球科学，2023，34（6）：939-949.
- [13] 林森虎，邹才能，袁选俊，等. 美国致密油开发现状及启示[J]. 岩性油气藏，2021，23（4）：25-30.
- [14] 周妍，孙卫，白诗绮. 鄂尔多斯盆地致密油地质特征及其分布规律[J]. 石油地质与工程，2013，27（3）：27-29.
- [15] 付金华. 鄂尔多斯盆地致密油勘探理论与技术[M]. 北京：科学出版社，2018.
- [16] 薛婷，黄天镜，成良丙，等. 鄂尔多斯盆地庆城油田页岩油水平井产能主控因素及开发技术政策优化[J]. 天然气地球科学，2021，32（12）：1880-1888.
- [17] 邹才能，潘松圻，荆振华，等. 页岩油气革命及影响[J]. 石油学报，2020，41（1）：1-12.
- [18] 邹才能，杨智，崔景伟，等. 页岩油形成机制、地质特征及发展对策[J]. 石油勘探与开发，2013，40（1）：14-26.
- [19] 李国欣，罗凯，石德勤. 页岩油气成功开发的关键技术、先进理念与重要启示：以加拿大都沃内项目为例[J]. 石油勘探与开发，2020，47（4）：1-11.
- [20] 王宇岑，于晓洋，李文博. 油砂油/页岩油地面集输技术及其对比分析[J]. 辽宁化工，2016（10）：1318-1321.
- [21] 张海龙. CO_2 混相驱提高石油采收率实践与认识[J]. 大庆石油地质与开发，2020，39（2）：114-119.
- [22] 曹元婷，潘晓慧，李菁，等. 关于吉木萨尔凹陷页岩油的思考[J]. 新疆石油地质，2020，41（5）：622-630.
- [23] 胡素云，赵文智，候连华，等. 中国陆相页岩油发展潜力与技术对策[J]. 石油勘探与开发，2020，47（4）：819-828.
- [24] 屈雪峰，雷启鸿，高武彬，等. 鄂尔多斯盆地长7致密油储层岩心渗吸试验[J]. 中国石油大学学报（自然科学版），2018，42（2）：102-109.

基于产液剖面测试的水平井渗流规律研究

冯立勇[1,2]，贾剑波[1,2]，赵　晖[1,2]，梁晓伟[1,2]，吴　霞[1,2]，张耀辉[1,2]

（1.中国石油长庆油田公司页岩油开发分公司；
2.低渗透油气田勘探开发国家工程实验室）

摘　要：鄂尔多斯盆地延长组长7页岩油采用水平井、大规模体积压裂、准自然能量开发，单井水平段长、改造段簇多、初期产量高，水平井段间产液贡献、渗流规律尚不清楚。本文通过研究12口分布式光纤和20余口压裂示踪剂等产液剖面测试技术成果，分析水平井产层段、簇产液贡献差异，研究产液贡献与储层"甜点"、改造方式、改造强度等因素的关系，进一步明确了页岩油水平井不同开发阶段的5项渗流规律，实现了水平井段间渗流差异的定量化表述，有效解决了页岩油水平段井多段多簇压裂改造条件下的渗流规律定量描述问题，掌握水平井各段簇产出贡献能力，对低产水平井精准实施产能恢复具有重要指导意义，为页岩油水平井开发调整提供现实依据。

关键词：页岩油；产液结构；渗流规律；产液贡献；储层"甜点"；钻遇率

随着国内油气勘探开发向非常规资源进军，页岩油受到越来越多的关注，是推动国内原油增产稳产的重要接替领域。中国页岩油地质资源量为 11602×10^8 t，可回收页岩油资源量达 160×10^8 t[1]。主要分布在鄂尔多斯盆地、准噶尔盆地和松辽盆地。中国页岩油资源丰富，技术可采资源量为 145×10^8 t，是最具有战略性的石油接替资源，成为中国"十四五"时期原油增储上产的主力军[2]。2023年全国页岩油总产量突破 400×10^4 t。按照页岩油革命的奋斗目标，到2030年长庆油田页岩油产量将达到 450×10^4 t，页岩油资源已成为规模上产的主攻方向。

页岩油作为规模上产、保障国家能源安全的重要接替领域，水平井渗流规律研究尤为重要，产液剖面作为精确研究单井产液结构、油藏渗流规律的方法，掌握水平井各产层产液贡献能力及产出特征，对低渗透油田水平井压裂改造参数优化设计、提升储层改造效果，以及后期开发过程中动态调整、产能恢复等措施具有重要的指导意义。面临低渗透油田水平井水平段长，常规产液剖面监测技术无法实现准确监测的突出矛盾，应用示踪剂产液剖面和爬行器+光纤产液剖面测试技术相结合的方式，监测水平井分段产液贡献。

1　产液剖面测试原理

1.1　示踪剂产液剖面技术原理

量子点示踪剂应用于产出剖面测试，需通过特殊工艺将量子点与聚合物和可溶性材料加工成混合材料，均匀涂敷在陶粒支撑剂表面，形成支撑剂量子点涂层，如图1所示。

第一作者简介：冯立勇，1999年毕业于中国地质大学（武汉），获学士学位，现任大庆油田页岩油开发分公司一级工程师，从事页岩油开发管理、精细油藏描述等方面研究工作，高级工程师。通讯地址：甘肃省庆阳市西峰区长庆油田页岩油开发公司，E-mail: fly_cq@petrochina.com.cn

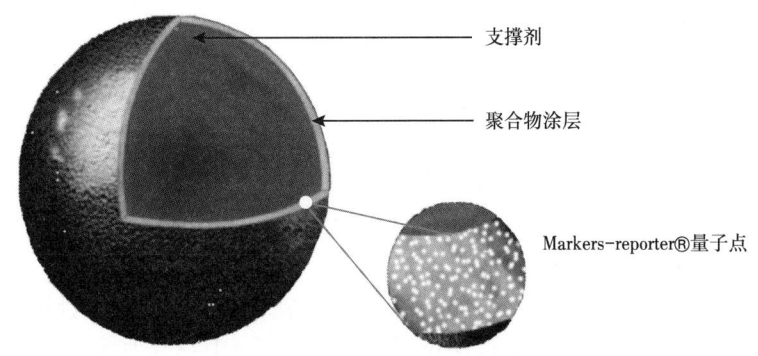

图 1　量子点示踪剂的支撑剂涂层

聚合物遇油、遇水膨胀形成聚合物骨架，不但形成量子点移动通道，而且可以维持支撑剂的强度，避免在地层中压坏或改变聚合物颗粒的几何尺寸，有利于形成油气渗流通道。涂层内充填遇油、水溶解的功能性材料，产生亲水、亲油或者亲气通道，使量子点由聚合物内部逐渐运移到支撑剂表面，起到溶解和缓释的作用，延长井下流体动态监测时间。另外一种形式，将碳量子与高分子材料混合加工成具有一定孔隙度和渗透性的量子点示踪带，量子点示踪带缠绕在完井管柱上，地层流体可以通过示踪带，并携带分别具有油溶性、水溶性或气溶性的量子点示踪剂返排到井口，通过井口取样分析，达到井下流体监测的作用。

1.2　光纤产液剖面测试原理

光纤测井兼具高灵敏传感器、信号传输介质双重属性。利用高频脉冲激光（光波）沿光纤传播，同时发生背向散射，背向散射光波主要受环境声波震动、应力、温度干涉影响，通过散射光波传输时间、强度、相位解析，实现时空域维度实时连续确定不同监测位置温度、声波振动信息数据，获取温度、压力剖面正演、反演模型，考虑裂缝主要因素的油藏热力学模型、渗流模型，质量、能量守恒、微热效应（热传导、对流、黏性耗散）等，确定解释目标参数，段簇产出量、裂缝长、渗透率分布，不断更新反演目标参数，使得目标函数满足精度要求。

光纤作为一种集高灵敏传感器，信息传输介质为一体的特殊材料，近年来在油气井测井技术领域发挥出越来越重要的作用，是油气井测井新的技术发展方向。楚华杰等指出用光纤作为传感器实现了水平井产层段温度压力的监测试验[6]。应用光纤＋示踪剂监测技术分析渗流规律应用案例相对较少，尤其是针对非常规水平井的产液贡献应用案例鲜有报道，笔者通过分析不同的产液剖面测试方法，获取不同开发阶段的非常规水平井渗流特征，为页岩油水平井产液贡献差异、渗流规律研究开拓了新方法。

1.3　产液剖面测试技术特点

近年来在页岩油水平井中应用较为广泛的产液剖面测试技术为量子示踪剂产液剖面和光纤产液剖面，两种测试方法各有其技术特点和适应性，能满足不同条件水平井渗流规律研究资料获取要求。

量子示踪剂产液剖面特点：该型示踪剂分为油、气、水三相，每段优选一种具有独特谱图的示踪剂随压裂液一次性投加，连续取样化验，监测各段示踪剂产出情况，从而分析水平井分段流体产出情况；监测时间一般为 1~2 年，甚至更长；通过长期取样分析，可以获取水平井不同生产时期的段间产液贡献。

光纤产液剖面特点：采用爬行器布设光纤，对井筒清洁度、光滑程度要求高；光纤布设时间短、监测灵敏度高，能获取分段、分簇产液贡献。

1.4 资料综合解释

基本原理：关井、开井井温在多处出现低温段，且在非低温层段，流温低于关井温度，说明低温是前期酸化压裂作业注入液体导致产层温度降低，关井后非注入段或少量注入段温度恢复较快，在底部流温和关井温度基本重合，分析底部产出量很少；上部温度低温段基本重合，低温段上部，流温与关井温度差异越大说明低温段产出越多。

根据产液温度以及关井时的温度，计算井下产出结果，整体结果表明各簇返排量具有一定的差异，水平段底部产量较低，主产层位于水平段顶部，其次是水平段中部。

2 页岩油水平井渗流规律认识

2.1 页岩油油藏全生命周期产量计算方法

页岩油水平井开发过程中具有多尺度、多流态特征：大裂缝（压裂裂缝）表征为拟线性渗流，次级衍生裂缝、微裂缝及纳微米孔隙表征为考虑不同程度启动压力梯度的低速非线性渗流。水平井衰竭式开发初期，强改造区内的地层流体优先流入井筒；随着压力波及半径逐渐增大，弱改造区内的流体参与渗流，逐渐流入强改造区并汇入井筒；当压力波及至基质区后，基质区开始参与渗流并不断向改造区补充能量，表征为水平井筒区、强改造区、弱改造区、基质动用区多区耦合渗流。体积压裂开发多阶段产量曲线如图2所示。

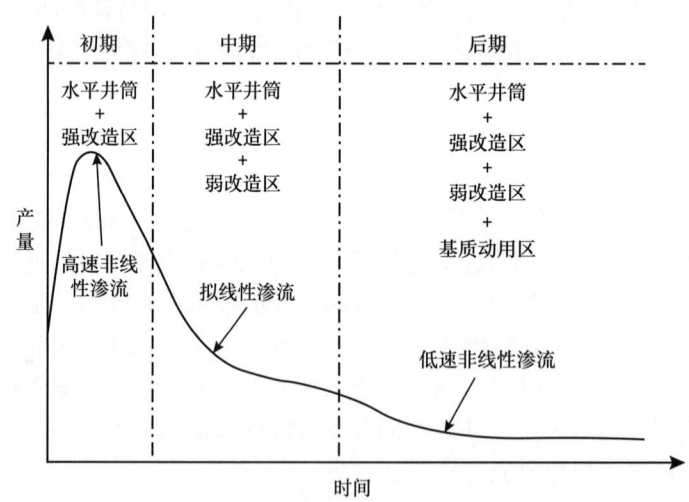

图2 体积压裂开发多阶段产量曲线示意图

因此，依据压力动态传播规律，将致密油藏多级压裂水平井天然能量开发过程划分为：强改造区排采阶段、弱改造区渗流阶段及基质区供能阶段，以此表征致密油藏全生命周期开采过程[11]。

2.2 闷井期压裂液扩散存在差异性

随着压裂液不断注入，裂缝不断扩张，压裂结束后，跟端缝内压裂液含量较趾端高；闷井结束后，缝内压裂液有所扩散（图3）。

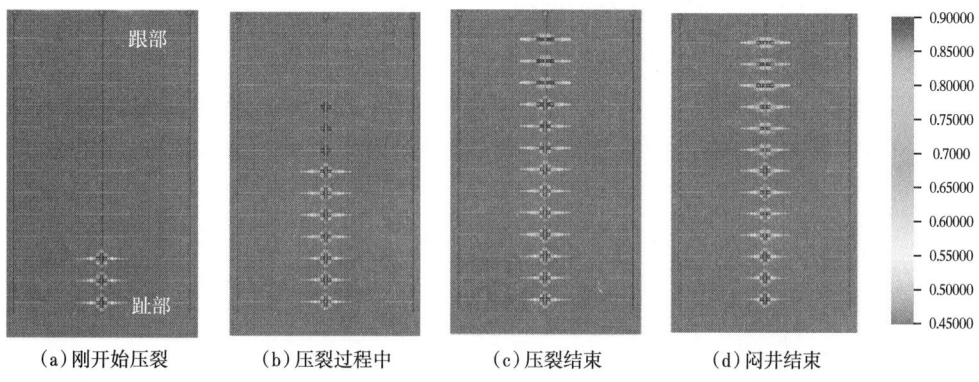

(a)刚开始压裂　　　(b)压裂过程中　　　(c)压裂结束　　　(d)闷井结束

图3　闷井期压裂液扩散示意图

2.3 基质压力差异化分布导致各段产液差异性

趾部较跟部闷井时间更长，导致跟端基质压力最大，投产初期，跟部最先形成压降漏斗，导致跟部最先出液；随着生产时间的延长，储层压力逐渐趋于均匀。页岩油水平井跟部近井筒，排液初期压力释放快，压差大，优先排液，跟部贡献大（图4）。随着生产压差增大早期不产油的段逐渐产油，腰部、趾部贡献率逐步提高。

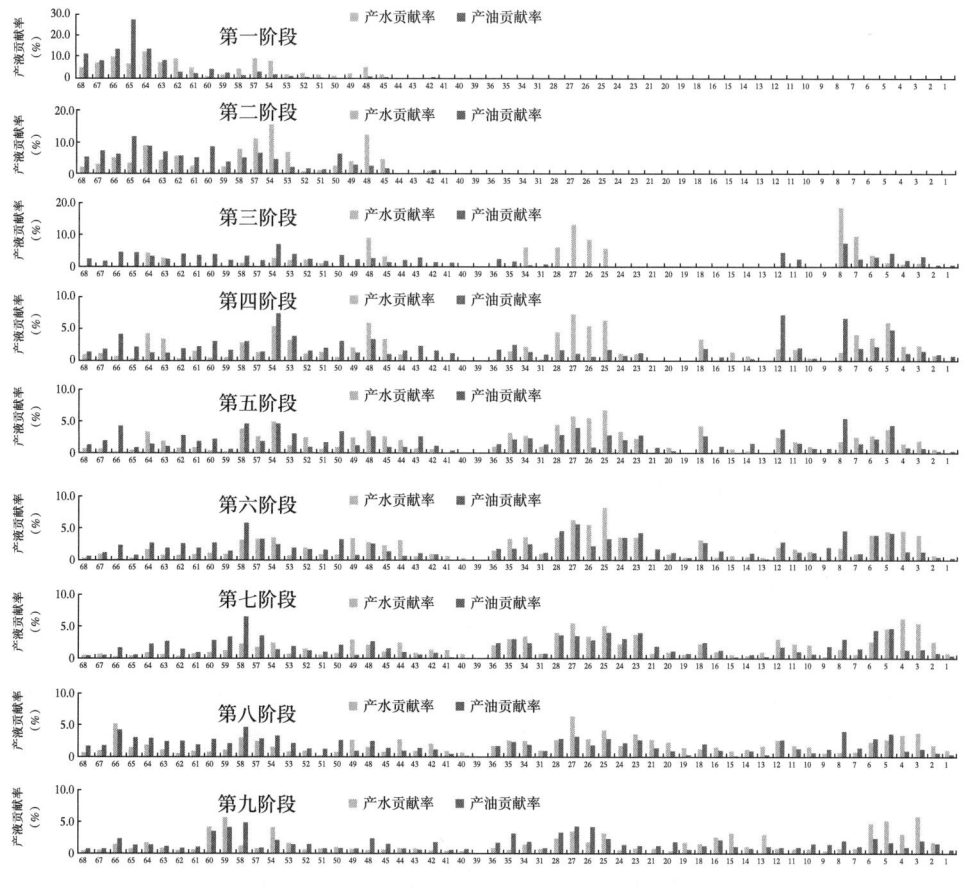

图4　华H90-3井示踪剂产液贡献柱状图

2.4 段间不均－水平井段间产液贡献不均匀

综合统计分析近三年长庆油田公司页岩油开发分公司测试的产液剖面资料,发现产液剖面监测井均 20.6 段/口(图 5);主要贡献平均 8.1 段(占 39.4%),产液量占比 71.8%;次要贡献平均 8.6 段(占 41.9%),产液量占比 25.1%;基本无贡献平均 3.9 段(占 18.8%),产液量占比 3.1%;段间产液量极不均匀。

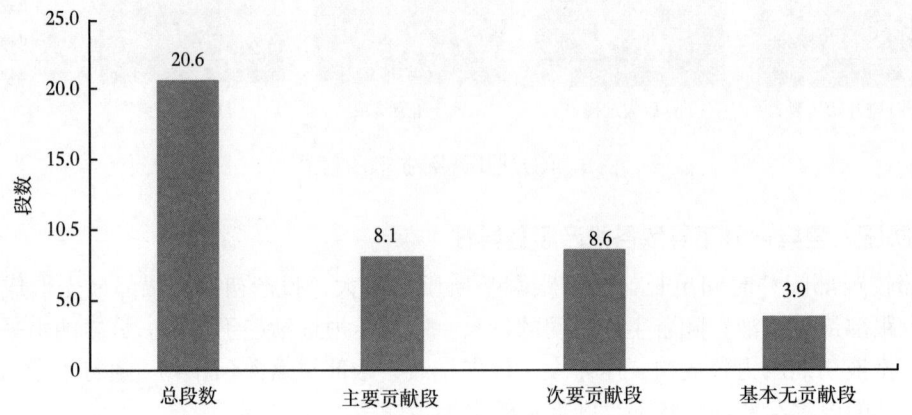

图 5 水平井各段产液量贡献柱状图

2.5 "甜点"控排——储层"甜点"与产液贡献相关性明显

页岩油水平井储层"甜点"与产液贡献正相关,不同类型储层产液贡献差异大。不同类型储层不同返排阶段产出贡献差异大。Ⅰ类优质储层贡献大于 70%,Ⅱ类储层贡献次之,Ⅲ类储层基本无贡献(图 6)。

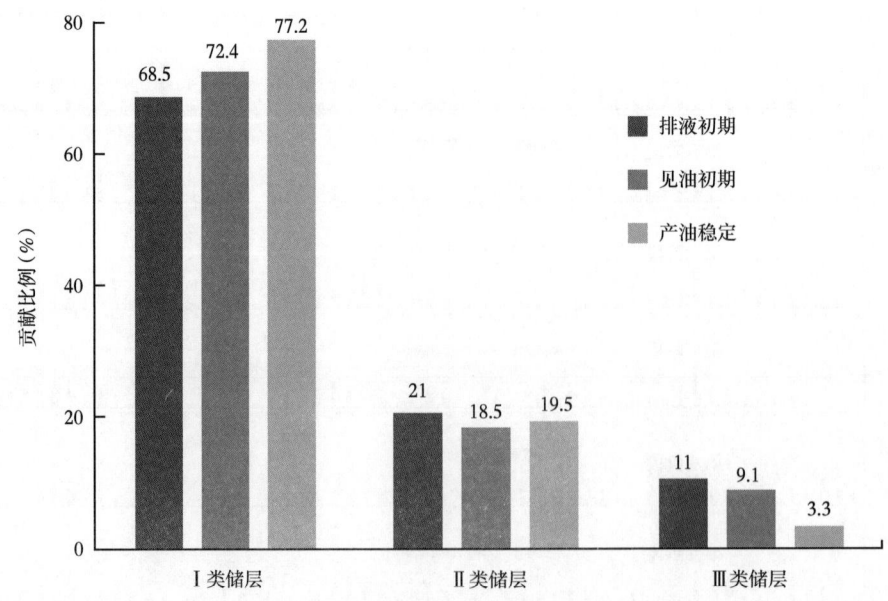

图 6 不同类型储层不同阶段产液贡献图

油层钻遇率越高、产液贡献差异越小。通过示踪剂监测分析，Ⅰ类储层是主要的产液、产油贡献段；同时泥岩层与物性好的砂岩层紧邻，近源充注，泥岩层有一定含油性，压裂后缝网沟通，也有一定的产量，但贡献不大（图7）。

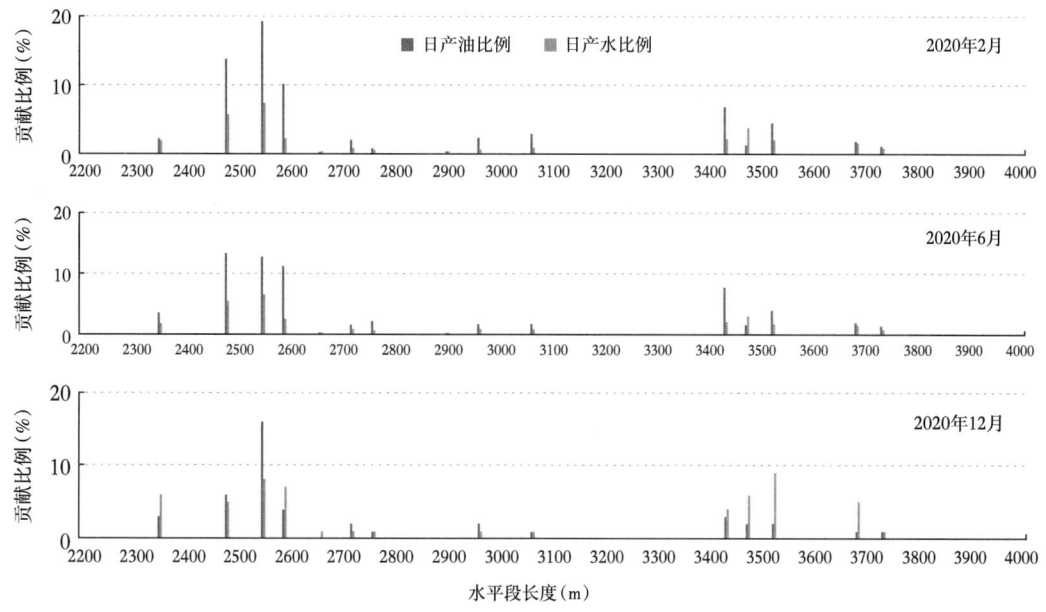

图7　华H21-4井不同时段光纤产液剖面成果图

2.6　相对均衡——稳产期产液贡献相对稳定

稳产期（含水率下降40%~50%），段间产液贡献相对稳定，主要集中在水平井跟部与腰部，以Ⅰ类储层为产油主要贡献层，油层钻遇率越高的井产液贡献差异越小，水平段井段间贡献越均匀，不同时间监测的段间产液贡献率基本稳定。

华H149-6井实钻水平段1535m，平均全烃10.1%。测井钻遇Ⅰ类油层1163.0m，Ⅱ类油层232.0m，Ⅰ类+Ⅱ类油层钻遇率93.0%。改造27段150簇，产液剖面显示段间产液贡献相对较均匀，个别段贡献较小（图8）。

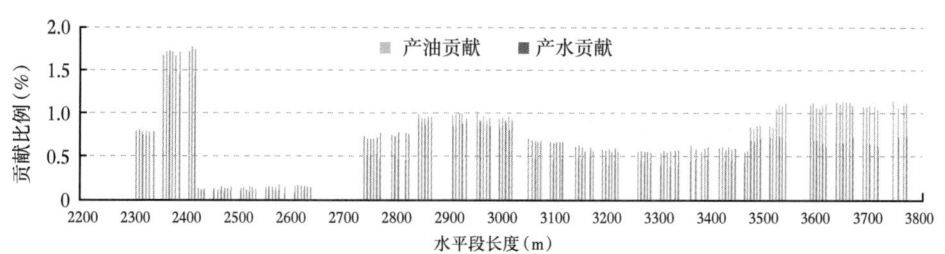

图8　华H149-6井光纤产液剖面成果图

如图9所示华H50-7实钻水平段4088m。平均全烃9.2%。测井钻遇Ⅰ类油层1820.6m，Ⅱ类油层1243.0m，Ⅰ类+Ⅱ类油层钻遇率75.6%。从不同时期段间产液贡献可以看出，水平井稳定生产期各段产液贡献相对均衡，同时段间贡献也存在细微差异。

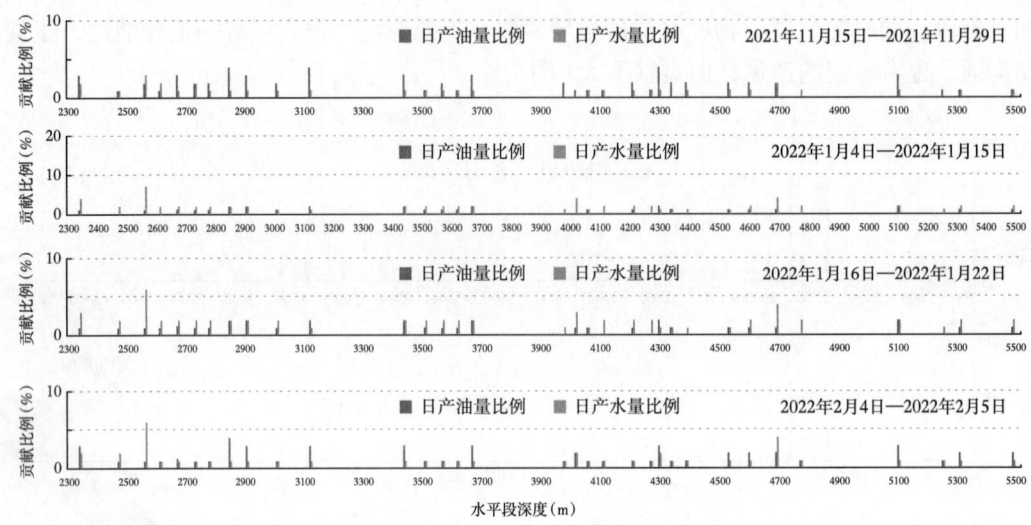

图 9　华 H50-7 井测井二次解释成果图

2.7　强压助采——产液贡献与加砂量、入地液量存在相关性

页岩油水平井不同水平段改造强度与产液贡献存在相关性，页岩油水平井均采用细分切割大规模体积压裂，加砂量和入地液都是常规压裂的数十倍至上百倍，随着加砂量和入地液量增加，产液贡献呈增大趋势，加砂量、入地液量越大，产液贡献越大（图10）。

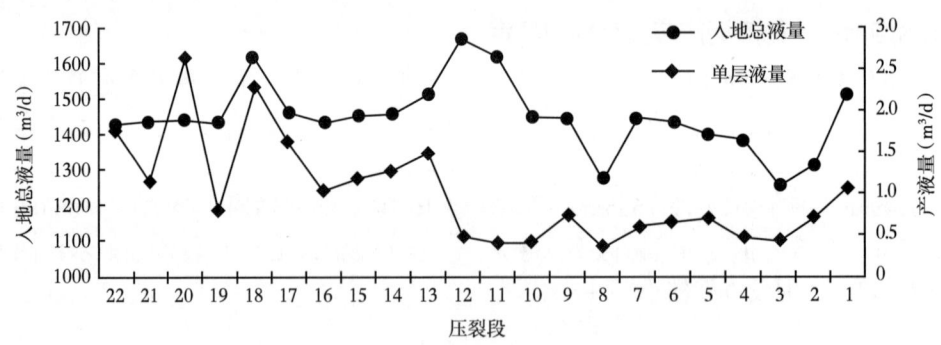

图 10　华 H43-2 井压裂段产量与入地液量对比图

3　页岩油水平井渗流规律开发实践

庆城油田水平井生产过程中形成了不同开发阶段的产液结构、渗流规律认识，应用渗流规律新认识在优化产能恢复方案、优化压裂方案方面取得了新突破，实现了跨越式的发展。

3.1　优化产能恢复方案

面临页岩油水平井段间产液不均的现状，针对低产水平井段间产液贡献差异开展有的放矢的产能恢复措施，优化产能恢复措施方案，精准实施细分层段提高单井产量措施，优化低产贡献段酸量、控制高产贡献段酸量，井均日产油提高 1.2 t，累计增加产油 3548.9 t，产能恢复效果得到提升。华 H149-6 井光纤产液剖面成果图如图 11 所示。

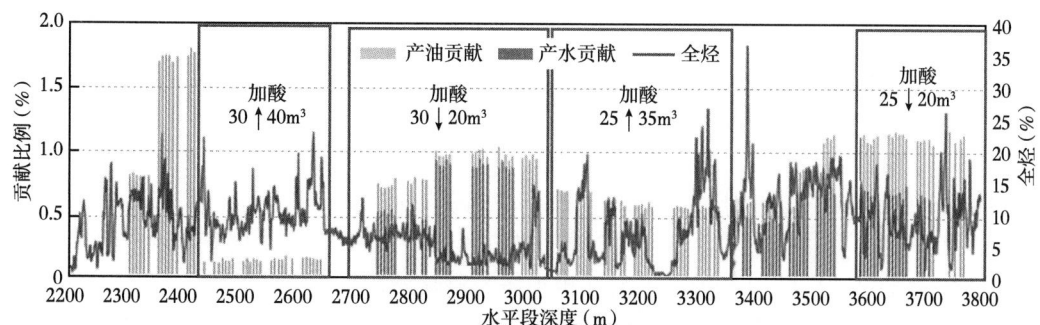

图 11 华 H149-6 光纤产液剖面成果图

3.2 优化平台压裂设计

庆 H38-4 井压裂改造过程中加入了示踪剂,监测结果表明邻井庆 H38-3 井、庆 H38-5 井检测出庆 H38-4 井所注入的多种油水示踪剂(图 12 和图 13)。认为庆 H38-3 井、庆 H38-5 井与庆 H38-4 井多段裂缝存在连通的现象,井间影响周期分别为 6 个月和 2 个月。为优化平台布井和压裂方案提供依据。

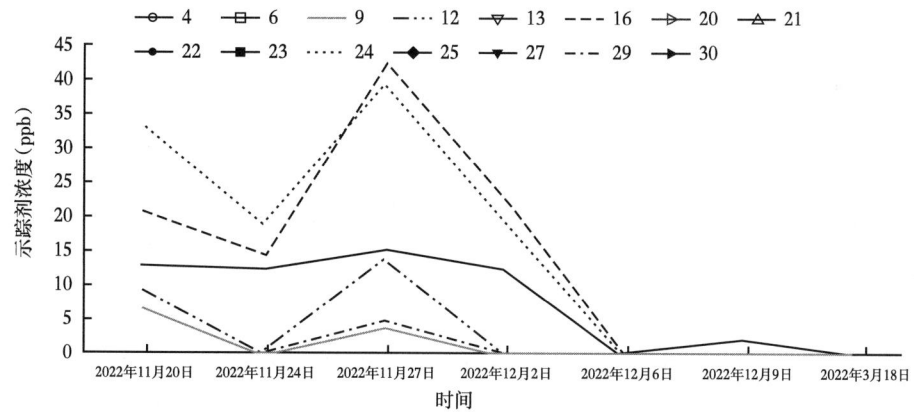

图 12 庆 H38-5 水样中检测庆 H38-4 注入示踪剂

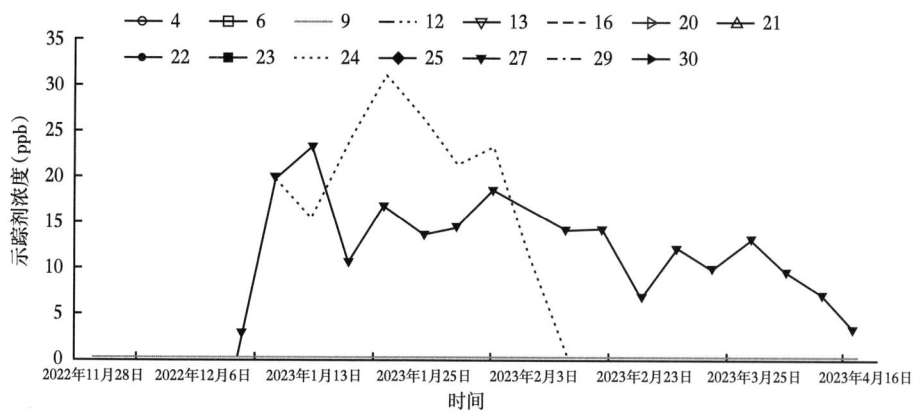

图 13 庆 H38-3 油样中检测庆 H38-4 注入示踪剂

4 结论

(1) 光纤产液剖面测试技术适合开发阶段页岩油水平井产液结构测试，监测时间短；示踪剂产液剖面适合开发早中期测试，监测时间长。

(2) 闷井期压裂液扩散存在差异性。随着压裂液不断注入，裂缝不断扩张，压裂结束后，跟端缝内压裂液含量较趾端高；闷井结束后，缝内压裂液有所扩散。

(3) 页岩油水平井储层"甜点"与产液贡献正相关。Ⅰ类优质储层贡献大于70%，Ⅲ类储层基本无贡献；油层钻遇率越高、差异越小产液贡献差异越小。

(4) 基质压力差异化分布导致各段产液差异性，跟部优先排液，初期跟部贡献大。随着生产压差增大早期不产油的段逐渐产油，腰部、趾部贡献率逐步提高。

(5) 页岩油水平井渗流规律及产液贡献研究成果为提高低产贡献段产量的产能恢复，优化开发技术政策提供了依据。

参 考 文 献

[1] 贾承造，郑民，张永峰.中国非常规油气资源与勘探开发前景[J].石油勘探与开发，2012，39（2）：129-136.

[2] 雷群，胥云，才博，等.页岩油气水平井压裂技术进展与展望[J].石油勘探与开发，2022，49（1）：166-172.

[3] 贾承造，邹才能，李建忠，等.中国致密油评价标准，主要类型、基本特征及资源前景.[J].石油学报，2012，33（3）：343-350.

[4] 李大建，刘广胜，杜向前，等.水平井套内分布式光纤产液剖面监测试验研究[J].石油机械，2023，51（9）：101-107.

[5] 梁晓伟，郝炳英，杨孝，等.鄂尔多斯盆地致密油水平井体积压裂试验区开发特征分析[J].西北大学学报（自然科学版），2017，47（2）：259-264.

[6] 楚华杰，张彬奇，崔澎涛，等.多点式光纤压力、温度监测系统在水平井的成功应用[J].石化技术，2016，23（2）：69-70.

[7] 陈文博，赵伟，慕鑫.连续油管内置光纤DAS/DTS测井技术及其在页岩气开发中的应用[A]//2021油气田勘探与开发国际会议论文集（下册）[C].西安石油大学、中国石油大学（华东）、陕西省石油学会，西安石油大学，2021：7.

[8] 戴月祥，张伯新，伍永巴依，等.水平井分布式光纤井温产液剖面测井技术及应用分析[A]//2021油气田勘探与开发国际会议论文集（上册）[C].西安石油大学、中国石油大学（华东）、陕西省石油学会，西安石油大学，2021：9.

[9] 梁兴，王松，刘成，等.光纤传感技术在昭通山地页岩气勘探开发实践中的应用进展[J].石油物探，2022，61（1）：32-40.

[10] 邹才能，张国生，杨智，等.非常规油气概念、特征、潜力及技术：兼论非常规油气地质学[J].石油勘探与开发，2013，40（4）：385-399.

[11] 刘昀枫.致密油藏水平井多级压裂开发渗流规律及产量预测研究[D].北京：北京科技大学，2018.

[12] 朱世琰.基于分布式光纤温度测试的水平井产出剖面解释理论研究[D].成都：西南石油大学，2016.

[13] 徐帮才.连续油管光纤产气剖面测试技术应用试验[J].江汉石油职工大学学报，2016，29（1）：26-29.

[14] 胡金海，黄春辉，刘兴斌.国内产液剖面测井技术面临的挑战与取得的新进展[J].石油管材与仪器，2015，1（6）：10-15.

[15] 朱世琰，李海涛，张建伟，等.分布式光纤测温技术在油田开发中的发展潜力[J].油气藏评价与开发，2015，5（5）：69-75.

[16] 付锁堂，李忠兴.低渗透油气田勘探与开发[M].北京：石油工业出版社，2020.

[17] 王光.井下产液剖面油水两相流流量测量技术研究[D].哈尔滨：哈尔滨工业大学，2014.

[18] 王嗣颖.基于光纤传感油藏井下产液剖面监测技术研究[D].哈尔滨：哈尔滨工业大学，2013.

[19] 宋红伟，郭海敏，戴家才，等.分布式光纤井温法产液剖面解释方法研究[J].测井技术，2009，33（4）：384-387.

[20] 朴玉琴.水平井产液剖面测井技术及应用[J].大庆石油地质与开发，2011，30（4）：158-162.

[21] 徐昊洋，王燕声，牛润海，等.水平井连续油管输送存储式产液剖面测试技术应用[J].油气井测试，2014，23（3）：46-48.

[22] 胡艳芳.中国石化集团公司首次过油管光纤产气剖面测试成功[J].炼化技术与工程，2020，50（5）：36.

[23] 闫正和.水平井产出剖面监测新方法[J].油气井测试，2022，31（2）：49-56.

[24] 贾虎，杨宪民，韦龙贵，等.地层温度确定的新方法及实际指导意义探讨[J].石油钻探技术，2009，37（3）：45-47.

[25] 王博，李丽哲，董小卫，等.基于光纤监测的段内多簇压裂效果主控因素研究[J].石油科学通报，2023，8（6）：775-786.

[26] 段建明，郭修成，周超.分布式光纤压裂监测技术应用及效果分析[J].内蒙古石油化工，2023，49（8）：81-85.

[27] 刘建峰.水平井分段压裂生产剖面测试技术进展与展望[J].特种油气藏，2022，29（5）：1-8.

[28] 王哲.基于分布式光纤温度监测的压裂水平井产液剖面解释方法研究[D].青岛：中国石油大学（华东），2021.

[29] 史开源.水平井生产剖面解释方法研究[D].青岛：中国石油大学（华东），2020.

[30] 舒成龙.基于井下压力和温度数据的水平井智能完井产液状况分析[D].青岛：中国石油大学（华东），2015.

庆城油田长 7 页岩油储层特征及精细化焖井制度优化

曹鹏福[1,2]，韩子阔[1,2]，方泽昕[1,2]，冯晓玲[1,2]，苏小明[1,2]，吴大全[1,2]

（1.中国石油长庆油田公司页岩油开发分公司；
2.低渗透油气田勘探开发国家工程实验室）

摘　要：庆城油田页岩油藏丰富，与常规储层相比，中生代延长组长 7 段西南物源重力流沉积作用差异造成长 7 砂岩储层的黏土矿物类型明显异于其他层，重力流沉积页岩油储层发育多尺度的孔喉结构，微纳米级孔喉广泛发育，需要采取更大规模的体积压裂改造措施。由于体积压裂缝网的复杂特征，压裂改造造成的复杂缝网与压裂液进行渗吸置换，要取得理想的产油效果，不仅需要优选地质甜点和压裂改造措施，更需要优化压裂后焖井方式。由于页岩油储层微孔含量高，为焖井自发渗吸置换提供基础，因此在前期认识的基础上引入"视微孔率"概念，明确不同区域焖井周期与微孔隙发育的有效匹配关系，降低页岩油储层被动焖井导致的地层结垢堵塞。根据矿场实践分析，初步形成了庆城油田页岩油压裂后焖井时间优化方法。应用效果表明，在页岩油井体积压裂后采用合理的焖井制度，能够充分利用压裂能量，有助于实现快速渗吸置换，同时减少储层结垢伤害，缩短见油周期，进一步提高单井产能。

关键词：页岩油；水平井；主控因素；技术政策；开发规律

庆城油田延长组长 7 段烃源岩层系内发育丰富页岩油资源[1-5]，长 7 段页岩油储层发育多尺度的孔喉结构，具有"微米孔道、纳米喉道"的特征，相比于常规储层，毛细管压力更高，具有更加明显的渗吸驱油效果。储层越致密、毛细管压力在渗吸中的作用越强，地层条件下存在着压差，不仅存在自发渗吸，还具有强制渗吸的效果[6]。体积压裂入地液量在页岩储层中的滞留与渗吸置换及其对原油产出的影响是页岩油开发的关键问题，目前相关的研究还处于探索阶段，需要针对页岩储层的特殊岩石性质，研究页岩储层吸水能力、压裂液在裂缝中的滞留和微孔隙的吸收机理，探索压裂液滞留与吸收对页岩油产出的影响，为合理焖井周期优化等提供理论指导，指导页岩油的高效开发。目前研究发现生产见油时间以及产量和压裂后焖井时间关系紧密，本文结合庆城油田页岩油储层，基于研究区水平井焖井时间与生产特征等因素对渗吸效果的影响机制，以期对长 7 段页岩油储层的开发提供参考和依据。

1　庆城油田页岩油油藏特征

庆城油田延长组长 7 段页岩油主要发育于半深湖—深湖相区[7-11]，具有分布范围广，烃源岩条件优越，砂岩储层致密，孔喉结构复杂，物性差，砂岩储集体紧邻优质烃源岩，含油饱和度高，原油性质好，油藏压力系数低的特点[12]。

第一作者简介：曹鹏福（1988—），2012 年毕业于中国石油大学（华东）地质学专业，获学士学位，现于长庆油田页岩油开发分公司从事页岩油开发等方面研究工作，中级工程师。通讯地址：甘肃省庆阳市长庆油田陇东生产指挥中心，E-mail：caopengfu_cq@petrochina.com.cn

1.1 沉积背景及相标志

长 7 期湖盆演化经历由深变浅的过程,强烈坳陷形成了大面积深水沉积环境,"面广水深"的沉积格局利于形成大面积分布的细粒级沉积。长 7 油层组为以水道为主的深水沉积体系;主要为有水道的湖底扇,微相主要为分支水道、朵体,在湖盆坡底附近由于水道侧向迁移频繁,多期交汇叠置,形成了大面积连片的储集砂体(图 1)。

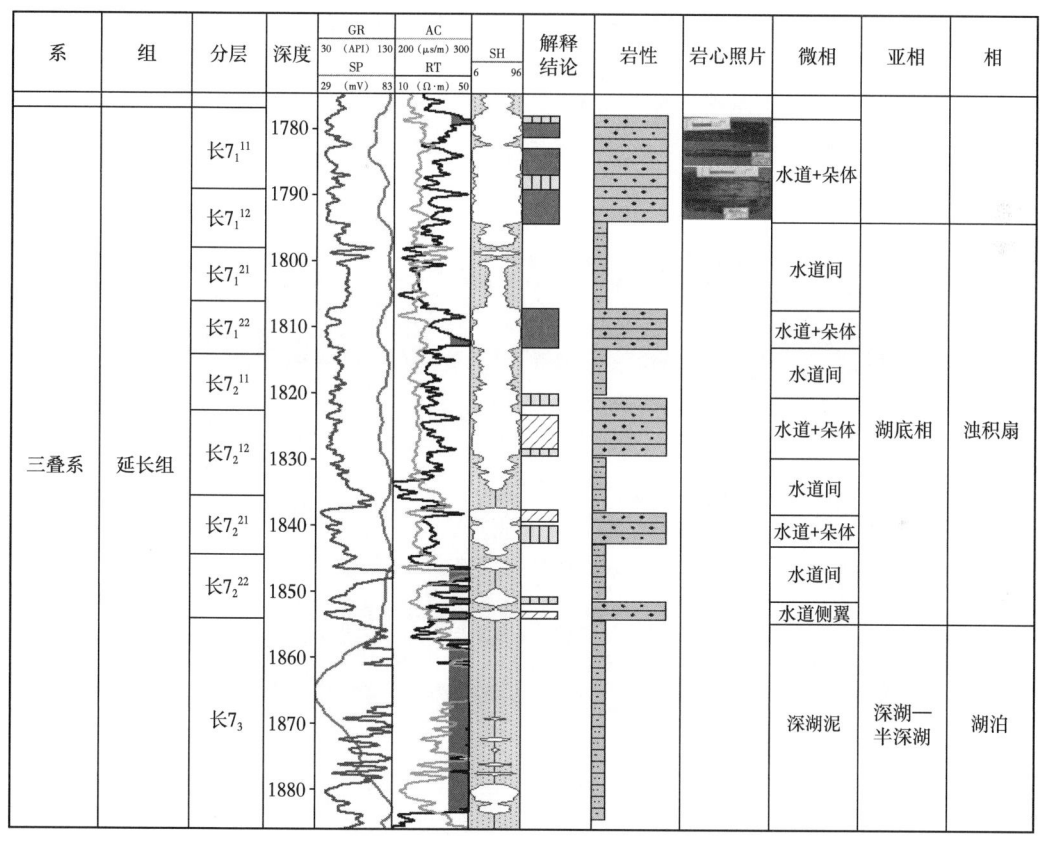

图 1　井长 7 层单井相(水道沉积)

1.2 储层特征

庆城油田长 7 段储层发育粒间孔、长石溶孔、杂基溶孔、岩屑溶孔以及微裂缝,面孔率为 2.34%。长 7 段储层的孔隙度分布范围为 2.40%~12.7%,平均孔隙度为 8.68%。渗透率分布范围为 0.01~6.23mD,平均值为 0.11mD。长 7 段页岩油储层发育多尺度的孔喉结构,微纳米级孔喉广泛发育,孔隙半径主要集中在 2~8μm,喉道为 20~150nm,小尺度孔隙数量众多,提高了孔隙度,具有与低渗透储层相当的储集能力。

1.3 岩石学特征

长 7 段页岩油储集体岩石类型多样,以细砂岩、粉砂岩为主,岩心常见细粉砂岩含油。岩石类型主要为长石岩屑砂岩,分选中等—好,结构成熟度较高。填隙物含量高,平均 20.7%,主要为硅酸盐胶结物,占比 64.0%,多为绿泥石、云母和伊利石;其次为碳酸盐胶结物,多为白云岩、铁白云岩、铁方解石。

长7储层黏土矿物以伊利石（67.2%）、绿泥石（15.9%）为主，长7_1和长7_2层黏土矿物组成差异不大，分区差异多为绿泥石和伊蒙混层含量的变化。

2 储层微观特征及渗吸驱油潜力

2.1 较发育的微米—纳米孔隙

沉积成岩作用差异造成长7砂岩储层的黏土矿物类型明显异于其他层，以伊利石极其发育（7%~9%）为典型特征，伊利石的广泛发育为大量微纳米级晶间孔形成提供了有利条件（图2和图3）。微米—纳米毛管渗吸是压裂液吸收的重要机理，自发渗吸是润湿相自发驱替非润湿相的过程[12]，页岩油广泛发育的微米—纳米孔喉为压裂液在闷井期间进入储层提供了丰富的动力，使得更多的液体能够进入储层基质，丰富的微纳米孔喉具有超高的毛细管压力，使得压裂液易被吸收到基质[13]。

图2 长7_1 1826.30m 伊利石晶间孔

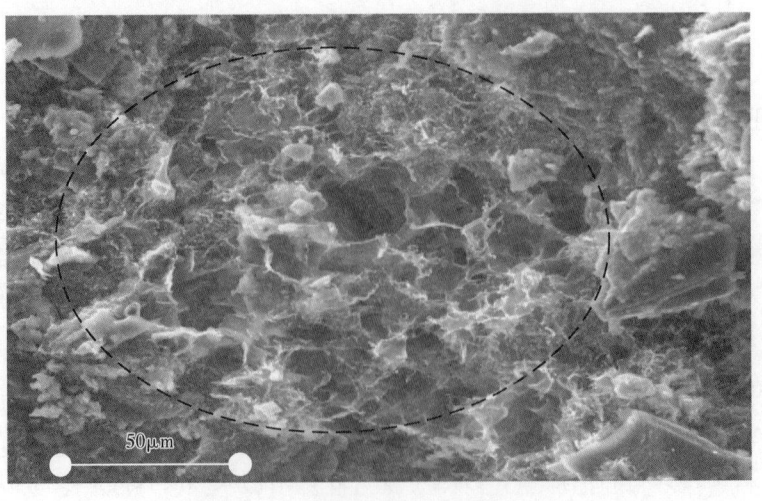

图3 长7_1 1797.65m 伊利石晶间孔

2.2 润湿性特征

闷井过程是致密储层依靠自发渗吸的作用,把储层中原油置换出来,其主要动力来源于毛细管压力,润湿性是毛细管压力的主要影响因素之一[14]。润湿性反映了流体润湿储层的能力和毛细管压力大小,是控制储层渗吸的关键因素之一。最新研究表明:庆城油田页岩油普遍为混合润湿特征,不同孔隙润湿性特征差异较大。水湿孔主要分布在较小孔和大孔(下限均值约为 2μm),油湿孔主要分布中等孔隙中水湿孔占比 41.1%,油湿孔占比 58.9%(图 4 和图 5)。

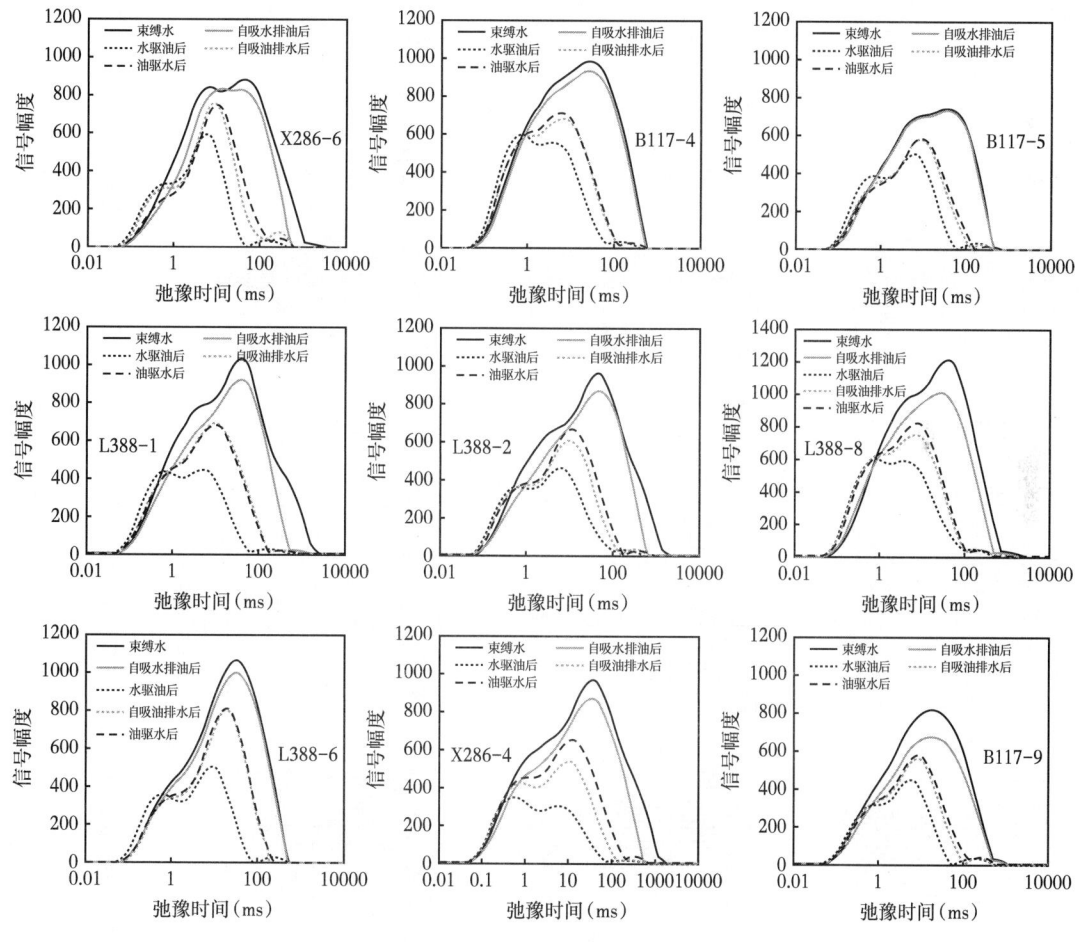

图 4 实验中不同阶段 T_2 谱

余雄飞通过对渗吸机理进行分析,发现孔径越小的多孔介质,毛细管压力越大,水从较小的孔隙进入岩石基质,油通过较大的岩石孔隙驱替出来[15]。渗透率越小,各孔隙的动用程度均较小,随着渗透率的增大,各孔隙动用程度逐渐增大,尤其是微孔隙、小孔隙动用程度大幅增大,而大孔隙动用程度降低,其原因为渗透率降低使大孔径的孔隙毛细管压力减弱。裂缝为渗吸提供了通道,裂缝越多,渗吸速度越大,渗吸效率越高;岩心的品质也影响渗吸效果,孔隙度越大、渗透率越大,渗吸效率越高[16]。

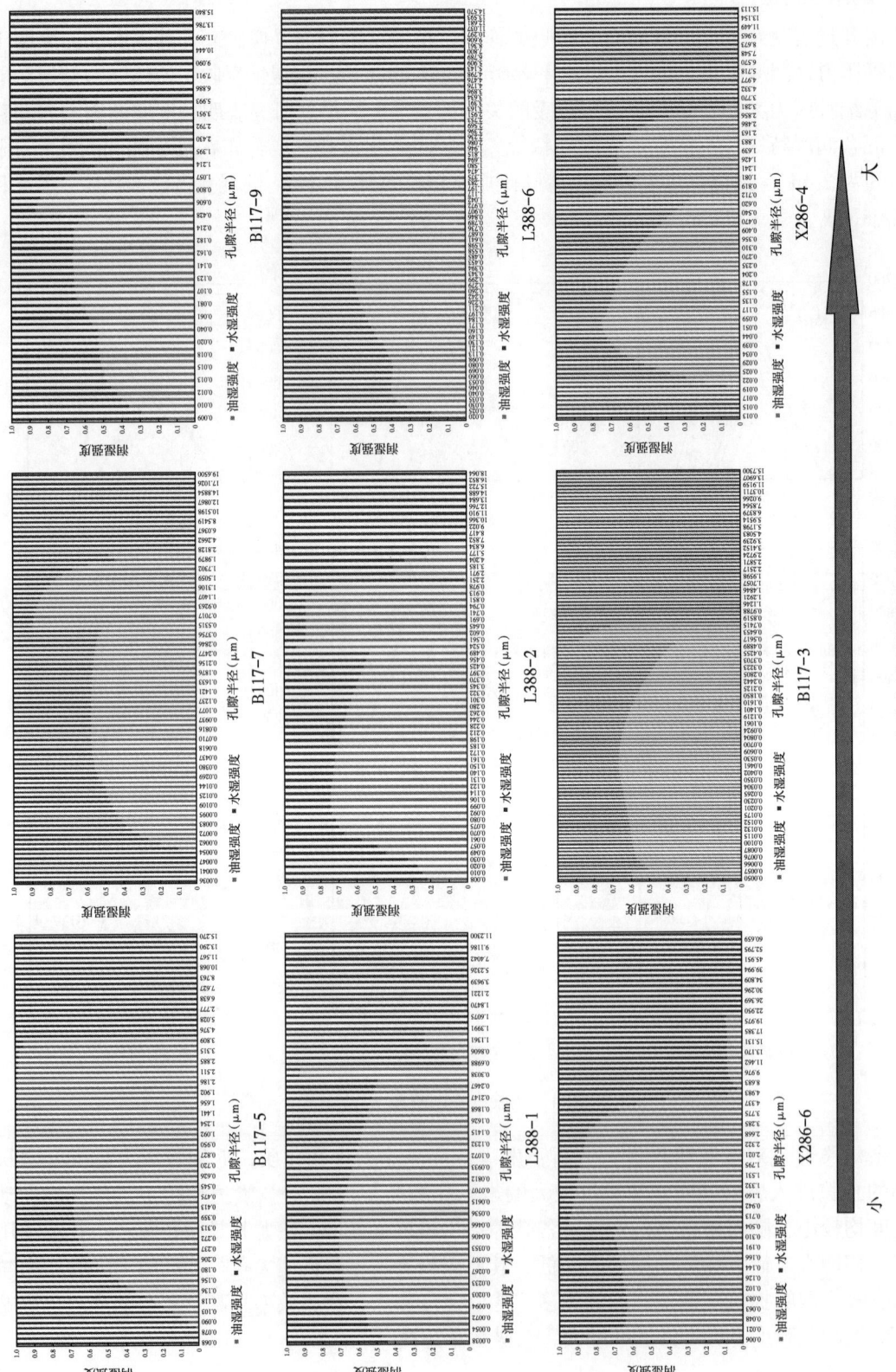

图 5　不同孔隙中油湿强度和水湿强度

3 压后闷井时间优化方法

3.1 压后闷井井口压降及压力平衡时间

国内外的学者对此开展的初步研究认为,页岩特殊的物理性质使其吸水能力大大强于砂岩,同时,压裂改造形成的复杂的缝网,巨大的裂缝表面积在大量束缚压裂液的同时,也促进了压裂液通过毛细孔隙的渗吸,使得页岩储层对压裂液有着惊人的基质吸收能力,并对微孔隙中的气体流动和产出带来很大的影响。

同时体积压裂形成的复杂缝网沟通了部分天然裂隙,随着页岩储层渗吸置换的进一步进行,闷井期间井口处可监测到裂缝系统中压力的下降曲线,闷井的重要作用之一是加快裂缝区与基质的油水置换,进一步达到压力平衡。压力降落是判断微裂缝继续进液、基质同步渗吸产生油水置换的一项指标,可以来判定闷井时间的合理性[17]。

闷井阶段井口压力随闷井时间的变化如图6所示,图6是以闷井时间为横坐标、井口压力为纵坐标的井口压降曲线。井口压力降落呈现出典型的"三段式"特征,分别处于Ⅰ、Ⅱ、Ⅲ三个区,对应的三段式压力降落速率的绝对值分别为0.5、0.1~0.5、大于0.5MPa/d。第一段迅速降落,认为是闷井期间主裂缝系统中压力扩散过程;第二段降落速度放缓,认为是裂缝和基质之间油水置换过程,基本代表主裂缝系统中充液充分;第三段趋于平缓,认为是部分微裂缝和储层基质入地液扩散达到平衡导致的井口压力降落特征。

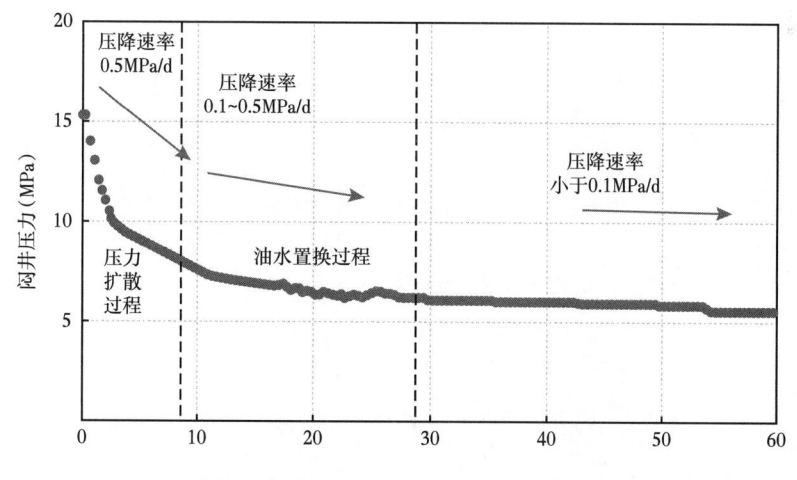

图6 庆城油田长7水平井闷井压降曲线

3.2 数值模拟确定合理闷井时间

研究区域内,长7地层最小应力为27~33MPa,平均油层中深1950m(静液柱压力约为19.5MPa),即井口压力为7.5~13.5MPa范围时,裂缝陆续闭合,因此井口压力低于7.5MPa,地层压裂缝全部闭合。

3.2.1 压裂液渗吸置换时间确定

根据目前的实验结果,在常温常压下,10口井相继在120~170h之间(5~7d左右)采收率曲线逐渐变平,增长趋势变缓;之后压裂液渗吸置换逐渐变弱(图7)。

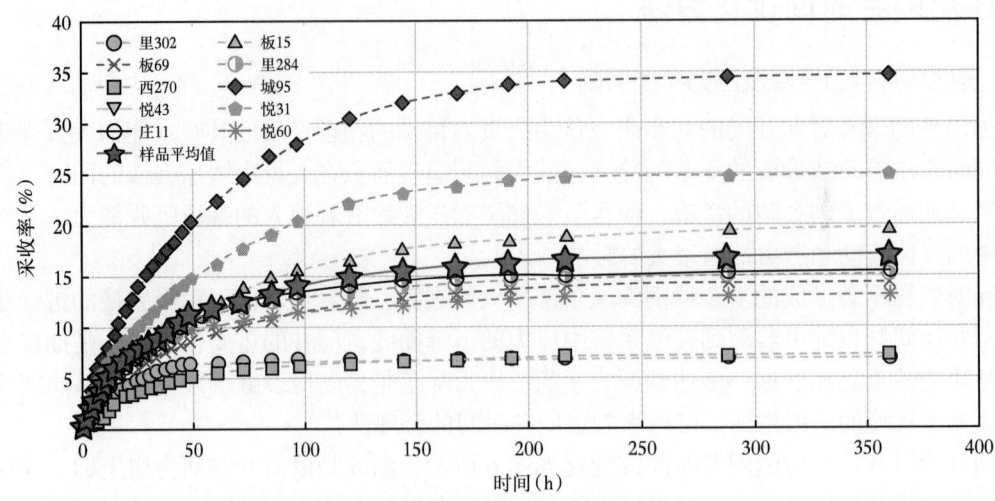

图 7　庆城油田长 7 水平井渗吸置换曲线

3.2.2　数值模型建立及计算

根据研究区域内的平均储层参数和裂缝参数，模拟单段闷井渗吸油水置换速度，获得不同闷井时间下第一年累计产油量，以产油量增幅大小作为依据，优化闷井时间。同时分析渗吸置换效应放缓时的压力变化规律，作为放喷排液时机的判别依据（图 8 和图 9）。

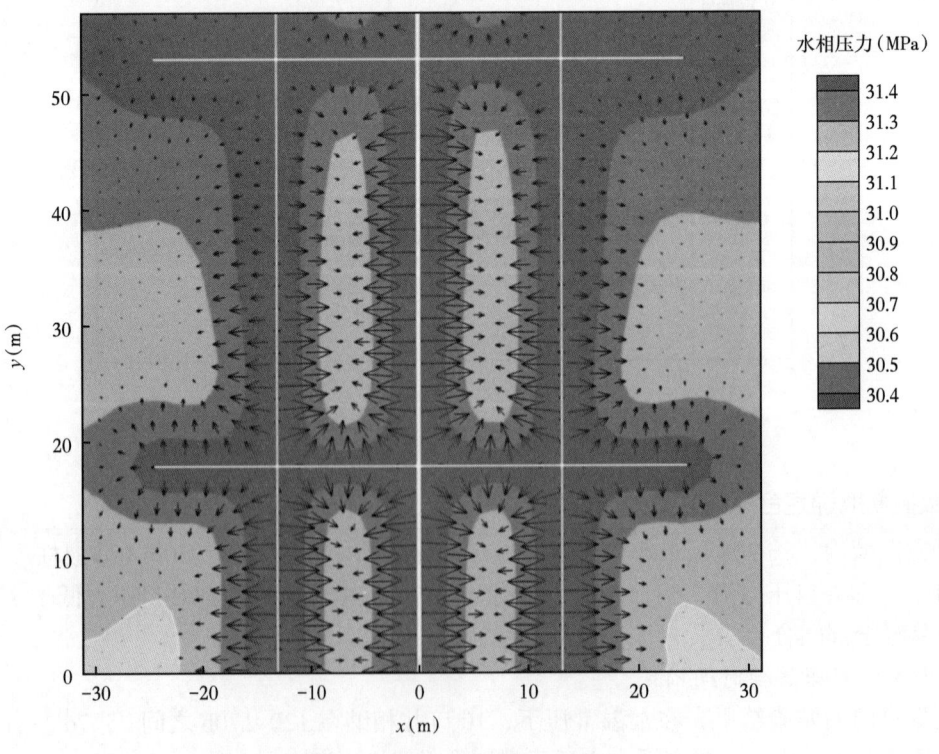

图 8　水相压力场及速度场模拟

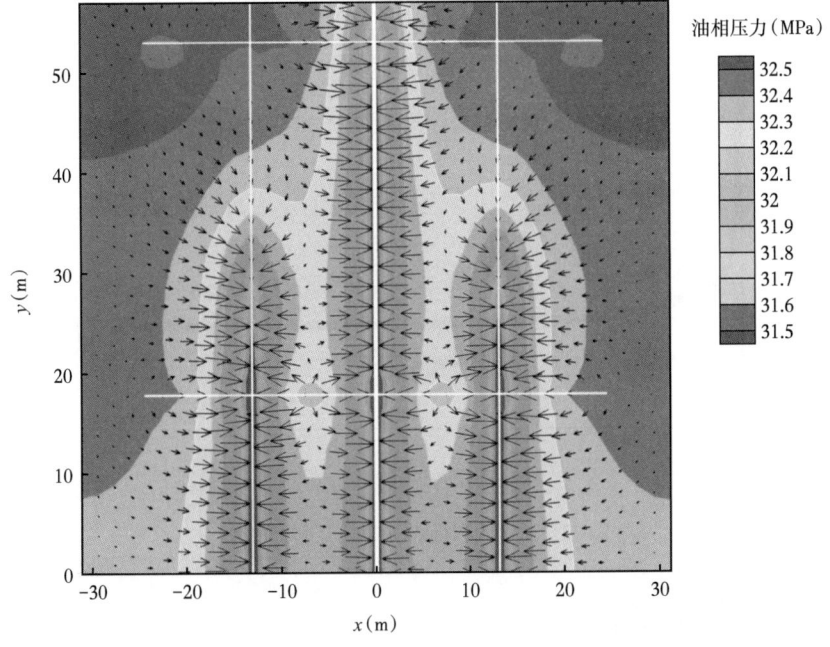

图 9 油相压力场及速度场模拟

3.2.3 确定闷井合理时间

模拟闷井渗吸油水置换速度,获得不同闷井时间的第一年的产油量,以闷井 10d 产油量增幅大于 1% 为最低标准,最优的闷井时间为 35d。该结论既满足了裂缝充分闭合的时间,也充分发挥了压裂液油水渗吸置换作用。同时以压降速率小于 0.003MPa/d 作为放喷排液时机的判别依据(图 10 和图 11)。

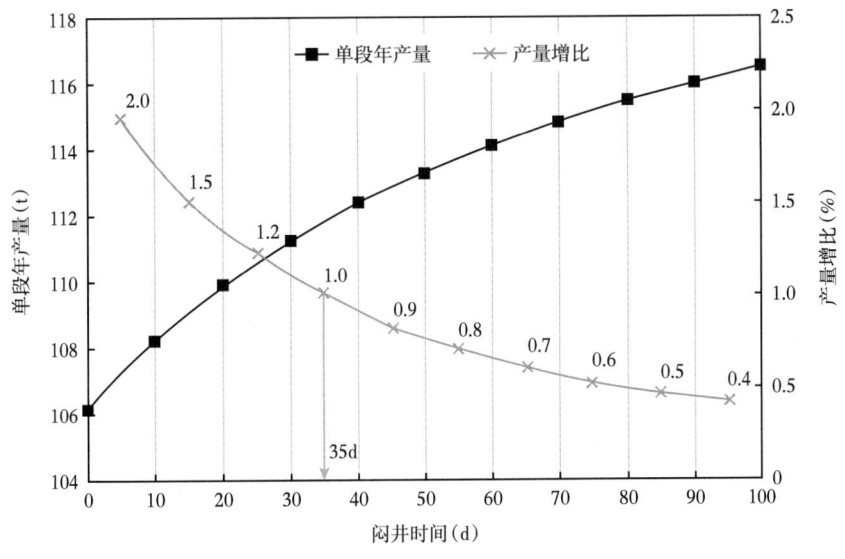

图 10 渗吸数值模拟单段第一年产油量

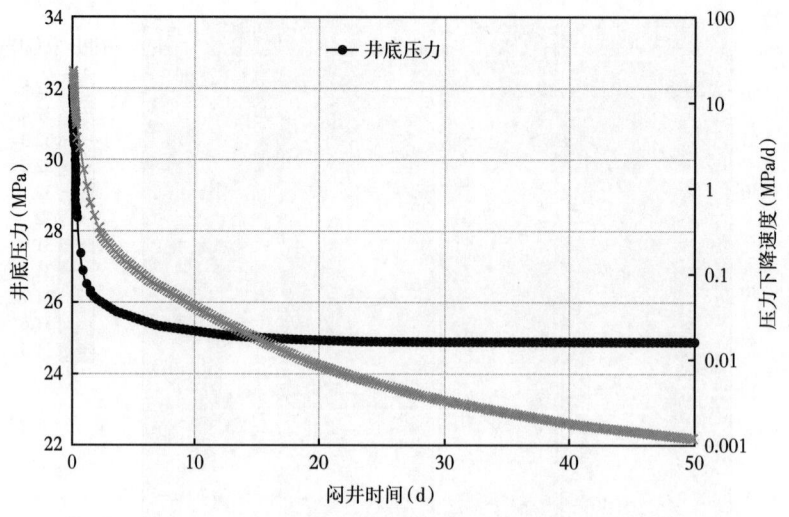

图 11 井底压力随闷井时间变化曲线

4 精细化闷井制度优化

4.1 建立了分区闷井评价体系（视微孔率评价方法）

研究表明长 7 页岩油体积压裂后，人工缝网内压裂液与基质孔隙间原油发生渗吸置换作用，水平井投产前的闷井为平衡裂缝周围地层压力以及为油水渗吸提供时间。长 7 储层微孔主要为黏土矿物晶间孔，填隙物含量高（16.7%），伊利石占比大（9.1%），伊利石表面为亲水性。渗吸置换主要发生在大孔隙与微孔之间，微孔数量庞大、体积占比高，是开展页岩油水平井体积压裂渗吸驱油的基础。页岩油储层微孔含量高，是闷井渗吸置换基础，因此在前期认识的基础上引入视微孔率评价方法，为差异化闷井制度提供依据（图 12 和图 13）。

$$视微孔率 = \frac{黏土矿物}{黏土矿物 + 粒间孔 + 溶孔} \times 100\%$$，将以伊利石为代表的富含晶间孔隙的黏土矿物含量定义为微孔，将黏土矿物 + 粒间孔 + 溶孔定义为总孔。可以表征微孔与大孔的组合关系，视微孔率越大，微孔增多、大孔减少，需要更多的闷井时间，视微孔率为闷井优化提供依据。

受储层特征等因素影响，不同区域、层系视微孔率具有分区差异性，不同区域的页岩油合理闷井周期存在明显差异，平面上"东高西低、南高北低"，剖面上长 7_1 视微孔率高于长 7_2。

4.2 开展了闷井周期优化

压后闷井被认为是有效利用压裂液能量，同时利用压裂液渗吸作用提高油井产能的重要手段[18]，研究庆城油田页岩油压后闷井的有效性具有重要意义。基于前期的水平井生产动态分析可知，2018 年以来，庆城页岩油水平井在压裂完成后，采取不同长度时间的闷井措施，闷井结束后进行投产 2020—2021 年受大平台被动闷井时间较长，2022 年以来，通过优化平台井数及压裂工艺，闷井天数由 82d 减少至 55d，开发效果逐年变好（图 14）。

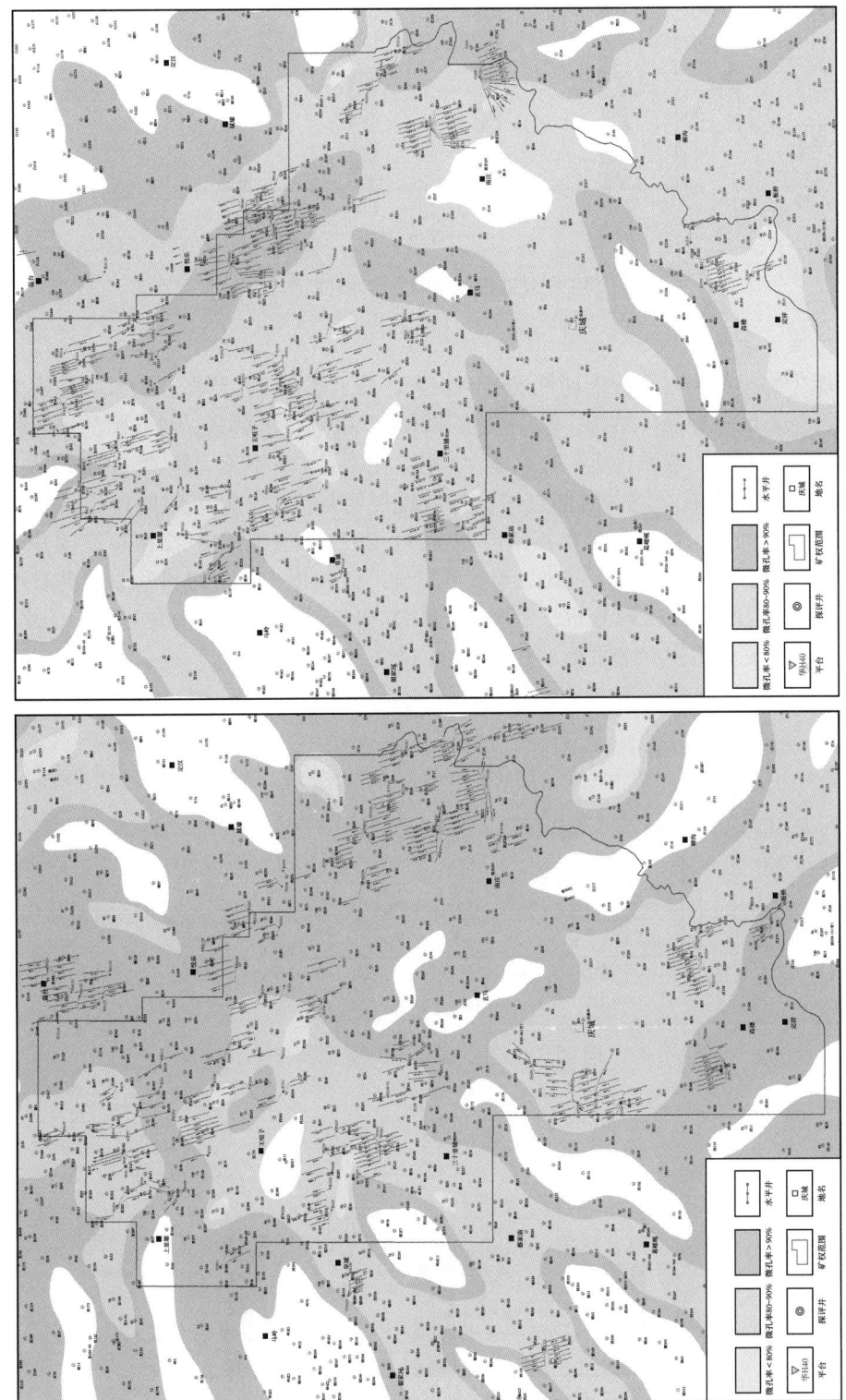

图 13 庆城油田长 7_1 视微孔率平面分布图

图 12 庆城油田长 7_1 视微孔率平面分布图

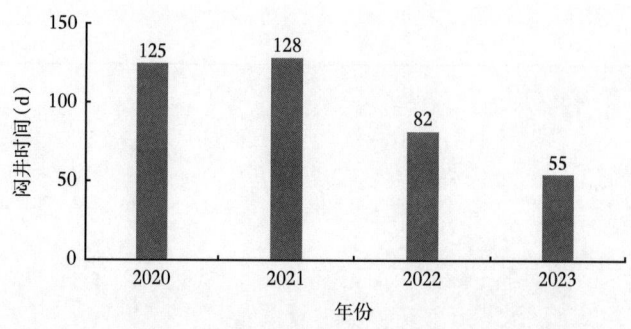

图 14　庆城油田历年闷井时间柱状图

4.2.1　典型区域效果分析

页岩储层中黏土矿物对孔隙连通性的影响较大，黏土矿物吸水膨胀，会破坏原有的孔隙结构，伊利石可形成多种晶体结构，其中束状和纤维状结构吸水膨胀，对孔隙的破坏程度较大[19]，因膨胀层的诱发，导致黏土矿物解体、运移，阻塞孔隙和喉道，使储层物性变差[20]。

从矿场统计数据来看，闷井时间过短会导致地层容易出砂，闷井时间过长会导致原油黏度变大、结垢等问题，影响水平井正常产能发挥。2021 年实施的板 32 区被动闷井时间长（85d），投产后长期低液量高含水，2022 年实施措施冲砂酸化 17 口 /19 井次，单井日增油达到 3.9t/d。通过对返出垢 X 衍射分析，主要为 $FeCO_3$ 和 $CaCO_3$ 为主，闷井过程中油水置换、储层结垢并存，须在两者中寻求平衡（图 15 和图 16）。

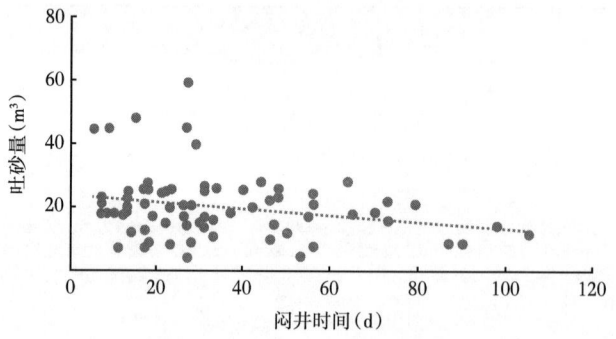

图 15　吐砂量与闷井时间关系

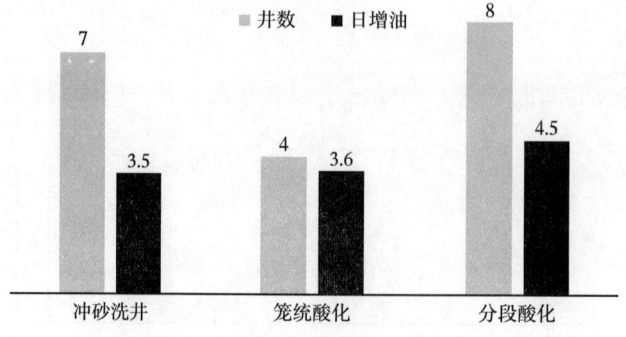

图 16　111 区措施井数及增油效果对比

4.2.2 不同闷井周期开发效果分析

2023年投产井对比2021年投产井（闷井周期缩短至84d），含水下降至同等程度时（93%），平均见油周期短（缩短至84d），返排率下降（下降7.0%），压裂液对地层污染减少，地层结垢减缓，阶段产油（前三个月平均值）量增加（增加541t），取得了好的开发效果（图17和图18）。

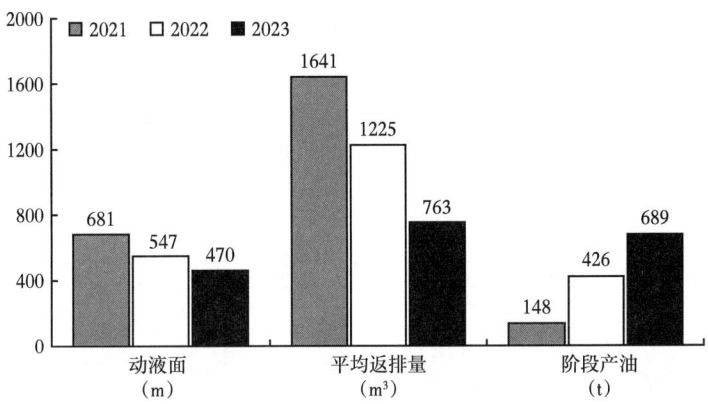

图17 动液面、返排量、阶段产油对比

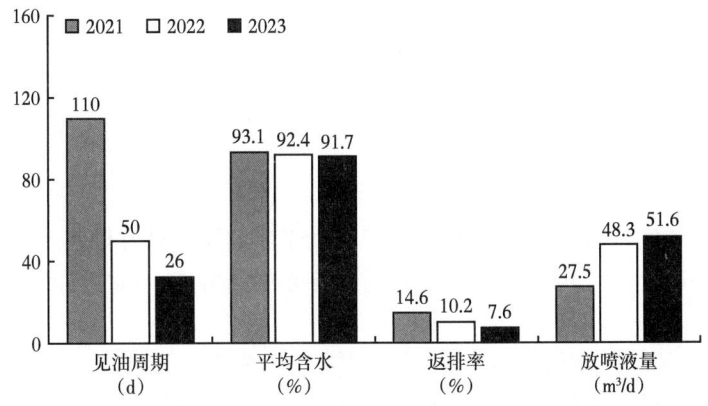

图18 历年返排量、含水率、放喷量对比

同时通过选取2020—2023年143口典型水平井采用闷井后的主要参数对比，闷井时间合理化，能够保证渗吸置换充分和能量充分利用，进入排采阶段地层压力平稳下降，初期产量好，随着水平井闷井时间的延长，初期日产液下降，含水下降缓慢，动液面迅速下降，单井产量及累计产量呈下降趋势（图19）。

因此，认为闷井是有效提升产能的生产制度，合理闷井可以有效降低见油返排率，使压裂液向地层深处流动，更多的压裂液保存于地层内，补充地层能量，有效提升基质孔隙压力，同时有更充足的时间通过渗吸作用将孔隙内原油驱替出来提升产能。

通过整体分析闷井天数与后期生产动态可以看出：合理的闷井周期投产后水平井见油较快、百米初产/累计产油最高。闷井时间大于30d后，随着水平井闷井时间的延长，初期日产液/油下降，含水下降缓慢，动液面迅速下降，单井累计产油呈下降趋势。从分析数据来看，闷井时间大于120d相比闷井30d的前20个月阶段累计产油增加1073t，说明合理的闷井时间优选方法具有较高的可行性。实际应用过程中，首先采用单井井口压降法初步确定闷井时间，然后根据矿场统计法确定的区块合理闷井时间范围进行优化[21]。

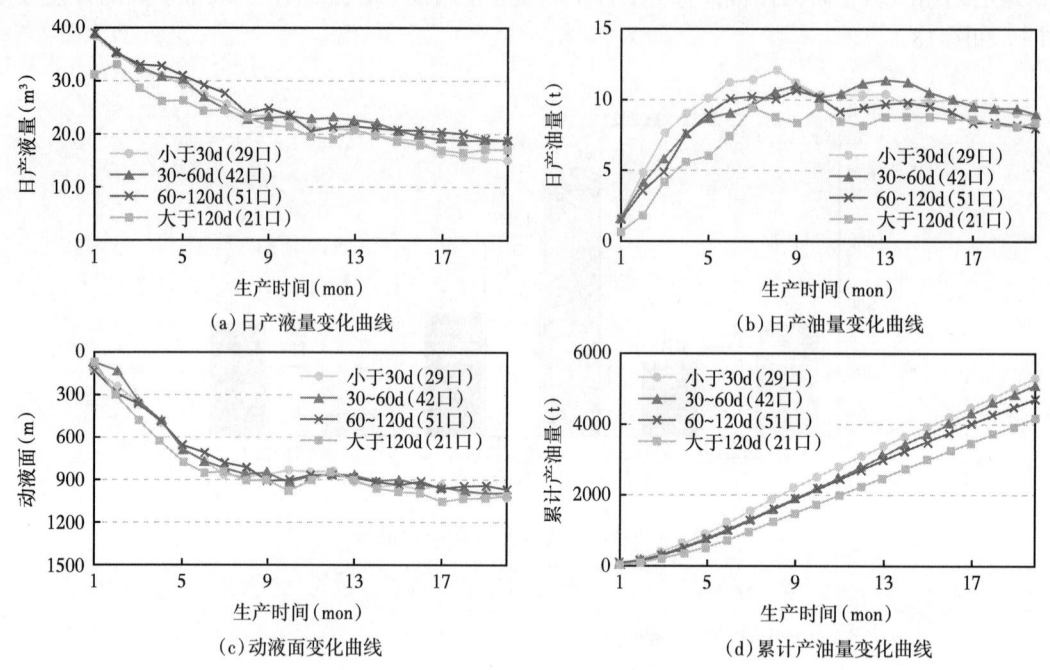

图19 不同闷井周期投产生产动态曲线（折合1500m水平段）

5 结论

本文以现场矿场实践分析为主，在明确庆城页岩油储层微观孔隙特征、润湿性，以及渗吸—驱油潜力的基础上，分析了现有闷井时间确定方法及特点，形成了庆城页岩油储层闷井时间综合确定方法。

（1）庆城油田页岩油储层大量发育的微纳米孔隙、较强的渗吸扩散能力是发挥闷井效果的微观主控因素；井口压降法对于闷井时间的确定具有参考作用，但作为独立判断闷井时间的方法存在一定程度的局限性，单因素判断闷井时间的方法不能满足现场闷井时间优选的需要。

（2）提出了微裂缝进液和基质渗吸相匹配的闷井时间优化思路，合理的闷井时间有助于建立稳定顺畅、能量高效的渗流场。在通过实验方法揭示影响闷井时间的储层微观主控因素的基础上，提出了优化闷井时间的综合分析方法，并通过现场数据进行了验证。

（3）以井口压降转折点为下限、结合视微孔率评价方法得到最优页岩油闷井时间综合分析法；对现场143井次的闷井时间与生产特征进行总结，推荐闷井时间为30~35d。

参 考 文 献

[1] 杨华，梁晓伟，牛小兵，等．陆相致密油形成地质条件及富集主控因素——以鄂尔多斯盆地三叠系延长组7段为例[J]．石油勘探与开发，2017，44（1）：12-20．

[2] 邹才能，张国生，杨智，等．非常规油气概念、特征、潜力及技术——兼论非常规油气地质学［J］．石油勘探与开发，2013，40（4）：385-399.

[3] 贾承造，郑民，张永峰．中国非常规油气资源与勘探开发前景［J］．石油勘探与开发，2012，39（2）：129-136.

[4] 杨智，侯连华，陶士振，等．致密油与页岩油形成条件与"甜点区"评价［J］．石油勘探与开发，2015，42（5）：555-565.

[5] 何永宏，薛婷，李桢等．鄂尔多斯盆地长7页岩油开发技术实践——以庆城油田为例［J］．石油勘探与开发，2023，50（6）：1245-1258.

[6] DENG L C, KING M J. Theoretical investigation of the transition from spontaneous to forced imbibition [C]. SPE Im. proved Oil Recovery Conference, Tulsa, Oklahoma, USA, April 2018.

[7] 付金华，李士祥，郭芪恒，等．鄂尔多斯盆地陆相页岩油富集条件及有利区优选［J］．石油学报，2022，43（12）：1702-1716.

[8] 杨智，侯连华，陶士振，等．致密油与页岩油形成条件与"甜点区"评价［J］．石油勘探与开发，2015，42（5）：555-565.

[9] 邹才能，张国生，杨智，等．非常规油气概念、特征、潜力及技术——兼论非常规油气地质学［J］．石油勘探与开发，2013，40（4）：385-399.

[10] 付锁堂，姚泾利，李士祥，等．鄂尔多斯盆地中生界延长组陆相页岩油富集特征与资源潜力［J］．石油实验地质，2020，42（5）：698-710.

[11] 赵俊峰，刘池洋，张东东，等．鄂尔多斯盆地南缘铜川地区三叠系延长组长7段剖面及其油气地质意义［J］．油气藏评价与开发，2022，12（1）：233-245.

[12] 杨华，李士祥，刘显阳．鄂尔多斯盆地致密油、页岩油特征及资源潜力［J］．石油学报．2013，34（1）：1-11.

[13] Ding M, Kantzas A. Capillary number correlations for gas-liquid systems[J]. Journal of Canadian Petroleum Technology, 2007, 46（2）：27-32

[14] 贾磊磊，张衍君，申颖浩，等．页岩油储层压裂闷井期间地层温度恢复对生产的影响［C］//2020油气田勘探与开发国际会议．陕西省石油学会，西安石油大学，成都理工大学，2020.

[15] 余雄飞．基于数值模拟的致密岩心自发渗吸研究［D］．北京：中国石油大学（北京），2020.

[16] 王彪，李太伟，虞建业，等．页岩储层表面活性剂渗吸驱油机理及影响因素分析［J/OL］．油气地质与采收率，2023，30（6）：92-103.

[17] 张衍君，徐树参，刘娅菲，等．吉木萨尔页岩油压裂开发压后闷井时间优化［J］．新疆石油天然气，2023，19（1）：1-7.

[18] 徐永强．储层岩石—CO_2—地层水（或压裂液）相互作用实验研究［D］．北京：中国地质大学（北京），2017.

[19] 黄睿哲，姜振学，高之业，等．页岩储层组构特征对自发渗吸的影响［J］．油气地质与采收率，2017，24（1）：111-115.

[20] 杨兴华．低渗透油藏注水开发中粘土矿物的变化及作用分析［D］．大庆：大庆石油学院，2008.

[21] 何永宏，薛婷，李桢，等．鄂尔多斯盆长7页岩油开发技术实践：以庆城油田为例［J］．石油勘探与开发，2023，50（6）：1245-1258.

页岩油低产水平井产能恢复技术探索与实践

岳渊洲 [1,2]，黄战卫 [1,2]，马红星 [1,2]，赵　晖 [1,2]，刘环宇 [1,2]，田伟东 [1,2]

（1.中国石油长庆油田公司页岩油开发分公司；
2.低渗透油气田勘探开发国家工程实验室）

摘　要：鄂尔多斯盆地延长组下部长7储层页岩油采用长水平井压裂—增能—渗吸置换后准自然能量衰竭式开采，部分井在开采过程中产量下降明显，低产井数逐年上升，日产油量低于5t的井占到总开井数的26.8%，恢复低产井产能对于页岩油水平井全生命周期开发意义重大。通过地质、工艺和生产动态综合分析，导致低产的原因可分为地质和开发因素两类，其中地质因素有储层物性差、地层能量不足，开发因素有井筒出砂结垢、井筒套损等。针对不同类型低产井开展了冲砂清洁井筒、分段酸化解堵、重复压裂改造等技术攻关，形成了一套适合庆城油田页岩油水平井产能恢复的技术工艺体系，现场实践表明产能恢复效果明显，对页岩油的后续高效开发具有重要的指导意义。

关键词：页岩油水平井；产能恢复；井筒冲砂；分段酸化；重复压裂

鄂尔多斯盆地三叠系延长组7段（简称长7）页岩油资源丰富，近年来通过持续深化陆相湖盆页岩油基础地质研究，以块状细砂岩为主要产层的夹层型页岩油勘探开发取得重大进展，探明了我国首个整装10t吨级的庆城大油田[1]。2018年至今，采用"甜点"综合优选长水平井、小井距、大井丛立体式布井和水平井细分切割体积压裂、合理生产制度等关键技术，实现了长庆油田长7页岩油规模效益开发，年产量达221×10^4t，对我国生油层内石油资源的勘探开发具有重要的战略意义和引领示范作用[2]。

庆城油田长7页岩油藏采用长水平井密切割体积压裂后准自然能量开发，井筒出砂结垢严重，投产5年内平均自然递减21.4%，并且随着开发时间的延长，地层能量不足，单井EUR低等开发矛盾陆续呈现，截至2023年底，日产油量5t以下的低产井数量达到136口，占总开井数的26.8%，并且在持续增加。如何恢复或提高这些低产水平井产量，改善油藏开发效果，是长庆页岩油实现长期高效稳产的关键。2021年以来开展页岩油低产水平井产能恢复措施工艺技术探索，经过技术攻关和矿场实践，初步形成井筒冲砂、精准分段酸化、重复压裂为主的低产水平井产能恢复工艺体系，已实施的164口水平井在全生命周期内累计增油24.6×10^4t，增产效果良好，对页岩油的后续高效开发具有重要的指导意义。

1　页岩油水平井降产原因分析

1.1　地质特征

庆城油田处于鄂尔多斯盆地伊陕斜坡西南部，受盆地构造沉降、沉积环境演化等因素影响，长7段沉积了一套半深湖—深湖相泥页岩与重力流砂体沉积组合（图1），总厚度约

第一作者简介：岳渊洲（1989—），男，甘肃省白银市人，中国石油长庆油田公司页岩油开发分公司，研究方向为页岩油储层增产技术。通讯地址：甘肃省庆阳市西峰区长庆油田陇东生产指挥中心，邮编：745000，E-mail：171782669@qq.com

110m[3]。长7油藏构造对油气圈闭控制作用较小,主要受岩相变化和储层物性变化控制[4-5]。庆城页岩油储层物性差,孔隙度平均8.2%,渗透率平均0.10mD,含油饱和度67.7%~72.4%,地层压力6~22MPa,压力系数主要在0.77~0.84,属于异常低压油藏[6]。受岩石脆性、构造应力控制,长7段发育高角度天然裂缝,同时铸体薄片也可观察到较多微裂缝,体积压裂改造后缝网复杂。前期探索注水开发表明,油井见效难,见水风险大。随着持续探索实践,开发技术由传统单一压裂升级为压裂、增能和渗吸三位一体的页岩油长水平井体积压裂技术模式,是实现页岩油规模效益开发的关键技术手段[7]。

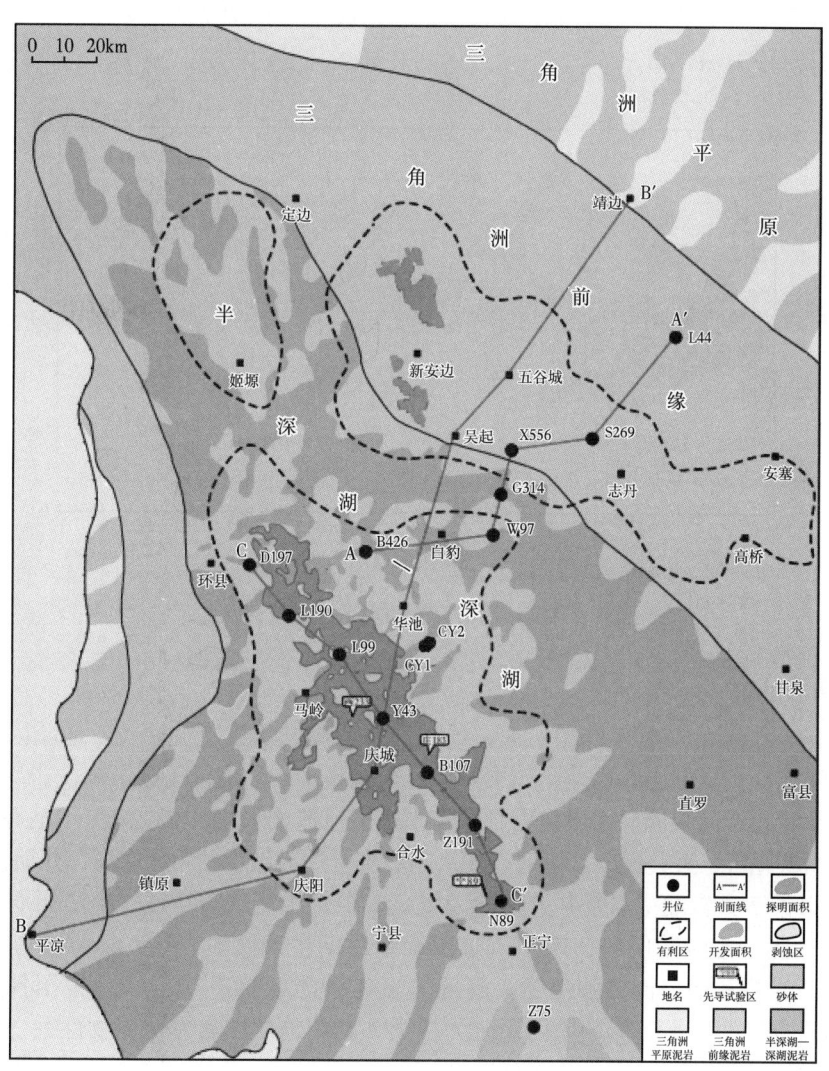

图1 鄂尔多斯盆地长7段沉积相图

1.2 开发特征

针对庆城油田"双低"(低压、低脆性指数)和微纳米孔隙发育等特征,2013—2014年开展了体积压裂改造下水平井五点井网注水开发试验,水平段长度600~1000m,井距500~600m,平均改造9.8段,生产动态表明,注水开发能量补充效果不明显,水平井见效难,且部分井裂缝性见水,见水比例大于45%,递减仍较大(大于50%)。

2016—2017 年开展长水平井体积压裂开发试验，井距 600~1000m，水平段长度 1500~2700m，水平井平均改造 16.7 段，初期平均单井日产油较高（10~20t）、采油速度较低（0.65%~0.81%）、采收率低（5.1%~6.3%），无法规模效益开发。

2018 年以来集成创新了以长水平井、小井距、大井丛、细分切割体积压裂、超前蓄能提高地层能量为核心的开发关键技术，平均水平段长度 1710m，井距 300~400m，单井达产年日产油 13.6t，第一年累计产油 4931t，采油速度 1.8%，预测单井 EUR2.6×10^4t，采收率 9%，实现了庆城油田页岩油藏的规模效益开发。但受准自然能量开发方式的影响，油井自然递减相比常规油藏仍有较大差距，2018 年以后投产井递减情况如图 2 所示，第一年 24.6%，第二年 17.8%，第三年 16.4%。

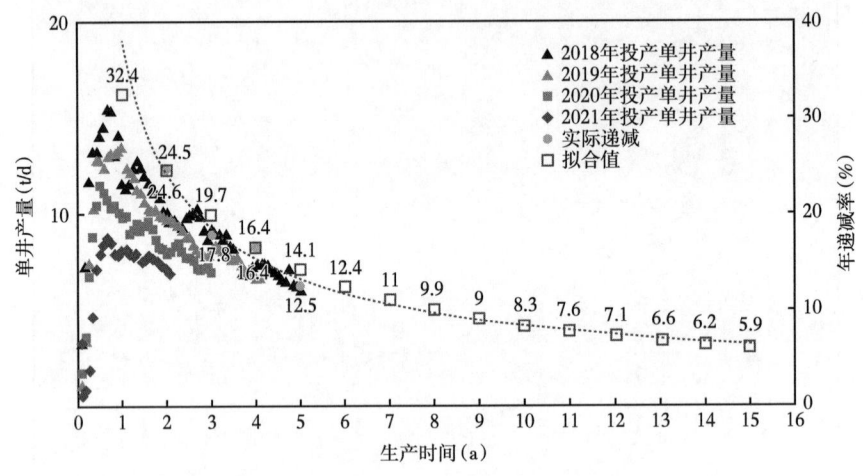

图 2　庆城油田页岩油水平井递减情况

1.3　产降原因分析

通过对国内油田低产低效井的研究，导致油井产降的因素可分两类：地质因素、开发因素。其中地质方面包括储层物性差、储层剩余可采储量少、油层低压区影响、非均质强、原油本身物性差、新投产区块同层水砂发育、存在水窜通道造成水淹、储层能量不足等；开发方面包括注采井网不完善、近井污染、堵塞、注水制度不合适、储层动用程度高、井筒损害等[8-10]。

庆城油田长 7 页岩油藏水平井产降原因复杂，根据生产动态特征，生产周期可分为 4 个阶段：闷井阶段、排液阶段、初期生产阶段和中后期生产阶段（图 3）；驱替方式主要有压裂液弹性驱、岩石和地层流体弹性驱及溶解气驱 3 种能量驱替方式[11]。根据各阶段生产动态将庆城油田页岩油水平井低产原因划分为两类，其中地质因素有储层物性差、地层能量不足；开发因素有井筒出砂结垢、井筒套损等。

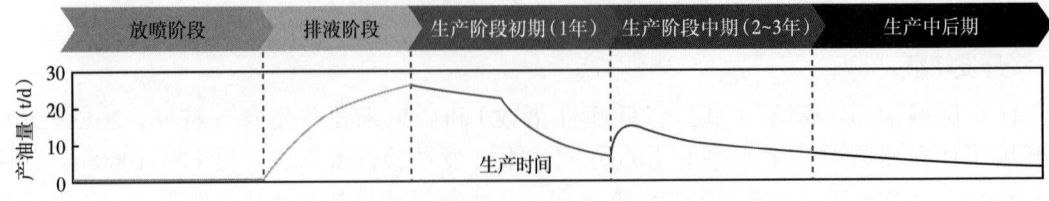

图 3　鄂尔多斯盆地长 7 页岩油藏开发阶段划分

1.3.1 储层物性差

优质的储层及有效水平段长度是保障单井产量的基础，部分井在钻井过程中发生出层现象，或者钻遇砂泥岩薄互层，局部油层较薄，纵横向砂体变化快、储层非均质性强的储层，钻遇率不到平均值的一半。此类油井产量贡献初期主要来自优质储层，随着剩余可采储量的下降，生产后期可贡献层段减少，油井产量下降。

1.3.2 地层能量不足

地层能量不足主要出现在油井生产中后期。庆城油田长 7 页岩油藏采用储层改造时一次补能后准自然能量开发，单井平均入地液量（0.8~2.5）×$10^4 m^3$，随着油井生产时间延长，单井累计采出液量（1.0~2.3）×$10^4 m^3$，采出率地层能量无有效补充，剩余油难以驱动。

1.3.3 井筒出砂结垢

井筒出砂伴随油井整个生产阶段，且在放喷排液阶段尤为严重，该阶段日产液量大，高流速的返排液会将支撑剂运移至主裂缝及井筒附近，形成砂桥堵塞渗流通道，甚至导致微裂缝闭合，造成油井在生产初期产量突降。

庆城油田页岩油水平井采用多功能压裂液实现压裂、补能、渗吸置换，86% 的油井在井筒冲砂过程中返出砂垢胶结物，部分井投产半年后即出现结垢现象并导致产降。对采出水水质进行分析及趋势预测，采出水中含有 Ca^{2+}、Ba^{2+} 等成垢阳离子及 HCO_3^-、SO_4^{2-} 阴离子，具有明显结垢趋势，结垢离子在近井带及井筒温度压力变化较大部位，晶体易析出沉淀，充填颗粒间隙，包裹支撑剂 SiO_2，形成砂垢胶结，造成裂缝导流能力下降。对井筒返出砂垢胶结产物进行化学成分分析，垢型以 $FeCO_3$/$CaCO_3$ 等碳酸盐类为主，不同投产时间油井对应压裂液体系及砂垢板结情况见表 1。

表 1 近年投产井冲砂返出砂垢情况

投产年度	压裂液类型	生产时间	冲砂返出物情况	
			垢型及占比	外观
2011—2012 年	瓜尔胶	11 年	$CaCO_3$（74.7%）、$FeCO_3$（8.8%）、Fe_2O_3（31.9%）	10cm
2013—2014 年	瓜尔胶	8~9 年	Fe_2O_3（13.4%）、$CaCO_3$（20.3%）	8cm
2020—2021 年	EM30S	≥2 年	$FeCO_3$（44.7%）、$BaSO_4$（12%）	4cm
2022 年	EM30S	0.5~1.5 年	$FeCO_3$（5.7%~40.8%）、$CaCO_3$（4.4%）	1cm

1.3.4 井筒套损

井筒套损主要出现在直井段，主要原因可分为两类，一是受固井质量的影响，在初期压裂改造过程中，出现套管滑脱、套算损伤形变，该类井投产后持续高含水；二是生产过程中出现腐蚀穿孔，油井生产动态上表现为含水、动液面突然上升，含盐突降。

2 低产水平井产能恢复关键技术

针对庆城油田页岩油水平井在不同生产阶段下的产降原因，以现场试验为依托，攻关关键技术，完善配套工艺，创新形成了三因子措施选井法、高效井筒清洁技术、精准分段酸化技术、补能重复压裂四大特殊技术系列（图4），为实现庆城油田的高质量开发提供了技术保障。

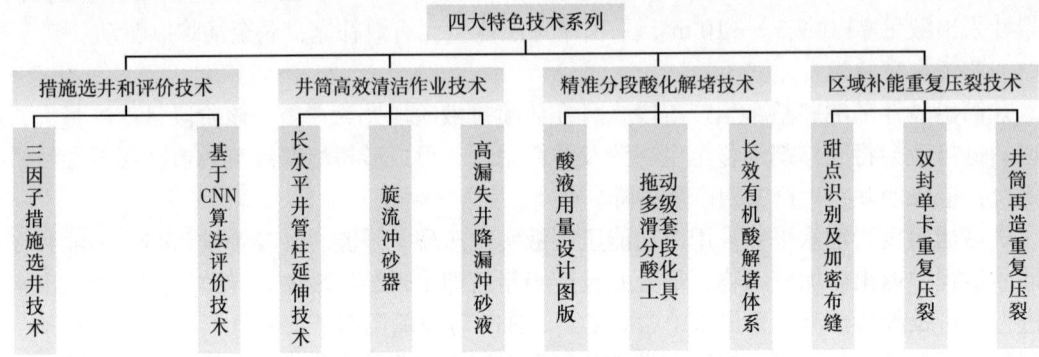

图4 低产水平井产能恢复四大特色技术系列

2.1 水平井井筒清洁冲砂技术

国内常用的水平井井筒处理工艺包括常规斜尖水力冲砂、连续油管冲砂、同心管射流冲砂、氮气泡沫冲砂[12-14]。通过矿场实践，连续油管冲砂作业效率高，施工方便，适用于新井投产阶段，生产阶段砂垢胶结情况复杂，砂垢破碎能力不强，卡钻风险大；氮气泡沫冲砂因其较高的费用、漏失情况较为严重，并未在庆城油田取得较好的效果。

结合水平段井筒内出砂结垢的分布特征，研发了旋流冲砂器，后端的螺旋形凹槽提高了反循环时流体速度，前段的锥形钻头提高对砂垢块的破碎能力。优化钻具组合，采用"$\phi89mm+\phi73mm$"油管组合[15]，水平段作业能力从1500m上升到2000m，最大下入深度达到了4791m，对比全井段$\phi73mm$油管，钻压提高22.8%。研发形成高漏失井暂堵降漏失冲砂洗井液，单井漏失量从2800m³降低为2300m³。通过"降漏失冲砂液＋组合油管＋旋流冲砂器"的高效井筒清洁处理作业技术（图5），应用效果对比常规井筒处理工艺效果明显（图6）。

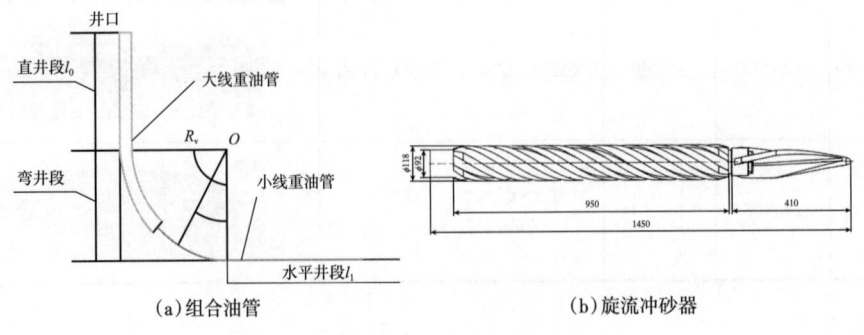

（a）组合油管　　　　　　（b）旋流冲砂器

图5 组合油管＋旋流冲砂器示意图

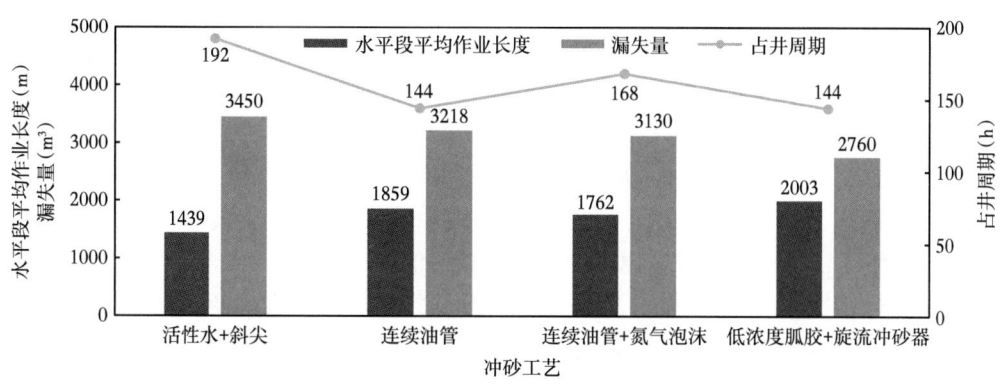

图 6 不同冲砂工艺应用效果对比

2.2 水平井精准分段酸化解堵技术

2.2.1 分段布酸工艺

常用的酸化方式包括笼统酸化，双封单井，多级滑套分段酸化等[16-19]，笼统酸化工艺最为简单，但无法实现精准酸化，措施效果较差，双封单卡分段酸化可以实现靶向精准布酸，但施工工序复杂，且对封隔器要求较高。多级滑套不动管柱分段酸化工艺，可实现4~5段目标层段靶向布酸，通过优化各段加酸量，可对结垢堵塞严重层段进行重点布酸，提高解堵针对性。为满足页岩油长水平井精准分酸酸化需要，进一步提高酸化段数，开展了拖动管柱多级滑套工艺的攻关，不同工艺流程介绍（表2）。

表 2 不同酸化工艺对比

酸化工艺类型	施工管柱组合	施工流程	工艺优点	存在不足
笼统酸化	K344封隔器 直咀	下放管柱→酸化→关井反应→放喷洗井→起管柱	施工简单，效率高	无法精准布酸，酸液流向低压高渗层段
双封单卡	K344封隔器 K344封隔器 偏咀 单流阀	下放管柱→酸化→关井反应→放喷洗井→调整位置→重复步骤酸化下一段→起管柱	目标段可靶向精准酸化	施工效率低，封隔器重复座封故障率高
不动管柱多级滑套	第三级节流器 第二级节流器 第一级节流器 封隔器+滑套座 封隔器+滑套座 封隔器+滑套座 单流阀	下放管柱→投球→酸化→投球→酸化下一段→关井反应→起管柱	可任意段长封隔，全程不动管柱	分段段数有限，一趟钻酸化3~5段
拖动管柱多级滑套	喷一体封隔器 喷一体封隔器 喷一体封隔器 喷一体封隔器 单流阀	下放管柱→投球→酸化→投球→酸化下一段→关井反应放喷洗井→调整位置→投球酸化下一段→关井反应→起管柱	一次拖动实现多段封隔，酸化段数8~11段	对封隔器和可溶球性能要求较高

多级滑套不动管柱工艺关键部分由滑套喷酸器+K344封隔器+滑套座组成。在酸化时先投球，将球泵送至滑套喷砂器处，当压力达到喷酸器的开启压力时，剪钉剪断，密封滑套下移，露出喷酸口，钢球打开滑套后落入滑套座，保证工作液不会进入下部已酸化地层，同时由于喷酸口的节流作用，保证K344封隔器的坐封。拖动式多级滑套工艺是在不动管柱的基础上，将钢球替换成可溶球，在遇酸6~8h后逐步溶解，在酸化时，先按照多级滑套不动管柱工艺流程进行第一大段的酸化，之后关井反应8h可溶球溶解，放喷洗井并上提管柱进行第二大段的酸化，总酸化段数对比不动管柱提高一倍。

拖动管柱多级滑套分段酸化实现了一趟管柱最高10段的分段精度，施工周期优于双封单卡。作业成功率100%，单井日增油优于其他三类酸化工艺（图7）。

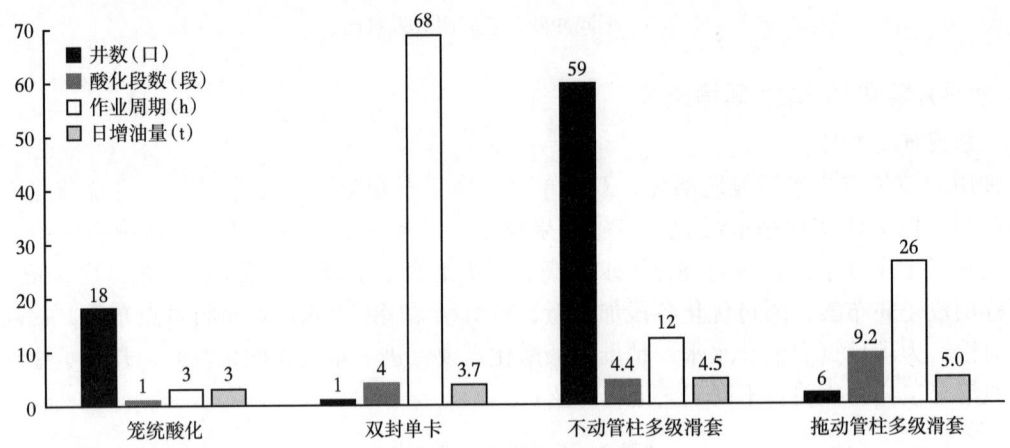

图7 不同酸化工艺应用效果对比

2.2.2 长效有机酸解堵体系

针对庆城油田$FeCO_3$、$CaCO_3$垢为主的垢型特征，在常规土酸的基础上，总结优化了以盐酸为主体的有机缓速酸体系，并配以铁离子稳定剂、缓蚀剂及阻垢剂等添加剂，具体配方（表3），该体系在保证酸化效果的前提下，最大限度地提高了缓蚀能力，保护井筒管材，减缓酸岩反应速率，提高酸化半径，对比常规土酸井均增油提高23.8%，同时也优于泡沫酸、乳化酸、多氢酸等酸液体系。

表3 酸液体系优化表

酸液类型	主体酸	辅助酸	添加剂	作业井数（口）	平均单井增油量（t/d）
土酸	12%盐酸	4%氢氟酸	缓释剂/表面活性剂/助排剂	21	4.2
泡沫酸	10%盐酸	2%氢氟酸	缓释剂/起泡剂/表面活性剂	8	4.5
乳化酸	10%盐酸	2%氢氟酸	缓释剂/乳化剂/助排剂	6	4.6
多氢酸	10%盐酸	4%乙酸，3.5%磷酸	缓释剂/表面活性剂/助排剂	10	4.4
有机缓速酸	10%盐酸	1.2%甲酸，2%乙酸	缓释剂/阻垢剂/铁离子稳定剂	56	5.2

2.3 水平井重复压裂改造技术

庆城油田页岩油水平井采用自然能量开发，随着投产年限的增加，地层能量逐步下降，油井生产三年以后采用酸化解堵恢复产能的有效率仅53.3%，且处理井筒过程中地层漏失严重，平均单井漏失量在3500~4000m³。针对上述问题，在失能区域优选了3口初期采用水力喷砂分段压裂，整体改造规模较小，射孔段之间具有加密空间的老井，其基本情况（表4），开展体积改造、综合补能、协同渗驱一体重复压裂实验[20]。通过开展测井精细二次解释，根据水平段地质工程甜点识别结果，结合初次布缝及固井质量，在剩余Ⅰ类和Ⅱ类"甜点"段加密布缝，采用低密度、多尺寸组合的暂堵剂，实现压开新缝、暂堵转向等工艺目的，提高裂缝的复杂程度和改造体积[21]。

表4 A区块重复压裂井基本情况

井号	水平井数据			改造情况			措施前生产情况		
	水平段长度（m）	油层钻遇率（%）	油层（m）	段数	簇间距（m）	入地液量（m³）	初期日产油量（t）	措施前日产油量（t）	累计产油量（t）
1-1	890	98.7	627	8	20	8022	4.4	0.9	4600
1-2	1576	96.6	1049	15	20	12439	1.9	0.4	2600
1-3	1531	84.7	956	14	30	11992	6.7	1.0	7300

短水平井1-1井压前补能后采用双封单卡工艺进行重复压裂改造（图8a），通过裂缝反演与数值模拟方法，缝控储量由2.2×10^4t提高到3.5×10^4t，能量保持水平由75.0%提高到117.2%，EUR由0.81×10^4t提高到1.2×10^4t以上。2口长水平井1-2井和1-3井对比使用双封单卡和井筒再造压裂工艺，其中1-2井井筒条件复杂，受固井质量和加密布缝射孔影响，裂液易沿初次改造裂缝延伸，造成相邻井窜通，而新射孔段进液较少，改造不充分，同时存在出砂、漏失、结垢、落物、套变、地层返岩屑等现象，作业风险增大。1-3井集成运用$4\frac{1}{2}$in井筒再造+桥射联作+示踪剂测试+区域增能重复压裂技术，恢复了井筒完整性，采用桥射联作压裂工艺[图8（b）]，压裂施工效率由双封单卡压裂的0.3段/d提升到了1段/d，实现了有效分压。

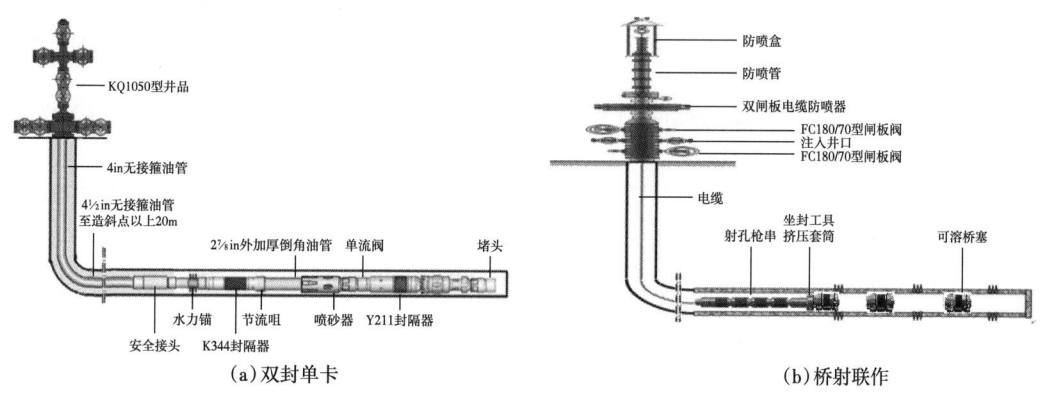

图8 重复压裂工艺管柱示意图

3 现场应用效果效益评价

2021—2023年庆城油田页岩油水平井共实施冲砂清洁井筒90口，分段酸化101口，重复压裂3口，产能恢复效果见表5，平均单井日增油4.0t，采油速度由0.9%上升至1.2%。综合递减由19.0%降低至15.9%。通过应用以上低产井产能恢复关键技术，累计恢复产能$24.6×10^4$t，庆城页岩油水平井全生命周期低产水平井产能恢复技术系列取得阶段进展，同时也为陆相页岩油高效开发提供了有益借鉴。

表5 页岩油水平井不同措施类型产能恢复增油情况

措施类型	井数（口）	单井日增油量（t）	平均单井累计增油量（t）	有效率（%）	产出投入比（%）
冲砂洗井	60	2.6	804	71.5	120
分段酸化	101	4.9	1235	91.6	190
重复压裂	3	4.7	1995	66.7	140

4 结论

（1）庆城页岩油水平井不同开发阶段产降主控因素不同，放喷排液阶段井筒出砂，生产初期以结垢堵塞为主，生产中后期以地层能量不足为主。

（2）针对井筒出砂导致的产量下降，采用了降漏失冲砂液+组合油管+旋流冲砂器，井筒清洁工艺，水平段作业能力从1500m上升到2000m，单井漏失量2800降低至2300m³。

（3）受压裂入地液、储层矿物、井底温度、压力等因素影响，投产半年以上井筒及近井带出现结垢堵塞现象，垢型主要以碳酸盐类为主，采用盐酸缓速酸体系，配合多级滑套不动管柱酸化工艺实施酸化作业101口，有效率91.6%，平均单井日增油4.9t。

（4）对生产后期地层能量不足，段间有加密空间可通过重复压裂动用段间剩余油的油井，可进行重复压裂提高单井产量，研究区三口试验井单井增油超4t。重复压裂工艺可以根据井筒条件选择双封单卡或井筒再造+桥射联作。

参 考 文 献

[1] 付金华，王龙，陈修，等.鄂尔多斯盆地长7页岩油勘探开发新进展及前景展望[J].中国石油勘探，2023，28（5）：1-14.

[2] 张矿生，薛婷，李桢，等.鄂尔多斯盆地长7页岩油开发技术实践——以庆城油田为例[J].石油勘探与开发，2023，50（6）：1245-1258.

[3] 付金华，刘显阳，李士祥，等.鄂尔多斯盆地三叠系延长组长7段页岩勘探发现与资源潜力[J].中国石油勘探，2021，26（5）：1-11.

[4] 屈童，高岗，梁晓伟，等.鄂尔多斯盆地长7段致密油成藏机理分析[J].地质学报，2022，（2）：616-629.

[5] 何鑫，陈世加，胡琮，等.陆相页岩层系岩性组合模式及其对原油差异性富集的控制作用：以鄂尔多斯盆地三叠系延长组长7段为例[J].现代地质，2023，104：1000-8527.

[6] 冯立勇，郭晨光，冯三勇，等.庆城油田西区长7油藏差异性及稳产对策研究[J].石油化工应用，2023，（7）：74-78.

[7] 张矿生，唐梅荣，陶亮，等.庆城油田页岩油水平井压增渗一体化体积压裂技术[J].石油钻探技术，2022，50（2）：9-15.

[8] 甘立琴，谢岳，吴东昊，等.海上Q油田低产低效井成因及治理技术研究[J].石油地质与工程，2019，

33（5）：92-95.

[9] 丁磊.低渗透油田低产低效井治理措施研究与应用评价[J].化学工程与装备，2019，（2）：170-172.

[10] 郭然.页岩油低产低效机制分析与挖潜对策研究[D].北京：中国石油大学（北京），2022.

[11] 万晓龙，张原立，樊建明，等.鄂尔多斯盆地长7页岩油藏水平井生产制度[J].新疆石油地质，2022，43（3）：329-334.

[12] 李大建，曾亚勤，何淼，等.低压地层水平井冲砂工艺创新设计[J].石油天然气学报，2014，36(10)：10，166-169.

[13] 袁广.水平井管外冲砂解堵和防砂一体化技术[D].青岛：中国石油大学（华东），2014.

[14] 汪兴明.水平井水力冲砂施工参数及工具研究[D].成都：西南石油大学，2014.

[15] 罗有刚，巨亚锋，张雄涛，等.长水平段水平井冲砂管柱摩阻分析及应用[J].石油机械，2020，48(4)：69-74，111.

[16] 徐克彬，马昌庆，陈迎春，等.水平井连续油管拖动选择性酸化工艺[J].石油钻采工艺，2014，36(6)：79-82.

[17] 陈亮.水平井砂岩基质酸化合理注酸技术研究[D].成都：西南石油大学，2013.

[18] 孙凤萍.砂岩油藏水平井酸化技术研究及应用[D].成都：西南石油大学，2011.

[19] 苗娟，何旭晟，王栋，等.水平井精细分段深度酸化压裂技术研究与应用[J].特种油气藏，2022，29（2）：141-148.

[20] 董莎，荆晨，宋雯静，等.北美页岩气水平井重复压裂技术进展与启示[J].钻采工艺，2022，45（4）：98-102.

[21] 慕立俊，李向平，喻文锋，等.超低渗透油藏水平井重复压裂新老缝合理配比研究[J].石油钻探技术，2023，51（3）：97-104.

庆城油田页岩油采油工艺关键技术研究及应用

张 鑫[1,2]，黄战卫[1,2]，刘环宇[1,2]，刘小欢[1,2]，霍征光[1,2]，刘志勇[1,2]

（1.中国石油长庆油田页岩油开发分公司；
2.低渗透油气田勘探开发国家工程实验室）

摘 要：庆城油田页岩油自2018年开始大规模产建，基于生态保护及油藏开发需求，形成了大井丛、多层系、立体式布井、水平井开发建产新模式，储层改造规模大，生产过程中砂、蜡、垢、气、磨等井筒矛盾较常规采油井更加严重，严重影响采油时率，制约油井产能发挥。突破传统的从生产阶段开始进行井筒治理的观念，转而从储层改造、投产初期排液、生产阶段三个不同时间点开展防治技术探索，通过采集现场数据，开展化验分析，明晰蜡、垢形成机理，分析井筒偏磨主控因素，摸排生产气油比规律，形成了以防垢型压裂液等技术为主的化学防垢技术，连续、稳定、按量放喷的控砂技术，以井下工具配套为主的井筒工艺配套技术，合理参数匹配、工况最佳状况下套压优选的控气技术等多项关键技术。现场规模应用以来，作业频次从1.49次/（口·年）下降至0.74次/（口·年），各项采油工艺技术指标持续好转，初步形成了庆城油田页岩油采油工艺关键技术体系。

关键词：庆城油田；页岩油；采油工艺；井筒治理

庆城油田页岩油2018年开始规模建产。2023年，年产量达到200×10^4t，实现了中国陆相页岩油的效益开发[1]。

庆城油田黄土塬地貌梁峁交错、沟壑纵横，同时具有众多水源、农田和森林保护区，对常规水平井开发方式造成了较大限制。为有效解决地面布井难度大的难题，最大程度动用储量，建立了大井丛、多层系、立体式布井、水平井开发的布井模式，形成大偏移距三维水平井井身剖面优化技术，超长段水平井钻井和水平井细分切割体积压裂新技术[2]。压裂期间采用万方液、千方砂改造储层，改造规模为常规井的100倍，入地液量与储层流体的不配伍导致地层、井筒结垢严重。放喷期间，不合理的放喷制度易导致井筒出砂，堵塞油流通道[3]，降低产能。生产阶段，受原油物性及高产的影响，井筒结蜡严重[4]；单井造斜点高、偏移距大、井眼轨迹复杂导致井筒偏磨严重；地层原始气油比高（107.2m³/t），含水下降到一定程度后产气量显著提升，随着生产时间的延长，井底流压逐渐下降，地层脱气现象越来越严重。砂、蜡、垢、气、磨导致的井筒故障造成油井停产，成为影响采油时率的重大因素，严重制约油井的产能发挥，因此，突破传统的从生产阶段开始进行井筒治理的观念，转而从储层改造、投产初期排液、生产阶段三个不同时间点开展防治技术探索，通过深入机理研究，明确矛盾主要影响因素，通过研发新型化学药品，探索新工艺技术，改进井下工具，制定合理开发技术政策，探索页岩油水平井井筒综合配套技术，强力支撑页岩油高效快速建产。

第一作者简介：张鑫，长庆油田页岩油开发分公司，副高级工程师，甘肃省庆阳市西峰区陇东生产指挥中心1412。E-mail: zx4_cq@petrochina.com.cn

1 页岩油水平井井筒主要矛盾及成因分析

1.1 结蜡

1.1.1 结蜡现状

结蜡井占比71.1%，收集现场蜡样50余井次进行化验分析，原油中含蜡量高（平均22.53%），析蜡温度为25.81℃（表1），含胶质、沥青质，为蜡质析出提供附着点，加剧井筒结蜡[5]，结蜡造成的井筒维护性作业占比42.3%。

表1 部分井原油理化性质（部分）

井号	20℃密度（g/cm³）	凝点（℃）	含蜡量（%）	析蜡温度（℃）	四组分分析			
					饱和烃（%）	芳香烃（%）	胶质含量（%）	沥青质含量（%）
1-1	0.8680	8.6	19.10	25.83	65.25	15.78	14.71	4.26
1-2	0.9012	8.3	20.51	23.42	64.27	18.57	12.78	4.38
1-3	0.8972	8.1	30.42	22.47	63.57	17.84	13.56	5.03
1-4	0.8964	6.5	28.63	23.58	65.37	16.79	14.25	3.59
1-5	0.8917	8.3	24.36	23.36	64.31	16.05	13.72	5.92
1-6	0.9048	8.1	19.22	22.67	65.22	16.94	12.47	5.37

典型井气相色谱—质谱联用（GC—MS）全组分分析表明（图1）：原油碳数主要集中在C_8—C_{25}之间，重质组分含量较高，易出现结蜡情况[2, 4]。

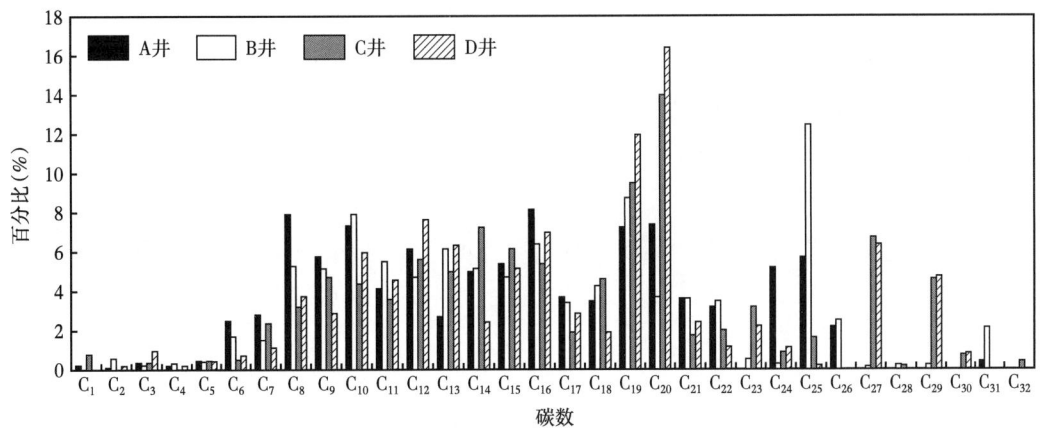

图1 页岩油典型井油样碳数分布

1.1.2 结蜡特征

对现场120口井结蜡情况进行统计分析（表2），表明结蜡段主要集中在井口下200~800m处，800m以上硬质蜡占比高，800m以下蜡质相对较软，部分高产井呈现出全井段结蜡严重的特征。

表 2　结蜡井统计分析（部分）

井号	结蜡描述
2-1	油杆井口下第 20~97 根结蜡 1~2mm；油管井口下第 1~30 根结蜡 2~3mm
2-2	油杆井口下 1~72 根结蜡 1~3mm；油管井口下 20 根干蜡堵实
2-3	油管井口至 500m，结蜡厚度 2~3mm；500~1000m 位置结干蜡 1~2mm
2-4	井口下油管第 31~91 根，结硬蜡 2~4mm；部分堵实和结垢

应用水浴法模拟热力清蜡过程，观察不同温度条件下，油管结蜡剖面变化，当温度达到 62.5℃时，伴热用水开始变浑浊，且有部分油蜡析出，蜡晶开始熔化（图 2）。

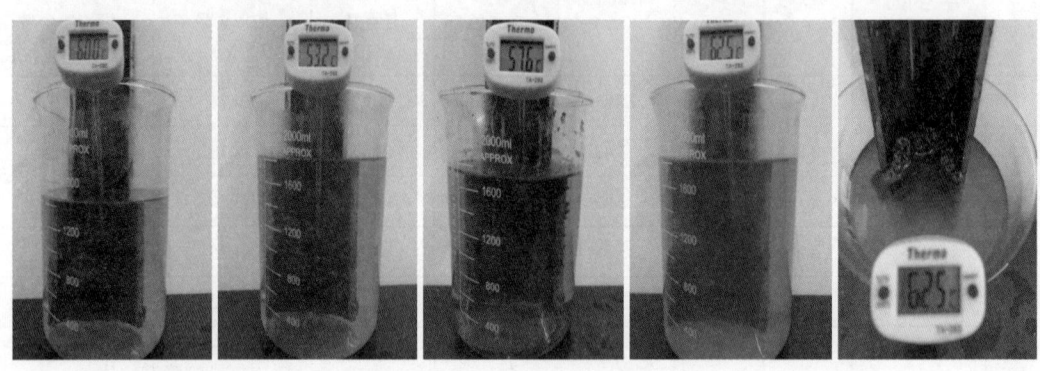

图 2　2-5 井熔蜡温度测试结果

1.1.3　结蜡影响因素

油井结蜡受控于原油组分、沉积表面的粗糙度、温度、含水、流速、压力、含气量等[2]，且各种影响因素交互作用。

原油组分、含水率无法改变，井底流压调整不符合开发需求，采出液流速不可控，提高井筒温度和改变油管内壁光滑度是可行且有效的治理手段。

1.2　结垢

1.2.1　结垢现状

近年来，收集现场 120 口井的垢样进行垢型分析，水平段以 $Ca(Fe)CO_3$ 为主、含有部分黏土矿物，初期以 $FeCO_3$，后期以 $CaCO_3$ 为主。井筒垢以 $CaCO_3$ 为主，含有少量 $FeCO_3$ 和 SiO_2。

1.2.2　结垢特征

水平段砂垢胶结，发生在水平段射孔炮眼附近，呈无规律分布。井筒垢主要集中在泵及泵上 300m，厚度 0.5~3mm，结垢造成的维护性作业占比 26.5%。

1.2.3　结垢影响因素

长 7 地层中富含铁质矿物，是铁离子的主要来源。高温、高压环境中铁白云石等矿物极易溶解于弱酸性流体释放 Fe^{2+}，流体在近井地带因压力、pH 值变化导致 $FeCO_3$ 沉积。相同条件下，$FeCO_3$ 优先 $CaCO_3$ 沉淀，高浓度 Ca^{2+} 会减缓 $FeCO_3$ 垢沉淀。

$$FeCO_3 + H^+ \rightleftharpoons HCO_3^- + Fe^{2+} \tag{1}$$

井筒 $CaCO_3$ 垢源自地层水，地层水富含 Ba^{2+}、Ca^{2+} 等成垢阳离子及 HCO_3^-、SO_4^{2-} 成垢阴离子。原油在生产过程中，当流体从相对高压地层流向压力较低的井筒时，压力、温度变化，成垢阴阳离子（HCO_3^-、Ca^{2+}）结合，导致垢物析出。

$$M^{2+} + 2HCO_3^- =\!=\!= MCO_3\downarrow + CO_2\uparrow + H_2O \tag{2}$$

1.3 偏磨

1.3.1 偏磨现状

偏磨主要集中在泵上 500m，以管体磨损、丝扣漏失为主，偏磨严重井占比 57.1%。

1.3.2 偏磨影响因素

（1）原因1：丛式井组开发、单井造斜点高、偏移距大（图3）、井眼轨迹复杂，管杆侧向力加大，造成局部磨损严重[6]。

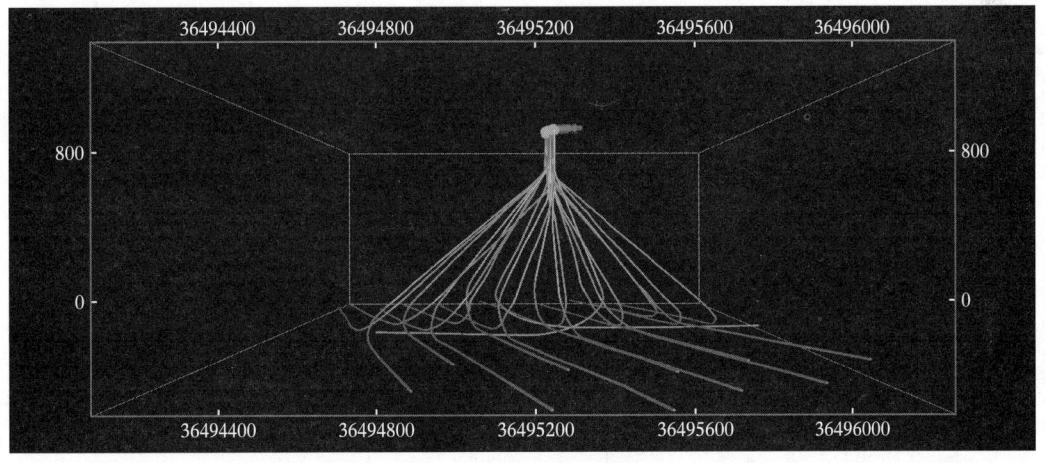

图3　117平台井眼轨迹图

（2）原因2：管杆的弹性形变，上下冲程交变载荷中，中和点以下抽油杆失稳弯曲产生偏磨。

（3）原因3：生产参数偏大，增加了油杆的下行阻力，加大管杆之间的摩擦程度及摩擦次数。液体通过游动阀产生的阻力 F_v，计算公式为：

$$F_v = \frac{\rho f_p^3 (sn)^2}{7.29 \times 10^2 \mu^2 f_0^2} \tag{3}$$

式中：ρ 为液体密度；s 为冲程；n 为冲次；f_p 为活塞截面积、f_0 为阀孔的截面积；u 为由实验确定的阀流量系数。

从公式中可以看出，冲程、冲次、泵径越大，油杆下行受到的井液阻力越大。

柱塞与泵筒之间的摩擦阻力为 F_p，计算公式为：

$$F_p = 0.94d/e - 140 \tag{4}$$

式中：d 为泵柱塞直径；e 为柱塞与衬套间的间隙。

从公式中可以看出，泵径越大，柱塞与泵筒之间的阻力越大，油杆下行的阻力越大。

1.4 气体影响

1.4.1 气体影响现状

页岩油水平井原始气油比高（107.2m³/t），随着生产时间的延长，生产气油比逐渐增加，气体影响井占比 92.9%，气体影响严重井占比 88.1%。

1.4.2 气体影响特征

主要表现为：（1）井间差异大，气体影响规律不一；（2）单井变化大：不同生产阶段合理套压范围差异大，部分井控制区间仅 0.2~0.5MPa；

1.4.3 气体影响因素

页岩油水平井采油阶段的主要特征是液量递减、含水稳定、生产气油比随地层压力持续变化。根据生产气油比变化规律将采油阶段划分为四个阶段[1]（图4），油井新投初期含水下降即表现出明显的气体影响，因此防气治理贯穿油井全生命周期。

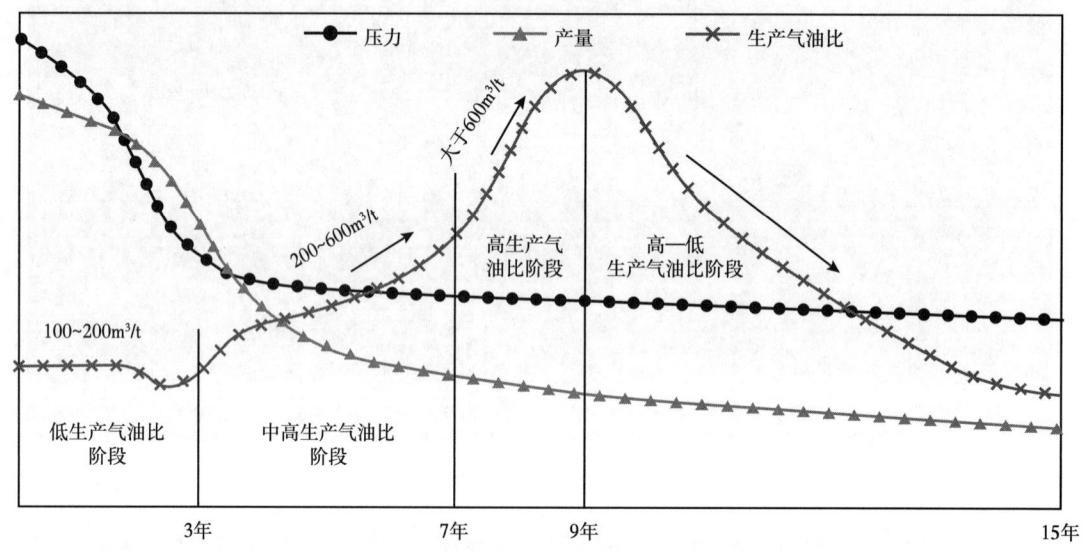

图 4 页岩油水平井开发阶段划分

1.5 出砂

1.5.1 出砂现状

出砂井占比 12.2%，出砂严重井占比 9.9%，出砂主要集中在水平段中部，部分砂随液量进入井筒，导致泵卡，泵漏、过流停机。

1.5.2 出砂特征

地层出砂导致油流通道受阻，部分油井产量短期内迅速下降。水平段越长，井筒趾部与跟部的压差越大，导致沿井筒方向的压差分布的非均质性越强，出砂量也越大[7]。近三年实施冲砂井平均返出砂量 4.9m³（最大 21.4m³，最小 0.2m³）（图5）。

1.5.3 出砂影响因素

矿场统计焖井时间不合理会导致井筒出砂、结垢等问题[8-9]；返排初期，不合理的放喷制度会导致地层激动出砂，影响油井产能发挥。生产阶段，含水率的变化使近井地带泥质填充物松动后，与裂缝壁面游离砂随流体进入井筒造成砂卡[9]。

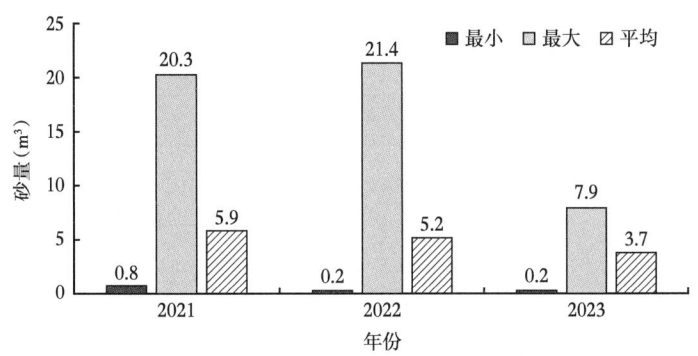

图 5　2021—2023 年冲砂返出砂量统计

2　技术对策及效果评价

突破传统的从生产阶段开始进行井筒治理的观念，转而从储层改造、投产初期排液、生产过程三个阶段开展防治技术探索。

2.1　储层改造阶段

页岩油水平井储层改造规模大，通过优选不同压裂液体系，改进压裂砂性质，降低压裂液与地层水反应结垢程度，从源头开展砂、垢治理，有利于实现全生命周期井筒清洁生产。

2.1.1　防垢型压裂液

（1）研发：针对滑溜水压裂液易与含铁矿物反应结垢的问题，利用羧酸基团螯合成垢金属离子，通过吸附作用破坏垢晶稳定性（图6和图7），合成了基于主链结构与侧链防垢基团优化的液体防垢剂。

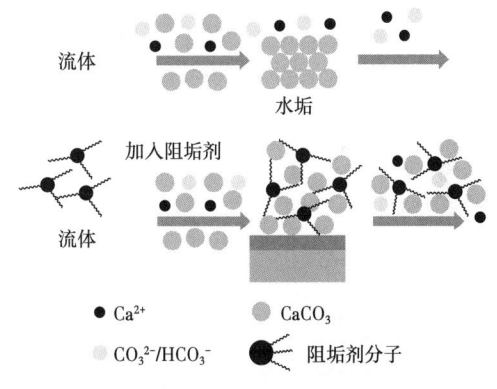

图 6　螯合成垢离子作用机理图

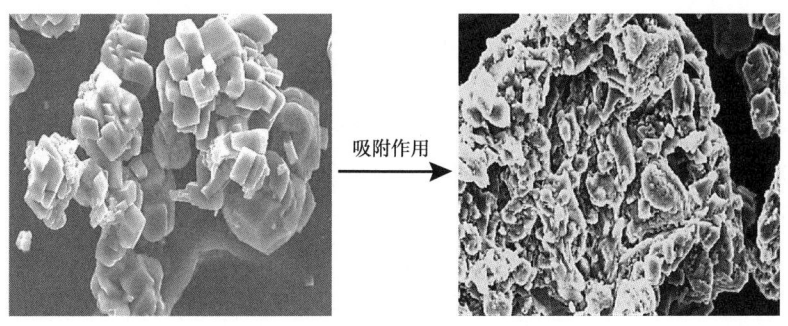

图 7　羧酸基防垢剂使碳酸钙垢晶发生晶格畸变

（2）室内防垢效果评价：地层水与不同压裂液体系的动态模拟实验结果表明，返排液中 HCO_3^-、Fe^{2+} 均明显增加，结垢指数 0.6~1.23，存在 $CaCO_3$、$FeCO_3$ 结垢风险，不同压裂液体系对成垢离子释放影响存在差异，防垢压裂液结垢指数明显降低（0.65~0.83）（表3）。

表3 地层水—压裂液反应前后水样离子成分分析

水样	pH值	离子浓度（mg/L）										水型	结垢指数		
		HCO_3^-	CO_3^{2-}	K^+	Na^+	Ca^{2+}	Mg^{2+}	Fe^{3+}	Ba^{2+}	Sr^{2+}	Cl^-	SO_4^{2-}		钡垢	钙垢	铁垢
地层水与清水混合	—	178	2.14	260	13974	2017.00	149	0.48	489	289	22477	37	—	—	—	—
地层水与1#压裂液20MPa反应5d	7.96	364	0	2496	6920	549.66	133	12.00	20	113	10293	237	碳酸氢钠	0.84	1.07	0.78
地层水与2#压裂液20MPa反应5d	7.50	317	0	284	8436	715.57	159	154.00	17	137	12892	459	硫酸钠	1.20	1.15	1.23
地层水与3#防垢型压裂液20MPa反应5d	6.88	443	0	691	6961	766.66	148	6.60	5	110	12587	225	氯化钙	0.66	0.83	0.65

（3）现场应用效果：试验井采出液螯合出的成垢离子含量明显高于同平台对比井，5口检泵井均无明显垢生成（图8）。基于防垢型压裂液的良好试验效果，于2022年全面应用于生产现场。

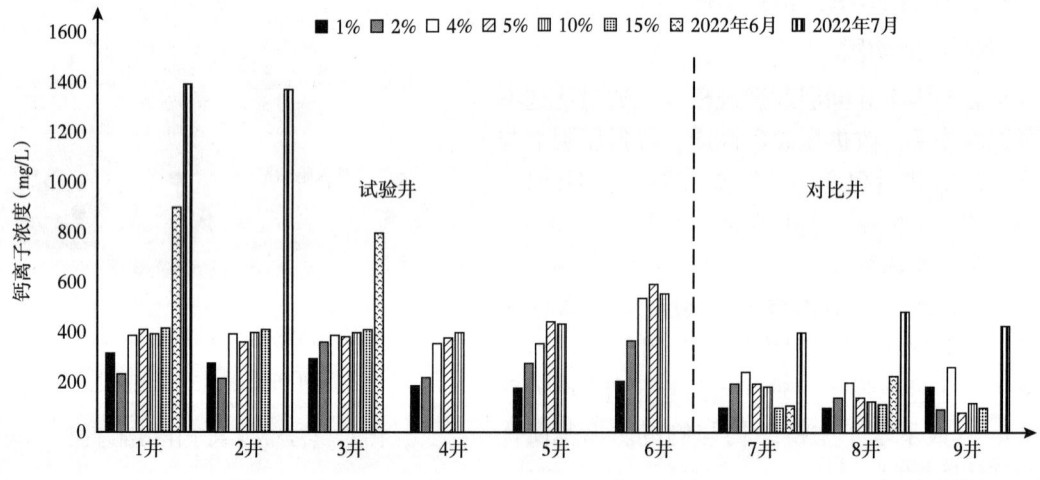

图8 试验井与对比井采出水中 Ca^{2+} 浓度对比

2.1.2 固体防垢颗粒

（1）压裂液防垢颗粒研发。

采用"吸附+喷涂"工艺制备高强度固体颗粒GZ-2，随支撑剂铺置于裂缝深部，缓慢释放阻垢剂，达到储层、裂缝、井筒长期防垢保持裂缝导流能力的目的。

（2）现场应用效果。

3-2井于2022年12月14日投产，目前日产液83m³，日产油30t，含水率44%，动液面787m。2023年11月开展冲砂作业，未发现结垢现象。通过采出液离子分析，华H-3井采出液中 Fe^{2+} 浓度、$FeCO_3$ 结垢指数 $SI=0.13$，明显低于邻井，防垢效果明显。

2.1.3 压裂用固结砂

通过尾追树脂涂层固结砂，在缝口固结形成高导流支撑剂屏障，实现压裂前端固砂、防砂。室内评价显示，固结砂在50℃下2h可固结，抗压强度5.5MPa、液相渗透率大于3.5D（图9和图10），可满足各级裂缝最低导流能力需求。

表 4 118 平台油井采出水离子分析及结垢指数

水样名称	pH 值	Na$^+$ 浓度 (mg/L)	K$^+$ 浓度 (mg/L)	Mg^{2+} 浓度 (mg/L)	Ca^{2+} 浓度 (mg/L)	Sr^{2+} 浓度 (mg/L)	Ba^{2+} 浓度 (mg/L)	Fe^{2+} 浓度 (mg/L)	Cl$^-$ 浓度 (mg/L)	SO$_4^{2-}$ 浓度 (mg/L)	HCO$_3^-$ 浓度 (mg/L)	SI (CaCO$_3$)	SI (BaSO$_4$)	SI (FeCO$_3$)
3-1	6.31	44277	199	138	1065	113	113	60	30307	17	519	0.51	0.97	0.71
3-2	6.31	42408	212	133	1014	99	99	5.49	31035	20	925	0.52	0.98	0.13
3-3	6.29	37445	310	239	1139	185	284	153	29599	26	808	0.53	1.61	2.27
3-4	7.10	40023	213	231	1131	151	340	119	29617	18	671	0.52	1.50	1.16
3-5	6.13	39810	235	250	1292	192	380	72	29172	19	655	0.53	1.56	0.89

图 9 固结砂固结效果图

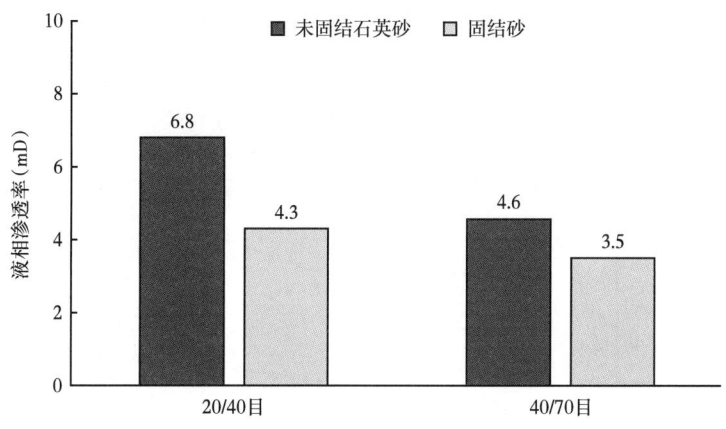

图 10 固结砂与未固结石英砂液相渗透率对比

现场应用效果：在超长水平井 3-6 井、3-7 井开展尾追固结砂 2 口，出砂系数由 0.613% 降低至 0.413%（图 11）。

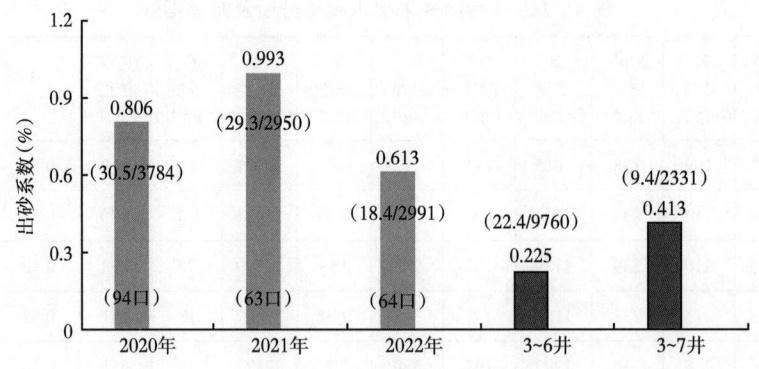

图 11　不同年度页岩油水平井出砂系数对比图

出砂系数 =100× 出砂量 / 入地砂量

2.2　投产初期排液阶段

庆城油田页岩油井压裂改造使用支撑剂规格主体为 40/70 目，平均单井压裂 25 段 100 簇，依据支撑剂回流运移理论，建立了不同裂缝簇数与不同粒径支撑剂的临界出砂流速图版（图12），临界出砂流速不超过 85m³/d[1]。根据生产情况，制定了连续控压放喷校正图版（图13），现场严格执行"连续、稳定、按量"放喷排液六字方针（表5），井筒出砂量从 5.9m³ 下降到 3.7m³（图14）。

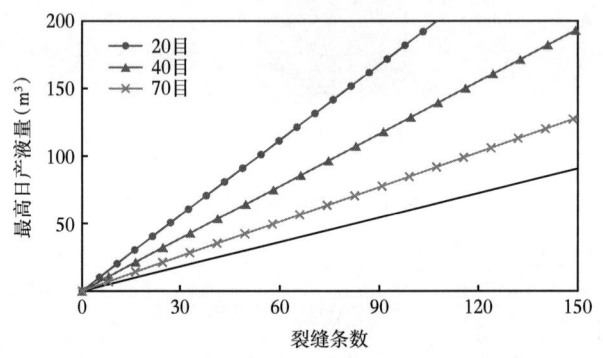

图 12　不同粒径石英砂临界流速图版

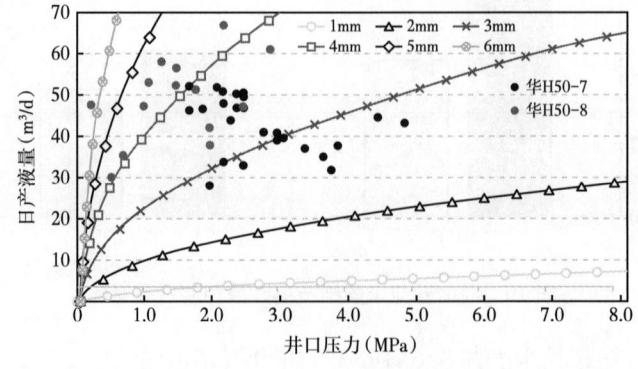

图 13　连续控压放喷校正图版

表 5　采液过程不同生产阶段技术政策表

排液阶段	含水率特征	排液强度（m³/d）	1500m 水平井返排量（m³/d）	百米采液强度（m³/d）	流饱比	主要作用
开井强排	大于 90%	4.0~5.0	60~75	4.0~5.0	—	增大基质与人工缝间压差，助力地层流体突破渗流屏障
见油控排	60%~90%	2.0~3.0	30~45	2.0~3.0	1.5~1.3	避免井筒出砂严重
生产弱排	小于 60%	1.5~2.0	20~30	1.3~2.0	1.0~1.3	控制生产流压

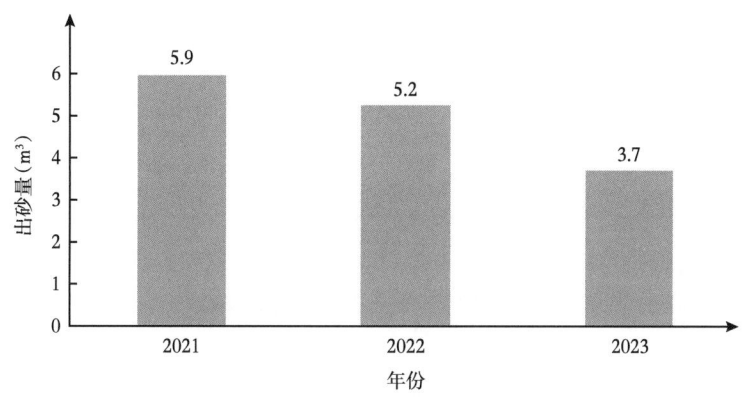

图 14　分投产年返出砂量柱状图

2.3　生产阶段

页岩油水平井因其开发特性，储层改造强度大，单井日产水平高，导致井筒状况更加复杂，需对各种治理工具进行工艺优化及结构改进，以满足井筒配套使用需求。

2.3.1　防蜡治理

（1）内涂层防蜡油管。

将多功能纳米改性涂层喷涂于油管内壁，涂层表面光洁、亲水性强，避免形成蜡晶着床点，实现井筒防蜡[11]。现场试验 16 口，配套在井口下 0~800m 处，从检泵起出情况看，防蜡油管结蜡轻微（图 15），单井配套深度通过不断摸索逐步定型为 1000m。2022 年开始规模推广使用，累计应用 39×10^4m。

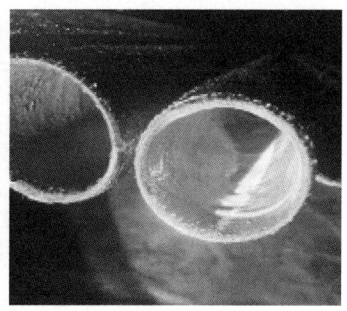

图 15　防蜡油管与普通油管同一位置使用效果对比图

（2）防蜡油杆。

油杆表面蜡垢胶结，难于清理，将应用于油管上的多功能纳米改性涂层喷涂于油杆表面，现场开展先导性试验 4 口井，配套后不热洗井筒载荷运行平稳运行 519d，最长 564d

（表6），试验效果良好。

表6 防蜡抽油杆应用情况统计表

井号	检泵情况		完井载荷（kN）	运行天数（入井前/入井后）	管杆结蜡情况
	上修时间	检泵原因			
4-1	2022年8月13日	蜡堵预检泵 防蜡抽油杆入井	51.94/32.61	前：915d 后：450d（持续运行）	配套前：油管蜡堵，0~800m油杆结蜡5~6mm 配套后：载荷52/33kN，平稳
4-2	2022年9月24日	蜡卡检泵 防蜡抽油杆入井	55.73/36.71	前：333d 后：564d（持续运行）	配套前：11根油杆结蜡10~15mm 配套后：载荷54/36kN，平稳
4-3	2022年8月29日	结蜡管堵预检泵 防蜡抽油杆入井	59.8/30.3	前：661d 后：755d（持续运行）	配套前：井口下1~65根油杆结蜡2~3mm 配套后：载荷59/21kN，平稳
4-4	2022年8月4日	蜡卡检泵 防蜡抽油杆入井	49.57/31.92	前：115d 后：544d（措施起出）	配套前：全井杆结蜡10mm 配套后：全家油杆无结蜡

（3）井筒热洗清蜡。

根据井筒水浴熔蜡温度测试，优化热洗不同阶段技术参数[12]（表7），实施后，热洗有效率从61.1%提升至83.6%（图16）。

表7 井筒热洗技术参数

热洗阶段	排量（m³/h）	温度（℃）	时长（h）
顶替	2	60	1.0
熔蜡	10	80	1.5
排蜡	10	80	0.5
巩固	2	70	0.5

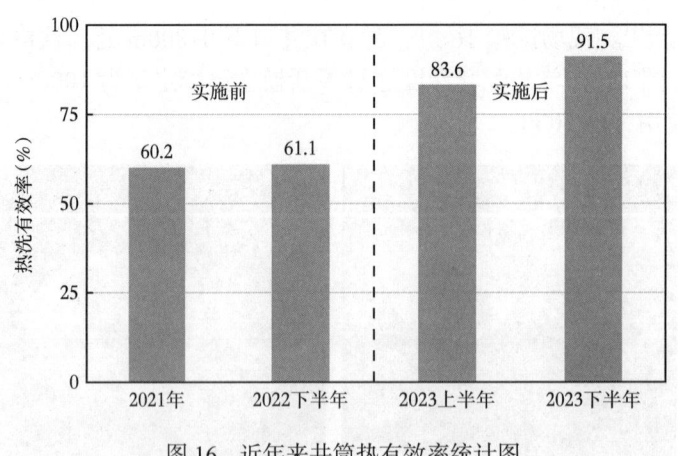

图16 近年来井筒热有效率统计图

2.3.2 防砂治理

（1）防砂筛管结构优化改进。

现场试验不同规格防砂筛管47口，根据使用情况不断优化配套标准与筛管孔眼目数，首选20目防砂筛管作为页岩油水平井的防砂工具（表8），该种规格既能防砂又不堵塞进液通道，优化后的筛管还能预防碎胶皮、垢渣、异物导致泵阀漏失的问题（图17）。

表8 防砂筛管优化后使用效果对比评价

分类	应用井数（口）	配套标准	应用效果
20目防砂筛管（2m/根）	10	日产液＞15m³配套2根 8m³＜日产液≤15m³，配套1根	目前全部运行正常
30目防砂筛管（2m/根）	30		部分结垢严重井孔眼堵塞影响出液
50目防砂筛管（2m/根）	2	3根/口	6-3井延长检泵周期153d 6-4井检泵起出无堵塞，泵筒干净继续使用
激光割缝管（3m/根）	5	4m³＜日产液≤8m³，配套2根 日产液≤4m³，配套1根	5口井全部运行正常，至今未检泵

（2）研制沉砂筛管。

部分井筒结垢严重井配套防砂筛管存在堵塞孔眼的问题，根据重力沉降原理研制沉砂筛管。沉砂筛管具有三级（进液通道、油管内腔、泵筒进液口处）防砂功能，可以隔离大部分井液杂质。现场试验5口井，目前均正常生产，对比检前检泵周期延长102d（表9）。

表9 沉砂筛管现场应用情况

序号	井号	入井时间	检泵原因	检泵周期（d）		效果评价
				检前	检后	
1	5-1	2023年7月31日	泵筒垢渣堵	106	253	有效
2	5-2	2023年8月11日	泵筒垢渣堵	125	242	有效
4	5-3	2023年8月23日	泵筒垢渣堵	189	230	有效
3	5-4	2023年8月22日	泵筒有垢片	339	231	持续生产中
5	5-5	2023年11月23日	泵筒泥砂堵	229	138	持续生产中

图17 防砂筛管实物改进

2.3.3 防垢治理

(1)研发高效阻垢剂。

针对碳酸盐类垢型,利用有机磷酸盐类特定的能团与金属阳离子(Ca^{2+})螯合,通过分散/晶格畸变作用破坏垢晶稳定性,研发了EDTMPS高效阻垢剂。

室内评价其阻垢性能,显示高效阻垢剂的碳酸钙垢阻垢性能优于普通阻垢剂(图18),普通阻垢剂没有防碳酸亚铁垢的性能,高效阻垢剂浓度在80mg/L时阻垢率能达84%(图19)。

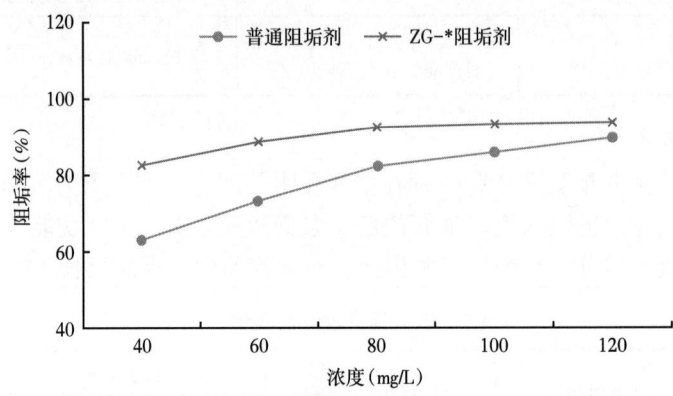

图18 碳酸钙阻垢性能的影响曲线

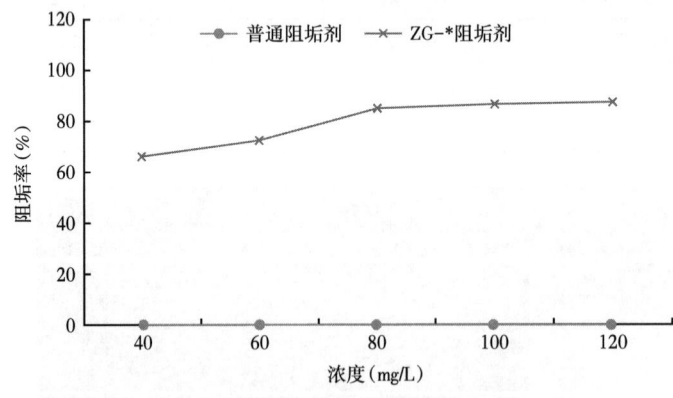

图19 碳酸亚铁阻垢性能的影响曲线

(2)设计并改造适用于页岩油水平井的点滴加药装置。

针对页岩油水平井气油比高、单井液量大,油套环空定期投加阻垢剂效果不佳,改进井下点滴加药器可实现药剂定期连续投加(图20)。

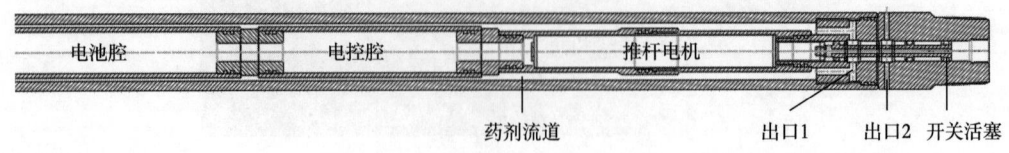

图20 加药装置主体示意图

装置结构改造：将出药孔从底部出药改为侧向出药，端部造扣，能够连接防坠落装置；

控制系统改造：单次释放药量从40mL提高到150mL，一次性投放阻垢剂最大可达0.8t，可连续投加一年。

2.3.4 防偏磨治理

（1）优化杆柱组合。

开展井筒三维力学仿真模拟，基于侧向力分析，结合检泵管杆偏磨情况，优化扶正器配套位置。根据API修正古德曼应力强度校核[13-14]，调整各级油杆比例，将原杆柱组合由22×31%+19×53%+22×16%优化为22×40%+19×40%+22×20%，一定程度上解决了抽油杆失稳偏磨问题。目前全面推广应用，偏磨导致的管杆故障比例下降5.3%。

（2）优化生产参数。

根据不同液量，制定页岩油水平井机采生产参数执行建议表（表10）。按照长冲程，慢冲次，先地面后地下原则，不断优化生产参数，降低管杆摩擦频次，延缓偏磨。

表10 页岩油水平井机采生产参数执行建议

序号	日产液量(m^3)	建议生产参数			理论排量(m^3/d)	预计泵效（%）
		泵径（mm）	冲程（m）	冲次（次/min）		
1	8	32	3	4.5	15.63	51.2
2	12	38	3	4.5	22.04	54.5
3	20	44	3	5.0	32.83	60.9
4	32	56	3	5.0	53.17	60.2

（3）配套防磨油管。

一是在泵上500m配套聚乙烯内衬防磨油管，同时应用$\phi 46mm$小扶正块抽油杆，具有降载防磨双重作用；二是试验NHW-01型耐磨防腐管，2023年开展现场试验2.0×10^4t，试验井检泵起出管杆偏磨程度降低明显。

2.3.5 防气治理

（1）流压控制源头控气。

气体影响程度与井底流压相关，通过控制合理流饱比可减少地层脱气。一是匹配合理生产参数；二是套压相对易控制的井，采用套压控制直接对比示功图形状选取对应套压值；三是套压变化幅度大的井，以载荷、有效冲程与套压交会曲线选取对应套压值。

（2）配套井筒工具防气。

采用中空泵筒结构，即两根泵筒之间用一段内孔较大的中空管连接，中空管的设置给泵内气体开辟了通道，可排除气体的干扰，提高泵效。现场试验8口井，功图显示防气效果良好，单井日增液$3.0m^3$，泵效提升18.1%，已推广使用（表11）。

表11 中空防气泵影响情况统计表

序号	井号	入井日期	日产气量(m^3)	产液量(m^3/d)			理论排量(m^3/d)			泵效（%）			效果评价
				上修前	上修后	对比	上修前	上修后	对比	上修前	上修后	对比	
1	5-1	2023年1月10日	2007	11.8	20.9	9.1	52.8	32.6		22.3	64.2	41.9	有效
2	5-2	2023年2月6日	1106	10.7	10.5	-0.2	33.1	33.1		32.4	31.8	-0.7	无效
3	5-3	2023年2月19日	17	6.4	10.3	4.0	26.3	26.3		24.2	39.3	15.1	有效

续表

序号	井号	入井日期	日产气量（m³）	产液量（m³/d）			理论排量（m³/d）			泵效（%）			效果评价
				上修前	上修后	对比	上修前	上修后	对比	上修前	上修后	对比	
4	5-4	2023年3月4日	1639	14.8	16.7	1.9	32.8	32.8		45.2	50.9	5.7	有效
5	5-5	2023年4月18日	2873	11.5	17.6	6.1	46.0	28.4		25.0	61.9	36.8	有效
6	5-6	2023年5月26日	1245	11.8	12.3	0.5	32.1	32.0		36.8	38.5	1.6	有效
7	5-7	2023年7月15日	553	8.0	9.1	1.1	18.7	18.7		42.7	48.6	5.9	有效
8	5-8	2023年8月2日	1259	15.7	17.5	1.8	32.0	20.3		49.1	86.4	37.4	有效
	平均			11.3	14.4	3.0	34.2	28.0		33.1	51.3	18.1	

中空管长度可定制调节，实现不同气量井的排气需求。考虑井温、冲次、泵挂深度，井底压力，绘制井口采气量与中空接箍长度图版（图21），根据单井生产情况匹配不同长度抽油泵。

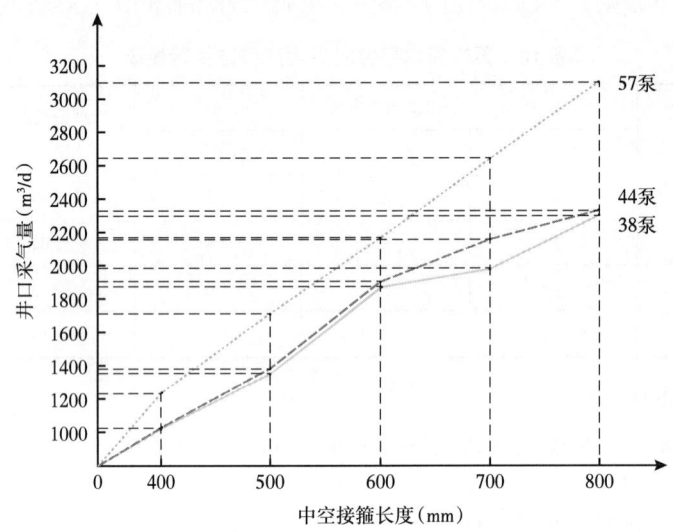

图21 井口采气量与中空接箍长度图版

2.3.6 关键技术应用效果

庆城页岩油水平井采油工艺关键技术规模应用以来，维护性作业频次、抽油泵效、采油时率多项指标显著提升（表12）。检泵周期核心指标领跑大庆油田、新疆油田、大港油田等国内主要页岩油产区（图22）。

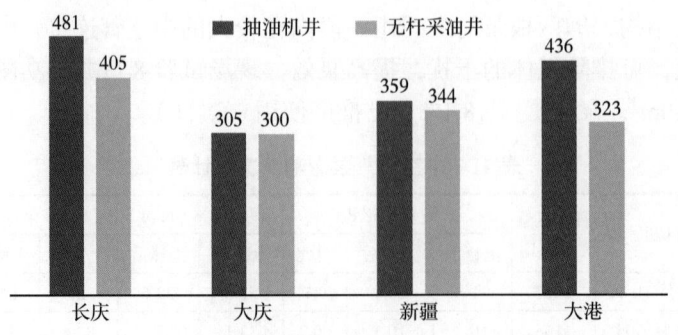

图22 不同油田不同采油方式检泵周期

表 12　页岩油水平井采油工艺指标

指标分类	2021 年	2022 年	2023 年	对比
维护作业频次［次/（口·年）］	1.49	1.03	0.74	-0.75
抽油泵效（%）	41.9	48.8	50.5	8.6
采油时率（%）	97.0	98.5	99.5	2.5

3　结论

（1）页岩油水平井原油含蜡量高，重质组分含量高，含胶质、沥青质，易出现结蜡情况，且结蜡深度深，沉积蜡块儿熔蜡温度高。

（2）庆城油田长 7 地层中富含铁质矿物，地层水富含 Ba^{2+}、Ca^{2+} 等成垢阳离子及 HCO_3^-、SO_4^{2-} 成垢阴离子。受压力、pH 值变化影响，导致水平段投产初期垢型以 $FeCO_3$ 为主，后期以 $CaCO_3$ 为主，井筒垢以 $CaCO_3$ 为主。

（3）偏磨的主要影响因素为井眼轨迹复杂，管杆的弹性形变及生产参数偏大加剧了管杆的偏磨。

（4）页岩油水平井为溶解气驱油藏，原始气油比高，油井新投初期含水下降即表现出明显的气体影响，随着生产时间的延长，井底流压逐渐下降，地层脱气现象越来越严重。

（5）明确了出砂的影响因素：返排初期，不合理的放喷制度会导致地层激动出砂；生产阶段，含水率的变化使近井地带泥质填充物松动后，与裂缝壁面游离砂随流体进入井筒。

（6）合成了基于主链结构与侧链防垢基团优化的防垢型压裂液、压裂用固体防垢颗粒、高效阻垢剂进行全生命周期防垢，并设计形成井下点滴加药装置，将地面加药优化为井下加药，提升了加药效果。

（7）建立了不同裂缝簇数与不同粒径支撑剂的临界出砂流速图版，连续控压放喷校正图版，执行"连续、稳定、按量"放喷排液六字方针，井筒出砂量从 $5.9m^3$ 下降到 $3.7m^3$。

（8）油管杆本体喷涂亲水涂层，可有效降低蜡晶附着，减缓油管杆结蜡速度。

（9）根据页岩油水平井产液特点，优化防砂筛管滤网密度为 20 目，可隔离大部分井液杂质。部分结垢严重井无法配套防砂筛管，利用重力沉降原理研制沉砂筛管，现场试验取得了良好的效果，对比井检泵周期延长 102d。

（10）形成开发技术政策，制定采液过程不同生产阶段技术政策表、井筒热洗技术参数、不同液量油井建议生产参数表用于指导现场生产，对井筒控砂、防气、清蜡、防偏磨方面起到了一定的效果。

（11）试验中空防气泵的井下防气配套工具，根据不同油井的集气量需求，绘制井口采气量与中空接箍长度图版，可以满足大部分油井的井筒防气需求。

参 考 文 献

[1] 何永宏，薛婷，李桢，等.鄂尔多斯盆地长 7 页岩油开发技术实践——以庆城油田为例［J］.油勘探与开发，23，6：245-1258.
[2] 景俊杰，付文耀，彭冲，等.陇东地区油井结蜡机理及蜡沉积动力学研究［J］.化学工程，2019，47（11）：68-73.

[3] 罗杨，徐进杰，王建忠，等.致密油水平井出砂机理[J].大庆石油地质与开发，2018，37（3）：168-174.
[4] 李光辉，严美容，李晓丹.原油组分对含蜡原油析蜡特征的影响规律[J].油气储运，2020，39（3）：298-302.
[5] 张丛迪.油井结蜡机理及其影响因素分析[J].山东化工，2023，52（17）：174-176.
[6] 赵丹，雷武刚.抽油井管杆偏磨原因及防治措施[J].长江大学学报（自然科学版），2009，6（4）：177-178.
[7] 孙正伦.水平井分段防砂设计方法研究[D].青岛：中国石油大学（华东），2017.
[8] 王兵，李长俊，刘洪志，等.井筒结垢及除垢研究[J].石油矿场机械，2007，11：17-21.
[9] 冯立勇，郭晨光，冯三勇.庆城油田西区长7油藏差异性及稳产对策研究[J].石油化工应用，2023，42（7）：74-78.
[10] 万晓龙，张原立，樊建明，等.鄂尔多斯盆地长7页岩油藏水平井生产制度[J].新疆石油地质，2022，43（3）：329-334.
[11] 宋佳恒，徐颖，刘晓燕，等.油井结蜡与清防蜡技术研究进展[J].当代化工，2022，51（8）：1960-1964.
[12] 林日亿，张建亮，李轩宇，等.油井结蜡规律及热洗方式对比研究[J].中国石油大学学报（自然科学版），2022，46（1）：155-162.
[13] 王洪勋.采油工艺原理[M].北京：石油工业出版社，1989.
[14] 张琪.采油工程原理与设计[M].北京：石油工业出版社，2006.

陇东页岩油蜡垢生成机理及长效防治技术研究

邓泽鲲[1,2]，甘庆明[1,2]，郑　刚[1,2]，李　楷[1,2]，魏　韦[1,2]，李楼楼[1,2]

(1.中国石油长庆油田公司油气工艺研究院；
2.低渗透油气田勘探开发国家工程实验室)

摘　要：受地层流体性质及开发方式影响，长庆油田陇东页岩油井筒环境复杂、严重影响正常生产，特别是结蜡、结垢现象普遍存在，热洗、井口加药等传统工艺效果不强，制约了油井产能发挥。为了实现页岩油结蜡结垢的长效防治，通过室内实验、现场测试、取样分析等方法，开展结蜡组分和成垢离子来源分析，明确了"两段式"结垢规律和"双峰"型结蜡特征。针对成因开展了防蜡防垢新工艺的研发，确定了"以防为主、综合治理"的蜡垢防治对策，形成了以涂层油管为主、热洗为辅的防蜡技术和前端、中端、后端相结合的综合清防垢技术，极大缓解了页岩油水平井结蜡结垢情况，初步构建形成适应长庆页岩油水平井的蜡垢防治井筒配套技术体系，为油井长期高效生产提供了重要保障。

关键词：页岩油；水平井；防蜡；防垢；井筒配套

1　研究背景

2019年，在陇东地区发现了超$10×10^8$t探明储量的庆城大油田，实现了页岩油勘探的历史性突破[1-2]。然而随着开发的深入，生产过程中发现了油井均存在不同程度的井筒结蜡结垢问题，传统防治手段效果有限，严重影响了正常生产，亟须新型的蜡垢防治工艺体系。

2　页岩油水平井蜡垢表现及成因分析

2.1　页岩油水平井结蜡表现及成因分析

结蜡是油田开发中较为普遍的现象[3]。陇东页岩油水平井结蜡井占到总开井数的60%以上，结蜡周期短，抽油机负载上升快，严重时因蜡堵、蜡卡导致停井，如图1所示。

图1　页岩油水平井油管结蜡情况

第一作者简介：邓泽鲲（1995—），男，甘肃庆阳人，现任中国石油长庆油田公司油气工艺研究院工程师，主要从事采油工艺研究工作。E-mail: dzkun_cq@petrochina.com.cn

页岩油结蜡特征总体呈以下特征：

（1）原油含蜡量高：陇东页岩油原油含蜡量超过 20%，导致页岩油水平井生产过程中析蜡量大，结蜡周期短。

（2）熔蜡温度高：室内实验结果表明，页岩油水平井熔蜡温度 58.7~66.8℃，热洗难以有效熔化管壁积蜡。

（3）无机组分夹杂高：蜡样中砂、黏土矿物等无机质组分最高可达 30%~45%，易成为不溶物组分晶核，随着结蜡位置的加深，无机质组分进一步增加，加剧了深井段中的结蜡现象。

（4）结蜡位置低：以 800m 以内为主（占 67.8%），最深至 1200m，明显深于同区域其他区块，井间差异较大。

由于陇东页岩油天然地层压力系数低且采用自然能量开发，随着生产时间的延长，地层压力逐渐亏空，热洗时大部分热洗液漏失进入地层，难以在油管内外建立热循环，导致热洗清蜡效果有限。如图 2 所示，即使在 $8m^3/h$ 排量下（常规热洗排量为 $4m^3/h$）热洗有效温度最深难以超过 350m，仅能对浅井段结蜡进行清理。

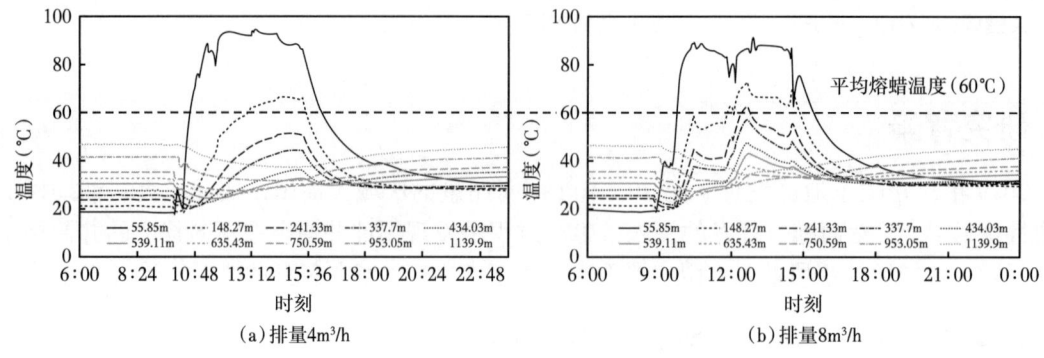

图 2 陇东页岩油某井热洗温度剖面测试结果

现场观察统计显示，页岩油水平井油管结蜡呈现出一定的"双峰"特征，如图 3 所示，结蜡厚度在井深 600m 处和 1000m 处出现了两个明显的峰值。结合蜡质组分和生产油管温度剖面测试，认为这是由于不同分子量的石蜡析蜡温度有差异导致：1000m 处出现第一次沉积高峰，源自 C_{28}—C_{35} 正构烷烃析出，温度 35~40℃；600m 处出现第二次沉积高峰，源自 C_{22}—C_{26} 正构烷烃蜡晶析出，析蜡温度 28~32℃。可以看出高碳数蜡晶析蜡温度高造成了深井段处（1000m 以下）严重结蜡，加大了油井清防蜡难度。

2.2 页岩油水平井结垢表现及成因分析

页岩油水平井结垢在直井段及水平段呈现不同特征：直井段结垢集中在泵及泵上 300m，主要形式为吸附在油管、泵筒内壁及球座处形成垢片，厚度 0.5~2.5mm 不等，同时，随着生产时间的延长，因结垢导致的泵故障逐渐增多；水平段是页岩油水平井结垢的"重灾区"，自 2020 年以来，部分井出现投产后或生产过程中动液面及产液量异常快速下降，冲砂发现超过 50% 的井返出物中存在结垢板结的压裂砂块。随着投产时间增加，胶结砂块尺寸增大、结垢产物含量明显增多。图 4 展示了不同井段的结垢特征。取样分析显示，直井段结垢以 $CaCO_3$ 为主，而水平段结垢成分较为复杂，投产 1 年以内的新井以 $FeCO_3$ 为主，老井以 $CaCO_3$ 为主。

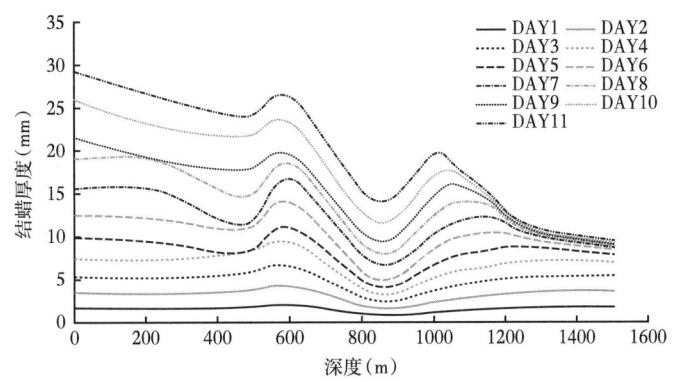
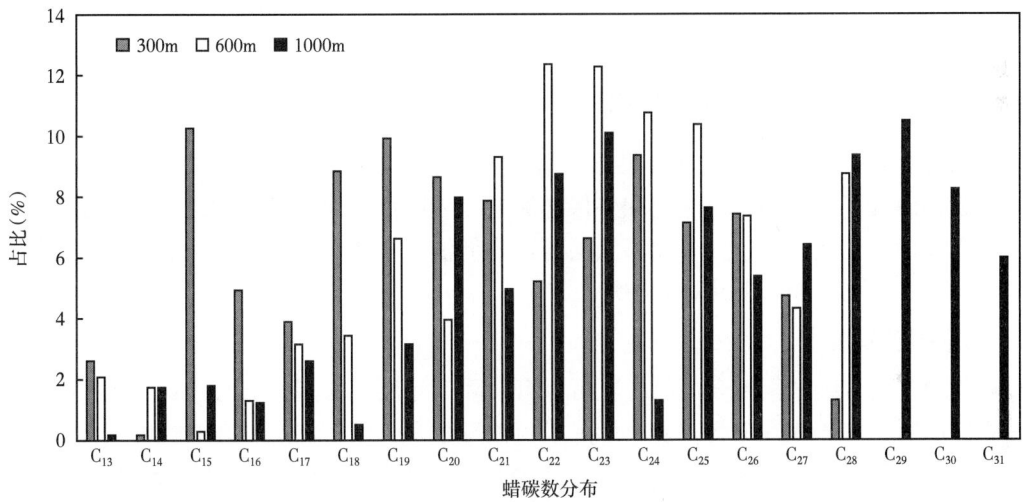

图 3 页岩油井"双峰"式结蜡特征及对应分析

（a）泵游动阀结垢　　　　　　（b）冲砂返出胶结垢样

图 4 页岩油水平井结垢情况

通过胶结物组分、储层岩矿组成、压裂用水及原始地层水等分析，初步判断造成压裂返排砂结垢胶结主要源于地层溶蚀成垢离子二次沉淀。如图 5 所示，在生产初期，由于压裂液配液用水存在微弱酸性，且地层胶结物中广泛存在铁方解石[4]，注入地层后储层中的 Fe^{2+} 在井筒温度和 pH 值改变下与压裂用水中的 CO_3^{2-} 反应形成 $FeCO_3$ 快速沉积。随着生产时间的延长，原始地层水开始随油井生产返出，地层水中 Ca^{2+}、HCO_3^- 随着压力的下降形成 $CaCO_3$ 析出，取代 $FeCO_3$ 成为主要垢型并逐渐在直井段出现。

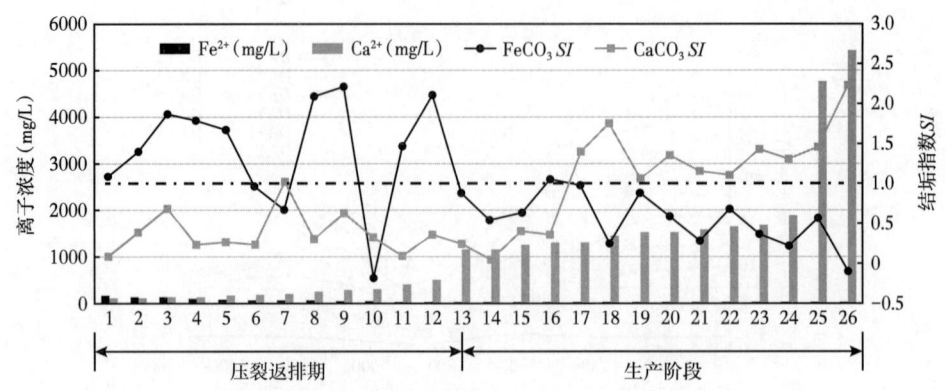

图 5 不同生产阶段采出液离子含量及结垢指数变化趋势

3 高效防蜡技术研究及应用效果

针对陇东页岩油水平井热洗效果差，清蜡困难的特征，确定了"以防为主"的结蜡治理技术对策，研发了油管内防蜡涂层和外保温涂层，内防蜡涂层具备疏油疏水、表面能低的特点，可有效抑制蜡晶的附着；外保温涂层可以降低油管导热能力，保持井液温度，抑制蜡晶析出，从而实现页岩油水平井高效防蜡。

3.1 内涂层防蜡技术

在涂料中混合纳米氟低表面能材料可以有效降低涂层表面能，从而减少蜡晶吸附[5]。通过在涂层原料中加入改性材料，研发形成了疏油疏水且光滑的涂层并在油管内表面涂覆，达到减缓油管结蜡的目的。室内试验显示，配置的三种涂层表面能均可低至 50mN/m 及以下，可以有效抑制蜡晶附着见表 1。

表 1 不同防蜡涂层接触角计算结果及表面能计算

接触角(°) 涂层 介质	现场井液			石蜡	纯水	表面能 （mN/m）
	1# 井	2# 井	3# 井			
PNE300	19.7	13.6	11.1	14.3	92.2	50.2
PNE500	24.4	25.5	26.3	21.9	93.8	49.0
PNE700	33.2	33.2	27.9	—	99.5	45.1

在室内对三种内涂层进行防蜡率测试，结果如图 6 所示，在油温达到 20℃ 及以上时，三种涂层均可达到 80% 以上的防蜡率，且表面能越低的涂层防蜡效果越好。

目前内涂层防蜡油管已在陇东页岩油实现全面推广应用，结合检泵观察发现应用效果良好。如图 7 所示，该井采用上部内涂层防蜡油管、下部普通油管的组合投产，起初发现上部内涂层防蜡油管内部整体清洁，而普通油管结蜡严重。

3.2 外涂层保温技术

为进一步提升油管防蜡效果，在内涂层防蜡的基础上，开展了油管外保温涂层试验。通过在油管外喷涂隔热材料［导热系数低至 0.15W/（m·K）］，降低油管保温系数，从而减小井液在举升过程中的损失，抑制原油中蜡质析出。

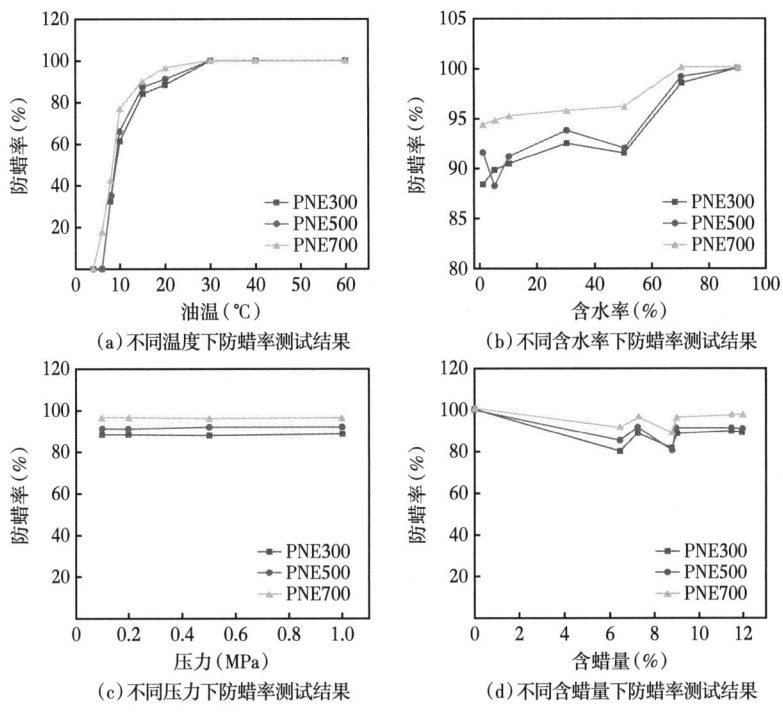

图6 油管内防蜡涂层室内评价结果

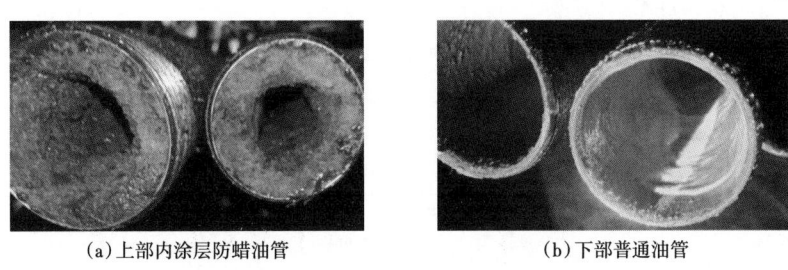

图7 同一口井不同油管内壁结蜡情况对比

普通油管、外保温涂层圆管热阻计算如式（1）和式（2）所示：

$$R_\mathrm{t} = \frac{\ln\left(\dfrac{r_\mathrm{o}}{r_\mathrm{i}}\right)}{2\pi\lambda_\mathrm{s}L} \tag{1}$$

$$R_\mathrm{a} = \frac{\ln\left(\dfrac{r_\mathrm{o}}{r_\mathrm{i}}\right)}{2\pi\lambda_\mathrm{s}L} + \frac{\ln\left(\dfrac{r_\mathrm{p}}{r_\mathrm{o}}\right)}{2\pi\lambda_\mathrm{p}L} \tag{2}$$

式中：R_t，R_a 分别为普通油管和外保温涂层油管热阻，W/K；r_o，r_i，r_p 分别为普通油管外径、普通油管内径和外保温涂层油管外径，m，λ_s，λ_p 分别为碳钢和保温涂层导热系数，W/(m·K)；L 为油管长度，m。

计算结果显示，在φ73mm油管喷涂2mm隔热涂层的情况下，油管热阻可以升高至纯钢制油管的30倍以上。

由于外涂层需要携带保温介质在井液中长期浸泡，且在起下井过程中存在磨损、剐蹭，外保温涂层采用多层的结构体系。如图8所示，涂层由底漆层、保温层、外漆层三部分组成。底漆层采用高附着力的耐腐蚀材料，直接包裹在油管表面，为涂层提供附着力的同时提供防腐效果；保温层采用超低导热系数材料，实现油管保温隔热；外漆层具有高耐油、耐磨性，在起下井及生产过程中对外涂层提供有效保护。

采用Marlin流动循环法进行隔热涂层性能评价，静态条件下对装有60℃热流体的普通空心管及外涂保温涂层的空心管插入在20℃下进行水浴。如图9所示，实验结果显示，以从60℃下降至20℃的时间计算，涂有保温涂层的空心管内流体温度下降速度相比无涂层的情况延长了近5倍。

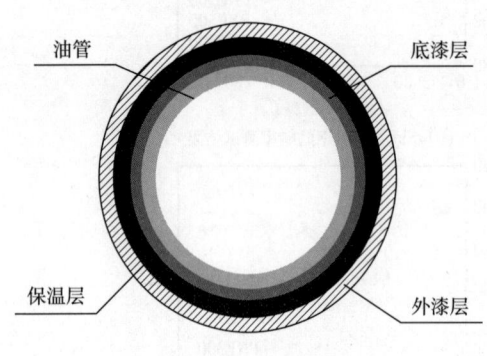

图8　外保温涂层结构示意图

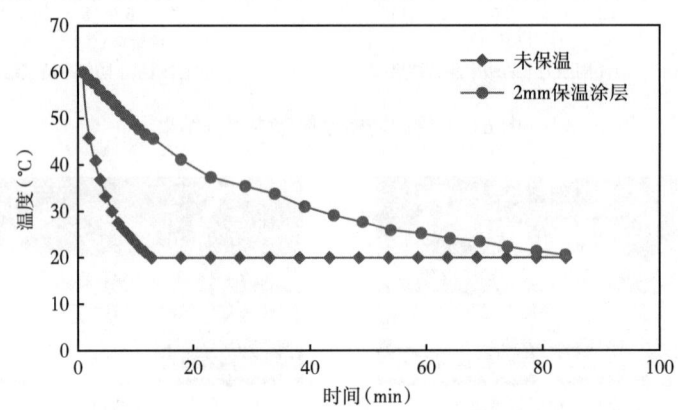

图9　空心管内流体温度随时间下降情况

现场试验结果如图10所示，相比同平台井，配套外涂层保温油管的油井井口出液温度可提升5℃左右，有效保持了油管内流体热量。

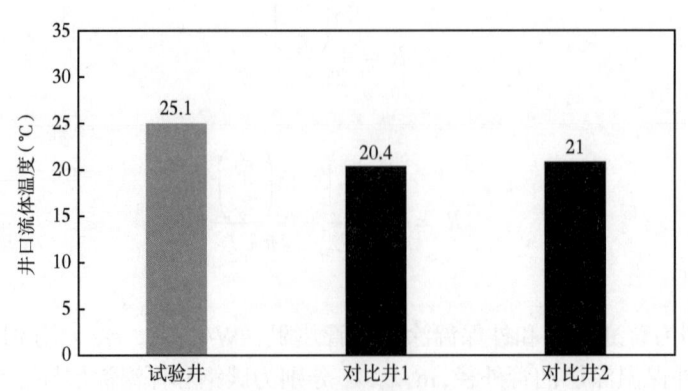

图10　保温涂层现场试验效果对比

4 高效清防垢技术研究及应用效果

结合页岩油水平井地层条件、改造方式及生产现状,确定了前—中—后端综合治理的井筒清防垢技术体系。

4.1 压裂前置防垢

结合陇东页岩油"两段式"结垢特征,研发了"前置压裂液+固体阻垢剂"的复合式压裂前置防垢体系,实现压裂前置长效防垢。

4.1.1 阻垢压裂液

针对压裂液和地层反应结垢的情况,设计了基于羧基螯合成垢金属离子防垢的液体防垢剂,防垢剂随压裂液进入地层井,生产时随着地层流体流动而缓慢释放到达近井地带、井筒、地面集输设备,并与地层流体中的成垢金属离子(Fe^{2+}、Ca^{2+}等)螯合,实现超前防垢,室内评价防垢率在90%以上(图11)。

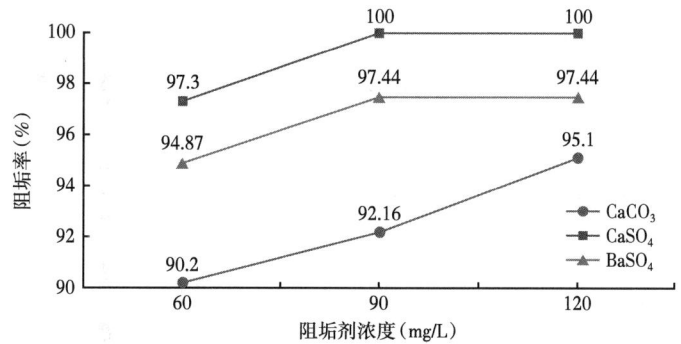

图 11 前置液体防垢剂评价结果

矿场试验显示,采用了前置液体防垢剂的试验井中,采出液的成垢离子浓度明显高于对比井,证明防垢剂有效螯合了地层中的金属阳离子,跟踪评价显示有效周期可达16个月以上。目前,压裂液前置防垢技术在陇东页岩油已全面推广应用。图12展示了前置液体防垢剂矿场的评价结果。

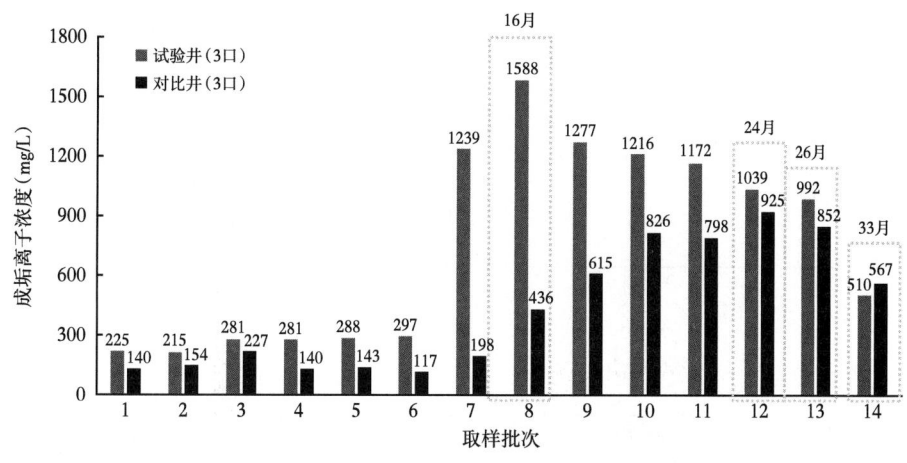

图 12 矿场试验情况跟踪

4.1.2 固体阻垢支撑剂

结合阻垢压裂液有效周期,进一步深化压裂阻垢体系,研发了由专用阻垢剂和高强度支撑骨架组成的长效防垢颗粒,随支撑剂铺置于裂缝深部,生产过程中以相对稳定的速率溶入产出液中,达到长期抑制流体在裂缝—井筒结垢、保持裂缝导流能力的目的,在阻垢压裂液基础上进一步提升防垢效果、提升有效周期。

(1)专用阻垢剂。

结合"两段式"结垢特征,研发形成了由 Fe^{2+} 螯合剂和 Ba^{2+}、Ca^{2+} 抑制剂复合而成的专用阻垢剂,在注入期及返排初期释放 Fe^{2+} 螯合剂,抑制压裂液溶蚀岩心产生的 Fe^{2+},减少压裂返排阶段 $FeCO_3$ 垢沉积。生产后期开始逐步释放阻垢剂主剂,抑制 Ca^{2+} 垢和 Ba^{2+} 垢生成。

(2)高强度支撑骨架。

优选高负载骨架及有机包覆材料,通过"吸附+包覆"工艺,制备形成高强度阻垢颗粒,有效阻垢成分可达30%以上,破碎压力达70MPa,最高耐温165℃,同时满足了阻垢缓释剂和支撑剂强度需求(图13)。

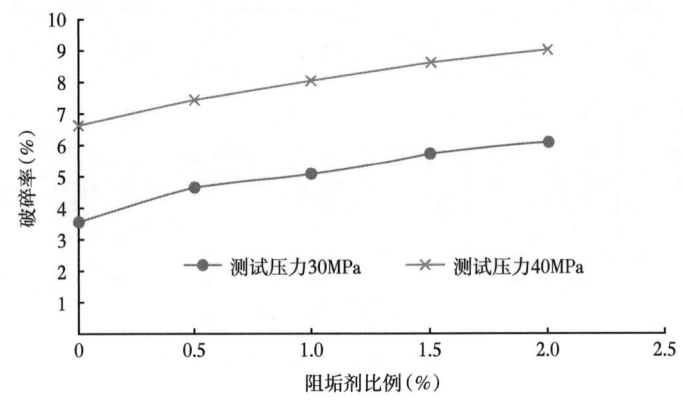

图13 防垢颗粒承压性能测试

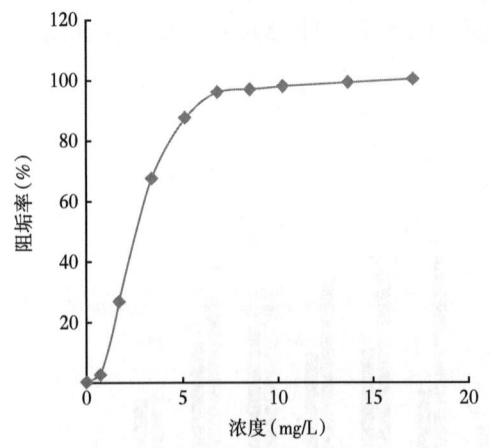

图14 $CaCO_3$ 防垢率随浓度变化曲线

室内评价结果显示,在稳定释放浓度(8mg/L左右)下,阻垢颗粒对 $CaCO_3$ 阻垢率在90%以上,$FeCO_3$ 阻垢率在70%以上,$BaSO_4$ 阻垢率在65%以上。图14展示了 $CaCO_3$ 阻垢率随药剂浓度的变化。

4.2 井下工具缓释防垢

页岩油水平井直井段垢型较为单一,考虑到页岩油气油比大、井口不容易加注,采用井下缓释工具进行阻垢。针对水平井产液量大导致一般缓释型阻垢剂有效期短的问题,通过优选缓释载体、提升阻垢剂负载率以减缓阻垢剂在页岩油井筒条件下的释放速率,室内评价释放周期可达400d。同时,根据直井段结垢类型进一步优选阻垢药剂,实现对 $CaCO_3$ 垢的高效防治,实验结果显示,阻垢率可达90%以上。

4.3 高效酸化解堵

由于开发初期井筒防垢工艺配套不到位，部分生产年限较长的水平井水平段及近井地带存在砂垢胶结，抑制了产能发挥，通过选井选段优化、酸液体系及酸化工艺改进，形成了精准高效的水平井酸化解堵技术。

（1）选井选段方法优化。

综合考虑产油恢复和产液恢复，建立了一套表征储层物性、改造程度、生产变化的选井方法和潜力井选段方法，最大幅度提升措施效果。

（2）酸液体系优化。

针对一般的土酸、盐酸酸化效果差的问题，调整了酸液配方，形成了盐酸为主的有机缓速酸体系。相比于一般的酸化用酸液，进行了如下改进。

①降低了盐酸浓度，减缓酸液在高渗透率地层中的快速锥进；
②增加了铁离子稳定剂，避免溶蚀产生的铁离子在返排中二次沉淀；
③增加了抗碳酸盐阻垢剂，抑制碳酸盐类重复结垢。

（3）酸化工艺优化。

为保证在横向非均质性地层中的水平井酸化效果，确定了以分段酸化为主的酸化工艺。通过双封单卡或多级滑套实现水平井分段施工，并针对段内油层情况针对性优化酸液用量及施工参数。

实践证明，形成的高效酸化解堵工艺有效地支撑了页岩油水平井除垢解堵，措施效果及不断提升，近三年措施有效率71.4%上升至91.7%。

5 结论

（1）页岩油水平井蜡垢的生产与流体特性、改造方式密切相关，防治技术的研究及配套需从其形成机理入手，系统思维，以防为主，从源头抑制其生成。

（2）针对页岩结蜡结垢情况，研发形成了以涂层油管为核心的防蜡技术以及前端、中端、后端相结合的清防垢技术，在现场生产中表现出了良好的适应性，可以有效降低结蜡结垢对页岩油水平井生产的影响。

（3）下一步将以全生命周期蜡垢防治为出发点，加快高效防蜡、防垢技术研发与试验，持续完善页岩油水平井蜡垢防治技术体系，保障油井产能发挥和正常生产，助力页岩油革命。

参 考 文 献

[1] 石道涵，张矿生，唐梅荣，等．长庆油田页岩油水平井体积压裂技术发展与应用［J］．石油科技论坛，2022，41（3）：10-17.

[2] 李雪松，周远喆，许剑，等．油井清防蜡技术研究与应用进展［J］．天然气与石油，2017，35（6）：66-70，79.

[3] 尹力．鄂尔多斯盆地庆城地区长7段储层特征及控制因素研究［D］．北京：中国石油大学（北京），2021.

[4] 黄元斌，李勇，付作义，等．油管防蜡涂层研究［J］．石油化工应用，2021，40（9）：70-73.

大港页岩油 CO_2 吞吐增产技术研究与现场试验

王海峰[1,2,3]，章　杨[1,2,3]，张　可[1]，张　楠[1,2,3]，李金珠[4]，刘念辉[1]

（1.中国石油大港油田公司；2.中国石油集团公司纳米化学重点实验室；3.天津市三次采油与油田化学企业重点实验室；4.天津大港油田滨港博弘石油工程技术服务有限公司）

摘　要：页岩油由于极低的基质渗透率，常规水驱难以有效进入储层基质，结合 CO_2 在油田提高采收率方面的技术优势，制定了页岩油 CO_2 吞吐增产技术思路，同时达到碳减排及碳埋存的目的。研究并明确了页岩油注 CO_2 吞吐增产机理、建立注采参数设计优化方法、制定了差异化的实施模式，形成了页岩油油藏 CO_2 吞吐增产技术。经现场试验，共实施7井次，注碳5250t，取得较好增油效果和经济效益，同时预计实现碳埋存2625t，为同类油藏绿色增产提供技术借鉴。

关键词：页岩油；CO_2 吞吐；增产技术；现场试验

在我国页岩油主要分布在准格尔盆地二叠系地层、鄂尔多斯盆地三叠系地层、四川盆地侏罗系地层、松辽盆地白垩系地层、渤海湾盆地古近纪等五大富集区。该类油藏原油成熟度普遍偏低，多集中于中—低成熟度区间（0.5%~1.0%），这种状态的页岩油虽然具有巨大的有机质转化潜力，但动用能力差，常规的油气田开发手段无法使其形成工业油流。不同于常规油藏，页岩油油藏的岩性更为复杂，层系中岩石的韧性强，不易压裂以及压裂之后形成的微裂缝易闭合[1]。不仅如此，油气储集空间突破了常规油藏毫米—微米级的孔喉系统，进入到微米—纳米级孔喉系统[2-3]。在孔隙空间中页岩油以游离态、吸附态及溶解态等多种方式存在。总体而言，页岩油具有储集层埋深、物性差、非均质性强等特征，油品含蜡量高、凝固点低、举升难度大，除大规模水平井分段压裂之外，尚无有效开发手段，且后续增产难度大。

1 油藏概况及技术需求

大港深层致密（页岩）油储层厚度为150~200m，埋深3000~5000m[4]；储层纳米级孔喉占比较高，孔喉更加微细，渗流能力主要来自亚微米级孔喉，排驱压力高，最大进汞饱和度低，可动用性差，开发难度大[5]。目前开发方式为水平井+分段多簇大规模体积压裂[6]，大多无人工能量补充。初期自喷生产，产量高，但自喷期较短、递减快；人工举升后可迅速提升产量，但仍处于在高产期短、递减快的困境，亟须增产提效的接替技术提高油藏采收率。

经过广泛调研，国内外针对页岩油老井增产技术开展了大量的室内实验与数模基础研究工作，但现场试验整体处于探索起步阶段。目前增产技术主要分为注气吞吐、注化学剂吞吐和热力采油三大类，其中注气吞吐主要分为二氧化碳、天然气和氮气三种注气介质，因 CO_2 具有与页岩油混相/近混相、降黏、增渗、增能、吸附置换等多重增油机理，相关研究与现场试验报道最多，目前已在北美致密油/页岩油、新疆页岩油成功应用[7-10]。

因此，以 CO_2 为注入介质，开展大港油田深层致密（页岩）油藏 CO_2 吞吐增产技术研究，

第一作者简介：王海峰，中国石油天然气股份有限公司大港油田分公司，高级工程师，天津市滨海新区大港区大港油田研究院。E-mail：wanghfeng@petrochina.com.cn

确定大港油田深层致密（页岩）油 CO_2 吞吐增产机理、开展注采工艺参数优化设计与实施方式设计，并优选适宜单井及井组进行现场试验，为大港油田深层致密（页岩）油高效增产开辟一条可行技术途径。

2 大港油田页岩油注 CO_2 吞吐增产机理研究

2.1 混相提高驱油效率

众所周知的是，若 CO_2 与原油在油藏条件下能够实现混相，则可最大程度提高驱油效率。依据 SY/T 6573—2016《最低混相压力实验测定方法——细管法》，开展大港油田页岩油最小混相压力测试，流程图如图 1 所示。

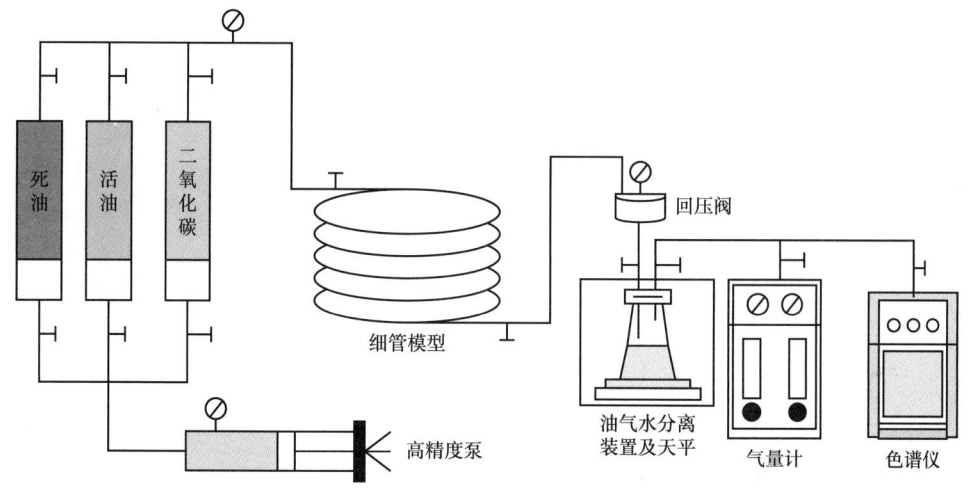

图 1 CO_2 最小混相压力测试流程

最小混相压力实验结果如图 2 所示。由图 2 可知，实测 CO_2 与页岩油最小混相压力为 36.8MPa，小于目前地层压力（40.76MPa）及原始地层压力（46.29MPa），判断在油藏条件下，注入 CO_2 可与页岩油实现混相，可以最大程度提高页岩油的驱油效率。

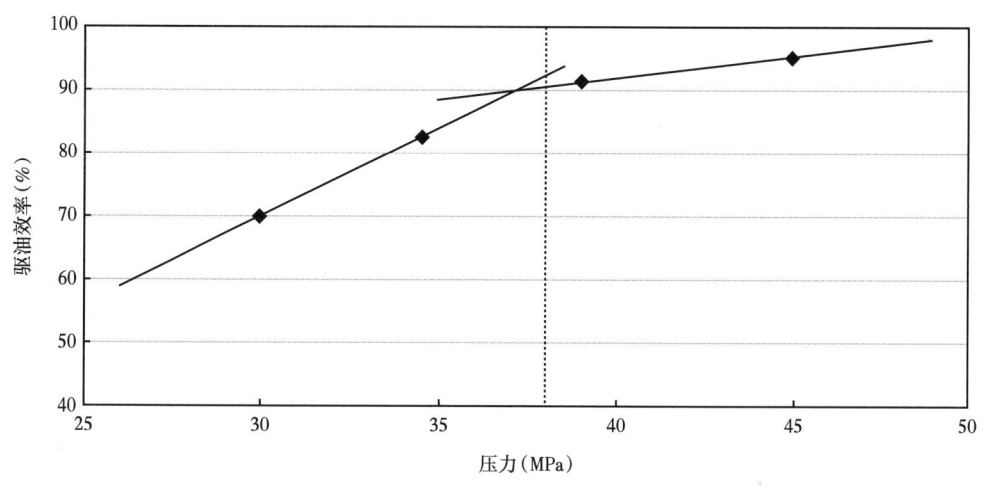

图 2 CO_2 最小混相压力实验结果

2.2 混溶降低页岩油黏度提高流动性

在油藏温度和压力下,对不同气液比条件下原油黏度进行测试,由图3可知,随着气油比的增加,原油黏度明显下降,降黏率迅速提高,但达到一定量后(150m³/t),黏度变化和降黏率趋缓。在工程实践当中,向油藏注入CO_2后,CO_2与原油不断接触混溶,黏度大幅降低,原油流动性得到改善,利于原油从地层向井筒流动,在举升过程当中,由于压力的不断降低,CO_2会逐渐从油中脱出吗,但仍有一部分CO_2溶解在油中,较低的原油黏度利于井筒举升。

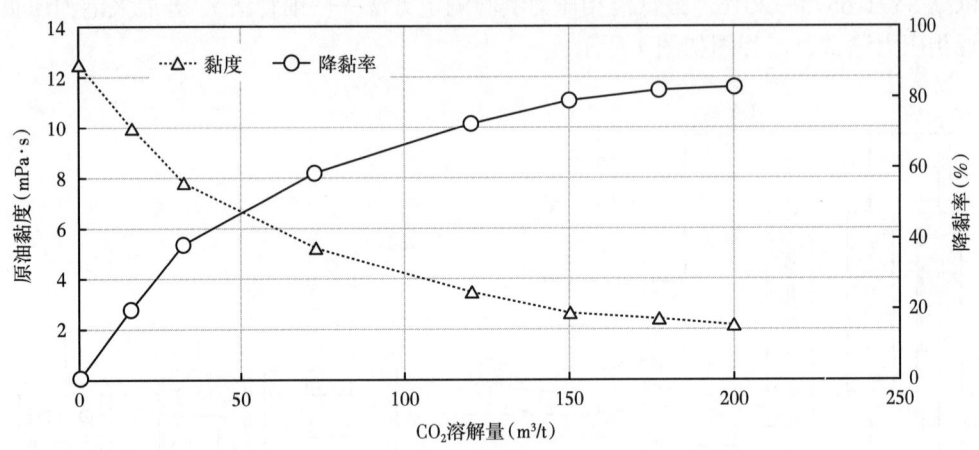

图3 不同气液比条件下页岩油黏度及降黏率变化曲线

2.3 溶蚀增渗扩大渗流通道

研究CO_2与地层水结合后对地层岩石的腐蚀作用,通过岩石溶蚀实验对油藏矿物的溶蚀量进行测定,研究在油藏温度压力条件下CO_2对岩石矿物成分的腐蚀性强弱影响。研究表明(图4和图5),CO_2溶蚀泥岩比例最大,具有溶蚀增渗作用,平均渗透率增幅41.86%。分析原因主要有为CO_2遇水形成碳酸,具有溶蚀岩层矿物成分及酸化解除无机垢堵塞的作用,同时在CO_2注入过程中,当压力和温度达到临界状态,超临界CO_2溶剂会溶解有机垢,进一步扩大了渗流通道,提高了渗透率。

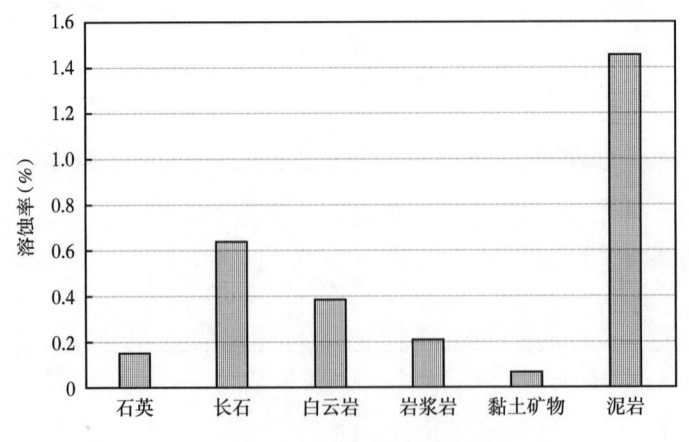

图4 CO_2对不同矿物溶蚀作用实验结果

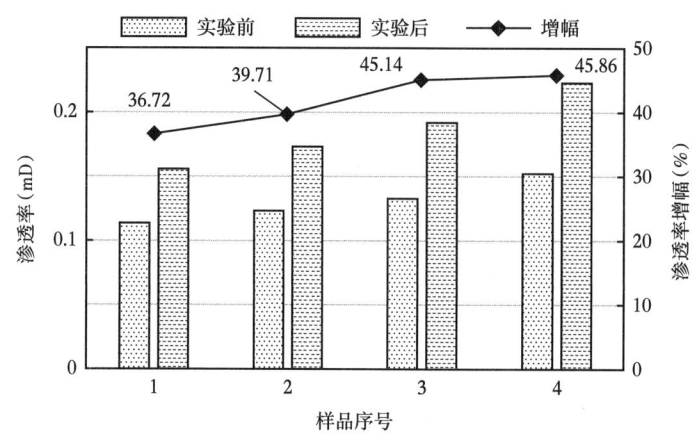

图 5 实验前后岩心渗透率变化对比图

另外,由于 CO_2 的注入,油藏形成酸性环境,溶液中 H^+ 离子浓度升高,使孔隙表面和黏土微粒表面的负电荷减小,使孔隙表面和黏土微粒表面间的排斥势能减小,因此,黏土微粒不容易直接从孔隙壁表面分散脱落;孔隙和黏土微粒表面定势吸附之后剩余的 H^+ 有利于对负双电层的压缩作用[11],进一步抑制黏土矿物的膨胀、分散和运移,巩固了渗透通道的畅通性。

2.4 降低残留压裂液黏度解堵助返排

目前大港油田页岩油油藏采用水平井+分段多簇大规模体积压裂进行投产,压裂所用滑溜水的主要成分是高分子聚合物,选取现场所用聚合物配置聚合物溶液,评价 CO_2 对聚合物溶液的影响程度。通过实验结果可知(表1), CO_2 可大幅降低聚合物溶液黏度,降黏率达到 98.25%。分析原因主要为聚合物体系在酸性条件下分子链条受到破坏,由高分子变为小分子,从而提高流动性。反映到工程上为 CO_2 可大幅降低残留在油藏中的压裂残液黏度,提高残液返排流动能力,疏通了渗流通道,利于页岩油的流动,起到解堵疏油的作用。

表 1 聚合物溶液通入 CO_2 前后黏度数据表

状态	初始常温	油藏温度未通 CO_2	油藏温度通入 CO_2
聚合物溶液黏度(mPa·s)	78.6	62.8	1.1

注: CO_2 降黏率 98.25%。

2.5 补充地层能量

在油藏温度和压力下,向原油中不断加入 CO_2,记录混溶后体积数据,并计算膨胀系数和体积系数,由图6可知,随 CO_2 溶解量增大,原油体积系数和膨胀系数呈线性增长;当 CO_2 在原油中的溶解量为 198.95 m^3/t 时,地层原油体积系数为1.26,即原油膨胀了26%,体积系数达到1.44。分析认为,随着 CO_2 在原油中的溶解, CO_2 具有溶胀页岩油的作用,增加原油的弹性能,具有进一步增加原油从基质中排挤出来的作用,同时入井 CO_2 在油藏中不断被加热,体积膨胀,进一步补充了油藏能量。开井生产后,油藏压力迅速下降,流体中的溶解气快速膨胀并脱出,带动原油流入井筒,形成内部溶解 CO_2 驱,同时也改善了毛细管吸渗作用,致使驱油范围扩大,增大了波及系数,增加单井产能。

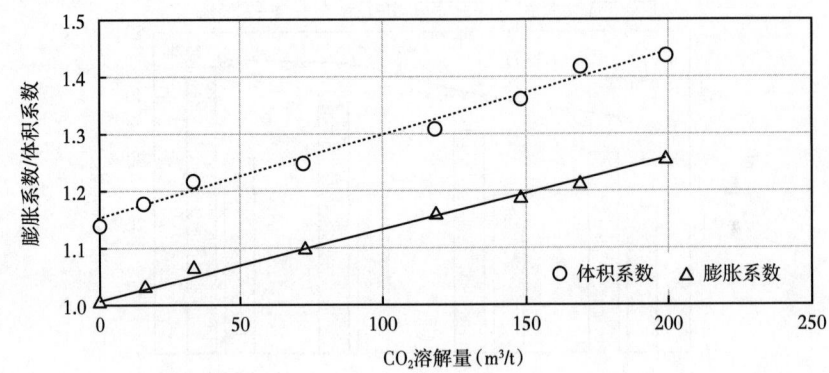

图6 不同气液比条件下页岩油黏度及降黏率变化曲线

3 注采工艺参数优化设计

结合以上机理认识，通过综合分析油藏地质参数、钻井及井型数据、压裂规模、生产数据，形成注入量、段塞组合、闷井时间等三项主要注采参数优化方法。

3.1 注入量

CO_2注入量是决定页岩油吞吐效果的一个重要因素。通过CO_2注入量对增油量和换油的影响研究可以发现（图7），随着增加CO_2注入量，增油量不断提高，但换油率却呈现不断下降的趋势。分析认为，在CO_2注入量较低的时候，由于其对原油的溶解、膨胀、降黏、萃取等作用机理，页岩油的采收率大大提高。随着原油的不断采出，剩余油含量逐渐降低，后续注入的CO_2不能被充分利用；与此同时，过多的CO_2使得原油体积膨胀，使得一部分原油流向基质内部，也增大了CO_2进一步向基质中扩散的阻力，一定程度上增大了开采难度。当注入量为1000t时，增油量为1260t、换油率为1.26，结合换油率，设计单井最优注入CO_2量为800~1500t。

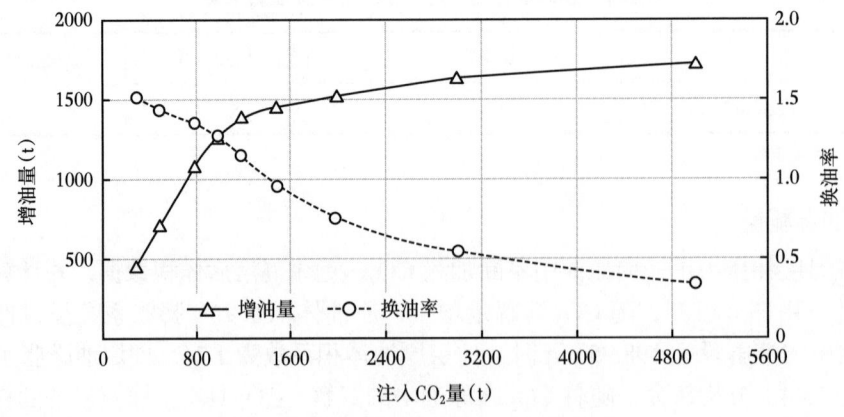

图7 注入量与增油量、换油率关系曲线

3.2 段塞组合

由于页岩油储层十分致密，很难与外界形成物质传递，页岩油井虽经过压裂改造，但压裂规模可控范围之外，仍存在致密边界，难以获得外来能量的补充。因此，针对页岩油亏空程度较大的页岩油井，需要用人工方式补充地层能量。单纯依靠 CO_2 虽能一定程度补充地层能量，但要大幅补充地层能量，需要注入大量的 CO_2，鉴于目前 CO_2 市场价格较高，经济性较差；综合考虑技术及成本因素，设计前置 CO_2、后置 CO_2 及气水交替三种段塞组合形式：

（1）前置 CO_2：该段塞组合为先向页岩油层中注入 CO_2，后置注水补能；CO_2 将首先占据亏空大孔道，但容易被后置水段塞推向远端，波及范围受限。

（2）后置 CO_2：该段塞组合为先向页岩油层中注水补能，后续注入 CO_2，目的是充分发挥注入水的补充油藏能量及渗吸置换页岩油作用，同时利用 CO_2 增油机理，发挥协同增油作用。

（3）气水交替：研究表明，气水交替时机越早提高，最终采收率越高。综合以上两点分析，设计气水交替注入方式。一方面发挥前置水段塞将占据亏空大孔道，实现注水补能的作用；另一方面，迫使后续注入的 CO_2 向更小孔道、缝隙中运移，随着后续水段塞的注入及 CO_2 的溶解扩散作用，CO_2 将被完全挤入储层缝网及基质内部与水、储层、页岩油相互作用，发挥 CO_2 增油作用，同时，注入水通过渗吸置换，进一步置换页岩油。

3.3 闷井时间

理论上，闷井时间越长时获得的采收率越高。但当闷井时间过长时，CO_2 对油的抽提能力会显著下降，同时也增加了占产时间，降低了油井运行时率。因此在实际生产中，存在一个最佳的闷时间。研究表明（图8），随着闷井时间的延长增油量和换油率显著提高，但达到 40d 以后，增油量和换油率出现下降。因此，对于实施 CO_2 吞吐的深层致密（页岩）油井，设计最佳闷井时间为 30~40d。

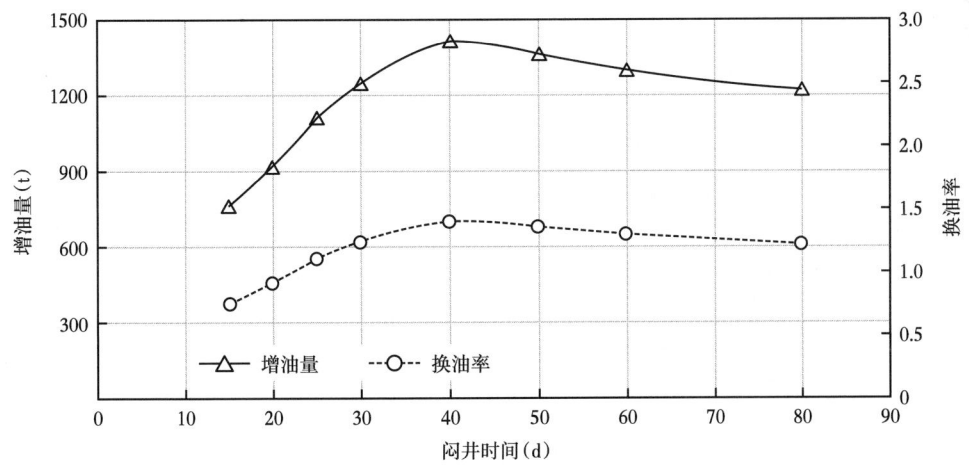

图8 闷井时间与增油量、换油率关系曲线

4 实施方式设计

结合页岩油注 CO_2 增产机理、井间连通性及生产数据，研究形成单井自助二氧化碳吞吐、井组二氧化碳吞吐协同驱、"二氧化碳+水/活性水"复合吞吐等差异化实施模式，有效指导不同类型页岩油老井实施个性化二氧化碳吞吐增产技术。

（1）针对不与邻井发生连通的页岩油井，设计单井自助二氧化碳吞吐实施模式，将 CO_2 通过井筒注入地层，经过压力扩散，充分发挥"CO_2—油—水—岩"的相互作用。

（2）针对能够建立驱替关系的页岩油井组，采用二氧化碳吞吐协同驱实施方式。该实施方式，可发挥注入井吞吐和井间驱替的双重作用，将注入井周围剩余油通过吞吐采出井口、井间剩余油驱替到采油井附近并采出。

（3）针对回采率（累计产液量/压裂液总量×100%）较高的油井，采用"二氧化碳+水"复合吞吐实施方式，先期对油藏进行注水补能，然后注入一定量的CO_2，再注入后置顶替水，发挥注水补能、渗吸置换和CO_2吞吐增产的多效协同作用，最终提高页岩油采收率。

5 增油效果与埋存量预测

截至目前，累计实施单井自助CO_2吞吐4井次，井组CO_2吞吐协同驱1井组（3口井），"CO_2+水"复合吞吐1井组（3口井）。实施效果见表2，累计注入5250t CO_2，阶段累计增油3401t，持续有效，预计最终增油5350t。

王高峰等[12-13]对低渗透油藏CO_2驱油地质埋存量进行了研究，给出CO_2地质埋存率为64.8%~73.2%；结合本项目为CO_2吞吐，CO_2的返排率较高，估算CO_2地质埋存率为50%，预测本项目可实现CO_2地质埋存量为2625t。

表2 大港油田页岩油CO_2吞吐效果统计表

实施方式	井别	注碳/水量（t/m³）	阶段增油量（t）	有效期（d）	有效期内日均增油量（t）
单井自助CO_2吞吐	1#井（注CO_2井）	773	265	142	1.87
	2#井（注CO_2井）	973	467	103	4.53
	3#井（注CO_2井）	743	112	88	1.27
	4#井（注CO_2井）	489	347	87	3.99
井组CO_2吞吐协同驱	5#井（邻近受益井）	—	1930	451	4.71
	6#井（注CO_2井）	1004		363	
	7#井（邻近受益井）			416	
井组"CO_2+水"复合吞吐/驱	8#井（注CO_2井）	968	280	42	6.67
	9#井（注水+CO_2井）	300/10000			
	10#井（邻近受益井）	—			
合计		5250/10000	3401	—	23.04

6 结论

通过CO_2吞吐注采工艺参数优化设计及实施方式优选，可实现页岩油井注CO_2吞吐增产提效。不但为大港油田页岩油增产探索出了一条可行的技术路线，同时为同类型页岩油增产提供借鉴。

参 考 文 献

[1] 邹才能，潘松圻，荆振华，等.页岩油气革命及影响[J].石油学报，2020，41（1）：1-12.

[2] 鞠玮，牛小兵，冯胜斌，等. 页岩油储层现今地应力场与裂缝有效性评价——以鄂尔多斯盆地延长组长7油层组为例[J]. 中国矿业大学学报，2020，49（5）：931-940.

[3] 高铁宁，杨正明，李海波，等. 页岩油储层纳米孔隙结构特征[J]. 中国科技论文，2018，13（21）：2461-2467.

[4] 赵贤正，周立宏，赵敏，等. 陆相页岩油工业化开发突破与实践——以渤海湾盆地沧东凹陷孔二段为例[J]. 中国石油勘探，2019，24（5）：589-600.

[5] 姚兰兰，杨正明，李海波，等. 大港油田沙一下亚段页岩油储层高压压汞与氮气吸附实验[J]. 大庆石油地质与开发，2021，40（4）：162-168.

[6] YIN S L，ZHUANG T L，YANG L Y. Exploration and Practice of Volume Fracturing Technology of Shale Oil in Dagang Oilfield[J]. E3S Web of Conferences，2021，252.

[7] 付京，姚博文，雷征东，等. 北美超低渗致密油藏提高采收率技术现状[J]. 西南石油大学学报（自然科学版），2021，43（5）：18.

[8] 魏兵，张翔，刘江，等. 致密油藏提高采收率现场试验进展和启示[J]. 新疆石油地质，2021，42（4）：495-505.

[9] Mahamadou Aminou Chaibou Ibrahim. 页岩油注CO_2吞吐提高采收率评价研究[D]. 青岛：中国石油大学（华东），2019.

[10] 唐维宇，黄子怡，陈超，等. 吉木萨尔页岩油CO_2吞吐方案优化及试验效果评价[J]. 特种油气藏，2022，29（3）：131-137.

[11] 蒲春生，张荣军，时宇，等. 酸碱度对黏土矿物膨胀分散的影响规律[J]. 石油工业技术监督，2006，（2）：8-10.

[12] 王高峰，秦积舜，黄春霞，等. 低渗透油藏二氧化碳驱同步埋存量计算[J]. 科学技术与工程，2019，19（27）：148-154.

[13] 李坤全，黎平，魏敏章，等. 长庆油田黄3区长8特低渗油藏二氧化碳驱油与埋存先导试验[J]. 工程地质学报，2021，29（5）：1488-1496.

川渝地区页岩油井产能预测研究

姚德松[1,2]

（1.大庆油田有限责任公司采油工艺研究院；2.黑龙江省油气藏增产增注重点实验室）

摘 要：侏罗系页岩油 X1 井的发现，实现了四川盆地凉高山组页岩油气勘探的重大突破。正确且合理的产能预测是实现页岩油合理排采制度、追求最大可采数量的关键。基于 X1 井生产数据及储层物性等参数，利用 Harmony 软件，使用五种模型（三种预测方法），对 X1 井进行产量预测。研究结果表明：Volatile Oil（挥发油）数值模型预测储量最高，EUR_g 为 $7.06×10^6 m^3$，EUR_o 为 $7.55×10^3 m^3$；Enhanced Frac Region 解析模型拟合效果最好，EUR_o 为 $5.97×10^3 m^3$。本次产能预测，为后续页岩油开发及制定生产制度提供了有力指导。

关键词：页岩油；产能预测；Harmony；排采制度

我国石油对外依存度逐年上升，已超过 70%，原油供应形势极为严峻。在保持经济正常发展的情况下，寻找到合适的接替资源，是从根本上解决国家面临能源紧张问题的关键。我国陆相页岩油资源丰富，储量巨大，可采页岩油储量约为 $5×10^9 t$，位居世界前列，是重要的战略接替资源[1]。

2020 年，在立足"大战略、大场面、规模发现"的勘探思路下，大庆油田集合科研人才，以大庆古龙页岩油勘探开发为实例，系统全面地对四川盆地侏罗系开展研究，评价其页岩油资源潜力，最终在川渝探区 -X1 井，发现了侏罗系页岩油，打破了四川盆地"气多油少"的旧格局，坚定了页岩油气勘探开发的决心，也打响大庆油田在四川盆地侏罗系页岩油的第一枪[2]。

如何摸清、预测页岩油的可采储量，一直是国内外石油学者的研究热点。因此，为实现页岩油水平井排采制度优化，计算最终可采储量等目标，本文基于 X1 井生产数据，结合 X1 井储层物性、流体性质，利用 Harmony 软件，使用不同模型进行产能预测。

1 区域概况

X1 井为凉高山组的风险探井，位于四川省达州市境内，构造位置为四川盆地川东北低缓构造带平昌平缓构造区，井深 3980m，水平段长度 817m。整体岩性为泥页岩夹粉砂岩，钻遇暗色泥页岩 515m、粉砂质泥岩 91m、粉砂岩 211m。岩性以页岩、纹层状页岩为主，夹不等厚砂岩，局部发育厚层页岩。

凉上 1 亚段页岩孔隙度为 0.86%~4.66%，平均为 2.84%，凉上 2 亚段页岩孔隙度为 1.26%~1.91%，平均 1.63%，凉上 3 亚段页岩孔隙度为 1.23%~2.61%，平均为 1.71%。

（1）流体性质。

依据国家标准 GB/T 26981—2020《油气藏流体物性分析方法》，对地层流体样品，并开

第一作者简介：姚德松（1999—），2023 年毕业于西南石油大学石油与天然气工程专业，获硕士学位，现任大庆油田有限责任公司采油工艺研究院工程师，从事页岩油排采、排水采气等方面研究工作。通讯地址：黑龙江省大庆市让胡路区奋斗街道西宾路 9 号，E-mail：ydszzzz@sina.com

展 PVT 相态研究，获得 p—T 相图，确定油藏为近临界流体，初步判断油藏可能为"带凝析气顶的油藏或带油环的凝析气藏"。

（2）地层停喷压力计算。

在油气藏开发过程中，停喷压力是一个重要参数，影响着油气井的生产周期。为了计算 X1 井的停喷压力，基于试采生产数据以及井筒数据，利用 PIPIESIM 软件，建立 X1 水平井井筒模型；利用节点分析，设置参数，计算 X1 井的停喷压力。由计算结果由图 1 可知，X1 井的停喷压力为 13MPa。

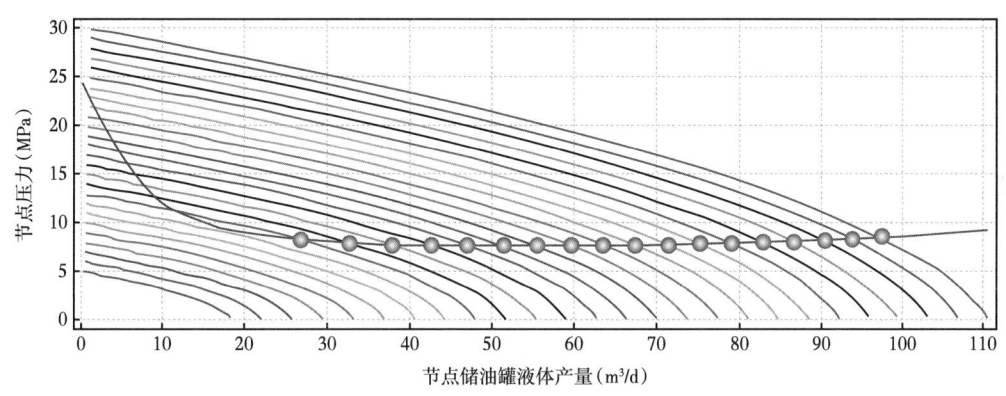

图 1　停喷压力计算

2　产能预测

目前，常用的页岩油气藏产能评价方法大致分为经验方法[3-5]、现代产量递减方法[6-7]、解析方法[8-9]以及数值模拟方法[10-11]。经验方法是基于一种统计回归理论的评价方法，以 Arps 递减及改进方法、扩展指数递减、Duong 递减和幂指数递减为代表；

现代产量递减方法是以不稳定渗流力学理论为基础，主要包括 Fetkovich 方法、Blasingame 方法和 Wattenbarger 方法。X1 井是水平段多段压裂井，Fetkovich 方法和 Blasingame 方法常用于直井计算，本次模拟不考虑这两类方法，选用 Wattenbarger 方法。

解析方法因其严格的数学推导和较高的计算效率而被广泛关注，通过对压裂水平井缝网特征的等效表征和流体渗流过程的准确描述，建立相应的渗流数学模型，求解得到相应生产井的产能函数关系式，可对产能进行快速预测和评价。解析模型选用 OIL 的 Enhanced Frac Region 模型。

因 X1 井流体相态较为复杂，本次选用三种流体的数值模型进行产量预测，分别为 Black Oil（黑油）模型、Gas Condensate 模型以及 Volatile Oil（挥发油）模型。

X1 井已生产超 100d，已进入稳定生产阶段，故生产数据可用于拟合计算，评价该井产能。X1 井现阶段为自喷生产，故预测阶段的生产方式选择变压生产，地层压力由当前 32MPa 自喷衰竭，降至停喷压力 13MPa，生产时间选择为 20a。条件为：地层温度（78℃）、地层压力（49MPa）、罐油相对密度（0.8020）。

（1）Wattenbarger 模型。

基于生产数据，选择水平多端压裂井 Wattenbarge 模型，进行历史拟合，主要调整历史生产数据与趋势线先匹配。数据拟合结果可见，模型拟合值与实际值吻合较高，可用于生产预测（图 2）。

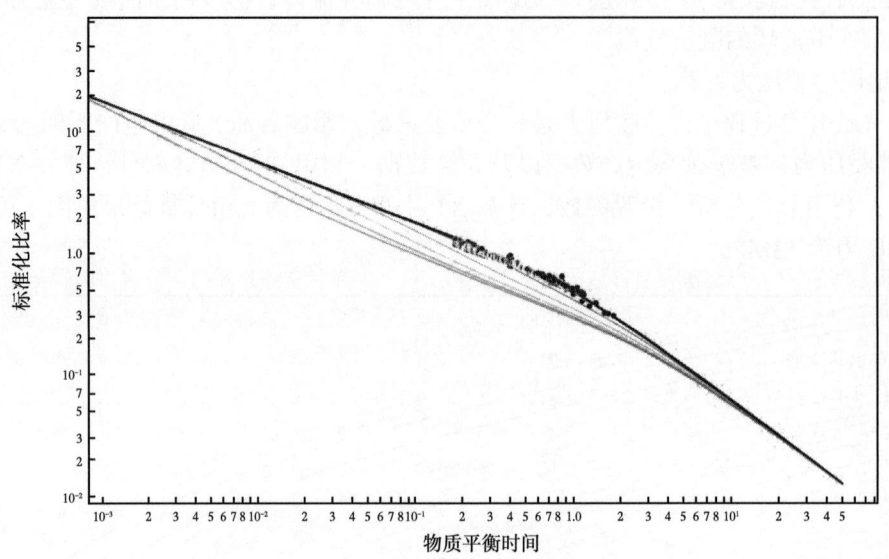

图 2 Wattenbarge 模型数据拟合

依据 Wattenbarge 模型，对 X1 井进行生产预测。由预测结果由图 3 可知油（指分离器后的储罐油）的 EUR_o 最终可采油量为 $7.4×10^3 m^3$，采收率为 14.7%。

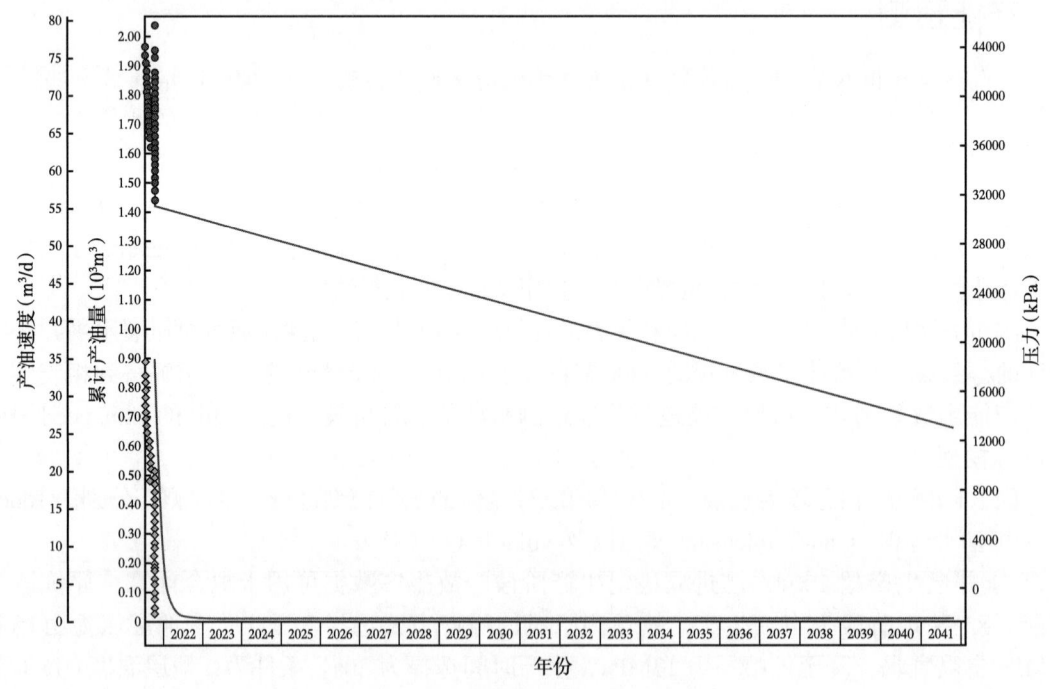

图 3 Wattenbarge 模型生产预测结果

（2）Enhanced Frac Region 解析模型。

基于生产数据，选择水平多端压裂井解析模型 Enhanced Frac Region，进行历史拟合，数据拟合结果由图 4 可知，模型拟合值与实际值吻合较高，可用于生产预测。

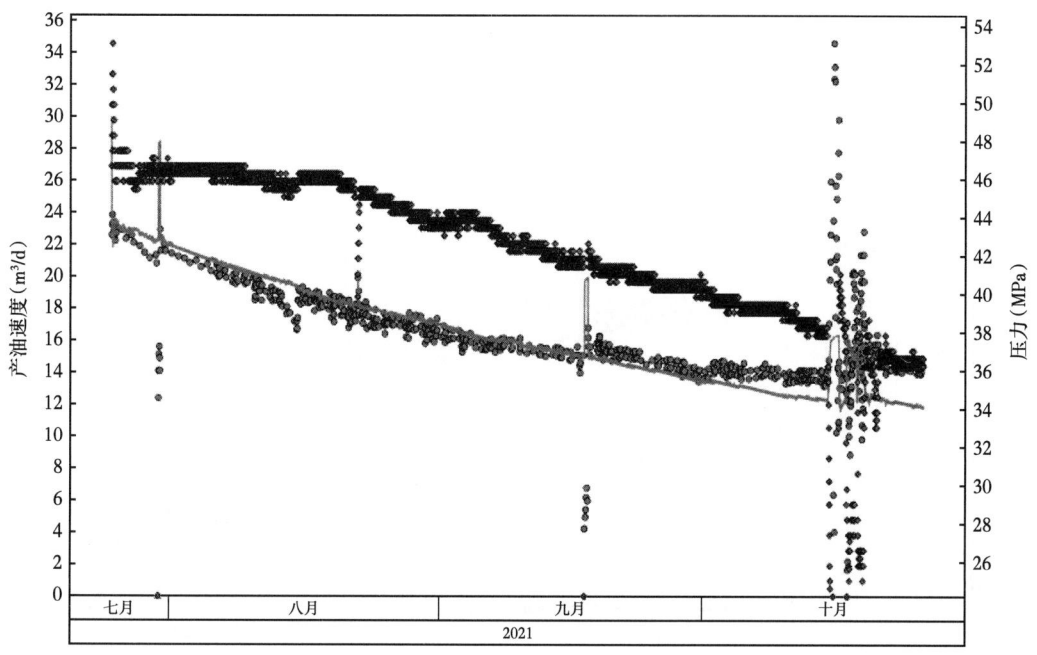

图 4 Enhanced Frac Region 数据拟合

依据 Enhanced Frac Region 模型，对 X1 井进行生产预测。由预测结果由图 5 可知，油最大可采储量为 $5.97 \times 10^3 \mathrm{m}^3$；与 Wattenbarge 的预测趋势相比，同为先快速下降，后以较低的产油量稳定生产。

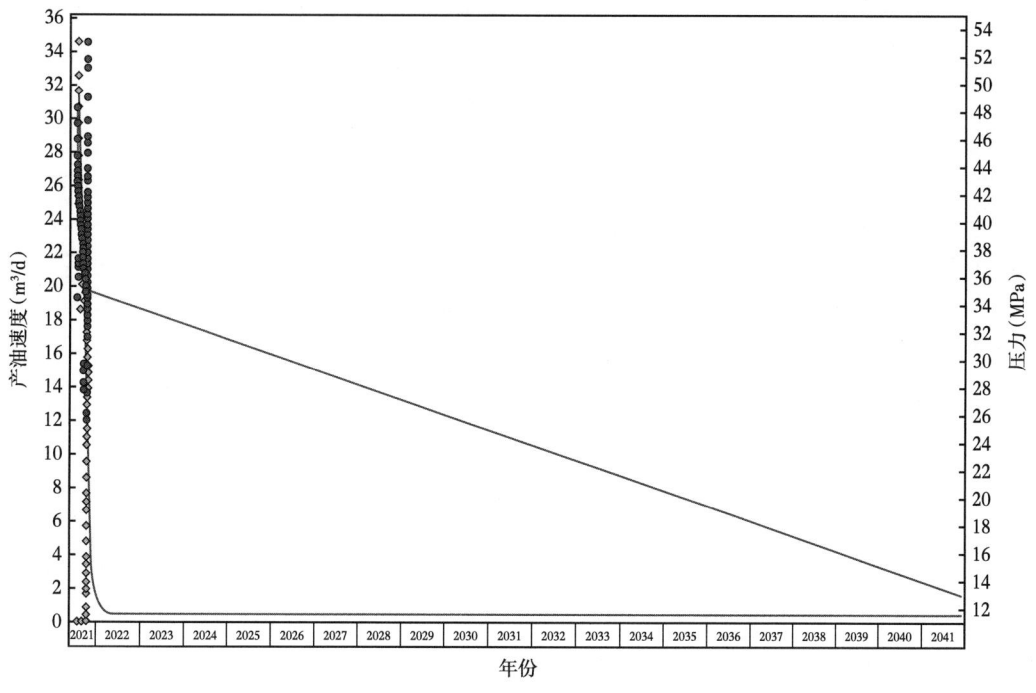

图 5 Enhanced Frac Region 模型生产预测结果

（3）Gas Condensate（凝析油）数值模型。

基于生产数据、储层物性参数、压裂改造数据，建立 X1 井的流体为黑油的数值模型，并进行历史拟合。数据拟合结果（图6）可知，模型拟合值与实际值吻合较高，可用于生产预测。

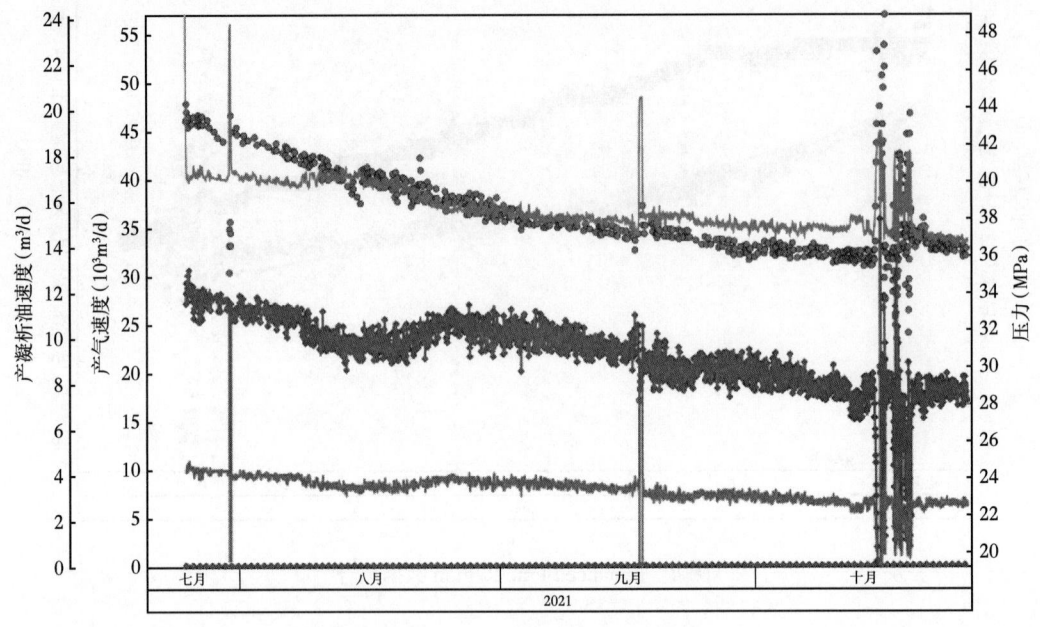

图 6　Gas Condensate 模型数据拟合图

依据 Gas Condensate 数值模型，对 X1 井进行自喷变压生产预测。由预测结果由图 7 可知，天然气最大可采储量 EUR_g 为 $15.83 \times 10^6 m^3$，油最大可采储量 EUR_o 为 $1.55 \times 10^3 m^3$。

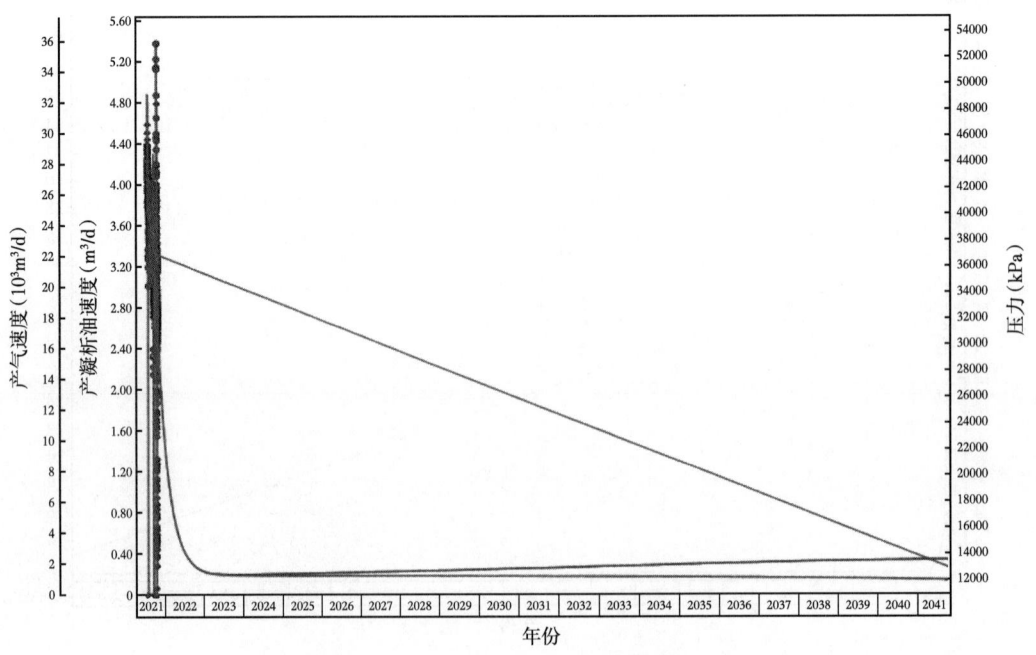

图 7　Gas Condensate 模型生产预测结果

（4）Black Oil（黑油）数值模型。

基于生产数据、储层物性参数、压裂改造数据，建立 X1 井的流体为黑油的数值模型，并进行历史拟合。数据拟合结果由图 8 可见，模型拟合值与实际值吻合较高，可用于生产预测。

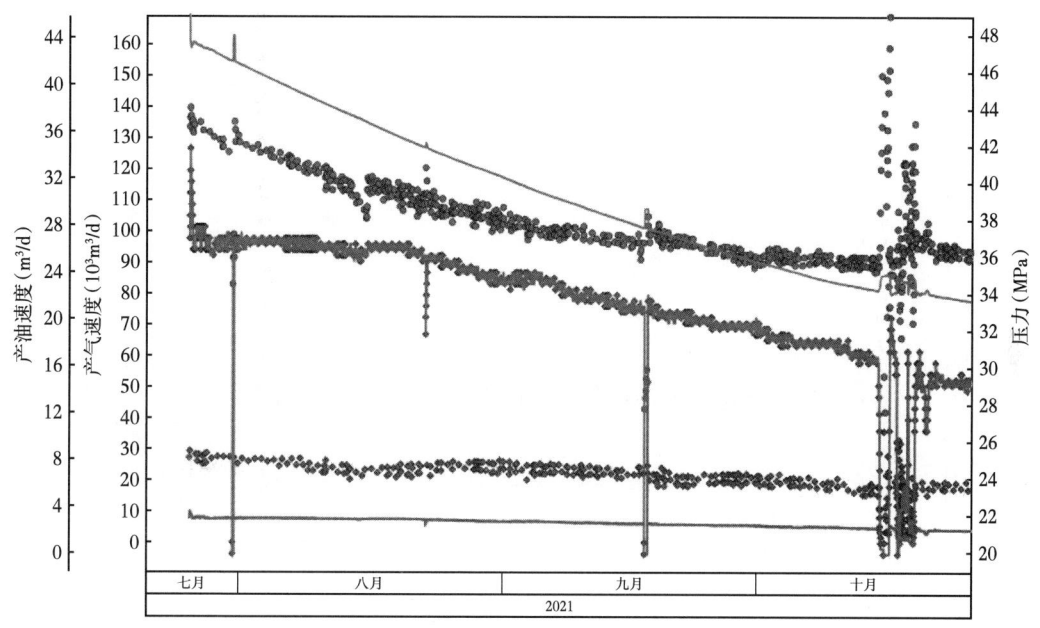

图 8　Black Oil 模型数据拟合图

依据拟合模型，对 X1 井进行变压生产预测。由预测结果由图 9 可知，天然气最大可采储量 EUR_g 为 $5.871 \times 10^6 m^3$，油最大可采储量 EUR_o 为 $5.814 \times 10^3 m^3$。

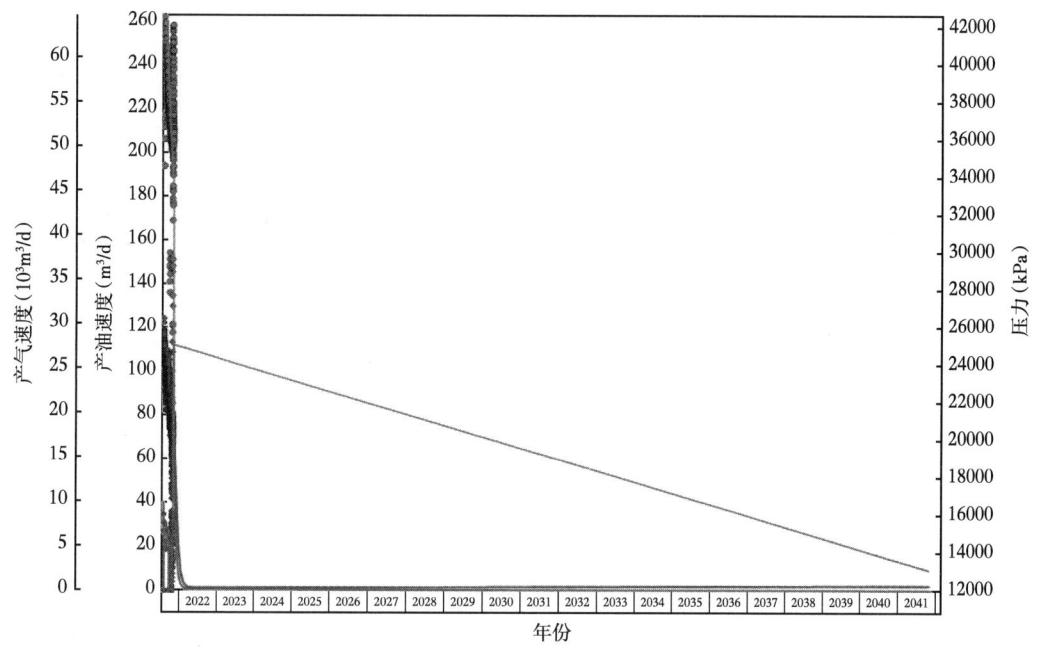

图 9　Black Oil 模型生产预测结果

（5）Volatile Oil（挥发油）数值模型。

基于生产数据、储层物性参数、压裂改造数据，建立 X1 井的流体为挥发油的数值模型，并进行历史拟合，数据拟合结果由图 10 可知，模型拟合值与实际值吻合度较高，可用于生产预测。

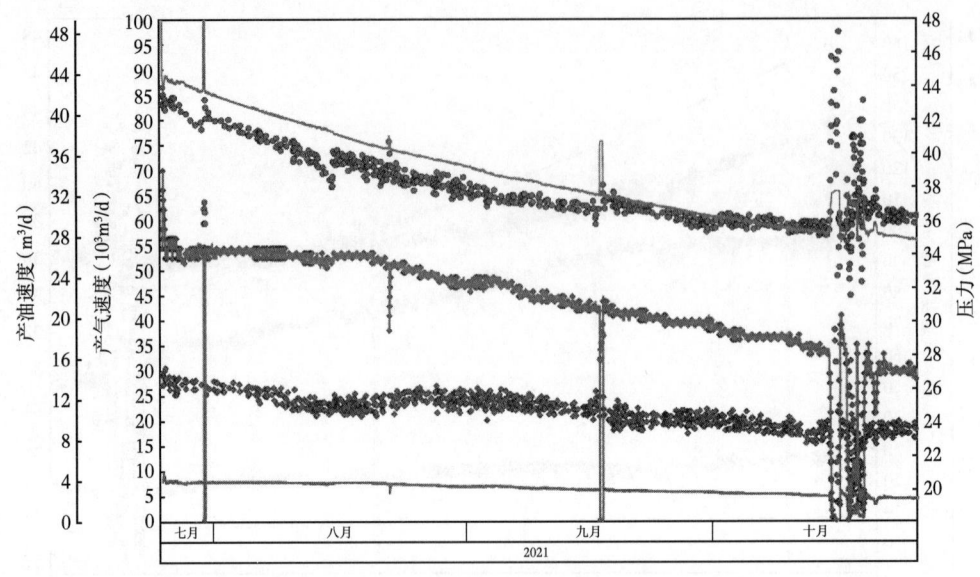

图 10 Volatile Oil 模型数据拟合

依据拟合模型，对 X1 井进行生产预测。由预测结果由图 11 可知，天然气最大可采储量 EUR_g 为 $7.06 \times 10^6 m^3$，油最大可采储量 EUR_o 为 $7.55 \times 10^3 m^3$。相较于其他两种流体数值模型拟合效果及预测数据，Volatile Oil（挥发油）数值模型拟合效果最好，预测最大可采储量最高。

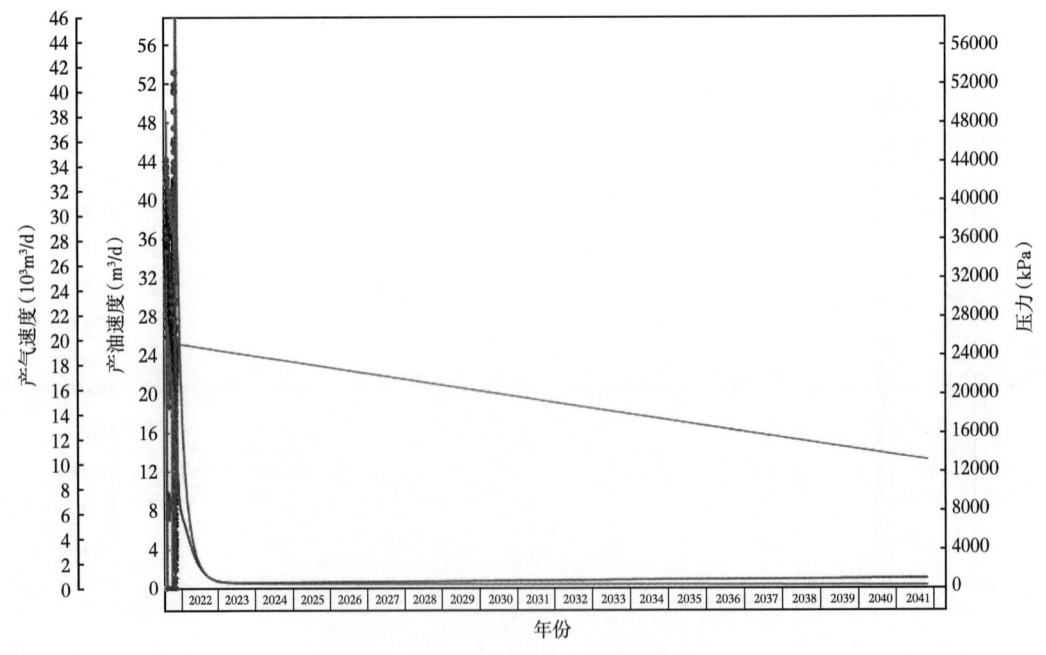

图 11 Volatile Oil 模型生产预测结果

比较五种模型的预测结果，产量变化趋势都呈先快速下降后稳定生产，分析原因：生产方式选择变压生产，且设置生产时间跨度较大，当地层压力降低到一定阈值时，为保证生产年限，会降低产量，减少压降速率，从而保证在生产期间，地层压力降低到停喷压力13MPa；

Enhanced Frac Region 解析模型拟合效果最好但产量预测结果较低；Volatile Oil 模型预测的最大可采储量最高，拟合效果较好（表1）。

表1　预测结果对比

预测模型	预测结果
Wattenbarge	EUR_o: $7.4 \times 10^3 m^3$
Enhanced Frac Region	EUR_o: $5.97 \times 10^3 m^3$
Gas Condensate	EUR_g: $15.83 \times 10^6 m^3$；EUR_o: $1.55 \times 10^3 m^3$
Black Oil	EUR_g: $5.871 \times 10^6 m^3$；EUR_o: $5.814 \times 10^3 m^3$
Volatile Oil	EUR_g: $7.06 \times 10^6 m^3$；EUR_o: $7.55 \times 10^3 m^3$

3　结论

（1）基于X1井的生产数据等资料，从三种流体的数值模型出发，对侏罗系X1井进行了产能递减分析，预测了X1井自喷情况下20年生产周期的产能，EUR_g 为 $7.06 \times 10^6 m^3$，EUR_o 为 $7.55 \times 10^3 m^3$。

（2）后续将采用不同的解析模型模拟举升，预测产量，并对举升时机开展进一步研究；对模型选择及拟合效果开展优化，提高模型拟合值与实际值的吻合度；研究不同生产方式（定产、定压生产）对最大可采储量的影响，探索合适的生产制度。

参　考　文　献

[1] 李国欣，朱如凯. 中国石油非常规油气发展现状、挑战与关注问题[J]. 中国石油勘探，2020，25（2）：1-13.

[2] 何文渊，何海清，王玉华，等. 川东北地区平安1井侏罗系凉高山组页岩油重大突破及意义[J]. 中国石油勘探，2022，27（1）：40-49.

[3] 于荣泽，姜巍，张晓伟，等. 页岩气藏经验产量递减分析方法研究现状[J]. 中国石油勘探，2018（1）：109.

[4] ARPS J J. Analysis of decline curves[J]. Transactions of the AIME, 1945, 160（1）: 228-247.

[5] DUONG A N. An unconventional rate decline approach for tight and fracture-dominated gas wells[R]. SPE 137748, 2010.

[6] 王勇，张林霞，徐剑良，等. 页岩气井产量递减分析经验法优化应用研究[J]. 石油化工应用，2020，39（1）：8-12.

[7] 刘文锋，张旭阳，盛舒遥，等. 致密油产量递减分析新组合方法研究：以玛湖致密油藏为例[J]. 油气藏评价与开发，2021，11（6）：911-916.

[8] 孙翰文，费繁旭，高阳，等. 吉木萨尔陆相页岩水平井压裂后产量影响因素分析[J]. 特种油气藏，2020，27（2）：108-114.

[9] 赵金洲，游先勇，李勇明，等.页岩气藏水平井压后不稳定早期产量预测模型研究与分析[J].油气藏评价与开发，2018，8（6）：70-76.

[10] 陈志明，赵鹏飞，曹耐，等.页岩油藏压裂水平井压—闷—采参数优化研究[J].石油钻探技术，2022，5（2）：30-37.

[11] 毕海滨，孟昊，高日丽，等.页岩气未开发区单井可采储量评估方法[J].石油学报，2020，41（5）：565-573.

页岩油水平井基于裂缝监测及大数据分析的层间暂堵优化

赵星烁,唐鹏飞,邓大伟,耿铁鑫,张喜嘉

(大庆油田有限责任公司采油工艺研究院)

摘　要：页岩油水平井主要应用分段多簇压裂技进行改造,但该改造方式各簇裂缝存在着明显的非均匀进液与扩展现象。目前主要应用射孔控制和暂堵措施两种方式来促进多裂缝均衡延伸,其中投暂堵球由于具有施工简单、成本低、储层伤害程度小等优势,在页岩油水平井分段多簇压裂中被广泛应用,但现场仍然缺少对暂堵的影响因素认识、投球规格数量和判断标准。本文通过归纳目前施工参数和暂堵数据,结合广域电磁和光纤监测现场结果,总结了关键参数,确定了暂堵成功判定标准,初步制定了投暂堵球模板,为页岩油压裂优化设计和后续施工提供了技术支撑。

关键词：页岩油；水平井；分段多簇；压裂；暂堵

目前页岩油水平井主要应用分段多簇压裂技进行改造。现场井下电视、光纤等监测结果表明,压裂过程中各簇裂缝存在着明显的非均匀进液与扩展现象[1-2],造成储层改造不充分。相关研究成果也表明,储层的非均质性和多裂缝扩展产生的应力干扰等因素,是造成水力裂缝非均匀扩展的主要原因[3-6]。因此,如何使压裂段内各簇裂缝均衡扩展,提高水平井各井段水力裂缝的覆盖率,是一个值得关注的问题。

目前主要应用射孔控制和暂堵措施两种方式促进多裂缝均衡延伸。射孔优化方案由于受到储层非均质性认识程度不足与现场施工工序等因素的影响,在实施过程中存在着一定的难度。相比之下,投暂堵球由于具有施工简单、成本低、储层伤害程度小等优势,目前在水平井分段多簇压裂中被广泛应用。暂堵球通过对优势扩展簇的孔眼进行封堵,促使各簇裂缝均衡扩展,实现了沿水平段储层的均匀改造。目前在页岩油水平井已经大量应用,但现场仍然缺少对暂堵的影响因素认识、投球规格数量和判断标准,需要归纳目前施工参数和暂堵数据,总结关键参数,为页岩油压裂优化设计和后续施工提供支撑。

1　层间暂堵技术原理

暂堵压裂技术是指在多缝压裂施工过程中,适时地向地层中加入适量的暂堵球,井筒流体遵循向阻力最小方向流动的原则,暂堵球随压裂液进入压裂打开的孔眼裂缝或高渗透层,在压差作用下堵塞孔眼或在近孔眼地带聚集并产生高强度的滤饼桥堵,使后续压裂液不能进入该孔眼裂缝和高渗透带,同时,在一定的压力差条件下,打开新的孔眼裂缝,从而建立新的油气渗流通道和改变油气层流体渗流驱替规律,以提高低渗透储层的改造效果(图1和图2)。

暂堵球的关键参数主要有规格、数量、承压能力、储层温度、密度等。在长水平段水平井施工中,暂堵球由于受到的相关重力、浮力、泵送推力和液体滑脱阻力等影响,为了确保暂堵球能够更好地封堵射孔段上下孔眼,暂堵球材料密度应尽量接近泵送液体密度,在一定

第一作者简介:赵星烁(1987—),男,副高级工程师,现主要从事页岩油增产改造工作。E-mail: zhaoxingshuo@petrochina.com.cn

排量下暂堵球能够对上下孔眼都能够进行有效的封堵。如果暂堵球材料密度太大，则由于重力作用等需要更大的泵送排量才能实现有效泵送和水平段中、上部分孔眼的封堵暂堵对水平受力示意图如图 3 所示。

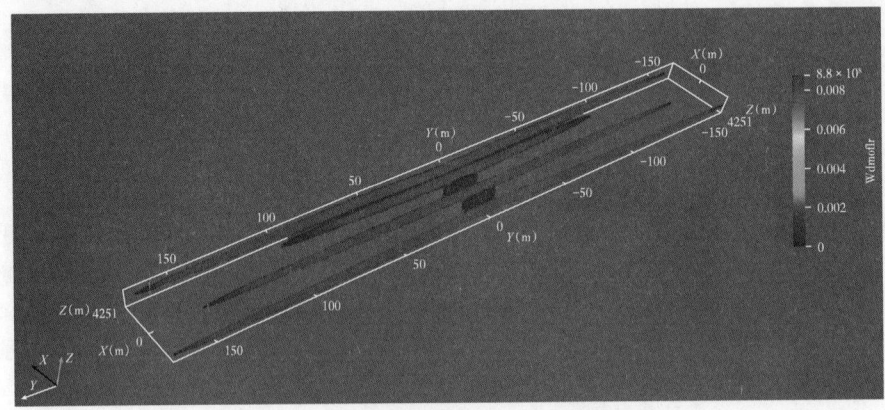

图 1　未进行暂堵的压裂施工作业射孔段改造情况

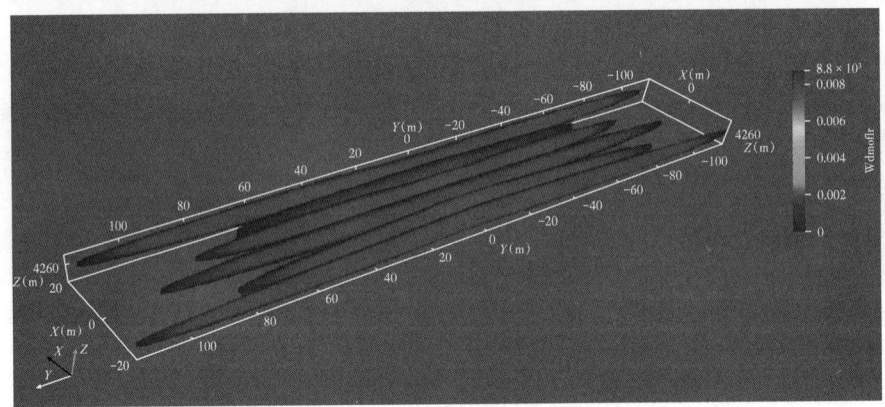

图 2　进行暂堵的压裂施工作业射孔段改造情况

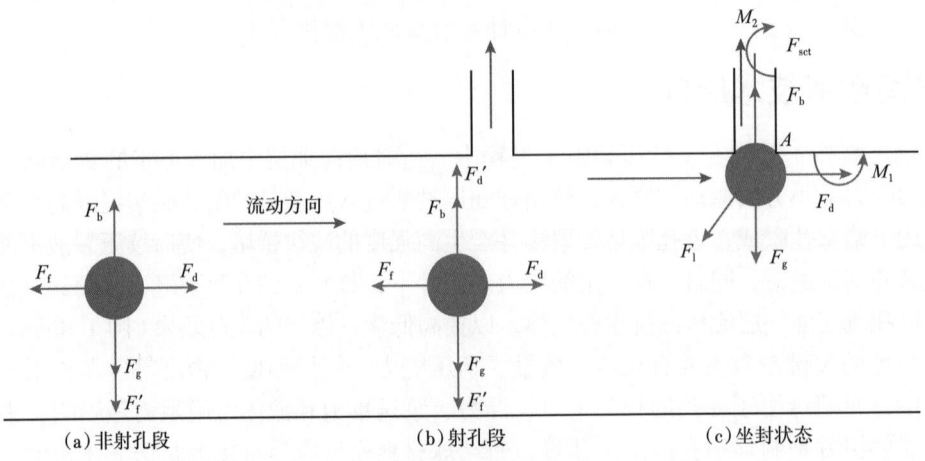

图 3　暂堵球水平段受力示意图

2 裂缝监测和大数据分析选用技术及原理

目前裂缝监测技术主要有微地震、分布式光纤、广域电磁、高频压力监测及井下电视等，各种监测方式优缺点各不相同，其中广域电磁和分布式光纤监测技术能随压裂过程实时监测井下裂缝开启或分布情况，更为适用于暂堵效果研究。

在暂堵施工大数据分析上，由于数据量较大，且需要研究事物属性的多层次多类别分类问题，优选应用逐步判别法进行数据分析工作。

2.1 广域电磁监测

广域电磁法的工作原理是通过人工接地场源建立谐变电磁场，向地下发送不同频率的交变电流，使井筒和压裂液形成一体化的地下导体。同时，在地表部署测点，通过监测压裂液入地后产生的电性变化和引起的电磁响应，获取电磁时间差分异常，以实现压裂液波范围实时监测及压裂裂缝征分析（图4和图5）。

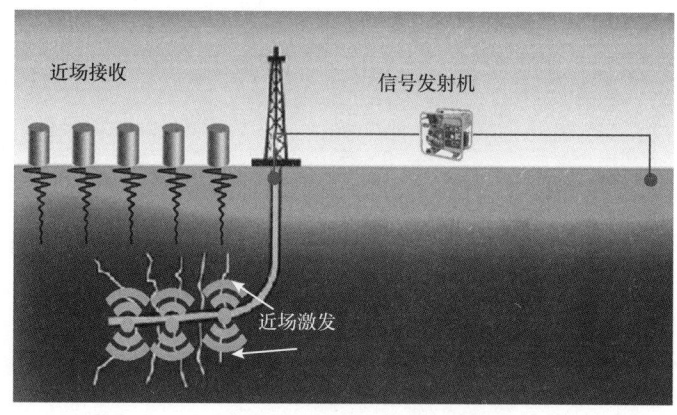

图4 广域电磁法工作原理

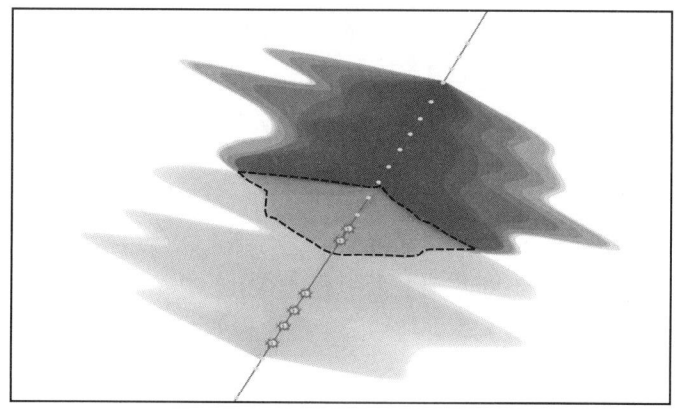

图5 广域电磁法监测数据

2.2 分布式光纤监测

光纤监测的主要原理是利用相干光时域反射测量的原理，将相干短脉冲激光注入光纤中，当有外界振动作用于光纤上时，由于弹光效应，会微小地改变纤芯内部结构，从而导致背向瑞利散射信号的变化，使得接收到的反射光强发生变化，通过检测井下事件前后的瑞利散射光信号的强度变化，即可探测并定位井下温度、声音、应变的变化，从而实现井下裂缝开启的实时监测（图6和图7）。

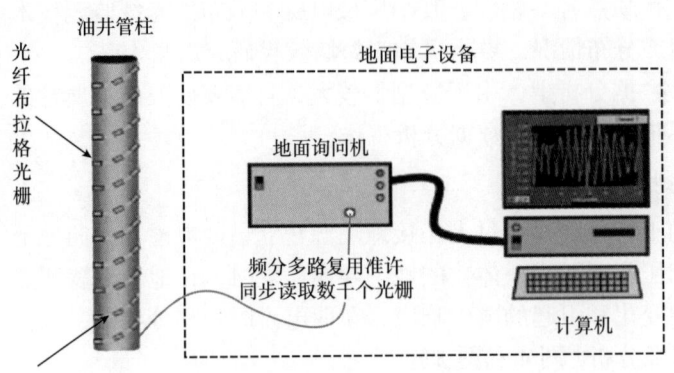

图6　分布式光纤工作原理

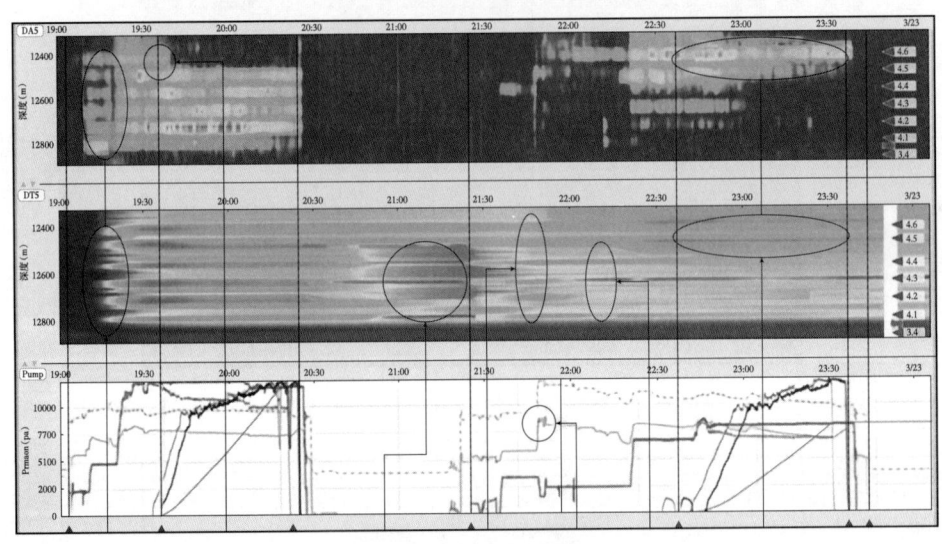

图7　分布式光纤监测数据

2.3　逐步判别法数据分析

首先根据自变量和因变量的相关性对自变量进行筛选，然后使用选定的变量进行判别分析。逐步判别分析是在判别分析的基础上采用有进有出的办法，把判别能力强的变量引入判别，将判别能力最差的变量去除。逐步判别法分析流程如图8所示。

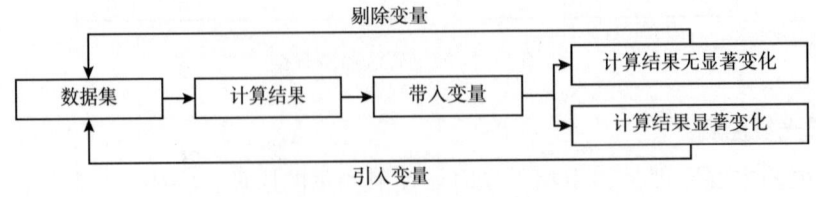

图8　逐步判别法分析流程

3 暂堵后裂缝监测

现场应用广域电磁法监测 1 口井 13 段暂堵情况（图 9）。红线内为暂堵前裂缝面积扩展情况，东侧裂缝上部 2 簇扩展不充分，下部呈现突进趋势。暂堵后，下部的高进液突进部分被封堵，上部裂缝继续起裂，整段改造充分均匀，改造效果较好。

根据广域电磁的监测结果，判断暂堵成功 11 段，成功率 84.6%，平均改造面积 10938m^2，提高 15.2%。从裂缝横向生长的监测上，暂堵见到较好的效果。

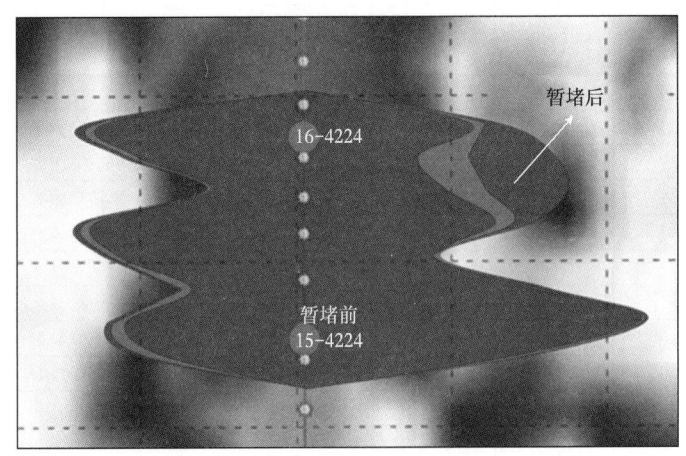

图 9　广域电磁监测结果

现场应用光纤监测 1 口井 8 段暂堵情况（图 10）。前面一部分为暂堵前各簇能量，后面一部分为暂堵后各簇能量。可以看出暂堵后各簇进液更加均匀，改造更加充分。

根据光纤的监测结果，判断暂堵成功 6 段，成功率 75%。从裂缝开启的监测上，暂堵见到较好的效果。

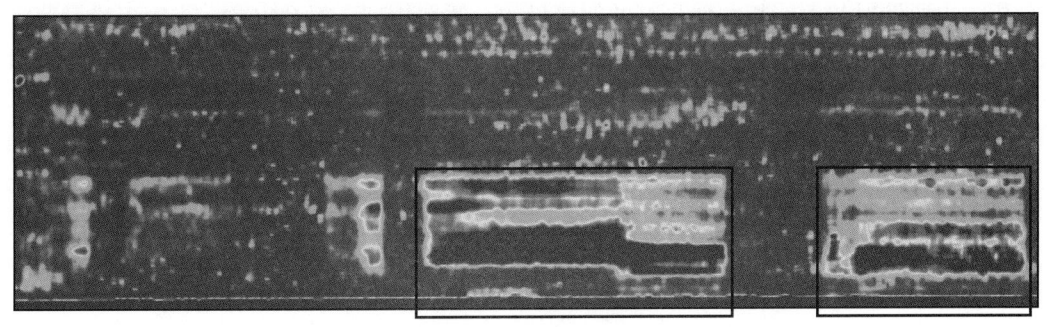

图 10　光纤监测结果

根据两种技术对暂堵前后裂缝扩展及开启的监测，可以现场证明暂堵是有效的压裂优化措施，能有效改变各簇进液情况，优化裂缝扩展延伸。同时，根据 22 段暂堵段的暂堵有效情况及暂堵前后压力变化数值，确定暂堵成功判定标准为：相同排量下，暂堵后施工压力较暂堵前上涨 3MPa，现场符合率达到 88.2%，见表 1。

表1 暂堵段监测情况

监测方式	射孔数	暂堵情况						效果	波及面积（m³）
		暂堵球个数	推球排量（m³/min）	球到位压力（MPa）	压力上涨（MPa）	暂堵后施工压力（MPa）	压力上涨（MPa）		
广域电磁	48	40	7.9	72.0	15.7	76.2	4.7	有效	11542
	48	39	7.0	45.0	0.5	62.5	—	无效	11141
	48	39	7.6	87.9	33.5	73.7	3.0	有效	13007
	48	39	7.4	48.6	2.3	71.2	6.6	有效	10686
	48	39	7.0	58.2	6.7	75.6	5.7	有效	12797
	48	39	7.2	51.7	4.6	71.7	11.0	有效	10379
	48	39	7.2	47.1	0.9	71.9	2.6	有效	10328
	48	39	7.2	47.0	1.6	65.8	4.0	有效	9991
	48	39	7.2	61.0	15	74.0	10.5	有效	10241
	48	39	7.3	41.7	0.9	61.4	0.8	有效	8763
	48	39	7.3	49.9	6.5	73.6	9.7	有效	11266
	60	47	7.1	43.3	1.2	60.9	0.6	无效	11001
	60	47	7.1	43.6	0.1	58.4	4.1	有效	11050
光纤	48	35	7.0	45.7	1.0	72.2	2.6	无效	—
	40	40	6.2	45.1	1.4	71.8	4.3	有效	—
	48	40	7.0	47.5	1.6	73.2	2.1	无效	—
	48	40	7.5	50.0	1.6	70.8	4.3	有效	—
	48	35	7.5	54.8	2.9	74.2	6.1	有效	—
	35	40	7.3	54.2	2.4	72.3	3.5	有效	—
	35	40	8.0	49.0	3.6	68.0	3.2	有效	—
	60	45	8.1	52.9	4.0	67.6	6.1	有效	—

4 暂堵后压力分析

为确定现场投暂堵球制度，对目前已施工井的参数进行系统的梳理总结，运用逐步判别法分析。主要针对与暂堵相关性最高的暂堵目的、暂堵用球、射孔方式、主施工排量范围和球规格数量等5个参数进行逐级分析，以暂堵后上涨压力为判断标准，确定各条件对暂堵结果的密切性，最终确定针对不同条件的投暂堵球组合。逐步判别法判别流程如图11所示。

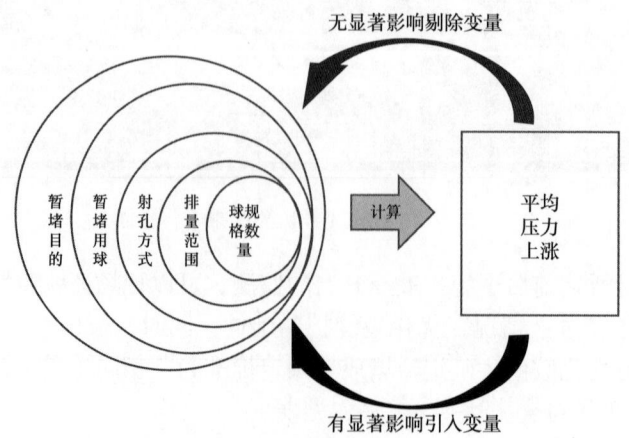

图11 逐步判别法判别流程

从暂堵目的看,多簇和裂缝发育平均上涨压力基本相同,证明暂堵目的对暂堵效果影响不大,而各暂堵用球的压力上涨差距较大,对暂堵效果存在影响。分析原因为各球物理性质不同,造成最优使用制度不同,见表2。

表2 各暂堵目的、用球平均上涨压力情况

暂堵目的	暂堵用球	施工层数	平均上涨压力(MPa)	
多簇	A球	150	4.3	3.8
	B球	21	2.0	
	C球	14	4.8	
裂缝发育	A球	172	5.4	4.1
	B球	88	4.2	
	C球	6	12.4	
	D球	8	2.8	

从射孔方式上看,总体上坡度射孔暂堵后平均上涨压力4.4MPa,普通射孔平均上涨压力4.7MPa;分级上各暂堵用球的平均压力上涨基本相同,射孔方式对暂堵效果影响较小,不参与下一级分析(表3)。

表3 分级上各射孔方式平均上涨压力

暂堵用球	射孔方式	平均压力上涨(MPa)
B球	坡度	3.52
	普通	4.21
D球	坡度	2.83
	普通	—
A球	坡度	4.13
	普通	4.96
C球	坡度	7.04
	普通	—

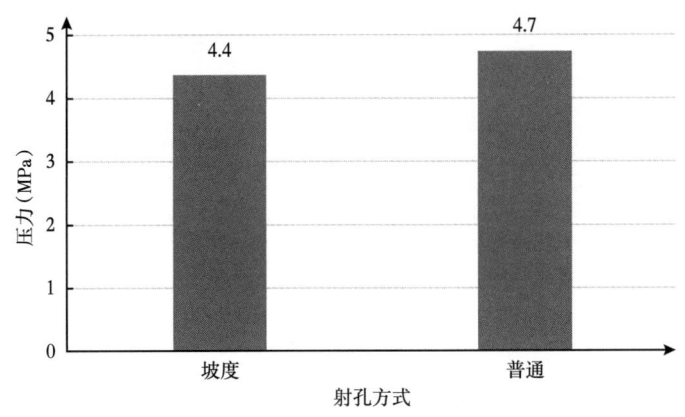

图12 总体上各射孔方式平均上涨压力

从主施工排量上看,总体上主施工排量低暂堵后上涨压力较高;分级上各球各排量上涨压力不同,主施工排量影响暂堵效果。分析主要是因为高排量施工易加大射孔孔眼磨蚀,影响暂堵效果(表4和图13)。

表4 分级上各排量范围平均上涨压力

暂堵用球	排量范围(m³/min)	段数(段)	平均压力上涨(MPa)
B球	<12	2	8.35
	12~14	8	2.66
	14~16	7	4.46
	16~18	26	4.27
	18~20	43	3.92
D球	16~18	1	1.50
	18~20	6	3.05
A球	<12	7	5.64
	12~14	15	6.55
	14~16	38	5.19
	16~18	74	3.73
	18~20	75	4.97
C球	14~16	1	5.90
	16~18	9	3.60
	18~20	6	12.38

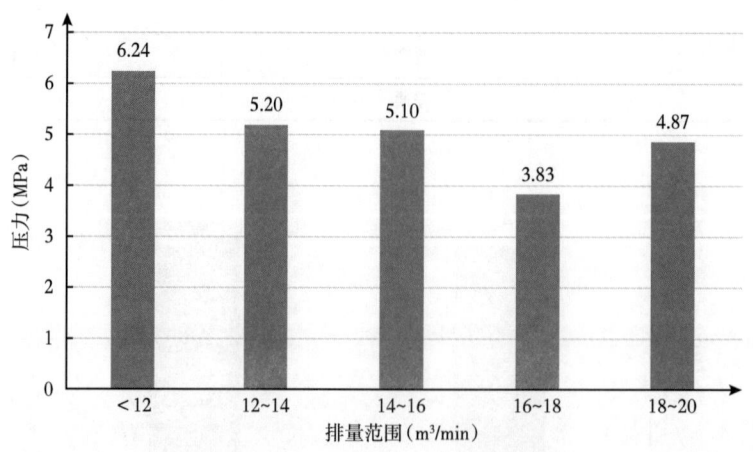

图13 总体上各排量范围平均上涨压力

从投球规格与数量上看,总体上不同投球规格与数量暂堵后平均上涨压力差异大;分级上不同用球、排量范围的球规格影响较大。结果归纳总结,确定了不同厂家、排量下的最优投暂堵球组合。由于A球应用数量最多最广泛,以A球为例。根据该球不同投球制度下的压力上涨情况,确定效果最好、最稳定的投球方式为 23mm+21mm+19mm+17mm 暂堵球同时投入(表5)。同时,针对不同主施工排量,制定了该暂堵球的现场投暂堵球模板,指导现场层间暂堵施工(表6)。

表5　不同厂家、排量下的最优的投暂堵球组合(A球)

暂堵用球	排量范围 (m³/min)	效果好	效果差	压力上涨 (MPa)
A球	＜12	22mm 22mm+19mm+17mm 23mm+21mm+19mm+17mm		5.64
	12~14	22mm 22mm+19mm+17mm 23mm+21mm+19mm+17mm 25mm+22mm+20mm+18mm+25mm(带绳结)	22mm+18mm 22mm+19mm+17mm+15mm	6.55
	14~16	22mm 18mm+19mm 22mm+19mm 22mm+19mm+17mm 23mm+19mm 23mm+21mm+19mm+17mm 25mm+22mm+19mm		5.19
	16~18	19mm 22mm 22mm+15mm 22mm+18mm 23mm+21mm+19mm+17mm 25mm+22mm+20mm+18mm+25mm(带绳结)	19mm+17mm 22mm+19mm 22mm+19mm+17mm	3.73
	18~20	18mm+22mm+25mm+25mm(带绳结) 23mm+21mm+19mm+17mm 25mm+22mm+20mm+18mm+25mm(带绳结)		4.97

表6　投暂堵球模板(A球)

排量范围 (m³/min)	规格 (mm)	数量 (个)
＜12	23mm+21mm+19mm+17mm	5+10+15+20
12~14	23mm+21mm+19mm+17mm	5+10+20+15
14~16	23mm+21mm+19mm+17mm	5+15+15+15
16~18	23mm+21mm+19mm+17mm	10+10+15+15
18~20	23mm+21mm+19mm+17mm	10+20+15+15

注:(1)各施工队伍施工前应对暂堵球进行调整,保证适配性;
　　(2)现场需根据开孔数酌情进行调整。

5　结论

(1)暂堵能有效改变各簇进液变化,优化裂缝展布,是有效的改造优化措施;

（2）通过现场裂缝实时监测与暂堵压力上涨情况分析，确定暂堵后压力上涨3MPa以上作为暂堵合格判定标准，现场符合率88.2%；

（3）通过对已施工井的参数进行系统的梳理总结，运用逐步判别法分析，确定影响暂堵效果的主要影响因素是适用的暂堵球、主施工排量以及相应的规格和数量。同时，根据该结论制定了投球模板，为现场暂堵有效施工提供指导。

参 考 文 献

[1] WHEAT0N B E, MISKIMINS J, WOOD D, et al.Integration of distributed temperature and distributed acoustic survey results with hydraulic fracture modeling: A case study in the Woodford shale[C]//2015 SEG Annual Meeting, 18-23.

[2] BUNGER A P, ZHANG X, JEFFREY R G.Parameters affecting the interaction among closely spaced hydraulic fractures[J].SPE Journal, 2012, 17（1）: 292-306.

[3] OLSON J E.Predicting fracture swarms—The influence of subcritical crack growth and the crack-tip process zone on joint spacing in rock[J].Geological Society Special Publication, 2004, 231: 73-88.

[4] 赵金洲，陈曦宇，刘长宇，等.水平井分段多簇压裂缝间干扰影响分析[J].天然气地球科学，2015，26（3）: 533-538.

[5] 曾青冬，姚军.水平井多裂缝同步扩展数值模拟[J].石油学报，2015，36（12）: 1571-1579.

[6] 陈铭，张士诚，胥云，等.水平井分段压裂平面三维多裂缝扩展模型求解算法[J].石油勘探与开发，2020，47（1）: 163-174.

古龙页岩微纳米孔缝渗流数学模型及页岩油产能影响因素分析

王青振[1,2,3]，曲方春[1,2,3]，李斌会[1,2,3]，李佳伟[1,2,3]，王　岩[1,2,3]

（1.多资源协同陆相页岩油绿色开采全国重点实验室；2.大庆油田有限责任公司勘探开发研究院；3.黑龙江省油层物理与渗流力学重点实验室）

摘　要：古龙页岩储层为源储一体型非常规油藏，储集空间多尺度特征明显，以纳米级孔隙为主，页理缝及大规模压裂后形成的人工缝为主要渗流通道。不同流动通道存在不同的流动特征和表征难度，常规模拟分析方法不再适用，难以准确评价页岩油藏产能。本文首先建立了考虑微纳米限域效应的两相相平衡模型、吸附及应力敏感、启动压力梯度等数学模型；其次，使用综合离散裂缝模型精确表征微裂缝和人工裂缝，同时考虑不同尺度介质内的启动压力梯度及应力敏感效应，形成了页岩油藏多尺度特殊渗流机理模拟方法。最后，结合矿场实际生产数据，对古龙页岩油藏某区块开展了产能评价研究，分析了各机理及参数对产能的影响。结果表明：束缚效应降低流体泡点压力，考虑束缚效应模型产量高于不考虑限域效应模型；考虑启动压力梯度以及应力敏感的模型产能下降。研究成果对古龙页岩油藏的产能预测及开发优化提供技术支持。

关键词：古龙页岩油；纳米孔隙；渗流数学模型；离散裂缝模型；产能影响因素

页岩储层为低孔超低渗透致密储层，且高度非均质，孔隙尺度以纳米、微纳米级孔隙为主，并广泛发育天然微裂缝。页岩储层采用大规模水力压裂开发，压裂过程中又引入人工裂缝，形成微纳米孔隙—微裂缝—人工大裂缝等多尺度储层空间。不同尺度空间内流体的赋存机理与流动特征存在特殊性[1]，有别于常规油藏。近年来页岩储层中流体的非线性渗流模型得到了广泛研究。张园[2]等通过实验及数值模拟手段研究了微纳米孔隙束缚效应及毛细管压力对油气相平衡的影响，认为束缚空间内的特殊相变机理对页岩油气井产能有重要影响；吴春正[3]等通过分子动力学模拟，研究了页岩油在纳米级孔隙中的多组分吸附特征，明确了不同烃类分子间存在较强的竞争吸附特征；李佳琦[4]等使用数字岩心重构方法研究了页岩油微尺度渗流特征，明确了随着孔隙尺度的减小，边界层效应越强，非线性渗流特征越明显，启动压力越大；张睿[5]等的实验研究结果表明应力敏感效应对页岩储层的影响极为明显，页岩储层渗透率变化随储层有效应力成指数关系。在页岩油储层多尺度结构的表征方面，传统采用双重介质方式描述微裂缝和人工裂缝，但其等效处理方式无法精确表征和模拟井周裂缝流动特征。采用多尺度离散裂缝模型[6]，对不同尺度介质采用不同的表征方式，在精确模拟裂缝的同时，兼顾计算效率，可有效用于页岩油藏模拟。目前的方法多为针对单一机理的研究，本文将综合考虑以上机理，建立页岩油藏渗流数学模型，并使用离散裂缝模型精确表征裂缝单元，结合实际页岩油区块开展数值模拟和产能分析研究。

第一作者简介：王青振（1988—），男，硕士研究生，高级工程师，中国石油大庆油田有限责任公司勘探开发研究院，主要从事页岩油渗流机理及数值模拟等方面的工作。E-mail：wqzh1988@sina.com

1 古龙页岩微纳米孔缝渗流数学模型

1.1 纳米孔限域效应下相平衡计算

近些年研究发展出了几类适用于真实流体的立方形状态方程，例如范德华方程、RK 状态方程、PR 状态方程等。PR 方程在范德华方程的基础上，将硬球分子模型的三次状态方程写成一般的形式，对引力项与分子密度的关系做了更深入的分析，给出了更好的结构[7-8]。

页岩与常规储层物性存在明显差异，主要体现在孔喉尺度，储层矿物类别、渗流方式等方面。由于流体与岩石的强烈相互作用，限制性区域（纳米级尺度）下流体的相态变化显著区别于非限制区域（bulk 尺度）。页岩储层流体尺度达到 1~100nm 之间，这给纳米级尺度的物理模拟实验带来了巨大挑战。不少学者通过分子模拟，密度泛函理论等对证实纳米尺度下流体物性、相态变化的差异。目前，用于储层流体气液两相相态评价的较为成熟的方法仍是采用 PR-EOS 状态方程计算手段，但是已经有文献通过各种方式证实，PR-EOS 在预测纳米尺度气液两相流方面出现了明显的偏差致密储层的致密孔隙及吸附效应使得描述常规储层的状态方程不再适用，因此必须加以修正以满足纳米级尺度计算条件[9]。因此，本研究采用 Singh 方法将纳米孔径和特征参数与临界参数偏移量相关联，以适应纳米级孔隙下流体的相态特征计算[10-11]：

$$\Delta T_c = \frac{T_c - T_{cm}}{T_c} = 0.9409\left(\frac{\sigma_{lj}}{r_p}\right) - 0.2415\left(\frac{\sigma_{lj}}{r_p}\right)^2 \quad (1)$$

$$\Delta p_c = \frac{p_c - p_{cm}}{p_c} = 0.9409\left(\frac{\sigma_{lj}}{r_p}\right) - 0.2415\left(\frac{\sigma_{lj}}{r_p}\right)^2 \quad (2)$$

式中：T_c 为组分的临界温度，K；p_c 为组分的临界压力，MPa；T_{cm} 为限制性效应下的临界温度，K；p_{cm} 为限制性效应下的临界压力，MPa；σ_{lj} 为与流体分子半径有关的 Lennard-Jones 参数，nm；r_p 为孔隙半径，nm。

常规微米级储层孔喉渗流环境下，孔喉中毛细管力作用可以忽略。现有的多数闪蒸模型往往忽略气液之间的毛细管力作用，即 $p_v=p_l$（$p_{cap}=0$）。而纳米孔喉中，毛细管压力显著影响气液平衡计算，毛细管压力采用式计算：

$$p_{cap} = p_v - p_l = \frac{2\sigma\cos\theta}{R} \quad (3)$$

气液界面张力采用 Parachor 模型估算：

$$\sigma = \sum_i^{Nc}\left(\rho_l[p]_i x_i - \rho_v[p]_i y_i\right) \quad (4)$$

式中：ρ 为摩尔密度，mol/m³；$[p]$ 为纯组分的 parachor 参数；p_{cap} 为气液之间的毛细管压力，MPa；σ 为界面张力，N/m。

相平衡后，气相和液相的逸度相等，通过逐次迭代法进行闪蒸计算，计算步骤如图 1 所示。

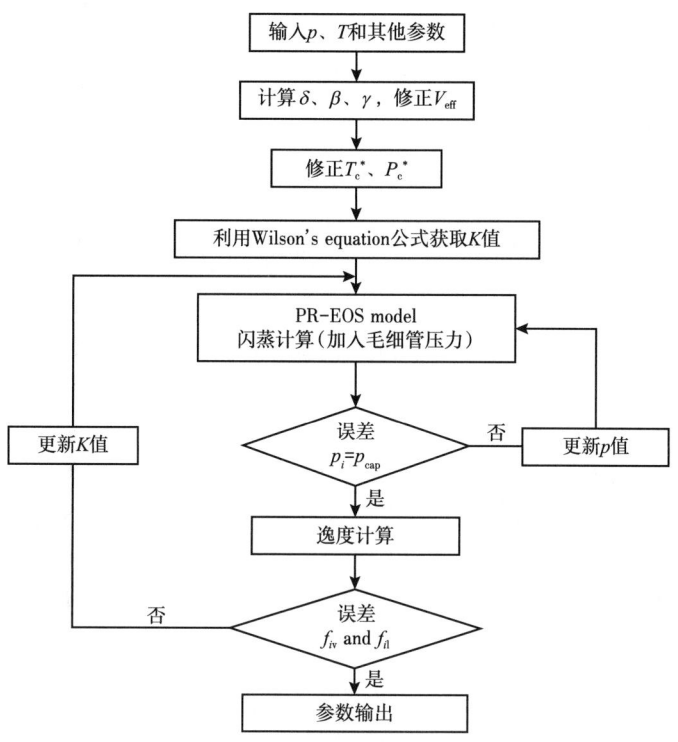

图 1 相态计算的流程图

1.2 应力敏感计算模型

页岩油储层应力敏感效应明显,随着开采进行,流体压力下降,孔缝中有效应力增加,渗透率降低,不同介质的应力敏感性不同,但均满足指数关系式[12]:

$$K = K_0 e^{-c(p-p_0)} \quad (5)$$

式中:K_0 为储层原始状态下的渗透率,mD;c 为应力敏感系数,MPa^{-1};p_0 为原始储层压力,MPa。

1.3 启动压力计算模型

页岩油储层的渗透性极差,其低速流动存在启动压力梯度效应,考虑启动压力梯度效应的渗流方程为:

$$v = \begin{cases} 0 & , \nabla p_g < G \\ \dfrac{K}{\mu}(\nabla p - G) & , \nabla p_g \geq G \end{cases} \quad (6)$$

式中:v 为渗流速度,m/s;μ 为黏度,Pa·s;G 为启动压力梯度,MPa/m;∇p 为压力梯度,MPa/m。

不同尺度介质存在不同的启动压力梯度。实验表明其与渗透率间满足指数关系[13]:

$$G = a\left(\dfrac{K}{\mu}\right)^{-b} \quad (7)$$

式中：a，b 为实验确定的参数；K 为储层渗透率，mD；μ 为黏度，Pa·s。

2 多尺度离散裂缝模型

2.1 多尺度裂缝处理方法

页岩油储层中存在广泛发育分布的微裂缝，也存在水力压裂引入的井周人工大裂缝，本文引入多尺度裂缝模型对不同尺度裂缝分别表征，以取得模拟精度与速度的平衡。

天然微裂缝一般基于测井解释信息，通过离散缝网建模（DFN）方法获得，可用传统双重介质网格表征。压裂产生的人工裂缝可用压裂模拟、微地震重构等方式，获得其规模和分布，此类裂缝尺度较大，传导性更强，需要用离散裂缝方式表征。将离散表征的人工裂缝嵌入进双重网格中，计算出所有网格间的传导率，即可获得可用于数值模拟的多尺度嵌入式离散裂缝模型。

2.2 嵌入裂缝传导率计算方法

多尺度离散裂缝网格的关键在于计算嵌入裂缝与双重介质网格间的传导率 T：

$$T = \frac{A^{\mathrm{NNC}} k^{\mathrm{NNC}}}{d^{\mathrm{NNC}}} \tag{8}$$

式中：NNC 表示离散裂缝与基质/裂缝网格间形成的连接；A^{NNC} 为离散裂缝与基质网格的接触面积；k^{NNC} 为调和平均渗透率；d^{NNC} 为特征距离。

裂缝与基质网格存在三种连接方式，每种连接对应的传导率计算方式如图 2 所示。

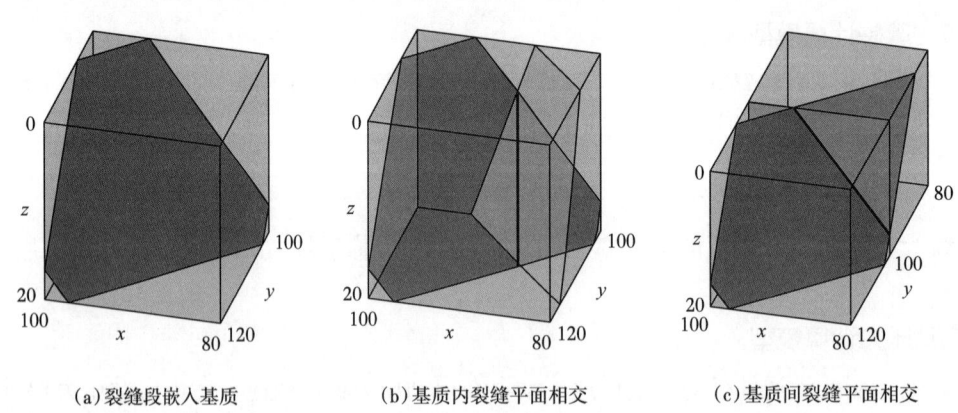

(a) 裂缝段嵌入基质　　(b) 基质内裂缝平面相交　　(c) 基质间裂缝平面相交

图 2　计算区域内三种嵌入类型的连接

a 类连接中，A^{NNC} 为裂缝截面积；k^{NNC} 取基质和裂缝渗透率的调和平均；d^{NNC} 为以下方式计算的平均距离[14]：

$$d^{\mathrm{NNC}} = \frac{\int_V x_{\mathrm{n}} \mathrm{d}V}{V} \tag{9}$$

式中：x_{n} 为体积元；d_{v} 为体积元到裂缝的距离；V 为网格体积。

b 类连接传导率计算方式如下[15]：

$$\frac{A^{\text{NNC}}k^{\text{NNC}}}{d^{\text{NNC}}} = \frac{T_1 T_2}{T_1 + T_2} \tag{10}$$

$$T_1 = \frac{K_{f1}\omega_{f1}L_{\text{int}}}{d_{f1}}, \quad T_2 = \frac{K_{f2}\omega_{f2}L_{\text{int}}}{d_{f2}}$$

式中：L_{int} 为交线长度；ω_f 为裂缝开度；K_f 为裂缝渗透率；d_f 为裂缝单元中心点到交线的距离。

c 类连接中，A^{NNC} 为裂缝开度与相交线长度的乘积；K^{NNC} 取裂缝片渗透率；d^{NNC} 取两个裂缝段中心点的距离。

3 页岩油产能影响因素分析

3.1 多尺度裂缝模型建立

研究区基质渗透率为 0.00001~0.0001mD，孔隙度平均 4.7%，天然裂缝孔隙度平均值 1.5%、渗透率约 0.0001~0.01mD。建立单井双重介质网格模型，研究区的人工裂缝以嵌入方式加入双重介质网格中，最终形成多尺度裂缝模型。

为了展示多尺度裂缝模型在产能模拟上的优势，另建立了常规双孔模型，将天然微裂缝和压裂裂缝均使用裂缝介质进行等效描述，分别对两个模型开展模拟对比，模拟参数设置与模拟时间相同，模拟条件均为定井底压力 22.5MPa 模拟。

从日产量和累计产量（图3）可以看出，常规双孔模型由于对井周压裂缝描述不精确，初期产量偏低而后期产量偏高。而多尺度裂缝模型在初期的产能计算上更精确，整体趋势也更合理。

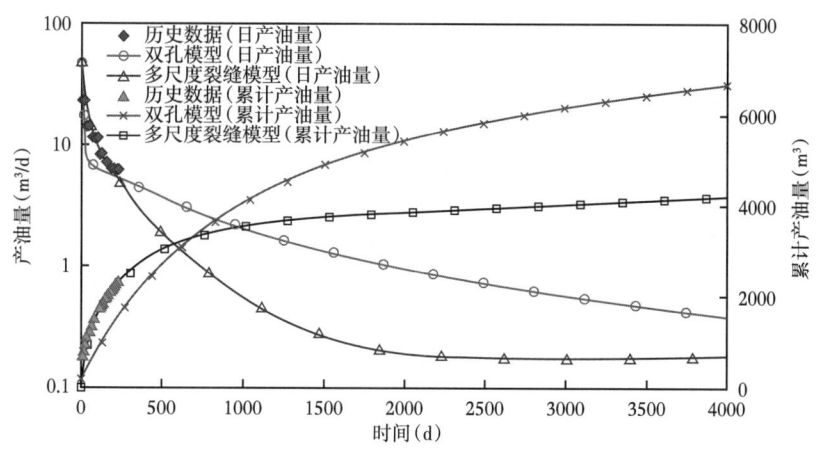

图 3 多尺度裂缝模型与常规模型对比

3.2 束缚效应对原油 PVT 和产能的影响

考虑束缚效应后，油样内各组分的临界压力、临界温度均有别于体相流体，且随孔喉特征尺寸的减小而降低（表1）。混合流体的泡点也有所降低，在古龙地区孔隙喉道在 3nm 左右，泡点降低了 14%，表明束缚效应对流体 PVT 的影响明显，在模拟中不可忽略。进一步研究束缚效应对油井产能的影响。分别在考虑和不考虑束缚效应的条件下展开模拟。模拟时选取泡点压力定压生产。图 4 结果显示考虑束缚效应后，累计产油可提高 20%。这是由于考虑束缚效应带来的泡点压力降低，使衰竭开发可以采用更大的压差进行开采。

表1 束缚效应下不同喉道特征尺寸下组分物性的变化

不同孔隙流体临界参数		N_2	CO_2	CH_4	C_2	C_3	C_4	C_{11+}
体相流体	临界压力（MPa）	33.50	72.80	45.40	48.20	41.90	31.46	19.33
r 为 500nm		33.47	72.30	45.10	48.00	41.87	31.40	19.31
r 为 100nm		33.31	72.17	45.07	47.71	41.62	31.36	19.27
r 为 50nm		32.79	72.03	45.02	46.96	41.02	31.22	19.13
r 为 10nm		31.12	71.71	42.33	43.87	40.38	30.32	18.86
r 为 5nm		30.44	71.06	41.13	42.64	38.55	29.16	18.19
r 为 2nm		28.04	68.81	37.83	40.02	36.16	24.37	17.32
体相流体	临界温度（K）	126.20	304.20	190.60	305.40	369.80	515.65	700.69
r 为 500nm		125.91	304.18	190.58	305.35	369.25	515.21	700.54
r 为 100nm		125.23	303.96	190.41	305.12	368.88	514.24	699.04
r 为 50nm		123.65	303.58	190.12	304.89	368.23	510.55	697.45
r 为 10nm		115.24	298.79	186.50	301.14	362.08	501.35	690.78
r 为 5nm		100.44	290.51	180.24	295.75	339.99	483.70	672.32
r 为 2nm		80.08	257.54	155.29	281.12	283.88	451.70	620.40

注：r 为喉道特征尺寸。

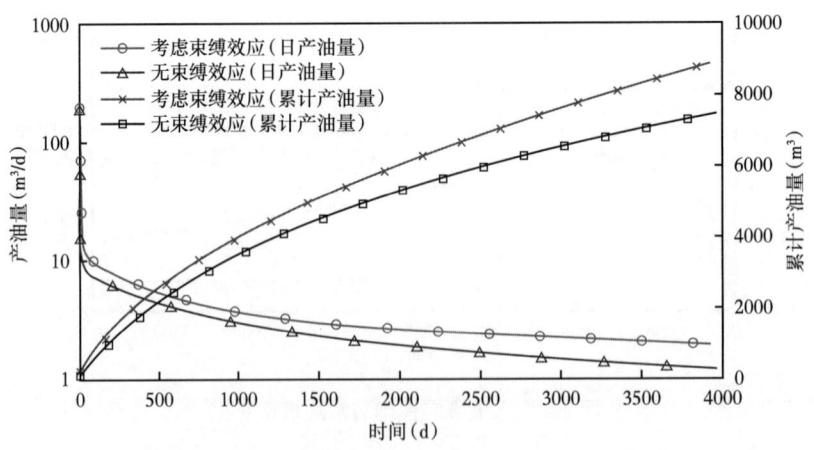

图4 束缚效应对产能的影响

3.3 启动压力梯度和应力敏感对产能的影响

研究了启动压力梯度效应对页岩油井产能的影响，启动压力梯度值分别取 0、0.03MPa/m、0.08MPa/m，应用于所有基质和微裂缝网格，人工裂缝不设启动压力梯度，仍使用定压衰竭方式开发。

不同启动压力梯度值下的模拟对比(图5)结果显示:产油量和累计产油量随启动压力梯度增大,有明显的下降趋势。启动压力梯度到达最大的 0.08MPa/m 时,4000d 累计产油较无启动压力梯度情况降低 25.1%,启动压力梯度对页岩油井产能计算有相当明显的影响,是进行精确模拟必须考虑的重要因素。

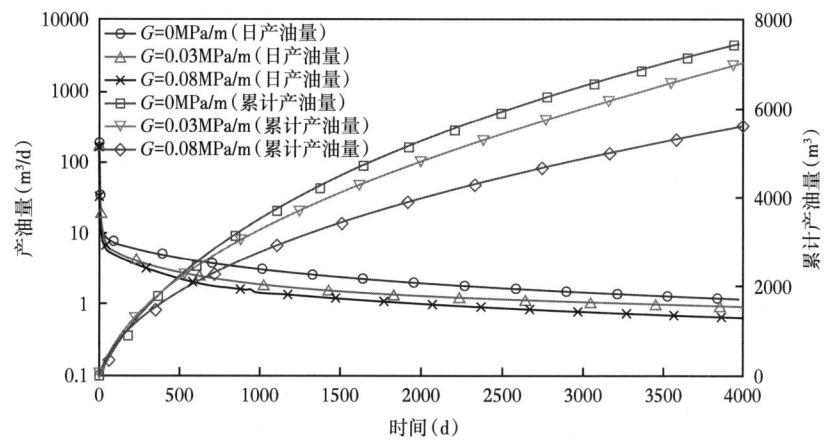

图 5 启动压力梯度对产能的影响

进一步研究应力敏感效应对页岩油井产能的影响。应力敏感系数 c 分别取 0、0.3MPa^{-1}、0.5MPa^{-1},应用于所有基质、微裂缝和人工裂缝网格,对比定压衰竭开发条件下的产能差异。

各模拟算例产油量和累计产油量的计算对比(图6)结果显示,随着应力敏感程度增加,产油量和累计产油量有大幅下降,存在应力敏感的两个模型累计产油量分别下降 14.2% 和 26.2%。应力敏感效应下,流动通道随压力下降渗透率下降,特别是衰竭开发过程中压降区域集中于井周大裂缝等主流动通道,影响更明显,不考虑应力敏感将显著高估页岩油井产能。

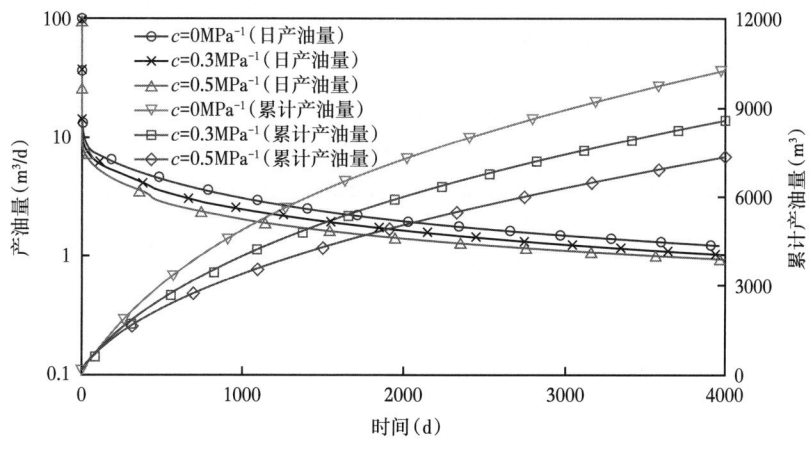

图 6 应力敏感对产能的影响

4 结论

(1)在考虑多种多尺度特殊渗流机理,包括束缚效应、启动压力梯度和应力敏感效应的基础上,结合多尺度离散裂缝模型方法,确立了精细的页岩油模拟预测方法。

（2）多尺度离散裂缝模型可比传统双重介质模型更准确地进行页岩油流动模拟，短期和长期预测都更精确；考虑束缚效应后，流体泡点降低，对预测产能有明显影响；启动压力梯度以及应力敏感加入模型后，产能分别有 15%~30% 的下降，体现出显著的产能抑制作用。

（3）页岩油藏的在多尺度孔隙下体现出的多种特殊渗流机理，对产能均存在较明显影响，需要综合考虑方能准确评估预测页岩油井产能，下一步应着重开展相关实验研究，充分确认各机理参数在各尺度介质下的取值范围，指导页岩油藏的开发。

参 考 文 献

[1] 姚军，孙致学，张凯，等. 非常规油气藏开采中的工程科学问题及其发展趋势[J]. 石油科学通报，2016，1（1）：128-142.

[2] ZHANG Y, LASHGARI H R, Di Y, et al. Capillary pressure effect on phase behavior of CO_2/hydrocarbons in unconventional reservoirs[J]. Fuel, 2017, 197: 575-582.

[3] 吴春正，薛海涛，卢双舫，等. 页岩油在纳米级狭缝中吸附特征的分子动力学模拟[J]. 地质科技情报，2018，37（3）：202-209.

[4] 李佳琦，陈蓓蓓，孔明炜，等. 页岩油储集层数字岩心重构及微尺度下渗流特征——以吉木萨尔凹陷二叠系芦草沟组页岩油为例[J]. 新疆石油地质，2019，40（3）：319-327.

[5] 张睿，宁正福，杨峰，等. 页岩应力敏感实验与机理[J]. 石油学报，2015，36（2）：224-231.

[6] LI J C, LEI Z D, TANG H Y, et al. Efficient evaluation of gas recovery enhancement by hydraulic fracturing in unconventional reservoirs[J]. Journal of Natural Gas Science and Engineering, 2016, 35: 873-881.

[7] DONG X, LIU H, HOU J, et al. Phase equilibria of confined fluids in nanopores of tight and shale rocks considering the effect of capillary pressure and adsorption film[J]. Industrial & Engineering Chemistry Research, 2016, 55（3）：798-811.

[8] ALFI M, NASRABADI H, BANERJEE D. Experimental investigation of confinement effect on phase behavior of hexane, heptane and octane using lab-on-a-chip technology[J]. Fluid Phase Equilibria, 2016, 423: 25-33.

[9] YANG G, FAN Z, LI X. Determination of confined fluid phase behavior using modified Peng-Robinson equation of state[C]. Unconventional Resources Technology Conference, Houston, Texas, 2018: 1971-1985.

[10] SINGH S K, SINHA A, DEO G, et al. Vapor-liquid phase coexistence, critical properties, and surface tension of confined alkanes[J]. The Journal of Physical Chemistry C, 2009, 113（17）：7170-7180.

[11] MA Y, JAMILI A. Using simplified local density/peng-robinson equation of state to study the effects of confinement in shale formations on phase behavior[M]. SPE Unconventional Resources Conference, 2014.

[12] 郭肖，任影，吴红琴. 考虑应力敏感和吸附的页岩表观渗透率模型[J]. 岩性油气藏，2015，27（4）：109-112.

[13] 刘丽，闵令元，孙志刚，等. 济阳坳陷页岩油储层孔隙结构与渗流特征[J]. 油气地质与采收率，2021，28（1）：106-114.

[14] LI L, LEE S H. Efficient Field-Scale Simulation of Black Oil in a Naturally Fractured Reservoir Through Discrete Fracture Networks and Homogenized Media[J]. SPE Reservoir Evaluation & Engineering, 2008, 11（4）：750-758.

[15] KARIMI-FARD M, DURLOFSKY L J, AZIZ K. An Efficient Discrete Fracture Model Applicable for General Purpose Reservoir Simulators[J]. SPE journal, 2003, 9（2）：227-236.

页岩油注 CO_2 吞吐微观作用机理及注入参数优化

曲方春[1,2,3]，王青振[1,2,3]，佟斯琴[1,2,3]，
李佳伟[1,2,3]，王 岩[1,2,3]，何 鑫[1,2,3]

（1.多资源协同陆相页岩油绿色开采全国重点实验室；2.大庆油田有限责任公司勘探开发研究院；3.黑龙江省油层物理与渗流力学重点实验室）

摘 要：松辽盆地古龙页岩油是陆相纯页岩型页岩油藏，以纳米级孔隙为主，渗透率极低，油藏无自然产能，大规模压裂开发井面临弹性开发地层能量衰减快，产量递减快等问题，亟须开展页岩油注气补能提采可行性研究。针对古龙页岩储层特征，运用室内评价方法、分子动力学方法对页岩油注 CO_2 后的混相压力、膨胀能力、扩散能力等进行了评价；在考虑工程可实施条件下，运用数值模拟方法对注 CO_2 吞吐时机和注入参数进行了优化。结果表明，古龙页岩油注 CO_2 混相压力低，膨胀系数高，CO_2 具有降吸附能力；数值模拟及油藏工程方法优化注入时机为压力 16MPa，最优闷井时间为 30d，最优吞吐周期为 5 轮，笼统注入好于分层注入，现场取得了良好增油效果。研究成果对指导古龙页岩油注气提高开发具有重要意义。

关键词：古龙页岩油；CO_2 吞吐；微观模拟；参数优化

松辽盆地古龙凹陷青山口组中高成熟页岩油是陆相纯页岩型页岩油的典型代表，资源潜力巨大[1-4]。古龙页岩油具有黏土含量高，岩性致密，纳米孔隙发育的特征，并且发育微纳米尺度的页理缝，页岩油的主要储集空间是微纳米孔隙[1, 5-7]。目前古龙页岩油井以大规模体积压裂后衰竭式开发为主，面临产量递减快，地层能量衰减快，衰竭开采采收率低的问题，提采潜力巨大。A. R. Kovscek 等[8]、B. T. Hoffman 等[9-10]和 B. Vega 等[11]等进行了注 CO_2 和注 N_2 驱替实验，量化分析了混相和非混相条件下的驱油效率。N. Alharthy 等[12]开展了注 CO_2、N_2、CH_4 驱油效率研究，认为三者之中 CO_2 的开采效果最好，N_2 最差，并且认为分子扩散和对流传质是主要的页岩油动用机理。P. Zhu 等[13]、C. Dong 等[14]和 T. D. Gamadi 等[15]等通过建立多级压裂单井模型对比了注 CO_2 提高采收率，结果表明注 CO_2 可提高采收率 5% 左右。本文运用分子动力学模拟、注气吞吐、驱替实验和数值模拟方法，从分子尺度、介观尺度和油藏尺度分析了富有机质纯页岩型页岩注 CO_2 提高采收率的微观作用机理，量化了古龙页岩油混相压力、注气膨胀能力，并且通过数值模拟方法进行注 CO_2 吞吐参数优化设计，为古龙页岩油注气补能提高采收率现场试验提供依据。

1 注 CO_2 对孔隙流体性质的影响

CO_2 注入页岩油中的微观机理包括溶解作用、脱吸附、溶剂膨胀、界面活性剂作用、溶剂抽提、矿物反应、微观构造变化以及温度和压力效应。这些机理相互作用，共同促进了 CO_2 注入技术在页岩油开发中的应用。通过 CO_2 的溶解、脱附和抽提作用，可以提高页岩油的流动性和采收率。同时，CO_2 的界面活性剂作用降低了油水界面张力，促进了油的流动；

第一作者简介：曲方春（1986—），女，硕士研究生，高级工程师，中国石油大庆油田有限责任公司勘探开发研究院，主要从事气驱提高采收、油藏数值模拟等方面的工作。E-mail：331204405@qq.com

CO_2 与页岩中的矿物质发生反应,改变了孔隙结构,增加了油气的可采性。此外,CO_2 注入改变了油层的温度和压力分布,进一步提高了原油的生产效率。

1.1 CO_2 对孔隙壁面吸附的影响

CO_2 与原有吸附物质在孔隙壁面发生竞争吸附,由于各组分的吸附能力不同,导致部分原有吸附层被替代或释放,从而改变吸附层的厚度。CO_2 与岩石表面的化学反应或物理吸附会导致孔隙结构的变化,如表面的溶解或重新沉积,进而影响吸附层的形成和厚度。此外,CO_2 作为流体在岩石孔隙中的渗透和扩散也会影响吸附层,部分吸附物质可能溶解或迁移,改变了吸附层的分布和厚度。

本文运用分子模拟方法,利用分子模拟工具 Materials Studio(MS),定量表征了 CO_2 注入古龙页岩孔隙后流体二次赋存规律,模拟 CO_2 注入后对地层流体在不同孔径的分布,与初始赋存的结果相比较(表1),明确 CO_2 前置对地层原油分布状态的影响。

表1 注入二氧化碳后地层流体组分变化

组分	摩尔分数(%)	
	注入 CO_2 后	初始赋存
氮气	3.2594	1.8627
二氧化碳	11.2523	3.9822
甲烷	53.0391	54.8441
乙烷	12.5903	12.9864
丙烷	6.0410	5.9764
甲苯	2.2801	2.9312
正十二烷	10.1303	14.1497
胶质	1.4076	3.2673

古龙页岩发育大量有机质,黏土矿物含量占比达 35%~45%,黏土矿物以伊利石为主,所以本次分子模拟研究设置了四种孔隙类型(有机孔、伊利石孔、石英孔和方解石孔),分别计算了不同孔径不同孔隙类型注入 CO_2 前后边界层厚度和吸附体积占比。

注入 CO_2 使不同孔径中流体吸附层的厚度减小,但不同孔隙类型中减小幅度不同(图1),其中干酪根、伊利石减小幅度最大,石英孔径中减小的幅度十分有限。注入 CO_2 后有机孔吸附层厚度占比平均减小 33%,伊利石孔吸附层厚度占比平均减小 25%,石英孔吸附层厚度占比平均减小 1%,方解石孔吸附层厚度占比平均减小 6.7%,随着孔径的增大,吸附层厚度减小越明显。

1.2 CO_2 与页岩油相互作用特征

在膨胀机理方面,当储层中的 CO_2—原油混合物受到压力释放时,CO_2 从原油中释放并转化为气态。这种释放导致混合物体积增加,产生膨胀效应。释放 CO_2 也可能改变混合物的物性,例如使原油更易流动,从而促进原油采收。这种膨胀机理在 CO_2 驱油等过程中具有重要作用,影响着混合物在不同压力和温度条件下的体积和性质变化。

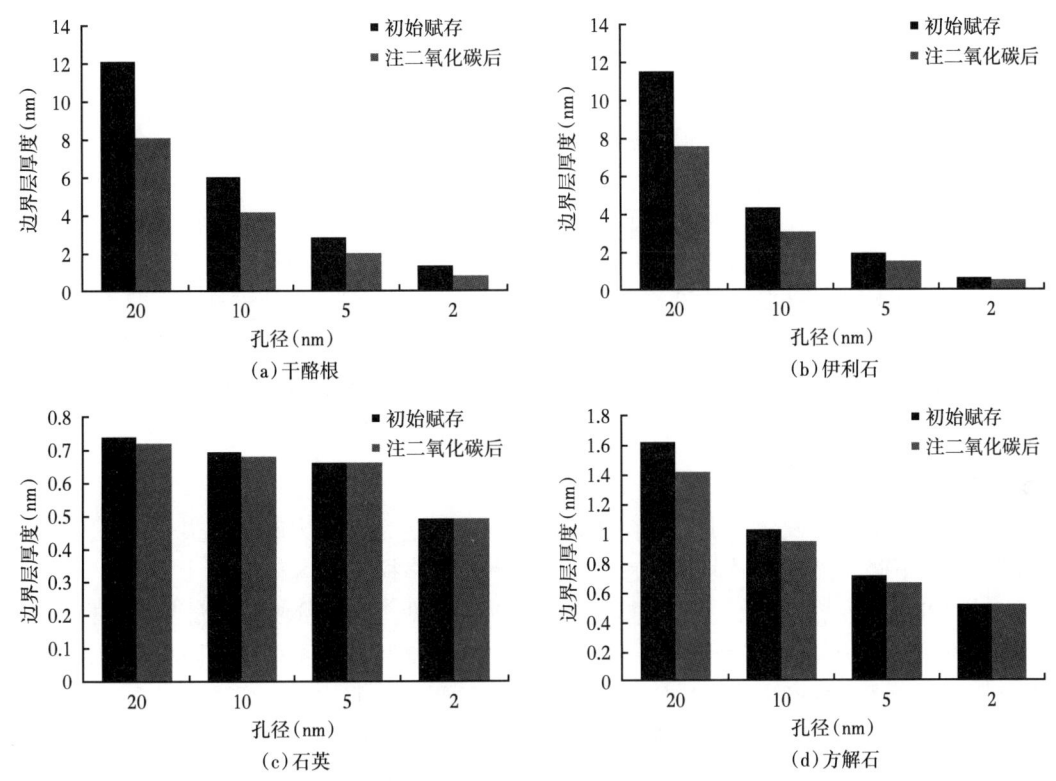

图 1 注入二氧化碳后不同孔径边界层的变化

CO_2 与原油相间传质受多种因素影响,其中包括 CO_2 与原油中不同成分的溶解度差异、温度和压力的变化、原油的特性、孔隙结构以及 CO_2 浓度梯度。本文利用 A1 井脱气原油与 CO_2 开展了相间传质研究,测定了不同温度和压力下,CO_2 与原油相间传质的扩散速率、膨胀系数和最小混相压力。结果显示,扩散系数为 $(0.68~2.92) \times 10^{-7} m^2/s$,高于常规黑油、稠油 1~2 个数量级,温度高、压力大,其扩散系数越大;脱气原油注 CO_2 后,地层压力下原油体积膨胀 2.3 倍,表现出很强的注 CO_2 膨胀能力;脱气原油细管实验测得原始地层温度下,该脱气原油与 CO_2 最低混相压力为 20.73MPa,远低于原始地层压力(32.8MPa),古龙页岩油注 CO_2 驱油为完全混相驱。

表 2 原油中二氧化碳的扩散系数

类型	温度(℃)	压力(MPa)	扩散系数(m^2/s)
稠油	21.0	3.5	8.6×10^{-9}
丁烷	37.8	4.6	11.3×10^{-9}
轻质油	27.0	4.1	46.1×10^{-9}
常规黑油	50.0	14.3	62.5×10^{-9}
古龙页岩油	40.0	10.0	292×10^{-9}

2 注 CO_2 吞吐参数优化设计

2.1 数值模拟模型的建立

页岩油藏无自然产能，大规模压裂后形成基质—天然缝—人工缝交织的复杂网络，人工缝呈现"丰"字形态，为准确表征页岩油"人造油藏"特征，本文建立了 C1 区块 4 口井的多重介质模型。页岩油井在压裂时注入了大量的液态 CO_2 前置液，CO_2 与原油储层流体发生复杂的相互作用，并且考虑到需要进行注气提采数值模拟研究，为准确地描述轻质页岩油藏组分及相态的变化特征及流体在多孔介质中的传输机制，常规的"黑油模型"已不适用，必须选用"组分模型"。本研究运用 CMG 软件 GEM（组分）模块，通过对人工裂缝进行了刻画，利用虚拟注水井的方式进行了压裂液注入模拟，通过生产历史对多孔介质的孔渗、相渗曲线以及人工缝的缝高和缝长等参数进行了反演，并实现了全区生产指标历史拟合。

2.2 注入时机优选

古龙页岩油页理缝发育，页理缝存在较强的应力敏感性，应力敏感性实验结果表明，随着地层压力的下降，渗透率损害率快速增加，最大渗透率损害率达 90% 以上。

A1 井 IPR 曲线结果显示，生产过程可分为 2 个阶段，第 1 阶段为产量与井底流压呈现线性关系的线性流阶段，该阶段以大裂缝产出为主；第 2 阶段为页理缝等微小裂缝控制的缝控流阶段，由于大裂缝产出流体后压力下降造成裂缝闭合和非均质性变强，微小裂缝内的流体在压差作用下开始供油，该阶段油井的产量和井底流压呈现非线性特征，产量较为稳定，气油比在 380~520 之间波动。随着地层能量下降，当井底流压低于 16MPa 时，储层出现脱气特征，气油比明显增加，产油量递减加快，此时需补充能量保持产量平稳（图 2）。结合实际生产情况，综合确定流压 16MPa 左右为开展能量补充提产最佳时机。

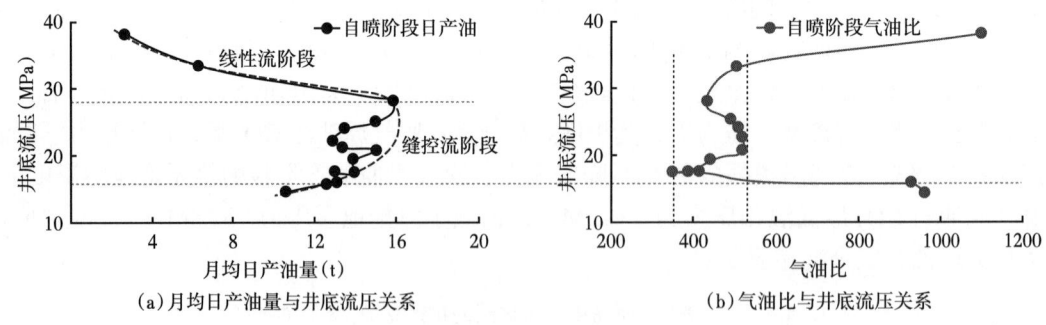

(a) 月均日产油量与井底流压关系　　(b) 气油比与井底流压关系

图 2　A1 井 IPR 曲线

2.3 注入时机优选

CO_2 注入储层的方式主要包括：笼统注入和分段注入。不同的注入方式对油藏的驱油机制和效率有直接影响。笼统注入操作相对简单，成本较低，但注入的气体分布可能不均匀，难以精确控制气体在油层中的流向和分布。分段注入提高了压裂的针对性和有效性，但是这种方式需要更为复杂的井下工具和技术支持，如多级封隔器来隔离不同的油层段，并且分段注入时间长。

本文为探索分段注气能力及注气效果，用均质理想模型计算了分 5 段注入时，注入速度、注入时间及压力分布规律。分段注入第一段采用恒压注入，压力设定为油藏破裂压力的90%，实验结果显示，分段注入在初始状态下可承受的最大日注入量为110t，展现了良好的注入潜力。然而，随着时间推移至一年后，受地层条件变化及可能的渗透率下降影响，最大可持续注入速率有所衰减，降至85t/d，若按110t/d恒速注入，17d后就到注入压力上限，分段方式总注入量为 1.506×10^4 t，笼统方式总注入量 3.0×10^4 t，是分段总注入量的2倍。同时也对比了不同厚度地层平均压力，10m动用厚度时，分段注井距之半范围的地层平均压力低于笼统注，从33.96MPa降至33.03MPa，表明分段注的纵向波及程度低于笼统注，分段注入存在压力扩散分布不均匀现象，可能造成后期压裂效果存在差异（图3）。因此，建议先笼统注入，后期根据实际吸气剖面，再开展分段注入。

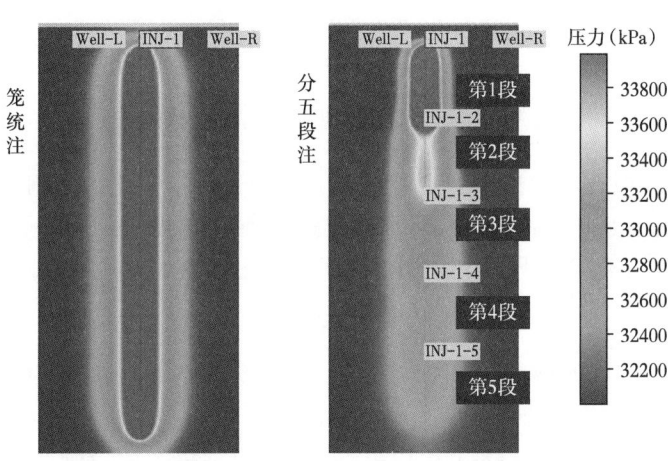

图3　不同注入方式下模拟末期井轨迹层位压力场分布

2.4　吞吐周期

吞吐周期决定了 CO_2 与页岩油接触的时间和效果。较长的周期允许 CO_2 更充分地渗透和扩散到页岩中，改善原油的流动性，提高采收率。较短的吞吐周期虽然降低了注入成本，延长了生产周期，但未能充分利用 CO_2 与原油的相互作用，制约了提高产能的潜力。因此，合适的吞吐周期需综合考虑 CO_2 的渗透、溶解特性、油藏地质条件和经济成本，以实现最大化的产能增长和经济效益。通过开展 A1 井高温高压注 CO_2 吞吐驱油实验，7轮次吞吐后采出程度可达79.18%，吞吐周期与采出程度呈正相关，注 CO_2 吞吐最佳周期（5个周期），超过最佳吞吐周期后采出程度增速变缓。本文也运用数值模拟方法模拟计算了注 CO_2 不同吞吐周期对开发指标的影响（图4）。结果表明，在注入速度200t/d情况下，每个周期注3个月，闷井1个月，吞吐周期越多，累计油气当量越高，但增幅越缓，存在最优周期（5个周期）。综合吞吐驱油实验结果及数值模拟结果，最佳吞吐周期为5个周期。

2.5　闷井时间

闷井促进了 CO_2 与原油之间的物理和化学作用，可以改变原油的化学性质，降低其黏度，使其更容易流动并增加采收率，但闷井时间过长会导致地层能力衰减，并且影响产油时率，造成总产油量的降低。因此，结合油藏特性、CO_2 的扩散性质、温度、压力等因素，并借助模拟和试验，确定最佳闷井周期，以最大化实现 CO_2 的驱替效果，提高油田采收率和经济效益。

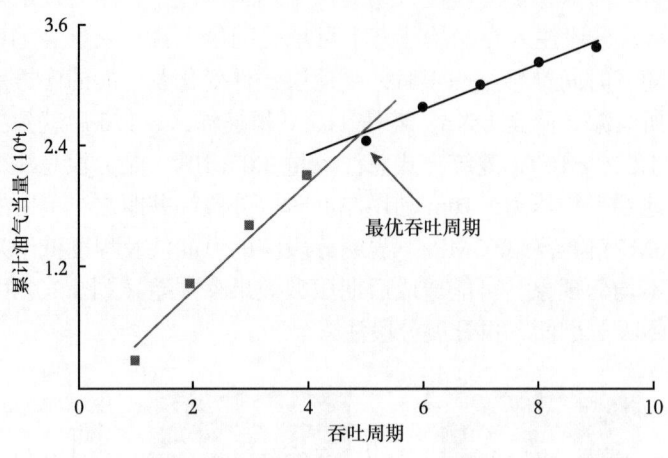

图 4 不同吞吐周期的累计油气当量

本文运用数值模拟方法对注 CO_2 吞吐的闷井时间进行了优化，在相同注入量的情况下，对比不同闷井时间（5~60d）后累计增油量变化情况，结果表明超过 30d 后，增油量变缓，闷井时间再长增油效果不明显。另外，利用油藏工程方法计算了闷井时间，经验公式为：

$$t = Q/hMr^2 \qquad (1)$$

式中：M 为系数，取 0.00018；Q 为注气量，t；t 为闷井时间，d；h 为 1/2 油层厚度，m；r 为波及半径，m。

理论公式计算闷井时间为 32~35d，结合数值模拟结果，综合确定闷井时间 30d 左右，具体的闷井时间可根据井口压力变化情况实时调整。

2.6 产能预测及现场试验

综合以上参数优化结果，运用数值模拟方法定压生产预测了注 CO_2 吞吐在注入速度 200t/d，闷井 30d，笼统注入，注入 5 个周期后，单井 10 年累计增油量为 4523t。

结合以上注 CO_2 吞吐参数优化设计，开展了 C1 试验区注 CO_2 现场试验，目的是提高储层供液能力，实现长期稳产，解决衰竭开采井产量递减快的问题，同时探索纯页岩型页岩油大规模压裂开采后注气提采技术的可行性。根据井区时机开发情况，优选储层发育好、井距大、气窜风险相对较小的 B1 井开展 CO_2 吞吐试验。目前该井在上述优化后的注入参数下现场试注，井口注入压力 19.6~21.6MPa，证实了古龙页岩油注 CO_2 吞吐的注入能力，也验证了模型参数优化的可行性。

3 结论

（1）古龙页岩油注 CO_2 后不同烃类及非烃类在纳米孔隙中存在分层结构，CO_2 会降低流体与壁面之间的相互作用能，从而导致岩石骨架吸附能力下降，流体中各组分的扩散系数都显著增加，CO_2 置换作用明显。

（2）古龙页岩油具有较低的混相压力（20.73MPa）和较高的膨胀能力（脱气原油地层压力下膨胀 2.3 倍）。

（3）流压为 16MPa 时为最佳注入时机，最优吞吐周期为 5 个，最优闷井时间为 30d，预计单井笼统注入 10 年累计增油量为 4523t。

参 考 文 献

[1] 何文渊, 崔宝文, 王凤兰, 等. 松辽盆地古龙凹陷白垩系青山口组储集空间与油态研究[J]. 地质论评, 2022, 68(2): 693-741.

[2] 何文渊, 蒙启安, 张金友. 松辽盆地古龙页岩油富集主控因素及分类评价[J]. 大庆石油地质与开发, 2021, 40(5): 1-12.

[3] 孙龙德. 古龙页岩油(代序)[J]. 大庆石油地质与开发, 2020, 39(3): 1-7.

[4] 王广昀, 王凤兰, 蒙启安, 等. 古龙页岩油战略意义及攻关方向[J]. 大庆石油地质与开发, 2020, 39(3): 8-19.

[5] 王凤兰, 付志国, 王建凯, 等. 松辽盆地古龙页岩油储层特征及分类评价[J]. 大庆石油地质与开发, 2021, 40(5): 144-156.

[6] 冯子辉, 柳波, 邵红梅, 等. 松辽盆地古龙地区青山口组泥页岩成岩演化与储集性能[J]. 大庆石油地质与开发, 2020, 39(3): 72-85.

[7] 金成志, 董万百, 白云风, 等. 松辽盆地古龙页岩岩相特征与成因[J]. 大庆石油地质与开发, 2020, 39(3): 35-44.

[8] KOVSCEK A R, TANG G Q, VEGA B. Experimental investigation of oil recovery from siliceous shale by CO_2 injection[C]. Denver: Paper SPE-115679-MS Presented at the SPE Annual Technical Conference and Exhibition, 2008.

[9] HOFFMAN B T. Comparison of various gases for enhanced recovery from shale oil reservoirs[C]. Tulsa: Paper SPE-154329-MS Presented at the 18th SPE Improved Oil Recovery Symposium, 2012.

[10] WEI Y, AL-SHALABI E W, SEPEHRNOORI K. A sensitivity study of potential CO_2 injection for enhanced gas recovery in Barnett shale reservoirs[C]. Woodlands: Paper SPE-169012-MS Presented at the SPE Unconventional Resources Conference, 2014.

[11] VEGA B, O'BRIEN W J, KOVSCEK A R. Experimental investigation of oil recovery from siliceous shale by miscible CO_2 injection[C]. paper SPE-135627-MS presented at the SPE Annual Technical Conference and Exhibition, 19-22 September 2010, Florence, Italy.

[12] ALHARTHY N, TEKLU T, KAZEMI H, et al. Enhanced oil recovery in liquid-rich shale reservoirs: Laboratory to field[C]. Houston Paper SPE175034-MS Presented at the SPE Annual Technical Conference and Exhibition, 2015.

[13] ZHU P, BALHOFF M T, MOHANTY K K. Simulation of fracture- to fracture gas injection in an oil-rich shale[C]. Houston: Paper SPE175131-MS Presented at the SPE Annual Technical Conference and Exhibition, 2015.

[14] DONG C, HOFFMAN B T. Modeling gas injection into shale oil reservoirs in the Sanish field, North Dakota[C]. Denver: Paper URTEC81-168827-MS Presented at the Unconventional Resources Technology Conference, 2013.

[15] GAMADI T D, ELLDAKLI F, SHENG J J. Compositional simulation evaluation of EOR potential in shale oil reservoirs by cyclic natural gas injection[C]. Denver: Paper URTEC-1922690-MS Presented at the Unconventional Resources Technology Conference, 2014.

古龙页岩油生产初期见油规律与生产特征研究

孙美凤[1,2]，郭志强[1,2]，沙宗伦[1,2]，王　瑞[1,2]，张元庆[1,2]

（1. 多资源协同陆相页岩油绿色开采全国重点实验室；
2. 大庆油田有限责任公司勘探开发研究院）

摘　要：古龙页岩黏土矿物含量高、孔喉以纳米级为主、页理缝发育、成熟度较高。目前古龙页岩油处于开发试验阶段，生产资料较少，单井生产特征差异大，长期动态规律尚不清楚。本文在系统总结早期先导试验井生产初期见油特征及生产过程中油、气、水变化规律的基础上，确定了生产压差为水平井初期见油的主控因素，生产压差达到 0.4~6.6MPa 可实现油相流体连续流动，生产压差 15MPa 时产量达到峰值；明确了水平井生产特征及递减规律，产油量受产液、含水率双重控制，产量递减符合双曲递减规律，初年递减率 22.7%~30.6%，稳产能力较强。研究成果对古龙页岩油井早期产能评价、合理流压确定及生产制度优化具有指导意义。

关键词：古龙页岩油；见油规律；生产特征

古龙页岩油分布于松辽盆地北部中央坳陷区青山口组，成熟度为 0.75%~1.67%，为典型陆相中高成熟泥纹型页岩油。目前勘探开发的重点为齐家古龙凹陷轻质油带，面积 2778km^2，石油资源量 54.6×10^8t。通过前期资料分析，古龙页岩页油具有黏土含量高、孔候细小、页理缝发育等特点，古龙页岩储层黏土矿物含量 25%~45%；孔径 10~30nm，喉道 4~7nm，是其他页岩油的几百分之一，是目前国内孔喉最小的页岩；页理缝发育程度高，一般 1000~3000 条/m。古龙页岩主层段发育在青一段、青二段下部，厚度 106~149m，纵向划分为 9 套油层，单层厚度 10~25m[1-10]。

古龙页岩油主要经历了勘探评价、先导试验、扩大试验三个阶段。2020 年，水平井 A 获得高产工业油气流，取得重要历史性突破；2021 年，大庆古龙陆相页岩油国家级示范区成立，立足轻质油带，开辟 5 个先导试验井组、1 个扩大试验区，分别对不同层位产能水平、开发特征、油藏工程优化设计、合理工作制度进行试验探索。由于页岩油开发处于初期试验阶段，分层投产井数较少，生产时间较短，最早生产的水平井 A 生产 4 年，分层、分试验区单井生产差异较大，产量影响因素及变化规律不清晰，针对上述问题，通过分析古龙页岩油不同储层地质特征为基础，对古龙已投产井初期见油及生产过程中油气水特征及递减规律进行分析，初步确定了页岩储层流体流动规律，明确了水平井生产特征及递减规律。为后续页岩油开发调整提供指导和依据。

1　古龙页岩储层地质特征

古龙页岩油储层页岩特征差异较大，Q_1—Q_4 油层，黏土含量最高，大孔发育较低，粒度细，页理缝发育；Q_5—Q_7 油层，黏土含量中等，大孔发育较好，粒度较粗，页理缝中等发

第一作者简介：孙美凤（1984—），女，大学本科，油藏工程师，主要从事非常规油气勘探开发方面研究工作，现就职于大庆油田有限责任公司勘探开发研究院。通讯地址：黑龙江省大庆市大庆油田勘探开发研究院，邮编：163514，E-mail：sunmeifeng@petrochina.com.cn

育;Q_8—Q_9油层黏土含量较低,大孔发育,粒度粗,页理缝较发育。

青一段底部与青二段页岩差异尤为明显,Q_9油层与Q_2油层对比,Q_9油层页岩中微米级长英质纹层发育,岩性组合以含长英页岩、长英质页岩为主,长英质页岩占比达到27.47%,镜下观察可见砂质纹层频繁发育,同时常见粉砂岩夹层发育;Q_2油层页岩中长英质纹层发育较少,长英质页岩占比仅5.46%,镜下观察页岩中砂质纹层发育较少,页岩岩性更纯。Q_9油层页岩的粒度较Q_2油层页岩更粗。通过激光法粒度分析实验可知,Q_9油层页岩粒度较粗,大于15.6μm颗粒含量28.4%~34.7%;Q_2油层页岩大于15.6μm颗粒含量较Q_9油层低5%~7.8%(图1和图2)。两个油层页岩粒度不同于Q_9层岩性中长英质纹层发育,水体浅、距物源近有关。

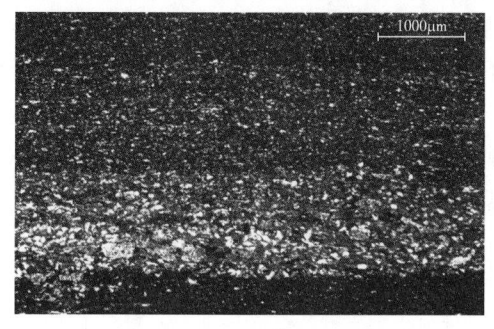 

图1 Q_9层2414.1m含极细砂页岩　　　　图2 Q_2层2520.1m页岩

Q_1—Q_9油层页岩孔隙结构纵向连续表征。核磁8ms截止值孔隙度自下而上逐渐增大,Q_8—Q_9油层大孔最为发育,8ms以上孔隙,一般在4%~7%;Q_1—Q_7油层,8ms以上孔隙,一般在2%~5%(图3)。

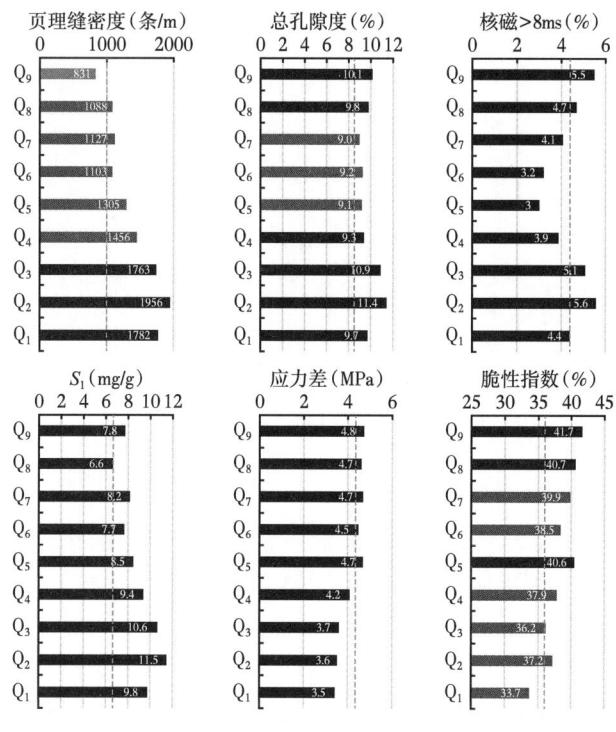

图3 古龙页岩油分层参数图

综合看，Q_1—Q_4层黏土含量高，页理发育，含油性最好；脆性指数较低，应力差较小，可压性较差。Q_5—Q_7层页理和含油性处于中间、可动孔隙度低；黏土含量偏低，脆性偏大，应力差较大。Q_8—Q_9层页理较发育、含油性较好、可动孔隙度高；黏土含量偏低，脆性偏大，应力差较大。

2 古龙页岩油生产井初期见油规律

2.1 水平井生产初期见油规律

针对已投产井达到稳定见油时的压力、返排率及返排时间的统计结果显示，古龙页岩油井见油时生产压差分布在0.4~6.6MPa范围之内，返排率分布在0.5%~41%之间，压后闷井返排天数分布在4~173d（图4）。古龙页岩油不同水平井间的见油返排率和见油返排天数差别明显，跨度较大，但不同水平井间的见油生产压差差别较小，表明水平井初期返排过程中，生产压差对见油起到控制作用，当水平井达到见油生产压差时，储层中的页岩油开始排出进入井筒，井口实现见油开采。

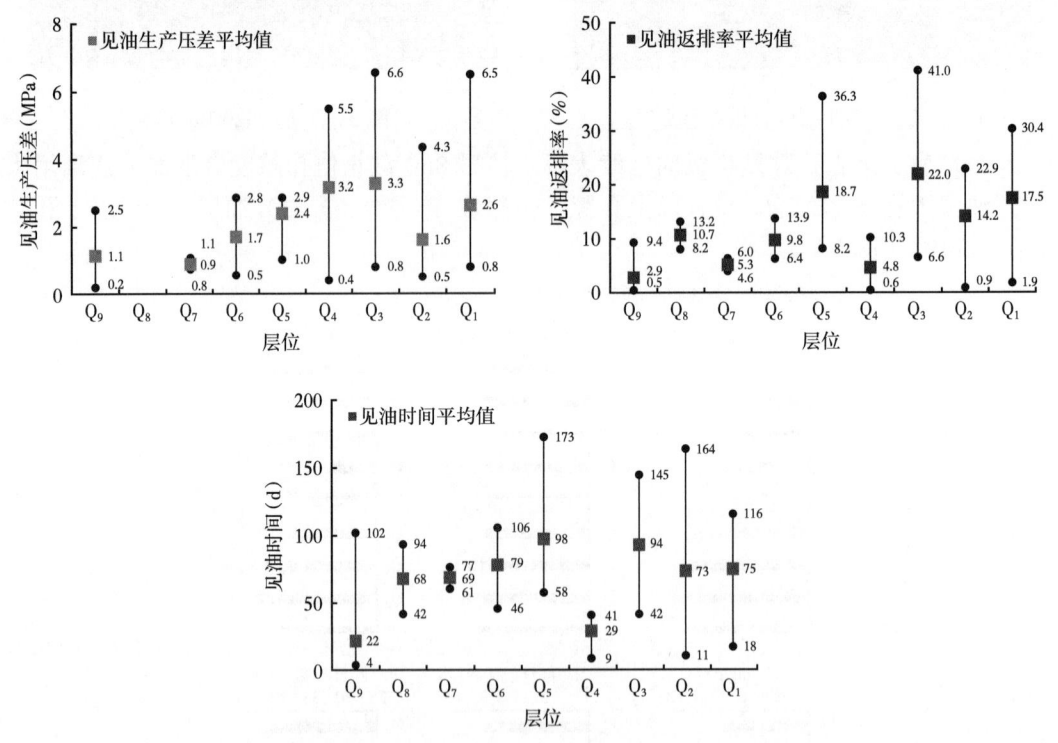

图4 不同层为见油生产压差、见油返排率、见油时间图

生产压差是地层压力与人工缝内压力间的压力差值，压力的传导受储层连通性的影响，古龙页岩孔喉非常小，孔径以10~30nm为主，喉道以4~7nm为主，是国内其他页岩油的几百分之一（图5），但页理缝非常发育，宏观1000~3000条/m，电镜下10000条/m以上，场发射扫描电镜下页理缝缝长在200~5000nm之间，缝宽在50~150nm之间，CT重构和激光共聚焦表征平均缝宽达到6.8μm。细小的孔喉和发育的页理缝表明，古龙页岩油压力的传导与页理缝的发育密不可分，页理缝是古龙页岩储层连通性的重要影响因素。

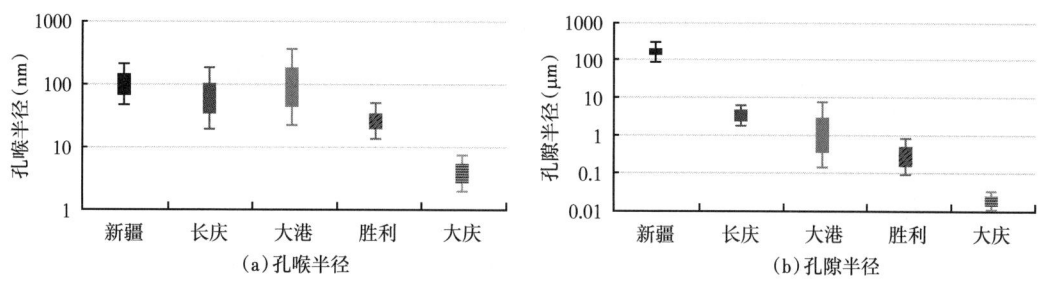

图 5 古龙页岩与其他油田页岩孔喉半径（a）和孔隙半径（b）对比

结合 CT 扫描和随机生长法重构孔喉特征，通过 LBM 方法建立了基质+页理渗流模型开展渗流模拟，流动模拟显示 10~130nm 基质孔油相启动压力梯度在 0.47~0.08MPa/mm 之间，页理缝缝宽在 0.5~20μm 时油相启动压力梯度为 0.015~0.001MPa/mm（图 6）。基质孔的渗流能力远低于页理缝，仅靠机制孔的渗流能力，页岩油将无法排出，页理缝的存在实现了储层流体在低压力梯度下开始排出，页理缝的高渗流能力是古龙页岩油储层低见油生产压差的决定性条件。

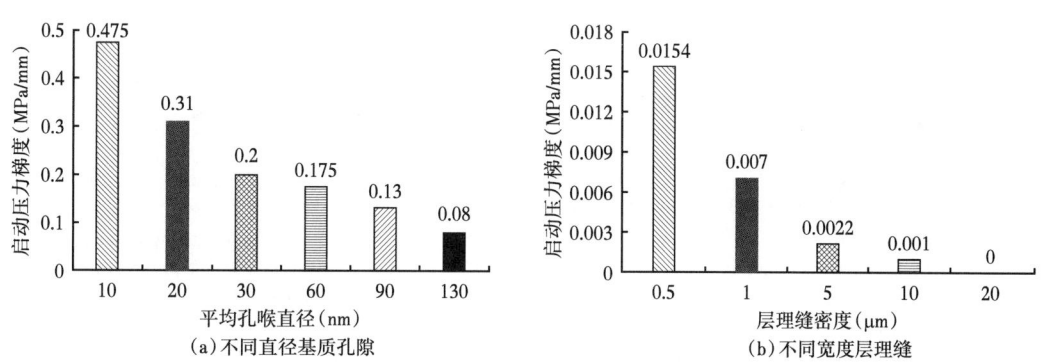

图 6 古龙页岩油不同直径基质孔隙（a）和不同宽度层理缝（b）单相油流动启动压力梯度图

古龙页岩油井从返排到见油过程，是储层流体由基质孔到页理缝到人工缝再到井筒开采的运移过程（图 7）。压后初期，人工缝压力高于页理缝及基质孔压力，地层油、气流体无法

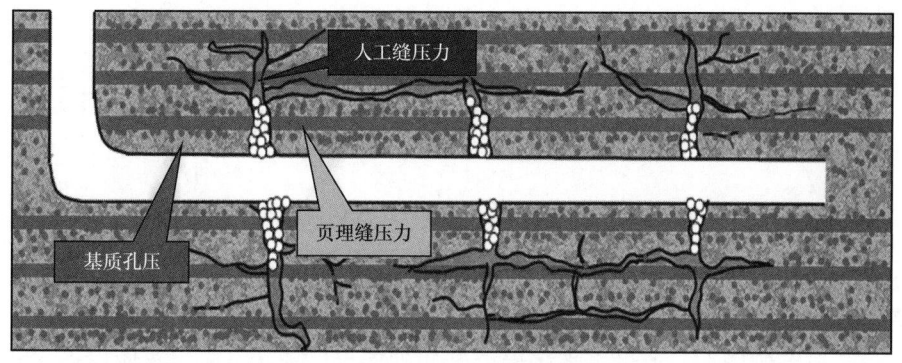

图 7 压后初期和见油生产时人工缝与页理缝、基质压力分布示意图

排出,此时缝内压力高需要快速返排降低缝内压力,实现早见油。见油生产时,基质孔压力高于页理缝及人工缝压力,基质孔隙流体开始持续供给,并通过页理缝流出,此时需要维持基质供采平衡,保证页理缝压力稳定不闭合,实现长期生产。青山口组 Q_9 油层岩性以页岩为主,黏土较低,大孔发育,粒度粗,整体上脆性大,因此发育的页理缝不易闭合,可以维持良好的渗流通道,所以初期流体启动压力梯度低,见油生产压差低。

2.2 水平井生产初期产油规律

古龙页岩油水平井见油生产初期随着不断放喷产油量会逐渐上升,生产压差也逐渐增加,逐步实现产油达峰。水平井 B 油相示踪剂监测显示,见油后生产压差较小,部分井段供给出油,当生产压差达到 15MPa 时,全井段开始供给产量(图8)。水平井 A 生产初期产油量和井底流压关系显示,随着井底流压降低即生产压差的增加,产量不断上升,当井底流压达到 25MPa 时达到产量峰值,此时生产压差为 15MPa,维持在产量峰值稳定一段时间后,产量进入递减状态(图9)。现有数据表明,古龙页岩油水平井生产初期的生产压差与产量抬升存在正相关性,一定流压区间内产量水平处于峰值状态,维持合理的生产压差可以提高水平井单井产量。

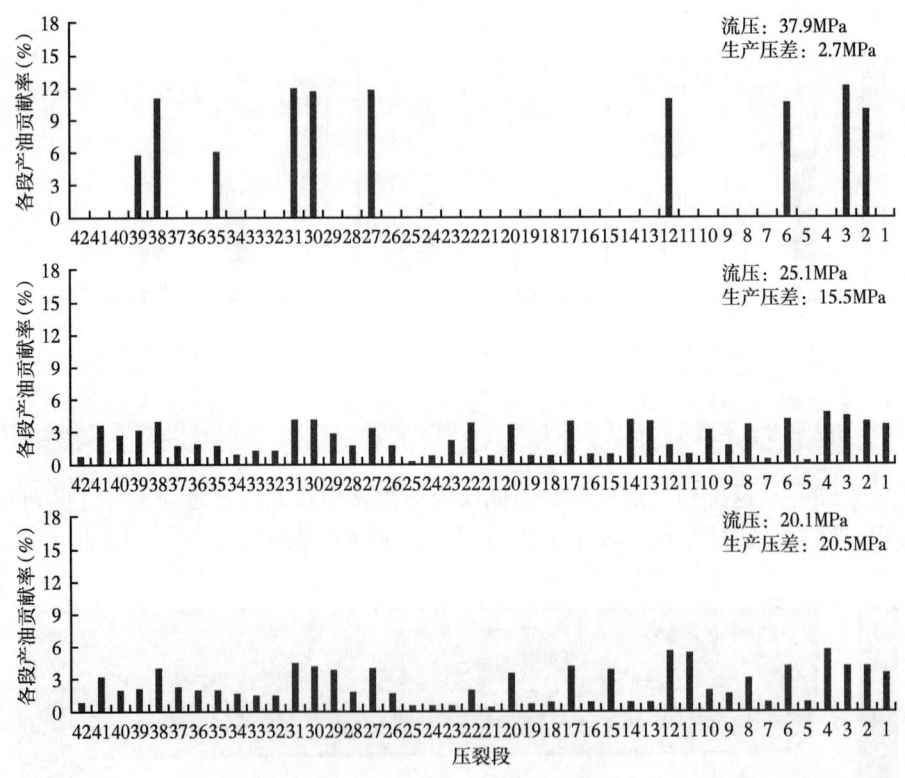

图 8　B 井不同阶段油相示踪剂监测图

建立水平井初期生产压差与初期产量间的关系图(以 C 井为例),二者前期呈现很强的线性关系,该阶段的斜率为单位压降下的产量增长情况,斜率大小决定了产量可达到峰值水平,随着生产压差的增大,产量水平缓慢上升达到拐点后开始下降,该阶段产量水平最高,为最佳生产压差区间,应将水平井压力维持在此区间,以发挥最佳的产量水平(图10)。

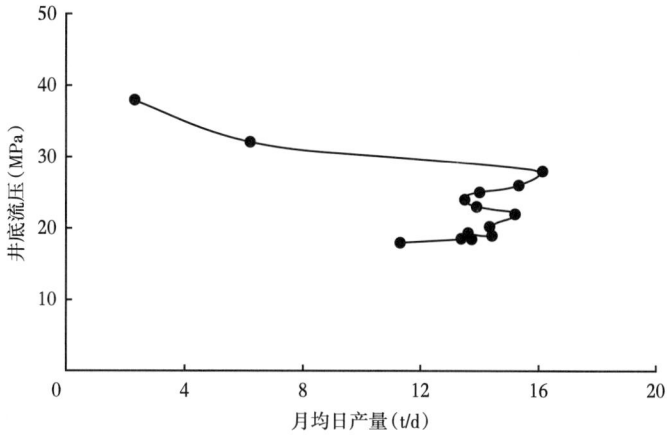

图 9 A 井井底流压与初期产量图

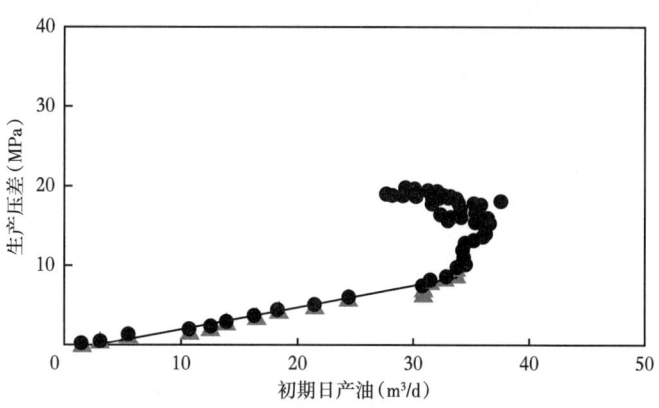

图 10 C 生产压差与初期产油量关系图

定义压差与产量关系线性阶段斜率值的倒数为产油指数,评价水平井的产油能力。各井组产油指数与水平井初期百米水平段产量的关系显示,二者成正良好的相关性。因此,产油指数可以代表水平井初期产油能力,越大表明初期产油能力越强,可达到的产量水平更高(图11)。

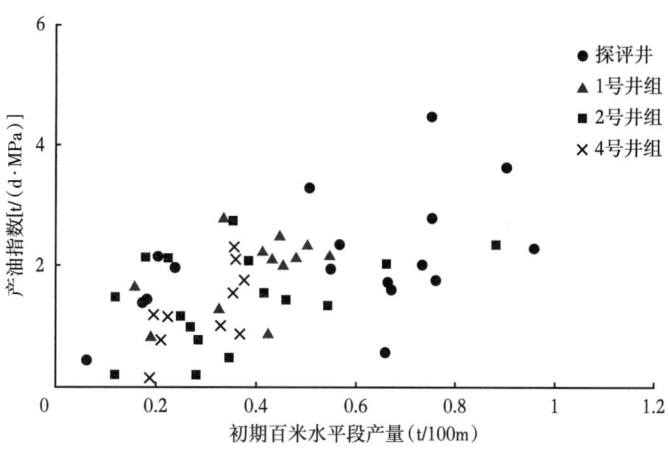

图 11 产油指数与百米水平段产量关系图

青山口组各层位产油指数结果显示，Q_9产油指数最高，与Q_9层投产井初期产量水平最高相吻合（图12）。记录产量即将达峰至产量开始下降阶段的流压水平，各层位合理流压区间在21.9~30.5MPa，其中Q_9层位最佳流压区间跨度最大，即最佳生产压差范围相对较大，预测Q_9层水平井达峰稳产时间较其他层位井更长（图13）。

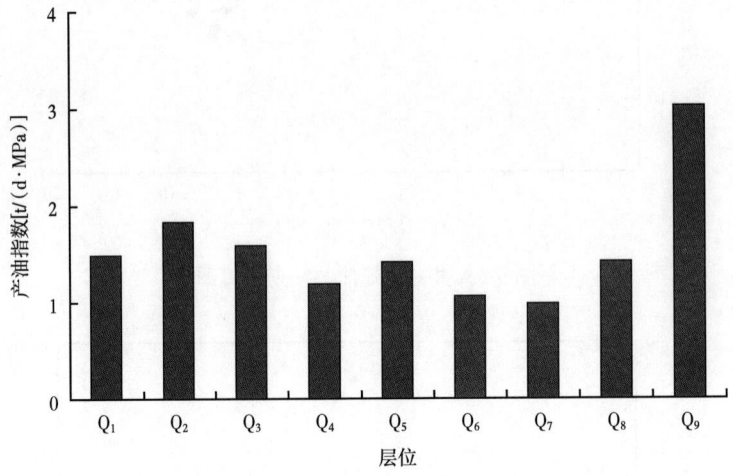

图12 各层位产油指数柱状图

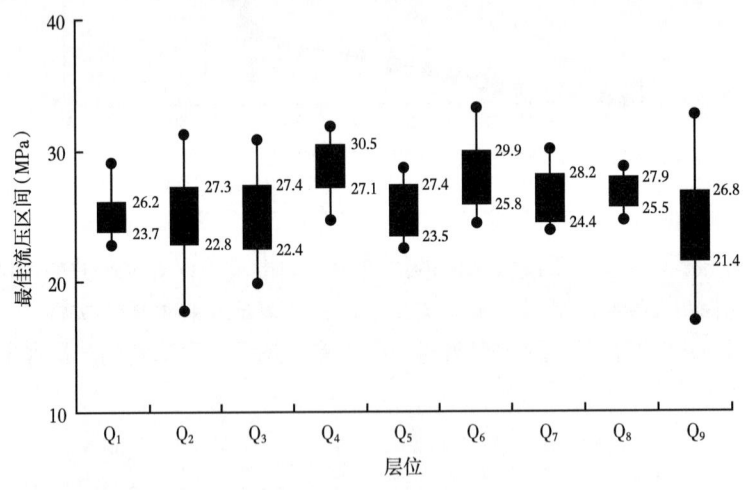

图13 最佳流压区间图

3 古龙页岩油生产井生产特征

3.1 分层产油量特征

古龙页岩油轻质油带，井井见油、层层产油，但产量差异较大。Q_9油层井数最多，占总井数34.4%，Q_1—Q_4井数占比54.9%。从投产井生产情况看，Q_9层井初年产量最高，平均单井日产油11.3~28.3t，平均20.4t，Q_1—Q_4层中井数较多的Q_2层井平均单井日产油1.8~16.5t，平均7.7t（图14）。

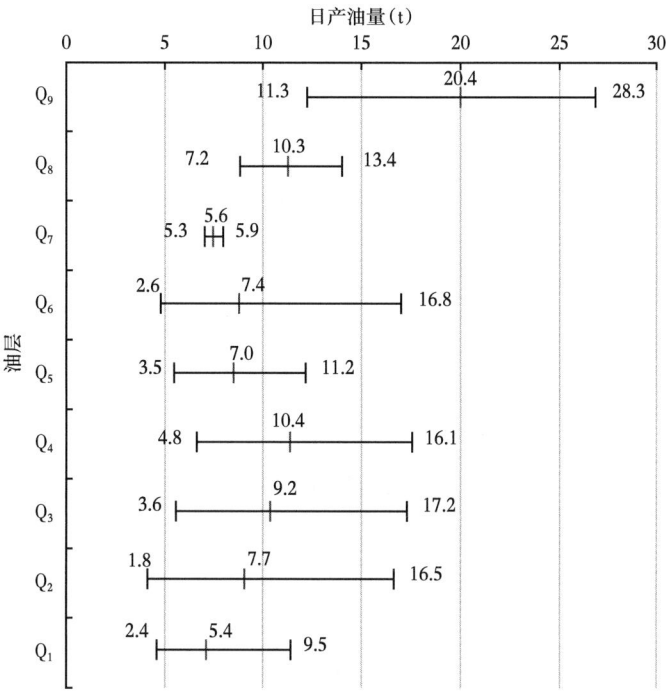

图 14 古龙页岩油分层投产井数及初年产量情况

分层水平井产量曲线看，上油组 Q_9 油层井生产稳定，生产周期内平均日产油高于其他油层 5~15t，投产初期产量上升快，平均 35d 产量达峰，平均单井日产油 15t 以上生产 450d 左右；中油组 Q_5—Q_7 层投产井数较少，Q_5 油层井达峰产量 15t 左右，86d 达峰，后期产量递减较快；下油组 Q_1—Q_4 层，产量 Q_3 层、Q_4 层 >Q_2 层 >Q_1 层（图 15）。

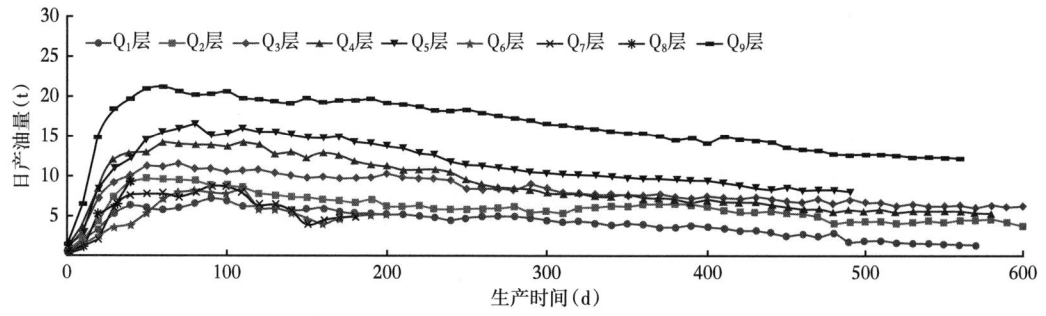

图 15 古龙页岩油不同层位水平井平均产量曲线

3.2 产液、含水率变化特征

对页岩油自喷生产水平井初期产液量和油嘴大小关系进行分析，日产液能力受油嘴大小控制，曲线结果显示随油嘴增大产液能力增加，油嘴增大到一定程度，日产液保持稳定（图 16）。因此，水平井见油初期，可通过调大油嘴快速排液，建立生产压差，见油后期，应适时调整油嘴，保持控压生产，减缓产液量变化。

对 Q_2 油层、Q_9 油层开发井含水下降情况对比分析，Q_9 油层开发井见油初期含水率下降速度较快，生产 200d 含水率下降至 60%，下降 40 个百分点，200d 后含水率下降平缓；而 Q_2 油层开发井生产 150d 含水率下降至 70% 左右，下降 30 个百分点，150d 后含水率下降平缓（图 17）。页岩油开采方式投产初期均弹性开采，产液量持续下降，含水率逐渐下降，产油量受产液量、含水率双重控制，如果下降速度过快，水平井产量下降速度快，因此，不同开发阶段通过油嘴调整产液量、含水率下降速度达到最优化，保证水平井长期稳产。

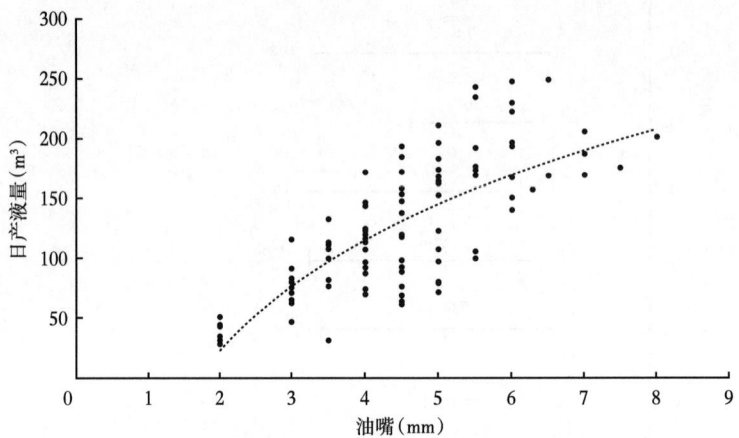

图 16　古龙页岩油水平井产液量随油嘴变化曲线

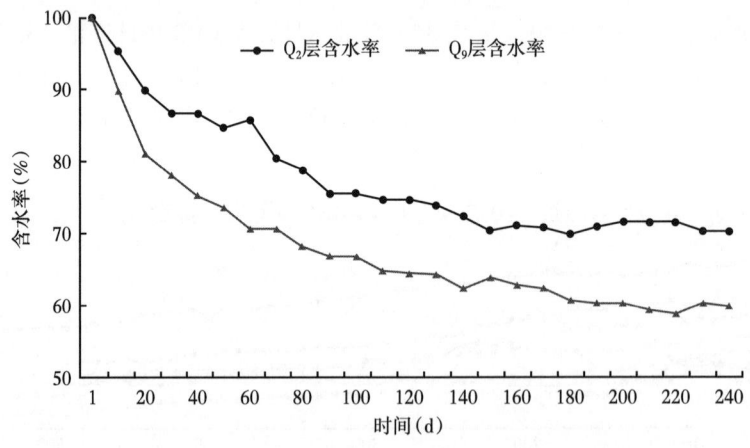

图 17　古龙页岩油 Q_2—Q_9 层水平井含水变化

3.3　递减规律分析

通过对投产井较多的 Q_2、Q_9 油层开发井递减规律进行预测标定，明确页岩油不同储层水平井递减规律，指导后续水平井开发调整。

Q_2 油层生产超过两年的井目前共有 3 口，自喷生产井初年实际递减率 32.8%，泵排生产井初年实际递减率 36.1%。生产时间 181~670d 的井共 24 口，依据目前生产情况预测初年递减率 30.4%，综合来看，Q_2 油层开发井递减规律符合双曲递减，预测初年递减率 32.1%，后期递减逐渐变缓，10 年后均按 10% 计算（图 18）。

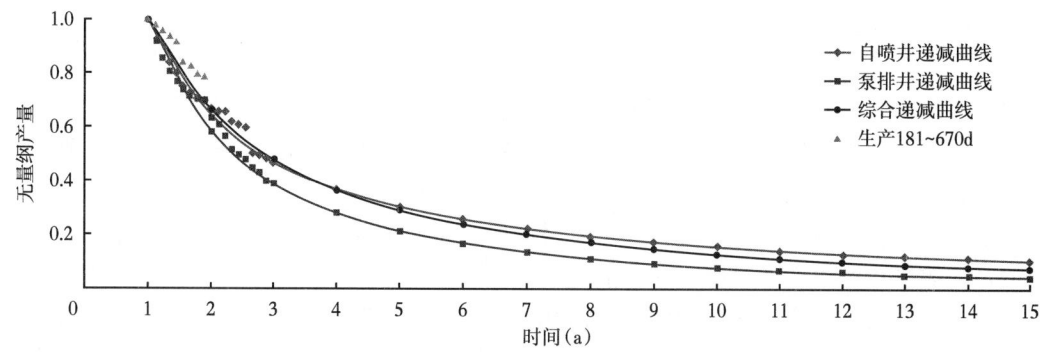

图 18 Q_2 油层开发井 15a 递减率预测曲线

Q_9 油层生产超过两年的井目前共有 2 口，自喷生产井初年实际递减率 19.5%，泵排生产井初年实际递减率 27.4%。生产时间 150~579d 的井共 21 口，依据目前生产情况预测初年递减率 21.2%，综合来看，Q_9 开发井递减规律符合双曲递减，预测初年递减率 22.7%，后期递减逐渐变缓，10 年后均按 10% 计算（图 19）。

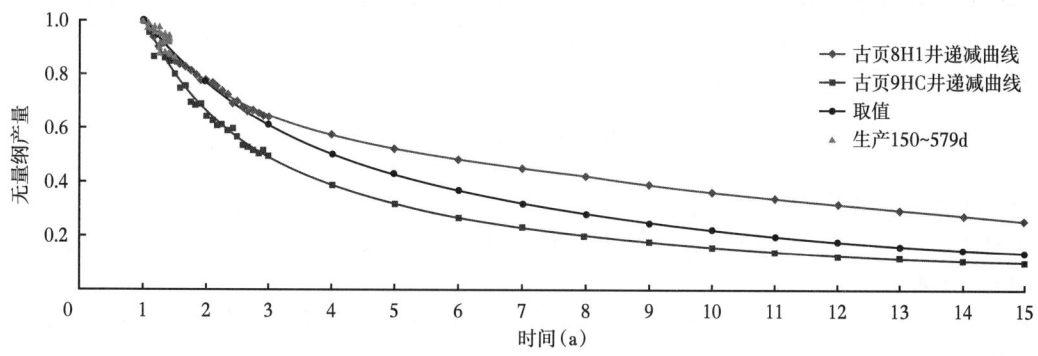

图 19 Q_9 油层开发井 15a 递减率预测曲线

Q_9 油层开发井初年预测递减率低于 Q_2 油层开发井近 10 个百分点，分析原因主要有三个方面：一是由于储层地质条件影响，Q_9 油层页理较发育、含油性较好、孔隙度高，单井产量高；二是由于压裂工艺影响，Q_9 油层后续整体开发，压裂工艺主体工艺已完成迭代，水平井改造体积实现最大化；三是返排制度影响，由于 Q_9 油层开发过程中，开发工作制度经过不断调整，已逐步形成闷调管控开发调整制度，保证水平井长期稳产。

3.4 气油比变化规律

Q_2 油层气油比南部高于北部。Q_2 油层已投产 4 个井组气油比 64~1238，北部井组 63，中部 2 个井组 262~415，南部井组达 1238。Q_9 油层南部同样高于北部，但差值小于 Q_2 油层，Q_9 油层北部 D 井气油比 150，中部 E 井气油比 280，南部 F 气油比 560（表 1）。分析气油比变化原因可能与沉积控制的黏土含量有关。

表 1 分油层汽油比对比表

油层	北部气油比	中部气油比	南部气油比
Q_2	64	262~415	1238
Q_9	150	280	560

4 结论及认识

（1）古龙页岩储层 Q_1—Q_9 差异较大，Q_1—Q_4 层黏土含量高，页理发育，含油性最好；脆性指数较低，应力差较小，可压性较差。Q_5—Q_7 层页理和含油性处于中间、可动孔隙度低；黏土含量偏低，脆性偏大，应力差较大。Q_8—Q_9 层页理较发育、含油性较好、可动孔隙度高；黏土含量偏低，脆性偏大，应力差较大。从目前压裂工艺适应性看，Q_9 油层含油性中等、可压性最好的储层，产量效果最好，为目前主要开发对象。

（2）古龙页岩油受页理缝高渗流能力影响，水平井初期返排过程中，生产压差对水平井见油起到控制作用。Q_9 油层初期流体启动压力梯度低，见油生产压差较其他层开发井低。示踪剂结果显示，页岩油水平井见油产量贡献是由少段供给到全井段供给，逐步实现产油达峰，生产压差与产量抬升存在正相关，维持合理的生产压差可以提高水平井单井产量。

（3）页岩油水平井产油指数与水平井初期百米水平段产量成正相关性。从各层位产油指数结果显示，Q_9 产油指数最高，预测 Q_9 层稳产时间较其他层位更长。且 Q_9 油层投产初期产量上升快、含水率下降速度较快、产量达峰需时间较其他油层时间短、初年预测递减率低；Q_5—Q_7 层产量递减较快；Q_1—Q_4 层产量 Q_3、Q_4 层 >Q_2 层 >Q_1 层。开发井日产液能力受油嘴大小控制，产油量受产液、含水率双重控制，因此不同开发阶段可通过油嘴调整产液量、含水率下降速度达到最优化，保证水平井长期稳产。

参 考 文 献

[1] 孙龙德.古龙页岩油（代序）[J].大庆石油地质与开发，2020，39（3）：1-7.

[2] 金成志，董万百，白云风，等.松辽盆地古龙页岩岩相特征与成因[J].大庆石油地质与开发，2020，39（3）：35-44.

[3] 施立志，王卓卓，张革，等.松辽盆地齐家地区致密油形成条件与分布规律[J].石油勘探与开发，2015，42（1）：44-50.

[4] 柳波，石佳欣，付晓飞，等.陆相泥页岩层系岩相特征与页岩油富集条件：以松辽盆地古龙凹陷白垩系青山口组一段富有机质泥页岩为例[J].石油勘探与开发，2018，45（5）：828-838.

[5] 王玉华，梁江平，张金友，等.松辽盆地古龙页岩油资源潜力及勘探方向[J].大庆石油地质与开发，2020，39（3）：20-34.

[6] 邹才能，杨智，朱如凯，等.中国非常规油气勘探开发与理论技术进展[J].地质学报，2015，20（1）：979-1007.

[7] 杜金虎，胡素云，庞正炼，等.中国陆相页岩油类型、潜力及前景[J].中国石油勘探，2019，24（5）：560-568.

[8] 卢双舫，黄文彪，陈方文，等.页岩油气资源分级评价标准探讨[J]石油勘探与开发，2012，39（2）：249-256.

[9] 梁世君，罗劝生，王瑞，等.三塘湖盆地二叠系非常规石油地质特征与勘探实践[J].中国石油勘探，2019，24（5）：624-635.

[10] 贾承造，郑民，张永峰.中国非常规油气资源与勘探开发前景[J].石油勘探与开发，2012，39（2）：129-136.

页岩裂缝中气液两相流动相对渗透率模型

庞 鸿，王 铎，吴 桐，潘哲君

（多资源协同陆相页岩油绿色开采全国重点实验室）

摘　要：准确的渗透率模型是描述储层岩石中多相流体流动规律的基础。现有的相对渗透率模型没有充分考虑两相流体在裂缝中流动的具体特征，对于裂缝中两相流的实验数据不能很好地拟合。室内两相流实验表明，流动过程中气体和液体占据不同裂缝空间形成弯曲流动通道，并且流动通道的迂曲程度会随着流体饱和度变化。本文结合气液两相流体在裂缝中流动的实验现象与结果，考虑气体滑移效应的影响，基于 Poiseuille 方程及达西定律计算各相流量和渗透率，建立了气液弯曲流道的两相流相对渗透率模型。通过对比多组实验数据与模型预测结果，发现本文提出的模型对实验数据的拟合效果较好，证明在研究裂缝中两相流时考虑两相流体的分布及结构特征是必要的。此外，使用本文建立的模型预测不同裂缝开度下相对渗透率曲线的变化，由于滑脱效应影响，裂缝开度减小导致气体相对渗透率增加。

关键词：两相流动；相对渗透率；页岩储层；裂缝流动

在石油工程领域，随着常规油气资源的日益枯竭，超低渗透、低孔隙度储层如页岩中的油气资源开发越来越受到重视[1-2]，我国陆上中—高成熟度页岩油资源量丰富，水力压裂技术的成熟发展使得页岩油气的工业生产成为可能[3]。页岩储层中流体流动的主要途径是天然裂缝和水力裂缝系统[4-5]。包括压裂液、地层水、油以及气的多相流体流动多发生在裂缝中[6-7]，明确页岩裂缝中多相流体的流动机理对油气开发至关重要，而准确的相对渗透率模型是理解页岩储层多相流体流动特征的基础[8-9]。

最初对裂缝中两相流的实验研究发现流体的相对渗透率随其饱和度呈线性变化，相对渗透率曲线呈"X"形[10]。而随后的研究表明，由于流体间存在的相互作用，X 模型与实验数据存在偏差[11-16]。在粗糙壁面裂缝中的两相流动，裂缝内的两相流会呈现复杂的几何结构，两相流体随着流量和饱和度的变化会出现不同的流动形态[11, 13, 15-19]。Fourar 和 Lenormand[20] 基于流体之间的黏性耦合建立了裂缝中两相流的相对渗透率模型，后续学者通过细化流体结构或考虑裂缝的性质如壁面粗糙度等，提出了更多的相对渗透率模型[21-24]。随着实验技术的发展，对裂缝内两相流进行可视化研究，观测不同流速及饱和度下流形的变化，一定程度量化了两相流动的流动结构对相对渗透率的影响[13, 15, 18]。

现有的大多数理论模型只考虑了垂直方向的液相和气相划分。由于缺乏对两相流实验现象的全面考虑，现有的模型与实验结果吻合程度并不高。在本文提出的模型中，考虑了两相流体在裂缝中流动时平面及垂向上的分布：气相和液相流体在平面上呈现出弯曲的流动通道，在每个流动通道的垂直方向上气液分别占据不同的裂缝空间；基于页岩中裂缝极低的开度，考虑了气相的滑脱效应。在模型验证部分，使用文献中的实验结果对模型进行了验证，

第一作者简介：庞鸿（1996—），男，2021 年获东北石油大学工学硕士学位，现为东北石油大学地质资源与地质工程专业博士研究生，主要研究方向为非常规页岩油气多相渗流。通讯地址：黑龙江省大庆市龙凤区学府街 99 号，邮编：163318，E-mail：panghong@stu.nepu.edu.cn

发现模型与实验数据拟合良好。

1 模型建立

1.1 物理模型

裂缝内两相流的形态随气液饱和度的变化而变化。光滑壁面的裂缝中,两相流流态呈现出类似管流的流态变化,随着气相饱和度增加,依次出现泡状流、段塞流、环状流。与管流单一存在区别的是,裂缝中两相流体的非润湿相被润湿相包裹,形成不同形状及尺寸的弯曲流动通道(图1)。在液相为润湿相的情况下,由于液体与裂缝壁面的相互作用气相会被液膜包裹,并不直接与裂缝壁面接触[25-27]。而对于壁面粗糙的裂缝,流动形态主要以弯曲流道的环状流动为主,并且由于粗糙壁面导致的裂缝开度不均匀,裂缝中流体的分布更为混乱,流道迂曲度大[15,28]。

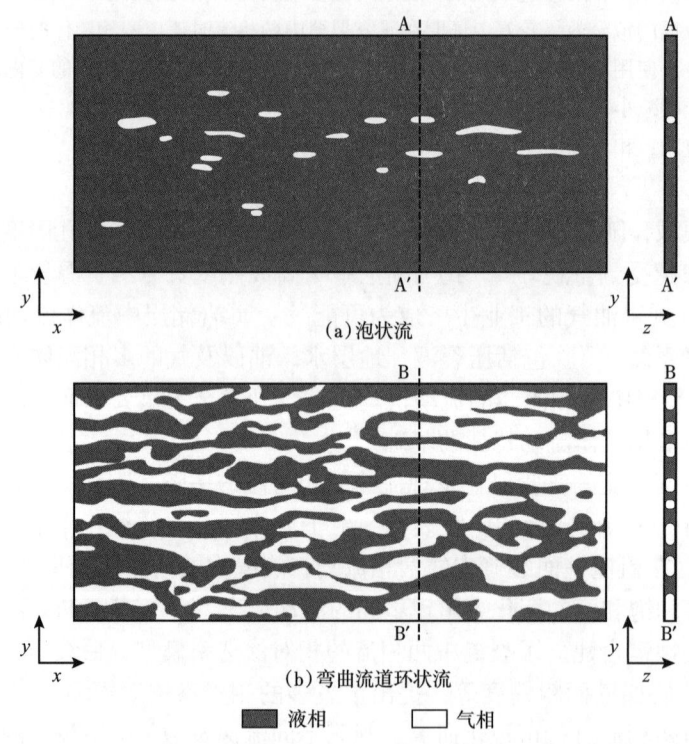

图 1 不同气液饱和度下裂缝中两相流流动形态[15,29]

1.2 数学模型

根据实验观察到的两相流结构特点,建立了气液两相以连续相流动时的理论模型。合理简化复杂的实际情况,做如下假设:(1)两相流体在一定的饱和范围内以连续相稳定流动,液体为润湿相,气体为非润湿相;(2)流动过程中不发生相变;(3)非润湿相不直接接触裂缝表面,而是在液膜包裹下流动;(4)所有流动通道分为两类,气液两相流动通道和单相(液相)流动通道,重力的影响忽略不计。

1.2.1 气液两相流动

假设裂缝开度为 b,半宽度为 h_2;两相通道平均宽度为 l_a,液道平均宽度为 l_b,液膜厚

度为 h_1，液膜间气相厚度为 2（h_2–h_1）。考虑气相在边界上速度不为 0，即发生滑脱，滑脱速度为 v_s（图 2）。

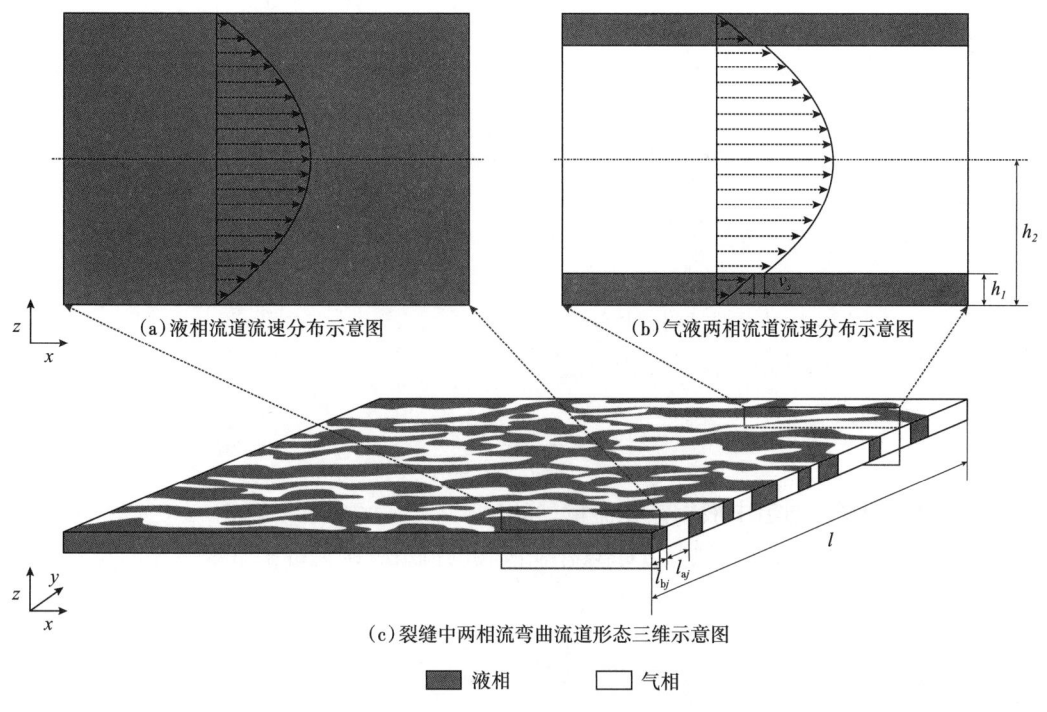

图 2 气液两相流概念模型

根据 Poiseuille 方程[30]，水平裂缝中流体的层流运动方程为：

$$\frac{\mathrm{d}^2v}{\mathrm{d}z^2}=\frac{1}{\mu}\frac{\mathrm{d}p}{\mathrm{d}x} \qquad (1)$$

式中：v 为流体速度，m/s；μ 为流体黏度，Pa·s；$\mathrm{d}p/\mathrm{d}x$ 为 x 方向上压力梯度，Pa/m。

同时存在气液两相的流动通道中液相和气相速度分别为：

$$v_1=\left(\frac{1}{2}z^2-h_2z\right)\frac{1}{\mu_1}\frac{\mathrm{d}p}{\mathrm{d}x},0\leqslant z\leqslant h_1,2h_2-h_1\leqslant z\leqslant 2h_2 \qquad (2)$$

$$v_g=\left(\frac{1}{2}z^2-h_2z-\frac{1}{2}h_1^2+h_1h_2\right)\frac{1}{\mu_g}\frac{\mathrm{d}p}{\mathrm{d}x}+\left(\frac{1}{2}h_1^2-h_1h_2\right)\frac{1}{\mu_1}\frac{\mathrm{d}p}{\mathrm{d}x}+v_s,h_1\leqslant z\leqslant 2h_2-h_1 \qquad (3)$$

式中：v_g，v_1 为气相及液相速度，m/s；μ_g，μ_1 为气相及液相黏度，Pa·s。

滑脱速度 v_s 由滑脱长度及剪切速率计算[27, 31-32]：

$$v_s=\frac{2-\sigma_v}{\sigma_v}\gamma\left(\frac{\partial v_{\mathrm{gns}}}{\partial z}\right)\bigg|_{z=h_1} \qquad (4)$$

令 $l_s=\dfrac{2-\sigma_v}{\sigma_v}\gamma$，那么 v_s 可以表达为：

$$v_s = l_s \left(\frac{\partial v_{gns}}{\partial z}\right)\bigg|_{z=h_1} = l_s(h_1 - h_2)\frac{1}{\mu_g}\frac{dp}{dx} \tag{5}$$

式中：v_{gns} 为无滑脱时气相速度，m/s；σ_v 为切向动量适应系数；γ 为分子平均自由程，m。

通过式（2）和式（3）式计算同时存在气液两相的流动通道中液相和气相的体积流量：

$$q_{l_a} = 2l_a\int_0^{h_1} v_l dz = \frac{l_a}{\mu_l}\frac{dp}{dx}\left(\frac{h_1^3}{3} - h_1^2 h_2\right) \tag{6}$$

$$q_{g_a} = l_a\int_{h_1}^{2h_2-h_1} v_g dz = -\frac{2}{3}(h_2-h_1)^3\frac{l_a}{\mu_g}\frac{dp}{dx} + (h_2-h_1)(h_1^2 - 2h_1 h_2)\frac{l_a}{\mu_l}\frac{dp}{dx} - 2l_s(h_2-h_1)^2\frac{l_a}{\mu_g}\frac{dp}{dx} \tag{7}$$

式中：q_{l_a}，q_{g_a} 分别为液相流量与气相体积流量，m³/s。

对于只有液相的流动通道，其体积流量为：

$$q_{l_b} = -\frac{2}{3}\frac{h_2^3 l_b}{\mu_l}\frac{dp}{dx} \tag{8}$$

式中：q_{l_b} 为液相的流动通道中液相体积流量，m³/s。

假设存在 m 条两相共存流道与 n 条只存在液相的流道，则裂缝中气液两相的总体积流量为：

$$q_l = \sum_{i=1}^m q_{l_{ai}} + \sum_{j=1}^n q_{l_{bj}} \tag{9}$$

$$q_g = \sum_{i=1}^m q_{g_{ai}} \tag{10}$$

式中：q_l，q_g 分别为裂缝中液相和气相总体积流量，m³/s；$q_{l_{ai}}$，$q_{g_{ai}}$ 分别为含有气液两相流动通道 i 的液相和气相的体积流量，m³/s，$i=1, 2, 3, \cdots, m$；$q_{l_{bj}}$ 为只含有液相的流动通道 j 中液相体积流量，m³/s，$j=1, 2, 3, \cdots, n$。

考虑流动通道的迂曲度，则式（9）和式（10）可化为：

$$q_l = \sum_{i=1}^m q_{l_{ai}} + \sum_{j=1}^n q_{l_{bj}} = \sum_{i=1}^m \frac{l_{ai}}{\tau_{ai}}\left[\frac{1}{\mu_l}\frac{\Delta p}{L}\left(h_1^2 h_2 - \frac{h_1^3}{3}\right)\right] + \sum_{j=1}^n \frac{l_{bj}}{\tau_{bj}}\left(\frac{2}{3}\frac{h_2^3}{\mu_l}\frac{\Delta p}{L}\right) \tag{11}$$

$$q_g = \sum_{i=1}^m q_{g_{ai}} = \sum_{i=1}^m \frac{l_{ai}}{\tau_{ai}}\left[\frac{2}{3}\frac{1}{\mu_g}\frac{\Delta p}{L}(h_2-h_1)^3 - (h_2-h_1)(h_1^2-2h_1h_2)\frac{1}{\mu_l}\frac{\Delta p}{L} + 2l_s(h_2-h_1)^2\frac{1}{\mu_g}\frac{\Delta p}{L}\right] \tag{12}$$

式中：τ 为流动通带迂曲度，定义为 $\tau = L_e/L$；L_e 为弯曲流动通道的实际长度，L 为裂缝长度，m；τ_{ai} 为含有气液两相流动通道 i 的迂曲度；τ_{bj} 为液相流动通道 j 的迂曲度；l_{ai} 为通道 i 的平均宽度，m；l_{bj} 为通道 j 的平均宽度，m。

x 方向上的压力梯度为 $dp/dx = -\Delta p/L_e = -\Delta p/L\tau$。为了简化计算，只考虑液膜对总流量的贡献极低的情况，那么可以忽略液膜对液相流量的贡献。则式（11）可化简为：

$$q_l = \sum_{j=1}^n \frac{l_{bj}}{\tau_{bj}}\left(\frac{2}{3}\frac{h_2^3}{\mu_l}\frac{\Delta p}{L}\right) \tag{13}$$

裂缝中气体的总体积是两相通道中气体所占空间的总和，其计算式为：

$$\sum_{i=1}^{m} l_{ai}\tau_{ai}L(h_2-h_1) = lLh_2S_g^* \qquad (14)$$

$$S_g^* = S_g - S_{gr} \qquad (15)$$

式中：S_g 为气相饱和度；S_g^* 为可动气相饱和度；S_{gr} 为束缚气饱和度，一般来说 $S_{gr}=0$，$S_g^*=S_g$。

采用等效模型简化体积流量的计算，将不同宽度和弯曲度的流道替换为相同宽度和迂曲度的等效流道。存在 τ_a、τ_b、l_a^* 和 l_b^* 满足以下条件：

$$\sum_{i=1}^{m} l_{ai}\tau_{ai} = ml_a^*\tau_a \qquad (16)$$

$$\sum_{i=1}^{m} \frac{l_{ai}}{\tau_{ai}} = m\frac{l_a^*}{\tau_a} \qquad (17)$$

$$\sum_{j=1}^{n} \frac{l_{bj}}{\tau_{bj}} = n\frac{l_b^*}{\tau_b} \qquad (18)$$

$$\sum_{j=1}^{n} l_{bj}\tau_{bj} = nl_b^*\tau_b \qquad (19)$$

式中：l_a^*，l_b^* 为气相和液相流道的等效宽度，m；τ_a，τ_b 为气相和液相流道的等效迂曲度。

τ_a 和 τ_b 的值与饱和度相关，式（14）可以写为：

$$ml_a^* = \frac{lh_2S_g}{(h_2-h_1)\tau_a} \qquad (20)$$

裂缝宽度为 l，那么：

$$ml_a^* + nl_b^* = l \qquad (21)$$

液相流道的总宽度为：

$$nl_b^* = l - \frac{lh_2S_g}{(h_2-h_1)\tau_a} \qquad (22)$$

结合式（11）至式（22）和达西定律，考虑弯曲通道液气流动形态特征的相对渗透率模型可表示为：

$$K_{rg} = \left[\left(1-\frac{3}{2}\mu_r\right)H^2 + \frac{3l_s}{h_2}H + \frac{3}{2}\mu_r\right]\left(\frac{1}{\tau_a}\right)^2 S_g \qquad (23)$$

$$K_{rl} = \left(1-\frac{S_g}{H\tau_a}\right)\frac{1}{\tau_b} \qquad (24)$$

$$H = 1 - \frac{h_1}{h_2} \tag{25}$$

$$\mu_r = \frac{\mu_g}{\mu_l} \tag{26}$$

式中：K_{rg}，K_{rl} 为气相及液相相对渗透率；S_l 为液相饱和度；μ_r 为气液两相黏度比。

液体和气体流动通道的迂曲度可以用如下经验公式计算[33-35]：

$$\frac{\tau_{a0}}{\tau_a} = \left(1 - \frac{S_l - S_{lr}}{S_{lc} - S_{lr}}\right)^\sigma \tag{27}$$

$$\frac{\tau_{b0}}{\tau_b} = \left(\frac{S_l - S_{lr}}{1 - S_{lr}}\right)^\sigma \tag{28}$$

式中：S_{lc} 为临界饱和度，当 $S_l > S_{lc}$ 时气相流动不连续；τ_{a0} 为气相饱和度等于 $1-S_{lr}$ 时的气相流道迂曲度；τ_{b0} 为液相饱和度等于 1 时的液相流道迂曲度；σ 为表征渗流介质与流道迂曲度关系的系数。

考虑液相为润湿相的情况，那么 τ_{b0} 等于 1，然而由束缚液相的存在导致 τ_{a0} 的取值难以直接确定。并且取 S_{lc} 为 1 不会明显改变计算结果[36]，那么式（27）和式（28）可以表示为：

$$\frac{1}{\tau_a} = \frac{1}{\tau_{a0}}(1 - S_{le})^\sigma \tag{29}$$

$$\frac{1}{\tau_b} = S_{le}^\sigma \tag{30}$$

$$S_{le} = \frac{S_l - S_{lr}}{1 - S_{lr}} \tag{31}$$

将式（29）和式（30）代入式（23）和式（24），最终气相和液相相对渗透率的表达式为：

$$K_{rg} = \left[\left(1 - \frac{3}{2}\mu_r\right)H^2 + \frac{3l_s}{h_2}H + \frac{3}{2}\mu_r\right](1 - S_{le})^{2\sigma}\frac{S_g}{\tau_{a0}^2} \tag{32}$$

$$K_{rl} = \left[1 - \frac{S_g}{H\tau_{a0}}(1 - S_{le})^\sigma\right]S_{le}^\sigma \tag{33}$$

1.2.2 液膜厚度计算

在液体与裂缝表面相互作用的影响下，在孔壁面上形成一层液膜，气相在其包裹下流动（图 2）。液膜的厚度可由式（34）确定[25, 27]：

$$\frac{\delta}{h_2 - h_1} = \Pi(h) \tag{34}$$

式中：$\Pi(h)$ 为固体表面和液体膜之间的分离压力，Pa；δ 为气液表面张力，N/m。

$\Pi(h)$ 可由式（35）至式（38）计算：

$$\Pi(h) = \Pi_m(h_1) + \Pi_{el}(h_1) + \Pi_{st}(h_1) \tag{35}$$

$$\Pi_m(h_1) = \frac{A_H}{h_1^3} \tag{36}$$

$$\Pi_{el}(h_1) = \frac{\varepsilon\varepsilon_0}{8\pi}\frac{\zeta_1 - \zeta_2}{h_1^2} \tag{37}$$

$$\Pi_{st}(h_1) = k e^{-\frac{h_1}{\omega}} \tag{38}$$

式中：Π_m 为范德华力，Pa；Π_{el} 为静电力，Pa；Π_{st} 为结构力，Pa；A_H 为两相系统的 Hamaker 数，J；ε 为液相的相对介电常数；ε_0 为真空中的电常数，F/m；ζ_1、ζ_2 为固液界面和气液界面的电势，V；k 为结构力强度系数；N/m²；ω 为液体分子的特征长度，m。

2 模型验证

2.1 实验数据与模型拟合情况

本文使用 Diomampo[13] 及 Chen 等[15] 文献中的气水两相实验数据来验证本文提出的模型，实验数据和模型拟合情况如图 3 所示。

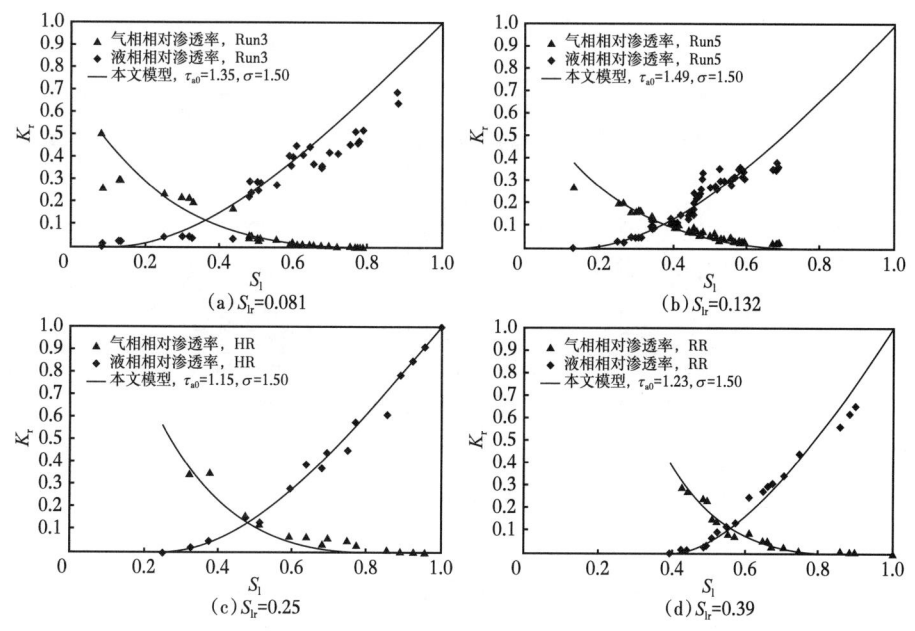

图 3 实验数据与模型拟合

（a）、（b）实验数据来源于 Diomampo[13]，（c）、（d）实验数据来源于 Chen 等[15]

本文提出的模型中包含两个待定参数，分别是 τ_{a0} 与 σ。τ_{a0} 的物理意义为气相饱和度等于 $1-S_{lr}$ 时的气相流道迂曲度，即裂缝中只存在束缚液相时气相流道的弯曲程度。该值与束缚液相的含量、分布以及裂缝壁面粗糙度相关。σ 的取值则跟渗流介质相关。图 3 表明，在 τ_{a0} 与 σ 取值恰当的情况下，本文建立的模型能很好地拟合实验数据，基于弯曲流道来对裂缝中两相流进行表征的方法是可行的。虽然模型是在两相流体呈连续相流动的假设条件下建立的，但在根据与实验数据的对比，发现在两相流体饱和度较低时偏差并不明显。

2.2 与已有理论模型的对比

通过与已有的理论模型对比，更能反映模型的适用性。本文选择常用来描述裂缝中两相流相对渗透率模型与本文建立的模型对比，观察模型对实验数据的拟合情况。选择的模型包括 X 模型、Fourar 模型（黏性耦合模型）、Corey 模型以及 Lei 模型[10,20,22,36]。模型的表达式总结在表 1 中。各模型和实验数据的拟合情况如图 4 所示。为了更为直观地展示各模型与实验数据的拟合情况，计算了模型与实验数据的均方根误差（RMSE），结果见表 2。

表 1 常用两相流相对渗透率模型

模型	K_{rw}	K_{nw}
X 模型	S_w	$1-S_w$
Fourar 模型	$\dfrac{S_w^2}{2}(3-S_w)$	$(1-S_w)^3+\dfrac{3}{2}\mu_r S_w(1-S_w)(2-S_w)$
Corey 模型	S_{we}^4	$(1-S_{we})^2(1-S_{we}^2)$
Lei 模型	$\dfrac{S_w(S_w-S_{wr})^2}{(1-S_{wr})^3}\left[\dfrac{2(S_w-S_{wr})+3S_g}{2}\right]$	$\dfrac{S_g^2}{(1-S_{wr})^3}\left[S_g^2+\mu_r\dfrac{3(S_w-S_{wr})^2+6(S_w-S_{wr})S_g}{2}\right]$

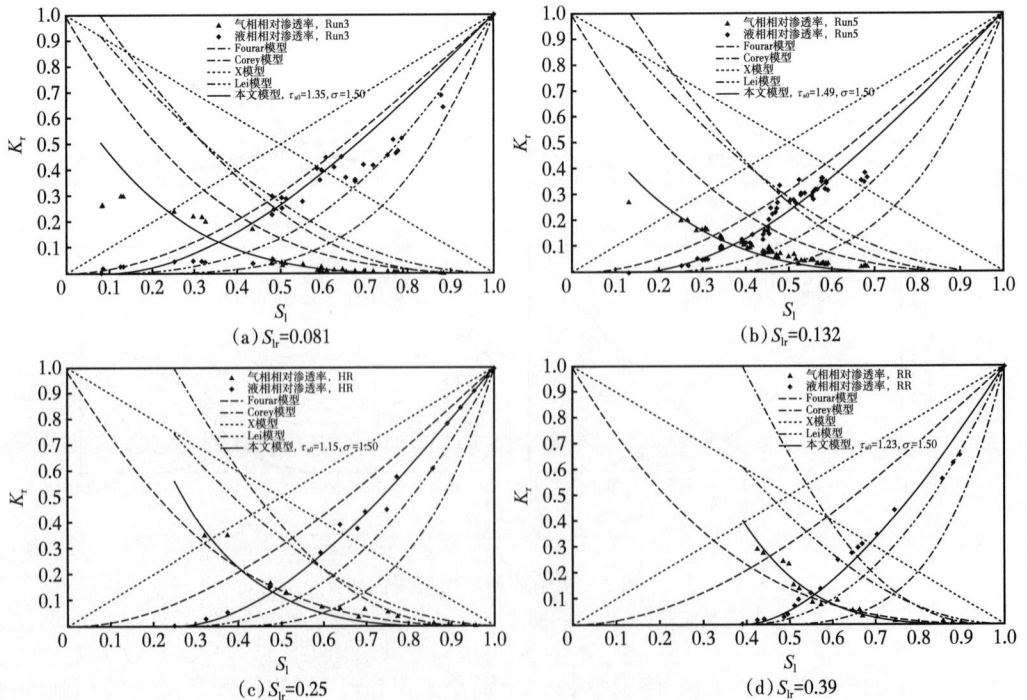

图 4 相对渗透率理论模型与实验结果的比较

表 2 模型值与实验数据之间的均方根误差

模型	数据集	RMSE		
		K_{rw}	K_{mw}	K_r
X 模型	Run 3	0.24	0.40	0.33
	Run 5	0.25	0.44	0.36
	HR	0.25	0.24	0.25
	RR	0.37	0.27	0.33
Fourar 模型	Run 3	0.11	0.17	0.14
	Run 5	0.08	0.11	0.10
	HR	0.12	0.03	0.09
	RR	0.22	0.05	0.16
Corey 模型	Run 3	0.19	0.28	0.24
	Run 5	0.20	0.28	0.25
	HR	0.21	0.18	0.20
	RR	0.39	0.34	0.36
Lei 模型	Run 3	0.09	0.27	0.20
	Run 5	0.12	0.27	0.21
	HR	0.09	0.14	0.12
	RR	0.08	0.17	0.13
本文模型	Run 3	0.09	0.06	0.08
	Run 5	0.04	0.01	0.03
	HR	0.04	0.04	0.04
	RR	0.04	0.03	0.04

根据图 4 可以看出，现有模型普遍存在对气体相对渗透率过高估计的问题，其主要原因是未考虑不可动的束缚流体。除本文建立的模型外，其他模型的曲线与实验数据均有明显偏差，理论模型与实验数据的均方根误差也是本文建立的模型最小。

3 讨论

3.1 流道迂曲度的影响

流道迂曲度与流体饱和度的关系由经验公式确定，由于液相一般为润湿相，气相作为非润湿相一般不存在不可动的束缚气相，因此 τ_{b0} 取值为 1。而根据实验数据拟合得到 σ 有固定取值为 1.5。τ_{a0} 反映了束缚相流体的含量、分布以及裂缝壁面粗糙度等对两相流动的综合影响。通过 τ_{a0} 来研究流道迂曲度对相对渗透率影响，图 5 展示了不同 τ_{a0} 值下的相对渗透率曲线。越大的 τ_{a0} 值代表气相流道的混乱程度与迂曲度越高，τ_{a0} 越接近于 1，在束缚液相饱和度下的气相相对渗透率就越接近于 1。液相的相对渗透率受 τ_{a0} 值的影响较小，较低 τ_{a0} 值意味着气相流道的迂曲度低，使得气相流动更为顺利，液相流动就相对被阻碍，进而导致更低的液相相对渗透率。

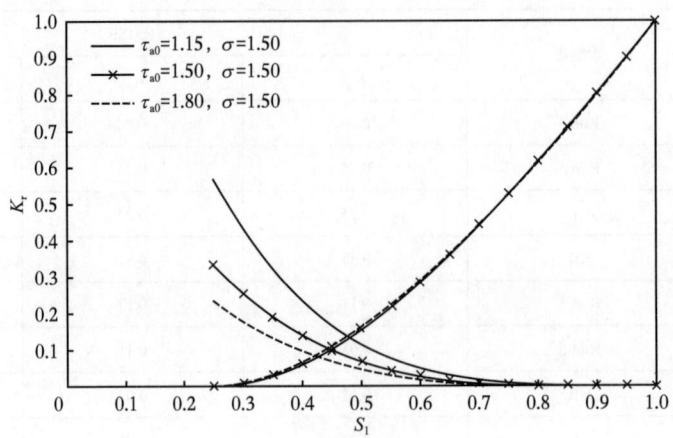

图 5 不同 τ_{a0} 取值下的相对渗透率曲线

3.2 裂缝开度的影响

页岩储层中裂缝的开度变化范围较大,因此分析裂缝开度对两相流动的影响是必要的。此外,在本文推导的模型中,由于考虑了气相在液面边界处的滑脱,裂缝开度变化势必会对其产生影响。图 6 展示了不同裂缝开度下的气液两相相对渗透率曲线。可以发现随着裂缝开度的减小,相对渗透率曲线整体右移。这是由于在模型建立过程,认为气液两相共存的流动通道中的液相(液膜)是不流动的,而随着裂缝开度的降低,液膜厚度与裂缝整体开度的比值会逐渐增加,相当于增加了束缚液相的含量,从而导致相对渗透率曲线的整体右移。随着裂缝开度的减小,由于滑脱效应的影响气体相对渗透率增大。h_2 从 7.25×10^{-5}m 减小到 1×10^{-5}m 与从 1×10^{-5}m 减小到 1×10^{-6}m 相比,后者气相相对渗透率变化更为明显,这说明在裂缝开度较小时,气相滑脱对相对渗透率曲线的影响更加显著。

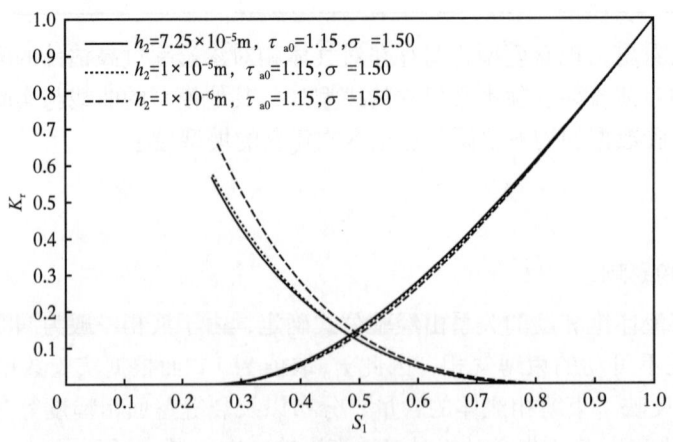

图 6 不同裂缝开度下的相对渗透率曲线

4 结论

本文提出了一种基于气液弯曲流道的两相流相对渗透率模型。该模型既考虑了两相流体在裂缝中流动时平面和垂直方向上的结构特征，又考虑了气体滑脱效应的影响。通过与实验数据的比较，验证了该模型的有效性。此外，还讨论了流道迂曲度和裂缝开度对两相相对渗透率的影响。主要结论如下：

（1）本文基于气液弯曲流道提出的两相流相对渗透率模型与实验数据吻合较其他模型更好，说明考虑两相流的结构特征是建立准确描述裂缝内两相流模型的必要条件。

（2）流道迂曲度对气相（非润湿相）相对渗透率的影响更为明显。τ_{a0}作为反映不可动束缚流体的含量、分布以及裂缝壁面粗糙度等对两相流动的综合影响的参数，其值越大，气相相对渗透率越小，液相（润湿相）相对渗透率越大。

（3）由于气体滑脱效应的影响，裂缝开度的降低会导致气体相对渗透率的增加，开度减小还会导致相对渗透率曲线整体右移。

参 考 文 献

[1] XU Y, LUN Z, PAN Z, et al. Occurrence space and state of shale oil: A review[J/OL]. Journal of Petroleum Science and Engineering, 2022, 211: 110183.

[2] 袁士义，雷征东，李军诗，等. 陆相页岩油开发技术进展及规模效益开发对策思考[J]. 中国石油大学学报：自然科学版, 2023, 47（5）：13-24.

[3] 孙龙德，刘合，朱如凯，等. 中国页岩油革命值得关注的十个问题[J]. 石油学报, 2023, 44（12）：2007-2019.

[4] MA Y, PAN Z, ZHONG N, et al. Experimental study of anisotropic gas permeability and its relationship with fracture structure of Longmaxi Shales, Sichuan Basin, China[J/OL]. Fuel, 2016, 180: 106-115.

[5] TAN Y, PAN Z, FENG X T, et al. Laboratory characterisation of fracture compressibility for coal and shale gas reservoir rocks: A review[J/OL]. International Journal of Coal Geology, 2019, 204: 1-17.

[6] CHEN D, PAN Z, YE Z. Dependence of gas shale fracture permeability on effective stress and reservoir pressure: Model match and insights[J/OL]. Fuel, 2015, 139: 383-392.

[7] CHEN T, FENG X T, CUI G, et al. Experimental study of permeability change of organic-rich gas shales under high effective stress[J/OL]. Journal of Natural Gas Science and Engineering, 2019, 64: 1-14.

[8] WANG H, WANG J, WANG X, et al. An Improved Relative Permeability Model for Gas-Water Displacement in Fractal Porous Media[J/OL]. Water, 2020, 12（1）：27.

[9] 杨栋，赵阳升. 裂缝中气液二相流体临界渗流现象及其随机混合渗流数学模型研究[J]. 岩石力学与工程学报, 2008, 27（1）：6.

[10] ROMM E S. Fluid flow in fractured rocks[M]. Phillips Petroleum Company, 1972.

[11] PAN X, WONG R, MAINI B. Steady state two-phase in a smooth parallel fracture[C]//Annual Technical Meeting. OnePetro, 1996.

[12] FOURAR M, BORIES S. Experimental study of air-water two-phase flow through a fracture (narrow channel)[J/OL]. 1995.

[13] DIOMAMPO G P. Relative permeability through fractures[J/OL]. 2001.

[14] CHEN C Y, HORNE R, FOURAR M. EXPERIMENTAL STUDY OF TWO-PHASE FLOW STRUCTURE EFFECTS ON RELATIVE PERMEABILITIES IN A FRACTURE[J/OL]. 2004.

[15] CHEN C Y, HORNE R N. Two-phase flow in rough-walled fractures: Experiments and a flow structure model[J/OL]. Water Resources Research, 2006, 42（3）.

[16] WONG R K, PAN X, MAINI B. Correlation between pressure gradient and phase saturation for oil-water flow in smooth-and rough-walled parallel-plate models[J]. Water resources research, 2008, 44（2）.

[17] FOURAR M, BORIES S, LENORMAND R, et al. Two-phase flow in smooth and rough fractures: Measurement and correlation by porous-medium and pipe flow models[J/OL]. 1993.

[18] CHEN C Y, HORNE R N, FOURAR M. Experimental study of liquid-gas flow structure effects on relative permeabilities in a fracture[J/OL]. Water Resources Research, 2004, 40(8).

[19] 刘磊, 李操, 周思怡, 等. 油水两相在不同展角裂缝中的水平流动特性[J]. 工程热物理学报, 2009, 30(4): 615-617.

[20] FOURAR M, LENORMAND R. A Viscous Coupling Model for Relative Permeabilities in Fractures[J/OL]. 1998.

[21] CHIMA A, GEIGER S. An Analytical Equation to Predict Gas-Water Relative Permeability Curves in Fractures: All Days[M/OL]. 2012.

[22] LEI G, DONG P, YANG S, et al. A New Analytical Equation to Predict Gas-Water Two-Phase Relative Permeability Curves in Fractures: All Days[M/OL]. 2014.

[23] LI Y, LI X, TENG S, et al. Improved models to predict gas-water relative permeability in fractures and porous media[J]. Journal of Natural Gas Science and Engineering, 2014, 19: 190-201.

[24] GONG Y, SEDGHI M, PIRI M. Two-Phase Relative Permeability of Rough-Walled Fractures: A Dynamic Pore-Scale Modeling of the Effects of Aperture Geometry[J/OL]. Water Resources Research, 2021, 57(12): e2021WR030104.

[25] ISRAELACHVILI J N. Intermolecular and surface forces[M]. Academic press, 2011.

[26] WU Q, BAI B, MA Y, et al. Optic imaging of two-phase-flow behavior in 1D nanoscale channels[J]. Spe Journal, 2014, 19(5): 793-802.

[27] ZHANG T, LI X, SUN Z, et al. An analytical model for relative permeability in water-wet nanoporous media[J/OL]. Chemical Engineering Science, 2017, 174: 1-12.

[28] KAWAHARA A, CHUNG M Y, KAWAJI M. Investigation of two-phase flow pattern, void fraction and pressure drop in a microchannel[J]. International Journal of Multiphase Flow, 2002, 28(9): 1411-1435.

[29] PANG H, WANG D, WU T, et al. An Analytical Relative Permeability Model Considering Flow Path Structural Characteristics for Gas-Liquid Two-Phase Flow in Shale Fracture[J]. SPE Journal, 2024.

[30] REISS L H. The reservoir engineering aspects of fractured formations[M]. Editions Technip, 1980.

[31] CAO B Y, SUN J, CHEN M, et al. Molecular momentum transport at fluid-solid interfaces in MEMS/NEMS: a review[J]. International journal of molecular sciences, 2009, 10(11): 4638-4706.

[32] KARNIADAKIS G E, BESKOK A, GAD-EL-HAK M. Micro flows: fundamentals and simulation[J]. Appl. Mech. Rev., 2002, 55(4): B76-B76.

[33] BURDINE N. Relative permeability calculations from pore size distribution data[J]. Journal of Petroleum Technology, 1953, 5(3): 71-78.

[34] GHANBARIAN B, HUNT A G, SAHIMI M, et al. Percolation Theory Generates a Physically Based Description of Tortuosity in Saturated and Unsaturated Porous Media[J/OL]. Soil Science Society of America Journal, 2013, 77(6): 1920-1929.

[35] WYLLIE M R J, GARDNER G H F. The generalized kozeny-carman equation[J]. World oil, 1958, 146(4): 121-128.

[36] COREY A. The Interrelation Between Gas and Oil Relative Permeability[J]. Producers Monthly, 1954, 19.

页岩油注二氧化碳早期补能提高采收率方式

雷征东[1,3]，陈哲伟[1,3]，彭颖锋[1,2]，刘一杉[1,3]，纪东奇[1,2]，王利娟[1]

（1. 中国石油勘探开发研究院；2. 多资源协同陆相页岩油绿色开采全国重点实验室；
3. 提高油气采收率全国重点实验室）

摘　要：我国陆上中高成熟度页岩油资源量丰富，是未来产能建设接替的主战场。本文从页岩油主体提高采收率技术应用与研究现状出发，分析了目前我国页岩油生产动态特征与注气提采机理，讨论了页岩油早期补能提高采收率方法。分析发现，矿场试验表现出能量补充及临井受驱替作用、CO_2抽提轻质组分、CO_2溶蚀作用改善流动通道三个现象。针对页岩油储层特点与开发特征，后期被动补能效果受限，应超前谋划提高采收率对策，提高全生命周期油井产油量。提出了页岩油注二氧化碳早期补能的四个转变，即补能注入时机应由晚向早转变、注入介质由单一向复合转变、注入方式由单井吞吐向多井协同补能转变，形成一套系统的开发模式，为页岩油实现大幅度提高采收率提供支撑。

关键词：页岩油；提高采收率；二氧化碳；早期补能

我国陆上中高成熟度页岩油资源量283×10^8t，是未来产能建设接替的主战场。基于我国资源情况与地质特征，众多学者与科研机构认为页岩内赋存石油资源或赋存于富有机质泥页岩层系内自生自储、连续分布的石油资源为页岩油，与发生过二次运移的致密油不同[1]。2023年，金之钧等[2]又依据储集岩石类型和赋存空间不同，细分为夹层型、裂缝型和纯页岩型。其中，纯页岩型页岩油以鄂尔多斯盆地长7_3和松辽盆地古龙青山口组为代表，其岩性特征、孔隙结构、原油赋存状态、相态更加复杂，是规模效益开发难度最大的一类[3-4]。目前已证实松辽盆地古龙中高熟页岩油藏资源潜力巨大，达$(100\sim150)\times10^8$t，并设立国家级示范区[5]，是我国原油增产稳产的重要组成部分，潜力与挑战并存。

近年来，针对陆相页岩和纯页岩的地质研究较多[6]。紧跟地质研究，中国石油持续推进地质工程一体化进程，经过近十年的发展，已经逐步形成页岩油地质评价、页岩油开发和页岩油工程三大技术序列，以页岩油甜点评价、体积压裂等为主的关键勘探开发技术进展显著[7-10]。然而，与上述进程不匹配的是，储层改造后补能提高采收率技术整体适应性不强，各盆地页岩油采收率仅$6.0\%\sim10.5\%$，远未达到理想水平，页岩油提高采收率需求逐渐迫切。随着页岩油全生命周期提高采收率理念的提出，形成基础性前瞻性理论研究、攻关性应用性先导试验并行的模式，助力早日实现页岩油革命目标[11]。考虑补能介质注入性，目前基本达成的共识是以表面活性剂为代表的水基化学剂用于压裂阶段而压后补能提高采收率阶段则使用天然气、CO_2等气介质[12]。理论、技术、效益等方面的矛盾逐渐突出，提高页岩油藏采收率仍是影响未来页岩油建产的"卡脖子"问题，亟须储备高效提高采收率技

第一作者作者简介：雷征东（1979—），男，重庆垫江人，博士，中国石油勘探开发研究院提高采收率研究中心教授级高级工程师，主要从事非常规油气渗流理论与提高采收率技术方面的研究工作。通讯地址：北京市海淀区学院路20号，中国石油勘探开发研究院提高采收率研究中心，邮编：100083，E-mail:leizhengdong@petrochina.com.cn

术系列。及时补充和有效保持地层能量，提高单井产量、采收率是非常规油田效益建产和稳产的必然选择。

本文从页岩油主体提高采收率技术应用与研究现状出发，分析了目前我国页岩油生产动态特征与注气提采机理，讨论了页岩油早期补能提高采收率方法，提出四个转变，为页岩油实现大幅度提高采收率提供支撑。

1 页岩油主体提采技术应用与研究现状

目前我国页岩油勘探开发整体处在一边积极探索、一边解决问题的快速发展期。其中压裂后提高采收率相关研究和矿场进展更加滞后，处于小范围先导试验和室内实验方法探索阶段，在国内苏北盆地、长庆庆城夹层型页岩油和大庆古龙纯页岩型页岩油开展了少量先导试验，效果差异较大[13]。

在夹层型页岩油中，苏北盆地溱潼凹陷页岩油 SD1 井实施 CO_2 吞吐试验[14]，注气量 $1.7×10^4$t，焖井 53d，日增油 23t。弹性产率法预测本轮吞吐增油 $1.15×10^4$t，EUR 从 $3.09×10^4$t 提高到 $4.24×10^4$t，采收率提高 4.1%。发挥了三大机理：（1）CO_2 溶蚀了储层中方解石、白云石等碳酸盐矿物；（2）地面原油黏度从 52.9mPa·s 降低至 27.2mPa·s。（3）CO_2 与地层原油实现了混相。与上述结果不同的是，长庆前期在阳平 2~5 井组连片开展 CO_2 补能试验，4 口井累计注气量约 $7.4×10^4$t，平均焖井 234d，注气后地层压力由 8.5MPa 提高至 21.4MPa，但采油期压力快速下降，整体增油效果不理想。

在纯页岩型页岩油中，2023 年大庆古龙页岩油一号平台实施了小范围 CO_2 吞吐试验。第一阶段，在 Q2 层单井设计注气 $2.34×10^4$t，实际注气 3300t，因 13 天在 Q1-H1、Q1-H2 井发生气窜同时 Q1-H1 井停产而中止，中质组分（C_4—C_{12}）明显升高。第二阶段，在发生气窜的 Q1-H2 井实施单井注入，注气 $2.39×10^4$t，注气 118d，注入压力由初期的 5.0MPa 上升至 18.4MPa，最好的邻井初期见效从日产油量由 3.1t 最高上升至 17.3t。但停注后 4 口邻井压力和产液量均迅速下降，受效不足 100d，平均日增油 1.8~6.5t，返排 CO_2 含量最高 80%，累增油少。CO_2 吞吐古龙纯页岩型页岩油中出现驱替特征，初期见效但稳产不足，吞驱效果不可控，整体适应性不强。

北美进行了多种介质提高采收率试验，CO_2 和天然气被证明是页岩油最有前景的介质，Eagle Ford 注气吞吐试验，试验区 200 余口生产 2~5 年的井，采出程度提高了 30%~70%，Permian 大规模应用注 CO_2 吞吐，年注入 $2200×10^4$t CO_2，预测采收率从 12% 提高到 19%，见表 1。如图 1 所示，美国与中国页岩气油比差异较大。美国页岩油井气油比高，多属于挥发油或凝析油，压力系数较高，地层能量充足。中国页岩油多属于黑油，气油比相对较低，含蜡较高，压力系数相对较低，地层能量较弱。

表 1 国外非常规油藏注气吞吐提高采收率效果统计

区块/井组名称	储层	地区	注气方式	井型	效果
Martindale	Eagle Ford	美国	吞吐	水平井	累计产油量提升 30%、预计持续吞吐可提升 100%
Whyburn	Eagle Ford	美国	吞吐	水平井	累计产油量提升 17%
Henkhaus	Eagle Ford	美国	吞吐	水平井	累计产油量提升超过 20%

续表

区块/井组名称	储层	地区	注气方式	井型	效果
Baker Deforest	Eagle Ford	美国	吞吐	水平井	累计产油量提升超过20%
Mitchell	Eagle Ford	美国	吞吐	水平井	累计产油量提升超过20%
	Eagle Ford	美国	吞吐	水平井	累计增油量超过5000bbl,提升幅度超过100%
Parshall Field	Bakken	美国	吞吐	水平井	产油量少量增加
Elm Coulee Field（Burning Tree-State）	Bakken	美国	吞吐	水平井	注气量不足,增油量较小
Bear Creek Duperow	Bakken	美国	吞吐	直井	无明显增油,但产出油分子量下降
Viewfield	Bakken	加拿大	水平井驱替	水平井	日产油量从130bbl/d提升至295bbl/d,递减率从20%降低至15%
Red Sky West	Bakken	美国	异步注采	直井注—水平井采	日产油量提升1倍且保持较长时间稳产
East Nesson	Bakken	美国	吞吐	水平井	换油率1.11t/t
Wilfred Dainty	Woodbine	美国	同步水气注入	水平井	11周内增加了2000bbl累产油量

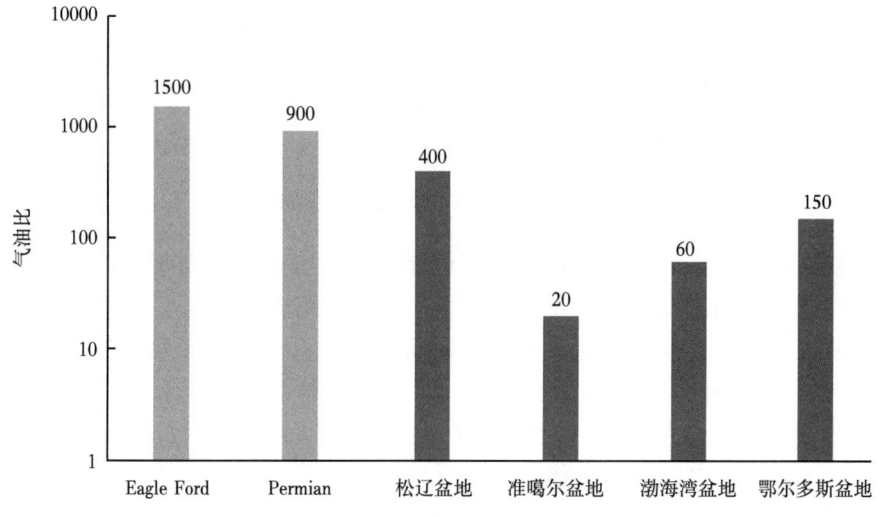

图1 美国与中国页岩区块气油比对比图

在室内实验和数值模拟中,古龙页岩油CO_2吞吐基本见效,与矿场不同。室内建立了针对古龙页岩油岩心的高温高压CO_2吞吐与核磁共振联测实验方法,10HC-16井的岩心经6个周期CO_2吞吐后采出程度62.49%,T_2截止值达到0.2613ms(15nm)。此外,李斌会等[15]

在古龙青一段未压裂页岩岩心实验中,一轮 CO_2 吞吐采出程度 24.17%,六轮采出程度达 65.96%。曲方春等[16]通过数值模拟研究古龙页岩油吞吐,吞吐 5 个周期后预计单井累计增油 4523t。目前矿场与实验、数值模拟结果的差异反映当前室内研究手段的不适应性,其中实验差异可能与页岩岩心难以完全恢复至原始油藏状态、岩心尺度波及偏好、游离油饱和度偏高有关;数值模拟差异则与难以重建页岩储层缝网—页理—基质耦合模型、难以模拟页岩油藏多尺度空间流动状态有关。

2 生产动态特征与注气提采机理分析

2.1 生产动态特征

现象 1:轻质组分优先产出,产出原油逐渐变重。流体存在产出先后顺序,轻烃和中间烃优先产出,中后期阶段产出气油比显著上升,前期滞留重烃开始动用,但整体产油量显著下降(图 2)。

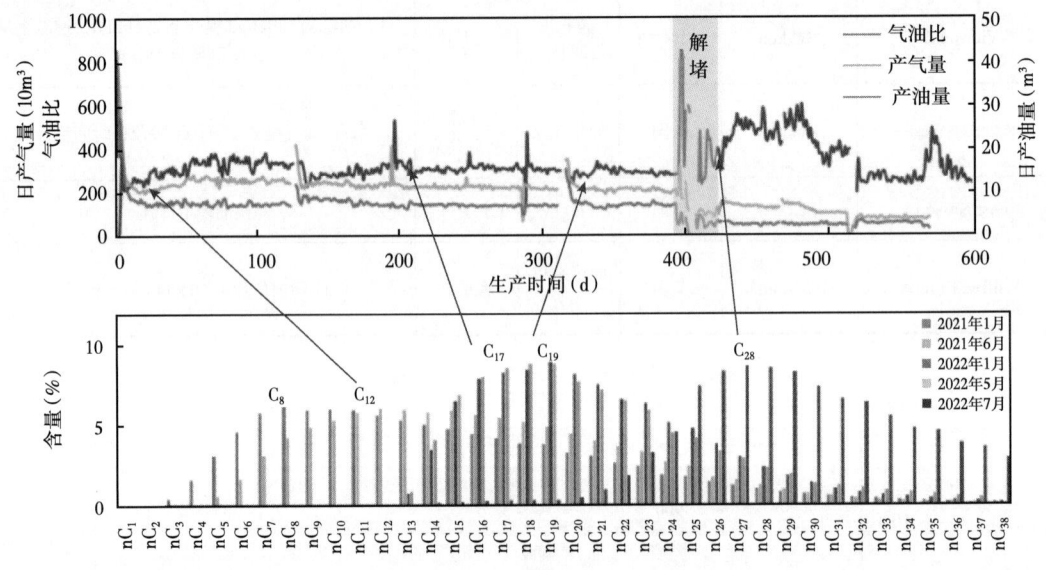

图 2　古龙页岩油 3HC 井核磁润湿性测试结果

受原油复杂赋存状态影响,游离油主要由轻质烃类组成,倾向于充填在开放空间,如页理缝、微裂缝、层间隙及较大的基质孔隙中,具有更好的流动性;吸附油以中大分子组分为主,主要以物理吸附及非共价键化学吸附赋存于岩石矿物表面及干酪根刚性大分子骨架内外表面[17-18]。此外,一些黏土矿物和微纳米孔隙对不同烃类组分有强烈且差异性吸附作用,产生类分子筛效应[19],导致原油在地层中流动和产出组分产生变化,轻组分优先被采出,而 C_{15} 以上中—重烃运移缓慢滞后采出,如页岩油的较重组分以簇状运移,受边缘吸附、表面吸附、孔喉堵塞和液桥四种机制抑制,导致产出缓慢[20]。古龙页岩油不同尺度空间也造成了差异化的相态特征,一般认为 150nm 以下的孔隙存在明显的限域效应,造成"小孔凝析气态、中孔混合态、大孔挥发油态"的复合相态模式,对油气渗流有着重要影响。

现象 2:随地层压力下降,裂缝逐渐闭合导流能力下降、基质应力敏感显著。动态导流能力实验分析表明（图3），随地层压力下降、闭合压力增加，支撑剂嵌入破碎，裂缝导流能力持续下降，10MPa→20MPa下降64%。基于分段拟合动态反演分析，随井底流压降低，裂缝逐渐闭合，有效长度及导流能力随之降低。生产早期渗透率降低较快，后减小幅度放缓。图4表明，生产中后期渗透率大幅下降，严重影响原油流动能。

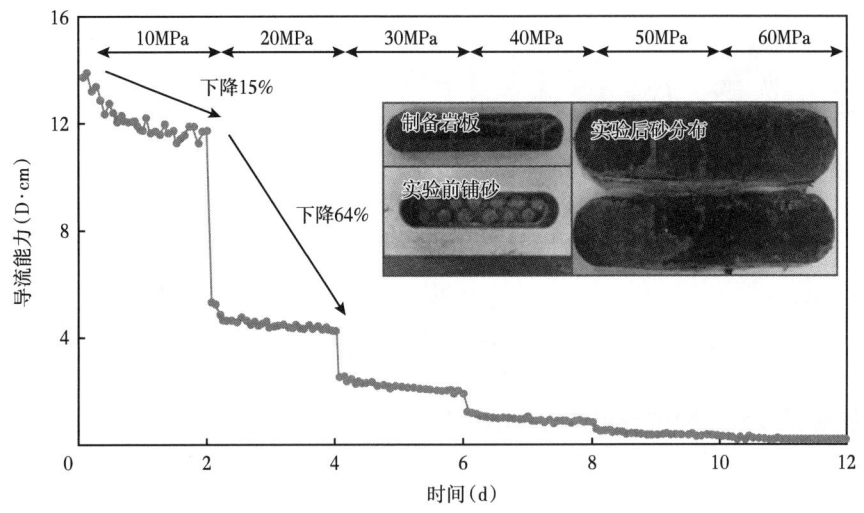

图3 裂缝导流能力随闭合压力变化实验结果

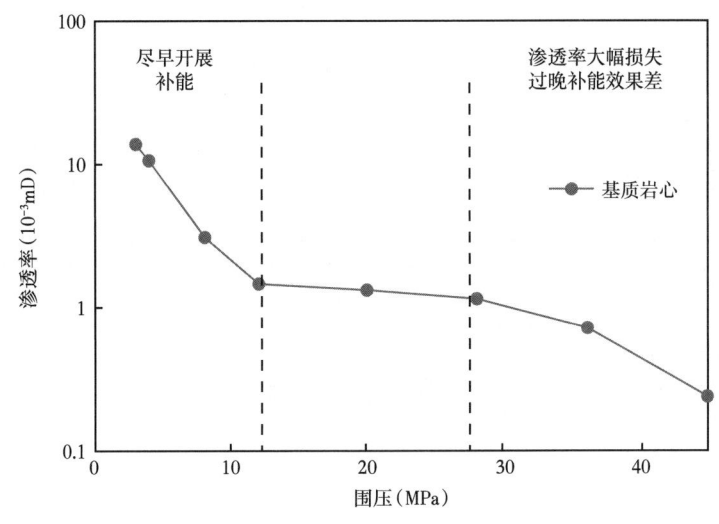

图4 页岩纯基质岩心应力敏感测试

现象3：原油脱气后重质组分滞留渗流阻力增大，贾敏效应阻碍原油流动。轻质油气早期快速产出，产出原油密度、黏度提高，渗流阻力增大。原油脱气后形成气泡，在部分孔喉中阻碍原油流动。如图5所示，古龙页岩油某井脱气原油密度和黏度均随时间增加而波动上升，到2023年底，原油密度已由最初的0.76g/cm³上升至0.8g/cm³，黏度也上升至2mPa·s以上。

— 303 —

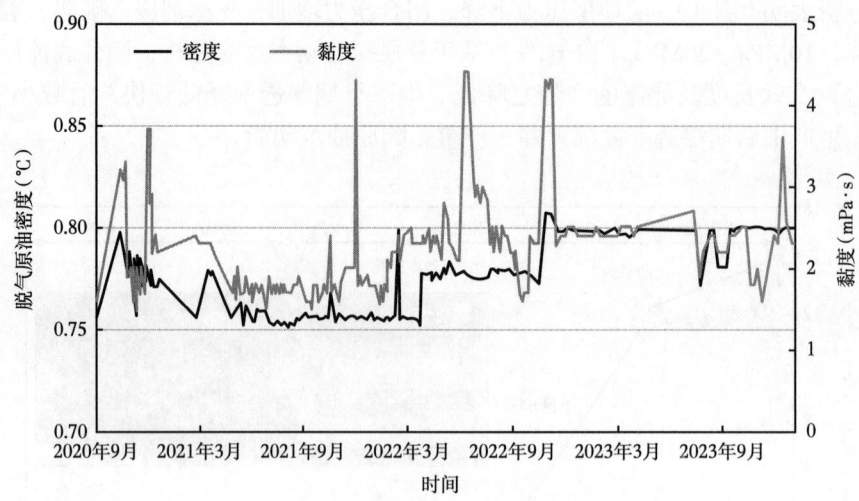

图 5　某页岩油井产出原油性质变化

2.2　注气提高采收率机理与现场试验中的体现

图 6 为某页岩油井组注气井与临井生产动态曲线，注入井注入 CO_2 后关井期间，邻井井底流压显著上升。此外，受驱替作用影响多口邻井产量提升，体现出注气驱替提高采收率的良好潜力。

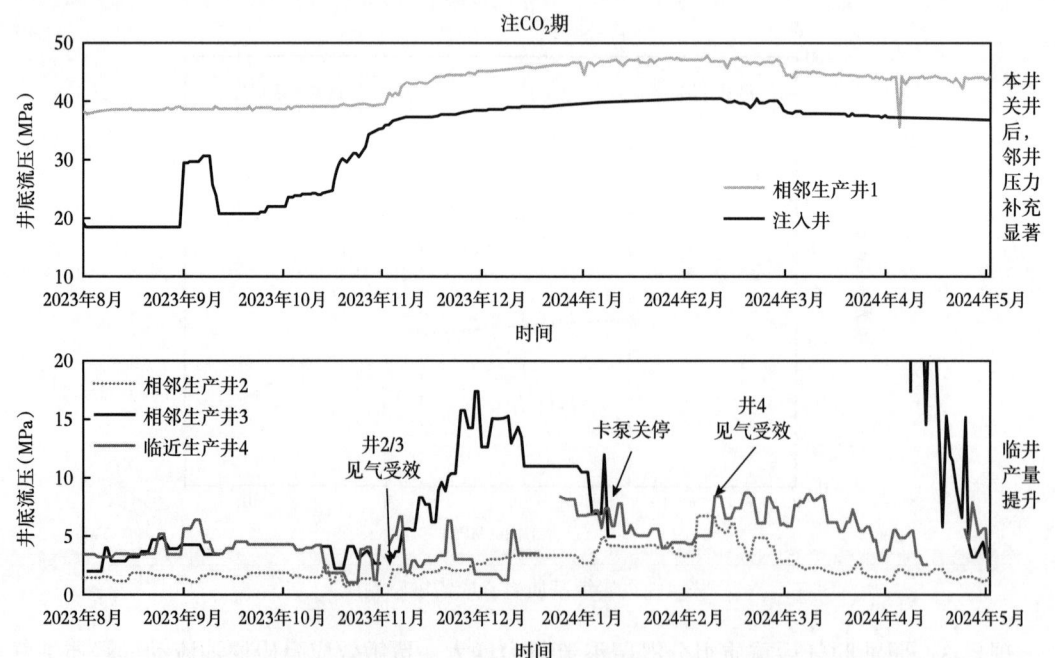

图 6　某页岩井组注气井与临井生产动态曲线

对比注气前后产出油气组分，CO_2 抽提原油轻质效果明显，产出气中 C_2—C_5 含量显著升高，地面脱气原油内轻质组分含量相对降低。注 CO_2 后，吞吐井与临井水中含盐量升高、Ca^{2+}、HCO_3^- 浓度升高，说明吞吐过程中 CO_2 对储层有一定的溶蚀作用，改善了流动通道。

3 页岩油早期补能提高采收率方法

3.1 补能时机转变

现场瓶颈问题导向，提炼 EOR 关键问题，通过早期补能的"三个转变"改善注气补能效果，提升当前主体提高采收率技术的适应性。其中第一个转变为补能时机转变。建立了考虑应力敏感作用的数值模拟模型，随着生产时间增加，地层中轻质组分含量减少、应力敏感作用加剧，注气增油效果变差，如图 10 所示。因此，建议优化注 CO_2 吞吐补能时机为地层压力下降至原始地层压力约 75%。

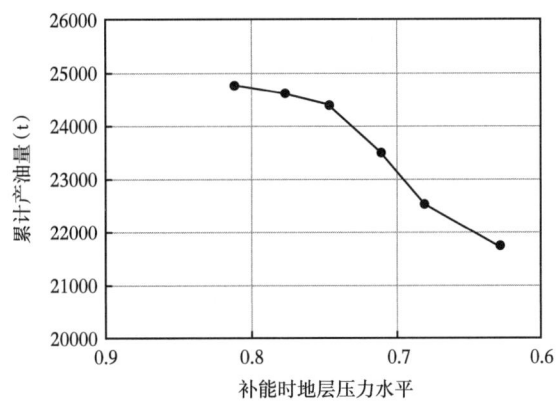

图 7 不同时机进行吞吐最终累产油预测对比

3.2 补能介质转变

通过引入物理/化学复合体系，提高注入气剥离原油效率，提高扩散范围与驱油效率。设计注气防窜体系，对驱替后形成的主流通道进行有效封堵，实现注入气体均衡波及控制。如图 8 所示的微流控实验显示，纳米颗粒具有降低界面张力、改善润湿性，促进 CO_2 扩散萃取、吸附剥离原油的优势。CO^{2+} 纳米颗粒复合体系可通过包括气相剪切、界面膜效应、润湿性改善、结构分离压力作用等机理进一步协同强化 CO_2 提高采收率效果。

 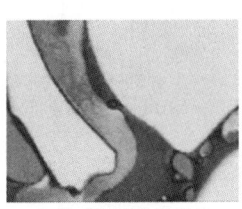 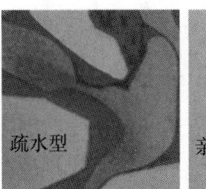 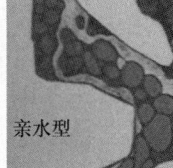

气相剪切　　气体对油膜拉扯作用　　润湿性转变

图 8 纳米颗粒主要提高采收率机理

3.3 注入方式转变

为利用气驱替效果、提高注入气换油率，提出异步吞吐的两种模式，减小裂缝对吞吐的影响。数值模拟结果表明，相同注气量下，异步吞吐方法累计产油量高于同步吞吐，充分发挥了注气后井间驱替作用，如图 9 所示。为减小裂缝窜流风险，设计了注水与注 CO_2 异步吞吐结合的提采技术对策。注水井有效阻止气体沿井间裂缝窜流，异步注采具有防窜增能作用。

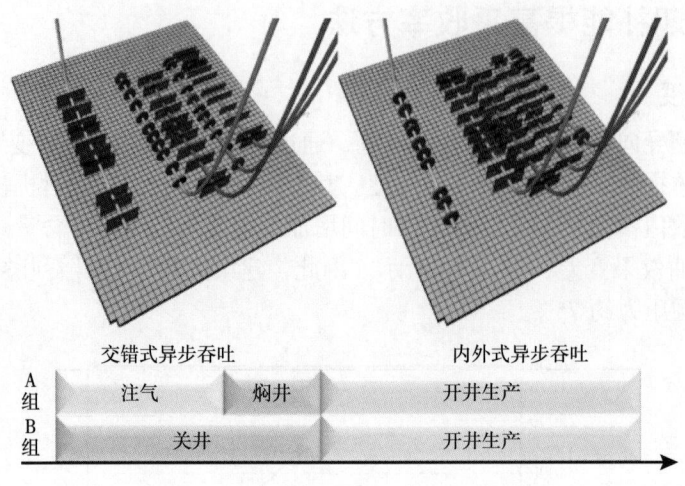

图 9 不同生产时间轻质组分浓度场

3.4 开发模式转变

转变低能再蓄能的被动思维,注气驱替高效补能,扩大注气动用波及范围,有望大幅度提高采收率(图10)。

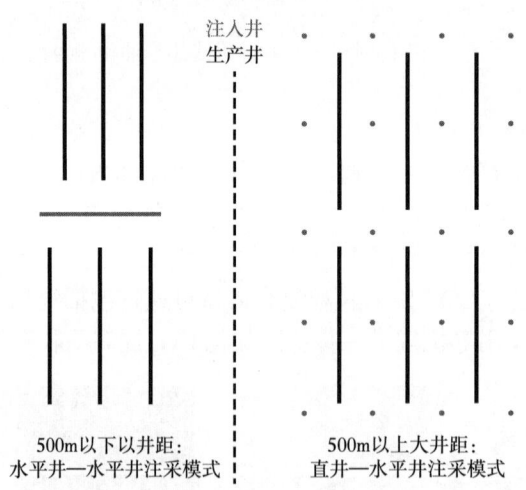

图 10 注气驱替动用开发模式设计图

4 结论

针对页岩油储层特点与开发特征,后期被动补能效果受限,应超前谋划提高采收率对策,提高全生命周期油井产油量。

提出了页岩油注二氧化碳早期补能方式,补能注入时机应由晚向早转变、注入介质由单一向复合转变、注入方式由单井吞吐向多井协同补能转变,形成一套系统的开发模式,为页岩油实现大幅度提高采收率提供支撑。

参 考 文 献

[1] 胡素云,白斌,陶士振,等.中国陆相中高成熟度页岩油非均质地质条件与差异富集特征[J].石油勘探与开发,2022（2）:1-14.

[2] 金之钧,张谦,朱如凯,等.中国陆相页岩油分类及其意义[J].石油与天然气地质,2023,44（4）:801-819.

[3] 袁士义,雷征东,李军诗,等.陆相页岩油开发技术进展及规模效益开发对策思考[J].中国石油大学学报（自然科学版）,2023,47（5）:13-24.

[4] 孙龙德,刘合,朱如凯,等.中国页岩油革命值得关注的十个问题[J].石油学报,2023,44（12）:2007-2019.

[5] 袁士义,雷征东,李军诗,等.古龙页岩油有效开发关键理论技术问题与对策[J].石油勘探与开发,2023,50（3）:562-572.

[6] 胡宗全,王濡岳,路菁,等.陆相页岩及其夹层储集特征对比与差异演化模式[J].石油与天然气地质,2023,44（6）:1393-1404.

[7] 邹雨时,李彦超,李四海.CO_2前置注入对页岩压裂裂缝形态和岩石物性的影响[J].天然气工业,2021,41（10）:83-94.

[8] 何永宏,薛婷,李桢,等.鄂尔多斯盆地长7页岩油开发技术实践[J].石油勘探与开发,2023,50（6）:1245-1258.

[9] 侯连华,吴松涛,姜晓华,等.页岩油地质评价实验方法现状、挑战与发展方向[J].石油学报,2023,44（1）:72-90.

[10] 潘玉娇.非常规油气储层的岩性分析及相关技术研究[J].西部探矿工程,2023,35（9）:51-54.

[11] 邹才能,杨智,李国欣,等.中国为什么可以实现陆相"页岩油革命"？[J].地球科学,2022,47（10）:3860-3863.

[12] BURROWS L C, HAERI F, CVETIC P, et al. A Literature Review of CO_2, Natural Gas, and Water-Based Fluids for Enhanced Oil Recovery in Unconventional Reservoirs[J]. Energy & fuels, 2020, 34（5）:5331-5380.

[13] JIA B, TSAU J, BARATI R. A review of the current progress of CO_2 injection EOR and carbon storage in shale oil reservoirs[J]. Fuel, 2019, 236:404-427.

[14] 姚红生,高玉巧,郑永旺,等.CO_2快速吞吐提高页岩油采收率现场试验[J].天然气工业,2024,44（3）:10-19.

[15] 李斌会,邓森,张江,等.古龙页岩油高温高压注CO_2驱动用效果[J].大庆石油地质与开发,2024,43（1）:42-51.

[16] 曲方春,王青振,佟斯琴,等.古龙页岩油注CO_2补能提高采收率机理及参数优化[J].大庆石油地质与开发,2024,2:1-7.

[17] 朱如凯,张婧雅,李梦莹,等.陆相页岩油富集基础研究进展与关键问题[J].地质学报,2023,97（9）:2874-2895.

[18] WANG Y, LEI Z, XU Z, et al. A compositional numerical study of vapor–liquid–adsorbed three-phase equilibrium calculation in a hydraulically fractured shale oil reservoir[J]. Physics of FluidsPhysics of Fluids, 2024, 36（7）:072007.

[19] ZHAO R, XUE H, LU S, et al. Revealing crucial effects of reservoir environment and hydrocarbon fractions on fluid behaviour in kaolinite pores[J]. Chemical Engineering Journal, 2024, 489:151362.

[20] HONG X, XU H, YU H, et al. Molecular understanding on migration and recovery of shale gas/oil mixture through a pore throat[J]. Energy & Fuels, 2022, 37（1）:310-318.

干柴沟页岩油压裂液返排重复利用可行性研究

张成娟[1]，赵文凯[1]，赵　健[2]，万有余[1]，付　颖[1]，郭得龙[1]

（1.中国石油青海油田公司油气工艺研究院；2.青海油田西南地区科考项目部）

摘要： 干柴沟页岩油经过体积压裂后单井产量高，是柴达木盆地石油液体产出的重点潜力区。该区水资源严重缺乏，用水成本高，且返排液处理成本高，水资源的平衡利用，尤其是压裂返排液的重复利用直接影响干柴沟页岩油的效益开发。本文通过不同比例的返排液配制常规变黏滑溜水和抗盐变黏滑溜水性能测定、与储层流体配伍性能测试及储层伤害程度评价等实验明确干柴沟返排液重复利用对压裂液性能的影响，并与行业标准中相关指标、在用变黏滑溜水压裂液体系性能进行对比，确定了干柴沟返排液重复利用配制变黏滑溜水压裂液体系的可行性。

关键词： 干柴沟；页岩油；压裂返排液；重复利用

1 干柴沟页岩油开采水资源挑战与解决思路

1.1 干柴沟页岩油开采水资源挑战

干柴沟页岩油属于青海油田页岩油重点勘探领域，为柴西古近系（E_3^2）咸化湖相页岩油，自2021年勘探突破以来，累计提交预测石油地质储量超1×10^8t，已进入评价及开发阶段。

干柴沟页岩油水平井在经过大规模水力压裂后生产效果良好，但该区水资源缺乏，用水主要依托管线输送和罐车拉用，导致用水成本较高且现有清水资源不足以支撑干柴沟页岩油水平井后期大规模压裂用水需求。同时，大量返排液返排至地面后无处可去，若不能及时合理利用或处理，将会成为巨大的环境隐患，随着水平井钻探和压裂井次越来越多、导致返排液处理难度越来越大，为此该区水资源的平衡利用刻不容缓。

1.2 水资源平衡利用的思路

研究人员根据"页岩油效益开发"要求，制定水资源平衡利用的原则：一是确保水资源平衡利用（返排液重复利用）液体性能不影响压裂、返排液重复利用后与地层配伍、尽可能降低储层伤害；二是确保水资源平衡利用不提高措施成本，包含不提高返排液处理费用，尽可能地采用管输，罐车不拉运或罐车少拉运，降低罐车拉水成本；三是尽可能确保干柴沟返排液充分重复利用。

根据现场运行及研究认为，在确保液体性能和伤害指标满足行业标准的前提下，充分利用返排液水资源，是实现干柴沟清水和返排液水资源量平衡利用，避免成本增加最有效办法。

第一作者简介：张成娟（1986—），2008年毕业于东北石油大学地球化学专业，本科学历，现任青海油田分公司油气工艺研究院储层改造工艺研究所二级工程师，从事储层改造相关的措施液体系、储层伤害、现场应用等方面的研究工作，高级工程师。通讯地址：甘肃省敦煌市七里镇油气工艺研究院，E-mail：zhangchengjuanqh@petrochina.com.cn

2 干柴沟返排液重复利用室内实验可行性论证

2.1 返排液的性质

目前干柴沟页岩油返排液按照"分离＋隔油＋沉降＋存储"方式进行集中收集、集中处理。处理后的返排液水型为Na_2SO_4，总矿化度205860mg/L、钙离子含量3589mg/L、镁离子含量360mg/L、pH值为6.99、机械杂质含量174mg/L，含油量111.66mg/L，机械杂质粒径86~3080μm，表现出机杂含量和含油量过高的现象，需对其进一步处理后才能应用于压裂现场。

室内沉降实验发现，机械杂质含量随着沉降时间的增长而降低，沉降约一个月后机械杂质含量从174mg/L降至36mg/L，而含油量无变化（表1）。

表1 干柴沟页岩油采出水机械杂质含量变化情况

过程	机械杂质含量（mg/L）	含油量（mg/L）
初始状态	174	111.66
沉降27d	36	—
沉降81d	28	—

现场通过处理流程升级，即返排液在原有经三相分离沉降后，增加缓冲罐曝气旋流和三级过滤流程，含油量和机杂含量均小于10mg/L，可满足压裂液配置。

2.2 返排液重复利用的可行性论证

本文主要通过不同比例的采出水配制常规变黏滑溜水和抗盐变黏滑溜水性能测定、与储层流体配伍性能测试及储层伤害程度评价等实验内容明确干柴沟返排液重复利用对压裂液性能的影响，并与行业标准SY/T 7627—2021《水基压裂液技术要求》中相关指标、干柴沟在用变黏滑溜水压裂液体系性能进行对比。

2.2.1 干柴沟返排液配制常规变黏滑溜水室内实验可行性论证

2.2.1.1 返排液配制常规变黏滑溜水的应用比例优选

（1）表观黏度测试。

按照现场施工用低黏滑溜水表观黏度需保持在2~5mPa·s的指标，在室内分别采用0~70%比例的返排液配制常规变黏滑溜水，并测定返排液对常规变黏滑溜水表观黏度的影响，结果显示：随着返排液比例的增加，常规变黏滑溜水体系黏度逐渐降低。当采用10%以上的返排液配制低黏滑溜水时，常规变黏乳液加量提高到0.2%以上可将液体黏度保持2~5mPa·s之间。当返排液比例达到70%时乳液减阻剂加量在0.8%范围内表观黏度始终低于2mPa·s。根据表观黏度实验结果推荐返排液配制常规低黏滑溜水时应用比例控制在60%以内（表2）。

表2 不同浓度的常规乳液减阻剂在不同比例干柴沟返排液中的表观黏度

干柴沟地层水比例	0	10%	20%	30%	40%	50%	60%	70%
密度（g/cm³）	0.990	1.013	1.036	1.059	1.068	1.080	1.098	1.110
矿化度（mg/L）	1621	20586	42468	61758	83316	102929	126163	144587
钙镁离子含量（mg/L）	125	395	889	1185	1654	2036	2419	2801

续表

0.1%乳液减阻剂（mPa·s）	4.920	1.825	1.590	1.510	1.370	1.210	1.040	1.040
0.2%乳液减阻剂（mPa·s）	12.0000	2.9138	2.1360	1.7390	1.7300	1.6400	1.4500	1.2700
0.3%乳液减阻剂（mPa·s）	18.000	4.469	2.705	1.988	1.820	1.730	1.530	1.320
0.4%乳液减阻剂（mPa·s）	27.000	9.000	3.588	2.445	2.250	1.820	1.610	1.390
0.5%乳液减阻剂（mPa·s）	36.000	12.000	4.507	2.980	2.510	2.120	1.700	1.450
0.6%乳液减阻剂（mPa·s）	45.000	15.000	5.736	3.560	2.800	2.300	1.810	1.680
0.7%乳液减阻剂（mPa·s）	54.00	18.00	9.00	4.290	3.41	2.83	2.26	1.72
0.8%乳液减阻剂（mPa·s）	60.00	21.00	12.00	5.410	4.25	3.31	2.68	1.88

（2）降阻性能测试。

室内采用不同矿化度液体配制常规低黏滑溜水，并测定矿化度对液体降阻效果的影响，结果显示，矿化度对降阻效果影响较大，降阻率随矿化度的增大而降低，当矿化度达到12000mg/L时降阻率下降值达27.3%（图1）。按照施工要求推荐现场配液矿化度低于80000mg/L，相当于40%的干柴沟返排液。

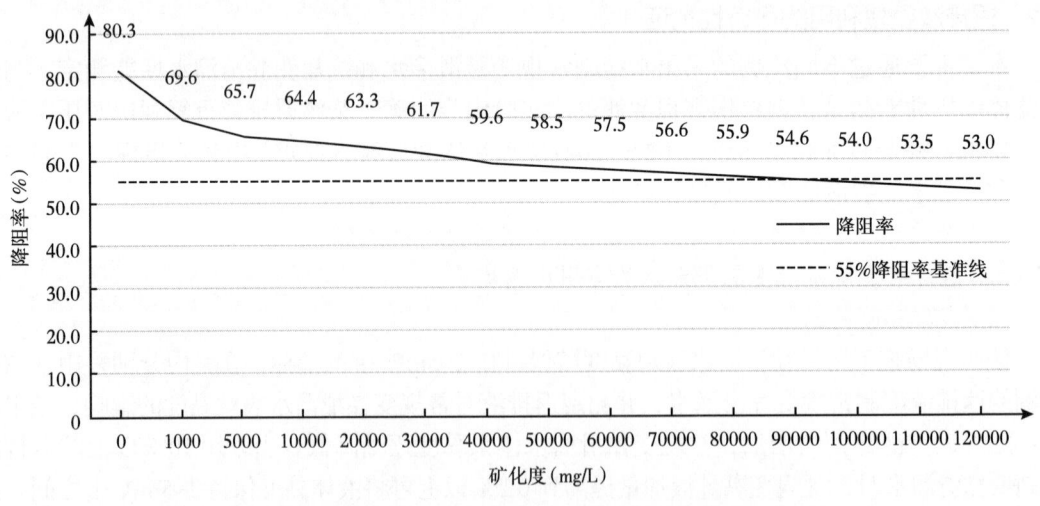

图1 不同矿化度水配制低黏滑溜水降阻效果测试曲线图

（3）其他性能评价。

根据降阻性能的要求，本文在室内利用40%比例返排液的加入对常规低黏滑溜水性能、储层流体配伍性的影响开展了相关实验，实验结果显示，采用40%比例返排液配制的常规低黏滑溜水与清水配制的常规低黏滑溜水表面张力、界面张力和破乳率无明显变化，与储层流体配伍性未受到返排液影响；残渣含量有所上升，但能够控制在行业标准要求范围以内；40%比例的返排液配制的滑溜水防膨率为95.29%，比清水配制的滑溜水防膨率高17.65%（表3）。

表3　100%的清水和60%清水+40%返排液配制常规低黏滑溜水性能对比

序号	项目	行业指标		清水配制的滑溜水	60%清水+40%返排液配制的滑溜水	是否符合行业标准
1	表观黏度（mPa·s）	—		6.60	1.65	符合
2	增黏速率（%）	≥80		85	85	符合
3	破胶及破胶液性能	运动黏度（mPa·s）	≤5	2.320	1.425	符合
		表面张力（mN/m）	≤32	27.400	26.861	符合
		界面张力（mN/m）	≤3	1.6800	0.0245	符合
		残渣含量（mg/L）	≤200	13	30	符合
		防膨率（%）	≥60	77.65	95.29	符合
		破乳率（%）	≥95	100	100	符合
		与地层流体配伍性	无沉淀，无絮凝	配伍	配伍	符合

上述实验表明，采用40%返排液配制常规低黏滑溜水各项性能指标均符合行业标准相关指标，可以配制常规变黏滑溜水。

2.2.1.2 返排液配制常规低黏滑溜水伤害性能评价

为了论证返排液的加入对储层伤害程度的大小，本次研究采用驱替法和加压饱和浸泡法对页岩油储层岩心伤害评价实验，实验内容主要包括岩心渗透率及孔隙度数值的测量。

（1）液体渗透率伤害实验结果。

采用40%返排液配制的常规低黏滑溜水破胶液对岩心进行驱替实验，结果显示，驱替后2块岩心基质渗透率损害率分别为2.9%、2.48%，损害程度远低于行业标准要求的基质渗透率损害率不大于30%的标准（表4）。

表4　岩心经40%返排液配制常规低黏滑溜水破胶液驱替后渗透率变化

岩心编号	岩心深度（m）	气体渗透（mD）	注破胶液前渗透率（mD）	注破胶液后渗透率（mD）	渗透率恢复率（%）	渗透率损害率（%）
48	2784.95	3.110	0.0054	0.0052	97.1%	2.9%
146	2805.02	5.240	0.0053	0.0051	97.52%	2.48%

（2）气体渗透率伤害实验结果。

采用40%返排液配制的常规低黏滑溜水破胶液浸泡岩心测试前后气体渗透率，结果显示，浸泡后87.5%的岩心气测渗透率增大，增大幅度为15.58%~330.63%；12.5%的岩心渗透率降低，降低幅度为29.33%，低于行业标准值（30%）（表5）。

表5　岩心经40%返排液配制常规低黏滑溜水破胶液浸泡后渗透率变化

岩心编号	岩心深度（m）	浸泡前岩心渗透率（mD）	浸泡后岩心渗透率（mD）	渗透率恢复率（%）	渗透率损害率（%）	备注
22	2780.03	0.01162	1.910	16437.18	−16337.18	岩心开裂
34	2782.35	0.01817	0.021	115.58	−15.58	
61	2787.70	4.31000	18.560	430.63	−330.63	

续表

岩心编号	岩心深度（m）	浸泡前岩心渗透率（mD）	浸泡后岩心渗透率（mD）	渗透率恢复率（%）	渗透率损害率（%）	备注
115	1798.32	0.74000	13.820	1867.57	-1767.57	
143	2804.16	0.96000	1.560	162.50	-62.50	
185	2172.06	0.46000	1.750	380.43	-280.43	
280	3196.90	0.01887	2.370	12559.62	-12459.62	岩心开裂
294	3200.20	0.03962	0.038	70.67	29.33	

（3）孔隙度伤害实验结果。

采用40%返排液配制的常规低黏滑溜水破胶液浸泡岩心测试前后孔隙度，结果显示，浸泡后25%的岩心孔隙度变小，变小幅度为25.83%；75%的岩心孔隙度增大，增大幅度为0.46%~150%（除去2块开裂的岩心实验数据）（表6）。

表6 岩心经40%返排液配制常规低黏滑溜水破胶液浸泡后孔隙度变化

岩心编号	岩心深度（m）	浸泡前孔隙度（%）	浸泡后孔隙度（%）	孔隙度恢复率（%）	孔隙度损害率（%）	备注
22	2780.03	4.233	4.80	113.39	-13.39	岩心开裂
34	2782.35	8.819	8.86	100.46	-0.46	
61	2787.70	2.410	3.20	132.78	-32.78	
115	1798.32	5.100	3.57	70.00	30.00	
143	2804.16	3.140	2.46	78.34	21.66	
185	2172.06	0.380	0.95	250.00	-150.00	
280	3196.90	1.319	2.64	200.15	-100.15	岩心开裂
294	3200.20	8.885	9.45	106.36	-6.36	

2.2.1.3 成本分析

分别对比干柴沟地区在用滑溜水与返排液配制滑溜水体系配方与价格，结果显示，由于返排液配制滑溜水需增加乳液减阻剂加量，故其成本与中黏滑溜水相当。预估单方液成本在95~100元之间，比常规低黏滑溜水高出20~40元/m³，但相比于清水运输费和返排液处理的叠加费用低，可以实现降本目的(表7)。

表7 不同浓度的常规乳液减阻剂在不同比例干柴沟返排液中的表观黏度

液体性质	低黏滑溜水	中高黏滑溜水	低黏滑溜水	中高黏滑溜水	甲	乙
供应商	甲		乙		返排液配制低黏滑溜水	
体系配方	0.05%~0.15%降阻剂+0.1%黏稳+0.1%驱油剂	0.2%~0.8%降阻剂+0.1%黏稳+0.1%驱油剂	0.1%~0.15%压裂用减阻剂+0.3%渗吸驱油剂	0.2%~0.8%压裂用减阻剂+0.3%渗吸驱油剂	0.2%~0.8%降阻剂+0.1%黏稳+0.1%驱油剂	0.2%~0.8%压裂减阻剂+0.3%渗吸驱油剂
单方液价（元）	55	95	70	90	95	90

2.2.2 干柴沟返排液配制抗盐变黏滑溜水室内实验可行性论证

干柴沟返排液配制常规变黏滑溜水室内实验可行性论证结果显示，返排液的加入会影响常规变黏滑溜水性能，且返排液应用比例有限，为提高返排液应用比例，减小返排液对压裂液带来的影响，本文开展了返排液配制抗盐变黏滑溜水可行性论证，通过测定抗盐变黏滑溜水基本性能及储层伤害程度，明确返排液配制抗盐变黏滑溜水可行性。

2.2.2.1 返排液配制抗盐变黏滑溜水比例优选

（1）表观黏度测试。

室内分别采用0~100%比例的返排液配制抗盐变黏滑溜水并测定返排液对表观黏度的影响，结果显示，返排液的含量对抗盐变黏滑溜水表观黏度无影响，其表观黏度始终保持在6mPa·s，现场返排液有多少可以用多少（表8）。

表8 不同比例返排液配制的0.1%ZCYL-2抗盐变黏滑溜水表观黏度

干柴沟返排液比例（%）	0	20	40	60	80	100
密度（g/cm³）	0.99	1.04	1.07	1.10	1.13	1.16
矿化度（mg/L）	1621	42468	83316	126163	165011	205859
钙镁离子含量（mg/L）	125	889	1654	2419	3183	3948
搅拌3min时表观黏度（mPa·s）	6	3	3	3	3	3
静止5min时表观黏度（mPa·s）	9	6	6	6	6	6

（2）降阻性能测试。

室内采用返排液配制抗盐低黏滑溜水并测试降阻效果，结果显示，返排液配制的抗盐低黏滑溜水降阻率在68%~71%之间，降阻效果较好（图2）。

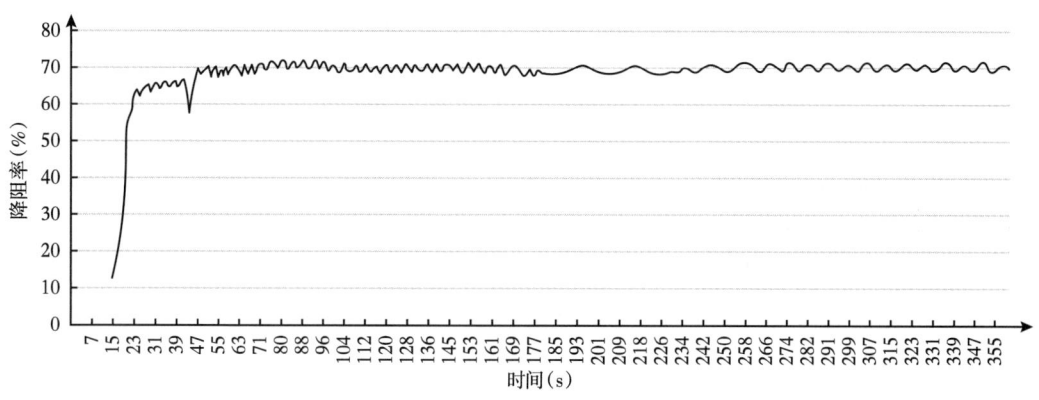

图2 0.1%抗盐低黏滑溜水降租率测试结果

（3）其他性能评价。

为论证返排液配制抗盐低黏滑溜水破胶液性能和对储层流体的影响，本文开展的相关性能评价实验结果显示，采用100%返排液配制抗盐低黏滑溜水与100%清水配制的常规低黏滑溜水相比，表面张力、界面张力和破乳率无明显变化，与储层流体配伍性未受到返排液影响。残渣含量有所上升，但能够控制在行业标准要求范围以内。防膨率比100%清水配制的常规低黏滑溜水提高14.77%（表9）。

表 9 常规低黏滑溜水和抗盐低黏滑溜水性能对比

序号	项目		行业指标	0.1% 常规乳液减阻剂+0.1% 黏土稳定剂+0.1% 表面活性剂+100% 清水	0.1% 抗盐乳液减阻剂+0.1%QGC+100% 返排液	是否符合行业标准
1	表观黏度（mPa·s）		—	4.92	6.00	符合
2	增黏速率（%）		≥80	85	85	符合
3	破胶及破胶液性能	运动黏度（mPa·s）	≤5	2.3200	1.3996	符合
		表面张力（mN/m）	≤32	27.400	26.315	符合
		界面张力（mN/m）	≤3	1.680	0.017	符合
		残渣含量（mg/L）	≤200	13	44	符合
		防膨率（%）	≥60	77.65	92.42	符合
		破乳率（%）	≥95	100	100	符合
		与地层流体配伍性	无沉淀，无絮凝	配伍	配伍	符合

上述实验表明，采用100%返排液配制的抗盐低黏滑溜水各项性能指标与清水配制的常规低黏滑溜水指标相当，且均符合行业标准相关指标。

2.2.2.2 返排液配制抗盐低黏滑溜水伤害性能评价

（1）液体渗透率伤害实验结果。

采用100%返排液配制的抗盐型低黏滑溜水破胶液对岩心进行驱替实验。实验结果显示：驱替后岩心渗透率增大，增大幅度为25.26%，表明100%返排液配制的抗盐型低黏滑溜水不会对干柴沟页岩油储层基质渗透率造成损害（表10）。

表 10 岩心经100%返排液配制抗盐低黏滑溜水破胶液驱替后渗透率变化

岩心编号	岩心深度（m）	气体渗透（mD）	注破胶液前渗透率（mD）	注破胶液后渗透率（mD）	渗透率恢复率（%）	渗透率损害率（%）
333	3253.65	0.910	0.0056	0.0070	125.26%	-25.26%

（2）气体渗透率伤害评价。

采用100%返排液配制的抗盐型低黏滑溜水破胶液浸泡前后气体渗透率测试结果显示：浸泡后岩心气测渗透率均有所增大，增大幅度为17.9%~4020.0%，岩心气测渗透率未受到抗盐型低黏滑溜水的损害，且其具有正向作用（表11）。

表 11 岩心经100%返排液配制抗盐低黏滑溜水破胶液浸泡后渗透率变化

岩心编号	岩心深度（m）	浸泡前岩心渗透率（mD）	浸泡后岩心渗透率（mD）	渗透率恢复率（%）	渗透率损害率（%）
43	2783.95	5.59	40.54	725.22	-625.22
74	2789.90	28.77	33.92	117.90	-17.90
168	2809.15	0.35	14.42	4120.00	-4020.00
212	3177.58	1.11	18.23	1642.34	-1542.34

（2）孔隙度伤害评价。

采用100%返排液配制的抗盐型低黏滑溜水破胶液浸泡后：25%的岩心孔隙度变小，变小幅度为0.94%；75%的岩心孔隙度增大，增大幅度为3.50%~30.07%。实验结果表明，100%返排液配制抗盐滑溜水对储层孔隙度具有正向作用。

表12 岩心经100%返排液配制抗盐低黏滑溜水破胶液浸泡后孔隙度变化情况

岩心编号	岩心深度（m）	浸泡前孔隙度（%）	浸泡后孔隙度（%）	孔隙度恢复率（%）	孔隙度损害率（%）
43	2783.95	4.27	4.23	99.06	0.94
74	1789.90	1.43	1.86	130.07	-30.07
168	2809.15	2.20	2.60	118.18	-18.18
212	3177.58	2.86	2.96	103.50	-3.50

2.2.2.3 成本分析

分别对比干柴沟地区在用常规低黏滑溜水、返排液配制滑溜水以及返排液配制抗盐低黏滑溜水体系配方与价格，结果显示，抗盐低黏滑溜水价格较常规低黏滑溜水高10元/m^3，较返排液配制低黏滑溜水低10元/m^3，同样可用于现场。

表13 不同低黏滑溜水体系配方及价格对比

液体性质	常规低黏滑溜水	返排液配制常规低黏滑溜水	返排液配制抗盐低黏滑溜水
体系配方	0.1%~0.15%常规减阻剂+0.3%渗吸驱油剂	0.2%~0.8%常规减阻剂+0.3%渗吸驱油	0.1%~0.15%抗盐减阻剂+0.3%渗吸驱油剂
单方液价格（元）	70	90	80

3 应用案例

英页1H平台第16段、第17段开展了返排液配常规变黏滑溜水，通过现场配制的各项参数指标对比、压裂过程中的反应和微地震监测的改造体积与清水配置的进行对比，室内和现场相互印证，为下一步规模开展返排液重复利用奠定了基础。

3.1 英页1H5-3井第16段返排液复配

返排液用量：低黏滑溜水采用20%干柴沟返排液复配，共用236m^3返排液，矿化度4.6×10^4mg/L。

黏度：20%返排液复配低黏滑溜水黏度4mPa·s（正常清水配制黏度是15~20mPa·s）。

摩阻：20%的返排液摩阻19.8MPa，常规液体的摩阻17MPa，摩阻变化2.8MPa，20%的返排液摩阻较常规高16%。

认识：目前体系复配盐水后对体系的性质影响较大，尤其是黏度和摩阻。节约液量504m^3（图3）。

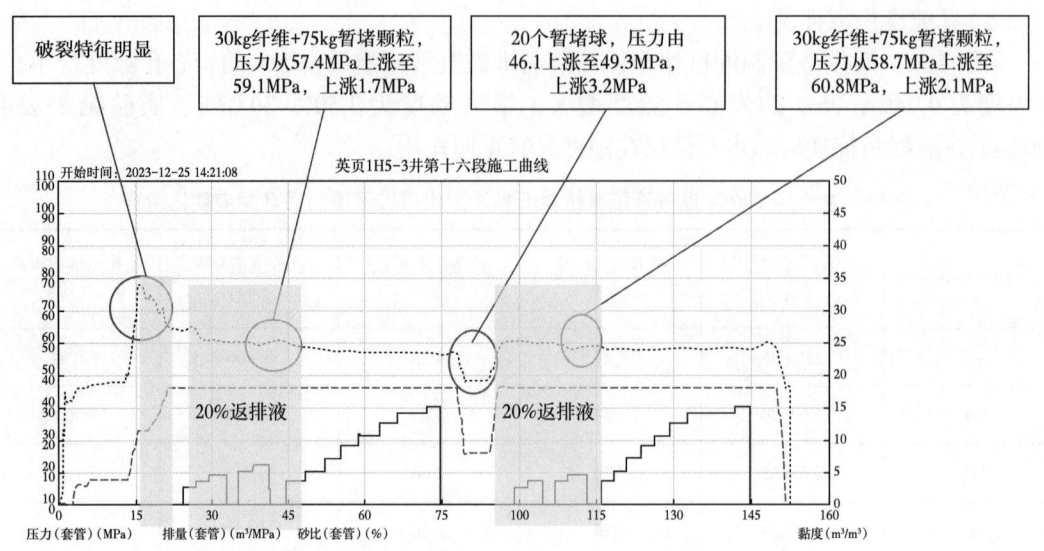

图3 英页1H5-3井第16段施工曲线及返排液配液分析

3.2 英页1H5-3井第16段返排液复配

返排液用量：低黏滑溜水采用50%干柴沟返排液复配，共用597m³返排液，矿化度11.5×10^4mg/L。

黏度：50%返排液复配低黏滑溜水黏度3mPa·s（正常清水配制黏度是15~20mPa·s）。

摩阻：50%的返排液摩阻21.8MPa，常规液体的摩阻17.1MPa，摩阻变化4.7MPa，50%的返排液摩阻较常规高27.5%。

认识：目前体系复配盐水后对体系的性质影响较大，尤其是黏度和摩阻。节约液量494m³（图4）。

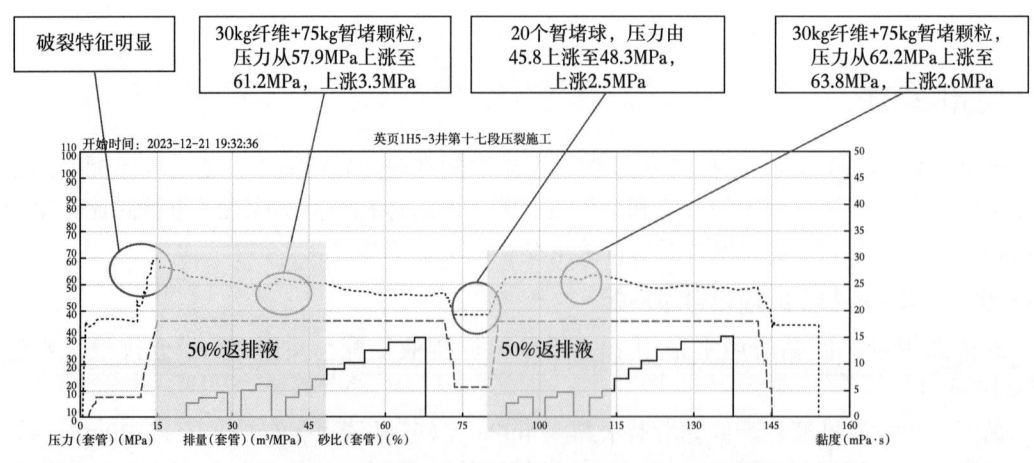

图4 英页1H5-3井第17段施工曲线及返排液配液分析

4 结论

（1）常规变黏滑溜水表观黏度及降阻效果随干柴沟采出水比例的增加而降低，并且影响程度逐渐变大，抗盐变黏滑溜水表观黏度及降阻效果不随采出水比例的变化而变化。

（2）无论是用返排液配制常规变黏滑溜水还是配制抗盐型变黏滑溜水，其性能均符合行业标准要求，其破胶液对地层水的配伍性能和对干柴沟原油的破乳性能均无影响，对压裂液的表界面张力和防膨率有着正向作用，返排液的加入会使破胶液表界面张力值下降、防膨率升高，起到了有利作用；对残渣含量具有反向作用，返排液的加入会增加残渣含量，但经过沉降处理后的返排液配制的滑溜水残渣含量远低于行业标准值。

（3）伤害实验结果显示，无论是采用40%返排液配制的常规低黏滑溜水还是采用100%返排液配制抗盐型低黏滑溜水均能使岩心渗透率不同程度地增大，采用返排液配制常规变黏滑溜水和抗盐型变黏滑溜水不会增加破胶液对储层的伤害程度。

综上所述，干柴沟返排液经处理并达到一定的水质标准后，在返排液较少的情况下可以采用比例为40%以内的返排液配制常规变黏滑溜水压裂液，且现场已证实效果较好，在返排液较多的情况下可以采用100%返排液配制抗盐变黏滑溜水用于干柴沟页岩油储层压裂施工。

参 考 文 献

[1] 李国欣，朱如凯.中国石油非常规油气发展现状、挑战与关注问题[J].中国石油勘探，2020，25（2）：13.
[2] 李国欣，覃建华，鲜成钢，等.致密砾岩油田高效开发理论认识、关键技术与实践——以准噶尔盆地玛湖油田为例[J].石油勘探与开发，2020，（6）：47.
[3] 彭瑀，赵金洲，林啸，等.页岩储层压裂工作液研究进展及启示[J].钻井液与完井液，2016，33（4）：6.
[4] 任岚，邸云婷，赵金洲，等.页岩气藏压裂液返排理论与技术研究进展[J].大庆石油地质与开发，2019，38（2）：9.
[5] 陈作，刘红磊，李英杰，等.国内外页岩油储层改造技术现状及发展建议[J].石油钻探技术，2021，49（4）：1-7.

干柴沟页岩油长水平段油基钻井液技术研究与应用

郝少军[1]，邢　星[1]，安小絮[2]，江　林[1]，赵维超[1]

（1.青海油田公司油气工艺研究院；2.中国石油青海油田公司勘探开发研究院）

摘　要：为了提高干柴沟页岩油效益开发，决定部署水平段长1500m的水平井，但随着水平段长度增加，钻井液携岩难度大、钻具起下钻摩阻大、泥岩井壁易失稳等矛盾尤为突出。为此，通过资料调研和室内研究，最终筛选出适合干柴沟页岩油长水平段优快钻井且储层保护性能优良的油基钻井液体系，现场验结果表明，该油基钻井液体系流变性能稳定、乳化稳定性好，破乳电压普遍在1500V以上；抗污染能力强，可抗15%钻屑、30%地层水和10%水泥的污染；该钻井液体系在干柴沟页岩油平台共应用4口井，钻井过程中井眼稳定，起下钻、通井，井眼通畅，套管顺利下入，较水基钻井液体系机速提高44.5%。研究结果表明，采用高性能油基钻井液能有效解决干柴沟页岩油水平井钻井中存在的问题，满足该地区水平段安全快速钻井需求。

关键词：页岩油；水平井；长水平段；油基钻井液；润滑；破乳电压

干柴沟前期水平井主要采用有机盐钻井液体系，钻井液携岩难度大、钻具起下钻摩阻大、泥岩井壁易失稳等矛盾尤为突出，影响了造斜段、水平段的钻速。针对这一难点，开展了干柴沟地区页岩油高性能油基钻井液技术研究，体系经加重、抗高温、抗污染和抗冻等性能评价后，各项性能优异，稳定性好。体系在现场开展了4口井的现场试验，该钻井液可以很好地解决水平井水平段裸眼井段长，黏土矿物遇水膨胀，造成井壁不稳定，容易发生井壁垮塌、井眼失稳和机械钻速低等问题，为加快干柴沟区块页岩油勘探开发提供了技术支撑。

1　工程概况

1.1　地质特点

干柴沟地区是柴达木盆地西部坳陷区茫崖坳陷亚区英雄岭构造带上的一个三级构造。本井区共钻遇下油砂山组（N_2^1）、上干柴沟组（N_1）、下干柴沟组上段（E_3^2）、下干柴沟组下段（E_3^1）及路乐河组（E_{1+2}），目的层位为下干柴沟组上段（E_3^2），储层岩性主要为灰色泥岩、砂质泥岩、灰质泥岩为主，夹灰色泥灰岩、泥质粉砂岩，少量灰色石膏质泥岩及灰白色盐岩；Ⅱ油组压力系数为1.94~2.18，Ⅳ—Ⅵ油组压力系数略有降低，为1.88~1.96，均为异常高压系统；本区地温梯度为2.95℃/100m，属于正常温度系统。

1.2　钻井液技术难点

（1）泥页岩井壁易失稳问题。长水平段为泥页岩，地层黏土含量较高，主要以伊利石、伊/蒙混合层为主，易发生水敏伤害；同时受机械力和化学作用力的影响，容易造成井壁剥落掉块，从而影响井下施工安全；（2）E_3^2发育高压油气层，含盐岩，且地层承压能力较低，

第一作者简介：郝少军，男，高级工程师，2006年毕业于大庆石油学院，获学士学位。中国石油青海油田公司油气工艺研究院，长期从事钻井液方面的研究工作。地址：甘肃敦煌七里镇钻采工艺研究院，邮编：736202，E-mail：haosjqh@petrochina.com.cn

易发生井漏及溢漏共存;(3)水平段钻进,卡钻风险高。水平段钻进井眼清洁难度大,易形成岩屑床;钻井时间长,频繁起下钻易形成键槽;井眼易缩径、坍塌,造成起下钻遇阻卡。同时目的层深度的预测可能存在误差,为保证水平段在有利储集层内钻进,可能需频繁调整轨迹,卡钻风险高;(4)E_3^2盐岩层安全钻井难度大。E_3^2盐层钻进钻井液易污染,易发生阻卡;井眼不规则,易形成"大肚子"井眼;地层微裂缝发育,易井漏;盐膏层蠕变变形,存在挤毁套管的风险。

2 实验仪器及方法

2.1 测试标准

按照GB/T 16783.2—2012《石油天然气工业钻井液现场测试第2部分:油基钻井液》进行测量。

2.2 试剂与仪器

试剂:柴油、重晶石、氯化钙、氧化钙、主乳化剂、辅乳化剂、有机土和降滤失剂。仪器:六速旋转黏度计(青岛海通达)、破乳电压测试仪(青岛海通达)、高温高压滤失量测定仪(美国Fann公司)和高温滚子炉(美国OFITE公司)。

2.3 油基钻井液的配制

在基础油中加入主、辅乳化剂,高速搅拌5min;加入氧化钙,高速搅拌2min;加入有机土,高速搅拌3min;在高速搅拌下加入25%氯化钙溶液,高速搅拌10~15min;加入降滤失剂、流型调节剂、润湿剂、降滤失剂等,每种材料加入后都要搅拌10~20min;加入重晶石至所需密度,高速搅拌20min;全部加完后至少循环并剪切30min。

3 钻井液配方室内研究

根据干柴沟页岩油水平井钻井技术难点、地质特点、钻井液技术措施,决定利用油基钻井液的抑制性、润滑性、封堵性和流变稳定性好的优点,来解决干柴沟地区水平井钻井中出现的系列问题。

3.1 油基钻井液配方筛选及评价

室内通过对油基钻井液体系的油水比、主乳、辅乳、有机土、润滑剂,生石灰等处理剂不同配比进行筛选及评价,最终形成适合干柴沟页岩油性能优良的油基钻井液体系(表1)。

表1 基础配方不同处理剂配比表

序号	1	2	3	4	5	6	7	8	9
油水比	90:10	85:15	90:10	85:15	90:10	90:10	90:10	90:10	90:10
主乳化剂(%)	3	4	3	4	3	3	3	4	3
辅乳化剂(%)	1.0	2.0	1.5	2.0	1.0	1.5	2.0	2.5	1.5
氧化钙(%)	2.0	3.0	2.5	2.0	3.0	2.0	3.0	3.0	2.0
$CaCl_2$水溶液(%)	25	25	25	25	25	25	25	25	25
有机土(%)	2	2.5	2.5	3.0	2.5	2.5	3.0	3.5	4.0

续表

序号	1	2	3	4	5	6	7	8	9
润湿剂（%）	1	1	1	1	1	1	1	1	1
石墨（%）	0.5	0.5	0.5	1.0	0.5	0.5	0.5	1.0	0.5
提切剂（%）	1.0	1.5	1.0	2.0	1.0	1.0	1.0	1.0	1.0
流型调节剂（%）	1.0	1.0	1.0	1.0	1.0	1.0	1.0	1.5	1.0
降滤失剂（%）	3	3	3	3	3	3	4	4	3
页岩稳定剂（%）	2	3	2	2	3	3	3	3	3
封堵剂（%）	3	3	3	3	3	3	3	3	3
密度（g/cm³）	2.00								

由图 1 可知：7 号、8 号配方较其他配方性能优良；由图 2 实验结果可知：8 号配方破乳电压达到 1300V 左右，具有良好的稳定性；由图 3、图 4 可知：8 号的配方在通过热滚 24h、48h、72h、96h 后，老化 130℃后性能优异，且泥饼质量较好。

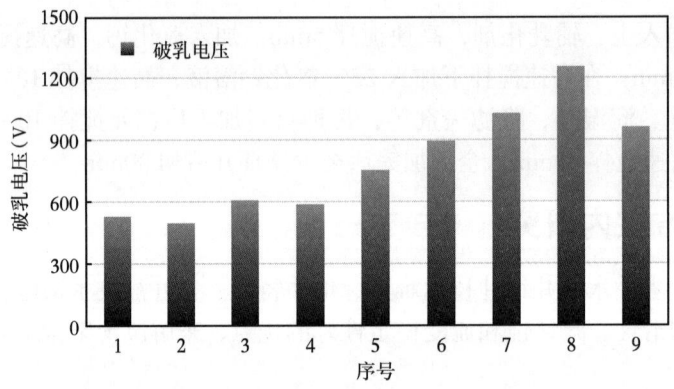

图 1　基本配方在室温下的各项性能

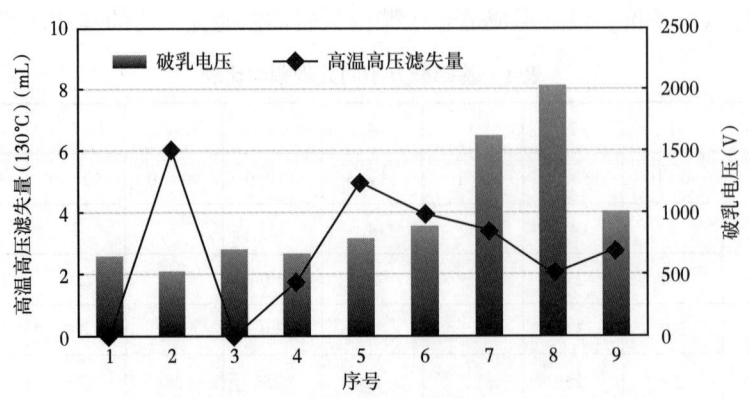

图 2　基本配方热滚 16h 后的各项性能

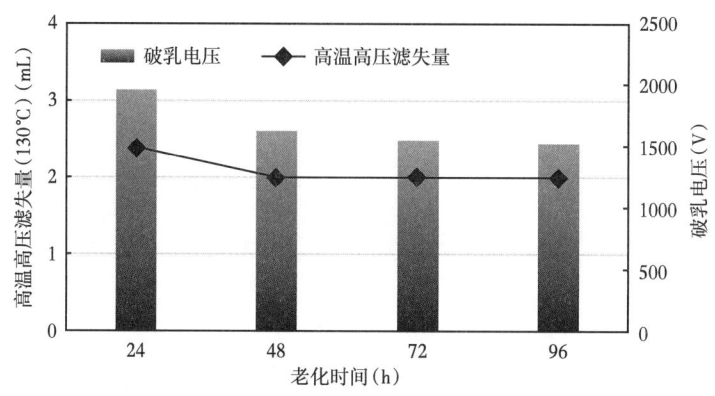

图3 8号配方热滚后的各项性能评价图

图4 8号配方高温高压滤失量泥饼图

通过对实验数据可知：8号的配方在通过热滚24h、48h、72h、96h后，老化130℃后性能优异，且泥饼质量较好。

因此确定最终基础配方为90∶10（柴油∶水）+3.5%有机土+4%主乳化剂+2.5%辅乳化剂+3%氧化钙+$CaCl_2$水溶液（25%）+1.0%提切剂+1.5%润湿剂+1%流型调节剂+4%降滤失剂+3%页岩稳定剂+3%封堵剂+1%石墨+重晶石粉（后续根据现场情况可适当调整比例）。

3.2 油基钻井液综合性能评价

3.2.1 加重性能评价

通过调节重晶石加量，配制了不同密度的高性能油基钻井液，室内试验评价了其性能，结果如图5所示。

由图5实验结果可知，不同密度的高性能油基钻井液老化前后性能保持定，破乳电压维持在1200~2047V；随着密度升高，钻井液的切力和黏度相应上升，高温高压滤失量可控制在3.0mL以下。

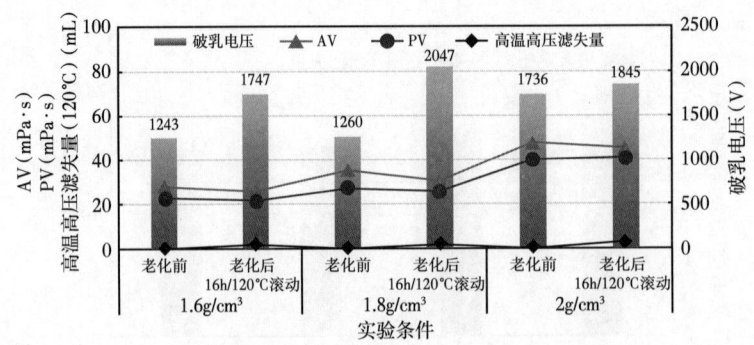

图 5 高性能油基钻井液的加重性能评价结果图

3.2.2 抗高温性能

选择密度为 2.00g/cm³ 的高性能油基钻井液,评价其在不同高温下老化后的流变性、滤失性和电稳定性,结果见表 2。注:老化时间为 16 h,流变性能的测试温度为 50℃,高温高压滤失量的测试温度为老化温度。

表 2 抗高温性能评价表

老化温度 (℃)	AV (mPa·s)	PV (mPa·s)	Gel (10s/10min)	FL_{HTHP}(120℃) (mL)	破乳电压 (V)
120	31	26	3/5	2.2	2047
150	33	27	3/7	2.8	1736
180	35	29	3/6	3.4	1845

由表 2 实验数据可知,高性能油基钻井液在不同高温下老化后黏度变化大,破乳电压均高于 1700V,高温高压滤失量随温度升高有所增大,但仍然小于 5.0mL,因此形成的油基钻井液具有良好的高温稳定性。

3.2.3 油基钻井液抗污染实验

3.2.3.1 抗岩屑污染

根据干柴沟地区水平井使用的钻井液密度,配制了密度 2.00g/cm³ 的油基钻井液体系,进行钻井液抗岩屑污染评价试验。在该钻井液中加入不同加量的过 200 目筛的现场岩屑,搅拌均匀后测试流变性,老化后再测试基本性能,结果如图 6 所示。

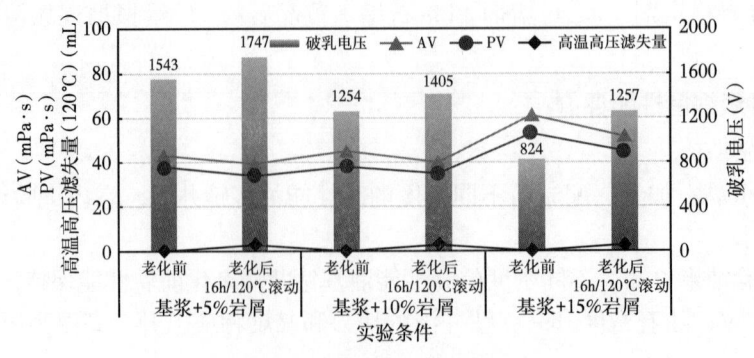

图 6 抗岩屑污染评价图

由图 6 实验结果可知，随着高性能油基钻井液中岩屑含量增大，钻井液黏度和切力呈上升趋势，岩屑在 10% 以内时黏度和切力变化较小，岩屑达到 10% 以上后，劣质固相含量相对较高，造成钻井液黏度升高，但在 15% 岩屑污染下，破乳电压仍然大于 400V，满足指标要求；高温高压滤失量变化不大，甚至略有下降。以上实验现象说明，高性能油基钻井液抗岩屑污染能力较强。

3.2.3.2 抗地层水污染

由图 7 实验结果可知，当侵入地层水的体积分数大于 10% 时，钻井液的黏度和切力上升幅度增大，但仍然在可控范围内。另外，破乳电压随着水侵程度增加而逐渐下降，但侵入地层水的体积分数为 20% 时破乳电压仍然大于 400V；同时，高温高压滤失量保持在 5.0mL 以内。以上实验结果表明油基钻井液抗地层水侵污染的性能较好。

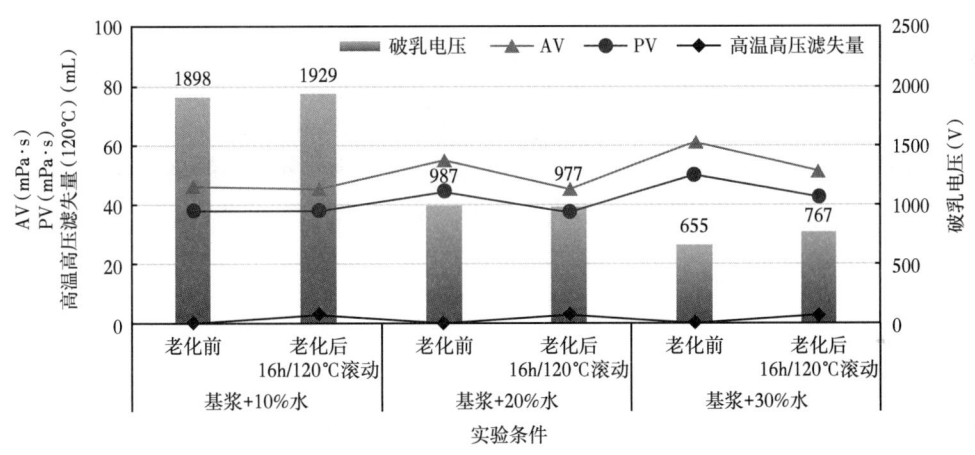

图 7　抗地层水污染评价图

3.2.3.3 抗水泥污染

取现场固井水泥，模拟钻水泥塞和固井时水泥侵入高性能油基钻井液，评价该钻井液抗水泥浸污的能力，结果见表 3。

表 3　抗水污染评价表（实验条件：16h/120℃ 滚动）

体系	条件	AV（mPa·s）	PV（mPa·s）	Gel（10s/10min）	FL_{HTHP}（120℃）（mL）	破乳电压（V）
基浆 +10% 水泥	老化前	51	44	5.5/16	—	2047
	老化后	43	37	3/11	2.6	2047

由表 3 实验数据可知，在侵入水泥量 10% 时，钻井液的破乳电压几乎不受影响，性能依然稳定。

3.2.3.4 低温抗冻性

干柴沟地区冬季施工时间较长，油基钻井液必须满足低温下流态稳定的要求。为评价高性能油基钻井液的低温抗冻性能，模拟现场低温静置后评价其性能，结果如图 8 所示。

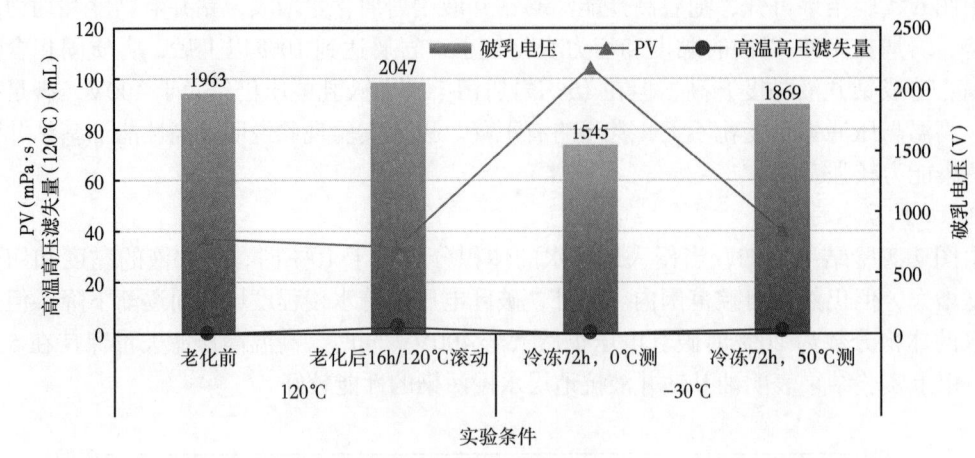

图 8 抗低温抗冻评价图

由图 8 实验数据可知，将 120 ℃下老化后的高性能油基钻井液放入 –30℃环境中冷冻 72h，然后拿出置于室内，高速搅拌加热至 50 ℃后测定其流变性，发现黏度略有升高，破乳电压略有下降。表明油基钻井液具有良好的抗冻性能，只需经过长时间循环，流变性能就会恢复至静置前的水平。

4 现场应用

4.1 基本概括

干柴沟页岩油平台油基钻井液共进行了 4 口井的先导试验，分别是英页 H5-1 井、H5-4 井、H6-1 井、H6-4 井。钻井液密度：N_2^1—E_3^2 Ⅰ 油组钻井液密度 1.10~1.35g/cm³、E_3^2 Ⅱ—Ⅴ 油组钻井液密度 1.93~2.05g/cm³，即可满足现场施工。具体钻井液应用情况见表 4。

表 4 干柴沟页岩油已钻井油基钻井液使用情况

井名	地层	井段（m）	密度（g/cm³）	钻井液类型
英页 1H5-1	N_2^1	0~306	1.10~1.15	聚合物
	E_3^2-Ⅰ	306~2254	1.15~1.32	盐水聚合物
	E_3^2-Ⅳ	2254~4662	1.95~2.04	油基
英页 1H5-4	N_2^1	0~309	1.1	聚合物
	E_3^2-Ⅰ	309~2182	1.15~1.32	盐水聚合物
	E_3^2-Ⅳ	2182~4640	1.93~2.04	油基
英页 1H6-1	E_3^2-Ⅰ	0~2090	1.16~1.37	盐水聚合物
	E_3^2-Ⅳ	2090~2570	2.1~2.12	油基
	E_3^2-Ⅳ	2570~4606	1.93~1.96	油基
英页 1H6-4	E_3^2-Ⅰ	0~2160	1.15~1.36	盐水聚合物
	E_3^2-Ⅳ	2160~2680	2.09~2.10	油基
	E_3^2-Ⅳ	2680~4695	1.94~2.05	油基

4.2 应用效果

四口井的塑性黏度维持在 38~70mPa·s 之间、漏斗黏度维持在 60~90s 之间、初切范围维持在 5.5~10.5Pa、终切维持在 12~20.5Pa、高温高压滤失量不大于 5mL（大部分井段不大于 2mL）、四口井的钻井液极压润滑系数均小于 0.08，润滑性良好，有利于减少托压，同时在水平段的施工中，现场返出岩屑规整，棱角分明（图 9）。表明钻井液具有极强的抑制性能。

图 9 现场返出岩屑图

机械钻速显著提高，对比水基钻井液体系，同平台水平段同种钻具组合不同钻井液体系进行对比分析发现，使用旋导＋螺杆钻具组合时油基钻井液机械钻速比水基钻井液高 44.5%，油基钻井液效果更好（图 10）。

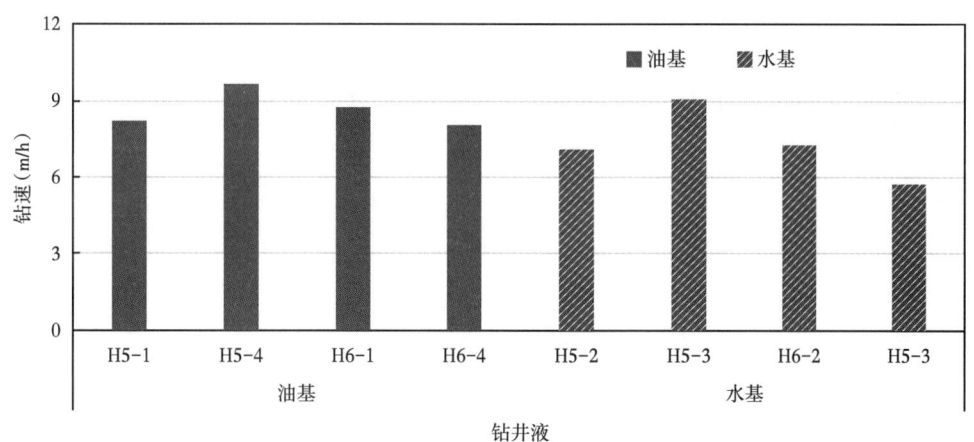

图 10 油基钻井液、水基钻井液钻速柱状图

5 结论

（1）根据柴达木盆地干柴沟页岩油水平井的储层特征和长水平段的钻进要求，研制了高性能油基钻井液体系，该钻井液体系性能优良，具有良好的加重、抗高温、提切、抗污染等性能，且电稳定性高。

（2）高性能油基钻井液现场应用效果良好，机械钻速大幅提高，钻（完）井周期大幅缩短，施工井段无复杂情况，确保了水平段钻井施工安全。

参 考 文 献

[1] 王建华,闫丽丽,谢盛,等.塔里木油田库车山前高压盐水层油基钻井液技术[J].石油钻探技术,2020,48(2):29-33.
[2] 王志远,黄维安,范宇,等.长宁区块强封堵油基钻井液技术研究及应用[J].石油钻探技术,2021,49(5):31-38.
[3] 郝广业.抗高温油基钻井液有机土的研制及室内评价[J].内蒙古石油化工,2008,34(1):108-110.
[4] 冯萍,邱正松,曹杰,等.国外油基钻井液提切剂的研究与应用进展[J].钻井液与完井液,2012,29(5):84-88.
[5] 黄汉仁,杨坤鹏,罗平亚.钻井液工艺原理[M].北京:石油工业出版社,2016.
[6] 张文波,戎克生,李建国,等.油基钻井液研究及现场应用[J].石油天然气学报,2010,32(3):303-305.

中—低成熟度页岩油原位改质加热技术研究

李 源，钟安海，杨 峰，张郁哲，郑学林

（中国石油化工股份有限公司胜利油田分公司）

摘 要：胜利济阳中低成熟度页岩油开发潜力大，此类页岩油主要由未排出的重烃组分和尚未转化的固态有机质组成，黏度高、可动比例低、储量丰度低、渗透率低特点突出，导致原油动用难度极大，使用原位改质方法可以提升原油的流动能力，提高动用程度。目前原位改质技术按照受热方式的不同，可分为传导加热、对流加热、辐射加热、反应热加热 4 类技术，室内实验研究表明，储层越致密，导热系数越高，越有利于热传导，当渗透率小于 0.05mD 时，储层采用传导热加热方式效果较好；当储层渗透率范围为 0.05~20mD 时，蒸汽更易进入储层，且不易发生气窜，对流热加热方式能够与储层进行充分热交换；当储层渗透率大于 20mD，空气能够与页岩油充分接触并燃烧，反应热加热效果较好。

关键词：页岩油；原位改质；反应热；电加热；热对流

页岩油属于非常规油气资源，以资源丰富和开发利用的可行性而被列为 21 世纪非常重要的接替能源[1-2]。随着我国能源需求迅速增大，对外依存度越来越高，大规模的勘探开发页岩油资源对于缓解我国油气供需压力有着重要的意义。济阳坳陷中—低成熟度页岩油储量丰富，热演化程度低，滞留液态烃、未转化有机质等组分占比 40%~80% 以上，具有原油黏度高、储层连通性差等特点，开发难度高但优质页岩油资源埋藏较深，不同于美国海相高成熟页岩油，大部分页岩油有机质尚未完全转化，且已转化部分原油度高、气体生成量少，导致地层驱动能量不足流动困难，通过高温加热（大于 300℃）进行原位改质，将页岩油中未成熟的干酪根热解转换为液态烃[3-4]。

目前原位改质技术按照受热方式的不同，可分为传导加热、对流加热、辐射加热、反应热加热 4 类技术。传导加热速度较慢，容易造成大量热量损失，成本较高，且由于油页岩的热膨胀，致使部分裂缝闭合，降低了油页岩的渗透性，而产生的油气压力较低，导致油气回收率较低[5-7]。相比之下，对流加热油页岩速度较快，但不容易控制，由于流体压力的作用，裂缝一般不会闭合，油气的导出速度较快但容易形成流体的短路即流体流速过快，不与油页岩换热就流出地层。射频加热穿透力强，加热速度较快，但成本较高，技术难度较大。反应热加热技术加热速度快，油气回收率高，但控制工艺复杂[8-10]。

1 页岩热传导特征研究

在页岩中，热交换的形式主要是页岩内部的一部分电子和分子将热直接传递给另一部分电子及分子。页岩这种传递热能的性质就是页岩的导热性，用导热系数 λ 来表示。页岩平板两侧存在温度差，由热力学第一定律可知，能量从高温区转移到低温区，这种能量的转移是

第一作者简介：李源（1991—），2021 年毕业于中国石油大学（华东）油气田开发工程专业，获博士学位，现任中国石油化工股份有限公司胜利油田分公司石油工程技术研究院压裂酸化（天然气）研究所主管师，从事储层改造方面研究工作，助理研究员。通讯地址：山东省东营市东营区西三路 306 号，E-mail:jlnxql@126.com

以热传导方式进行传递的。

$$Q = \lambda \frac{(t_1 - t_2)}{L} S\tau \tag{1}$$

式中：λ 为导热系数，W/（m·K）；Q 为通过页岩平板的热量差，W·min；t_1-t_2 为页岩平板两侧温度差，K；S 为页岩平板的面积，m²；τ 为传热时间，min；L 为页岩平板的厚度，m。

如图 1 所示，室温条件下页岩平行层和垂直层的导热系数分别为 0.7W/（m·K）和 0.5 W/（m·K），且随着温度的升高而下降。因页岩中含有部分水分，在 100℃时会出现水蒸气的汽化效应，降低导热效率，页岩储层平行传热效率大于垂直传热效率。

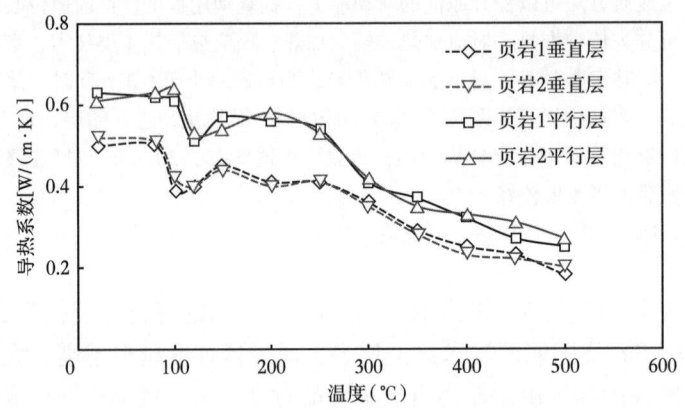

图 1　页岩导热系数与砂岩导热系数对比图

页岩油原位转化可以划分为低温、中温、高温 3 个阶段。针对不同区域的页岩，低温度、中温度、高温度的划分阈值有所区别，但是其物化反应过程、机理相似。低温阶段主要是页岩内部的自由水和吸附水的蒸发和部分吸附气体的逸出，主要是热物理演化。中温阶段主要是干酪根的热解生成油气，这一阶段析出的气体成分主要为甲烷、二氧化碳和氢气等，该阶段主要是热化学反应。高温阶段主要是无机矿物的分解和热破裂。在高温阶段，一部分黏土矿物脱水，一些碳酸盐类无机矿物分解生成二氧化碳等气体，同时，部分无机矿物会发生热破裂，造成一些孔隙坍塌。因此，高温阶段是热物理演化与热化学反应共同主导。页岩油储层含有丰富的有机质和液态烃，有机质主要以油母质的方式赋存，热解分为两个过程，第 1 个过程是油母质热解生成沥青，第 2 个过程是沥青受热分解为石油、天然气和残炭。

2　反应热加热页岩油原位改质技术

火烧油层是反应热原位改质的主要方式，通过注入井向油层注入空气，以空气中的氧气为助燃剂使油层中部分原油燃烧，利用燃烧产生的热量改变油层条件和原油物性，进而将未燃烧区原油采出的一种稠油热采方式。实验装置如图 2 所示。

油层成功点燃之后，需要对燃烧动态进行监控，及时获知燃烧前缘的位置、推进速度、由燃烧造成的储层特征的改变，以及各生产井的开发动态，合理调节不同开发阶段的注气强度，以便采取相应的控制措施，保证燃烧前缘均匀稳定地向前推进。

设定电炉温度为 200℃，升温速度为 5℃/min。实时记录各个测温点的温度及最高燃烧温度。燃烧结束后，冷却至室温，打开火烧油层模拟试验装置，测量原油被完全燃烧了的岩心段的长度。点火情况见表1。

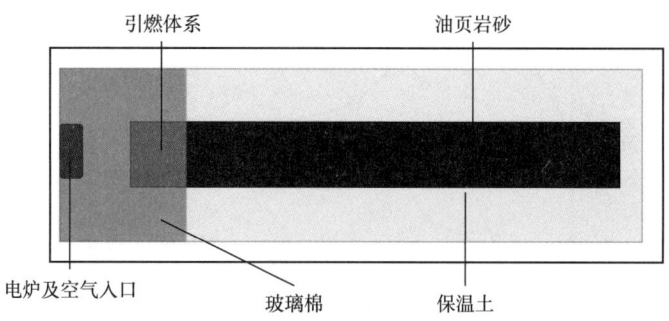

图 2　火烧油层点火实验装置

表 1　点火情况参数

测试编号	点火温度（℃）	燃烧温度（℃）
1	350	680
2	380	670
3	400	683
4	450	690

如图3和图4所示，点火成功后，一维燃烧模型内最高燃烧温度为680℃，在火线到达后20min左右测点能达到最高燃烧温度。火线经过后20min，测点平均温度为391℃，仍高于有机质分解温度；一维燃烧模型燃烧80min后，测点平均温度仍能够达到321℃。

注入空气主要有两个作用，维持火线燃烧所需的氧气气耗量以及提供原油向前运移的驱动力；空气注入量过小，页岩油无法充分燃烧。改变注气强度（初始4L/min）为6L/min、8L/min、10L/min，分析注气强度对火烧油层加热页岩油传热的影响；实验中通过气体组分监测实验装置，监测当注气强度为6L/min时，燃烧更为充分，燃烧前缘温度更高。

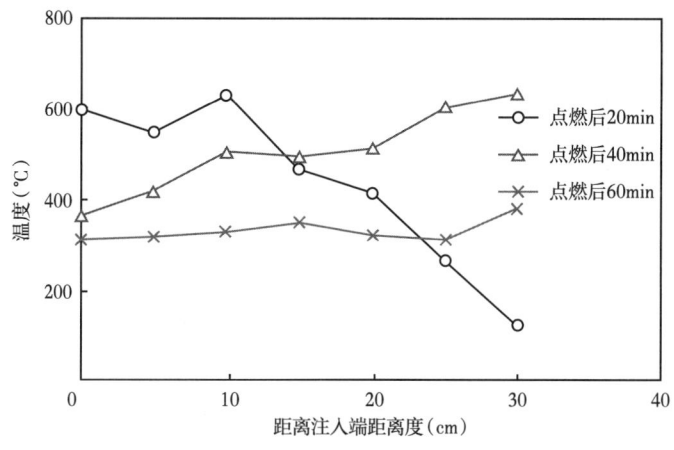

图 3　一维燃烧模型内不同测点温度变化

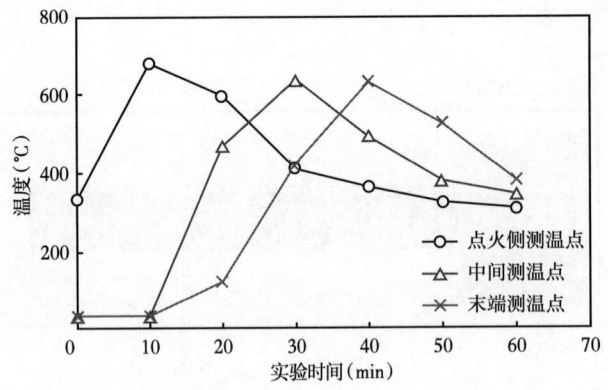

图 4　一维燃烧模型内不同测点温度随时间变化

3　电加热页岩油原位改质技术

电加热技术流程为先将电能传输给加热井中的电加热器,转化为热能。产生的热量通过传导的方式传递给页岩矿层,达到页岩油气生成的温度。通过实验模拟实验,采用功率 3kW 电加热片在端面给页岩岩心进行加热,分析不同组合长岩心末端加热温度计加热效率,实验装置如图 5 所示。

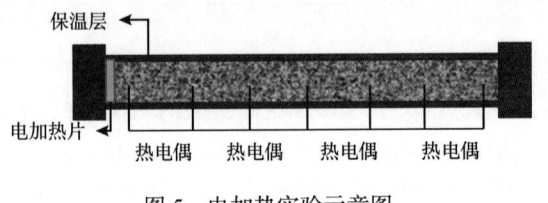

图 5　电加热实验示意图

分析不同加热功率加热片对页岩油原位开采传热效果的影响,加热功率分别为 1kW、2kW 和 3kW 时,岩心末端温度分别为 320℃、371℃和 422℃。因热传导过程中热量散失,加热功率较低时,传导至岩心末端稳定后的温度也更低。对比不同加热功率下,长岩心各位置的温度发现,距离热源约接近,温度差异最小;距离热源越远,温度差异越大。所以,可以通过增加热源密度,降低功率,实现能量优化配置(图 6)。

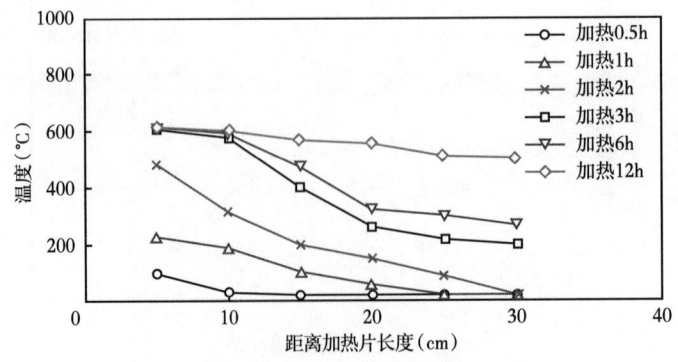

图 6　不同时间段页岩岩心沿程温度分布

根据实验发现，加热片端面加热温度最高达到618℃，远高于页岩中有机质分解所需温度。但是页岩是热的不良导体，经过6h后，在距离电加热片20cm处才能达到页岩中有机质分解所需最低温度。组合岩心最末端温度达到500℃以上需要12h。通过热传导加热岩层，速率小，能耗高。

4 过热蒸汽加热页岩油原位改质技术

过热水蒸气是一种温度高于相应压力下饱和温度的蒸汽，温度一般在500℃左右。如果使用过热蒸汽加热页岩，高温高压条件下的过热蒸汽会使页岩中的油母质发生复杂的物理变化和化学变化，其热解产物与低温干馏条件下所产出的页岩油和热解气体会有很大的不同。

如图7和图8所示，注入端过热蒸汽温度为380℃，随着注入时间增加到120min，沿程有部分热量损失，岩心末端温度为324℃，低于有机质裂解温度；因为过热蒸汽温度上限低，过热蒸汽加热温度低于火烧油层和电加热；但过热蒸汽能够在孔隙中运移，波及速度快且范围大。

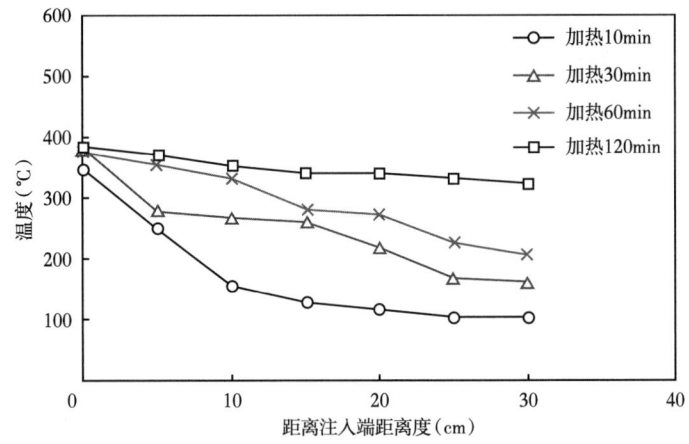

图7 一维长岩心不同测点温度随时间变化

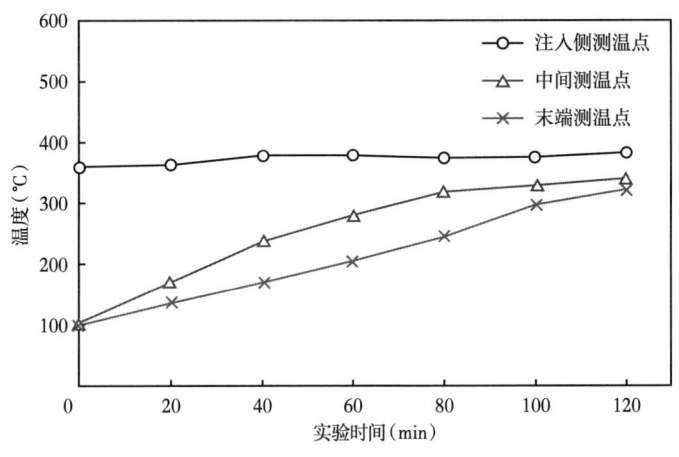

图8 一维长岩心不同测点温度随时间变化

经过使用气相色谱仪对过热蒸汽热解后的气体产物做详细的分析后发现，整个实验过程中页岩热解气体产物的组分在随时间不断变化：在过热蒸汽热解的第一阶段内，热解气体产物中以二氧化碳含量为主，说明了在第一阶段热解气体产物燃烧较微弱的原因；在过热蒸汽热解的第二阶段内，热解气体产物中以有机质气体产物为主，特别是甲烷的相对含量，在最高的时候，甲烷含量所占的比例达20%，在这一阶段内热解气体燃烧剧烈。在过热蒸汽热解的第三阶段则是以氢气含量为主，二氧化碳次之，一氧化碳则表现得急剧升高，由于在这一阶段内的可燃气体以氢气和一氧化碳含量为主，所以在该阶段内的气体燃烧表现为淡蓝色火焰。

使用过热水蒸气对流热解页岩的过程不是一个恒温加热的过程，它总是在干馏炉内侧靠近过热蒸汽阀门的地方最先加热，所以干馏过程会出现上述三个阶段。

（1）第一阶段（200~300℃）。干馏釜内侧的少量页岩最先加热，而且这部分页岩分解产生热解沥青这个过程的时间很短，热解沥青又很快热解出其他产物，剩余的过热蒸汽则开始预热其他页岩，并且与页岩中的碳酸盐发生水解和热解反应，从而产生大量的二氧化碳。

（2）在第二阶段（300~490℃）。预热后的页岩产生的沥青开始大量裂解产出页岩油、氢气、一氧化碳和有机气体产物，所以在这个过程中的有机产物最多。同时，由于第一过程中干馏炉内侧的页岩已经裂解完成，产生少量的残炭，这些残炭将与部分过热蒸汽发生水煤气反应，产生氢气和一氧化碳，所以氢气含量依然很高，一氧化碳有一个先升高后降低的波动。由于碳酸盐的水解和热解基本完成，二氧化碳含量逐渐降低到最低的水平。

（3）在第三阶段（490℃之后）。由于在上一个过程中页岩的热解已经基本完成，所以热解产物中的有机质占的比例很少，特别是在500℃以后，乙烷、乙烯和丙烷含量基本接近0。但是页岩热解完成后产生一定量的残炭，这部分残炭与温度极高的过热蒸汽发生水煤气反应。在水煤气反应中，主要产物为氢气和一氧化碳，也伴随着部分二氧化碳产物，这将导致气体产物中氢气的含量持续升高，最终超过50%，一氧化碳含量在500℃以后出现一个急剧升高的趋势，最终达到8%。

利用傅里叶变换红外光谱分析仪（FTIR）和质谱分析仪（MS）分析了页岩热解过程中H_2、CH_4、H_2O、CO_2和CO等气体随温度变化趋势。在页岩热解过程中，H_2的产生主要发生在350~560℃和600℃以后的温度段内，分别由富含氢气的基质和芳香族化合物分解产生，而且产量很低；虽然CO的产生原因比较复杂，但是主要部分还是由于醚键、酚类和杂环氧的断裂，产量微乎其微。而使用过热蒸汽热解的方法热解页岩，由于过热蒸汽高温高压的作用，使得H_2和CO的产量得到了大幅提高，明显提高了气体产物的发热量。

低温干馏法是指采用较低的加热终温（500~600℃），使页岩在隔绝空气条件下，受热分解的过程。对使用过热蒸汽和低温干馏方法热解页岩产出的各油质组分在总热解页岩油中所占的比例进行了比较分析，如图9所示，过热蒸汽热解页岩后，所得的页岩油中以中质油为主，但是轻质油含量也很大，二者含量的和占到了总产量的绝大部分；而低温干馏生产的页岩油中，虽然轻质油组分占主要部分，但是重质油组分的含量也很高，轻质油、中质油和重质油组分基本达到相同的比例。由此可以看出，与低温干馏技术相比，过热蒸汽热解页岩可以大大提高页岩油产物的品质。

造成以上差别的原因主要是因为相比于低温干馏技术，过热蒸汽热解页岩具有更大的优势，这主要得益于过热蒸汽的特殊性质。高温过热蒸汽具有氢键度小，比容大，缔和体的水分子个数少等特点,所以它能够减少水分子对黏土矿物的吸附,抑制了黏土矿物的敏感性,而且它能够进入页岩微小孔隙当中,将其充分加热,将固态的油母质变为气态和液态沥青质,提高小孔隙中油母质热解后沥青的可动性,极大地增加了页岩孔隙的油相渗流通道,极大地减小了页岩孔隙的渗流阻力,然后,过热蒸汽再与沥青质发生水裂解反应,降低了沥青质中烃类的饱和度,大幅度地降低油母质热解后沥青质的含量。由于过热蒸汽中大量自由氢离子的存在,使得沥青质发生加氢、开环和水煤气反应,使沥青质中的长链有机质断裂,生成短链烃和饱和烃,由原来的重质烃变为了中质烃和轻质烃,大幅度增加了中质烃和轻质烃的产量,而且由于不饱和烃的生成,热解后所得页岩油的黏度也得到了大幅度的降低。因此,通过过热蒸汽热解页岩得到的页岩油相比于低温干馏技术得到的页岩油,其轻质组分的含量得到了大幅的提高。

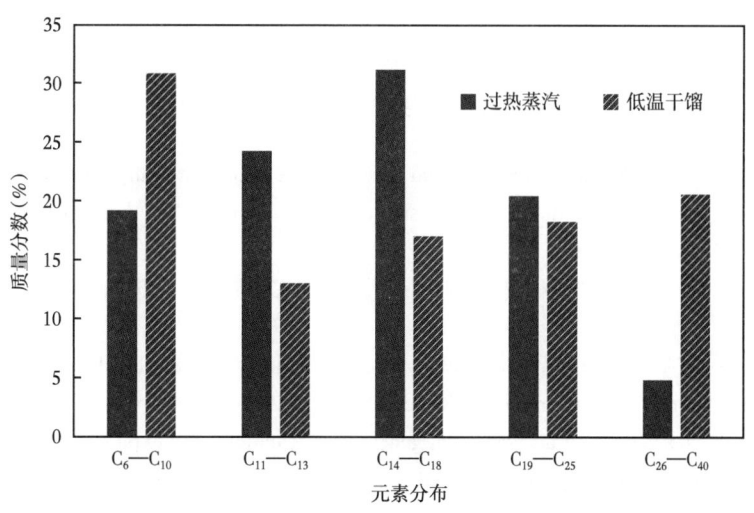

图9 不同加热方式各元素质量对比

5 页岩油原位改质加热技术优选

火烧油层加热方法加热效率高,加热范围大;确定最小点火温度为350℃,成功率为25%;当点火温度增加到400℃,点火成功率达到50%;空气注入量过小,页岩油无法充分燃烧,空气注入量过大,剩余氧气会伤害造成储层;实验中通过然后气体组分监测实验装置,监测当注气强度为6L/min时,燃烧更为充分,燃烧前缘温度更高。电加热法通过页岩热传导加热岩层,储层越致密越有利于传导热加热,传导热加热方法更适用于储层基质。由于过热蒸汽温度上限低,过热蒸汽加热温度低于火烧油层和电加热;但过热蒸汽能够在孔隙中运移,波及速度快且范围大。

结合数值模拟和实验模拟研究发现,不同的原位改质加热方式因特性不同,从而适用于不同渗透率储层。如图10所示,储层越致密,导热系数越高,越有利于热传导,当渗透率小于0.05mD时,储层采用传导热加热方式效果较好;当储层渗透率范围为0.05~20mD时,蒸汽更易进入储层,且不易发生气窜,对流热加热方式能够与储层进行充分热交换;当储层渗透率大于20mD,空气能够与页岩油充分接触并燃烧,反应热加热效果较好。

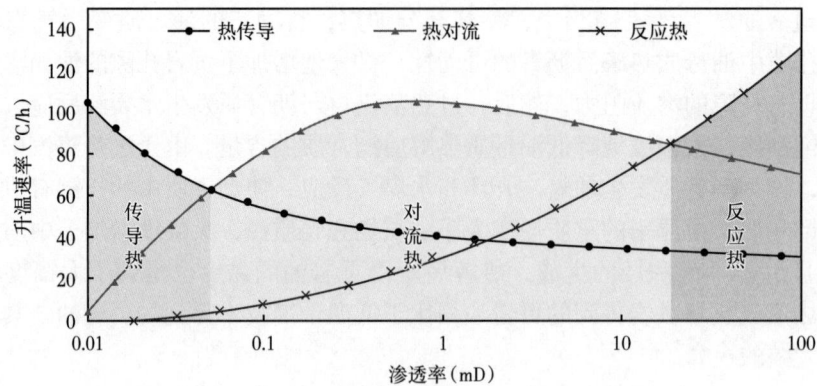

图 10　不同加热方式升温速率与渗透率关系

参 考 文 献

[1] ZHAO Z, HOU L, LUO X, et al. Heat-induced pore structure evolution in the Triassic chang 7 shale, Ordos basin, China: Experimental simulation of in situ conversion process[J]. Journal of Marine Science and Engineering 2023, 11（7）: 1363.

[2] 陈国辉, 蒋恕, 李醇, 等. 加热过程中页岩储层改质效果研究进展[J]. 石油与天然气地质 2022; 43（2）: 286-96.

[3] ZHENG D, LI S, MA G, et al. Autoclave pyrolysis experiments of Chinese Liushuhe oil shale to simulate in-situ underground thermal conversion[J]. Oil Shale 2012, 29（2）: 103.

[4] SONG D, WANG X, WU C, et al. Petroleum generation, retention, and expulsion in lacustrine shales using an artificial thermal maturation approach: implications for the in-situ conversion of shale oil[J]. Energy & Fuels, 2020, 35（1）: 358-73.

[5] 白文翔. 油页岩原位裂解注热系统及热效率分析[D]. 长春: 吉林大学, 2019.

[6] SONG R, MENG X, YU C, et al. Oil shale in-situ upgrading with natural clay-based catalysts: Enhancement of oil yield and quality[J]. Fuel 2022, 314: 123076.

[7] ZHI Y, CAINENG Z, SONGTAO W, et al. Formation, distribution and resource potential of the "sweet areas（sections）" of continental shale oil in China[J]. Marine and Petroleum Geology 2019, 102: 48-60.

[8] ZHU J, YI L, YANG Z, et al. Numerical simulation on the in situ upgrading of oil shale reservoir under microwave heating[J]. Fuel 2021, 287: 119553.

[9] 柏静儒, 郝田田, 杨乐. CO_2/N_2 气氛下油页岩热解特性[J]. 洁净煤技术, 2022, 28（7）: 103-10.

[10] 陈丽, 付强, 王桂英. 油页岩地下原位热解动力学研究[J]. 吉林化工学院学报, 2018, 35（1）: 1-3.

济阳页岩油渗流机理及立体开发优化设计

张世明[1]，杨 勇[2]，孙红霞[1]，刘祖鹏[1]，于春磊[1]，
邢祥东[1]，陈李杨[1]，张 民[1]，孙 强[1]

（1.中国石化胜利油田分公司勘探开发研究院；2.中国石化胜利油田分公司）

摘 要：济阳页岩油资源潜力巨大，但地质条件复杂，规模效益开发难度大，亟须形成适用于济阳页岩油的开发优化技术。本文采用实验与模拟相结合的手段开展了复杂孔缝系统内流体非线性渗流、多尺度裂缝渗流能力时变以及孔缝系统渗吸置换等渗流机理研究，为开发优化设计提供理论依据。在此基础上，形成了涵盖布井方式、井网井距等页岩油开发优化关键技术，并在博兴洼陷进行了矿场实践，取得了较好的应用效果。该研究成果可为济阳页岩油先导试验井组开发方案设计提供强有力支撑，对下步济阳页岩油规模建产具有重要指导意义。

关键词：陆相页岩油；济阳坳陷；渗流机理；应力敏感性；开发优化

中国陆相页岩油资源量为$(800\sim1000)\times10^8$ t，主要分布在渤海湾、鄂尔多斯、松辽、准噶尔四大盆地。济阳坳陷位于渤海湾盆地东部，为中国东部典型陆相断陷盆地，初步估算资源量超100×10^8 t，其中$R_o<0.9\%$的储量占总储量60%以上[1-3]。相比北美海相页岩构造稳定、地层平缓、相对均质的地质特征，济阳页岩油经历多期次强烈构造运动，断层裂缝发育、埋藏深、非均质性强，在沉积环境、储层条件、流体性质等方面存在较大差异，因此国外海相页岩油研究成果不能直接应用于陆相页岩油开发实践。

济阳坳陷具有烃源岩厚度变化大、断层及裂缝发育、岩相变化快、演化程度低、地层高温高压、地应力复杂等特点，在"甜点"评价、整体动用、开发技术政策等面临诸多挑战[4-7]。前人围绕济阳页岩油的沉积特征、富集规律、赋存机理、勘探实践等方面开展了大量研究，但在陆相断陷盆地页岩油渗流机理、开发技术等方面研究相对较少，国内外没有同类型页岩油大规模开发的先例[8-10]。为此，本文综合基础研究与现场实践，从渗流机理、开发优化设计、矿场实践等方面展开研究，初步明确了济阳页岩油开发技术政策，以期推动陆相断陷盆地页岩油规模建产。

1 济阳页岩油概况

济阳坳陷位于渤海湾盆地东南部（图1），内部可进一步划分为东营凹陷、惠民凹陷、沾化凹陷和车镇凹陷。主要发育古近系沙河街组四段上亚段（沙四上亚段）和沙河街组三段下亚段（沙三下亚段）2套烃源岩，埋藏深度3000~5500m，地层厚度300~1500m，是济阳页岩油的主力产层。济阳坳陷属于典型的陆相断陷湖盆，由多个北陡南缓的半地堑式箕状凹陷构成，古近纪页岩沉积时期先后经历了喜马拉雅期3幕断陷活动，强烈的构造活动和生烃期地层超压使沙四上亚段—沙三下亚段页岩发育多尺度裂缝。与北美海相页岩、鄂尔多斯盆地页岩、松辽盆地页岩、准噶尔盆地页岩相比，济阳坳陷页岩形成年代新，岩相以富灰型和混积

第一作者简介：张世明（1975—），男，博士，教授级高级工程师，从事油田开发理论、复杂介质油藏渗流机理及油藏数值模拟技术研究。E-mail：zhangshm855.slyt@sinopec.com

型为主，R_o值为0.5%~1.2%，其中R_o值小于0.9%的中低演化页岩油资源量占比达66%，地层温度130~200℃，压力系数1.2~2.0，主力洼陷具有演化程度低、埋藏深、厚度大、高温高压，岩相、构造、流体性质复杂等特点（表1）。

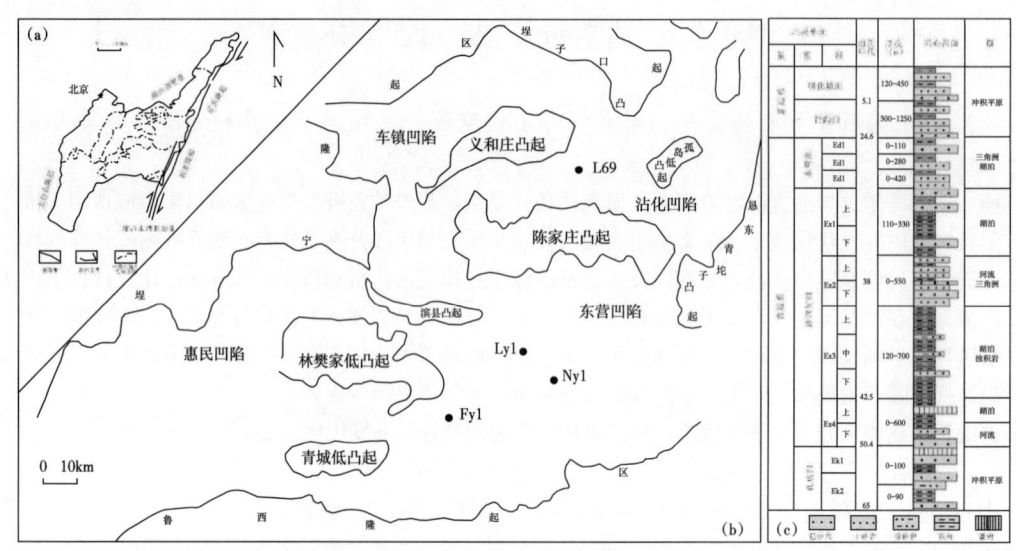

图1 济阳坳陷区域位置及综合柱状图

表1 济阳页岩油与国内页岩油特征对比表

地区	层位	盆地类型	页岩层系岩相	地层厚度（m）	埋藏深度（m）	R_o（%）范围	R_o（%）动用/试采区块值	原油密度（g/cm³）
济阳坳陷	古近系沙河街组	咸水—半咸水湖盆	泥灰岩、灰泥岩	300~1200	3000~5500	0.5~1.2	0.7~0.9	0.82~0.89
沧东凹陷	孔二段	半咸水—淡水湖盆	白云质、长英质页岩	50~200	2800~4200	0.5~1.1		0.86~0.89
松辽盆地	白垩系	淡水湖盆	长英质页岩	106~149	1600~2700	0.5~1.7	1.0~1.4	0.78~0.87
鄂尔多斯盆地	三叠系延长组7段	淡水湖盆	粉砂岩、细砂岩	10~40	1600~2900	0.7~1.2		0.8~0.86
准噶尔盆地	二叠系芦草沟组	咸水湖盆	云质粉砂岩、泥质白云岩	20~70	2500~4800	0.6~1.1		0.88~0.92
三塘湖盆地	二叠系	咸水湖盆	泥灰岩、灰质白云岩	15~100	2000~2800	0.6~1.3		0.85~0.90

自2021年以来，先后在博兴、牛庄、民丰、利津、渤南等5个洼陷部署实施评价井，FYP1井、FY1-1HF井等20余口井峰值日产油超100t，截至2023年底，23口井累计产油超$1.0×10^4$t。2021—2023年，济阳页岩油实现了从单井到井组、从立体3层到立体5层的突破，日产油由2021年初的100t上升到2023年底的1400t以上。2023年，年产油超过$30×10^4$t。

2 济阳页岩油体积压裂复杂缝网渗流特征

济阳页岩油水平井体积压裂后,形成以主裂缝方向为长轴的椭圆形泄油体,近井压裂改造区主要为主次裂缝相互交错的复杂裂缝网络,储层泄油体积和缝网内部向裂缝的压力传播速度大幅增加;远井微裂缝区内裂缝连通程度逐渐降低,以微裂缝网络为主,为基质向裂缝网络窜流,远井微裂缝区椭圆流动区域为极限泄油范围;未改造区为压裂未波及的渗流区域,无法得到有效动用(图2)。基质纳米级孔喉、天然裂缝、次裂缝和压裂主裂缝等形成不同级次的沟通孔缝,共同构成多尺度复杂渗流空间,不同空间内的渗流机理差异显著,多尺度空间内渗流规律、油水流动路径复杂。

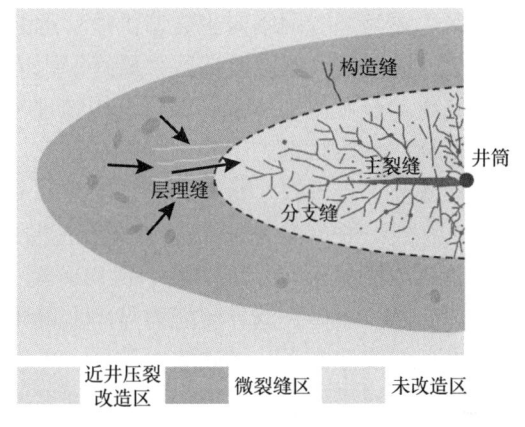

图2 多尺度渗流空间示意图

通过页岩岩心渗流实验揭示了体积压裂复杂缝网渗流特征。

2.1 基质层理缝控制改造区极限泄油范围

济阳页岩发育典型"灰—泥"纹层结构,表现为灰质纹层与泥质纹层的高频互层,具有单层厚度薄(0.1~0.5 mm)和纹层密度大(5000~20000 条/m)的特征,其中纹层状页岩层理缝发育密度要高于层状页岩。页岩储层的纹层结构直接影响储层的储集渗流能力。不同层理缝发育的岩心覆压测试表明,水平渗透率(0.009~1.02mD)高于垂直渗透率(0.0001~0.019mD)两个数量级左右。不同驱替压力梯度下的渗透率测试表明,曲线具有明显的非线性特征,流体渗流不再遵循达西定律,出现低速非达西渗流,具有启动压力梯度。由于页岩纳米尺度孔隙比例高,孔隙直径差异大,在低驱替压力梯度下只有较大的孔隙或者层理缝参与渗流,随着驱替压力梯度的增加小孔隙逐渐参与流动。页岩孔缝内烷烃的分子动力学模拟结果显示页岩中存在吸附层和边界层,随着驱替压差增加,页岩边界层厚度减小,参与流动的孔隙半径增加、渗透率增大。启动压力梯度可以表征非线性渗流程度且与横向渗流能力成负相关关系,层状页岩启动压力梯度为1~10MPa/m,纹层状页岩启动压力梯度为0.01~0.1MPa/m,两者存在数量级差异(图3)。横向渗流能力影响泄油范围,层理发育页岩横向渗流能力强,页岩极限泄油范围大。

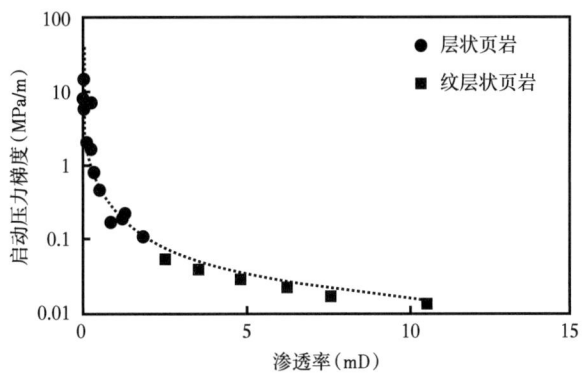

图3 不同岩相页岩启动压力梯度变化曲线

2.2 改造区内多尺度裂缝应力敏感影响渗流能力

济阳页岩油水平井体积压裂后,储层形成具有一定导流能力的复杂裂缝网络,近井主裂缝区主要为裂缝网络向主裂缝供液;远井微裂缝区内主要为基质向裂缝网络窜流,在压差作用下,流体流入压裂改造区,最终汇入人工裂缝,流入井筒,形成页岩油储层多级压裂水平井完整的开发流动体系。综合运用物理模拟实验以及覆压下的计算机断层扫描(CT)技术研究裂缝在自然状态、压裂过程以及开发过程中的开启与闭合规律。压裂增能阶段造成净上覆压力减小,层理缝大量开启,孔隙度从 0.23% 逐渐增大到 1.04%,裂缝条数从 4 条逐渐增加到 119 条,数量增加 30 倍;排采释能阶段造成净上覆压力增加,开启层理缝会大量闭合,层理缝孔隙度从 1.04% 逐渐减小到 0.16%,条数从 119 条逐渐减小到 4 条,逐步恢复到初始状态(表 2)。填砂裂缝导流能力与净上覆压力变化规律表明(图 4),填砂缝导流能力与净上覆压力近似线性关系,铺砂浓度越高,导流能力越强,裂缝应力敏感性越弱,可有效保持改造区内裂缝网络的渗流通道。因此,排采过程中需要控制井间合理生产压差,最大程度保持缝网开启及较高的导流能力。

表 2　净上覆压力与层理缝动态变化关系

净上覆压力 (MPa)	压裂升压阶段			弹性开发阶段			
	27	19	11	3	11	19	27
层理缝孔隙度 (%)	0.23	0.31	0.71	1.04	0.54	0.28	0.16
层理缝数量 (条)	4	14	23	119	25	14	4
层理缝 CT 三维空间展布							

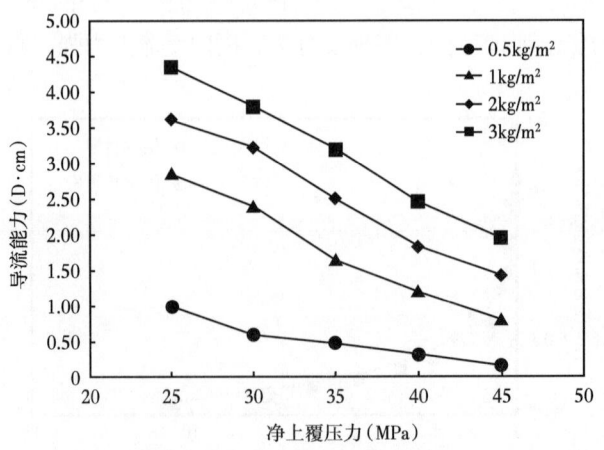

图 4　不同填砂浓度裂缝的导流能力随着净上覆压力的变化曲线

2.3 基质—裂缝间渗吸置换提高采出程度

油水两相流体在微纳米孔缝系统的渗吸置换作用是保障页岩油高产、稳产的重要机理。页岩油储层水力压裂改造使得压裂液与储层基质之间获得较大的接触面,压裂液作为润湿相在毛细管压力作用下被吸入较小的孔隙,深入储层深处,置换地层流体至压裂缝网区,使得部分非润湿相与压裂液返排,形成了渗吸置换作用。润湿性是渗吸置换的基础,亲水岩石毛细管压力为渗吸动力,能够有效促进渗吸置换作用。通过"核磁共振+自吸驱替法"测试不同层位页岩润湿性,19块岩心样品中12块呈水湿,4块呈中性,且页岩润湿性与有机质热演化程度有关,成熟度越低岩石亲水性越强。济阳页岩低成熟度环境使得页岩整体偏亲水特征,为页岩自发渗吸驱油提供有利条件。强制渗吸通过人为提高孔隙压力,大幅提高渗吸接触面积,进一步提高渗吸置换速度和效率。不同岩相常压渗吸与高压渗吸对比实验表明,高压环境下岩心渗吸采出程度较常压渗吸提高3~6个百分点(图5),表明压裂液配合渗吸剂及人造高压环境,能够使压裂液更易进入地层,提高原油置换效率。生产过程中,渗吸作用使裂缝区附近的基质储层内饱和度重新排布,压裂液置换出储层中的原油,起到"增油"的积极作用。吸置换作用是济阳页岩油压裂水平井见油早、初产高的重要原因之一,因此,开发过程中需要综合考虑以上因素,优化闷井时间保证渗吸置换效果。

页岩油体积开发过程,主要表现为多尺度裂缝—基质非线性渗流特征和渗吸置换特征,总体呈现复合渗流方式。页岩油开发需要充分认识储层特征,利用大规模压裂改造最大限度地形成体积缝网系统,因此,从水平井体积压裂后页岩油非达西流动、裂缝应力敏感、孔缝系统渗吸置换作用等页岩油特殊渗流机理出发,分析页岩油藏特殊的渗流特征,明确基质—裂缝多尺度渗流模式,为页岩油储集层的经济有效开发提供理论依据。

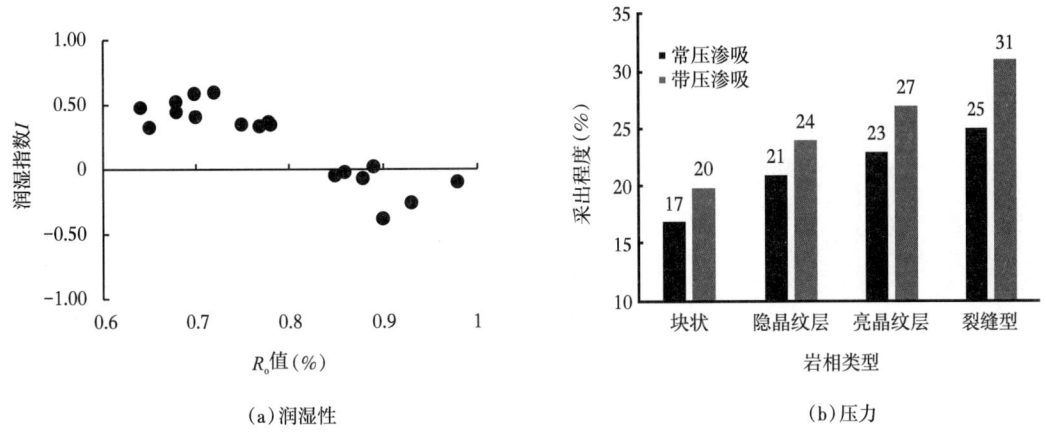

(a) 润湿性 (b) 压力

图 5 渗吸置换影响因素

3 济阳页岩油立体开发优化设计技术

立体开发优化设计是指针对陆相页岩油岩相复杂、储集空间多样、非均质性强、烃源岩厚度大的特点,在"甜点"精细评价基础上,纵向上采用多层叠置布井,平面考虑裂缝延展、交错布缝的模式,构建纵向多层立体人造箱体,实现"储层—裂缝—井网"三维空间适配,最大程度提高储量动用程度,达到采收率和经济效益最大化的目标。

3.1 立体开发组合层系划分

济阳页岩油纵向厚度主要在 300~500m，部分厚层可达上千米，不同层段岩相、天然裂缝、流体相态、应力环境等地质条件差异大。综合考虑资源丰度、应力隔层、有利岩相厚度、脆性指数、纵向应力差、天然裂缝发育情况、开发经济极限厚度等多个因素，划分页岩油开发层系，建立不同洼陷立体开发效益组合模式。

博兴洼陷有利岩相段厚度与压裂缝高之比为 3~4，隔层相对不发育，纵向应力差 7~9MPa。单井投资与可采储量相关性分析表明，水平段长 2000m，单井投资 6000 万元，测算有利岩相的经济极限动用厚度为 28m。结合目前的钻井工程、压裂工艺等条件，综合确定博兴洼陷采用立体 3 层开发模式。牛庄洼陷有利岩相段厚度与压裂缝高之比为 4~5，同时发育 2 套 2~5m 相对稳定的泥岩隔层，纵向应力差 5~6MPa，天然裂缝发育，有利岩相厚度 300~500m，经济极限动用厚度为 26 m，综合确定牛庄洼陷采用立体 5 层的开发模式。

3.2 立体井网形式优化

针对济阳页岩纵向厚度大的特征，分别设计正对布井正对裂缝、正对布井交错裂缝、交错布井正对裂缝、交错布井交错裂缝 4 种缝网组合模式，开展多层水平井平面渗流特征研究。开发初期，正对布缝出现流线交叉，而交错布缝在初期未出现流线交叉，交错布缝下的井间裂缝干扰更弱。开发后期，交错布井流线交叉程度小于正对布井，且流线控制范围更大。因此在裂缝改造体积相同的情况下，交错裂缝井交错分布井网形式生产效果最优。采用地质工程一体化模拟技术，针对立体交错和立体正对两套井网，开展压裂缝网形态模拟和生产动态预测。模拟结果表明，相同压裂规模下，立体交错布井方式对储层平面和纵向的改造程度更大，油井稳产时间更长，累计产油量更高（图 6）。相较于立体正对布井，改造程度能够提高 13%，累计产油量增加 8% 以上，因此确定井网形式为立体交错布缝、布井的一次井网部署。

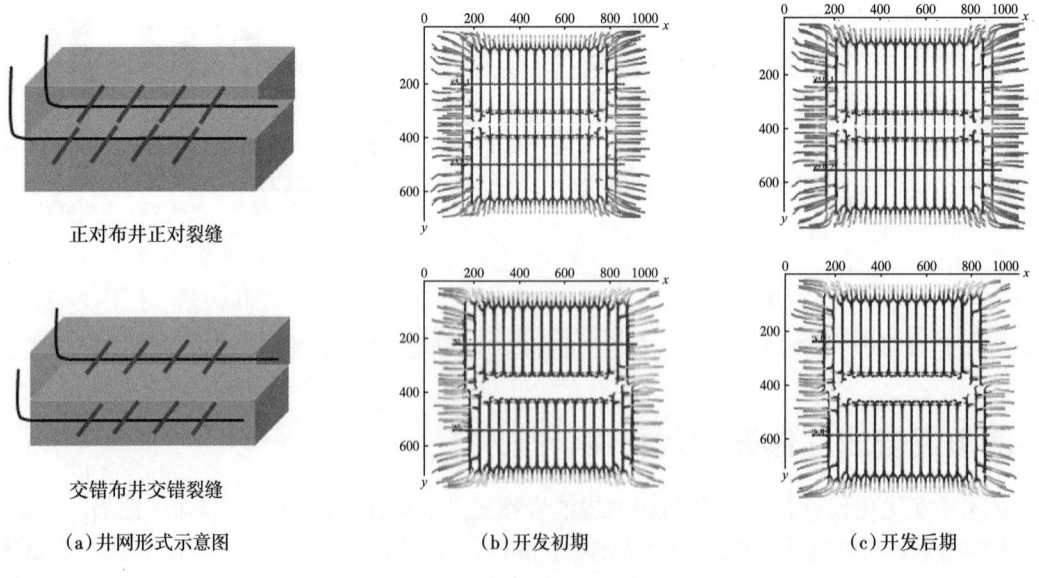

(a) 井网形式示意图　　(b) 开发初期　　(c) 开发后期

图 6　不同布井方式下的流线特征

3.3 立体井网井距优化

基于微地震监测、生产动态分析、油藏数值模拟和油藏工程方法计算水平井压裂后储量动用情况，结果表明水平井开发过程中储层存在易流区—缓流区—滞流区三个渗流区域[图7（a）]。生产早期油气主要来自人工缝网，渗流阻力小，但距离短，产量高，递减快，该部分区域为"易流区"。随着开发进行，人工缝网内的压力逐渐衰竭，基质开始向人工缝网内供油，由于基质渗透率极低，流体供给速度慢，进入长时间的低产阶段，该部分区域为"缓流区"，其外径接近极限泄油半径。地层内其余区域称为"滞留区"，该区域内当前生产条件下压差小于启动压力梯度，油相未能动用。耦合压裂模拟和油藏模拟，开展了缝网扩展规律和产量预测，计算不同井距下的产量干扰变化规律，建立最优井距图版[图7（b）]，实现压裂和生产的协同优化。结果表明井距介于2倍泄压半径和泄油半径之间时，能够实现井间"裂缝搭接、通而不窜"，达到既保证储量控制，又降低井间干扰的效果。同样的，纵向上相邻井间极限泄油与极限泄压之间区域搭接时，井间垂向距离为最优层距。

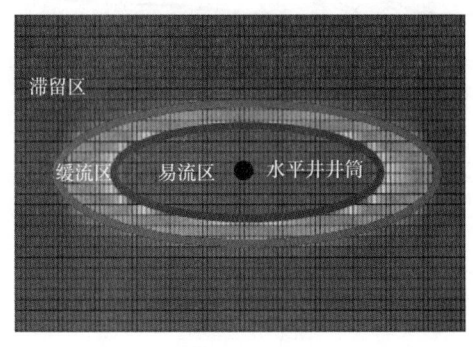

(a) 三角区渗流模式　　　　　　(b) 最优井距优化

图7　立体井网井距优化

4 矿场实践

4.1 试验井组概况

博兴洼陷位于东营凹陷南斜坡西段，主要页岩层系为沙四上纯上亚段、沙三下亚段。洼陷内断裂系统发育，发育不同级别断层（断距10~150m），断块间距小（500~900m），地层倾角变化大（5°~23°）。R_o为0.6%~0.9%，压力系数1.2~1.5。综合考虑页岩的地质、工程特征，在有利岩相分布特征评价基础上，纵向优选沙四上C_5、C_8和沙三下3层组共3套Ⅰ类"甜点层"，部署FYP1先导试验井组开展产能评价（图8）。沙四上C_5层地层厚度59m，TOC为2.8%，S_1为2.2mg/g，孔隙度为4.8%，有利岩相占比70%；沙四上C_8层地层厚度42m，TOC为2.8%，S_1为2.3mg/g，孔隙度为5.8%，有利岩相占比67%；沙三下3层组地层厚度51m，TOC为2.7%，S_1为2.3mg/g，孔隙度为6.2%，有利岩相占比72%。试验井组共部署3层楼9口井，水平段长度平均2176m，其中C_5层部署5口开发井（FY1-4HF、FY1-5HF、FY1-6HF、FY1-7HF、FYP1），平面井距400m；C_8层部署FY1-3HF、沙三下3层组部署FY1-1HF。南部断层发育区部署FY1-2HF和FY1-8HF井为2口小角度水平井，水平段长平均1468m，轨迹与水平最大主应力方向夹角15°~20°。FYP1先导试验井组压裂总液量

$69.6×10^4m^3$，支撑剂 $4.1×10^4m^3$，CO_2 $4.1×10^4t$，平均单井 SRV$1786×10^4m^3$。

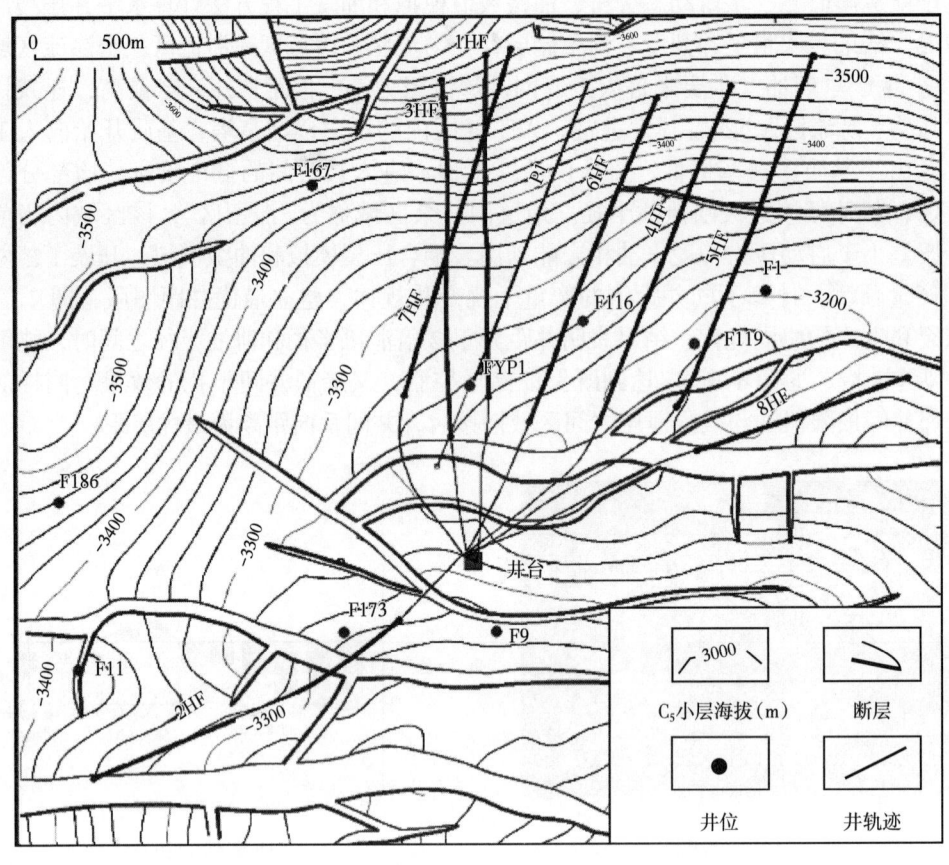

图 8　FYP1 井区井位部署图

4.2　井组生产效果

微地震监测显示试验井组 350~400m 井距裂缝交叉现象不明显，干扰以压力传导为主，天然裂缝导致的流体窜通干扰比例小于 14%。压力干扰测试和生产动态分析表明，多数井段存在传压不传质的现象，FYP1 井两侧子井压力保持较好，井间以正向干扰为主，证实复杂断块区 350~400m 井距基本合理。纵向上在沙四上 C_5 小层和 C_8 小层试验 60m 开发层距，压裂过程中 FY1-3HF 和 FY1-7HF 井微地震事件 5 段存在交叉，示踪剂监测结果显示无流体干扰，生产阶段纵向上无井间干扰现象。试验井组 9 口井裂缝支撑半缝长 50~121m，导流能力 3.2~28.6D·cm，单段有效泄油体积（23.6~25.9）$×10^4m^3$，渗吸增油量 2746~12313m^3，立体井网储层—裂缝—井网适配性评价较好。

试验井组 2022 年 9 月全面投产，整体呈现"见油早、返排率低、初产高"特点。压裂后闷井 3~36d，开井 4~12d 见油，见油返排率在 1.4% 以内，单井峰值日产油均超 50t，5 口井峰值日产油过 100t。含水率呈"L"形快速递减特征，初期含水率平均每天下降 1.5~2.6 个百分点，投产 26~43d 含水率降至稳定。产量呈"两段式"指数递减特征，投产 100d 以内产量递减快，年递减率达 75% 以上；生产 100d 后，年递减率降至 36%~55%。截至 2023 年 12 月底，井组日产油 170t，累计产油 $15.2×10^4t$，建成中国石化首个 $10×10^4t$ 级页岩油开发井组。

5 结论

济阳页岩油立足自主创新,深化非线性渗流、孔缝系统渗吸、渗流能力时变等渗流机理认识。通过考虑岩相、断层、构造和地应力等因素,优化布井方式;以增大储量控制和减小井间干扰为目标,优化井网形式;耦合压裂模拟和油藏模拟,确定相邻井间极限泄油与极限泄压之间区域搭接为合理井距层距界限;建立精细控压生产模式,最大化利用地层能量、最大程度保持缝网导流能力,探索形成了济阳页岩油开发关键技术,矿场实践中初步实现了较好的开发效果。

参 考 文 献

[1] 杨勇.济阳陆相断陷盆地页岩油富集高产规律[J].油气地质与采收率,2023,30(1):1-20.

[2] 杨勇.济阳页岩油开发"三元"储渗理论技术与实践[J].石油勘探与开发,2024,51(2):337-347.

[3] 杨勇,张世明,吕琦,等.中国东部陆相断陷盆地中—低成熟度页岩油立体开发技术——以济阳坳陷古近系沙河街组为例[J].石油学报,2024,45(4):1-11.

[4] 张抗.页岩气革命带来油气地质学和勘探学的重大创新[J].石油科技论坛,2012,31(6):37-41,71.

[5] 刘月亮.页岩油气赋存特征及相态理论应用基础研究进展[J].非常规油气,2021,8(2):8-12.

[6] 赵文智,朱如凯,刘伟,等.中国陆相页岩油勘探理论与技术进展[J].石油科学通报,2023,8(4):373-390.

[7] 包书景,葛明娜,徐兴友,等.我国陆相页岩油勘探开发进展与发展建议[J].中国地质,2023,50(5):1343-1354.

[8] 何永宏,薛婷,李桢,等.鄂尔多斯盆地长7页岩油开发技术实践——以庆城油田为例[J].石油勘探与开发,2023,50(6):1245-1258.

[9] 朱如凯,张婧雅,李梦莹,等.陆相页岩油富集基础研究进展与关键问题[J].地质学报,2023,97(9):2874-2895.

[10] 盛湘,陈祥,章新文,等.中国陆相页岩油开发前景与挑战[J].石油实验地质,2015,37(3):267-271.

[11] 谢建勇,崔新疆,李文波,等.准噶尔盆地吉木萨尔凹陷页岩油效益开发探索与实践[J].中国石油勘探,2022,27(1):99-110.

[12] 霍进,何吉祥,高阳,等.吉木萨尔凹陷芦草沟组页岩油开发难点及对策[J].新疆石油地质,2019,40(4):379-388.

吉木萨尔页岩油区块油基钻井液技术研究

房炎伟[1]，房晓伟[2]，吴义成[1]，叶安臣[1]，黄 凯[1]，周丽华[1]

（1. 西部钻探钻井液分公司；2. 中安联合煤化有限责任公司）

摘 要：吉木萨尔页岩油区块钻井井壁失稳和井漏时有发生，为提高该区块钻井效果，通过对复杂地层的地质特性进行分析，得出钻井复杂的主要影响因素是：页岩地层的黏土矿物含量高，伊/蒙混合层占比大，地层微裂缝沿层理面发育。对此采用油基钻井液体系提高页岩抑制性，以及研究封堵配方阻止钻井液侵入地层，极大减小复杂页岩层的地层水化应力，利于适当降低钻井液密度，提高井壁稳定性和防止井漏，研制的油基钻井液体系滚动回收率达到 95% 以上，砂盘封堵的 1min 瞬时滤失量只有 0.1mL，60min 最高滤失量只有 0.4mL，现场应用井壁稳定效果良好，井漏程度得到了较大减轻，钻井复杂时率和钻井周期都得到了较大改善，取得了良好应用效果。

关键词：页岩油；油基钻井液；吉木萨尔

页岩油是以页岩为主的页岩层系中所含的石油资源，包括泥页岩孔隙和裂缝中的石油，也包括泥页岩层系中致密碳酸岩或碎屑岩邻层和夹层中的石油资源。由于页岩油具有源储一体、滞留聚集的分布特征，因此地层易存在局部高压，并且压力分布不均，较难预测，以及所富集的页岩具有较高的成熟度，富含有机质，不透水性强，脆性指数高，发育纳米级孔和裂缝系统，因此在钻页岩油井的开发过程中常出现井壁掉块、坍塌卡钻，钻井液漏失等工程复杂，给钻井工程带来挑战。

中国页岩油资源储量丰富，资源量约 $8000 \times 10^8 t$，可采储量约 $2600 \times 10^8 t$，主要分布在松辽盆地、鄂尔多斯盆地、准噶尔盆地，页岩油资源占全国的 74.24%。吉木萨尔位于准噶尔盆地，是该区主要页岩油资源富集区，吉木萨尔区块页岩地区钻井多采用水基钻井液技术，钻井过程中地层的井壁失稳和钻井液漏失等复杂情况较多。在规模化开发非常规油气资源，应对能源需求的局面下，提高页岩油的开发效果，降低钻井复杂度，具有较强意义。

1 地质研究

吉木萨尔区块页岩油地层岩性具有强度低、脆性强，微孔隙裂缝发育的特征。区块采用水平井开发方式，所钻地层自上而下分为：第四系、古近系、白垩系、侏罗系（齐古组、头屯河组、西山窑组、三工河组、八道湾组）、三叠系（克拉玛依组、烧房沟组、韭菜园组）、二叠系（梧桐沟组、平地泉组、将军庙组）、石炭系（巴塔玛依内山组）。井身结构多为二开结构，一开钻进至新近系，二开钻进至石炭系，在二叠系和石炭系进行造斜和水平井施工。

主要地质复杂情况有：（1）三叠系至二叠系的井壁失稳，其中以韭菜园组和梧桐沟组井壁失稳较为严重；（2）二叠系至石炭系的井漏，其中以梧桐沟组井漏发生率较高。该地质复杂主要是由于三叠系、二叠系的页岩层系成熟度较高，在上覆岩层压力和钻开井眼后的周向

第一作者简介：房炎伟（1977—），硕士研究生，应用化学，西部钻探钻井液分公司，高级工程师，从事油田化学研究与应用。通讯地址：新疆克拉玛依市白碱滩区西部钻探钻井液分公司研究中心，E-mail:fangyw_thzy@cnpc.com.cn

应力下,强度低和脆性强的页岩发生应力开裂,形成掉块和井壁坍塌;页岩的特征也使其在应力作用下多形成脆性破坏,导致其内部裂缝发育,钻井过程中易形成井漏。

1.1 地层理化性质研究

选取韭菜园组和梧桐沟组地层岩样进行地层理化性质研究,通过 XRD 测定地层岩样的黏土矿物成分,结果见表 1。

表 1 地层黏土矿物成分分析

编号	岩屑样品	黏土矿物(%)					
		K	I	C	I/S	$S\%$	总量
1	韭菜园组	9	26	12	53	46	54
2	梧桐沟组	14	11	9	66	42	59

注:K 为高岭石,I 为伊利石,C 为绿泥石,I/S 为伊/蒙混合层,$S\%$ 为间层比。

由测定结果可知,韭菜园组和梧桐沟组地层黏土矿物含量高,以伊利石/蒙皂石间层为主,间层比 40% 以上,伊利石含量次之,说明地层水化能力较强,易因吸水膨胀造成岩石强度下降,产生井壁剥落掉块和失稳坍塌。

1.2 地层孔隙分析

梧桐沟组地层以泥岩为主,含灰色泥岩、砂质泥岩夹粉砂岩、细砂岩,地层特点泥岩段长,夹层多。对该地层岩样进行扫描电镜观察,如图 1 所示。

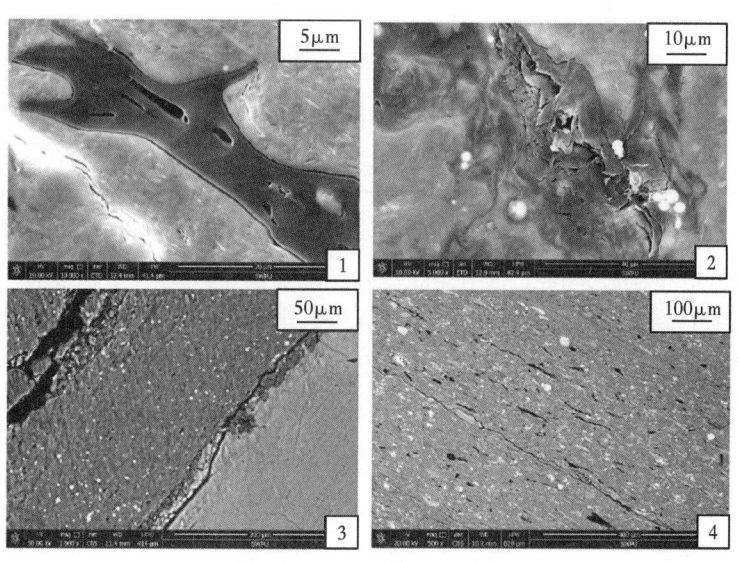

图 1 梧桐沟组岩样孔隙结构图

结果显示岩相孔隙结构大小和形态在空间分布上有较大变化,孔隙类型以粒间孔、粒内孔和微裂缝为主,大小多数分布在 10~100μm 之间,中值孔隙大小约 50μm,孔隙多呈狭长形,走向多沿层理面分布,使得在层理面方向地层强度较弱,在压力下孔隙易连通,使裂缝向层理面广度和深度扩展。钻井液滤液易沿地层孔隙侵入,引起黏土矿物水化膨胀,使孔隙间胶结物溶解，进一步降低地层强度，引起裂缝扩展，导致井漏和加剧井壁坍塌掉块。

2 钻井液研究

根据吉木萨尔区块的地质特性，钻井液体系应具有较强的页岩抑制性，降低对地层强度下降的影响，以控制地层井壁失稳，以及减小因溶解孔隙胶结物所造成的裂缝扩展影响。因此优先选择抑制性和防塌性能最优的油基钻井液体系作为该区块的钻井工作液。在油基钻井液体系中配套添加合适粒径的封堵材料，提高防漏堵漏效果，并储备钻遇较大裂缝的堵漏施工材料，以降低发生较大井漏"遭遇战"的损失。

2.1 油基钻井液体系研究

油基钻井液体系由乳化剂、润湿剂、流型调节剂、降滤失剂、有机土、加重剂等材料组成。根据吉木萨尔区块地层温度约102℃和最高钻井液密度1.55g/cm³的条件，通过优选各处理剂形成抗温150℃密度可达1.55g/cm³的油基钻井液体系配方，配方组成如下。

白油：30%氯化钙溶液（油水比=80:20）+3%有机土+3%主乳+3%辅乳+1%润湿剂+1%提切剂+3%降滤失剂+3%天然沥青+3%氧化钙+重晶石。

该油基钻井液配方抗温流变性良好，对韭菜园组和梧桐沟组地层都有较强的页岩抑制性能。钻井液配方性能见表2，密度1.55g/cm³，热滚条件为150℃/16h。

表2 热滚前后钻井液性能

条件	Φ_{600}	Φ_{300}	Φ_{200}	Φ_{100}	Φ_6	Φ_3
热滚前	96	59	45	30	11	10
热滚后	127	74	54	32	10	8
条件	AV（mPa·s）	PV（mPa·s）	YP（Pa）	GeL（Pa）	EV（V）	FL（mL）
热滚前	48	37	11	7.5/17	945	—
热滚后	63.5	53	10.5	8.5/18.5	991	1.2

该油基钻井液配方在热滚老化后钻井液流变性能良好，破乳电压较高，高温高压滤失量小，说明具有良好的抗温稳定性，应用性能良好，能够满足现场的作业需求。

为满足长水平段施工对钻井液携岩能力的要求，参照216mm井眼中钻井液旋转黏度计Φ_6转读值达到8~12，该配方热滚后Φ_6转读值达到10，达到水平井携岩要求。

2.2 页岩抑制性研究

选取韭菜园组和梧桐沟组地层岩心进行岩心滚动回收率试验，试验标准为：SY/T 5613—2016，试验条件为：150℃下热滚24h，冷却至室温后测定岩心回收率。试验结果见表3。

表3 岩心滚动回收率试验

岩心	滚动前质量（g）	回收质量（g）	回收率（%）
韭菜园组	50.36	47.97	95.25
梧桐沟组	50.18	48.75	97.15

页岩滚动回收试验岩心回收率超过95%，说明钻井液对韭菜园组和梧桐沟组的页岩地层有优良的抑制性能，有利于提高井壁稳定性。

2.3 沉降稳定性研究

由于深井在测试过程中，对钻井液的沉降稳定性有严格的要求，在实验室对钻井液进行150℃恒温下不同时间的静置，观察体系的流变性能和破乳电压（表4）。

表4 不同时间静置的钻井液沉降稳定性能

时间（h）	PV（mPa·s）	YP（Pa）	Φ_6/Φ_3	EV（V）
24	53	11	11/10	986
72	51	11	10/9	891
120	47	9	9/8	833
168	45	8	9/7	775

由表4可以看出，经过150℃静置老化后，体系流变性和破乳电压保持稳定，7d静置老化后塑性黏度下降率15.1%，破乳电压下降率21.4%，仍保持在700V以上，满足现场作业条件下的沉降稳定性要求。

2.4 封堵防漏性能研究

吉木萨尔页岩油的钻井液漏失多发生在梧桐沟组，根据地层孔隙分析其裂缝多沿层理面分布，大小多分布在10~100μm之间。地层的漏失多因应用水基钻井液，为控制该地层的掉块和井壁坍塌而采用较高的钻井液密度提供井壁力学支撑，但较高的密度使得地层裂缝扩展和连通，形成大的漏失通道，从而造成较严重的井漏。采用油基钻井液一方面降低了地层的水化应力，可以采用较低的钻井液密度以应对地层稳定性，降低地层漏失的程度；另一方面在油基钻井液体系中添加合适粒径的封堵材料，在钻开地层时对地层孔隙形成瞬时封堵，减小钻井液侵入地层的压力传递作用和"尖劈效应"。经试验研究形成的封堵配方为：油基钻井液+3%蛭石+2%OSD-1+2%弹性石墨+2%TP-2。

其中，材料粒径为纳微米级，OSD-1为凝胶微球，TP-2为纤维类封堵剂，钻井液密度为1.50~1.55 g/cm³。

对该封堵配方进行砂盘封堵试验，采用砂盘孔隙直径为5~50μm，试验压力5MPa，以砂盘通过滤液量评价封堵性能，试验结果见表5。

表5 封堵配方的砂盘实验

时间（min）	砂盘孔径（μm）					
	5		20		50	
	1#浆滤失量（mL）	2#浆滤失量（mL）	1#浆滤失量（mL）	2#浆滤失量（mL）	1#浆滤失量（mL）	2#浆滤失量（mL）
1	1.0	0.1	1.6	0.1	1.6	0.1
5	2.1	0.1	10.2	0.1	10.2	0.1
10	2.7	0.1	20.2	0.1	20.2	0.2
30	2.9	0.1	21.1	0.1	21.1	0.4
60	2.9	0.2	26.8	0.2	26.8	0.4

注：1#浆为油基钻井液，2#浆为油基钻井液封堵配方。

由表5可知，油基钻井液封堵配方对5~50μm的砂盘都有良好的封堵性能，通过砂盘的滤液量相较原浆有较大幅度的降低，封堵配方在砂盘试验1min时的瞬时滤失量只有0.1mL，表明该封堵配方能进行瞬时封堵，形成的泥饼致密、强度高，能够降低孔隙压力传递，提高井壁稳定性。

3 现场应用效果

该油基钻井液体系及封堵配方在吉木萨尔页岩油区块应用6口井，应用井井壁稳定性良好，未发生因地层微孔隙引起的渗透性井漏，整体钻井液流变性稳定，携岩效果好，井径规则，钻井机速高，平均钻井复杂率大幅下降。

JHW00421井、JHW02024井应用该体系，水平段长3000m以上，应用无复杂，平均机械钻速9.22m/h，较水基钻井液提高39.5%。

JHW16-15井二开井身结构，应用该钻井液体系保障了3500m以上长水平段钻井施工，钻井复杂时率降低34%，钻井周期45.95d，于同平台水基井相比下降46%。

58号平台三口水平井（JHW05811井、JHW05812井、JHW05815井）应用该油基钻井液，只在JHW05815井发生一次裂缝性井漏，平均钻井复杂时率2.67%，较水基钻井液平均下降76%，平均钻井周期57d，同比区块水基井平均下降33%，应用指标良好。

4 认识与结论

（1）吉木萨尔页岩油区块钻井复杂多发生在韭菜园组和梧桐沟组，与该地区页岩的泥质含量高，地层微裂缝发育有关，有效解决井壁稳定和井漏问题适合采用油基钻井液体系。

（2）油基钻井液体系页岩抑制性强，滚动回收率达到95%以上，可较好稳定地层，降低泥页岩水化膨胀作用，有利于适当降低钻井液密度，防止井漏。

（3）油基封堵配方与地层孔隙分布相适应，刚性颗粒及弹性颗粒相互搭配的方案可以提高封堵性，瞬时封堵效果好，减小钻井液对地层的压力传递作用，防止井漏。

（4）现场应用井钻井液性能良好，在钻井复杂时率、钻井周期方面都有较大改善，说明对于复杂性页岩地层，该油基钻井液体系有良好的适应性。

参 考 文 献

[1] 王富华，李万清.大安地区井壁稳定机理与硅醇成膜防塌钻井液技术[J].断块油气田，2007，4：68-70.
[2] 张雄，房炎伟，李卫东，等.玛东井区长水平井钻井液防塌技术研究[J].能源化工，2020，4：49-53.
[3] 房炎伟，杨佳伟，马玉梁，等.三塘湖油田微泡沫防漏钻井液技术研究与应用[J].石油与天然气化工，2016，4：51-54.
[4] 屈沅治，赖晓晴，杨宇平.含胺优质水基钻井液研究进展[J].钻井液与完井液，2009，3：73-75.
[5] 李钟，罗石琼，罗恒荣，等.多元协同防塌钻井液技术在临盘油田探井的应用[J].断块油气田，2019，1：97-100.
[6] 王洪伟，黄治华，李新建，等."适度抑制"及"储层保护"钻井液的研制及应用[J].断块油气田，2014，6：797-801.
[7] 杨佳伟，房炎伟，刘丽，等.马郎条湖区块石炭系地层快速钻井技术[J].化学工程与装备，2018，10：90-91.

生物藻协同陆相页岩原位催化转化绿色开采技术

李晶晶[1]，李川东[1]，马新军[1]，邓桂重[1]，邵　坤[2]，唐晓东[1]

（1.西南石油大学化学化工学院；2.中国地质调查局成都综合利用所）

摘　要：以近临界水为热介质的原位转化技术是具有巨大潜力的页岩开发技术，本文在此技术的基础上添加了生物藻和催化剂协同，利用藻类水热液化产物和催化剂提升油页岩干酪根有机质的转化效率和页岩油的品质。以 Ce/HZSM-5 作为催化剂，得到最佳的反应温度为 300℃，最佳反应时间为 30min，最佳催化剂用量为 5%（质量分数），合成油收率达到 32.63%，同时提升了水热裂解过程的加氢脱氧与油品热值。

关键词：油页岩；藻类；Ce/HZSM-5；水热裂解

油页岩是中国储量巨大的潜在战略资源，也是世界公认的重要非常规石油资源。传统的浅表层陆相油页岩开发以地面干馏炼制技术为主，但干馏炼制工艺会产生大量废气和废渣，特别是固废排放量惊人[1]，对地表植被也有较大破坏。

油页岩原位开采技术避免了油页岩地上干馏成本较高、环境危害大等缺点，又可以开采埋藏较深、储层较薄的油页岩。根据其加热方式的不同，分为电加热、对流加热（烃类气体、CO_2）、辐射加热和燃烧加热[2]。以水为作为传热介质和提取剂的近临界水法油页岩原位转化技术（SCW 法）[3]，相比烃类气体、干馏气、CO_2 等导热流体，具有携热量大、安全可控等优势。近临界水的 H^+ 和 OH^- 分别接近于弱酸和弱碱，具备一定的酸碱催化功能[4]，同时对油页岩还有浸润、溶胀和渗透等物理化学作用，帮助裂解油页岩中的干酪根有机质[5]，但近临界水供氢能力有限，产出的陆相页岩油往往高黏度，流动性差。

生物藻水热催化液化产物中含有丰富的醇、芳烃、小分子烷烃等，已被证实可在稠油降黏过程中充当供氢组分。有报道藻类水热催化液化产物用于稠油降黏供氢并能达到 84.32% 的降黏率[6]。

在此基础上，本文提出采用生物藻协同页岩原位催化转化开采页岩油，探讨此方法对产油率以及采出油品质的影响。由于可启用含藻污水做原料，因此技术兼具了藻类污水治理优势，实现资源的绿色利用。

1　材料与方法

油页岩来自松辽盆地青山口组，小球藻购自河南郑州。小球藻组成见表 1，油页岩工业分析和费歇尔干馏分析结果见表 2。对油页岩大块进行破碎、筛分，并为了便于反应，后续使用砂浆研磨成粉末状。80℃烘箱中干燥 12h。

第一作者简介：李晶晶（1982—），女，汉族，河南洛阳人，西南石油大学化学化工学院教授，主要从事非常规油气资源化学增效开发、生物质资源转化、石油与天然气精制加工工作。通讯地址：四川省成都市新都区新都大道 8 号，邮编：610500，E-mail：ljja429@163.com

表 1 小球藻分析结果

分析结果	质量百分比（%）	基本成分	百分比（%）
水分（M_{ad}）	6.16	C	47.07
挥发分（V_{ad}）	75.04	H	6.722
灰（A_{ad}）	4.44	N	8.20
固定碳（FC_{ad}）	14.36	S	0.493
热值（kJ/kg）	17.6	O	35.24

表 2 油页岩分析结果

分析结果	质量百分比（%）	费尔歇分析法	质量百分比（%）
水分（M_{ad}）	1.99	油页岩	12.8
挥发分（V_{ad}）	17.16	水	2.58
灰（A_{ad}）	80.02	气体	4.33
固定碳（FC_{ad}）	0.83	残留	80.29

2 实验与分析方法

按照 0.1∶1∶1∶20 的质量比向反应釜内加入 Ce/HZSM-5 催化剂、油页岩、小球藻和去离子水 N_2 吹扫 5min，加热至反应温度搅拌反应 30min，反应结束后取出反应釜冷却至室温。取出产物，用二氯甲烷反复提取脱水后，减压蒸馏出二氯甲烷，收集混合产出油。

$$混合油收率 = \frac{产出油质量}{油页岩质量 + 生物藻质量} \times 100\%$$

根据中国石化 SY/T 5779—2008 标准[7]，使用气相色谱/质谱联用仪（GC-MS，Agilent 7890A 5975C，HP-5 毛细管柱）分析油品的化学组成。使用安捷伦 8860 5977b 气相色谱—质谱仪（GC-MS）对产物气进行分析。

3 实验结果

3.1 生物藻协同陆相页岩油开采技术油品收率分析

为了确定生物质在油页岩的水热裂解过程中起到的作用，进行了多个油页岩或生物质的水热实验，结果见表 3。

表 3 不同条件下的页岩油收率比较

编号	实验原料	反应条件	页岩油收率（%）（质量分数）	生物油收率（%）（质量分数）	合成油收率（%）（质量分数）
a	油页岩	300 ℃，30 min	0.94	—	—
b	油页岩+生物藻	300 ℃，30 min	—	—	12.32
c	生物藻	300 ℃，30 min	—	19.88	—
d	油页岩+生物藻+催化剂	300 ℃，30 min，5%Ce/HZSM-5	—	—	32.63

从产油收率数据中可以看出，油页岩单纯水热裂解（编号a）得到的页岩油收率为0.94%，相同质量生物质在相同反应条件下的水热液化（编号c）生物油收率为19.88%，当生物质与油页岩1∶1参与反应时，其收率为12.32%。若此过程中无相互促进作用，则合成油收率按线性叠加计算应为10.41%，而实际合成油收率为12.32%，比计算值多1.91%。说明生物质与页岩在亚临界水环境下的水热裂解过程可能存在协同效应。

在加入催化剂Ce/HZSM-5后，合成油收率达到了32.63%，相比未加催化剂的合成油收率提高了20.31%。说明Ce/HZSM-5对生物藻协同页岩油催化转化具有较好的催化效果。

3.2 工艺参数对油品收率的影响

图1为不同催化剂对油页岩水热裂解油收率的影响，负载金属质量比例均为5%。从图中可以看出，HZSM-5的催化效果最差，油品的收率仅为18%，而用Ni、Fe、Mo、Ce等金属改性后的HZSM-5分子筛催化油页岩进行水热裂解得到的油品收率均有明显提高，Ce改性后的HZSM-5催化效果最好，得到的合成油收率最高，达到了32.63%。

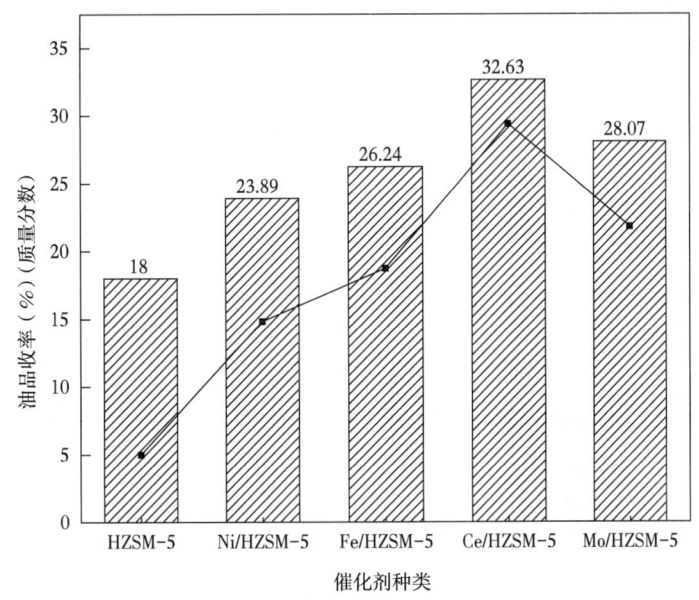

图1 催化剂种类对油品收率的影响

温度与时间对油品收率如图2所示。如图2（a）温度对油品收率有较大影响，随温度的升高，合成油收率增加，在300℃以前油品收率增加的较为明显，但300℃之后，油品收率增势减弱，所以选定300℃为反应温度。

如图2（b）时间对于油品收率影响也很大，随着0.33~0.5h油品收率增加，继续增加反应时间，油收率有降低。这是因为延长反应时间使得油品裂解程度加深，裂解气增多。

催化剂用量对合成油收率的影响如图3所示。当Ce/HZSM-5用量为1%（质量分数）时，合成油的收率仅有29.08%。随着Ce/HZSM-5用量的增加，合成油的收率也随之增加。当Ce/HZSM-5的用量为5%（质量分数）时，此时合成油的收率最大，收率为32.63%，继续增加Ce/HZSM-5，合成油收率变化不明显。所以最终确定Ce/HZSM-5的最佳用量为5%（质量分数）。

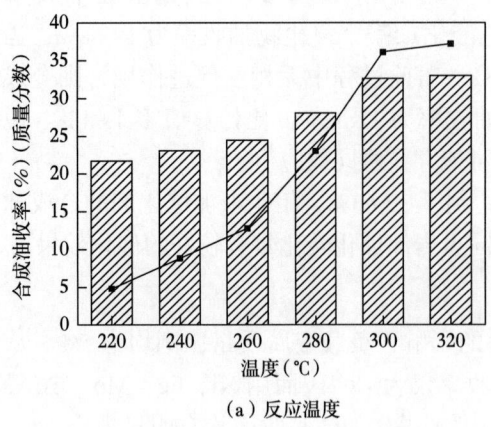
(a) 反应温度

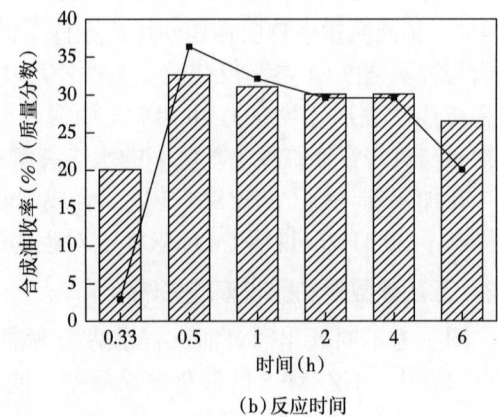
(b) 反应时间

图 2 温度、时间对合成油收率的影响

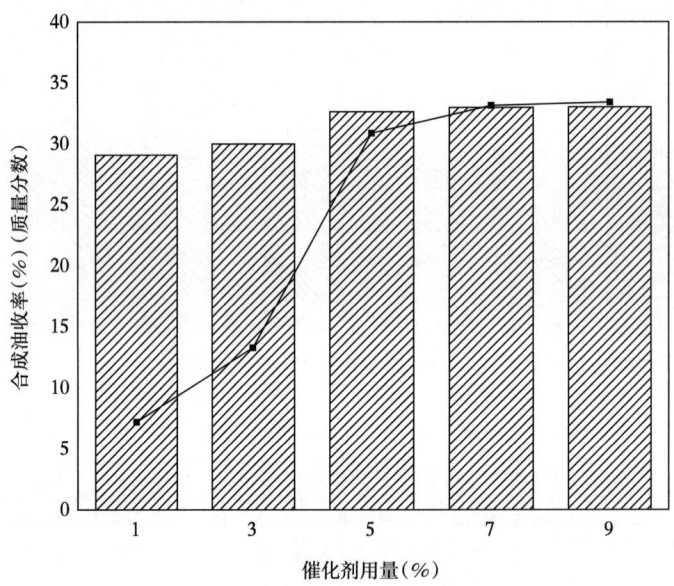

图 3 催化剂用量对合成油收率的影响

3.3 合成油组分分析

合成油的 GC-MS 分析如图 4 所示。经 GC-MS 分析发现，Ce/HZSM-5 与生物质参与后合成油的脂肪烃含量明显增加。除此之外，生物质与催化剂参与前与参与后相比酸类、芳烃、酰胺含量略有上升；醇类、酮类、酯类含量略有下降，这可能是由于 Ce/HZSM-5 与生物质的添加促进了水热裂解过程的加氢脱氧反应所致。

合成油的 FT-IR 分析结果如图 5 所示。可以发现，在 Ce/HZSM-5 与生物质参与前油品的红外谱图中，400~500cm^{-1} 出现了相应的吸收峰，此处一般为含硫化合物；在 1600cm^{-1} 和 3150cm^{-1} 附近出现了酰胺吸收峰；在 1700~1800cm^{-1} 之间产生了多个吸收峰，是由于酮羰基的伸缩振动所致；参与后合成油中除了以上的吸收峰外，还在 3100cm^{-1} 附近出现了烯烃的吸收峰，在 3600~3650cm^{-1} 出现了醇羟基的吸收峰，这与合成油的 GC-MS 分析结果一致。

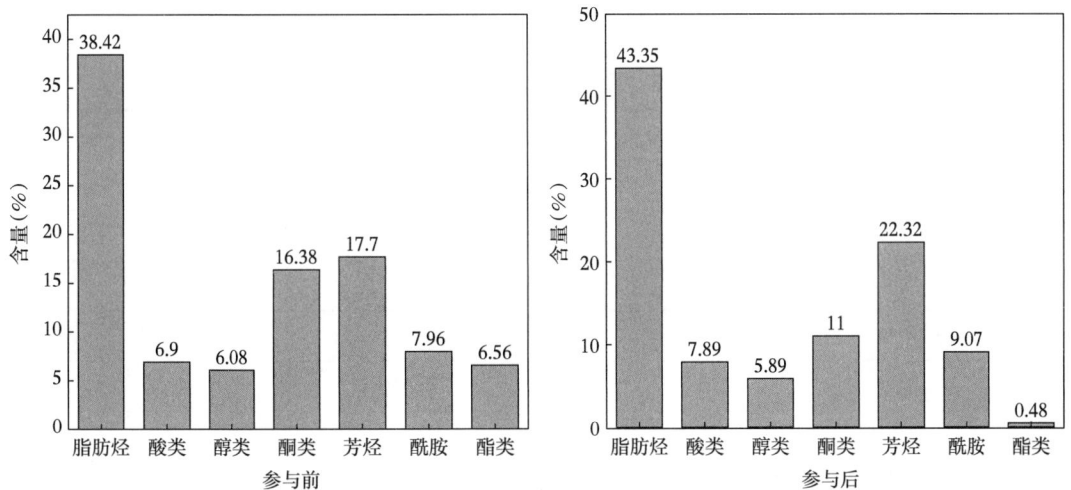

图 4 合成油的 GC-MS

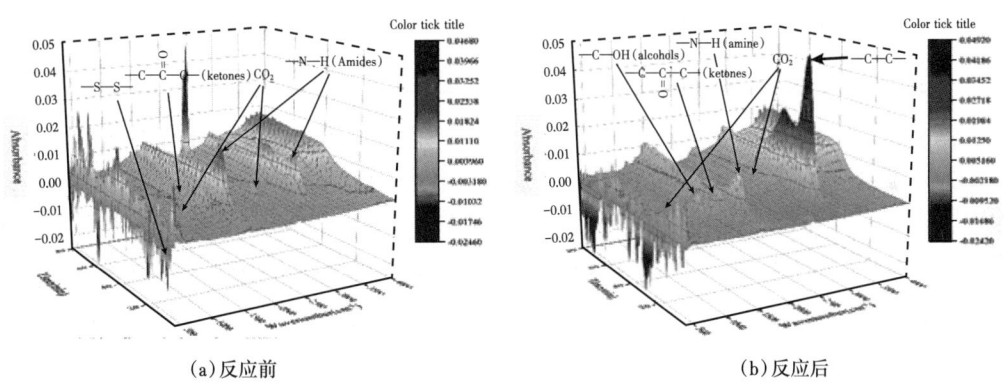

图 5 合成油的 FT-IR

3.4 油品热值与产物气分析

由表 4 可知，Ce/HZSM-5 与生物质参与前油品的热值约为 28.7MJ/kg，而参与后油品的热量约为 39.8MJ/kg。由文献可知，柴油的热值一般为 42.6MJ/kg[8]，生物柴油的热值低于柴油，一般为 33~41MJ/kg[9]。Ce/HZSM-5 与生物质辅助油页岩产生的合成油热值与生物柴油非常相似。据文献[10-11]报道小球藻的热值为 17.6kJ/kg，无论是否添加催化剂与生物质，两种油品释放的热量远大于小球藻的热值，说明 Ce/HZSM-5 与生物质辅助油页岩水热裂解能够改善合成油的热值，油品价值更高。

表 4 油品的测试热值

油类型	热值	测试标准
生物油	17.6kJ/kg	GB/T 384—1981
参与前油品	28.7MJ/kg	GB/T 384—1981
参与后油品	39.8MJ/kg	GB/T 384—1981

表5所列为气体产物组分及其百分含量，裂解气为油页岩亚临界水热裂解过程产生，产物气为Ce/HZSM-5与生物质辅助油页岩水热裂解产生，产物气质量占比为2%~3%。

表5 气体所含组分及百分含量

气体组分	含量（%）	
	裂解气	产物气
氮气	63.94	34.82
二氧化碳	29.86	40.17
丙烯	0	8.66
氢气	3.13	2.33
异丁烷	0.06	1.61
2-丁烯	0.13	5.22
2-甲基-丁烯	0	1.28
丙酮	0.80	1.22
4-羟基-2-丁酮	1.29	0.71

从表5中可以看出，气体中CO_2含量增多，N_2含量减少，其他有机气体相应增多。从表中各组分含量可以得出，产物气中烯烃/烷烃比值较大，可能是归因于小球藻与油页岩之间的协同作用，小球藻催化水热液化能够产生生物油，而生物油能够促进油页岩的水热裂解，有机质干酪根熟化产生沥青，大量的沥青在较高的温度下剧烈反应产生较多的烯烃。

4 结论

我国陆相油页岩干酪根热转化率低，产出的页岩油组分含量多、黏度大，采出困难。本文提出生物藻协同陆相页岩油原位转化，既可提高了页岩油产率，也提高了页岩油品质。

（1）对催化剂进行了筛选，其中HZSM-5上负载Ce的合成油收率最高，为32.63%，与纯页岩油相比收率提高了31.69%。最佳的催化剂用量为5%（质量分数）。同时反应温度与时间对合成油收率也有较大影响，最佳反应温度和时间分别为300℃和30min。

（2）与藻类和催化剂参与前相比，油品热值增加了11.1MJ/kg的同时，油品质量也得到提升，脂肪烃的含量明显增加，酸类、芳烃、酰胺含量略有上升，醇类、酮类、酯类含量略有下降；气体中CO_2含量增多，N_2含量减少，其他有机气体相应增多。

参 考 文 献

[1] 李年银,王元,陈飞,等.油页岩原位转化技术发展现状及展望[J].特种油气藏,2022,29（3）:1-8.
[2] 王海柱,李根生,刘欣,等.油页岩开发研究现状及发展趋势[J].中国基础科学,2020,22（5）:1-8.
[3] 王洪艳,邓孙华,李俊锋,等.一种地下原位提取油页岩中烃类化合物的方法[P].中国专利:CN101871339A,2010-10-27.
[4] 邓孙华.近临界水对块状油页岩中有机质的提取研究[D].长春:吉林大学,2013.
[5] 孙友宏,郭威,李强,等.中国油页岩原位转化技术现状与展望[J].石油科学通报,2023,8（4）:475-490.

[6] LI J J, DENG G Z, TANG X D, et al. The effect of chlorella hydrothermal products on the heavy oil upgrading process[J]. Fuel Processing Technology, 2023, 241: 107611.

[7] 石油和沉积有机质烃类气相色谱分析方法: CSIC-SY, 2008.

[8] ZHANG P, XIAO J, WU J, et al. Experimental analysis on combustion characteristics of diesel and kerosene under different radiation intensity of heat source[J]. Energy Reports, 2022, 8（Suppl 4）: 1055-1067.

[9] ADHIKESAVAN C, GANESH D, AUGUSTIN V C. Effect of quality of waste cooking oil on the properties of biodiesel, engine performance and emissions[J]. Cleaner Chemical Engineering, 2022, 4: 100070.

[10] RIJUTA G S, VINOTH K P, RAJESH B, et al. Microalgae cultivation strategies using cost-effective nutrient sources: recent updates and progress towards biofuel production[J]. Bioresource technology, 2022, 361: 127691.

[11] PLIS A, LASEK J, SKAWIŃSKA A, et al. Thermochemical and kinetic analysis of the pyrolysis process in Cladophora glomerata algae[J]. Journal of Analytical and Applied Pyrolysis, 2015, 115（0）: 166-174.

吉木萨尔页岩油藏 CO_2 吞吐机理及动用界限研究

王丹翎[1]，汪周华[1]，王　健[1]，许天寒[1]，张记刚[2]

（1.西南石油大学油气藏地质及开发工程全国重点实验室；
2.中国石油新疆油田勘探开发研究院）

摘　要：吉木萨尔页岩油藏纳米孔喉发育，当前主要采用水平井+体积压裂技术进行开采，部分生产井年递减甚至达到70%以上，开采难度大，采收率低。利用 CO_2 吞吐（或驱油）技术补充地层能量，提高驱油效率，显得迫在眉睫。本文通过油气相态实验和平面可视化模拟实验开展了页岩油储层 CO_2 吞吐机理研究，通过低场核磁共振实验和高压压汞实验开展了页岩油储层 CO_2 动用界限研究。结果表明，在吉木萨尔油藏温度和地层压力条件下，CO_2 与原油作用，原油黏度降低63.29%，原油体积膨胀1.35倍；CO_2 吞吐主要体现了膨胀、降黏改善流动性、动用较细孔喉的协同作用机理；标定弛豫时间与孔隙直径的对应关系为1ms:33nm，根据对应关系，在油藏温度和地层压力条件下 CO_2 吞吐可动流体孔隙下限最低为7nm。研究成果为萨尔页岩油藏 CO_2 吞吐技术的推广应用奠定基础，对于其他页岩油藏高效开发也具有一定借鉴意义。

关键词：页岩油藏；CO_2 吞吐；高压物性；驱油机理；动用界限

页岩油藏作为重要的非常规油气资源，已成为当前勘探开发的新目标[1]。中国陆续发现了新疆油田吉木萨尔、大庆油田古龙、渤南坳陷沙河街组等页岩油资源[2-4]。页岩油储层物性较差，天然能量较低，当前主要采用水平井+体积压裂技术进行开采，部分生产井年递减甚至达到70%以上[5-8]。因此，提高原油流动性、增加储层能量是页岩油高效开发的关键[9]。与常规油藏相比，页岩油储层难以建立井间驱替关系，常采用 CO_2 吞吐技术来提高页岩油开发效果[10-13]。CO_2 在原油中的溶解、膨胀能力强，可有效增加储层能量。同时，CO_2 溶解于原油后，可显著降低原油黏度，提高原油流动性。目前，CO_2 吞吐提高采收率技术在页岩油开发中已经进行了一些现场试验，例如在美国的 Eagle Ford 产区、Austin Chalk 区带和 Haynesville 产区等，都表现出了良好的增油和增产效果[11-14]。

吉木萨尔页岩油藏具有超低孔隙度、超低渗透率的油藏特征，同时具有复杂的物性以及高度的非均质性，基质呈微纳米孔隙结构，原油的流动性差[20]。目前，部分生产井年递减甚至达到70%以上，开采难度大，采收率低，亟须转为 CO_2 吞吐开发。但 CO_2 吞吐先导性试验不足，CO_2 吞吐机理认识尚不明晰。因此，首先开展原油PVT实验，明确 CO_2 在原油中的溶解能力、膨胀原油体积能力和降黏效果；其次，基于铸体薄片结构照片蚀刻亚克力板

项目来源：新疆油田勘探开发研究院课题"吉木萨尔页岩油 CO_2 前置、吞吐机理及参数优化研究"。

基金资助：国家自然科学基金面上项目，气溶性活性剂辅助稠油冷采的泡沫油组分传质及界面膜研究，批准号52174035，研究期限2022.1—2025.12。

第一作者简介：王丹翎（1994—），女，西南石油大学石油与天然气工程学院油气田开发工程博士研究生。通讯地址：四川省成都市新都区新都大道8号西南石油大学，邮编：610500。

通讯作者简介：王健（1966—），男，西南石油大学石油与天然气工程学院，博士，教授，博士生导师，油气田开发研究所开发所所长，从事提高采收率技术研究。通讯地址：四川省成都市新都区新都大道8号西南石油大学，邮编：610500，E-mail：404674469@qq.com

制作平面可视化模型，分析CO_2吞吐过程中孔隙的主要动用机理；最后，基于低场核磁共振实验原理，采用高压压汞实验与核磁共振实验相结合的方法，标定弛豫时间T_2值与孔隙半径之间转换系数，在识别并划分孔隙流体的T_2弛豫时间界限的基础上，对目标储层页岩CO_2吞吐动用界限进行定量表征。研究成果可以为页岩油高效开发提供依据。

1 实验设计

1.1 材料及设备

实验材料：吉木萨尔上"甜点"区脱气原油，密度为0.8856g/mL（20℃），原油中饱和烃含量为62.39%，芳香烃含量为15.42%，胶质含量为19.36%，沥青质含量为2.83%；实验用气为纯度为99.9%的CO_2和N_2气体，以及复配天然气（表1），均由成都科源气体有限公司提供；吉木萨尔天然岩心具体参数见表2。

表1 复配天然气组分组成

组分	摩尔分数（%）
CH_4	67.10
C_2H_6	18.68
C_3H_8	6.90
$i-C_4H_{10}$	2.16
$n-C_4H_{10}$	3.22
$i-C_5H_{12}$	0.63
$n-C_5H_{12}$	0.61
C_6H_{14}	0.70

表2 吉木萨尔天然岩心基本参数

岩心编号	岩性	长度（cm）	直径（cm）	孔隙度（%）	基质渗透率（mD）	造缝后渗透率（mD）
1#	泥质粉砂岩	6.821	2.502	9.582	0.074	91.143
2#	泥质粉砂岩	6.512	2.511	9.733	0.075	94.242
3#	泥质粉砂岩	6.571	2.505	9.154	0.086	92.135

主要实验设备：高温高压可视化反应釜（江苏海安石油科研仪器有限公司）；高温高压密度黏度计（成都岩心科技有限公司）；MacroMR12-150H-I核磁共振分析仪（苏州纽迈分析仪器股份有限公司）；核磁用岩心夹持器、恒温烘箱（江苏海安石油科研有限公司，最大温度250℃）；中间容器等。

1.2 实验方法

1.2.1 活油配置

首先将一定量的脱气原油注入原油配样仪中，在地层温度条件下密闭加热并旋转搅拌4h，保证油样均一稳定；然后将天然气注入配样仪，气油比为20；最后在地层温度下，提高体系压力至50MPa，使其高于原始地层压力，旋转搅拌4h，确保样品处于单相状态，得到与地下原油物性相近的活油。

1.2.2 CO_2对页岩油物性的影响

为明确CO_2吞吐过程中CO_2对页岩油物性的影响，参照国家推荐标准GB/T 26981—2020"油气藏流体物性分析方法"[22]，利用高温高压可视化反应釜、PVT实验装置等设备，开展CO_2对原油高压物性影响实验研究。

在油藏温度91℃下，将不同量的CO_2分别与100mL吉木萨尔页岩油充入PVT容器，从容器上端通过活塞对油气混合体系进行加压至50MPa，并充分搅拌使样品成单相，并计算该体系的溶解气油比。用饱和压力以上逐级降压法，对油气混合体系进行测试，每次降压2MPa，压力稳定后记录体系膨胀体积；当压力降至饱和压力以下时，体积每次增加5cm³，记录稳定时的压力，改变注入气体体积，并重复实验分析不同溶解气油比下的原油高压物性变化。

将反应釜中装入100mL油样，密封反应釜，使反应釜装置升至目标温度91℃，注入不同量的CO_2。充分搅拌使反应釜中的油和气充分溶解接触，利用高温高压黏度密度计测量CO_2作用后油样的黏度与密度。重复以上步骤得到油样在不同注气量下的黏度与密度。

1.2.3 平面可视化实验

该模型使用真实的铸体薄片孔结构照片刻蚀孔隙轮廓图案。接着，橡胶小块放置在两块亚克力板之间，并通过螺丝紧固和密封。模型的几何尺寸为：长度250mm、宽度250mm、厚度10mm，如图1（a）所示。

对未饱和油状态下的模型进行了扫描，以获取其图像。通过二值化处理，识别并对模型中的每个孔隙编号，总共识别出52个孔隙。这些孔隙的面积通过不规则面积计算器计算，如图1（b）所示。将平面可视化模型充分饱和油，如图1（c）所示，二值化处理后根据像素数计算平面可视化模型的含油饱和度，在饱和过程中，除了部分不连通孔隙未被页岩油充满外，大多数孔隙都显示出高度饱和的状态。根据二值化处理得出的数据，在CO_2吞吐实验中，模型的含油饱和度达到95.69%，在N_2吞吐实验中，含油饱和度为93.41%，见表3。

表3 平面可视化模型孔隙计算结果

可视化模型编号	总面积（像素²）	孔隙面积（像素²）	孔隙度（%）	含油饱和度（%）
CO_2吞吐	1 324 097.11	273 835.92	22.29	95.69
N_2吞吐				93.41

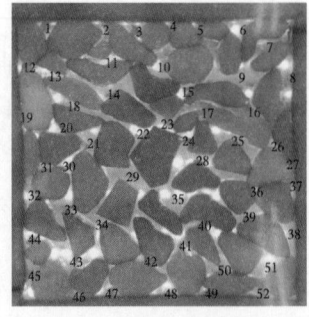
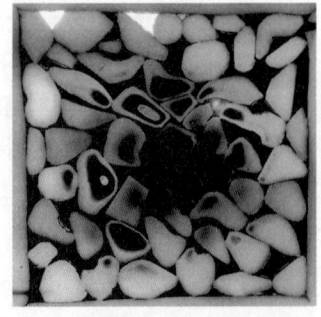

(a)可视化模型　　　　　　　(b)孔隙识别认定　　　　　　(c)饱和油后平面可视化模型

图1 平面可视化模型孔隙识别与饱和油状态

CO_2吞吐平面可视化模拟步骤如下：

（1）通过饱和模型中的模拟地层水并拍摄相应照片，识别模型内的孔隙并计算孔隙的总面积，从而得出模型的孔隙度；

（2）将地层油饱和到模型中，并对饱和油后的模型进行二值化处理，以计算含油饱和度；

（3）从模型注入口注入CO_2气体，随后关闭阀门进行闷井操作。整个过程中，通过摄像记录气相和油相在闷井期间的扩散和变化规律；

（4）实验的下一步是开放阀门进行衰竭式生产。在此过程中，继续摄像记录，以观察和分析剩余油的变化情况。吞吐结束后，再次拍摄并二值化处理孔隙，以分析模型的采出程度，实验流程如图2所示。

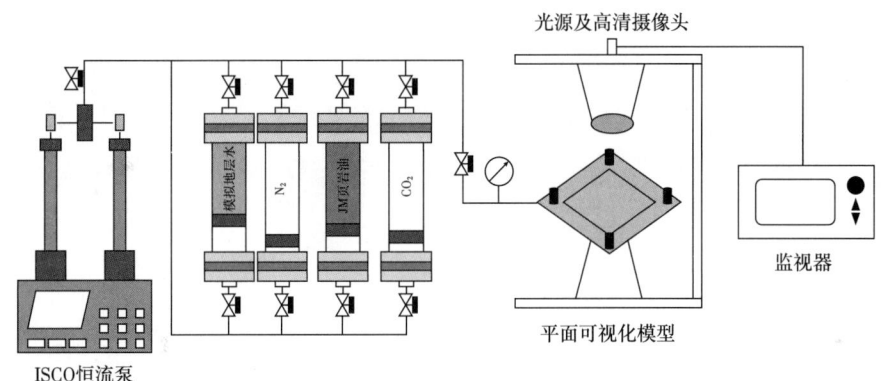

图2　平面可视化实验流程

1.2.4　低场—核磁共振实验

岩心最初沿其中轴线切割为两半，以石英砂填补其中，模仿实际裂缝压裂后的情况。使用热收缩管确保了岩心的完整性。岩心准备过程如图3所示。通过这种方法模拟并研究CO_2在裂缝和基质中的动态交互及其对渗流特性的影响。

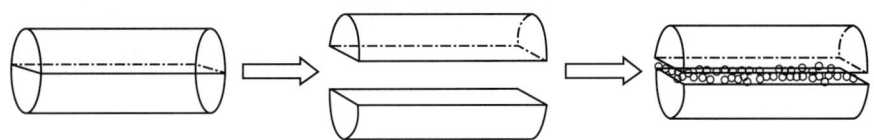

图3　孔隙-裂缝双重介质模型准备过程

在进行JM页岩岩心的CO_2吞吐实验时，遵循SY/T 6487—2000《液态二氧化碳吞吐推荐作法》[21]标准。实验的主要步骤包括：

（1）实验准备：对选取的页岩岩心进行清洗，使用甲苯反复洗涤后在100℃烘箱中加热24h。随后，岩心被D_2O（重水）饱和，并进行低场核磁共振（LF-NMR）扫描。接着，以页岩油饱和岩心并在50 MPa压力下老化5d以稳定其性质。

（2）岩心处理：减压后取出岩心并放入热收缩套管中进行密封。油饱和岩心随后再次进行LF-NMR扫描。

(3) CO_2 注入：将岩心安装于支架中并施加围压。通过入口端以 0.5mL/min 的速率注入 CO_2，直到达到 0.5PV。注入完成后，关闭阀门，保持 10h；

(4) 显影和记录：打开支架注入端，以恒定递减压力进行耗尽显影，直至降至 0.1MPa。记录采出油量，并在吞吐结束后对岩心进行 NMR 扫描。完成一轮吞吐后，重复步骤 3 和步骤 4 进行下一轮吞吐，总共进行三轮吞吐。实验流程如图 4 所示。

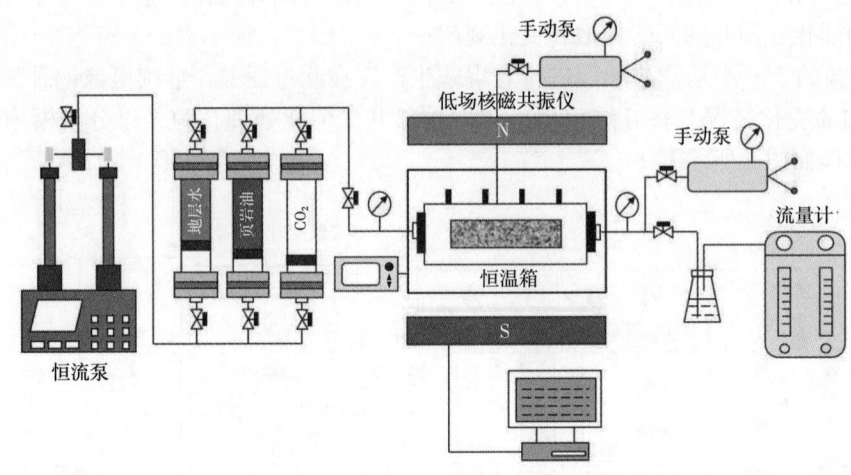

图 4 CO_2 吞吐实验流程

定量评估页岩油在岩心基质中的动用程度，根据岩心含油饱和后一定范围孔径对应的信号强度之和与相应孔隙中的油量成比例的特征，计算了吞吐前后不同孔隙的页岩油采收率[2]。

$$E_R = \frac{\sum\limits_{T_{min}}^{T_{max}} w_0 - \sum\limits_{T_{min}}^{T_{max}} w_h}{\sum\limits_{T_{min}}^{T_{max}} w_0} \times 100\% \quad (1)$$

式中：E_R 为孔隙的采出程度；T_{min} 为 T_2 频谱分布中的最小弛豫时间，ms；T_{max} 为 T_2 频谱分布中的最大弛豫时间，ms；w_0 为饱和油后的初始 T_2 频谱；w_h 为特定吞吐周期后的 T_2 频谱。

2 结果与分析

2.1 CO_2 对原油高压物性的影响

(1) 饱和压力。

随着 CO_2 溶解气量的增加，吉木萨尔页岩油饱和压力逐渐变大。温度为 91℃ 条件下，当溶解 CO_2 质量分数为 50% 时，原油饱和压力上升至 32.76MPa［图 5（a）］。

(2) 膨胀系数。

储层条件下，随着注入 CO_2 压力的增加，原油膨胀系数呈持续上升的趋势。这是由于 CO_2 在特稠油中有较强的溶解性，随着注入量的增大，膨胀系数快速增大。当溶解 CO_2 质量分数为 50% 时，原油膨胀系数为 1.348［图 5（b）］。

(3)黏度。

随着 CO_2 溶解气量的增大,原油黏度持续下降。在油藏温度 91℃ 条件下,注入 CO_2 后,原油黏度由最初的 8.69mPa·s 降低到 3.19mPa·s,降黏率达 63.29%[图 5(c)]。这是因为 CO_2 溶解于稠油后,会破坏胶质—沥青质形成的空间结构,减小长链碳分子间内摩擦力以及环烷烃分子间的范德华力,使得原油黏度降低。

(4)密度。

随 CO_2 溶解气量的增大,原油密度持续下降。在温度 91℃ 条件下,原油密度从 $0.776g/cm^3$ 降至 $0.664g/cm^3$,降低了 14.4%[图 5(d)]。这与 CO_2 降黏作用相似,因为 CO_2 在原油中具有较高的溶解度,破坏了特稠油内部胶质—沥青质等大分子聚集体,增大了分子间距,减弱了内摩擦力和范德华力的作用,从而降低了原油密度,减小了油和水的密度差异。

实验结果表明,CO_2 注入储层后,可促使原油体积膨胀,增加地层弹性能量,降低原油密度,破坏原油分子结构从而降低稠油黏度,增加稠油流动性[15-16],从而提高吉木萨尔页岩油采收率。

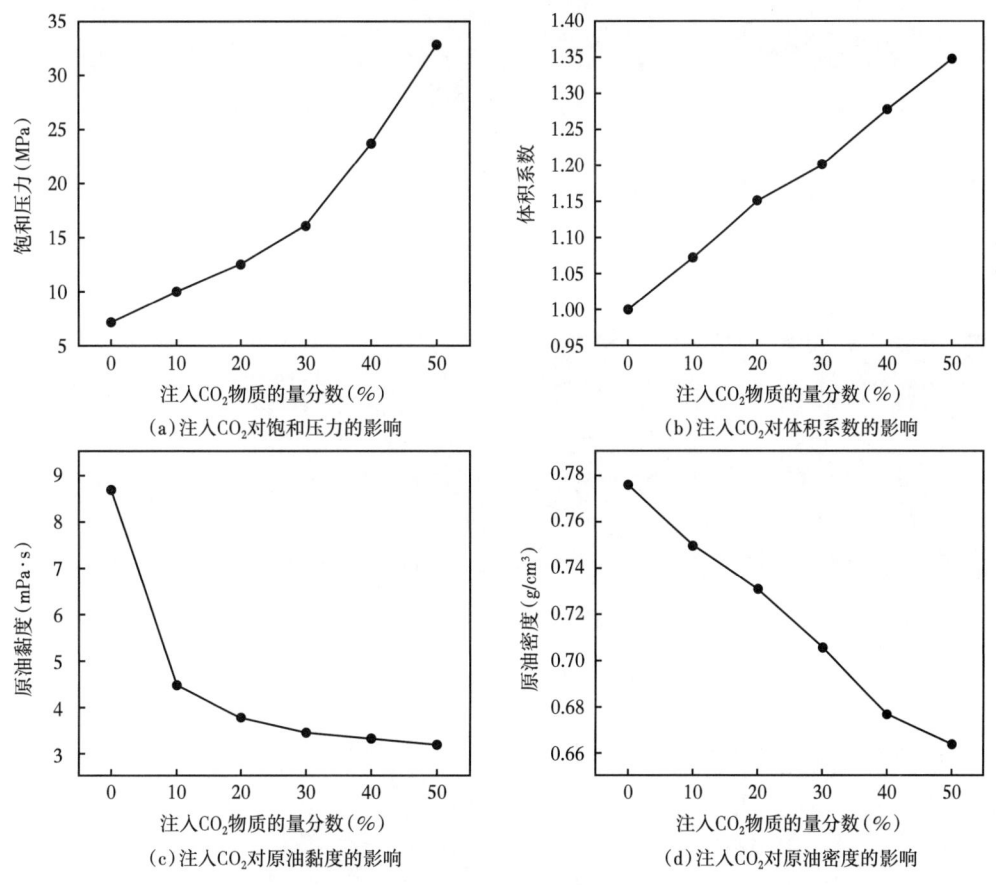

图 5 CO_2 对吉木萨尔页岩油物性的影响

2.2 CO_2 吞吐作用的微观机理分析

(1)CO_2 吞吐动用较细孔喉,提高动用程度。

图 6(a)展示了模型饱和油的初始状态,由于模型构造和铸体薄片的特性,一些孔隙形

成了不连通的死孔隙，这些孔隙在油饱和过程中几乎无法被页岩油充满，表现为明亮或透明的孔隙，例如孔隙 1#、孔隙 3#、孔隙 17#、孔隙 52#。在 CO_2 闷井过程中，CO_2 不仅溶解于页岩油中引起油体膨胀，还通过分子扩散和传质作用导致某些孔隙扩张。这一过程在孔隙 1#、孔隙 17#、孔隙 52# 中表现尤为明显，一定量的页岩油进入这些孔隙，说明 CO_2 吞吐能够有效利用细小孔隙中的原油，提高油藏的动用程度并扩大波及范围。CO_2 吞吐闷井过程中能深入油层，扩散进入油相并使原油体积膨胀。

如图 7 和图 8 所示，在 CO_2 吞吐闷井过程中，CO_2 在页岩油中的充分溶解导致页岩油膨胀，补充模型能量，增大孔隙开度，使部分孔隙中的页岩油运移通道拓宽，从而有效利用了较细孔隙中的页岩油。相比之下，空白对照组 N_2 吞吐实验则未展现出类似效果，同一孔隙并未被有效利用。

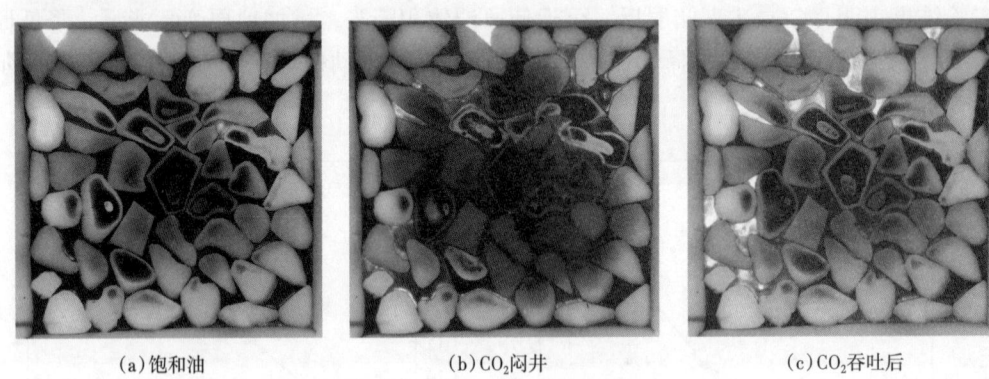

(a) 饱和油　　　　　(b) CO_2 闷井　　　　　(c) CO_2 吞吐后

图 6　CO_2 吞吐前后孔隙沟通情况

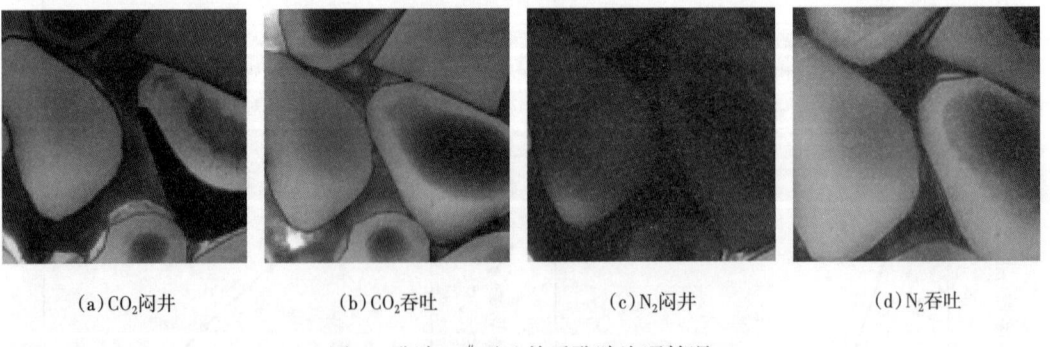

(a) CO_2 闷井　　(b) CO_2 吞吐　　(c) N_2 闷井　　(d) N_2 吞吐

图 7　孔隙 34# 吞吐前后孔隙沟通情况

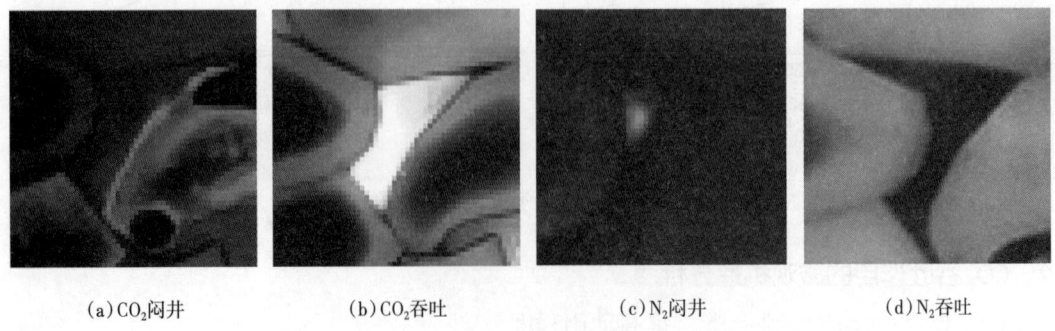

(a) CO_2 闷井　　(b) CO_2 吞吐　　(c) N_2 闷井　　(d) N_2 吞吐

图 8　孔隙 15# 吞吐前后孔隙沟通情况

（2）CO_2 吞吐有效降黏，提高原油流动性。

如图 9 和图 10 所示，在 CO_2 吞吐闷井过程中，CO_2 在页岩油中的充分溶解显著降低了页岩油的黏度，增强了页岩油的流动性。这促进了页岩油在某些孔隙中的移动，提高了页岩油的动用效率。而在 N_2 吞吐的空白对照组实验中，由于 N_2 的溶解性较差，这种降黏效果并未出现，导致同一位置的孔隙未能有效动用页岩油。

整体来看，CO_2 吞吐的微观机理体现为一系列协同效应，这些效应在提高页岩油采收效率中起着关键作用。首先，CO_2 的注入导致页岩油膨胀，这不仅增加了油藏中的油体积，也减少了油与岩石的接触面积，从而降低了原油的吸附和残留。接着，由于 CO_2 的高溶解性，原油黏度显著降低，增强原油的流动性，使得原油在岩石孔隙中的迁移更为顺畅。此外，CO_2 的传质扩散作用进一步加强了其在油藏中的渗透和分布，从而优化了油藏的驱替效率。这些作用的综合效果显著提高了原油的动用程度，使得更多难以开采的页岩油得以有效采出。

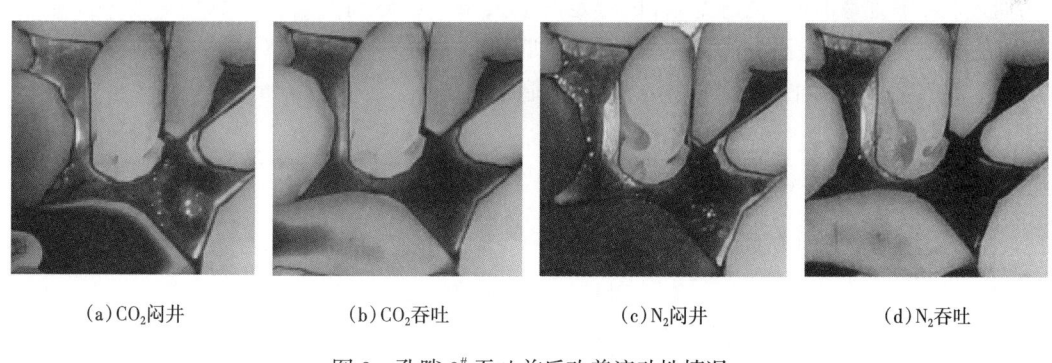

(a) CO_2 闷井　　(b) CO_2 吞吐　　(c) N_2 闷井　　(d) N_2 吞吐

图 9　孔隙 9# 吞吐前后改善流动性情况

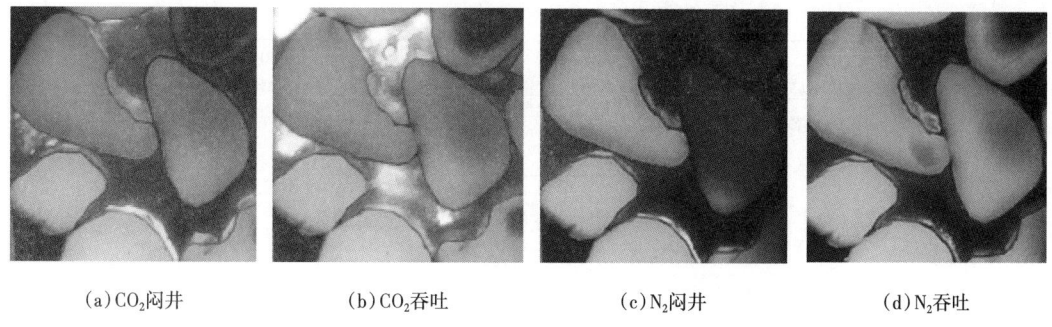

(a) CO_2 闷井　　(b) CO_2 吞吐　　(c) N_2 闷井　　(d) N_2 吞吐

图 10　孔隙 33# 吞吐前后改善流动性情况

2.3　页岩油藏 CO_2 吞吐动用界限分析

（1）核磁共振动用下限弛豫时间确定。

基质孔径被细分为三类：微孔（$0.01ms < T_2 < 1ms$）、小孔（$1ms < T_2 < 10ms$）和大孔（$10ms < T_2 < 100ms$）[4]。该分类帮助更精确地分析不同尺寸孔隙中的页岩油生产特征。其中每个轮吞吐期间的石油产量通过两轮吞吐曲线之间的面积差来计算。在核磁共振 T_2 谱中，若驱替后某孔隙中的剩余油信号强度低于饱和油信号强度 3%，即认为该孔隙中的原油被动用[5, 9]。

（2）核磁共振转换系数确定。

T_2 谱分布与高压压汞孔隙半径分布均能有效表征页岩内部的孔隙结构分布。由于 T_2 与孔隙半径成正比，因而可通过高压压汞获得的孔隙半径分布来标定 T_2 谱分布，由转换系数来进行弛豫时间与孔隙半径之间的转换[9]。

将 1#岩心、2#岩心、3#岩心利用高压压汞获得的孔隙半径分布，与其饱和油 T_2 谱对比，可以看出孔隙半径分布与 T_2 谱分布基本吻合。差别原因在于高压压汞孔隙半径分布对孔隙中流体赋存量的表征效果较差，由于孔隙屏蔽效应[20]，以及页岩孔喉结构复杂，孔隙缩小型喉道和短导管状喉道大量发育，导致汞被卡塞在小喉道处无法进入孔隙，测得的孔隙体积偏低。

在保证 T_2 谱主峰波峰对应的 T_2 值与孔隙半径波峰对应的孔隙半径值基本重合的前提下，进行孔隙半径分布对 T_2 谱分布的标定[19-20]，进而计算出转换系数，将三根岩心的转换系数取平均值得到弛豫时间与孔隙半径的对应关系见表 4。

通过表 4 中弛豫时间与孔隙直径的标定对应关系，可得到三根岩心 CO_2 吞吐的动用下限，见表 5。三根岩心 T_2 图谱分布均为单峰型，如图 11 所示。按照弛豫时间与孔隙直径的标定对应关系，在该实验条件下 CO_2 吞吐后可动流体孔隙下限最低为 7nm。

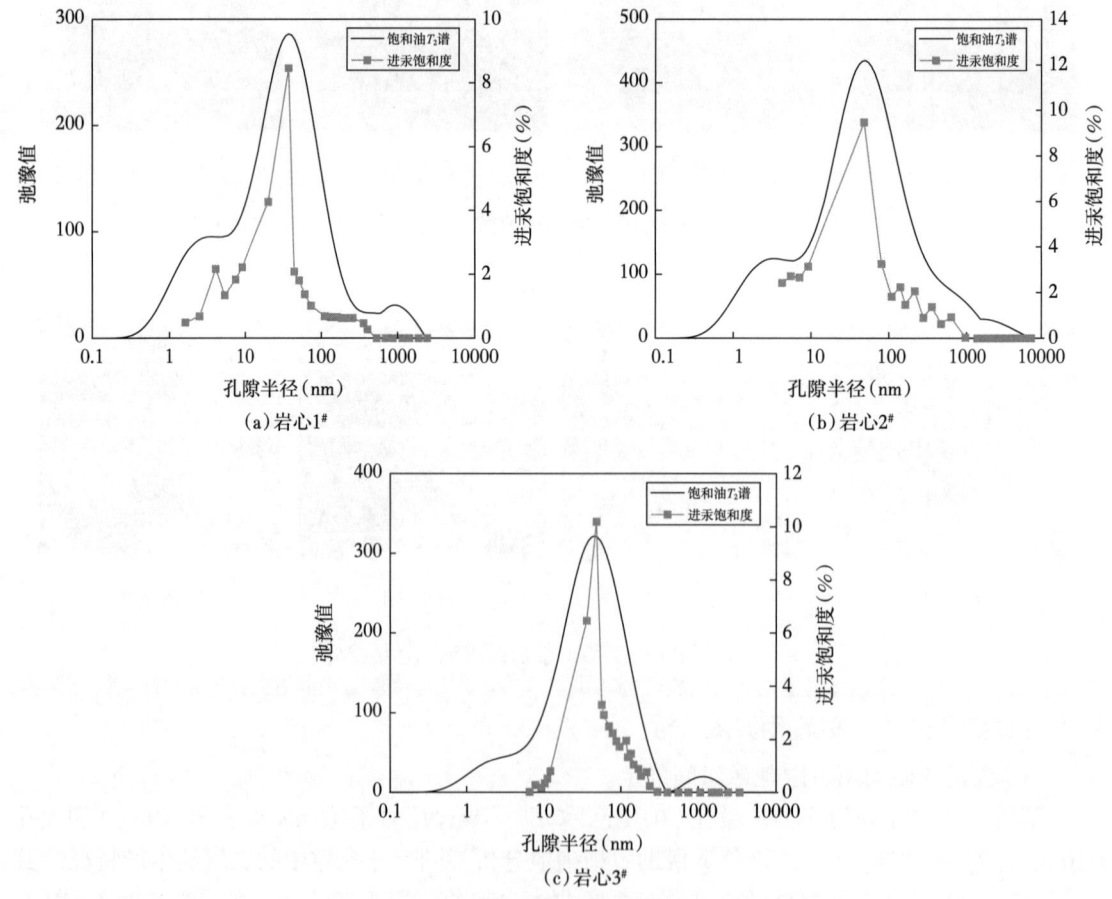

图 11 岩心孔隙半径与 T_2 谱对应关系

表4 弛豫时间与孔隙直径对应关系

孔隙分类	弛豫时间（ms）	孔隙直径（nm）
微孔	0.01~1	0.33~33
小孔	1~10	33~330
大孔	10~100	330~3300

表5 岩心CO_2吞吐可动用流体孔隙下限

岩心编号	动用下限弛豫时间（ms）	动用下限孔隙直径（nm）
20JMHC-1	0.21215	7.00095
20JMHC-2	0.23272	7.67976
20JMHC-3	0.25529	8.42467

3 结论

（1）吉木萨尔页岩油的饱和压力、膨胀系数、黏度和密度均受CO_2的影响。在油藏温度下，当溶解CO_2质量分数为50%时，原油饱和压力上升至32.76MPa，原油膨胀系数为1.348，降黏率达63.29%，原油密度降低了14.4%。表明CO_2对吉木萨尔页岩油表现出良好的作用效果。

（2）平面可视化模型试验表明，CO_2吞吐主要体现了膨胀、降黏、动用较细孔喉的协同作用机理，CO_2改进了孔隙的连通性，并提高了细孔隙中页岩油的有效动用。CO_2的扩散和传质作用拓宽了部分细孔隙流动通道，从而提升了页岩油的利用效率。

（3）吉木萨尔页岩油藏天然岩心T_2图谱分布为单峰型，T_2谱主峰波峰对应的T_2值与压汞孔隙半径波峰对应的孔隙半径值基本重合。标定弛豫时间与孔隙直径的对应关系为1ms∶33nm，根据该对应关系，岩心在地层压力和地层温度条件下CO_2吞吐后可动流体孔隙下限最低为7nm。

参 考 文 献

[1] 刘客，张驰.裂缝作用下CO_2吞吐动用基质页岩油特征[J].大庆石油地质与开发，2024，43（2）：152-159.

[2] ZHAO J, YANG L, YANG D, et al. Study on pore and fracture evolution characteristics of oil shale pyrolysed by high-temperature water vapour[J]. Oil Shale, 2022, 39（1）: 79-95.

[3] AL-YASERI A Z, LEBEDEV M, VOGT S J, et al. Pore-scale analysis of formation damage in Bentheimer sandstone with in-situ NMR and micro-computed tomography experiments [J]. Journal of Petroleum Science and Engineering, 2015, 129: 48-57.

[4] LIU W, WANG G, HAN D Y, et al. Accurate characterization of coal pore and fissure structure based on CT 3D reconstruction and NMR[J]. Journal of Natural Gas Science and Engineering, 2021: 96.

[5] ZHAO J, YAO C, CHENG T, et al. Heating-Assisted CO_2 Huff-n-Puff for Improved CO_2 Utilization: Further Discussion of the EOR Mechanism and Enhancing Carbon Sequestration in Shale Reservoirs [J]. Energy & Fuels, 2024, 38（5）: 3937-51.

[6] 张怿赫，盛家平，李情霞，等.CO_2吞吐技术应用进展[J].特种油气藏，2021，28（6）：1-10.

[7] SONG S, CHANG J, GUAN Q, et al. Characteristics of Crude Oil Production in Microscopic Pores of CO_2 Huff and Puff in Shale Oil Reservoirs[J]. Energy & Fuels, 2024, 38(5): 3982-3996.

[8] GAJBHIYE R. Effect of CO_2/N_2 Mixture Composition on Interfacial Tension of Crude Oil[J]. Acs Omega, 2020, 5(43): 27944-27952.

[9] TIAN Y, XIONG Y, WANG L, et al. A compositional model for gas injection IOR/EOR in tight oil reservoirs under coupled nanopore confinement and geomechanics effects[J]. Journal of Natural Gas Science and Engineering, 2019, 71: 102973.

[10] 师调调, 杜燕, 党海龙, 等. 志丹油区长7页岩油储层CO_2吞吐室内实验[J]. 特种油气藏, 2023, 30(6): 128-134.

[11] 李树刚, 张静非, 林海飞, 等. 采空区碳封存条件下CO_2-水界面特性及溶解传质规律研究[J/OL]. 煤炭学报, 2024: 1-15.

[12] 郭慧, 王延斌, 倪小明, 等. 方解石、白云石中Ca,Mg元素在碳酸溶液中的化学动力学[J]. 煤炭学报, 2016, 41(7): 1806-1812.

[13] 张英男, 李汝传, 于顺昌, 等. 基于深层原油物性模拟的分子力场优选及验证[J]. 中国石油大学学报(自然科学版), 2020, 44(6): 162-169.

[14] TIAN Y, ZHANG C, LEI Z, et al. An improved multicomponent diffusion model for compositional simulation of fractured unconventional reservoirs[J]. SPE Journal, 2021: 1-26.

[15] 杨明, 薛程伟, 李朝阳, 等. 页岩油CO_2吞吐影响因素及微观孔隙动用特征[J]. 大庆石油地质与开发, 2023, 42(4): 148-156.

[16] 王春伟, 杜焕福, 孙鑫, 等. 基于灰色关联分析的页岩油甜点综合评价方法——以渤海湾盆地渤南洼陷为例[J]. 石油钻探技术, 2023, 51(5): 130-138.

[17] 杨平. 灰色关联法在页岩气储层评价中的应用[J]. 广东石油化工学院学报, 2023, 33(4): 2-16.

[18] 刘庆, 张镇, 杨帅, 等. 基于灰色关联与层次分析的脆性指数预测方法——以准噶尔盆地吉木萨尔凹陷芦草沟组致密储层为例[J]. 物探与化探, 2023, 47(4): 944-953.

[19] 王继超, 崔鹏兴, 刘双双, 等. 页岩油储层微观孔隙结构特征及孔隙流体划分[J]. 油气地质与采收率, 2023, 30(4): 46-54.

[20] 刘立航, 胡海燕, 詹学锋, 等. 泸州区块龙马溪组深层页岩孔隙结构及NMR分形特征[J]. 中国科技论文, 2023, 18(5): 501-511.

[21] SY/T 6487—2000《液态二氧化碳吞吐推荐作法》[S].

[22] GB/T 26981—2020《油气藏流体物性分析方法》[S].

吉木萨尔页岩油 CO_2—驱油剂复合吞吐提高采收率实验研究

李海福,张利伟,易勇刚,陈神根,曾美婷,徐金山

(中国石油新疆油田公司工程技术研究院)

摘 要：吉木萨尔页岩油储层孔喉细小、孔隙结构复杂、渗透率低,常规体积压裂、CO_2 吞吐等开发方式效果不佳。为提高此类开采难度较大的页岩储层采收率,提出了 CO_2—驱油剂复合吞吐技术,从复合吞吐增产机理及室内驱油剂实验评价等角度进行了研究。结果表明,复合吞吐可有效改善岩石润湿性、分散沥青质并抑制其析出,通过 CO_2 与驱油剂的相互作用增强起泡性能,有效调整注入剖面、提高注入均衡性；室内实验筛选出适用于吉木萨尔储层、流体性质的驱油体系 QY3,有效降低界面张力至 1×10^{-3} 数量级,润湿接触角 24.72°,润湿反转性能良好,同时具备优异的起泡稳泡和渗吸驱油性能,渗吸采出程度达 20.75%。研究认为 QY3 能够通过降低油水界面张力及改变岩石表面润湿性以提高采收率,可为吉木萨尔页岩油藏复合吞吐技术实施提供依据。

关键词：吉木萨尔页岩油；复合吞吐；界面张力；润湿性；渗吸驱油

我国页岩油资源丰富,近些年来在鄂尔多斯、准噶尔、渤海湾和四川等多个盆地陆续发现并实现了规模开发[1]。页岩油储层具有低孔低渗、储层偏油湿等特点,其中渗透率通常小于 1×10^{-3} 数量级,储层孔喉尺寸为纳米级孔,孔隙度为 5%~15%,开发难度较大。

吉木萨尔页岩油是中国首个国家级陆相页岩油示范区,其中芦草沟组页岩油预测有利区资源量超 10×10^8t,资源规模量大。研究表明[2],目的区块天然裂缝不发育,"甜点"具有全尺度孔隙特征,且以微纳米孔隙为主,原油流动阻力大[3]。吉木萨尔页岩油藏采用水平井体积压裂开发,但水平井压后初期产量高、递减较快,原油采收率仅 10% 左右,亟须攻关提高采收率技术。有相关研究从室内实验及数值模拟的角度进行了页岩油 CO_2 吞吐提高采收率的可行性评价,曹长霄等[4]进行了相态实验,证实了 CO_2 能与吉木萨尔页岩油达到混相,降低原油黏度、膨胀原油体积效果较好。曲方春[5]针对古龙页岩油开展了注 CO_2 提高采收率机理及参数优化研究,结果表明 CO_2 具有较高的膨胀系数及较低的混相压力,在地层条件下能够实现混相开发,采用数值模拟方法优化得到了单井吞吐最佳注入参数。Bakken[6]、吉木萨尔及大港沧东页岩油[7]等地区前期均开展了 CO_2 吞吐现场试验,但受压裂干扰、气窜等因素影响,部分井吞吐后有效期短、增产效果不佳。

基于目前页岩油注 CO_2 吞吐开发中存在的问题,本文以吉木萨尔为研究对象,提出了 CO_2—驱油剂复合吞吐(简称复合吞吐)提高采收率技术,从增产机理、室内实验角度验证并评价该技术的可行性,对现场实施具有一定的指导意义。

第一作者简介：李海福(1998—),男,硕士研究生,助理工程师,新疆油田公司工程技术研究院,主要从事采油工艺及数值模拟工作。通讯地址：新疆克拉玛依市克拉玛依区胜利路 87 号,邮编：834000。

1 复合吞吐增产机理

1.1 复合起泡调整注入剖面,提高注入均衡性

页岩油体积压裂后缝网窜通、生产亏空等因素会导致注入介质发生窜流,能量补充难度较大。单一注入 CO_2 情况下,CO_2 会优先沿人工裂缝流动,难以渗流到基质孔隙中,降低驱油效果;单一注驱油剂同样难以保证其对基质的有效动用,驱油剂体系在地层中抗吸附能力差,进入地层后被近井地层吸附,很难作用于远井区域,置换效率有待提升。复合吞吐方式下 CO_2 和驱油剂在储层中发生作用后产生大量泡沫流体(图1),可以有效封堵人工裂缝及其他高渗通道,调整注入剖面,驱使 CO_2 大量进入基质孔隙中,协同改善基质动用程度,增加地层能量,提高开采效果。Bakken 现场复合吞吐注入过程中仅在邻井监测到短暂的气体突破现象,较措施前有效改善了注入剖面,减少了气窜发生,证实了复合吞吐能够有效补充地层能量,提高产油效果[8]。

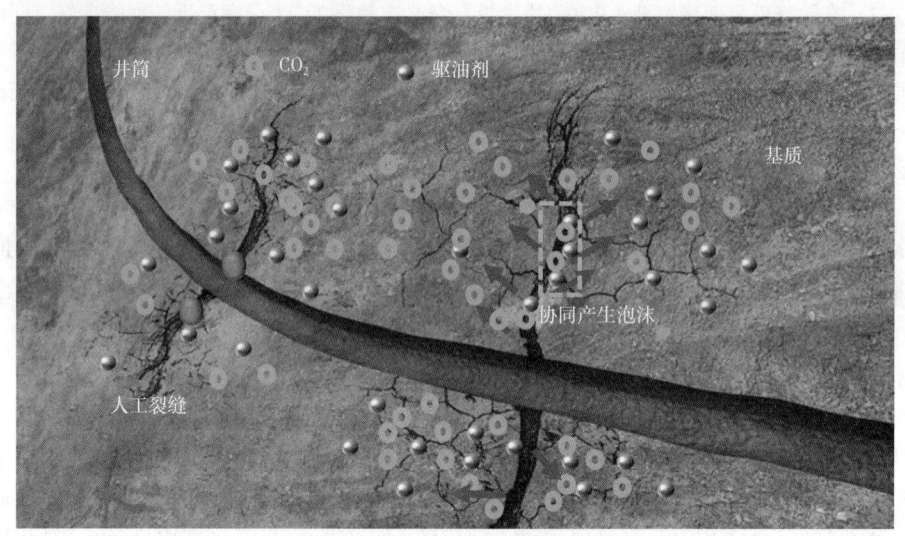

图1 复合吞吐反应机理图

1.2 改善岩石润湿性

油藏岩石壁面的润湿性是影响流体流动规律的主要因素[9],由于油藏原始状态下储层润湿性受孔隙结构、矿物组成及油气运移等多种因素影响,润湿性可能发生改变,其评价也具有一定的难度[10]。吉木萨尔页岩储层整体属于中性润湿—油湿岩石,CO_2、驱油剂在储层中共同作用使润湿性发生改变。CO_2 注入储层后,CO_2 和水反应生成碳酸水,最后与储层反应生成盐会溶解于水中,在水中电离出带电离子,对储层岩石表面的水膜起到稳定作用,从而使储层表现出亲水性。同时,驱油剂与岩石接触后,其中具备亲水基团的粒子可将岩石表面润湿性由油湿变为中性润湿或水湿,使原油剥离岩石表面,提高驱油效率。

1.3 抑制沥青质沉积

页岩油藏孔渗极低,CO_2 与原油作用下易发生沥青质沉积现象,严重影响储层渗流能力。有研究表明 CO_2 驱后剩余油中的沥青质含量要远大于产出油的沥青质含量,且储层渗透率与

沥青质沉积对储层的伤害程度有较大关联性，随岩石渗透率增大，沥青质沉淀对原油采收率的影响程度不断削弱[11]。同时，Papadimitriou等[12]研究发现孔隙半径小于8μm时，沥青质沉积对渗透率的损害率较大。不同注入开发方式下，沥青质沉积的规模及对储层影响也存在差别，如图2所示，CO_2驱替方式下标记A处的碳元素相对质量分数为21.33%，CO_2吞吐方式下标记B处的碳元素相对质量分数为27.99%，因此吞吐方式下较驱替沥青质沉积量更大。结合驱油剂和CO_2对于原油的溶胀、降黏等作用，复合吞吐方式下，原油流动性增强，有效分散沥青质并抑制其析出，防止储层受到伤害。

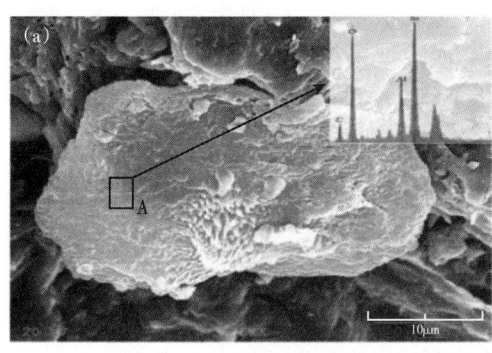 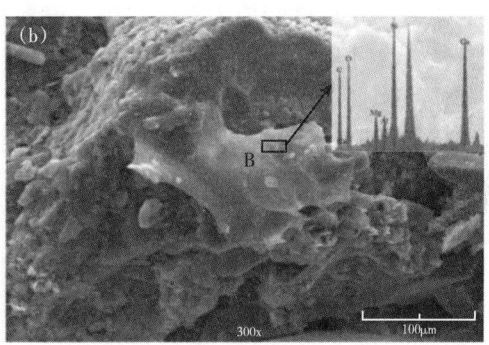

图2 CO_2驱替(a)和吞吐方式(b)下岩块表面的电镜扫描结果

2 驱油剂室内评价及优选

复合吞吐技术核心是筛选适用于研究区块的驱油剂，不同的储层条件、原油品质等因素会影响驱油剂在地层中的反应效果，进而影响驱油效率，因此需要根据驱油剂不同性能指标开展室内评价及优选。

2.1 实验材料

2.1.1 岩心样品

实验样品选用吉木萨尔J1井上"甜点"储层天然岩心，尺寸为$\phi 2.5cm \times 5.0cm$，样品表面无明显裂缝。

2.1.2 原油、地层水样品

选取吉木萨尔吉172井区典型井进行原油取样，取样层位为P_2l_2，深度为4035~6240m，原油在室温下黏度偏高，密度为0.83g/cm³，有明显结蜡现象。地层水矿化度为12686.54mg/L，属于$NaHCO_3$型，其基本参数见表1。

表1 地层水基本参数表

区块	CO_3^{2-}（mg/L）	HCO_3^-（mg/L）	Cl^-（mg/L）	SO_4^{2-}（mg/L）	Ca^{2+}（mg/L）	Mg^{2+}（mg/L）	Na^++K^+（mg/L）	矿化度（mg/L）
吉172井区	363.66	4930.42	3146.19	55.97	45.45	9.19	4135.66	12686.54

2.1.3 驱油剂

选择现场已有应用的洗油增产剂QY1、纳米驱油剂QY2及室内自研的纳米微囊驱油剂QY3作为本研究室内评价优选的药剂体系。其中QY3配方为25%BD-2+10%LAB+4.5%CHSB+5%0#柴油+15.5%正丁醇，具有最小的启动孔径和较好的驱油潜力。

2.2 实验仪器及方法

2.2.1 实验仪器

HF22-2151罗氏泡沫仪、TX500C旋转滴超低界面张力仪、JC2000D1动态接触角/润湿角测定仪、精密电子天平、高速搅拌器、离心机、真空饱和装置及渗吸瓶等。

2.2.2 实验方法

界面张力测定：参考中国石油天然气行业标准SY/T 5370—2018《表面及界面张力测定方法》中的旋转滴法，利用注射器将待测驱油体系样品注入玻璃毛管中，确保吸入过程中无起泡产生后，将玻璃管放入测量口中，设置地层温度为90℃，转速为6000r/min，油柱长度大于直径4倍时开始测量，每隔60s测量并记录一次数据，待界面张力达到平衡，结束实验。

起泡稳泡性能评价：参考中国石油天然气企业标准Q/SY 1816—2015《泡沫驱用起泡剂技术规范》的性能指标[13]，采用高搅法对起泡稳泡性能进行评价，将配制好的一定浓度下的驱油剂溶液放置在106℃下保温15min，利用高速搅拌器（转速10000r/min）测定溶液起泡高度及析液半衰期 $t_{\frac{1}{2}}$。

润湿性测定：将天然岩心洗油烘干并切成厚度1cm的薄片，在原油中浸泡老化12h，将处理后的岩心片放入配制好的驱油剂溶液中浸泡24h，在80℃条件下烘干备用。将岩心片置于载物台，利用接触角测量仪测量岩心片与矿化水之间的润湿接触角，并进行记录。

渗吸驱油：将岩心烘干后（质量 m_1）置于90℃条件下真空饱和原油5d后老化10h，清洁表面浮油，称重为 m_2，计算原油饱和度 α；采用15%的盐酸溶液浸泡清洗渗吸瓶内部表面3d，浸泡结束后清洗、烘干备用，将老化后的岩心放入处理过的渗吸瓶中，注入具有一定浓度的驱油剂溶液，记录不同时间的出油体积 V_1，计算渗吸采出程度 ϵ。

$$\alpha = \frac{m_2 - m_1}{\rho \phi V} \times 100\% \quad (1)$$

$$\epsilon = \frac{\rho V_1}{m_2 - m_1} \times 100\% \quad (2)$$

式中：α 为饱和度；m_1 为干燥岩心的质量，g；m_2 为老化后岩心质量，g；ρ 为原油密度，g/cm³；ϕ 为岩心孔隙度；V 为岩心体积，cm³。

2.3 结果与讨论

2.3.1 界面张力

驱油剂通过降低界面张力可以大幅度提高渗吸效率，采用模拟矿化水配制1000mg/L、2000mg/L、3000mg/L三个浓度下的驱油体系，根据TX500C旋转滴超低界面张力仪测出不同体系的界面张力。

由图3至图5可知，QY1体系在浓度为1000mg/L、2000mg/L时界面张力降低至 1×10^{-2} 数量级，最低可达 1.94×10^{-2} mN/m，而在3000mg/L时作用效果不明显。QY2体系在浓度为3000mg/L时界面张力达到 1×10^{-2} 数量级，值为 3.71×10^{-2} mN/m，而在浓度小于2000mg/L时，降低界面张力效果较差。QY3体系在浓度为2000mg/L、3000mg/L时界面张力分别达到 5.83×10^{-3} mN/m、4.76×10^{-3} mN/m，在浓度1000mg/L达到 1×10^{-2} 数量级，降低界面张力效果较好。界面张力过低时会降低毛细管力，减弱渗吸动力，从而降低渗吸驱油效率，因此综合2000mg/L驱油剂浓度可满足界面张力要求。

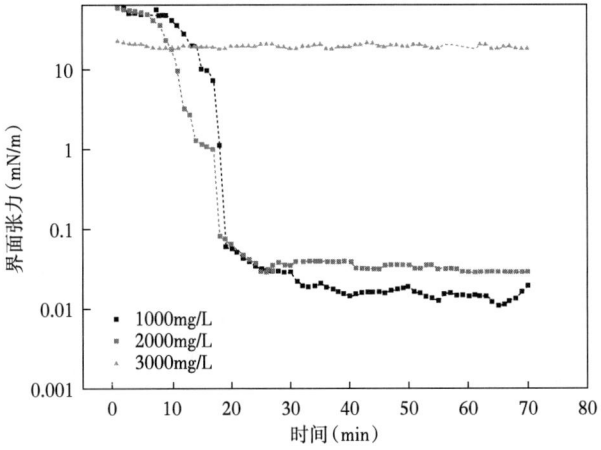

图 3　QY1 不同浓度下的界面张力值

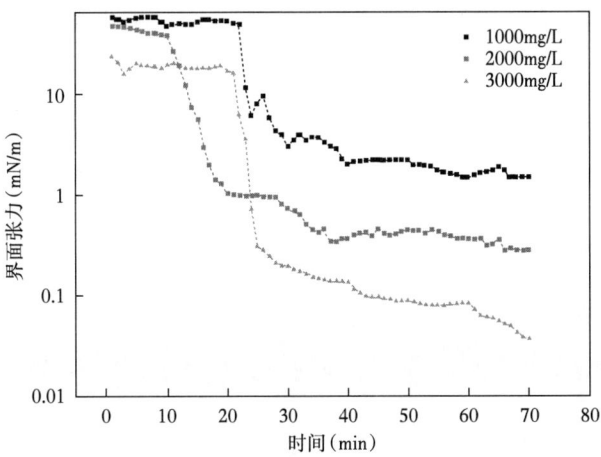

图 4　QY2 不同浓度下的界面张力值

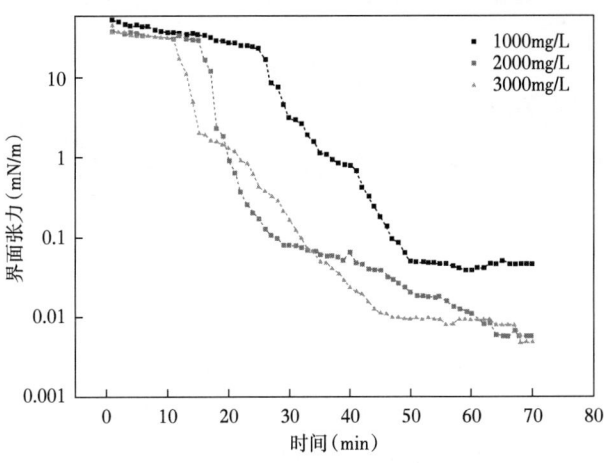

图 5　QY3 不同浓度下的界面张力值

2.3.2 润湿性

渗吸驱油过程中,岩石润湿性由油湿转变为水湿,可以将毛管力由阻力变为驱油动力,从而提高渗吸采收率。采用模拟矿化水配制 1000mg/L、2000mg/L、3000mg/L 三个浓度下的驱油体系,根据 JC2000D1 动态接触角/润湿角测定仪测出不同体系的润湿接触角。

页岩岩心初始润湿接触角为 93.32°,表现为中性润湿偏油湿,3 种驱油剂均有较好的润湿反转能力,使岩石从亲油性转变为亲水性,有利于渗吸驱油。其中,在浓度为 2000mg/L 时 QY1、QY2、QY3 润湿接触角分别为 25.13°、38.51° 及 24.72°,浓度为 3000mg/L 时,三种驱油剂作用后润湿接触角为 17.22°、21.17° 及 19.16°,储层转变为强亲水性。而储层强亲水时,水会向水流优势通道流动,使其他通道的油被绕走,从而减小渗吸效率[14],因此,综合来看 2000mg/L 浓度下的驱油体系改变储层润湿性效果较好(表 2)。

表 2 不同驱油剂润湿接触角

序号	a	b	c
浓度（mg/L）	1000	2000	3000
QY1 接触角（°）	58.45	25.13	17.22
QY2 接触角（°）	59.26	38.51	21.17
QY3 接触角（°）	54.56	24.72	19.16

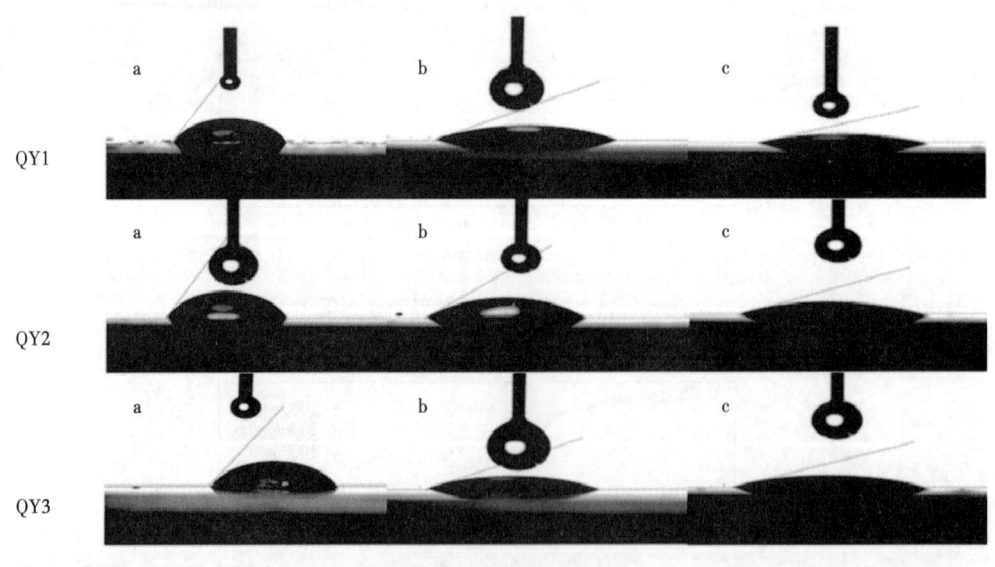

图 6 不同驱油剂润湿接触角

2.3.3 起泡稳泡性能

驱油剂与 CO_2 在储层中接触后作用产生大量泡沫,有利于高渗通道的封堵,进而调整注入剖面。综合上述评价结果,采用矿化水配制浓度为 2000mg/L 的驱油体系,分析起泡稳泡性能。由表 3 可知,仅驱油剂 QY3 的起泡稳泡指标大于标准要求(起泡剂发泡率 ≥ 400%,析液半衰期 $t_{\frac{1}{2}} \geq 100s$),表现出较好的起泡稳泡性能。

表 3 不同驱油剂起泡、稳泡性能

样品编号	泡沫体积（mL）	析液半衰期 $t_{\frac{1}{2}}$（s）
QY1	130	2
QY2	120	2
QY3	550	159

2.3.4 渗吸驱油效果

静态渗吸驱油过程中，驱油剂的微小尺寸可以有效进入岩心小孔隙中，并使岩石孔隙壁面上附着的原油进行剥离，从而实现置换驱油（图7）。配制浓度为 2000mg/L 的不同类型驱油剂溶液，采用体积法进行渗吸驱油性能测试，观察并记录不同时间下岩心渗吸置换出的原油体积变化情况，得到不同驱油剂渗吸采出程度随时间的变化规律曲线如图 8 所示。

由图 8 可知，三类驱油剂的渗吸采出程度均大于对照组的采出程度，且随渗吸时间的增加而逐渐增大。其中，QY3 的渗吸采出程度要明显大于 QY1 和 QY2，当渗吸时间达到 72h 时，QY3 的渗吸采出程度达到 20.75%。表明 QY3 具有良好的界面活性及润湿反转能力，增加了油在岩石表面的接触角，降低了黏附功，提高洗油效率。

图 7 原油剥离过程

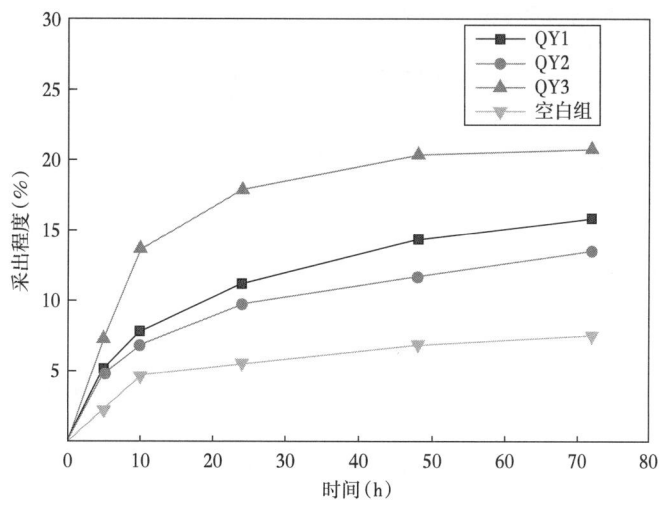

图 8 不同驱油体系渗吸采出程度

3 结论

(1) 复合吞吐具有改善岩石润湿性、抑制沥青质沉积的优点,能够有效调整注入剖面,提高注入均衡性,提高页岩油储层采收率。

(2) 驱油剂室内实验评价是复合吞吐技术的关键内容,室内实验结果表明:QY3 驱油体系在浓度为 2000mg/L 时界面张力达到 1×10^{-3} 数量级、润湿接触角降低至 24.72°、起泡体积达到 550mL、析液半衰期为 159s,起泡稳泡性能良好。

(3) 渗吸实验结果显示随渗吸时间的增加,渗吸采出程度逐渐增大,QY3 渗吸驱油采出程度达到 20.75%,具有良好的驱油性能。

参 考 文 献

[1] 郭秋麟,米石云,张倩,等.中国页岩油资源评价方法与资源潜力探讨[J].石油实验地质,2023,45(3):402-412.

[2] 何小东,张景臣,王俊超,等.考虑天然裂缝条件下水平井压裂簇间距优化——以吉木萨尔页岩油为例[J].深圳大学学报(理工版),2022,39(2):134-141.

[3] 唐维宇,黄子怡,陈超,等.吉木萨尔页岩油 CO_2 吞吐方案优化及试验效果评价[J].特种油气藏,2022,29(3):1-12.

[4] 曹长霄,宋兆杰,师耀利,等.吉木萨尔页岩油二氧化碳吞吐提高采收率技术研究[J].特种油气藏,2023,30(3):106-114.

[5] 曲方春,王青振,佟斯琴,等.古龙页岩油注 CO_2 补能提高采收率机理及参数优化[J/OL].大庆石油地质与开发,2024,2:1-7.

[6] BURROWS L C,HAERI F,CVETIC P,et al. A literature review of CO_2,natural gas,and water-based fluids for enhanced oil recovery in unconventional reservoirs[J]. Energy & Fuels,2020,34(5):5331-5380.

[7] 袁士义,雷征东,李军诗,等.陆相页岩油开发技术进展及规模效益开发对策思考[J].中国石油大学学报(自然科学版),2023,47(5):13-24.

[8] POSPISIL G,GRIFFIN L,SOUTHER T,et al. East Nesson Bakken enhanced oil recovery pilot:Coinjection of produced gas and a water-surfactant mixture[C]// Unconventional Resources Technology Conference (URTeC),2022:803-823.

[9] 梁拓,杨昌华,张衍君,等.纳米流体提高原油采收率研究和应用进展[J].新疆石油天然气,2023,19(4):29-41.

[10] ROSHAN H,AL-YASERI A Z,SARMADIVALEH M,et al. On wettability of shale rocks[J]. Journal of colloid and interface science,2016,475:104-111.

[11] WANG X,GU Y. Oil recovery and permeability reduction of a tight sandstone reservoir in immiscible and miscible CO_2 flooding processes[J]. Industrial & Engineering Chemistry Research,2011,50(4):2388-2399.

[12] PAPADIMITRIOU N I,ROMANOS G E,CHARALAMBOPOULOU G C,et al. Experimental investigation of asphaltene deposition mechanism during oil flow in core samples[J]. Journal of petroleum science and engineering,2007,57(3-4):281-293.

[13] 郑存川,张莉伟,徐金山,等.纳米微乳液驱油体系的构建及性能评价[J].新疆石油天然气,2023,19(1):89-94.

[14] 王睿,任晓娟,罗向荣.表面活性剂对定边 J 区长 8 致密储层渗吸特征的影响[C]// 西安石油大学,陕西省石油学会.2019油气田勘探与开发国际会议论文集,2019:9.

页岩储层自发渗吸微观孔隙空间流体赋存特征

常家靖 [1, 2, 3],宋兆杰 [1, *],范昭宇 [1],张凯星 [1]

(1. 中国石油大学(北京)非常规油气科学技术研究院;2. 页岩油气富集机理与高效开发全国重点实验室;3. 中国石化石油勘探开发研究院)

摘　要:自发渗吸在页岩油开发中起着关键作用,目前的研究水平主要是分析页岩自吸液体质量或 T_2 谱与时间的关系,未能综合描述渗吸过程中岩心内流体赋存量以及在平面和纵向上流体赋存状态的分布。为此,本文基于核磁 T_2 谱和一维频率编码谱技术开展了页岩岩心自发渗吸实验,研究了岩心内流体(水)在不同阶段的赋存量以及在平面和纵向上赋存状态的分布规律。结果表明:页岩中流体(水)主要赋存空间的孔径主要分布范围为1~100nm。页岩自发渗吸可分为三个阶段:渗吸初期小孔信号量快速增加,渗吸效率较高;渗吸中期,大小孔信号量缓慢增加,渗吸效率减缓;渗吸后期,大小孔信号量增加不明显,渗吸效率慢,持续时间长,渗吸稳定。自发渗吸不同阶段水沿 Y 方向(平行层理)的含量随着与自发渗吸端面距离的增加而逐渐减少;沿 Z 方向(垂直层理)的含量均集中在岩心中部位置(50mm),两侧位置(40~50mm,50~60mm)信号量较低。这个新的实验为页岩自发渗吸过程中岩心孔隙空间内流体赋存状态的分布规律研究提供了新的方法和思路。

关键词:自发渗吸;渗吸效率;空间分布;T_2 谱;一维频率编码

　　页岩油气储层是当今油气藏勘探的前沿课题,也是能源开发研究的热点[1]。页岩油储层与常规储层相比具有低孔隙度、低渗透率、开采难度大的特点,目前最有效的开采方法为水平井多级压裂[2],页岩储层压裂改造过程中,压裂液的返排能力与渗吸特性有重要关系[3],压裂液进入储层后的渗吸作用可以置换裂缝与孔隙中的油气,是增加产量的重要机理[4-5]。

　　自发渗吸是多孔介质中非润湿相流体在毛细管力作用下被润湿相取代的过程[6],一直以来,渗吸现象都是大家关注的重点和热点[7],1918年,Lucas首先研究了单根毛细管和水中的自发渗吸[8];1960年,Hand[9]提出Hand公式,即自吸流体体积的平方与时间呈线性关系,并通过实验进行了论证,为后来对自发渗吸的研究奠定了重要基础。一般认为,在低渗透砂岩气藏中进行水力压裂后的渗吸作用是一种不利因素,主要是考虑到初始含水饱和度上升影响了含气饱和度[10];在页岩储层的开发过程中通常也会进行水力压裂,但是其压裂

基金项目:国家自然科学基金面上项目"页岩油储层纳微米孔喉中油—CO_2—水多元体系相行为与流动机制研究"(项目编号:52074319)和国家自然科学基金面上项目"陆相泥页岩层系成岩—热演化过程中有机—无机相互作用及其对储集空间形成演化的影响"(项目编号:42272142)。

第一作者简介:常家靖(1996—),男,中国石油大学(北京)非常规油气科学技术研究院与中国石化石油勘探开发研究院,石油与天然气油气工程专业2022级联合培养博士研究生,研究方向为非常规油气提高采收率;联系地址:北京市昌平区府学路18号中国石油大学非常规油气科学技术研究院,邮编:610500,E-mail:cjj296431@163.com

通讯作者简介:宋兆杰(1985—),男,2014年获中国地质大学(北京)博士学位,现为中国石油大学(北京)非常规油气科学技术研究院研究员、博士生导师,主要从事非常规油气提高采收率技术研究。通讯地址:北京市昌平区百沙路197号中国石化科学技术中心,邮编:100083,Email:songz@cup.edu.cn

液返排率低而采收率增加，这不同于常规砂岩储层[11-12]，研究页岩储层里流体渗吸特点和分布情况是进一步了解这一现象的关键，研究者们一般是通过页岩渗吸实验手段揭示压裂液返排机理及其影响。2009年，Mahadevan[13]提出，当生产压降大于毛细管力时，压裂液通过人工裂缝返排回地面；当生产压降小于毛细管力时，压裂液就会滞留储层，对产能造成不利影响。该过程称为"水锁"。"水锁"是造成页岩油/气井产能下降的重要原因。2013年，Dehghanpour等[14]通过页岩岩心实验得到了相同的结论，认为虽然一方面页岩自发渗吸会伤害储层，但是另一方面吸入的压裂液会诱发页岩产生微裂隙，从而提高渗透率；同时，压裂液从裂缝附近渗吸进入基质，会降低裂缝附近区域的含水饱和度，提高气相的有效渗透率。杨发荣等[15]通过高精度天平研究了龙马溪组页岩在不同工作液下单位面积的渗吸情况，认为自发渗吸后页岩吸水特征显著，渗吸面积越大渗吸水量也越大。申颖浩等[16]也使用高精度分析天平对不同地区的页岩进行了自发渗吸实验，即将岩样浸没于测试流体中测量渗吸量，同时结合核磁共振仪测量渗吸过程中核磁T_2谱曲线[17-21]的变化来分析自发渗吸的微观物理过程，结果发现页岩具有比一般砂岩更强的渗吸和扩散能力。

区别于传统的研究渗吸作用的室内实验方法（包括质量法、体积法等），核磁共振（NMR）是一种高效、精确、无损的检测技术，近年来已在致密储层的渗吸实验中取得了广泛的应用[22-23]。目前，对于页岩自发渗吸作用的研究方法主要通过分析页岩岩心自吸液体质量与时间的关系，该方法的局限性在于，不能描述自发渗吸过程中不同时刻流体在空间位置上的分布，因此难以将实验结果与数模结果进行结合。

因此，为了综合描述渗吸过程中岩心内流体赋存量以及在平面和纵向上流体赋存状态的分布规律，本文选取沧东凹陷沙一下亚段页岩储层岩样开展了页岩岩心自发渗吸实验，基于氮气吸附—高压压汞—核磁T_2谱联合表征了页岩岩心全孔径分布，利用核磁T_2谱和一维频率编码谱获得岩心内流体（水）在不同阶段的赋存量以及在平面和纵向上赋存状态的分布规律，为研究页岩自发渗吸现象研究提供了新的方法和思路，其研究结果能够更好地指导页岩油藏的开发和生产。

1 实验部分

1.1 实验材料与设备

页岩岩样取自大港油田沧东凹陷沙一下亚段区块，1#页岩岩心的岩性属于灰云质纹层，2#页岩岩性属于混合质纹层，表1为实验岩心的基础物性参数，其中孔隙度采用氦气孔隙度测试方法获得，渗透率采用脉冲衰减法测试而获得，灰云质纹层状页岩层理缝和微裂缝更为发育。

表1 实验岩心基本物性参数

岩心编号	直径（cm）	长度（cm）	渗透率（mD）	孔隙度（%）	取样深度（m）
1	2.50	5.06	0.435509	1.3184	3678.5
2	2.50	3.70	0.020832	0.6605	3674.1

其余实验材料主要有氟油（无核磁信号）、矿化度为14000 mg/L的模拟地层水（主要成分：$NaCl$、$MgCl_2$、$CaCl_2$、Na_2SO_4）、高渗透水石、环氧树脂等。

 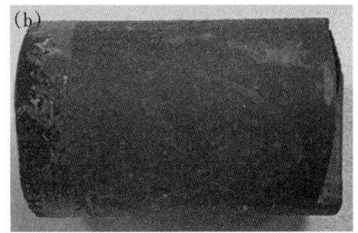

图 1 1#灰云质纹层页岩岩心（a）和 2#混合质纹层页岩岩心（b）

自发渗吸实验所采用的核磁共振测量系统由核磁共振测试模块、岩石流体驱替模块（含核磁共振测试兼容的岩心夹持器）、计算机控制和数据处理模块组成。通过计算机控制将核磁共振测试系统与岩石流体驱替系统组成为一个整体，能够在线实时测量核磁共振信号，获得丰富的岩石参数。低场核磁共振在线测量系统如图 2 所示。

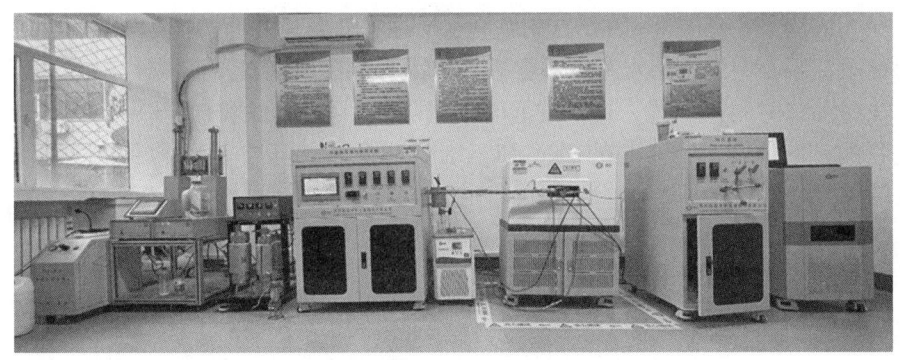

图 2 低场核磁共振在线测量系统

核磁共振测试模块是由江苏纽迈提供的 MesoMR12-060H-I 型低场核磁共振仪，该仪器的主频率为 12 MHz、磁场强度为（0.3±0.05）T、样品检测范围为 25~80mm。该设备包括永磁体、梯度线圈、射频线圈、前置放大器、谱仪、射频放大器和梯度放大器。自主设计的磁体方便管线连接，解决了高温高压岩心夹持器放置难题，磁体温漂小，兼容 x、y、z 三种在线驱替扫描方式。

此外还包括江苏拓创的 TCHWX-180 高温恒温箱、ADIXEN 分子真空泵、高温高压中间容器，自发渗吸实验装置如图 3 所示。

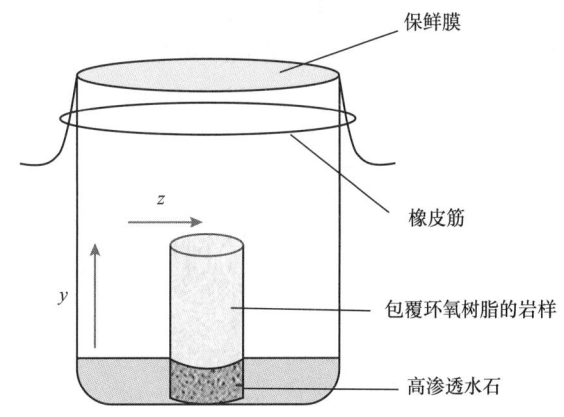

图 3 自发渗吸实验装置示意图

1.2 实验步骤

（1）将测试的 2 块岩心洗油后放置于 105 ℃烘箱中干燥以充分去除水中氢核的影响，期间每12h进行一次T_2谱扫描，直至T_2谱和质量不发生变化时完成岩心烘干工作。冷却后测量干重及初始干岩心T_2谱和一维频率编码谱信号，然后对岩心进行加压饱和地层水，获取饱和水状态的T_2谱和一维频率编码谱。

（2）然后再次将2块岩心放置于105℃烘箱中干燥，操作步骤同步骤（1），直至岩心T_2谱和一维频率编码谱信号同步骤（1）测量的初始干岩心T_2谱和一维频率编码谱信号比值接近于1时完成岩心烘干工作，以此状态下的信号强度作为基础信号（基底）。冷却后将岩心充分饱和氟油（氟油在核磁实验中无信号，主要作用是消除油的信号），然后侧面及顶端包裹环氧树脂（防止空气中水分进入或测试T_2谱和一维频率编码谱时水或氟油挥发）。

（3）将岩心的底部端面置于透水石（高渗岩心片）上，并且端面底部距离环氧树脂大约2mm，透水石下部充满相应的自发渗吸液体（14000mg/L模拟地层水），液体通过透水石，从岩心下端面自发渗吸进入岩心。

（4）自发渗吸实验开始后，分别在10min、30min、1h、2h、5h、10h、24h、48h、120h、288h、600h、1104h时间点将岩心快速取出进行T_2谱和一维频率编码谱扫描，一维频率编码谱分别进行y方向（平行层理）和z方向（垂直层理）扫描；由于扫描T_2谱和一维频率编码谱的时间很短，岩心中的地层水基本不会挥发。因为岩样前期自发渗吸速率远远大于后期吸水速率，故将测试时间点设置为初期浸泡时间间隔短，后期浸泡时间间隔长。这里到1104h后不再进行测试的原因是，岩心的T_2谱和一维频率编码谱信号基本不再发生变化，即认为自发渗吸结束。

2 结果与讨论

2.1 岩心微观孔隙结构的表征

2.1.1 低温N_2吸附法

利用美国康塔公司Quadrasorb低温吸附仪开展页岩岩心低温N_2吸附实验，图4为1#岩心和2#岩心的吸附—脱附曲线。根据IUPAC分类标准，1#岩心和2#岩心的滞后环线属于典型的H2型，说明有机孔主要为墨水瓶形孔，孔隙开放程度较差。其氮气吸附量较高，孔容及比表面积较大，由图4（a）可知，1#岩心孔容为0.009cm^3/g，比表面积为3.099m^2/g；由图4（b）可知，2#岩心孔容为0.009cm^3/g，比表面积为3.158m^2/g。

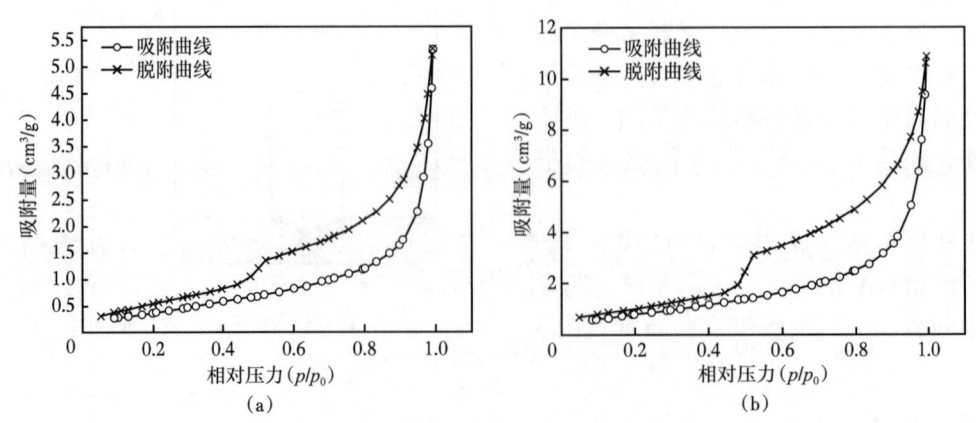

图4 1#岩心吸附—脱附曲线（a）和2#岩心吸附—脱附曲线（b）

图 5 为利用低温氮气吸附实验,采用 DFT 模型得到的 1# 岩心和 2# 岩心的孔径分布曲线。图 5 表明 1# 岩心的孔隙体积大约是 2# 岩心的 2 倍,但孔径的分布特征具有相似性,孔径分布曲线均为单峰型。两者的孔径主要分布范围为 0~8 nm,结果表明 1# 岩心和 2# 岩心中的微孔和中孔对孔隙体积的贡献较大,大孔发育较少,整体孔隙度较小。

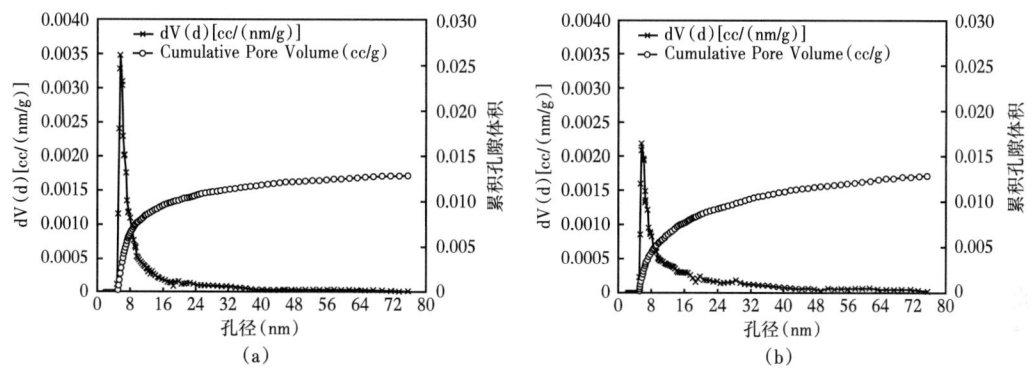

图 5　1# 岩心孔径分布曲线(a)和 2# 岩心孔径分布曲线(b)

2.1.2　高压压汞法

利用 Micromeritics AutoPore Ⅳ 9520 全自动压汞仪进行页岩岩心高压压汞实验,图 6 为由高压压汞实验得到的 1# 岩心和 2# 岩心的孔径分布曲线。图 6(a)表明 1# 岩心平均孔喉半径为(4.47nm),图 6(b)表明 2# 岩心平均孔喉半径为(4.56nm)。综合结果表明两块页岩岩心的平均孔喉半径小于 5nm,渗透率较低,曲线拐点小于 20nm,进汞量:1# 岩心大于 2# 岩心。

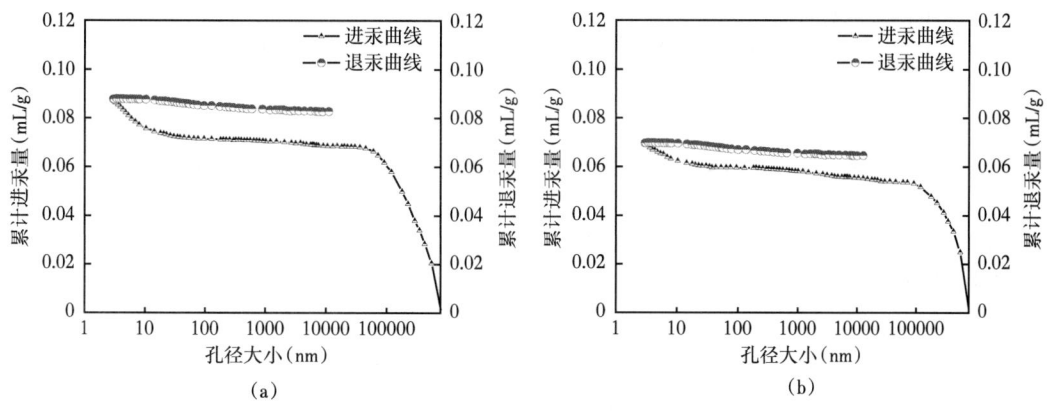

图 6　1# 岩心高压压汞孔径分布曲线(a)和 2# 岩心高压压汞孔径分布曲线(b)

2.2　N_2 吸附—高压压汞—核磁 T_2 谱联用法

高压压汞法仅仅能够表征页岩岩心孔径较大的部分,应用时误差较大。低温氮气吸附法可以表征页岩岩心的微孔与介孔,弥补了高压压汞法所存在的不足。核磁共振法可以定量分析储层岩石全孔径分布特征,与其他技术方法相比,该技术对样品的损害较小,并且在孔径表征的适用范围上具有明显优势,能够反映的孔径最小可至数纳米,最大可达数百微米甚至更大。

通过低温氮气吸附曲线标定核磁共振 T_2 谱的小孔与介孔,通过高压压汞曲线标定大孔,共同对核磁共振 T_2 谱进行标定,可以使得标定的准确性更高。将高压压汞实验和低温 N_2 吸附实验得到的孔径分布曲线与饱和水的核磁共振 T_2 谱曲线绘制在同一张图上,得到核磁共振不同弛豫时间下的孔隙分量曲线以及 N_2 吸附实验与高压压汞实验的孔径分布曲线,通过改变 C 值并确定一个 C 值使得 3 条曲线最大程度吻合,实现核磁共振弛豫时间 T_2 向孔径 r 的转换,此时 C 值为最佳转换系数。

图 7 为 $1^\#$ 岩心和 $2^\#$ 岩心 N_2 吸附—高压压汞—核磁 T_2 谱联用拟合曲线,图 7 表明氮气吸附实验和高压压汞实验得到的孔径分布曲线在纳米级孔隙中拟合效果较好,孔径分布对应关系较好。氮气吸附表征的孔径较小,曲线主要分布在弛豫时间 0.1~1ms 的范围内;高压压汞表征的孔径较大,曲线主要分布在弛豫时间 1~100ms 的范围内。通过对 $1^\#$ 岩心和 $2^\#$ 岩心的核磁共振 T_2 谱进行标定,得到的最佳转换系数 C 值为 10.595μm/ms,为了便于后文分析不同孔隙孔径页岩岩心自发渗吸效率,本文将孔径 10nm 和 100nm 分别作为小孔隙、大孔隙和裂缝区域的分界值,小孔区域为($r \leqslant 10$nm),大孔区域为(10nm $< r <$ 100nm),裂缝区域为($r \geqslant 100$nm),为方便计算,将大孔区域和裂缝区域统称为大孔区域。

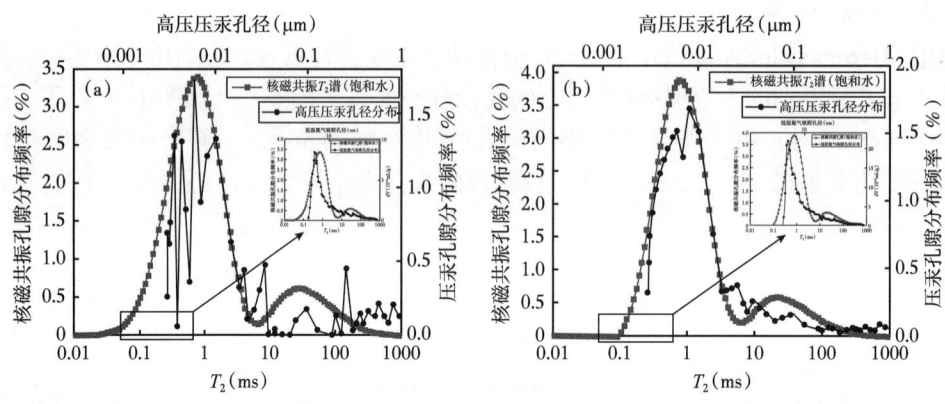

图 7 $1^\#$ 岩心 N_2 吸附—高压压汞—核磁 T_2 谱联用拟合曲线(a)和
$2^\#$ 岩心 N_2 吸附—高压压汞—核磁 T_2 谱联用拟合曲线(b)

2.3 自发渗吸能力表征

2.3.1 自发渗吸能力表征方法

(1)T_2 谱法计算渗吸效率。

T_2 谱可以表征页岩岩心不同孔径内流体的分布,且 T_2 谱中信号量的大小与孔隙中流体的赋存量成正比,信号量越大,孔隙中流体的赋存量也越大,因此可以根据 T_2 谱中信号量的大小来判断和计算页岩自发渗吸能力的高低和大小。自发渗吸能力的大小用渗吸效率来表示,即根据自发渗吸各个测试点的 T_2 谱信号量 A_n 减去基底信号量 A_0 与饱和水状态的 T_2 谱的信号量 A_1 减去基底信号量 A_0 之比计算得到渗吸效率 R,具体表达式为:

$$R = \frac{A_n - A_0}{A_1 - A_0} \times 100\% \qquad (1)$$

式中：R 为计算得到的各阶段渗吸效率，%；A_n 为自发渗吸各个时间间隔 T_2 谱信号量；A_1 饱和水状态的 T_2 谱的信号量；A_0 为岩心基底 T_2 谱信号量。

根据自发渗吸各个测试点的小孔 T_2 谱信号量 $A_{n小孔}$ 减去小孔部分基底信号量 $A_{0小孔}$ 与饱和水状态的 T_2 谱的信号量 $A_{1小孔}$ 减去小孔部分基底信号量 $A_{0小孔}$ 之比计算得到渗吸效率 $R_{小孔}$，具体表达式见式（2）。

$$R_{小孔} = \frac{A_{n小孔} - A_{0小孔}}{A_{1小孔} - A_{0小孔}} \times 100\% \qquad (2)$$

式中：$R_{小孔}$ 为计算得到的小孔自身渗吸效率，%；$A_{n小孔}$ 为自发渗吸各个时间间隔小孔隙 T_2 谱信号量；$A_{1小孔}$ 饱和水状态的小孔隙 T_2 谱的信号量；$A_{0小孔}$ 岩心小孔基底信号量。

根据自发渗吸各个测试点的大孔 T_2 谱信号量 A_4 与饱和水状态的大孔 T_2 谱的信号量 A_3 之比计算得到大孔自身渗吸效率 $R_{大孔}$，具体表达式如式（3）所示：

$$R_{大孔} = \frac{A_{n大孔} - A_{0大孔}}{A_{1大孔} - A_{0大孔}} \times 100\% \qquad (3)$$

式中：$R_{大孔}$ 为计算得到的小孔自身渗吸效率，%；$A_{n大孔}$ 为自发渗吸各个时间间隔小孔隙 T_2 谱信号量；$A_{1大孔}$ 饱和水状态的小孔隙 T_2 谱的信号量；$A_{0大孔}$ 岩心大孔基底信号量。

表 2 为自发渗吸实验中 T_2 谱扫描所用的主要参数。

表 2 T_2 谱扫描的主要参数

序列	采样频率（kHz）	回波时间（ms）	回波个数	等待时间（ms）	累加次数	射频延时（ms）
CPMG	333	0.07	4096	3000	32	0.015

（2）双对数曲线法划分渗吸阶段。

通过绘制页岩岩心渗吸量（信号增量）与渗吸时间的双对数曲线图，可以将页岩岩心的渗吸过程划分为渗吸阶段和扩散阶段。渗吸初期是以毛细管压力为主要驱动力的高速线性自吸阶段。渗吸质量与时间的平方根呈线性关系，在双对数坐标下为一条直线。渗吸中后期，毛细管压力和阻力达到平衡，开始进入由化学渗透压控制的扩散阶段。以水分子扩散为主要驱动力，渗吸较慢，对应双对数曲线产生拐点，斜率变小。

（3）一维频率编码谱法表征流体空间赋存状态。

页岩岩心孔隙中流体赋存状态的表征主要需要解决 2 大主要问题，一是流体赋存量的表征；二是流体在空间（平面和纵向）位置上的分布。赋存量的表征手段较多，国内外相关学者认为较为准确和常用的为核磁共振 T_2 谱，但流体在空间位置上分布的表征较难实现，核磁共振一维频率编码谱能够获得流体在不同空间位置上信号强度的分布，采用 GR-HSE 序列，主要依靠频率编码梯度对流体信号进行空间编码。为准确获得页岩岩心自发渗吸过程中流体在空间位置上的赋存状态，本文对页岩岩心自发渗吸过程中不同阶段分别进行 y 方向（平行层理）和 z 方向（垂直层理）扫描测试分析，分析页岩岩心内流体走向及自发渗吸能力。

表 3 为自发渗吸实验中一维频率编码谱 y 方向扫描所用的主要参数。

表 3 一维频率编码谱 y 方向扫描的主要参数

序列	采样频率（kHz）	回波时间（ms）	采样点数	等待时间（ms）	累加次数	视野（mm）
GR-HSE	200	0.65	128	3000	32	150

表 4 为自发渗吸实验中一维频率编码谱 z 方向扫描所用的主要参数。

表 4 一维频率编码谱 z 方向扫描的主要参数

序列	采样频率（kHz）	回波时间（ms）	采样点数	等待时间（ms）	累加次数	视野（mm）
GR-HSE	200	0.65	128	3000	32	100

2.3.2 多孔介质中渗吸液渗吸特征

1# 页岩各阶段自发渗吸 T_2 谱曲线如图 8(a) 所示，图 8(b) 表明 1# 页岩渗吸初期（0~5h）时间较短，自发渗吸曲线斜率较大（0.46），渗吸效率较高（14.04%）。图 9 表明，渗吸结束后，1# 页岩自发渗吸量较高，渗吸效率较高（18.63%），孔隙连通性较好，岩心自发渗吸小孔内渗吸效率较高（20%）。

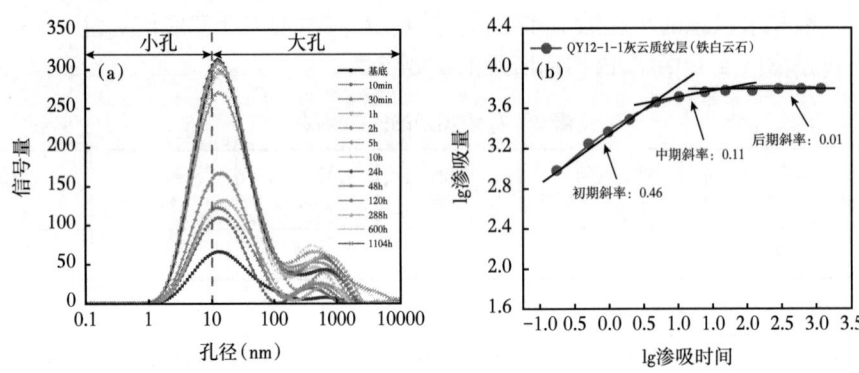

图 8 1# 页岩自发渗吸各阶段信号量变化曲线（a）和 1# 页岩渗吸"三段式"曲线（b）

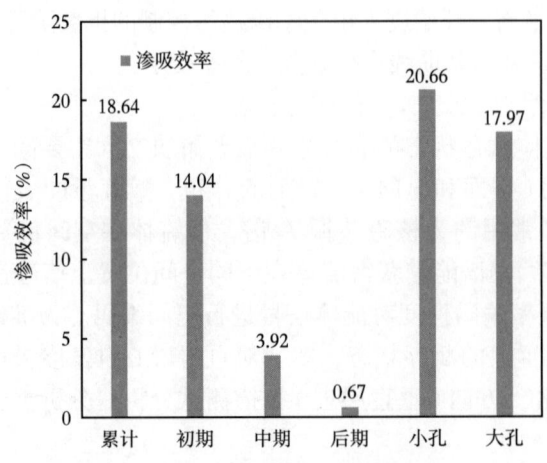

图 9 1# 页岩自发渗吸各阶段渗吸效率

2#页岩各阶段自发渗吸 T_2 谱曲线如图 10(a)所示,图 10(b)和图 11 表明,相比于 1#页岩,2#页岩渗吸初期(0~24h)时间较长,小孔信号量增加较快,渗吸效率较低(8.68%);渗吸中期(24~120h),大小孔信号量缓慢增加,渗吸效率为 0.87%;渗吸后期(120h 无渗吸稳定),大小孔信号量增加不明显,渗吸效率为 1.38%。图 11 表明,渗吸结束后,2#页岩自发渗吸量较低,渗吸效率较低(10.94%),孔隙连通性一般;岩心自发渗吸大、小孔内渗吸效率相当。

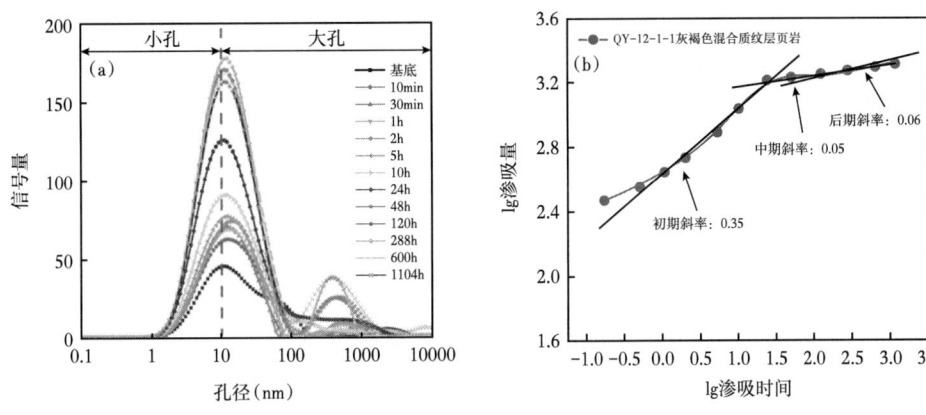

图 10　2#页岩自发渗吸各阶段信号量变化曲线(a)和 2#页岩渗吸"三段式"曲线(b)

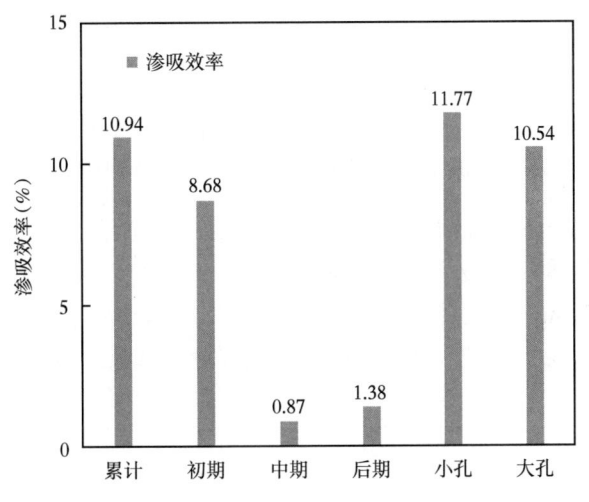

图 11　2#页岩自发渗吸各阶段渗吸效率

综上,该页岩岩心为逆向自发渗吸,润湿相(水)优先进入小孔系统,优先采出小孔内的原油,而大孔起到排油通道的作用,主要是由于小孔毛细管压力大。物性较好的页岩(1#页岩)渗吸效率较高,而物性较差的页岩(2#页岩)的页岩,渗吸效率较低,说明岩心物性、大孔隙占比越大或者改造程度越高,越能促进渗吸采油。

页岩自发渗吸可分为三个阶段:渗吸初期小孔信号量快速增加,渗吸效率较高;渗吸中期,大小孔信号量缓慢增加,渗吸效率减缓;渗吸后期,大小孔信号量增加不明显,渗吸效率慢,持续时间长,渗吸稳定。总体而言,小孔渗吸效率更高。

2.3.3 多孔介质中渗吸液空间赋存状态

在岩心一维频率编码图中，信号量越强表明该位置赋存的流体（水）含量越大。自发渗吸不同阶段页岩岩心沿 y 方向一维频率编码扫描结果如图12所示，从图中可以看出，两块岩心沿 y 方向的核磁信号量随着与自发渗吸端面距离的增加而逐渐减少，表明岩心沿轴向与自发渗吸端面的距离越远，其赋存的流体（水）含量越少。对于 $1^{\#}$ 岩心来说，横坐标有效区域为 50~100mm，岩心整体信号量较高，饱和水状态下的一维频率编码谱图表明水在岩心沿轴向不同位置处分布较为均匀（50~100mm）；自发渗吸后期，与自发渗吸端面距离较远的位置（70~100mm）信号量较低，表明水较难自发渗吸到此位置；自发渗吸结束后，渗吸水量占饱和水量的40.30%。而对于 $2^{\#}$ 岩心来说，横坐标有效区域为 50~87mm，岩心整体信号量较低；自发渗吸后期，水主要集中在距离自发渗吸端面较近的区域（50~60mm），60~87mm 范围内信号量很低，表明水赋存量偏少，难以向岩心深部波及；自发渗吸结束后，渗吸水量占饱和水量的25.94%。

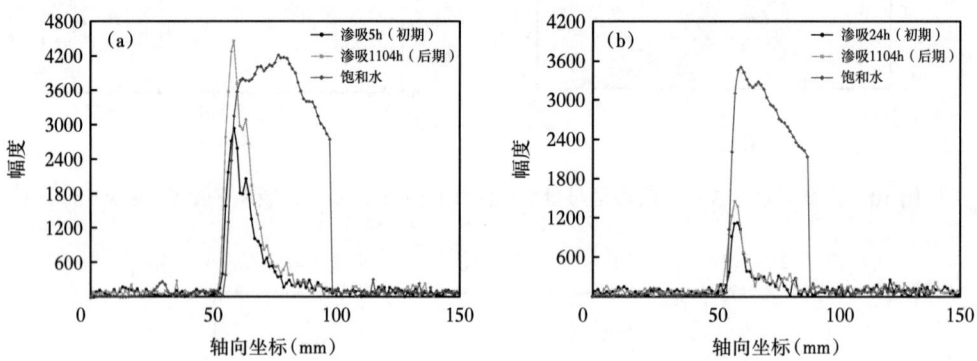

图12　$1^{\#}$ 岩心不同渗吸阶段水信号沿 y（平行层理）方向一维频率编码图（a）和 $2^{\#}$ 岩心不同渗吸阶段水信号沿 y（平行层理）方向一维频率编码图（b）

自发渗吸不同阶段页岩岩心沿 z 方向一维频率编码扫描结果如图13所示，从图中可以看出，无论是岩心自发渗吸阶段还是岩心饱和水状态，两块岩心沿 z 方向的核磁信号量均集中在岩心中部位置（50mm），两侧位置（40~50mm，50~60mm）信号量较低，表明岩心中部孔隙毛细管压力较大，易于水进入孔隙当中，两侧部分水渗吸过程较慢。

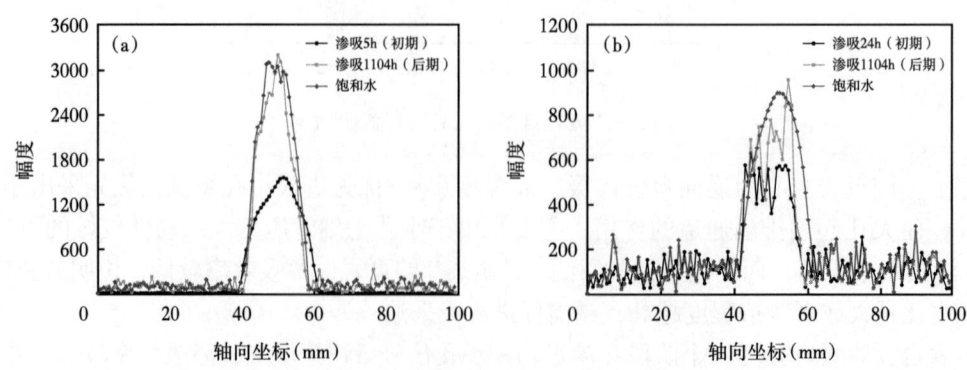

图13　$1^{\#}$ 岩心不同渗吸阶段水信号沿 z（垂直层理）方向一维频率编码图（a）和 $2^{\#}$ 岩心不同渗吸阶段水信号沿 z（垂直层理）方向一维频率编码图（b）

综合来看，自发渗吸不同阶段页岩岩心沿 y 方向或者 z 方向一维频率编码扫描的分析结果，与核磁共振 T_2 谱扫描的分析结果较为一致。自发渗吸实验结果表明，页岩层理对流体自吸过程具有明显控制作用，平行层理方向的自吸速率要快于垂直层理方向的自吸速率，表明平行层理方向的流体孔隙连通性更好。

不同岩性的页岩岩心发育程度不同，流体渗吸进入岩心的量和波及范围存在较大差异。岩心物性越好，流体渗吸作用越强，波及范围越广，渗吸量越大。因此，页岩储层物性的差异对于流体（压裂液）自发渗吸效果至关重要。

3 结论

在这项研究中，目的是揭示岩心内流体（水）在不同阶段的赋存量以及在平面和纵向上赋存状态的分布规律，为研究页岩自发渗吸现象研究提供新的方法和思路，为页岩油储层开发和效果评价提供理论支撑。基于一系列实验，总结出以下结论：

（1）页岩自发渗吸可分为三个阶段：渗吸初期小孔信号量快速增加，渗吸效率较高；渗吸中期，大小孔信号量缓慢增加，渗吸效率减缓；渗吸后期，大小孔信号量增加不明显，渗吸效率慢，持续时间长，渗吸稳定。总体而言，小孔渗吸效率更高。较混合质纹层页岩，灰云质纹层页岩渗吸效率较高，小孔内渗吸效率也较高。

（2）页岩岩心自发渗吸为逆向自发渗吸过程，水优先采出小孔内的原油，而大孔主要起到排油通道的作用。

（3）页岩岩心沿 y（平行层理）方向的渗吸量随着与自发渗吸端面距离的增加而逐渐减少；沿 z（垂直层理）方向的渗吸量均集中在岩心中部位置，两侧位置信号量较低。页岩层理对流体自吸过程具有明显控制作用，平行层理方向的自吸速率要快于垂直层理方向。

参 考 文 献

[1] 李曙光，徐天吉．页岩气地球物理预测与评价方法技术探讨[C]．中国石油地质年会．2013．
[2] 刘剑．页岩气井水力压裂技术与应用[J]．化学工程与装备，2021（6）：105-106．
[3] 熊健，陈守松，梁利喜，等．龙马溪组页岩的渗吸特征及其影响因素[J]．桂林理工大学学报，2020，40（4）：688-694．
[4] EVELINE, V F, AKKUTLU I Y, MORIDIS G J. Numerical Simulation of Hydraulic Fracturing Water Effects on Shale Gas Permeability Alteration[J]. Transport in Porous Media, 2017, 116(2): 727-752.
[5] BIRDSELL D T, RAJARAM H, LACKEY G. Imbibition of hydraulic fracturing fluids into partially saturated shale[J]. Water Resources Research, 2015, 51(8): 6787-6796.
[6] KONG C, WANG Z, CHANG T, et al, NOVEL METHOD FOR STUDYING, THE, IMBIBITION PRODUCTION MECHANISM USING NMR[J]. Chemistry and Technology of Fuels and Oils, 2020, 56(5): 844-851.
[7] 蔡建超，郁伯铭．多孔介质自发渗吸研究进展[J]．力学进展，2012，42（6）：735-754．
[8] LUCAS R. Rate of capillary ascension of liquids[J]. Kolloid-Zeitschrift, 1918, 23: 15-22.
[9] HANDY L L. Determination of effective capillary pressures for porous media from imbibition data[J]. 1960, 219(5): 75-80.
[10] LI K W. CHOW K, HORNE R N. Effect of initial water saturation on spontaneous water imbibition[C]. SPE76727-MS, 2002.
[11] 杨柳．压裂液在页岩储层中的吸收及其对工程的影响[D]．北京：中国石油大学（北京），2016．

［12］黄和钰. 页岩储层缝网结构对压裂液返排的影响［D］. 北京：中国石油大学（北京），2016.

［13］MAHADEVAN J, DUC L, HOANG, H. Impact of Capillary Suction on Fractur Face Skin Evolution in Water blocked Wells［C］. SPE 119585, 2009.

［14］DEHGHANPOUR H, LAN Q, SAEED Y, et al. Spontaneous Imbibition of Brine and Oil in Gas Shales: Effect of Water Adsorption and Resulting Microfractures［J］. Energy and Fuels, 2013, 27（6）: 3039-3049.

［15］杨发荣, 左罗, 胡志明, 等. 页岩储层渗吸特性的实验研究［J］. 科学技术与工程, 2016, 16（25）: 63-66, 74.

［16］申颖浩, 葛洪魁, 宿帅, 等. 页岩气储层的渗吸动力学特性与水锁解除潜力［J］. 中国科学：物理学, 力学, 天文学, 2017, 47（11）: 88-98.

［17］HIRASAKIGJ L W, ZHANG Y. NMR properties of petroleum reservoir fluids［J］. Magnetic Resonance Imaging, 2003, 21（3）: 269-277.

［18］MINH C C, JAIN V, GRIFFITHS R, et al. NMR T_2 fluids substitution［R］. Society of Petrophysicists and Well-LogAnalysts, 2016.

［19］王为民. 核磁共振岩石物理研究及其在石油工业中的应用［D］. 武汉：中国科学院研究生院（武汉物理与数学研究所），2001.

［20］姚艳斌, 刘大锰. 基于核磁共振弛豫谱技术的页岩储层物性与流体特征研究［J］. 煤炭学报, 2018, 43（1）: 181-189.

［21］刘永. 基于核磁共振流态分析的页岩微纳米孔隙类型划分方法［D］. 北京：中国地质大学（北京），2018.

［22］Yang L, Dou N, Lu X, et al. Advances in understanding imbibition characteristics of shale using an NMR technique: a comparative study of marine and continental shale［J］. Journal of Geophysics and Engineering, 2018, 15(4): 1363-1375.

［23］LIN H, ZHANG S, WANG F, et al. Experimental Investigation on Imbibition-Front Progression in Shale Based on Nuclear Magnetic Resonance［J］. Energy and Fuels, 2016, 30(11): 9097-9105.

分子扩散对页岩储层 CO_2 吞吐增产—埋存规律研究

刘峻嵘,余龙辉,李航宇,刘树阳,孙文跃,徐建春,王晓璞

(中国石油大学(华东)石油工程学院)

摘　要：二氧化碳(CO_2)吞吐具有效果好、见效快、经济环保等优点,是极具潜力的非常规油藏提高采收率方法,对保障我国能源安全与实现"双碳"目标具有重要意义。本文聚焦 CO_2 吞吐过程中的分子扩散机制,构建了一套考虑分子扩散的页岩油储层尺度 CO_2 吞吐数值模型,探究 CO_2 吞吐工艺对页岩油储层增产和埋存效果的影响,并量化了分子扩散机制对其增产和埋存的作用。研究结果表明,CO_2 吞吐能显著增加页岩油储层原油产量,提升幅度达到 90%,同时能实现 57% 的 CO_2 埋存效率。其中,通过对比有无分子扩散机制的模拟研究发现,分子扩散能够促进原油产量和 CO_2 埋存效率,增产和埋存分别实现 46.85% 和 40.73% 的增长。闷井阶段 CO_2 在原油中的扩散能大幅度扩展其波及面积,提升 CO_2 吞吐的原油动用范围,有利于提高 CO_2 吞吐的增产效果以及 CO_2 埋存效率。

关键字：页岩油；CO_2 吞吐；增产—埋存协同；分子扩散

CO_2 吞吐是页岩油储层极具有潜力的提采技术,同时能够一定程度实现碳埋存。CO_2 作为石油开发领域重要的提采介质,其主要提采机理包括：混相效应、黏度降低、膨胀作用、溶解气驱、萃取抽提、改善润湿性等[1-7]。然而,在页岩微纳米级的储集空间中,对流传质受限,CO_2 主要以扩散的方式进入基质中[9-11]。部分研究结果显示非常规储层 CO_2 吞吐增产效果存在明显的延迟响应[12-17],其增产机理与常规储层存在差异,导致现场施工参数设计缺乏参考,具有一定的盲目性。现阶段针对页岩油储层 CO_2 吞吐的研究存在以下三个方面问题：(1)CO_2 吞吐过程中未充分考虑 CO_2 在原油中的分子扩散[18-19];(2)扩散系数取值较小,低于实验室的测量值小 1~2 个数量级,导致分子扩散机理的重要性没有得到充分的体现[20-21];(3)CO_2 吞吐仅考虑增产作用极少考虑埋存效果[22-23]。

因此,本文针对上述问题开展数值模拟研究,充分考虑分子扩散机制,根据实验结果设计合理扩散系数,构建页岩油储层 CO_2 吞吐数值模型,理清并量化分子扩散对 CO_2 吞吐增产和埋存效果的协同影响,最终页岩油储层 CO_2 吞吐工艺现场实施提供理论支撑。

1 页岩油 CO_2 吞吐数值模型建立

本文充分考虑分子扩散机制,建立储层尺度 CO_2 吞吐数值模型,如图 1 所示。储层模型由一口长水平井和多条水力裂缝组成,考虑到数值计算稳定性和计算成本,本文主要分析黄色区域的某一基质—裂缝体系,如图 2 所示。模型尺寸在 i、j、k 三个方向分别为 30m、30m、2m,采用较小的网格尺寸以实现分子扩散过程。油藏的顶部深度设置为 3400m,压力为 40MPa,初始温度为 115℃。为了降低复杂组分的影响,油藏中的油组分被设定为单一组分 $n\text{-}C_{12}$。初始含油饱和度为 0.7,初始含水饱和度为 0.3,各方向渗透率均为 0.001mD,具体参数见表 1。

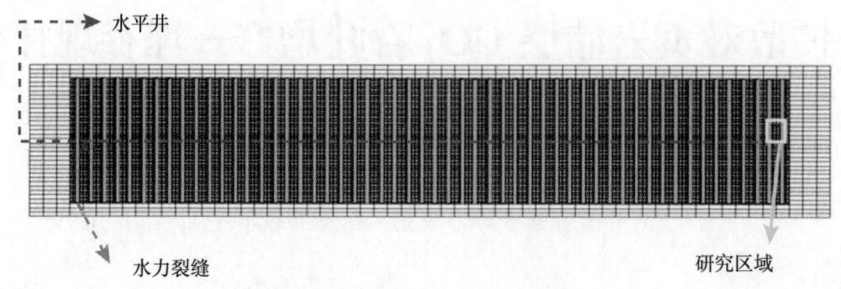

图 1 页岩油水力压裂后模型

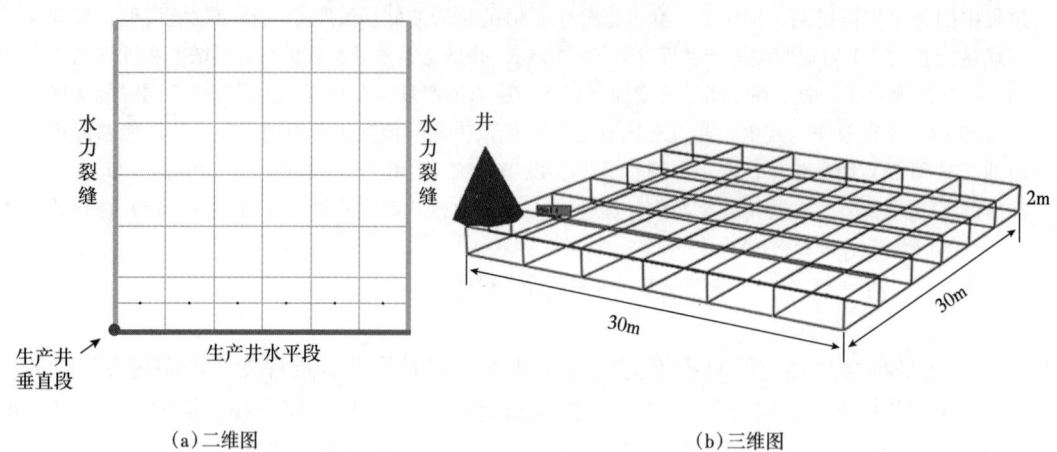

(a)二维图　　　　　　　　　　(b)三维图

图 2 研究区域图

表 1 典型储层和裂缝特性

储层参数	值	裂缝参数	值
网格顶部（m）	3400	裂缝宽度（m）	0.005
压力（MPa）	40	有效渗透率（mD）	100
温度（℃）	115	裂缝半长（m）	30
渗透率（mD）	0.001		
初始含油饱和度	0.7		
初始含水饱和度	0.3		
束缚水饱和度	0.2		

构建模型连续性方程：由 i 组分在岩相和流体相中的累计项和 i 组分在 l 相中的对流、弥散和分子扩散项组成，以此来描述 i 组分在油气相中的总的质量守恒见式（1）：

$$\frac{\partial}{\partial t}\left[(1-\phi)\rho_s w_{is} + \phi\sum_{l=1}^{N_p}\rho_l S_l w_{il}\right] + \nabla\cdot\left(\sum_{l=1}^{N_p}\rho_l w_{il}u_l - \phi\rho_l S_l \overline{\overline{K}}_{il}\nabla w_{il}\right) - r_i = 0 \quad i=1,\cdots,N_c \quad (1)$$

式中：ϕ 为基质孔隙率；ρ_s 为基质密度；ω_{is} 为单位体积下 i 组分在基质上沉淀的质量分数；N_p 为相数；ρ_l 为相 l 的密度；S_l 为相 l 的饱和度；ω_{il} 为单位体积下 i 组分在相 l 的中的质量分数；r_i 为注入或生产的质量速率，N_c 为组分数。u_l 是达西流的速度，定义为：

$$\bar{u}_l = -\frac{\bar{\bar{k}}}{\mu_l}(\bar{\nabla} p_l - \rho_l \bar{g}) \tag{2}$$

$$\bar{\bar{K}}_{il} = \frac{\bar{\bar{D}}_{il}}{\tau} + \frac{\bar{\alpha}_l |\bar{u}_l|}{\phi S_l} \tag{3}$$

式中：$\bar{\bar{k}}$ 为地层渗透率张量；p_l 为相 l 的压力，MPa，μ_l 为相 l 的黏度，mPa·s；$\bar{\bar{K}}_{il}$ 为相中组分 i 的分散系数；$\bar{\alpha}_l$ 为流体 l 的分散系数；τ 为基质的曲折度；$\bar{\bar{D}}_{il}$ 为组分 i 在相中的扩散系数。

组分 i 和 j 之间的二元扩散系数由式（4）计算：

$$D_{ij} = \frac{\rho_l^0 D_{ij}^0}{\rho_l}\left(0.99589 + 0.096016\rho_{lr} - 0.22035\rho_{lr}^2 + 0.032874\rho_{lr}^3\right) \tag{4}$$

$\rho_l^0 D_{ij}^0$ 是密度与扩散系数积的零压极限，计算公式是：

$$\rho_l^0 D_{ij}^0 = \frac{0.0018583 T^{1/2}}{\sigma_{ij}^2 \Omega_{ij} R}\left(\frac{1}{M_i} + \frac{1}{M_j}\right)^{1/2} \tag{5}$$

ρ_{lr} 为降密度，计算公式为：

$$\rho_{lr} = \rho_l \left(\frac{\sum_{i=1}^{n_c} y_{il} v_{ci}^{5/3}}{\sum_{i=1}^{n_c} y_{il} v_{ci}^{2/3}}\right) \tag{6}$$

式中：M_i 为组分 i 的分子量；R 为通用气体常数；T 为绝对温度，K；v_{ci} 为组分 i 的临界体积；y_{il} 为组分 i 在相 l 中摩尔断裂；n_c 为烃组分数，σ_{ij} 为碰撞直径，Å；Ω_{ij} 为 Lennard-Jones 势的碰撞积分。

组分 i 在混合物中的扩散定义为：

$$D_{il} = \frac{1 - y_{il}}{\sum_{j \neq i} \frac{y_{il}}{D_{ij}}} \tag{7}$$

碰撞直径（σ_{ij}）和 Lennard-Jones 势能的碰撞积分（Ω_{ij}）可以计算如下：

$$\sigma_i = (2.3551 - 0.087\omega_i)\left(\frac{T_{ci}}{p_{ci}}\right)^{1/3} \tag{8}$$

$$\varepsilon_i = k_B(0.7915 + 0.1963\omega_i)T_{ci} \tag{9}$$

$$\sigma_{ij} = \frac{\sigma_i + \sigma_j}{2} \tag{10}$$

$$\varepsilon_{ij} = \sqrt{\varepsilon_i \varepsilon_j} \tag{11}$$

$$T_{ij}^* = \frac{k_B T}{\varepsilon_{ij}} \quad (12)$$

$$\Omega_{ij} = \frac{1.06036}{\left(T_{ij}^*\right)^{-0.15610}} + \frac{0.19300}{\exp\left(-0.47635 T_{ij}^*\right)} + \frac{1.03587}{\exp\left(-1.52996 T_{ij}^*\right)} + \frac{1.76474}{\exp\left(-3.89411 T_{ij}^*\right)} \quad (13)$$

式中：ω 为偏心因子；p_{ci} 为临界压力，MPa；T_{ci} 为临界温度，K；ε 为特征 Lennard-Jones 能；k_B 为玻尔兹曼常数。

在数值模型建立的过程中，分子扩散机理主要通过以下两个方面进行表征：

（1）应用 K 值表征 CO_2 在原油中的溶解：

CO_2 在原油中的溶解会促进 CO_2 在原油中的扩散，因此在建立数值模型时中需要首先考虑 CO_2 在原油中的溶解。通过引入气液平衡常数 K 值来表征 CO_2 在原油中的溶解过程：

$$K(p, T) = (kv1 / p) \cdot \exp[kv4 / (T - kv5)] \quad (14)$$

式中：T 为温度，K；p 为气相压力，kPa；$kv1$，$kv4$ 和 $kv5$ 是 CO_2 与油相达到气液平衡常数的 3 个系数。其中，CO_2 的 $kv1 = 8.6212 \times 10^8$，$kv4 = -3103.39$，$kv5 = -272.99$。

（2）应用动态扩散系数描述 CO_2 在原油中的扩散：

建立模型时应用 CO_2 在原油中的扩散系数与原油黏度变化的关系公式，获得了动态扩散系数[24]：

$$D = 1.3693 \times 10^{-8} \mu^{-0.1896} \quad (15)$$

式中：D 为扩散系数，m^2/s；μ 为原油黏度，mPa·s。

式（15）能够根据原油黏度的实时变化动态调整 CO_2 在原油中的扩散系数，从而更加准确地模拟 CO_2 在页岩储层中的扩散过程，提高了模拟的准确性和实用性。

2 页岩储层 CO_2 吞吐模拟方案

为研究页岩储层 CO_2 吞吐增产和埋存效果，基于上述模型构建方法设计了 3 种页岩储层开发方案，见表 2。其中，方案 1 为页岩油储层正常水力压裂后，历经 6 年衰竭式开发；方案 2、方案 3 均为经 3 年衰竭式开发后，随后开展 CO_2 吞吐，方案 3 考虑分子扩散。上述三个方案的总模拟时间均为 6 年。在本研究中，所有方案中井底压力均统一设置为 15MPa。方案 2 和方案 3 的 CO_2 注入时间为 30d，最大注入压力为 55MPa。由于页岩油储层的超低注入能力，注入速度设定为 40SCm³/d（现场单位）。在注入阶段之后，进行 20d 的闷井阶段，最后开始生产阶段并一直持续到模拟结束。

表 2 页岩储层开发方案

方案	模拟总时间（a）	衰竭开采模拟时间（a）	吞吐模拟时间（a）	是否考虑分子扩散
方案 1	6	6	0	否
方案 2		3	3	否
方案 3				是

3 分子扩散机制对页岩储层 CO_2 吞吐增产—埋存效果分析

三种生产方案的6年累计产油曲线如图3所示。方案1中，经过3年的衰竭开采，油藏的累计产油量达到 $23.60m^3$，产量急剧递减。在三年 CO_2 吞吐结束时，方案1、方案2和方案3的累计产油量分别增加了 $1.230m^3$、$1.603m^3$ 和 $2.354m^3$。与方案1相比，三年吞吐期间方案2和方案3的累计产油量分别增加了30.21%和90.05%。这说明 CO_2 吞吐可以有效地提高页岩油储层原油产量。此外，将方案3与方案2进行比较，方案3的累计产油量高出46.85%，表明了分子扩散在 CO_2 吞吐工艺中的重要作用。

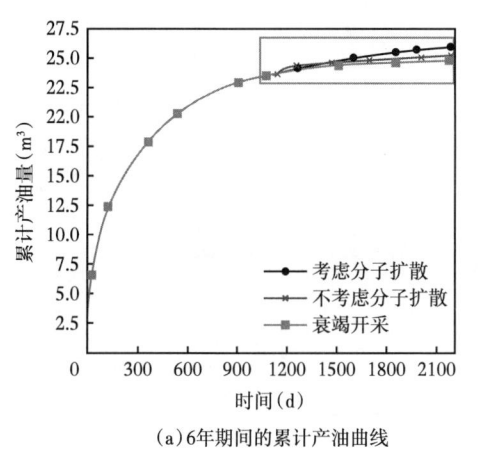 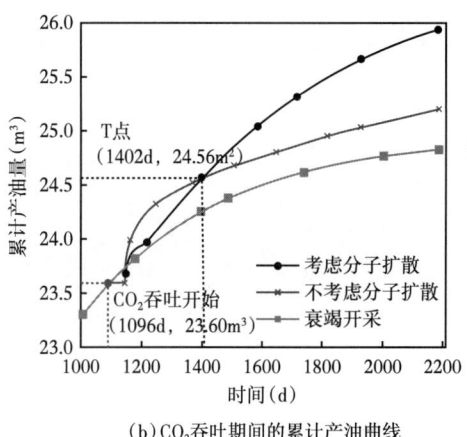

(a) 6年期间的累计产油曲线　　　　　　(b) CO_2 吞吐期间的累计产油曲线

图3　衰竭开采、不考虑分子扩散和考虑分子扩散的 CO_2 吞吐累计产油量对比

可以看出，在后面的三年模拟中，不考虑分子扩散的吞吐方案（方案2）的累计产油量仍高于衰竭开采方案（方案1）。这是因为注入地层的 CO_2 补充了前三年因衰竭生产造成的压降并补充了地层能量，如图4所示。此外，考虑到 CO_2 在油相中的扩散（方案3），吞吐期间的累计产油量进一步增加。分子扩散机制促进 CO_2 在油相中的溶解，从而增加 CO_2 的波及

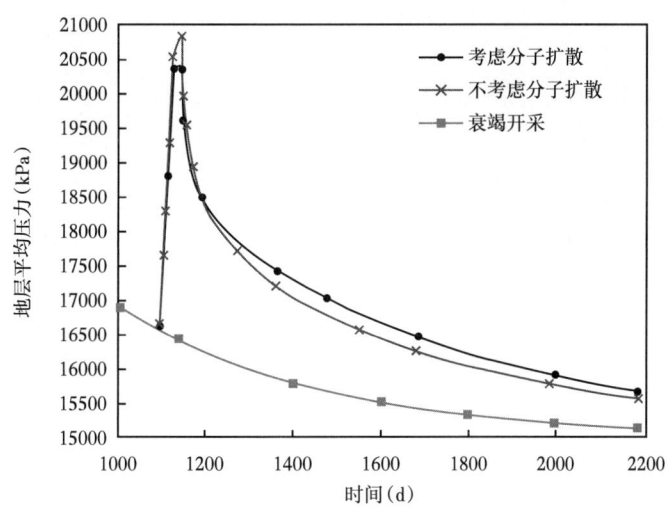

图4　衰竭开采、不考虑分子扩散和考虑分子扩散的 CO_2 吞吐地层压力变化曲线

体积,最终提高了整体采收率。图5展示了方案2和方案3、闷井阶段最后一天油相中CO_2摩尔分数的分布情况。在方案2中,CO_2主要集中在注入井和裂缝附近,最高浓度约为11%。相反,在方案3中,在注入和闷井期间,CO_2的波及范围几乎覆盖了整个模型,最大浓度只有9%左右。同时,在方案3中,整个模型中油的黏度有不同程度的降低,导致油的流动性增强,如图6(b)所示。相反,在不考虑CO_2扩散的方案2中,模型内部不存在CO_2,模型内部的油的黏度基本不受影响,如图6(a)所示。

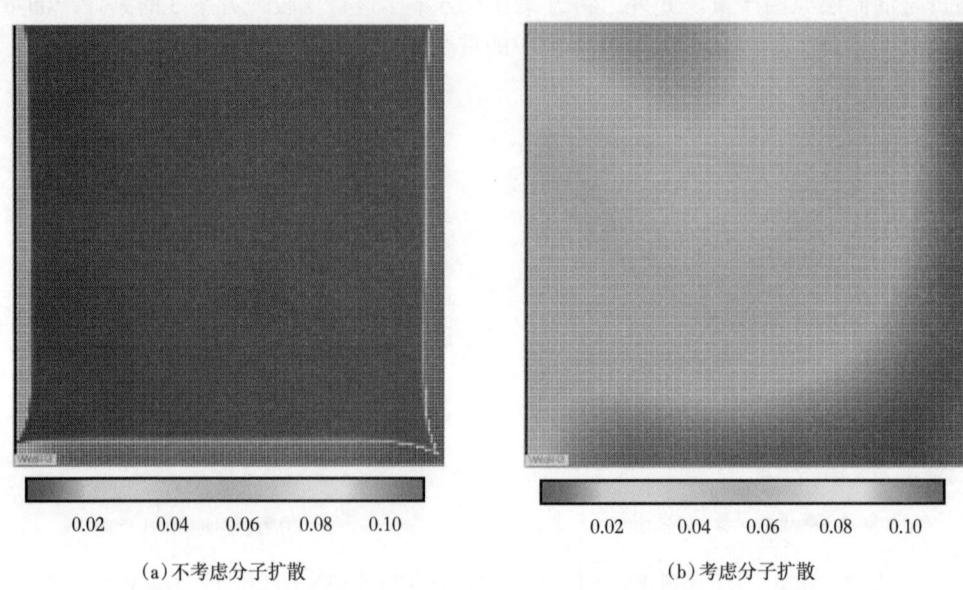

(a)不考虑分子扩散　　　　　　　　　　(b)考虑分子扩散

图5　考虑和不考虑分子扩散的CO_2吞吐闷井阶段结束时油相中的CO_2摩尔分数

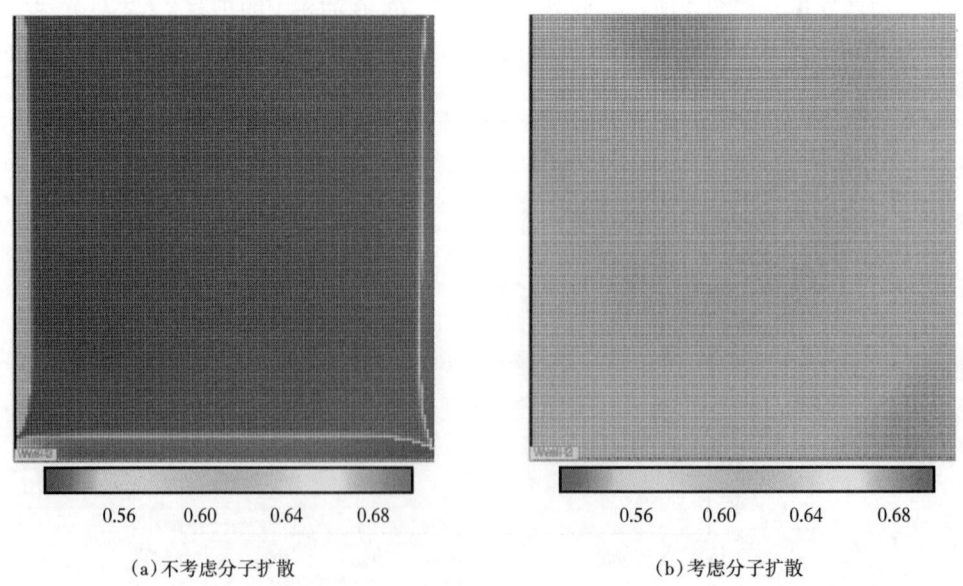

(a)不考虑分子扩散　　　　　　　　　　(b)考虑分子扩散

图6　考虑和不考虑分子扩散的CO_2吞吐闷井阶段结束时原油的黏度(cP)

值得注意的是，在图 3（b）中，方案 1 和方案 2 的累计产油量曲线均较为平滑，但方案 3 的累计产油量曲线在 1200~1300d 之间斜率变化明显，值得进一步探讨。图 7 显示了吞吐期间方案 3 的产油速率。最初，采油速度稳步下降，直到 1214d。然而，从 1214d（A 点）到 1216d（B 点），它经历了快速增加，然后逐渐下降的过程。如图 8 所示，方案 3 的 CO_2 产率持续下降，但斜率在 A 点和 B 点也发生了突然变化。A 点和 B 点之间油气产率的快速变化可能是由于 A 点之前生产井一直有气态 CO_2 产出，A 点后气态 CO_2 全部产出，此后产出的 CO_2 均为溶解态，油相有效渗透率增加，导致产油速率提高，因此油气产率出现拐点，至 B 点达到平衡。值得注意的是，上述累计产曲线斜率上的突变在本文中所有考虑了分子扩散的 CO_2 吞吐方案中均被观察到，可以说明该突变不是由于数值不收敛出现的偶然情况。因此，页岩油储层 CO_2 吞吐过程中的油气生产可分为三个主要阶段：(1) 油气产量均迅速下降；(2) 产油速率上升，产气速率下降；(3) 油气产量均逐渐下降。

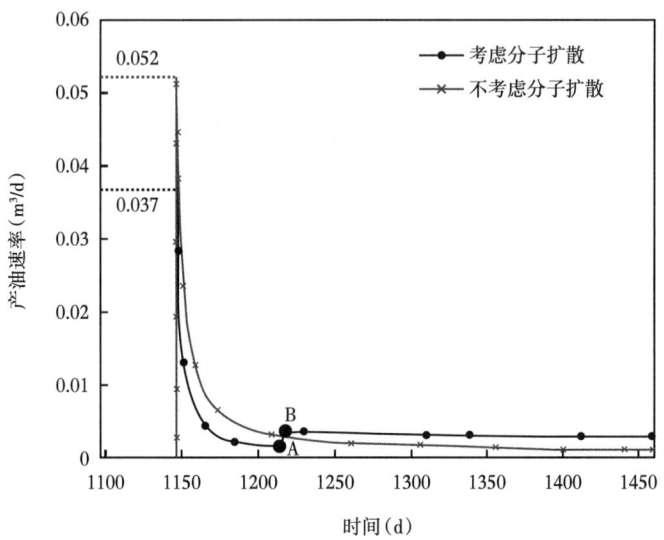

图 7 考虑和不考虑分子扩散的 CO_2 吞吐产油速率

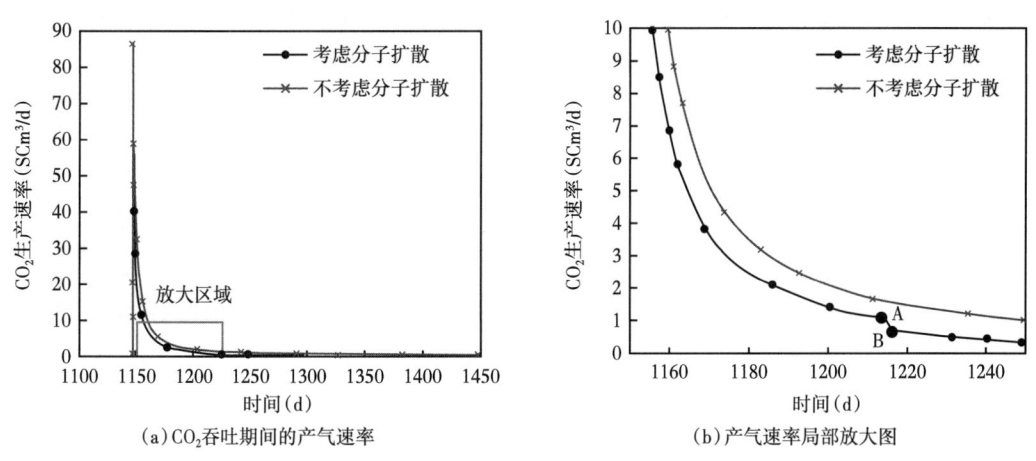

(a) CO_2 吞吐期间的产气速率　　(b) 产气速率局部放大图

图 8 考虑和不考虑分子扩散的 CO_2 吞吐产气速率

研究发现,CO_2在油相中的分子扩散机制在原油生产中起着重要的作用。然而,值得注意的是,方案2的累计产油量最初高于方案3,如图3(b)所示。此外,在图7中可以看到,在B点之前(1216d),方案2的产油量一直高于方案3,但随后被方案3超过。图3(b)展示了方案2和方案3的累计产油量曲线的交点T(1402d),需要进一步讨论。图9显示了方案2和方案3中裂缝附近网格块(149,75,1)的压力。很明显,由于在方案2中没有考虑分子扩散,裂缝和注入井周围存在大量的CO_2积聚,导致网格区块(149,75,1)的压力比方案3高得多。因此,在生产阶段开始时,井口附近方案2的压力差大于方案3,导致方案2最初的产油速率更大。前人的研究已经确定了CO_2在原油中的波及体积分为两个部分:流动波及体积和扩散波及体积,如图10所示。考虑到储层的低孔低渗特征,CO_2的累计注入量受到极大的限制。因此,在该模型中,流动波及体积明显小于扩散波及体积。方案2没有考虑分子扩散,因此图5(a)中描绘的CO_2波及体积仅包括流动波及体积。相比之下,方案3考虑分子扩散,图5(b)所示的CO_2波及体积包括流动波及体积和扩散波及体积。如图8和图9所示,由于方案2缺乏扩散波及体积,并且大量CO_2在生产阶段开始时被快速产出,平均地层压力和产油速率迅速下降,并很快低于方案3。此外,由于闷井时间有限,方案2和方案3生产阶段之前模型内部的压力仍然低于井筒和裂缝区域附近的压力,如图11所示。当生产阶段开始时,在方案3中一部分的CO_2被产出,另一部分CO_2在压力和浓度差的驱动下继续扩散到地层内部(由于缺乏分子扩散机制,在方案2中,只有压力差驱动,CO_2扩散距离很短,因此闷井阶段结束时方案2地层内部的压力低于方案3)。然而,在这两种方案下,随着生产阶段的进行,井筒和裂缝附近的压力迅速下降,并低于地层内部压力。此时,边界和内部之间的压力差开始促进原油的生产。由于方案2的地层内部压力低于方案

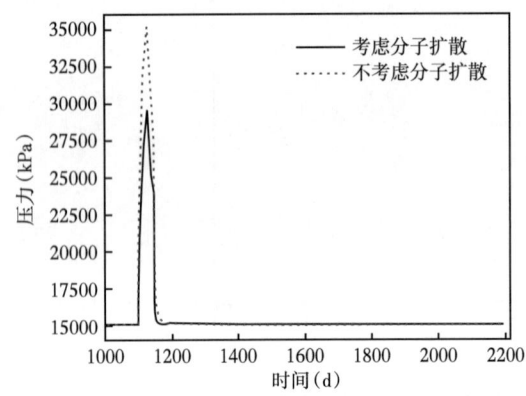

图9 考虑和不考虑分子扩散的CO_2吞吐模型中网格(149,75,1)的压力变化

3,在1216d后方案2的产油速率被方案2超越。最终,与方案2相比,考虑分子扩散的方案3的累计产油量更高。

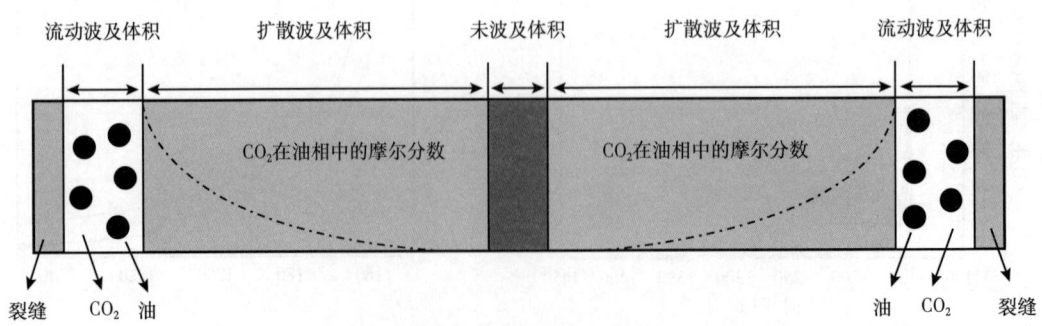

图10 模型中流动波及体积和扩散波及体积示意图

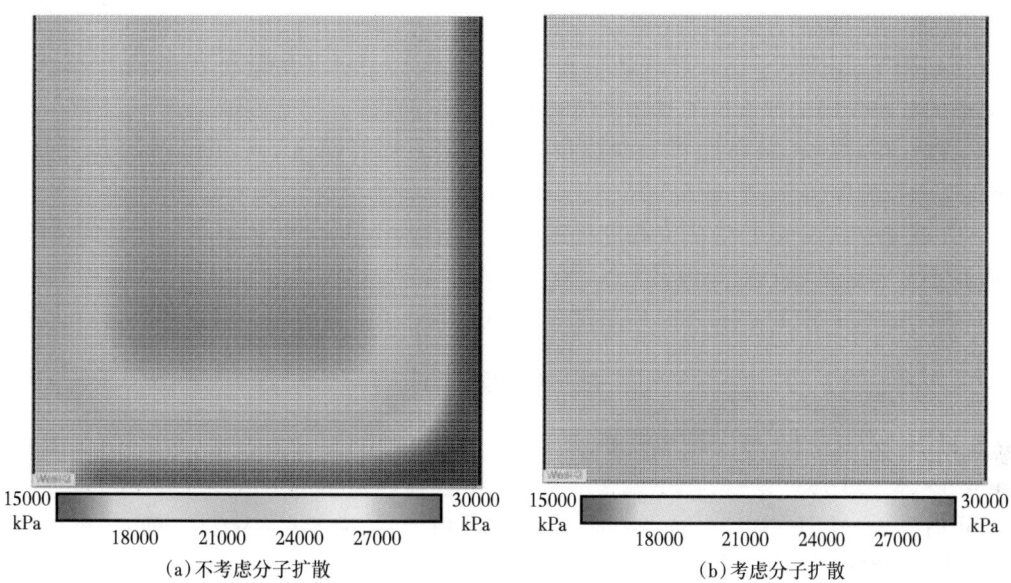

图 11 考虑和不考虑分子扩散的 CO_2 吞吐闷井阶段结束时的地层压力分布

图 12 示出方案 2 和方案 3 中的 CO_2 注入和埋存情况。在注入阶段,两个方案均累计注入 $1200SCm^3$ 的 CO_2。在模拟结束时,方案 2 的累计埋存量为 $191.12SCm^3$,对应的埋存效率为 15.93%。方案 3 的累计埋存量为 $679.94SCm^3$,埋存效率为 56.66%。在考虑分子扩散的情况下,方案 3 在 CO_2 累计埋存量方面表现出了显著的提高,与方案 2 相比增加了 255.68%。这表明 CO_2 吞吐技术有望在页岩油油储层中实现 CO_2 的高效埋存,而分子扩散机理在这一过程中起着至关重要的作用。

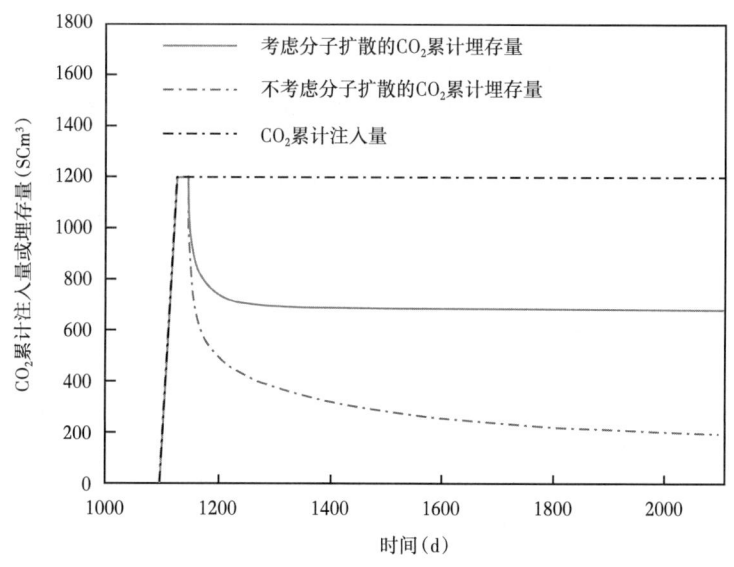

图 12 考虑和不考虑分子扩散的 CO_2 吞吐方案 CO_2 的注入量和埋存量

4 结论

本文构建了储层尺度 CO_2 吞吐数值模型,深入探讨了分子扩散机制在页岩油储层 CO_2 吞吐采油的重要作用,并量化了其对采油和埋存的增强贡献,得到的结论如下:

(1) CO_2 吞吐能显著增加页岩油储层原油产量,提升幅度达到 91.38%,同时能实现 56.66% 的 CO_2 埋存效率。

(2) CO_2 在原油中的扩散能大幅度扩展其波及面积,提升 CO_2 吞吐的原油动用范围,有利于提高 CO_2 吞吐的增产效果以及 CO_2 埋存效率。

(3) 建立储层尺度的 CO_2 吞吐模型需考虑 CO_2 的分子扩散机制,可提升模型的准确性。

参 考 文 献

[1] 杨胜来,王亮,何建军,等. CO_2 吞吐增油机理及矿场应用效果 [J]. 西安石油大学学报:自然科学版, 2004, 19 (6): 23-26.

[2] HASKIN H K, ALSTON R B. An evaluation of CO_2 huff′n′puff tests in Texas[J]. Journal of petroleum technology, 1989, 41 (2): 177-184.

[3] SHENG J J. Enhanced oil recovery in shale reservoirs by gas injection[J]. Journal of Natural Gas Science and Engineering, 2015, 22: 252-259.

[4] ABEDINI A, TORABI F. On the CO_2 storage potential of cyclic CO_2 injection process for enhanced oil recovery[J]. Fuel, 2014, 124: 14-27.

[5] MANEEINTR K, BABADAGLI T, SASAKI K, et al. Analysis of heavy oil emulsion-carbon dioxide system on oil-swelling factor and interfacial tension by using pendant drop method for enhanced oil recovery and carbon dioxide storage[J]. International Journal of Environmental Science and Development, 2014, 5 (2): 118-123.

[6] SEYYEDSAR S M, FARZANEH S A, SOHRABI M. Investigation of low-density CO_2 injection for enhanced oil recovery[J]. Industrial & Engineering Chemistry Research, 2017, 56 (18): 5443-5454.

[7] JEONG M S, LEE K S. Maximizing oil recovery for CO_2 huff and puff process in pilot scale reservoir[C]// World Congress on ACEM15, Icheon, Korea. 2015.

[8] BAO JIA, TSAU J S, BARATI R. Role of Molecular Diffusion in Heterogeneous Shale Reservoirs During CO_2 Huff-n-puff[J]. Journal of Petroleum Science and Engineering, 2017, 164: 31-42.

[9] 杨雪. 低孔低渗储层含水饱和度模型的确定及在松南地区的应用 [D]. 长春:吉林大学,2008.

[10] 连承波,钟建华,杨玉芳,等. 松辽盆地龙西地区泉四段低孔低渗砂岩储层物性及微观孔隙结构特征研究 [J]. 地质科学,2010,45 (4): 1170-1179.

[11] 李勇,陈世加,路俊刚,等. 特低孔低渗致密储层油气运聚动力研究——以川中大安寨段致密油为例 [C]. 第十六届全国有机地球化学学术会议,重庆,2017.

[12] YU W, LASHGARI H R, SEPEHRNOORI K. Simulation study of CO_2 huff-n-puff process in Bakken tight oil reservoirs[C]//SPE Western North American and Rocky Mountain Joint Meeting. OnePetro, 2014.

[13] JIA B, TSAU J S, BARATI R. Role of molecular diffusion in heterogeneous shale reservoirs during CO_2 huff-n-puff[C]//SPE Europec featured at 79th EAGE Conference and Exhibition. OnePetro, 2017.

[14] HAWTHORNE S B, GORECKI C D, SORENSEN J A, et al. Hydrocarbon mobilization mechanisms from upper, middle, and lower Bakken reservoir rocks exposed to CO_2[C]//SPE Unconventional Resources Conference Canada. OnePetro, 2013.

[15] 范灵颐,黎保廷. 页岩油藏注 CO_2 提高采收率开发研究现状及展望 [J]. 石油化工应用,2022,41 (2):

1-7.
[16] EIDE Ø, FERNØ M A, ALCORN Z, et al. Visualization of carbon dioxide enhanced oil recovery by diffusion in fractured chalk[J]. SPE Journal, 2016, 21（1）: 112-120.
[17] ALFARGE D, WEI M, BAI B. CO_2-EOR mechanisms in huff-n-puff operations in shale oil reservoirs based on history matching results[J]. Fuel, 2018, 226: 112-120.
[18] PAVEL Z, WEI YU, YIFEI Xu, et al. Simulation study of CO_2-EOR in tight oil reservoirs with complex fracture geometries[J]. Scientific reports, 2016, 6（1）: 33445.
[19] HUAN W, XINWEI L, NING L, et al. A study on development effect of horizontal well with SRV in unconventional tight oil reservoir[J]. Journal of the Energy Institute, 2014, 87（2）: 114-120.
[20] WANFEN P, BING W, FAYANG J, et al. Experimental investigation of CO_2 huff-n-puff process for enhancing oil recovery in tight reservoirs[J]. Chemical Engineering Research and Design, 2016, 111（4）: 269-276.
[21] WEI Y, HAMIDREZA L, KAMY S. Simulation study of CO_2 huff-n-puff process in Bakken tight oil reservoirs[C]. SPE Western North American and Rocky Mountain Joint Meeting, Denver, Colorado, 2014: OnePetro.
[22] PENG Z, SHENG J. Diffusion effect on shale oil recovery by CO_2 huff-n-puff[J]. Energy and Fuels, 2023, 37（4）: 2774-2790.
[23] LI L, SU Y, SHENG J J, et al. Experimental and numerical study on CO_2 sweep volume during CO_2 huff-n-puff enhanced oil recovery process in shale oil reservoirs[J]. Energy and fuels, 2019, 33（5）: 4017-4032.
[24] CHAO Z, CHENYU Q, SONGYAN L, et al. The effect of oil properties on the supercritical CO_2 diffusion coefficient under tight reservoir conditions[J]. Energies, 2018, 11（6）: 1495.

基于核磁共振的页岩储层逆向渗吸实验研究

郭亚兵[1,2],伦增珉[1,2],牛骏[1,2],崔茂蕾[1,2],肖朴夫[1,2]

(1. 页岩油气富集机理与高效开发全国重点实验室;
2. 中国石油化工股份有限公司石油勘探开发研究院)

摘 要:为深化页岩储层压裂液渗吸排油机理认识,选取块状和纹层状页岩样品开展渗吸排油实验。采用岩心周向密封的端面渗吸排油实验方法,排除了岩心端面和周向渗吸的相互干扰。采用在线核磁共振检测实验技术定量评价渗吸排油作用距离及原油微观动用特征。实验结果表明,块状页岩的渗吸排油作用距离和渗吸排油率均随渗吸时间先快后慢单调递增,极限渗吸排油作用距离和极限渗吸排油率分别为1.56cm和10.84%;纹层状页岩的渗吸排油过程与块状页岩相似,极限渗吸排油作用距离和极限渗吸排油率分别为2.82cm和13.74%;不同孔径孔隙中原油动用程度存在差异,动用程度由高到低依次为介孔、大孔和微孔,介孔和大孔内原油的动用程度均高于30.0%。研究结果表明,页岩储层内渗吸排油过程分为高速排油阶段和低渗排油阶段,初期的渗吸前缘突进速度和渗吸排油速度均较高;相比微孔,介孔和大孔对页岩储层内渗吸排油的贡献大;与块状页岩相比,层理和微裂缝发育决定了纹层状页岩具有较高的极限渗吸排油作用距离和极限渗吸排油率。

关键词:页岩油;核磁共振;渗吸排油作用距离;渗吸排油率;页岩岩相

页岩油储层微纳米孔隙发育,孔隙度和渗透率极低,单井无自然产能,需要采用"长水平井+大规模体积压裂"技术措施才能实现工业化效益开发[1-5]。大规模体积压裂可有效沟通天然裂缝和人工裂缝,形成复杂缝网,大幅度缩短了渗流距离,使得基质中原油得以有效动用。有矿场先导试验表明,页岩油井产能与压裂液返排率呈负相关关系,即压裂液返排率低的井生产效果较好,这与焖井阶段压裂液的渗吸排油效应相关[6-8]。经大规模体积压裂后,大量的压裂液被注入页岩储层并发生毛管渗吸,充分发挥毛细管渗吸排油作用是提高页岩油藏采收率的关键。

油藏中渗吸排油效应主要受岩石矿物组成、流体间界面性质和储层温压条件三方面因素的制约,国内外众多学者在渗吸实验方法、微观孔隙原油动用特征和强化渗吸排油方法等方面做了大量的研究,取得了诸多认识[9-17]。渗吸驱油是页岩油藏基质中原油有效动用的重要方式之一,但渗吸排油潜力和效果有待深化认识。此外,对渗吸排油有效作用距离的认识还存在着不足,尚不足以指导页岩油储层体积压裂后的焖井时间优化和产能预测。渗吸排油是一个油水置换的动态过程,油水界面从基质表面逐渐进入到岩心内部。油水界面所运动的最远距离即为渗吸排油作用距离,常以油水界面在接触面法线方向上运移的最远距离表征,也是目前有关渗吸机理研究的热点问题之一。目前主要采用室内物理模拟实验的方法来确定渗吸排油作用距离,例如在线CT扫描[18-19]、多测点含油饱和度监测[20]和物理模型压力场动态监测[21]等。这些方法虽然能够确定渗吸排油作用距离,但是存在耗时长、操作难度大、

基金项目:中国石油化工股份有限公司科技攻关项目(P223155)。
第一作者简介:郭亚兵(1990—),男,河南许昌人,助理研究员,从事页岩油流动机理与提高采收率技术方面的研究。E-mail: guoyabing90@163.com

实验费用高、难以模拟真实油藏条件等问题。另外，传统渗吸实验过程中多为周围接触渗吸方式[11, 13-14, 22]，岩心周向渗吸和端面渗吸作用相互干扰且难以区分，不利于判断渗吸排油作用距离，无法客观规范评价渗吸排油效果。

基于此，本文采用岩心周向密封的端面高压渗吸排油实验方法，排除了岩心端面和周向渗吸的相互干扰，形成了可规范化的渗吸排油实验方法。选取块状和纹层状页岩岩心进行带压渗吸排油实验，采用在线核磁含油量信号一维投影和 T_2 谱检测技术定量评价渗吸排油动态变化[23-24]，明确不同岩相页岩的渗吸排油效果。

1 实验部分

1.1 实验材料

实验用岩心如图1所示，其中块状-1页岩样品为灰黑色泥岩，纹层状-1页岩样品为深灰色含灰质泥岩；与块状页岩相比，纹层状页岩层理缝和微裂缝更为发育。

采用氦孔法和脉冲衰减法测得岩心的孔隙度和渗透率。由于层理和微裂缝的存在，纹层状岩心的平均孔隙度和渗透率均比块状岩心的高。页岩岩心样品的基本物性参数见表1。

(a)块状-1　　(b)纹层状-1

图1 实验用页岩样品

表1 页岩油岩心样品

序号	岩心编号	长度（cm）	直径（cm）	孔隙度（%）	渗透率（mD）
1	块状-1	6.306	2.520	2.34	0.00161
2	纹层状-1	6.298	2.526	6.76	0.0653

实验用油为模拟油，由煤油和脱气原油复配而成。实验用渗吸剂为重水配制的滑溜水压裂液，其组成为0.1%（质量分数）防膨剂+0.1%（质量分数）减阻剂+0.1%（质量分数）KCl。

1.2 实验设备

基于在线核磁检测的渗吸排油实验装置如图2所示，其中，驱替泵为ISCO-160D型高精度双缸泵，压力范围为0~70MPa，流速范围为0.0001~50mL/min；低场核磁共振仪为北京迈格泰克科技有限公司研发（图3），磁场强度0.28T，氢质子共振频率为12MHz；无磁渗吸岩心夹持器为实验室自主研发（图4），采用无磁非金属材料加工而成。

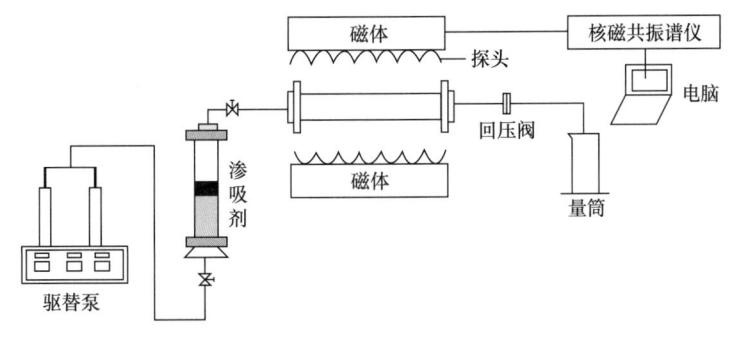

图2 基于在线核磁共振检测的渗吸实验装置示意

图 3 低场核磁共振仪

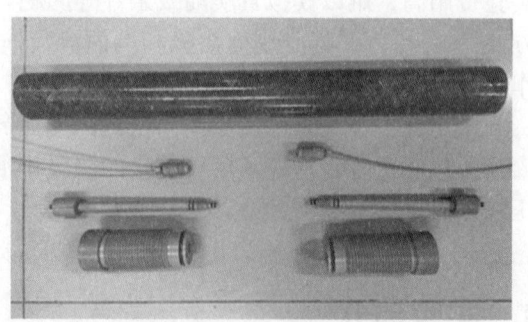
图 4 无磁渗吸岩心夹持器

1.3 实验步骤

（1）测量并记录岩心长度、直径、孔隙度和渗透率参数后，利用低场核磁共振仪对岩心进行核磁共振 T_2 谱测试；

（2）将岩心外表和一个端面用无磁胶水进行密封，只保留一个端面与渗吸剂接触，待自然晾干后，称重并进行核磁共振 T_2 谱测试；

（3）利用涡轮分子真空泵抽真空后加压 30MPa 饱和模拟油，直至压力稳定，饱和完成后取出岩心称量湿重，并进行核磁共振 T_2 谱测试；

（4）连接在线核磁渗吸实验装置，设置低场核磁共振仪测试参数，主要包括脉冲序列、等待时间、回波时间、扫描次数和磁场梯度；

（5）将岩心样品和渗吸剂置于在线核磁渗吸实验装置中，利用模拟油重新将岩心孔压增至实验压力 20MPa，同时也将渗吸剂增压至 20MPa。开展高压渗吸实验，每隔一段时间对岩心样品进行核磁共振一维投影和 T_2 测试，直至一维投影和 T_2 谱基本不变方可结束实验；

（6）对比岩心渗吸各个阶段的一维投影和 T_2 谱，定量分析渗吸排油作用距离及渗吸排油率动态变化。

2 页岩样品特征

核磁共振技术具有测量时间短、精度高和无损样品等优点，不仅能直观反映岩心微观孔隙结构特征，而且可实现对微纳米孔隙内流体分布及运移的定量化评价。核磁共振 T_2 谱中横坐标 T_2 弛豫时间反映了孔径大小，其值与岩心孔径呈正相关关系[14, 25]；纵坐标的信号强度反映对应尺度下的孔隙体积及流体分布量。图 5 为块状和纹层状岩心样品饱和模拟油后测得的 T_2 谱曲线。从图 5 中可以看出，纹层状岩心样品的信号强度约为 50，而块状岩心样品的信号强度约为 40，表明纹层状页岩的孔喉体积整体大于块状页岩。另外，可以看出两类页岩的孔喉分布形态不同，块状页岩样品呈单峰形态，孔隙分布范围较窄；纹层状页岩样品呈双峰形态，且较小孔隙体积（左峰）明显高于较大孔隙

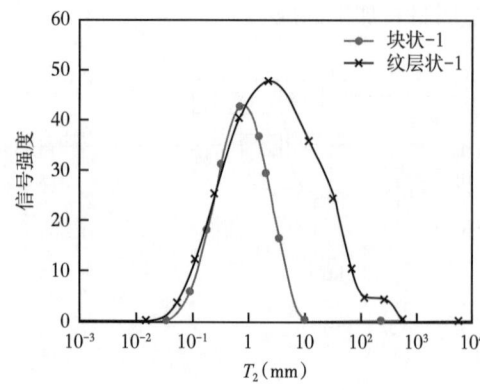

图 5 饱和模拟油岩心 T_2 谱

体积(右峰),孔隙分布范围较宽,表明纹层状页岩的储层物性相对较好,层理和微裂缝更为发育。

为观察页岩的微观孔隙面貌特征,对岩心进行氩离子抛光处理后,利用扫描电镜对其进行观测,图 5 为纹层状 -1 样品的扫描电镜观测结果。从图 6 中可以看出,页岩样品中灰质纹层和泥质纹层呈条带状分布,微裂缝在泥质条带、灰质条带及交界处均发育,呈长条状分布,长度可达微米级。

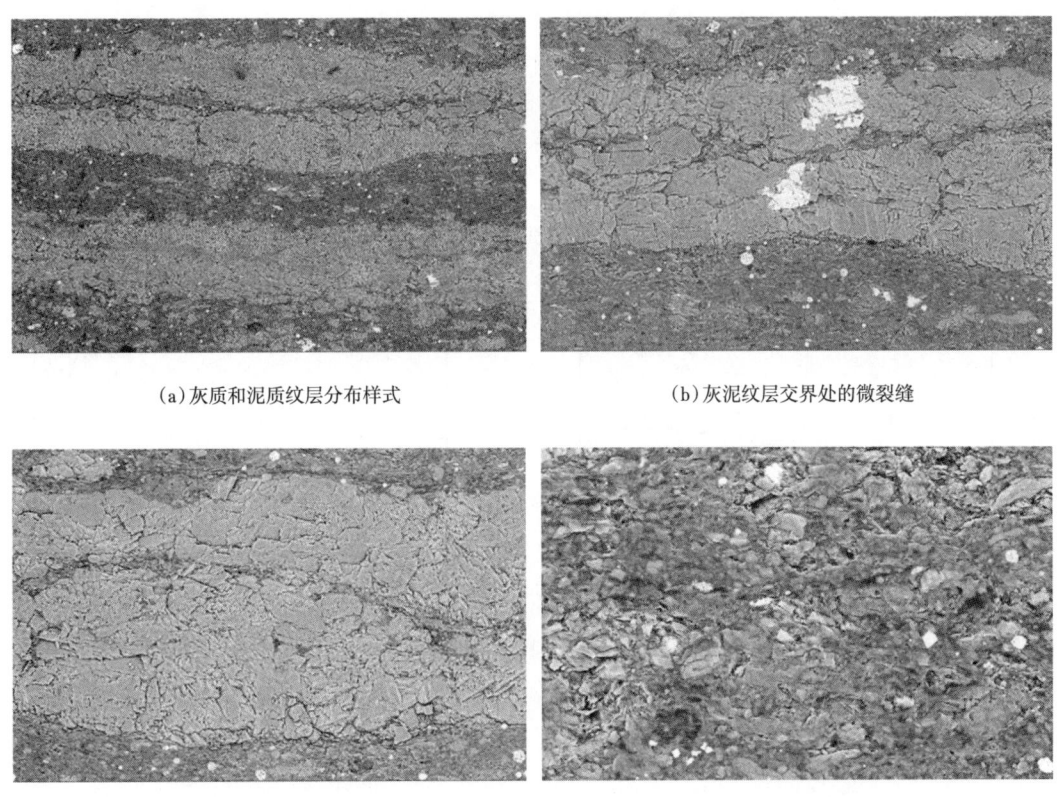

(a)灰质和泥质纹层分布样式　　　　　　　　(b)灰泥纹层交界处的微裂缝

(c)灰质纹层中的微裂缝　　　　　　　　(d)泥质纹层中的微裂缝

图 6　纹层状 -1 页岩样品扫描电镜图

3　实验结果与讨论

3.1　渗吸排油作用距离变化特性

块状和纹层状岩心样品在逆向渗吸过程中的一维投影动态曲线如图 7 所示。从图 7 中可以看出,随着逆向渗吸过程的进行,渗吸端面附近的 NMR 信号逐渐减弱,且衰竭程度随着渗吸深度的增加而减少,表明渗吸剂从渗吸端面进入岩心内部置换孔隙中的原油,距离渗吸端面越远的原油越难以被排驱;与块状页岩相比,纹层状页岩样品的渗吸排油作用距离较大。

为定量化描述渗吸排油作用距离的动态特征,依据一维投影动态曲线绘制 2 块岩心样品的渗吸排油作用距离动态曲线如图 8 所示。

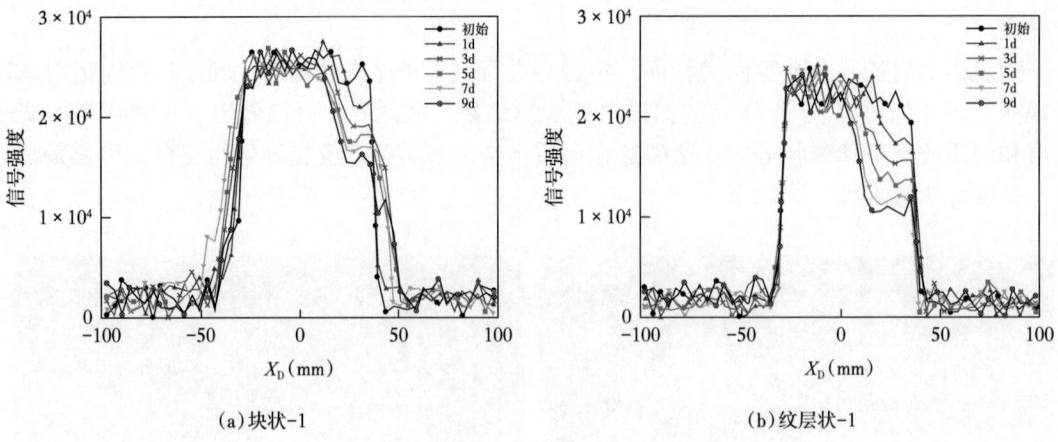

(a) 块状-1　　　　　　　　　　　　　　(b) 纹层状-1

图 7　带压逆向渗吸过程中页岩样品的一维投影动态曲线

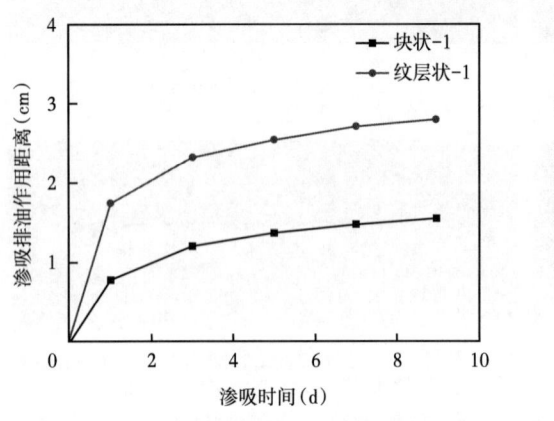

图 8　岩心样品的渗吸排油作用距离动态曲线　　图 9　岩心样品的渗吸前缘突进速度动态变化

从图 8 中可以看出，页岩岩心的渗吸排油过程具有相似性，渗吸排油作用距离随渗吸时间单调递增；块状页岩和纹层状页岩的最终渗吸排油作用距离不同，其中块状-1 和纹层状-1 页岩样品的最终渗吸排油作用距离分别为 1.56cm 和 2.82cm，表明纹层状页岩中发育的微裂缝对渗吸排油具有促进作用。

块状和纹层状岩心样品的渗吸前缘突进速度如图 9 所示。从图 9 中可以看出，渗吸过程可分为初期高速排油和后期低速排油两个阶段，高速渗吸排油时间约为 5d；初期渗吸前缘突进速度快，块状-1 和纹层状-1 页岩岩心的最高突进速度分别为 1.75cm/d 和 0.78cm/d，达到高速排油临界时间后，渗吸前缘突进速度明显变缓。

3.2　渗吸排油率的变化特性

块状和纹层状岩心样品在逆向渗吸过程中的 T_2 谱如图 10 所示。

从图 10 中可以看出，随着逆向渗吸过程的进行，岩心的总信号量逐步减少，且衰竭程度随着渗吸时间的增加而减少，表明渗吸剂从渗吸端面进入岩心内部置换孔隙中的原油，渗吸时间越长油水置换作用越弱；与块状页岩相比，纹层状页岩样品的渗吸排油率较大。

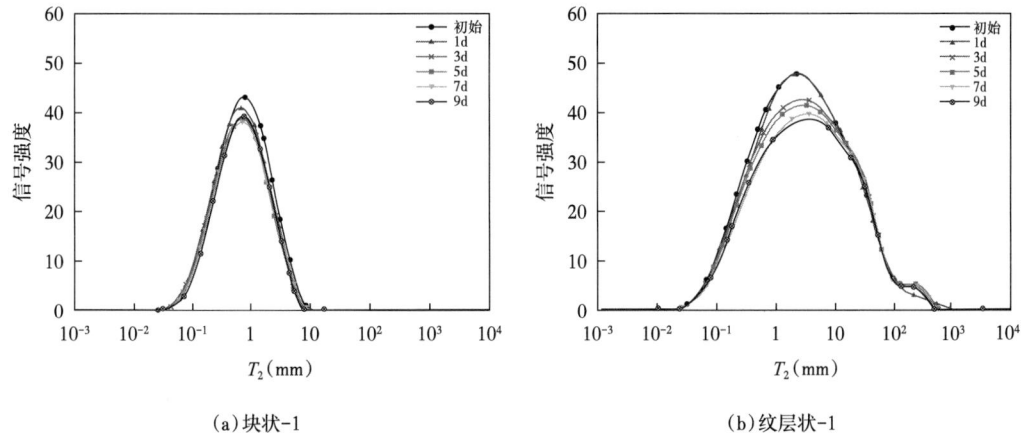

(a)块状-1　　　　　　　　　　　　　　(b)纹层状-1

图 10　带压逆向渗吸过程中页岩样品的 T_2 谱动态曲线

为定量化描述渗吸排油率的动态特征，依据 T_2 谱动态曲线绘制 2 块岩心样品的渗吸排油率动态曲线如图 11 所示。从图 11 中可以看出，页岩岩心样品的渗吸排油过程具有相似性，渗吸排油率随渗吸时间单调递增；块状页岩和纹层状页岩的极限渗吸排油率不同，其中块状-1 和纹层状-1 页岩样品的极限渗吸排油率分别为 10.84% 和 13.74%，表明纹层状页岩中发育的微裂缝对渗吸排油具有促进作用。

块状和纹层状岩心样品的渗吸排油速度如图 12 所示。从图 12 中可以看出，渗吸过程可分为初期高速排油和后期低速排油两个阶段，高速渗吸排油时间约为 5d；初期渗吸排油速度快，块状-1 和纹层状-1 页岩岩心的最高渗吸排油速度分别为 3.53%/d 和 3.29%/d，达到高速排油临界时间后，渗吸排油速度明显变缓。

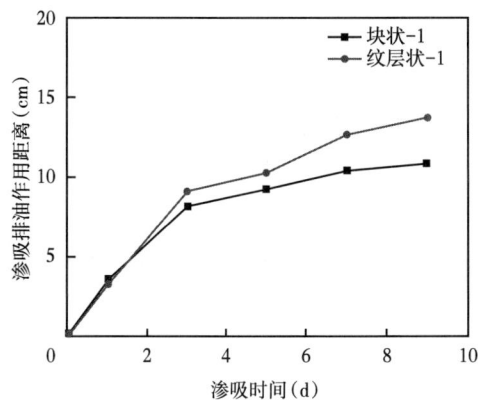
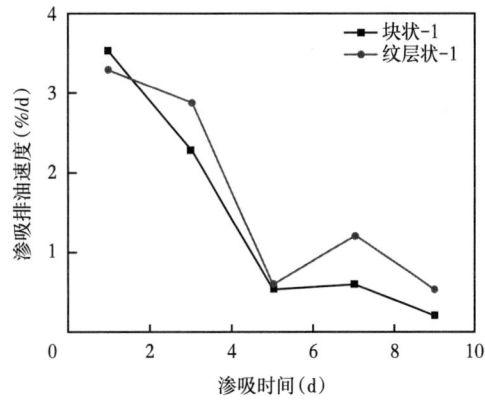

图 11　岩心样品的渗吸排油率动态曲线　　　图 12　岩心样品的渗吸前缘突进速度动态变化

3.3　不同孔径孔隙内原油特征

依据 IUPAC 孔隙分类方法，将页岩孔隙根据孔径分为微孔（小于 2nm）、介孔（2~50nm）和大孔（大于 50nm）[26]。参考其他学者的研究成果[14, 27-28]，弛豫时间与孔隙直径的转换系数取值 25nm/s。依据图 10 中渗吸初始和最终的 T_2 谱曲线，绘制块状和纹层状样品中不同孔隙原油动用程度对比图，如图 13 所示。从图 13 可以看出，在渗吸过程中，不同孔隙的原油动用程度不同，动用程度由高到低依次为介孔、大孔和微孔。微孔在岩心中的体积占比较小，在渗吸过程中并不能发挥太大优势，介孔和大孔中原油的动用程度约为40.0%，介孔和大孔对总孔渗吸排油率的贡献较大。

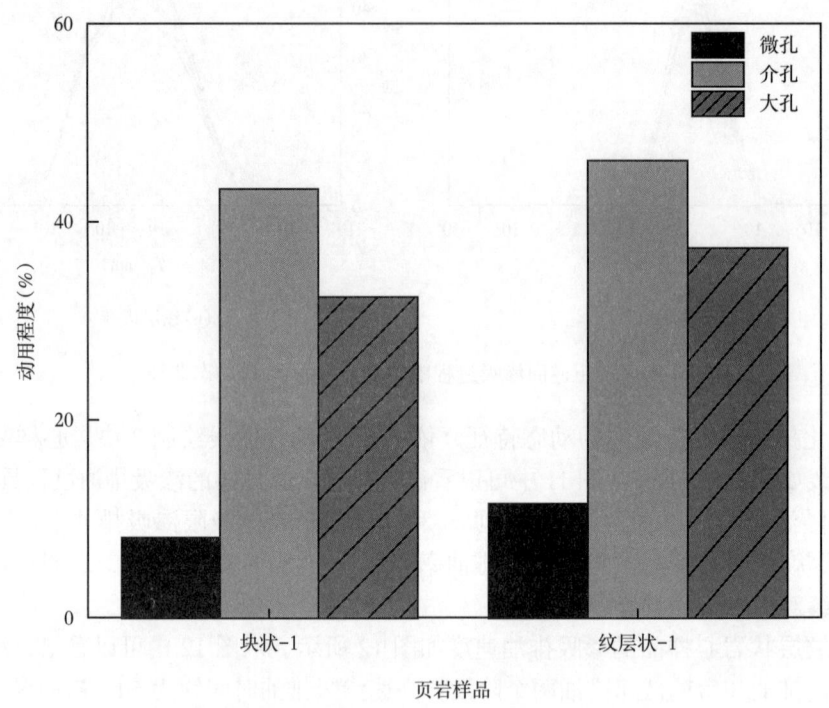

图 13 不同孔隙原油动用程度对比

4 结论

（1）页岩油储层岩心的渗吸过程可分为初期高速排油和后期低速排油两个阶段。相比晚期，初期的渗吸前缘突进速度和渗吸排油速度均较高。

（2）在渗吸过程中，不同孔径孔隙中原油动用程度存在差异。相比微孔，介孔和大孔对页岩油储层渗吸排油的贡献大。

（3）与块状页岩相比，纹层状页岩具有层理缝和微裂缝发育的特点，储层物性相对较好。在相同渗吸条件下，纹层状页岩的极限渗吸排油作用距离和极限渗吸排油率均较高。

参 考 文 献

[1] 杨勇. 济阳页岩油开发"三元"储渗理论技术与实践[J]. 石油勘探与开发，2024，51（2）：1-11.

[2] 焦方正. 陆相低压页岩油体积开发理论技术及实践：以鄂尔多斯盆地长7段页岩油为例[J]. 天然气地球科学，2021，32（6）：836-844.

[3] 沈云琦，金之钧，苏建政，等. 中国陆相页岩油储层水平渗透率与垂直渗透率特征——以渤海湾盆地济阳坳陷和江汉盆地潜江凹陷为例[J]. 石油与天然气地质，2022，43（2）：378-389.

[4] 李廷微，姜振学，宋国奇，等. 陆相和海相页岩储层孔隙结构差异性分析[J]. 油气地质与采收率，2019，26（1）：65-71.

[5] 刘丽，闵令元，孙志刚，等. 济阳坳陷页岩油储层孔隙结构与渗流特征[J]. 油气地质与采收率，2021，28（1）：106-114.

[6] HU Y Q, ZHAO C N, ZHAO J Z, et al. Mechanisms of fracturing fluid spontaneous imbibition behavior in shale reservoirs: A review [J]. Journal of Natural Gas Science and Engineering, 2020, 82: 103498.

[7] YANG L, WANG S, CAI J C, et al. Main controlling factors of fracturing fluid imbition in shale fracture network [J]. Capillarity, 2018, 1(1): 1-10.

[8] 李春颖, 张志全, 林飞, 等. 压裂液在页岩储层中的滞留与吸收初步探索 [J]. 科技通报, 2016, 32(8): 31-35.

[9] WANG X Z, PENG X L, ZHANG S J, et al. Characteristics of oil distributions in forced and spontaneous imbibition of tight oil reservoir [J]. Fuel, 2018, 224: 280-288.

[10] ZHOU D, JIA A, KAMATH L, et al. Scaling of countercurrent imbibition process in low permeability porous media [J]. Journal of Petroleum Science and Engineering, 2022, 33: 61-74.

[11] 魏兵, 王怡文, 赵金洲, 等. 固液界面特征对致密/页岩储层渗吸行为的影响——以延长组7段+8段致密储层和龙马溪组页岩为例 [J]. 石油学报, 2023, 44(10): 1683-1692.

[12] 石立华, 程时清, 常毓文, 等. 致密油藏微观渗吸试验及数值模拟 [J]. 中国石油大学学报(自然科学版), 2022, 46(1): 111-119.

[13] 王琛, 高辉, 费二战, 等. 鄂尔多斯盆地长7页岩储层压裂液渗吸规律及原油微观动用特征 [J]. 中国石油大学学报(自然科学版), 2023, 47(6): 95-103.

[14] 孙庆豪, 王文东, 苏玉亮, 等. 页岩储层压裂液渗吸期间微观孔隙原油动用特征 [J]. 中南大学学报(自然科学版), 2022, 53(9): 3311-3322.

[15] GU Z H, LU T, LI Z M, et al. Analysis on the mechanism and characteristics of nanofluid imbibition in low permeability sandstone core pore surface: Application in reservoir development engineering [J]. Colloids and Surfaces A: Physicochemical and Engineering Aspects, 2023, 659: 130774.

[16] ZHAO M W, LIU S C, GAO, Z.B., et al. The spontaneous imbibition mechanisms for enhanced oil recovery by gel breaking fluid of clean fracturing fluid [J]. Colloids and Surfaces A: Physicochemical and Engineering Aspects, 2022, 650: 129568.

[17] JIA R X, KANG W L, LI Z, et al. Ultra-low interfacial tension (IFT) zwitterionic surfactant for imbibition enhanced oil recovery (IEOR) in tight reservoirs [J]. Journal of Molecular liquids, 2022, 368: 120734.

[18] 齐松超, 于海洋, 杨海烽, 等. 致密砂岩逆向渗吸作用距离实验研究 [J]. 力学学报, 2021, 53(9): 2603-2611.

[19] QI S C, YU H Y, HAN X B, et al. Countercurrent imbibition in low-permeability porous media: Non-diffusive behavior and implications in tight oil recovery [J]. Petroleum Science, 2023, 20: 322-336.

[20] 谢建勇, 袁珍珠, 代兵, 等. 页岩油储层层理缝渗吸机制和渗吸模式 [J]. 特种油气藏, 2021, 28(4): 161-167.

[21] 杨正明, 刘学伟, 李海波, 等. 致密储集层渗吸影响因素分析与渗吸作用效果评价 [J]. 石油勘探与开发, 2019, 46(4): 739-745.

[22] 王彪, 李太伟, 虞建业, 等. 页岩储层表面活性剂渗吸驱油机理及影响因素分析 [J]. 油气地质与采收率, 2023, 30(6): 92-103.

[23] YAN X, DAI C L, WANG R Y, et al. Experimental study on countercurrent imbibition in tight oil reservoirs using nuclear magnetic resonance and AFM: Influence of liquid-liquid/solid interface characteristics [J]. Fuel, 2024, 358: 130026.

[24] LIU J R, SHENG J J. Investigation of countercurrent imbibition in oil-wet tight cores using NMR technology [J]. SPE Journal, 2020, 25(5): 2601-2614.

[25] 郎东江, 伦增珉, 吕成远, 等. 页岩油注二氧化碳提高采收率影响因素核磁共振实验 [J]. 石油勘探与开发, 2021, 48(3): 603-612.

[26] ROUQUEROL J, AVNIR D, FAIRBRIDGE C W, et al. Recommendations for the characterization of porous solids [J]. Pure and Applied Chemistry, 1994, 66: 1739-1758.
[27] 黄兴, 窦亮彬, 左雄娣, 等. 致密油藏裂缝动态渗吸排驱规律 [J]. 石油学报, 2021, 42（7）: 924-935.
[28] 肖佃师, 赵仁文, 杨潇, 等. 页岩气储层孔隙表征、分类及贡献 [J]. 石油与天然气地质, 2019, 40（6）: 1215-1225.